献给读者的心语

描述代表性体元与单胞的空间域均有限，而产生它们的思索流永无疆。

飞行器系列丛书

现代复合材料多尺度数值表征方法
——代表性体元与单胞的概念、理论及应用

李曙光 著

科学出版社

北　京

内 容 简 介

本书的主题是代表性体元(RVE)和单胞(UC)，它们是多尺度数值表征复合材料、超材料等现代先进材料必要的组成部分，本书在对该领域作了系统的综述后，着重介绍关于 RVE 和 UC 的基本概念和理论，特别是对称性的识别和利用，建立了一个在逻辑、数学、力学意义上严谨的理论框架，为多尺度分析这样典型的边值问题提供正确的边界条件，以确保 RVE 和 UC 的代表性。本书还提供了所建立的理论在若干典型工程领域的应用范例。

本书适用于从事航空、材料、机械、土木、建筑等领域的研究人员，特别是从事相关课题的研究生，部分章节，如对称性问题，也可以作为大学高年级本科生、硕士和博士研究生的参考读物。

图书在版编目（CIP）数据

现代复合材料多尺度数值表征方法：代表性体元与单胞的概念、理论及应用 / 李曙光著. —北京：科学出版社，2023.11
ISBN 978-7-03-076664-9

Ⅰ. ①现… Ⅱ. ① 李… Ⅲ. 复合材料 Ⅳ. ①TB33

中国国家版本馆 CIP 数据核字（2023）第 197865 号

责任编辑：陈艳峰　孔晓慧　郭学雯 / 责任校对：彭珍珍
责任印制：吴兆东 / 封面设计：无极书装

科学出版社 出版
北京东黄城根北街 16 号
邮政编码：100717
http://www.sciencep.com

天津市新科印刷有限公司印刷
科学出版社发行　各地新华书店经销

*

2023 年 11 月第 一 版　开本：720×1000　1/16
2025 年 2 月第三次印刷　印张：30
字数：600 000
定价：188.00 元
（如有印装质量问题，我社负责调换）

丛 书 序

　　飞行器是指能在地球大气层内外空间飞行的器械,可分为航空器、航天器、火箭和导弹三类。航空器中,飞机通过固定于机身的机翼产生升力,是数量最大、使用最多的航空器;直升机通过旋转的旋翼产生升力,能垂直起降、空中悬停、向任意方向飞行,在航空器中具有独特的不可替代的作用。航天器可绕地球飞行,也可远离地球在外太空飞行。1903 年,美国的莱特兄弟研制成功了人类第一架飞机,实现了可持续、有动力、带操纵的飞行。1907 年,法国的科尔尼研制成功了人类第一架直升机,实现了有动力的垂直升空和连续飞行。1957 年,人类第一颗人造地球卫星由苏联发射成功,标志着人类由此进入了航天时代。1961 年,苏联宇航员加加林乘"东方 1 号"飞船进入太空,实现了人类遨游太空的梦想。1969 年,美国的阿姆斯特朗和奥尔德林乘"阿波罗 11 号"飞船登月成功,人类实现了涉足地球以外的另一个天体。这些飞行器的成功,实现了人类两千年以来的各种飞行梦想,推动了飞行器的不断进步。

　　目前,飞行器科学与技术快速发展,各种新构型、新概念飞行器层出不穷,反过来又催生了许多新的飞行器科学与技术,促使人们不断地去研究和探索新理论、新方法。出版"飞行器系列丛书",将为人们的研究和探索提供非常有益的参考和借鉴,也将有力促进飞行器科学与技术的进一步发展。

　　"飞行器系列丛书"将介绍飞行器科学与技术研究的最新成果与进展,主要由南京航空航天大学从事飞行器设计及相关研究的教授、专家撰写。南京航空航天大学已研制成功了 30 多种型号飞行器,包括我国第一架大型无人机、第一架通过适航审定的全复合材料轻型飞机、第一架直升机、第一架无人直升机、第一架微型飞行器等,参与了我国几乎所有重大飞行器型号的研制,拥有航空宇航科学与技术一级学科国家重点学科。在这样厚重的航空宇航学科基础上,撰写出"飞行器系列丛书"并由科学出版社出版,具有十分重要的学术价值,将为我国航空航天界献上一份厚重的礼物,为我国航空航天事业的发展作出一份重要的贡献。

　　祝"飞行器系列丛书"出版成功!

夏品奇

2017 年 12 月 1 日于南京

中 文 版 序

　　早在构思本书的英文版伊始，心中就隐藏了一个念头，即要将此书以中文形式献给国内的读者们，因为国外书籍之昂贵，不会是国内对本书的内容感兴趣的绝大部分读者们所情愿购买的，实际差价可能是十倍之上，相信这不简单地是物价或者消费者的承受能力的关系，出版机制的不同是主要原因，应该说，知识是无价的，书价至多反映的只是撰写耗时的工价而已。不管怎么解释，为了能让更多的国内的读者看到此书、看懂此书，在与出版商 Elsevier 谈判出版条款时，特意保留了中文版权。因为唯恐他人的翻译不合我意，于是下决心自己动手。

　　中文虽为母语，但是毕竟整篇的文章已经三十多年没写过了，即便在三十多年前曾经写过的文章、讲义，那也只是十分有限的经历，如今要长篇大论地用中文写书，心理压力还是有一些的。实际的困难还有在计算机键盘上的中文打字，这在三十多年前还是不存在的技术；普通话没学好，发音不准又意味着拼音靠不住；五笔输入法就更是扑朔迷离。好在现在有平板了，可以手写，但多年未曾动笔，太多的字是会说不会写。于是，在动笔之前，特地写了一些练笔之作，自我欣赏，还自觉不孬，居然也有若干友人捧场称赞，于是才有了足够的信心动笔。

　　英文版中，大部分都是我本人或我与我的合作者们的研究工作，荟萃三十多篇论文的内容，因为均以英文撰写、发表，所以文字多少可以剪贴一点，尽管不免略有自我剽窃之嫌。而此版中文稿是名副其实的爬格子爬出来的，一格未漏，与当年的差别仅仅是现在的格子是电子的，修改要容易得多。此时此刻，在即将完稿之际，可以感叹一声："谁知手中书，字字皆辛苦。"

　　此中文版除了借机更正英文版中的大量笔误与疏忽之外，对标题也稍作更动，这样可以更接地气——应用。除此之外，还增添了第 15 章，篇幅虽然不大，但是相信其对全书是一个相当到位的、多方面的补充。首先，所论述的是逆问题，相对于其他章节的内容，无论是在数学意义还是在物理意义上，可谓背道而驰；其次，不再以建立在变分原理基础之上的有限元法为求解器了，也是一反常态。希望能够有助于部分读者，抑或略有启发，也当十分欣慰。平心而论，此中文版不是从英文版翻译过来的，而是根据英文版的内容，用中文重新写作的。书中遇外文人名一般用原文，包括华人用外文发表文章的引用，叙述中遇到少数极为普及的名字，如牛顿等，因中文翻译已统一，甚至可见于中小学课本，或相关工程学科的基础课教程，故直接用广为接受的中文名字，必要时再加外文标注。

本书的初衷以及相关的故事，在英文版的前言中已作交代，恕不重复。著者在与本书相关的领域内的工作，有些是与国内的合作者共同完成的，有些是自己在国内休假时构思的，因此，本书曾受惠于国内的资源，能让其有机会授惠于国内的读者，这应该不是一个纯粹的巧合，而多少包含着一点科学精神的人性回归。

此处谨对我的母校——南京航空航天大学的早年的启蒙、栽培和对本书出版的热忱的关注、支持表示衷心的感谢！也借此机会，诚挚感谢我夫人龚敏女士多年来无条件的理解和无声无悔的支持。

李曙光

南京航空航天大学 航空宇航学院 客座教授

2022 年 9 月 8 日于英国诺丁汉

是日正值英国女王谢世，谨此纪念

英文版前言

那是 1995 年，我在英国参加一国际会议，其中有一报告引起了我的注意，显然不是因为所研究的高深的材料问题，因为现在我已不记得任何这方面的内容了，让我好奇的是报告人所采用的微观力学单胞，其取之于六边形排列的纤维增强复合材料，形如本书封面特写的梯形(参见第 5 章图 5.3)，不过那条倾斜的边呈一 S 形曲线，报告人未解释何故，收入在会议文集中的文章也未提及缘由，于是，疑问只能搁置于脑中了。当天中午排队取午餐时，该报告人恰巧排在我前面，于是我便借机询问曲边的缘由。"若要保证该边两端与邻边的角为直角的话，必须如此。"他答道。但我仍不解，为什么要是直角呢？"否则的话，那两角点处会有应力奇异。"我心中立即毫无悬念地断定，边界条件一定错了。

会议之后，我查阅了能找得到的涉及单胞的有关文献，惊讶地发现，该领域的现状，正如本书的第 5 章所剖析的，居然是如此不堪。于是，我花了大约两年时间写成了自己在单胞问题上的第一篇文章，又花了几乎两年时间才发表于英国皇家学会的期刊，心想尘埃就此落定。

不久，我觉得这个问题可以表述得更系统，于是，又写成了两篇文章，一篇关于二维问题的单胞，一篇关于三维问题的单胞。这下真的搞定了。

没多久，我又开始深感不安了，文献中的单胞绝大多数都不给出所采用的边界条件，似乎一个单胞就是某个几何形状而已。于是，我设计了若干单胞，有一些看上去形貌大相径庭，但边界条件相同，结果表明它们对应着同一种材料；另有一些，形貌完全相同，但边界条件不同，结果表明它们代表着截然不同的材料。

故事依序渐进，在为 *Comprehensive Composite Materials II* (Ed. C. Zweben and P. Beaumont), Vol 1: *Reinforcements and General Theories of Composites* 撰写关于代表性体元与单胞的那一章而不得不回顾自己在这方面的工作时，我才认识到在单胞和代表性体元这一主题上自己已经发表了近 30 篇文章，还不包括自己在诸多国际会议上有关的报告，有些与合作者共著，都见于声誉较高的专业杂志，一章的篇幅远不足以涵盖已有的内容，于是我意识到是时间给自己在这方面的工作一个交代，画个句号了，至少，希望如此。

在我的有关单胞的主要论文发表后的许多年里，我常收到有关的求助电邮，显然，仅仅寄去一份相关的论文还远远不够。正确建立的单胞，其相关的边界条件，如果仅用一个字来描述，而且不是太消极的话，那就是：繁。虽然繁，但又相当有序，于是我做了一系列的模板，以帮助运用我所建立的单胞的研究人员，这一尝试的确行之有效。

在 2010 年前后，我的一位博士后 Laurent Jeanmeure 博士提出，那些模板，其中的所有操作都可以用 Python scripts 编成程序，作为现在商用有限元软件 Abaqus/CAE 的二次开发而予以自动化。在他当时的课题的有限时间内，他展示了此举的可行性。之后更系统的开发是在遇到了潘青博士之后。那时，他还是一位南京航空航天大学刚入学不久的硕士研究生，他无疑是极具天赋的编程好手，不久他便把我以往所建的单胞都一一自动化了，这就是后来被命名为 UnitCells© 的软件。潘青后来被诺丁汉大学录取，在我的指导下取得了博士学位，其间，我们又有机会将 UnitCells© 的内容大幅度地充实，特别是对三维纺织复合材料的应用，从而使 UnitCells© 真正地成为了一个复合材料多尺度数值表征的虚拟试验平台，从单向纤维增强的复合材料到由它们所构成的层合板，从粒子增强到织物预制体增强，其最新版本及前述模板，作为本专著英文版的附件，由 Elsevier 以开源形式公布于特定设置的网站，供读者们下载使用。提供如上如实的发展记录是为了借此机会表达对我这两位在单胞问题上的合作者的真诚的谢意。

在我的致谢名单里，特别值得一提的是在本前言开始时提到的那位无名的报告人及他的合作者们，尽管我所发表的文章对他们所取的那个单胞不无微词，但是如果没有他们的引领，我恐怕无以在此领域耕耘，更谈不上任何收成了。

我也想借此机会对我以往的合作伙伴们和文章的合作者们表示谢意，他们中的很多人把他们遇到的问题作为对我的挑战，若没有这些，很多我所研究过的问题恐怕都不会被问津、解决。在此也向现在正在我的指导下就读的博士生许明明致谢，他在三维机织复合材料的参数化方面所做的工作，被收录在第 12 章的 12.4.1 子节里。

我还要感谢我的合著者 Elena Sitnikova 博士，她对本书的理念的热情、尽心以及情愿牺牲工作之外的时间，才使得本书的出版成为可能。

李曙光

2019 年 7 月

于英国诺丁汉

目　　录

丛书序
中文版序
英文版前言

第一部分　基础——基本概念、基本理论及其典型的误解

第1章　引言——背景、目标及基本概念··3
1.1　长度尺度的概念及物理和工程中典型的长度尺度·····························3
1.2　多尺度分析··3
1.3　代表性体元和单胞···4
1.4　本书的背景··5
1.5　本书的目标··6
1.6　本书的结构··7
参考文献··9
第2章　对称性、对称性变换和对称性条件···10
2.1　引言···10
2.2　几何变换与对称性的概念···11
　　2.2.1　反射变换与反射对称性···11
　　2.2.2　旋转变换与旋转对称性···12
　　2.2.3　平移变换与平移对称性···12
　　2.2.4　作为一门数学学问的对称性问题···14
2.3　物理场的对称性···15
2.4　连续性与分离体图···21
2.5　对称性条件···24
　　2.5.1　反射对称性··25
　　2.5.2　180°旋转对称性··27
　　2.5.3　平移对称性与多尺度材料表征的关系·······································31
　　2.5.4　平移对称性——以一维情况作为简介·······································32
　　2.5.5　在三维情况下的平移对称性条件···36
2.6　结语···39
参考文献··39

第 3 章 材料分类与材料表征 ··· 40

3.1 背景 ··· 40

3.2 材料分类 ··· 42

    3.2.1 均匀性 ··· 43

    3.2.2 各向异性 ·· 44

3.3 材料表征 ··· 56

3.4 结语 ··· 58

    参考文献 ··· 58

第 4 章 代表性体元与单胞 ··· 60

4.1 引言 ··· 60

4.2 代表性体元 ··· 60

    4.2.1 代表性 ··· 60

    4.2.2 边界效应区和衰减长度的概念 ································· 62

4.3 单胞 ··· 63

    4.3.1 规则性 ··· 63

    4.3.2 平移对称性的作用 ·· 64

    4.3.3 根据所具备的平移对称性识别单胞 ··························· 65

    4.3.4 从单胞到其他胞元的映射和单胞边界对应部分之间的关系 ····· 66

4.4 结语 ··· 67

    参考文献 ··· 68

第 5 章 常见的错误处理及其概念根源 ··· 69

5.1 假设的背景 ··· 69

5.2 代表性体元的建立及其边界 ··· 71

5.3 单胞的建立 ··· 72

    5.3.1 反射对称性 ··· 72

    5.3.2 旋转对称性 ··· 74

    5.3.3 平移对称性 ··· 76

    5.3.4 冗余边界条件 ··· 79

    5.3.5 微观构形中具备的对称性的不完全的利用 ····················· 80

    5.3.6 由多个胞元堆砌而成的单胞 ································· 81

    5.3.7 强制边界条件和自然边界条件 ······························· 82

5.4 后处理 ··· 83

5.5 实施中的问题 ··· 84

    5.5.1 单胞的维度和二维理想化 ····································· 84

    5.5.2 等效弹性常数 ··· 86

    5.5.3 网格收敛 ··· 86

　　5.5.4　关于刚体运动的约束 ································· 86
　5.6　自洽验证与"神志测验" ······························ 88
　5.7　验证(verification)与验证(validation) ················ 89
　5.8　结语 ··· 91
　参考文献 ··· 92

第二部分　单胞与代表性体元的建立——理论的一致性与完备性

第6章　常见类型的单胞的建立 ···························· 97
　6.1　引言 ··· 97
　6.2　相对位移场与刚体转动 ································· 98
　6.3　单胞的相对位移边界条件 ······························ 102
　6.4　典型单胞及其相对位移边界条件 ························ 104
　　6.4.1　二维单胞 ·· 104
　　6.4.2　三维单胞 ·· 128
　6.5　对网格的要求 ··· 157
　6.6　主自由度与平均应变 ··································· 158
　6.7　平均应力与等效材料特性 ······························ 160
　6.8　热膨胀系数 ··· 162
　6.9　"神志测验"与基本的验证(verification) ·············· 164
　6.10　结语 ·· 166
　参考文献 ··· 167

第7章　单胞的周期性面力边界条件与主自由度 ············· 169
　7.1　引言 ··· 169
　7.2　由平移对称性定义的单胞的边界及边界条件 ·············· 172
　7.3　给定平均应变条件下单胞的总位能与变分原理 ············ 175
　7.4　单胞的周期性面力边界条件与自然边界条件 ·············· 176
　7.5　在主自由度上的支反力的性质 ·························· 179
　7.6　在主自由度上给定集中"力"的情况 ···················· 184
　7.7　主自由度的利用 ······································· 186
　7.8　例子 ··· 187
　　7.8.1　二维正方形单胞 ·································· 187
　　7.8.2　二维六角形单胞 ·································· 190
　　7.8.3　由面心立方得出的正十二面体三维单胞 ············ 192
　7.9　结论 ··· 193
　参考文献 ··· 194

第8章 单胞内部尚存的对称性的利用 195
8.1 引言 195
8.2 现有的平移对称性之外的反射对称 196
8.2.1 一个反射对称性的情形 197
8.2.2 两个反射对称性的情形 208
8.2.3 三个反射对称性的情形 218
8.2.4 各种应用的例子 226
8.3 现有的平移对称性之外的旋转对称 227
8.3.1 具有一个旋转对称性的情形 227
8.3.2 具有两个旋转对称性的情形 238
8.3.3 对具备更多的旋转对称性的三维四向编织复合材料的应用 255
8.4 反射与旋转对称性混合的例子 265
8.4.1 呈六角排列构形的单胞 265
8.4.2 平纹纺织复合材料 271
8.5 中心对称性 278
8.6 关于微观结构中所具有对称性的利用顺序指南 288
8.7 结语 289
参考文献 290

第9章 含随机分布的包含物的介质的代表性体元 292
9.1 引言 292
9.2 分析体元所需的位移边界条件与面力边界条件 294
9.3 边界效应与衰减长度 297
9.4 在低尺度上含随机分布的物理或几何特征的微观构形的生成 304
9.5 代表性体元及其子域内的应力、应变场 307
9.6 平均应力、平均应变和材料等效特性的后处理 312
9.7 结论 323
参考文献 324

第10章 扩散问题 325
10.1 引言 325
10.2 扩散问题的控制方程与介质扩散特性的分类 325
10.3 浓度场、浓度场梯度和相对浓度场 331
10.4 长方体单胞的例子 334
10.5 代表性体元 337
10.6 平均浓度梯度与扩散通量的后处理 338
10.7 结论 341
参考文献 342

第 11 章　代表性体元和单胞的适用范围 ················ 343

11.1　引言 ··· 343

11.2　弹性特性与材料强度的预测 ······························· 343

11.3　代表性体元 ··· 346

11.4　单胞 ··· 348

11.5　结论 ··· 348

参考文献 ··· 348

第三部分　理论的延伸——单胞的若干应用范例

第 12 章　单胞在纺织复合材料中的应用 ················ 353

12.1　引言 ··· 353

　　12.1.1　背景 ··· 353

　　12.1.2　机织复合材料 ··· 357

　　12.1.3　编织复合材料 ··· 359

12.2　正确利用对称性来引进高效的单胞 ····················· 361

12.3　由二维织物生成的复合材料的单胞 ····················· 363

　　12.3.1　沿厚度方向的理想化 ·································· 363

　　12.3.2　平纹复合材料 ··· 365

　　12.3.3　斜纹复合材料 ··· 368

　　12.3.4　缎纹复合材料 ··· 370

　　12.3.5　二维二轴编织复合材料 ······························ 371

　　12.3.6　二维三轴编织复合材料 ······························ 373

　　12.3.7　小结 ··· 376

12.4　由三维织物生成的复合材料的单胞 ····················· 377

　　12.4.1　三维机织复合材料 ····································· 377

　　12.4.2　三维编织复合材料 ····································· 391

12.5　结语 ··· 392

参考文献 ··· 393

第 13 章　单胞在有限变形问题中的应用 ················ 394

13.1　引言 ··· 394

13.2　模拟单胞的有限变形 ··· 395

　　13.2.1　边界条件 ··· 395

　　13.2.2　单胞中的平均应变 ····································· 396

　　13.2.3　单胞中的平均应力 ····································· 398

　　13.2.4　利用 Abaqus 通过有限元分析验证推测 ········· 400

　　13.2.5　后处理 ·· 404

13.2.6 转动变形 ··· 408
13.3 材料的方向性的定义的不确定性 ····································· 410
13.4 结语 ··· 412
参考文献 ··· 413
第14章 单胞的高度自动化的实施：复合材料表征软件 UnitCells© ··· 414
14.1 引言 ··· 414
14.2 UnitCells©在 Abaqus/CAE 上实施中的若干细节 ············ 415
14.2.1 问题的物理类型 ··· 416
14.2.2 单胞的几何模型 ··· 417
14.2.3 单位制、单胞的尺寸和组分材料的体积含量 ············ 418
14.2.4 适用相对位移边界条件的有限元网格 ····················· 418
14.2.5 单元类型和网格密度 ··· 419
14.2.6 相对位移边界条件的施加与主自由度 ····················· 419
14.2.7 组分材料特性 ··· 420
14.2.8 载荷条件的生成 ··· 420
14.2.9 UnitCells©软件的流程图 ·· 420
14.2.10 所纳入的单胞类型与允许的多尺度分析 ················· 422
14.3 自洽验证与实例验证 ··· 424
14.4 结语 ··· 428
参考文献 ··· 429
第15章 单胞的逆向应用 ·· 431
15.1 引言 ··· 431
15.2 正问题：正方形和六角形单胞的广义平面应变分析 ·········· 432
15.2.1 广义平面应变弹性力学问题的复变函数解 ··············· 432
15.2.2 复变势函数级数形式 ··· 434
15.2.3 纤维与基体界面处的连续条件 ·································· 435
15.2.4 单胞的边界上面内的周期性面力边界条件和相对位移边界条件 ··· 438
15.2.5 边界配置法 ·· 443
15.2.6 单胞的边界上面外的周期性面力边界条件和相对位移边界条件及其
近似解 ··· 445
15.2.7 平均应力 ·· 447
15.2.8 近似解及其收敛性 ·· 450
15.3 逆问题：纤维特性的获取 ··· 451
15.4 结语 ··· 454
参考文献 ··· 455
索引 ·· 457

第一部分

基础

—— 基本概念、基本理论及其典型的误解

第1章 引言——背景、目标及基本概念

1.1 长度尺度的概念及物理和工程中典型的长度尺度

一个长度尺度，或简称尺度，是物理和工程问题中所涉及的一定的长度范围，超出该范围，通常是由于违反了在定义该问题时所引进的限制条件，该物理或工程问题的提法及有效性将不再成立。对于许多现代工程材料来说，在描述它们的性态时，有时在不同方面会涉及不同的尺度，工程应用通常的尺度是宏观尺度，泛指肉眼看得清的长度范围，工程产品一般都在该尺度上设计、制造、使用。此尺度也在诸多的学科里成为自然的选择，如理论力学、材料力学、固体力学、流体力学、连续介质力学、结构力学等。然而，现代科学技术已经把人类的视界延伸到了相当细微的尺度，与此同时，人们可以在细观尺度(典型地，毫米级)、微观尺度(典型地，微米级)，近年来甚至在纳米尺度上干预很多类型的材料的构形与性能，就复合材料的实际应用而言，微观、细观、宏观尺度都已是家常。复合材料的结构一般都是宏观尺度的，如层合板；层合板中的一个层板或者是纺织复合材料里的一纤维束，则典型地会在细观尺度里描述；在一个层板或者一根纤维束里面，纤维与基体之间的关系，则毫无疑问地是微观的尺度问题。本书所关注的仅限于这些尺度，即便如此，这已跨越了三个尺度范畴。为了避免叙述时不必要的限制，本书采用相对尺度的提法，即高尺度与低尺度。譬如，如果以微观尺度作为低尺度的话，则细观和宏观都可以是相应的高尺度，而细观尺度相对于微观尺度而言是高尺度，但相对宏观尺度就是低尺度了。

如果对所讨论的问题来说更妥切的话，本书也会直接采用宏观、细观、微观尺度的描述，这一般是针对特定的应用问题，譬如，单向纤维增强的复合材料，其中纤维直径通常局限于微米这一狭小的尺度范围，这时，直接使用相应的尺度，可以使上下文更接近现实，这对那些不太熟悉多尺度分析的读者来说，兴许不无帮助。

1.2 多尺度分析

多尺度分析是一种理论方法，它通过在一个尺度上对材料的分析所得到的结果，导出在另一个尺度上同一材料的有关信息，通常的目标是通过在低尺度上的

分析,来对材料在高尺度上的特性进行表征,充分考虑到材料在低尺度上的构形和组分材料的特性,多尺度分析的直接结果是材料在低尺度上平均的材料特性,作为多尺度分析的基本假设,这些低尺度上的平均材料特性等价于同一材料在高尺度上的特性,通常称作材料的等效特性或宏观特性。在本书中,平均特性、等效特性、宏观特性是三个等价的名词,不时互用。同样地,对应力场、应变场,平均、等效、宏观的描述一样适用,例如,低尺度上的应力场的平均值即平均应力就是高尺度上的应力,也叫等效应力或宏观应力。

多尺度分析作为一种理论方法依赖于若干基本假设,其中之一是存在着某个有限的体积,其中的材料特性可以代表总体材料的特性。该假设的根据就是材料在某一尺度上具有其均匀性,通常该尺度会被考虑为高尺度。至此,讨论尚未涉及任何新内容,因为通常的材料表征都是如此进行的。譬如,在实际的材料表征试验中,试验的试片应该代表着制作试片的那一批材料,而试片的设计与试验是希望所施加的物理场(如应力场)尽可能均匀。多尺度分析与常规操作之间的差别是它会把表征材料的具有代表性的体积的大小缩小到下一个尺度,以致该体积在宏观的尺度里可以被认为是无穷小的一个材料点。另一方面,该具有代表性的体积,在低尺度上是一有限的区域,以其作为定义域,可以在充分考虑了材料在该定义域内的客观的复杂性的基础上,针对低尺度上物理问题重新建立数学模型并求解。

引入具有代表性体积的目的是能够把相关的物理现象建立成一个恰当的并能适当地求解的数学问题,即边值问题。鉴于现有的而又适用的解析方法的局限性,数值方法已成为常规,如有限元法。该问题一经解得,所关心的在该定义域内的相关的物理场,如应力、应变、位移、温度等,就成为已知,它们的平均值可以分别被传递到高尺度上相应的材料点上。就材料表征试验而言,在高尺度上有关的场都是均匀的,所得到的平均值可以直接用来表征材料在高尺度上的特性。

1.3　代表性体元和单胞

一般来说,多尺度分析的一个关键步骤是恰当地定义具有代表性的体积,一旦确定,它将在数学意义上被用作一个具有一定尺寸的定义域,通常被称为一个代表性体元(representative volume element,RVE),代表性体元的关键要求是其代表性,即其在平均意义下的性态是材料在高尺度上的性态的一个真实的表达。代表性体元的适用性取决于在高尺度上材料的均匀性以及定义在该材料上的用来描述材料本构关系的物理场的均匀性,无论是在客观意义上还是在统计意义上。显然,对材料的某一方面的性态具有足够代表性的体元可能对同一材料的另一方面的性态就不具有足够的代表性,因此,代表性体元的代表性与所要表征的材料特性有关。

代表性体元的一个特殊形式叫作单位胞元，简称单胞(unit cell，UC)，顾名思义，单胞是建立在低尺度上材料构形的规则性的基础之上的，具有这样规则性的材料，可以认为是由无数个完全相同的单胞按一定的规律堆砌而成的。当然，这里的规则性可以是材料在低尺度上的真实构造，也可以是建立在统计特征基础上的某种理想化，如果是统计意义上的规则性，用户必须清楚所作的理想化可能导致的后果，有些方面，理想化可能会影响所得出的单胞的代表性，特别是在存在不同形式的理想化的情况下，这在本书中有关问题显露之处还会适当地强调。

现实的制造工艺多少会影响在高尺度上的物理的均匀性或者是几何的规则性，在多尺度分析所得的预测结果的精度上需要留有适当的余地，如果希望通过将物理的均匀性和几何的规则性的偏差引入低尺度上的分析模型，从而能够给其对高尺度上材料特性所造成的影响作出定量分析的话，那么，完全均匀、规则的情形至少可以是此类分析的参考状态。当然，不是在现实中每每遇到偏差都进行此类分析，否则多尺度分析的优势将荡然无存。

1.4　本书的背景

多尺度分析在现代物理科学和工程领域已是一个备受关注的方法论，代表性体元与单胞也已成为众多的科技期刊和会议文献中常提及的分析手段，全球年产的所有博士论文中有相当的数量会或多或少、或隐或显地含有从代表性体元与单胞得出的结果。然而，这些文献中的绝大多数关于代表性体元与单胞的陈述都有如下通病：不太完整。文献的科学性的衡量标准之一是，如果他人独立地按照文献中所给出的方法、步骤，应该能够重现文献中所发表的结果。对于代表性体元与单胞应用的一个反常现象是，所发表的结果不可能如法重现，因为文献中所提供的信息中常常缺乏一要素，即边界条件。即便是那些提供了边界条件的文献，所提供的边界条件常常缺乏根据，以致对错难辨，事实上，大部分都不那么正确。前面已经提及，建立代表性体元与单胞的目标就是要在数学上把相应的边值问题清清楚楚地提出来。一个边值问题，如果连边界条件都不清不楚，那无异于无稽之谈。读者们在本书的后续部分可以看到，代表性体元与单胞的边界条件虽非高不可攀，但也确非儿戏，由此，读者们也可以想见，那些文献中缺乏边界条件的缘由。这是本书作者多年潜心致力的一大部分工作的背景，因为他相信现在应该是给该问题一个完善而又明了的结论的时候了，这也是本书的目的所在。

1.5 本书的目标

采用代表性体元与单胞进行多尺度分析已经成为材料表征的可以接受的工具，但是，此工具仅在其能够以可靠、高效的方式系统地、一致地运用的时候才能充分展示其价值，任何的不一致性都可以给多尺度分析打上折扣，本书的目标就是要确保如此关键的一致性，并通过提供与代表性体元与单胞相关的概念和原理，得出一个全面的分析步骤，供读者应循，同时，也把有关的内容有机地、逻辑地梳理成为一学科分支，以填补有关空白，并解决在此类问题上的误解与混淆，为读者和潜在的用户提供一个支撑本问题的理论框架。

另一方面，代表性体元与单胞也有它们自己适用的边界，这在文献中不总是有清楚的说明，以致不能受到完全的遵从，结果是代表性体元与单胞极易被滥用，本书也将对此作一应对。

本书的主要精力是建立代表性体元与单胞以便实施于相关的多尺度分析之中，其中有些考虑是基础性的，普适于所需建立的代表性体元与单胞，而有些仅适用于问题的某些特定的方面。数学问题的求解器，除非另行说明，以有限元作为默认的选择，因此，除非必要，本书不会在如何求解控制方程这方面花费笔墨，而更是把问题准备到这样的程度,用户已经可以正确有效地使用有限元来求解了，代表性体元与单胞的用户们知道，其中最需要劳神的方面就是建立恰当的边界条件，使得所建立的代表性体元与单胞能够如实地反映材料构形并真正具有代表性。

给定如上目标，读者特别是用户所需面临的主要不是高深的数学，而是这样两个挑战。首先，有些数学概念，如对称性，可能听起来近乎常理，但其中尚有更多的内容，其常理部分，很多教科书中都有，几乎无须解释，但所谓更多的内容那部分，可能从未被任何一学科所涵盖，也从未在任何一课程中教授过，因此，在遇到对称性问题时，如对称结构的分析，仅仅是那些最直截了当的方面，如镜面反射对称性，有相应的处理方法，而其他类型的对称性，读者通常只能相机而行，甚至无所作为，似乎此类问题只能如此，要么就是不言而喻，要么就是稀里糊涂。本书将在这方面作出必要的努力，以填补此久缺的空白，在这些部分，读者可能发现熟悉的话题被不必要地详尽地描述，但是，不时地，文献中常常混淆的微妙的细节会一跃而出，例子之一是平移对称性的利用，而此对称性正是所谓的周期性边界条件的出处，但是，稍细心的用户应该已经注意到了，所谓的周期性边界条件其实并不周期，这不愧为一个现代版的"白马非马"论(公孙龙，约公元前320~公元前250年)。一门学问，如果还不时要面对此类悖论的话，则不可能称之为一个足够一致、清晰的理论。通过本书可以看到此类混淆源于对问题理解的某些环节的空缺，每当此景，真理常常为误解所笼罩，而此处的所谓真理，其实可以很简单，当然，那只是在相应的考虑被揭示并与现有的知识框架有机地联系了起来的时候才显得简单，就如哥伦布(1451～1506)竖鸡蛋。

第二个挑战是有关的推导和叙述常常冗长，而有些内容看起来似乎重复，但仍不厌其烦地需要面对，因为如果省略这些，会使相应的陈述难以阅读，更不要说是按部就班地重现所推导的结果。在这方面，本书作者选择牺牲简洁以成全清晰。其实，要把这些建立起来的模型付诸实施的话，过程可能更冗长，幸好，依靠现有的计算机硬件与软件，大部分如此重复的步骤可以由计算机来代劳，而用户的责任仅仅是给计算机发出正确的指令，让计算机来执行便可，尤其是施加正确的边界条件，这在作者和他近年来的不同的合作者们所开发的软件 UnitCells© 中可以看到，此软件已由 Elsevier 出版社开源发表于该出版社的一个与本书的原著(英文)相应的网站(Elsevier.com)；而其一更新的版本也会由本书的出版社(科学出版社)开源发表，读者可以通过扫描书背上的二维码而获取。

多尺度是复合材料的特征之一，无论是在材料设计还是材料表征的层面，都有从组分材料在低尺度上的特性导出复合材料在其高尺度上的等效特性的需求，本书所建立的方法论，正如上述提及的分析软件所展示的，在奠定一个严格的理论框架的基础上，提供了强有力的建立在代表性体元与单胞基础上的多尺度的复合材料的表征手段。

1.6　本书的结构

本书的原著是英文版的 *Representative Volume Elements and Unit Cells—Concepts, Theory, Applications and Implementation*，由 Elsevier 出版社于 2020 年出版，而本书不完全是原著的中文译版，更确切地说，它应该是第二版，以中文撰写，因除了订正原著中的种种不周之外，还添加了第 15 章的内容。原著源于作者和他的一位合作者为 *Comprehensive Composite Materials II* (Li and Sitnikova, 2018)丛书所撰写的一章，尽管主旨相同，但内容上则已被大大地充实、延拓、周全了。本书为了实现所设置的目标，如同原著，还是分三部分共十五章逐步展开。紧接作为引言的本章，基本的概念、原理作为基础在第一部分中给出，尽管很基本，有些内容可能不见于任何现有的文献，譬如，第 2 章中的对称性，特别是其与相关的物理场的关系；还有第 3 章中的材料分类的概念以及旋转对称性在材料分类中的作用；第 4 章中的代表性体元与单胞之间的逻辑关系；作为该部分的高潮，其最后一章，即第 5 章罗列了在运用代表性体元与单胞的文献中，由对基本概念和原理的无知或滥用所造成的常见的错误，分析了问题的前因后果，旨在强调基本概念和原理的重要性。

第二部分是本书的主要部分，陈述代表性体元与单胞的建立，其边界条件，包括一般性的考虑及其特殊问题的特殊考虑，旨在将第一部分中给出的那些基本概念和原理应用于代表性体元与单胞的建立。通过诸多形形色色的应用，读者的理解可望回归于那些基本概念和原理，换言之，一个代表性体元或单胞可能有别于另一个，它们具有不同的形状，得出的边界条件看上去也大相径庭，加之问题固有的处理与选择本来就缺乏唯一性，容易眼花缭乱，但是，基本的考虑始终如一，万变不离其宗。这是第 6 章希望传递的关键信息。一旦单胞被系统地建立起来，就可以得到一些处理方法上的便利，甚至都不需要任何处理便可以得到最重要的分析结果，譬如，对单胞的有限元分析的结果的后处理，这些可以被理解为幸运的巧合，其实，它们都有严格的数学依据，第 7 章即提供这些数学考虑，作为建立单胞的数学根据。就建立单胞而言，平移对称性已经足够，这也是妥善构建单胞的正确途径，但是，额外的对称性，如反射、旋转，如果存在，一方面有帮助，另一方面又常常是引起混淆的原因所在，它们的正确处理在第 8 章中详述，以消除不必要的疑虑与不确定性。

建立代表性体元的问题专门在第 9 章中讨论，其中最关键的概念之一是何谓代表性。施加边界条件还有后处理都必须反映代表性这一基本考虑。另外，此章中还就后处理问题展示了直觉与数学的严谨之间的差别。

如上建立起来的理论框架具有普适性，当然也适用于其他物理问题，作为一个例子，第 10 章跨越学科的边界，把代表性体元与单胞的概念应用到另一类问题，包括热传导、液体在多孔介质中的渗流等多种不同类型物理问题，数学上称为扩散问题。

第二部分终止于第 11 章，及时地交代了代表性体元与单胞的适用性，代表性体元与单胞的任何应用都不应该超越其适用性的边界，除非另有合理的依据。

更进一步的应用，包括其深度与广度，是本书第三部分的目标，涵盖若干精心选择的主题，都是作者有第一手的经验问题。在第 12 章里，一方面讨论比较热门的纺织复合材料，并借此在这个问题上澄清一下很大程度上由于大量的对称性的存在而造成的混乱，另一方面为读者提供一个温故而知新的机会，练习一下本书前面两部分所建立的基本概念、原理以及操作流程。

另一个不无诱惑力的问题是有限变形，这是第 13 章的主题。在当今工程应用中，超出传统的小变形范畴的情形屡见不鲜，当然，有时是精心的设计，而有时则可能是误打误撞，多数现代的有限元软件都具备分析有限变形的功能。然而，代表性体元与单胞在有限变形条件下的应用却不是一个漫不经心就可以摆平的问题，这在该章中作了充分的展示，更确切地说，此章的工作与其说是解决该问题，不如说是揭示了该问题的复杂性，有一系列被掩盖在表面之下的关键性的细节，还处在一个说不清道不明的境地，只是用户们不曾注意到罢了。特别是，描述各向异性材料因变形而导致的材料主轴方向的改变，完全缺乏妥善的理论框架，在此情况下，商用有限元软件是瞒着用户而帮用户作了一些相当任意的假设，也没在其手册中作任何必要的说明，提供其他参考文献，第 13 章借 Abaqus(Abaqus，2019)演示了此问题的处理方式之荒唐。就任何代表性体元与单胞的有限变形问题而论，请用户保持警觉，应该是一句语气过于温和的提示。

第 14 章用来展示一个由作者及其合作者们携手开发出的一个代表性体元与单胞的分析软件，即前面已经提到过的 UnitCells©，此系一个 Abaqus 平台上的二次开发的例子，通过此软件，本书所推出的建立在清晰的概念和原理框架基础上的代表性体元与单胞被严格地也成功地实施。对于工程人员(包括本书的作者)来说，理论终究是为了应用与实施，本书正是为此，不多也不少，至少这是作者的愿望，读者可以判断目标是否已实现。

第 15 章是第三部分也是整书的压轴戏，在有限元法之外，这章给出了一个半解析的单胞的求解方法，目的是提供一个单胞在逆问题上应用的例子。通常的单胞分析是输入组分材料的特性，得到复合材料的等效特性，但是，稍细心一点的读者也许会想到，组分材料的特性，如纤维的泊松比、横向的弹性模量、剪切模量如何测得呢？至少，这些都不容易测量。相反地，一旦做成了复合材料，作为宏观的材料，其特性的测量要容易得多。所谓的逆问题，就是从能够测得的复合材料及基体材料的特性，反推出一些不易测量的纤维的特性。因为分析过程涉及迭代，用有限元法效率太低，又因问题仅涉及最简单的单胞，半解析求解可行。

希望本书有助于材料科学与工程界的诸多领域的研究人员，但它显然不适合作为教科书，即便如此，本书中的有些内容，特别是对称性、材料分类、边值问题中正确的边界条件的重要性等，应该可以给各个层次的大学生、研究生们提供一些补充知识，理想境界是，学生们应该已经在他们的课程的适当部分被系统地传授了这些知识，但是实际情况则不然，在很多人的知识体系里，这些知识至今尚是空白，甚至有人都不愿意承认缺乏这些知识这一事实。

参 考 文 献

Abaqus. 2019. Abaqus Analysis User's Guide. Abaqus 2019. HTML Documentation.
https://baike.baidu.com/item/%E5%85%AC%E5%AD%99%E9%BE%99/171340?fr=aladdin.
https://en.wikipedia.org/wiki/Egg_of_Columbus.
https://www.elsevier.com/books-and-journals/book-companion/9780081026380.
Li S, Sitnikova E. 2018. An Excursion into Representative Volume Elements and Unit Cells. // Beaumont P W R, Zweben C H. Comprehensive Composite Materials Ⅱ. Oxford: Elsevier.
Li S, Sitnikova E. 2020. Representative Volume Elements and Unit Cells—Concepts, Theory, Applications and Implementation.Duxford:Woodhead Publishing Series in Composites Science and Engineering, Elsevier.

第2章 对称性、对称性变换和对称性条件

2.1 引　　言

几何形状往往具有一定的特征，称为对称性。对称性作为一个数学概念，除了初等几何学里开始介绍几何图形时提及，就要到高深、抽象的集合与群论了，而在那里，每个对称性可以被定义为某个集合的元素，再在这些元素之间定义某些运算，就引进了群的概念，一经入门，作为敲门砖的对称性就不再提起了，似乎不愿意朝着工程应用再迈一步。而在工程学科中，对称性从来都没有能够成系统地被纳入任何一门课程的内容，通常，只是在结构力学或者在有限元分析的一些特别的例子里，基本上靠直觉，作一些非常局限的应用。

作为一术语，对称性可谓路人皆知，但是，当将此术语用于稍稍有点科学性的问题时，混乱的理解便开始露马脚了。譬如，如图 2.1(a)中的形状，任何人都无需迟疑，便可以道出其关于纵轴的镜面反射对称，而对于图 2.1(b)中的形状，不同的描述就出现了，有的说斜对称，有的说反对称，无一击中要害，除了传达这跟镜面对称不同的信息之外，别人无法根据此类描述唯一地确定该几何形状的真正的数学特征。

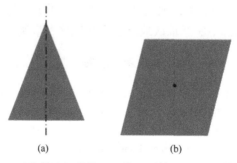

(a) (b)

图 2.1　对称的几何形状：(a)镜面反射对称；(b)旋转对称

图 2.1(b)中的形状的几何特征，其确切的描述是关于中心 180°旋转对称。引用这一简单的例子是想说明，如果想要在实际问题中严肃地利用对称性，那么就必须明确各种不同的对称性的定义，否则，混淆在所难免。

2.2　几何变换与对称性的概念

前面提到的镜面反射与旋转都是一些几何变换，所谓变换，就是把一几何图形中的每一点、每一特征，按一定的规则，映射到另一个图形，新的图形或其中的每一点、每一特征都称为"象"，而原图形及其中的相应的点、特征都称为"原"，象与原之间的关系，即为该映射的含义所在。事实上，除了前面提到的镜面反射与旋转变换之外，还有另一种十分重要的几何变换叫平移，这些几何变换分别通过一个简单的例子，在图 2.2 中给出。下面就来系统地分别介绍这些几何变换。

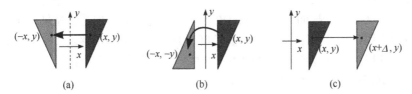

$$(-x, y) \qquad (x, y) \qquad\qquad (-x, -y) \qquad (x, y) \qquad\qquad (x, y) \qquad (x+\Delta, y)$$

(a)　　　　　　　　　(b)　　　　　　　　　(c)

图 2.2　几何变换：(a)反射；(b)旋转；(c)平移

2.2.1　反射变换与反射对称性

在一平面上，把一点(原)从一轴线的一侧映射到该轴线的另一侧一点(象)，原与象到该轴线的距离保持相等，这种变换叫作反射变换，也叫镜面反射变换或镜面变换，在本书的下文中，这些名词可能交替使用，以便读者熟悉它们而不致混淆。对一形状的反射变换就是对该图形的所有点逐点关于同一轴线作反射变换，如图 2.2(a)所示意，深色的三角形被反射变换到浅色的三角形。更一般的情况是变换所涉的轴线，不一定是坐标轴，而可以是平面内的任一直线。图 2.2(a)中之所以选 y 轴，仅仅是为了方便而已。

把该变换的概念推广到三维空间，那么，该变换就是关于一个平面的反射变换，与二维的情形类似，这个平面也未必是一坐标平面，事实上，在很多的应用问题中，该平面可能是倾斜的，因此，坐标平面可以视作一特例。平面问题中的反射轴线是三维情况下的反射平面在二维情形下的特殊表现形式，当然，反射对称也可以进一步推广到高维的抽象空间，但限于本书主旨，此处就恕不涉猎了。

反射变换通常用数学符号 Σ_p 来表示，其下标 p 相应于用来定义反射的平面，即 p 平面，有时，泛泛用来指一个反射变换而不需要明确指定关于哪一个平面时，可简记为 Σ。

这样，反射对称性就可以借助于反射变换来定义：当一物体或一几何形状在一个关于一平面(对于三维问题)或一轴线(对于二维问题)的一个反射变换后不表现出任何的差异，则此物体或几何形状便称为是关于该平面或轴线反射对称或镜面对称的。显然，图 2.1(a)中的形状关于纵轴是反射对称的。

2.2.2 旋转变换与旋转对称性

在一般的三维空间中，旋转变换也是一个映射，把原变换到它的象。这个变换在几何上是关于一条轴旋转一个角度。作为一个变换，可以描述如下：给定一条旋转轴，过任意一点，可以定义唯一的一个垂直于该轴的平面，如果把这一点作为原，其象也位于这个平面，并且，到旋转轴的距离与原到旋转轴的距离相等，而原和象两点关于旋转轴的夹角 α 则为旋转的角度，从原到象的这样的一个变换就是关于该旋转轴旋转 α 角的一个旋转变换。图 2.2(b)所示的是一关于垂直于纸面的轴的 180° 的旋转变换。二维的情形如法定义，这时，旋转轴退化为平面上的一点。就定义旋转变换而言，旋转的角度可以是任意值，但是，旋转变换在对称问题中的应用，往往是限于 360°/n 的角度，其中，n 是一正整数。如同前述的反射变换，这里的旋转变换的旋转轴不一定要是一坐标轴，而坐标轴可以是特例。图 2.2(b)的旋转轴为 z 轴，垂直于纸面。

一个旋转 360°/n 角的旋转变换，通常被记为 C_a^n，其中 a 代表旋转轴。当泛指一旋转变换而不限定旋转轴时则记为 C^n，最常见的旋转变换是 180°，即 C^2，如图 2.2(b)所示。

如果一物体或一几何形状在一个关于一轴线的一个旋转变换后不表现出任何的差异，则此物体或几何形状便称为是关于该轴线旋转对称的。显然，图 2.1(b)中的形状关于 z 轴(垂直于纸面)是旋转对称的。相对于同一根轴，可以有很多不同的旋转对称性，如 C^2、C^3 等，即相应于不同的整数 n，而反射对称性对于同一个反射面来说是唯一的。

反射对称毫无疑问是最常见的对称性，也是读者们最熟悉的对称性，以至于对有些人来说，这就是对称性的所有内容了，反映这个认知的一个例子是，在商用有限元程序系统中，如 Abaqus (2019)，对称性作为约束条件，仅限于反射对称。其实，如上引进的旋转对称性与反射对称性同样重要，特别是在复合材料和复合材料结构中，或者是其他具有微观或细观组织的构形，简称构形或织构，如纺织复合材料、晶格状结构(lattice)等，在有些此类材料的织构中，例如，关于垂直于层合板平面的任一平面的反射对称有时可能根本就不存在，而旋转对称性则可能比比皆是。如任意铺层的复合材料层合结构，由于纤维走向的缘故，一般不存在反射对称，但关于垂直于层合板平面的轴的 180° 的旋转对称则显而易见(Li and Reid，1992)。

2.2.3 平移变换与平移对称性

平移对称性是一个最容易被忽视的几何特征，对本书主题，即复合材料的多尺度表征的应用而言，这又恰恰是最重要的一种对称性(Li，1999，2001，2008；Li and Wongsto，2004)，正如第 5 章要详细讨论的，如果不是正确地使用该对称性，材料便不可能被逻辑地均匀化，单胞也无从建立。

反射对称和旋转对称适用于有限尺寸的物体、形状，也适用于无限尺寸的，与它们不同的是，平移对称仅适用于无限尺寸的物体、形状，但也正因为如此，这在建立单胞的过程中，不可能被其他对称性所取代，因为除了它，没有一个其他的对称性可以把无限的区域等价地减小成一个有限的区域来研究，并在不同尺度之间建立联系。图 2.3 示意了一个具平移对称性的构形，该图应该理解为是从一个无穷区域中取出来示意的一部分。

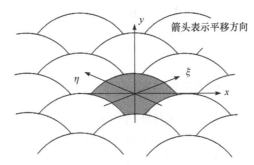

图2.3 一个具有平移对称性的构形(假设所示部分截自一无穷区域)

平移对称的概念可以与如前所述的反射、旋转对称一样，通过平移变换来定义。一个平移变换把一点(原)映射到沿固定方向、距该点(原)固定距离的另一点(象)，如图 2.2(c)中，方向沿 x，距离是 Δ，该平移变换通常记为 T_x^Δ，或者 T^Δ(如果不特指某个方向的话)，当然，方向也不一定是沿着坐标轴的方向。

一个物体或形状(当然尺寸必须无穷大)，如果在经历了一个沿方向 A、距离 Δ 的平移变换后没有任何改变，那么该物体或形状就称为是平移对称的，平移量为 Δ，沿 A 方向。有时，这也被描述为在该方向是周期的，而周期是 Δ。显然，如果一物体或形状具有 T^Δ 的平移对称性，则它也一定具有 $T^{k\Delta}$ 的对称性，其中 k 是任一正整数。在实际应用中，人们感兴趣的一般是最小平移量的平移对称，譬如，如果应用于建立单胞，那便可以让单胞的尺寸取得最小。

一个构形，可以有沿不同方向的多个平移对称性，平移对称的方向也不一定是沿坐标轴的方向，它们之间也未必要相互垂直。如图 2.3 中所示的一个平面构形，其具有沿 x、y、ξ、η 四个不同方向的平移对称性。一般地，在一 N 维空间里的任一构形，至多可以有 N 个独立的平移对称性。譬如，在图 2.3 的四个平移对称性中，沿 ξ 和 η 方向的就是两个独立的平移对称性，沿 x 和 y 方向的平移对称性都可以由这两个组合出来：沿 x 方向的平移对称是一个沿 ξ 的正位移和一个沿 η 方向的负位移的组合，而沿 y 方向的平移对称性可以是一个沿 ξ 的正位移和一个沿 η 方向的正位移的组合。系统中有多余的平移对称性，可以给分析人员提供更多的选择，但是，同时也难免使其困惑、混淆。然而，这随着所要研究的问题而来，不随分析人员的意志而转移，除了正确地处理它们，别无他途。了解问题中存在的所有的对称性，搞清楚它们之间的相互关系，是避免困惑、混淆的关键。

就本书而言，对称性的一个重要应用在于减小所需分析的物体的尺寸，使用反射对称性 Σ，可以将尺寸减半，而使用旋转对称性 C^n，则可减至 $1/n$，这些都很可观，然而，如果所需分析的物体原来是无限大的，那么，无论是其一半还是 $1/n$，都还是无限大的。平移对称性是唯一的一种对称性，其能将无限减至有限。譬如，使用 T_x^{Δ} 就可能将在 x 方向无限大的区域减至长度为 Δ 的一个周期。然而，尽管平移对称性是如此重要，但却从来没有在任何工程科目中有过恰如其分的介绍。

2.2.4 作为一门数学学问的对称性问题

除了前三子节分别介绍的三种对称性之外，对称性还可以有不同的形式。以反射为例，在三维空间中，除了关于平面的反射对称性，还可以有关于一轴线的反射对称性，不过，这恰与 180°的旋转对称性重合，反射对称还可以是关于一个点，称为中心对称性，这等价于一个关于过该点的任一轴线的一个 180°的旋转对称和另一个关于垂直于该轴线并也通过该点的平面的反射对称的复合，且与顺序无关。一般地，独立的对称性仅有三种，即反射、旋转及平移，而其他的所有对称性都可以由这三种对称性排列组合而得。有的对称性，如中心对称，尽管不独立，但若恰当使用，则可给有些问题的分析带来可观的便利 (Li and Zou, 2011)。

作为几何变换，一个特殊情况是把任一点映射到该点本身的变换，即象与原重合，该变换听起来似乎平庸，但数学意义上，它可能是所有变换中最重要的一个，称为单位变换，与之相应的对称性可称作自身对称。如果把所有的对称性都收录在一个集中，再在这个集上引入若干运算，则该集便可以成为一群。群的概念，首先由一年轻的数学家伽罗瓦(Galois，1811～1832)为证明五次以上的方程不再存在一般解的命题时引进，但完全不受当时的大数学家们的待见，直到他英年早逝多年之后，方被人们所认识。如果读者对于对称性的内在特性感兴趣的话，也许群论是一条数学途径，不过，这显然已经超出了通常的工程学科的范畴，也非本书所能涵盖，感兴趣的读者不妨参阅有关数学参考书，如 (Humphreys and Prest, 2004)。不过，请有所准备，因为这对于非数学专业的读者来说一定是非常抽象、复杂的数学理论。幸好，对工程应用来说，如上述已提供的清晰的、形象的关于对称性的定义，至少就本书所涉及的问题而言已经足够了。

2.3　物理场的对称性

如图 2.2 所示的几何变换可以表示为从位于点 $P(x, y, z)$ 的原到位于点 $P'(x', y', z')$ 的象的一个映射，为了后面的应用，采用如下的数学表述。

设平面 p 平行于 y-z 坐标平面(也称为 x 平面，因为垂直于 x 轴)，其可以由一个 x 坐标，如 $x=x_0$ 来确定。关于该平面的反射变换可记为

$$\Sigma_p: \quad P(x-x_0, y, z) \rightarrow P'(-(x-x_0), y, z) \tag{2.1}$$

类似地，一平行于 x 坐标轴的轴线，可以由 $y=y_0$ 和 $z=z_0$ 两个坐标确定，关于该轴线的一个 $360°/2$ 的旋转变换可记为

$$C_a^2: \quad P(x, y-y_0, z-z_0) \rightarrow P'(x, -(y-y_0), -(z-z_0)) \tag{2.2}$$

一个沿 ξ 轴平移 $\boldsymbol{\Delta}=(\Delta_x, \Delta_y, \Delta_z)$ 的平移变换可记为

$$T_\xi^\Delta: \quad P(x, y, z) \rightarrow P'(x+\Delta_x, y+\Delta_y, z+\Delta_z) \tag{2.3}$$

上述的反射和旋转变换可以提得更一般一点，譬如，反射可以是关于一任意的平面，而未必一定是垂直于坐标轴的平面，旋转的轴可以是任一直线，而未必是平行于一坐标轴的直线。不过，就本书而言，如此一般化无甚必要，因为通过恰当地选择坐标系，总可以使得所要研究的问题中的对称性恰好是关于某特定的坐标面或坐标轴。特别地，在上述的反射变换中，如果 $x_0=0$，则对称面正好就是坐标平面 x 面；在上述的旋转变换中，如果 $y_0=z_0=0$，则对称轴即为坐标轴 x。上述定义的平移变换应该已经是最一般的情况了，即未必沿任一坐标轴，在 Δ_x、Δ_y、Δ_z 中，如果任何一个为 0，那么平移就只发生在一个坐标平面内；如果有两个为 0，那么平移就是沿一个坐标轴的方向。

一个物体或形状，如果在如上定义的某一变换后不发生任何变化，那么该物体或形状具有与变换相应的对称性，至此，该对称性仅限于描述几何特征。每个物理问题都有自己的定义域，定义域是一几何区域，具有一定的几何形状。在定义域具有几何的对称性(反射、旋转或平移)的前提下，可以把对称性的概念引入物理场。需要指出，只有在定义域是对称的情况下，才有物理场的对称性可言，否则，物理场的对称性就像无源之水。

如同几何的对称性的概念，物理场的对称性也可以通过物理场的变换来引入。假设一物理场 $\varphi(x, y, z)$，对其可以作与其定义域相应的反射、旋转或平移变换而得到另一个物理场如下：

反射：$\Sigma_p: \quad \varphi(x-x_0, y, z) \rightarrow \varphi(-(x-x_0), y, z)$ \hfill (2.4)

旋转：C_a^2： $\varphi(x, y - y_0, z - z_0) \rightarrow \varphi(x, -(y - y_0), -(z - z_0))$ (2.5)

平移：T_a^{Δ}： $\varphi(x, y, z) \rightarrow \varphi(x + \Delta_x, y + \Delta_y, z + \Delta_z)$ (2.6)

以反射变换为例，在一维空间里，任一物理场就是一单变量函数 $\varphi(x)$，关于 x_0 的一个反射变换可以由图 2.4 来形象地表示，其中，问题的定义域是一区间$[x_1, x_2]$，x_0 为区间中点，故该区间关于 x_0 对称，所讨论的物理场如实曲线所示，反射变换将其一一对应地映射到虚曲线上。

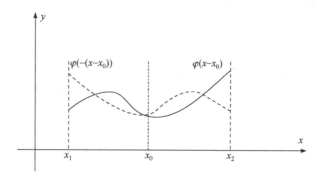

图 2.4 一个一维场的反射变换的例子

一般地，一个在三维空间里的标量性质的物理场，如果在与其定义域的对称性变换(2.1)相应的变换下，满足

$$\varphi(-(x - x_0), y, z) = \varphi(x - x_0, y, z)$$ (2.7)

则称该物理场是关于 $x=x_0$ 平面呈反射对称的(在定义域关于 $x=x_0$ 平面反射对称的先决条件下)；如果一物理场在与其定义域的对称性变换(2.2)相应的变换下，满足

$$\varphi(x, -(y - y_0), -(z - z_0)) = \varphi(x, y - y_0, z - z_0)$$ (2.8)

则称该物理场是关于 $y=y_0$ 及 $z=z_0$ 轴(即平行于 x 轴)呈旋转对称的(在定义域具有相同的对称性的先决条件下)；如果一物理场在与其定义域的对称性变换(2.3)相应的变换下，满足

$$\varphi(x + \Delta_x, y + \Delta_y, z + \Delta_z) = \varphi(x, y, z)$$ (2.9)

则称该物理场是呈平移对称的，平移量为 Δ_x、Δ_y、Δ_z(在定义域在平移方向是无限的并具有相同的对称性的先决条件下)。

物理场在定义域内，在满足上述条件的前提下，还可以有另外一种对称性，叫反对称，如果满足如下相应的条件：

$$\varphi(-(x - x_0), y, z) = -\varphi(x - x_0, y, z)$$ (2.10)

$$\varphi\big(x,-(y-y_0),-(z-z_0)\big)=-\varphi(x,y-y_0,z-z_0) \tag{2.11}$$

$$\varphi\big(x+\varDelta_x,y+\varDelta_y,z+\varDelta_z\big)=-\varphi(x,y,z) \tag{2.12}$$

则分别被称为是反射、旋转、平移反对称的。反对称是特定的、定义在对称的定义域上的物理场的特征，对于作为定义域的几何形状或物体来说，无反对称之说，用反对称来描述如图 2.1(b)的特征，则只能是含糊其词，描述了与不描述差别不大，甚至更糟。

　　下面用反射对称在一维的情况下的特例，来形象演示对称与反对称的概念，图 2.5 中的由实曲线代表的物理场关于 $x=x_0$ 是对称的，而由虚曲线代表的物理场关于 $x=x_0$ 是反对称的。如果一个物理场在 $x=x_0$ 处连续的话，那么反对称的一个必要条件是，代表物理场的函数在 $x=x_0$ 处的函数值为零，因为只有零有可能是既为负也为正。

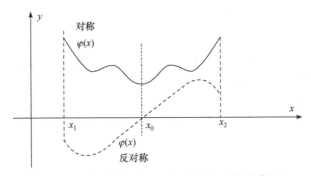

图 2.5　一个对称的和一个反对称的一维场的例子

　　如果 $x_0=0$，对称与反对称就是数学中熟知的概念了，即偶函数与奇函数，只是术语稍稍有别而已。

　　可见，作为一个意义明确的术语，反对称是物理场(函数)的属性，而不是定义域的几何形状本身或物体的属性，不过，一个物理场反对称的先决条件是其定义域是对称的。这也是为什么称图 2.1(b)的形状为反对称的误解、误导之处。

　　事实上，定义在对称的定义域上的物理场并不都是对称或反对称的，对称的与反对称的，仅仅是两种特殊情况，而一般情况则是非对称的。在构造代表性体元或单胞时，需要使用平移对称性，但位移场一般都不是平移对称或反对称的，因此，需要适当的处理，以确保对称性条件仅施于其中对称的部分，这在本章的2.5.3～2.5.5 节中会详述，并在第 6 章中付诸应用。

　　前面考虑的物理场是标量场，相对来说最简单，故作为引子。在给定的定义域上，对一个矢量性质的物理场 $\boldsymbol{\varPsi}$ 的变换可以定义如下：

反射：Σ_x：$\begin{Bmatrix} \psi_x \\ \psi_y \\ \psi_z \end{Bmatrix}_{(x-x_0,y,z)} \rightarrow \begin{Bmatrix} \psi'_x \\ \psi'_y \\ \psi'_z \end{Bmatrix}_{(x',y',z')} = \begin{Bmatrix} -\psi_x \\ \psi_y \\ \psi_z \end{Bmatrix}_{(-(x-x_0),y,z)}$，关于 $x=x_0$ 平面

$$(2.13)$$

旋转：$\quad C_x^2$：$\begin{Bmatrix} \psi_x \\ \psi_y \\ \psi_z \end{Bmatrix}_{(x,y-y_0,z-z_0)} \rightarrow \begin{Bmatrix} \psi'_x \\ \psi'_y \\ \psi'_z \end{Bmatrix}_{(x',y',z')} = \begin{Bmatrix} \psi_x \\ -\psi_y \\ -\psi_z \end{Bmatrix}_{(x,-(y-y_0),-(z-z_0))}$，

关于 $y=y_0$ 及 $z=z_0$ 轴

$$(2.14)$$

平移：T_x^Δ：$\begin{Bmatrix} \psi_x \\ \psi_y \\ \psi_z \end{Bmatrix}_{(x,y,z)} \rightarrow \begin{Bmatrix} \psi'_x \\ \psi'_y \\ \psi'_z \end{Bmatrix}_{(x',y',z')} = \begin{Bmatrix} \psi_x \\ \psi_y \\ \psi_z \end{Bmatrix}_{(x+\Delta_x,y+\Delta_y,z+\Delta_z)}$，沿平移方向$(\Delta_x, \Delta_y, \Delta_z)$

$$(2.15)$$

图 2.6 以一定义在二维空间的定义域上的一个二维矢量物理场及其定义域来展示一个关于轴线 $x=x_0$ 的反射变换，其中箭头表示场在所示的离散的点上的值，包括大小和方向。

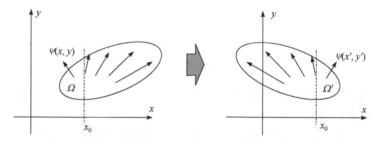

图 2.6　一个在二维空间的定义域 Ω 上关于轴线 $x=x_0$ 的矢量场的反射变换的例子

在一个几何对称定义域上定义的矢量场，在相应的变换下，如果具有下述特征，则被称为一个与该变换相应的对称的矢量场：

反射：$\begin{Bmatrix} \psi_x \\ \psi_y \\ \psi_z \end{Bmatrix}_{(-(x-x_0),y,z)} = \begin{Bmatrix} -\psi_x \\ \psi_y \\ \psi_z \end{Bmatrix}_{(x-x_0,y,z)}$

$$(2.16)$$

旋转：$\begin{Bmatrix} \psi_x \\ \psi_y \\ \psi_z \end{Bmatrix}_{(x,-(y-y_0),-(z-z_0))} = \begin{Bmatrix} -\psi_x \\ -\psi_y \\ \psi_z \end{Bmatrix}_{(x,y-y_0,z-z_0)}$

$$(2.17)$$

平移：
$$\left.\left\{\begin{array}{l}\psi_x\\\psi_y\\\psi_z\end{array}\right\}\right|_{(x+\Delta_x,y+\Delta_y,z+\Delta_z)}=\left.\left\{\begin{array}{l}\psi_x\\\psi_y\\\psi_z\end{array}\right\}\right|_{(x,y,z)} \tag{2.18}$$

而如果具有如下的特征的话，则被称为是反对称的矢量场：

反射：
$$\left.\left\{\begin{array}{l}\psi_x\\\psi_y\\\psi_z\end{array}\right\}\right|_{(-(x-x_0),y,z)}=\left.\left\{\begin{array}{l}\psi_x\\-\psi_y\\-\psi_z\end{array}\right\}\right|_{(x-x_0,y,z)} \tag{2.19}$$

旋转：
$$\left.\left\{\begin{array}{l}\psi_x\\\psi_y\\\psi_z\end{array}\right\}\right|_{(x,-(y-y_0),-(z-z_0))}=\left.\left\{\begin{array}{l}\psi_x\\\psi_y\\-\psi_z\end{array}\right\}\right|_{(x,y-y_0,z-z_0)} \tag{2.20}$$

平移：
$$\left.\left\{\begin{array}{l}\psi_x\\\psi_y\\\psi_z\end{array}\right\}\right|_{(x+\Delta_x,y+\Delta_y,z+\Delta_z)}=\left.\left\{\begin{array}{l}-\psi_x\\-\psi_y\\-\psi_z\end{array}\right\}\right|_{(x,y,z)} \tag{2.21}$$

图 2.7(a)和(b)分别示意了一个定义在二维域 Ω 上的反射对称的与反射反对称的二维矢量场的例子，作为先决条件，定义域 Ω 必须关于轴线 $x=x_0$ 反射对称，显然，就对称的情形而言，直觉已足够，而反对称的情形则超乎一般人的直觉，欲正确掌握，还是从严格的数学定义着手为妥。不巧的是，应用时常常遇到反对称的情形，特别是在处理剪切载荷时，缺乏对反对称概念的充分理解应该正是文献中在应用单胞时剪切载荷常被回避的原因所在。当然，如果所涉及的是旋转对称性，特别是旋转反对称性，那就更是直觉所望尘莫及的了，因此，旋转对称性或反对称性也常被回避。

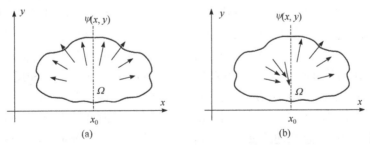

图 2.7 在二维空间的定义域 Ω 上关于轴线 $x=x_0$ 的(a)反射对称和(b)反射反对称的矢量场的例子

矢量和张量物理场要复杂些。一般来说，矢量场的每个分量都相应着一坐标轴。对于在一变换(反射、旋转或平移)下对称的矢量场来说，如果一坐标轴的方向在该变换下逆转其方向,那么,与该坐标轴相应的矢量场分量的值不变但方向将逆转;而如果一坐标轴的方向不随变换而改变,则与该坐标轴所相应的矢量场分量的值和方向都保持不变。譬如,图 2.7(a)中,在一个关于对称面 $x=x_0$ 的反射变换下,x 轴逆转,矢量场的 x 分量的值不变但方向逆转;而 y 轴方向不变,矢量场的 y 分量的值和方向都不变,故该矢量场是对称的。相应地,反对称的矢量场则涉及方向的改变,如图 2.7(b)所示。

同样的考虑也适用于一般的张量场的对称变换和反对称变换,但由于一个高阶张量的任一分量都涉及多个坐标轴,关于对称与反对称的表达也要复杂一些。如果把标量和矢量分别考虑为零阶和一阶张量,则对称变换与反对称变换的概念就可以被顺序推广到任意阶次的张量场如下。假设一 r 阶张量,其任一分量涉及 r 个坐标轴,不排除其中有坐标轴重复的情形。相对于某一变换,假设这 r 个坐标轴中有 $k(0 \leqslant k \leqslant r)$ 个坐标轴逆转方向。对于一个对称的变换,如果 k 是一偶数,则该分量的方向不变;如果 k 为奇数,则该分量会逆转其方向。在图 2.7(a)中,对于 y 分量,$k=0$(偶),故其方向不变;而对于 x 分量,$k=1$(奇),其方向逆转。反之,在一反对称变换下,如果 k 是偶数,该分量逆转方向;如果 k 是奇数,该分量方向不变。在图 2.7(b)中,对于 y 分量,$k=0$(偶),故其方向逆转;而对于 x 分量,$k=1$(奇),其方向不变。

上述表述,对零阶和一阶张量的适用性不言而喻,而对于高阶张量场的适用性,可以用一应变张量来验证,其阶次为 2。假设变换如下,即点 P 变换到点 P'。

$$\begin{bmatrix} \varepsilon_{xx} & \varepsilon_{xy} & \varepsilon_{xz} \\ \varepsilon_{xy} & \varepsilon_{yy} & \varepsilon_{yz} \\ \varepsilon_{xz} & \varepsilon_{yz} & \varepsilon_{zz} \end{bmatrix}_P \rightarrow \begin{bmatrix} \varepsilon_{xx} & \varepsilon_{xy} & \varepsilon_{xz} \\ \varepsilon_{xy} & \varepsilon_{yy} & \varepsilon_{yz} \\ \varepsilon_{xz} & \varepsilon_{yz} & \varepsilon_{zz} \end{bmatrix}_{P'} \tag{2.22}$$

其每一对角元都重复对应着同一坐标轴(2 次,偶数次),无论相对于哪一坐标轴,k 要么为 0,要么为 2,因此,一个对称变换将不会改变其方向,而一个反对称变换则必定逆转其方向。一剪切分量涉及两个不同的坐标轴,k 可以因具体分量或者所考虑的变换而取值 0、1 或 2,譬如,在一个关于一垂直于 x 轴的平面的反射变换下,应变分量 ε_{xy} 和 ε_{xz} 对应 $k=1$,在一个对称变换下将会改变方向;而 ε_{yz} 对应 $k=0$,在一个对称变换下将不会改变其方向。反对称的情形则刚好相反。在关于一平行于 z 轴的旋转(180°)变换下,ε_{yz} 和 ε_{xz} 对应 $k=1$,在一个对称的变换下将会改变方向;而 ε_{xy} 对应 $k=2$,在一个对称的变换下将不会改变其方向。反对称的变换同样是刚好相反。感兴趣的读者不妨将如上考虑应用于四阶张量,如材料的刚度或柔度张量。由上述例子可见,剪切的确要复杂很多,而且容易混淆。

标量物理场的对称性非常直观,除非不慎,不易出错,而矢量和张量物理场的对称性或反对称性则极易被误解,因为即便是一个对称的矢量或张量物理场,有的分量的原和象之间值和符号都保持不变，但有的则在保持其值的同时会改变符号；反之，一个反对称的矢量和张量物理场，有的分量的原和象之间改变符号但其值不变，而有的则其值和符号都不改变。到底哪一个改变符号，哪一个符号不变，严格的规则已如上给出，请参考图 2.7，通过二维空间的矢量场以帮助理解。应用时最好按部就班，靠直觉走捷径往往被直觉所误导。

一个物理场的对称性或反对称性，如若存在，则是该物理问题的一个重要特征，借助之，可以简化问题，而且往往简化的幅度可观，这通常需要把相应的结论数学地表达出来，称为对称性条件。譬如，对于单胞的应用，即所谓的边界条件。然而，为了得出完整的对称性条件，仅如上所述的对称性还不够，还必须加入另一考虑，即连续性，这将是 2.4 节的主题。

2.4　连续性与分离体图

在大多数物理问题中，所涉及的物理场的连续性是一个重要特征，其通常是构建该物理问题的一个基本条件。譬如，在一个可变形体的力学问题中，位移场的连续性是变形运动学的要求，因此，也是建立在位移法基础之上的有限元法的适用性的前提，连续性要求自然不能因为任何对称性的考虑而被忽略或破坏。

除了位移这一矢量场外，一个可变形体的力学问题还会涉及应力 σ 和应变 ε 这两个张量场。关于应力和应变场的连续性，也是一个常引起混淆的话题。应力和应变场并不必完全连续，换言之，这两个张量的各自的六个独立分量并不必同时是所有坐标的连续函数。对于应力场，连续性的基本要求是满足牛顿第三定律，即任一平面上暴露出来的面力在该平面的法线方向上必须是连续的，这在本节稍后还会详述。应力张量的六个分量中，有三个分量，包括两个正应力和一个剪应力，均不暴露于该平面，它们不必在该平面的法线方向连续。应该指出，至少就有限元法的运用而言，平衡方程不是应力场的连续条件。与平衡条件相关的是牛顿第一定律，在建立在变分原理基础上的方法中，如有限元，平衡条件是通过能量的驻值条件来满足的，因此，不可能如位移连续那样作为先决条件。为了描述各种场的必要的连续性，必须使用分离体这一工具，而且要正确地使用。遗憾的是，分离体作为诸多物理问题的基本方法，并不总是被正确使用的。

关于分离体图的混淆，其关键往往在于对牛顿第三定律的理解的欠缺，尤其是关于作用力与反作用力的定义，几乎所有人都能背诵作用力与反作用力的这些特征：大小相等、方向相反并作用于同一轴线上。而最重要的一条则有时被忽视，即它们分别作用于不同的物体。缺了这一点，作用力与反作用力便极易被误解成平衡力，并相互抵消，所导致的结果是有些力不能在分析中被正确地计及。

所谓分离体图，是假想地把物体切割分离，只要该物理问题中所必要的连续条件得以维持，如此的切割分离并不会破坏该物理问题的原状，恰恰相反，通过切割，原来隐而不见的内部变量在切割面上被暴露出来了，看得见，故而可以被恰当地研究，如考虑平衡、对称等。

假设一物体通过使用分离体图而被一分为二，如图 2.8(a)所示，而该物理问题涉及一矢量场，如位移场 $\{u\,v\,w\}^{\mathrm{T}}$，其中的第三个分量 w 朝向纸面外，故在图 2.8 中不可见，那么所谓的连续条件就是

$$(x,y,z)=(x',y',z') \tag{2.23}$$

$$\begin{Bmatrix} u \\ v \\ w \end{Bmatrix} = \begin{Bmatrix} u' \\ v' \\ w' \end{Bmatrix} \tag{2.24}$$

即分离面的两侧对应着同一物质点，因而两侧相应点处的位移相同。

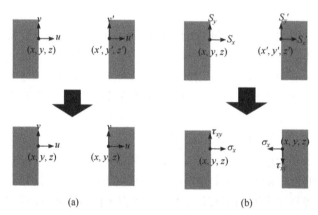

图 2.8 分离体图：(a)位移的连续性；(b)作为作用力与反作用力的、由切割所暴露出来的面上的面力及其用应力分量表示的结果

对于变形问题，u、v、w 为位移分量，如果没有如上的连续性，则在分离面处，物体在变形后则可能出现缝隙或重叠，这将破坏如下的变形运动学方程

$$\begin{bmatrix} \varepsilon_{xx} & \varepsilon_{yx} & \varepsilon_{zx} \\ \varepsilon_{xy} & \varepsilon_{yy} & \varepsilon_{zy} \\ \varepsilon_{xz} & \varepsilon_{yz} & \varepsilon_{zz} \end{bmatrix} = \begin{bmatrix} \dfrac{\partial u}{\partial x} & \dfrac{1}{2}\left(\dfrac{\partial u}{\partial y}+\dfrac{\partial v}{\partial x}\right) & \dfrac{1}{2}\left(\dfrac{\partial u}{\partial z}+\dfrac{\partial w}{\partial x}\right) \\ \dfrac{1}{2}\left(\dfrac{\partial u}{\partial y}+\dfrac{\partial v}{\partial x}\right) & \dfrac{\partial v}{\partial y} & \dfrac{1}{2}\left(\dfrac{\partial v}{\partial z}+\dfrac{\partial w}{\partial y}\right) \\ \dfrac{1}{2}\left(\dfrac{\partial u}{\partial z}+\dfrac{\partial w}{\partial x}\right) & \dfrac{1}{2}\left(\dfrac{\partial v}{\partial z}+\dfrac{\partial w}{\partial y}\right) & \dfrac{\partial w}{\partial z} \end{bmatrix} \tag{2.25}$$

方程(2.25)成立的必要条件是 u、v、w 关于 x、y、z 都连续，因为方程(2.25)右边

的矩阵元素中有 u、v、w 关于 x、y、z 的偏导数。

没有任何数学或物理的理由要求应力满足如位移似的如下的连续条件

$$\begin{bmatrix} \sigma_x & \sigma_{xy} & \sigma_{xz} \\ \sigma_{xy} & \sigma_y & \sigma_{yz} \\ \sigma_{xz} & \sigma_{yz} & \sigma_z \end{bmatrix}_{(x,y,z)} = \begin{bmatrix} \sigma_x & \sigma_{xy} & \sigma_{xz} \\ \sigma_{xy} & \sigma_y & \sigma_{yz} \\ \sigma_{xz} & \sigma_{yz} & \sigma_z \end{bmatrix}_{(x',y',z')} \tag{2.26}$$

因此，上述条件不是必要的。为了满足平衡方程

$$\frac{\partial \sigma_x}{\partial x} + \frac{\partial \tau_{xy}}{\partial y} + \frac{\partial \tau_{zx}}{\partial z} + f_x = 0$$

$$\frac{\partial \tau_{xy}}{\partial x} + \frac{\partial \sigma_y}{\partial y} + \frac{\partial \tau_{yz}}{\partial z} + f_y = 0 \tag{2.27}$$

$$\frac{\partial \tau_{zx}}{\partial x} + \frac{\partial \tau_{yz}}{\partial y} + \frac{\partial \sigma_z}{\partial z} + f_z = 0$$

每个应力分量仅需要满足一定的连续要求，譬如，σ_x 仅需关于 x 连续，因为平衡方程中 σ_x 必须关于 x 可微，而无须关于 y 和 z 可微。一个实际的例子是，层合结构中的任一面内应力在厚度方向都不一定连续。

关于应力的必要的连续条件应由面力

$$\{S\} = \begin{Bmatrix} S_x \\ S_y \\ S_z \end{Bmatrix} = [\sigma]\{n\} = \begin{bmatrix} \sigma_x & \tau_{yx} & \tau_{zx} \\ \tau_{xy} & \sigma_y & \tau_{zy} \\ \tau_{xz} & \tau_{yz} & \sigma_z \end{bmatrix} \begin{Bmatrix} n_x \\ n_y \\ n_z \end{Bmatrix} \tag{2.28}$$

来表达，其中 $\{n\}$ 是由分离体图的假想的切割所暴露出来的平面的外法线，在此切割所产生的两个相对的平面上的面力互为作用力与反作用力，牛顿第三定律要求它们大小相等、方向相反，如图 2.8(b)所示

$$\begin{Bmatrix} S_x \\ S_y \\ S_z \end{Bmatrix} = - \begin{Bmatrix} S_x' \\ S_y' \\ S_z' \end{Bmatrix} \tag{2.29}$$

因为它们分别作用于相对的平面上，故当然作用在不同的物体上。

作为一特例，考虑由一垂直于 x 轴的平面所切割的情形，这时在 x^- 和 x^+ 处，即由切割而产生的两个相对的平面上，外法线分别为

$$\{n\}|_{x^-} = \begin{Bmatrix} 1 \\ 0 \\ 0 \end{Bmatrix}, \qquad \{n\}|_{x^+} = \begin{Bmatrix} -1 \\ 0 \\ 0 \end{Bmatrix} \tag{2.30}$$

其上的面力则分别为

$$\{S\}\big|_{x^-} = \begin{Bmatrix} \sigma_x \\ \tau_{xy} \\ \tau_{xz} \end{Bmatrix}, \qquad \{S\}\big|_{x^+} = -\begin{Bmatrix} \sigma_x \\ \tau_{xy} \\ \tau_{xz} \end{Bmatrix} \tag{2.31}$$

因为 $\{S\}\big|_{x^-}$ 和 $\{S\}\big|_{x^+}$ 互为作用力与反作用力，牛顿第三定律要求

$$\{S\}\big|_{x^-} = -\{S\}\big|_{x^+}$$

即

$$\begin{Bmatrix} \sigma_x \\ \tau_{xy} \\ \tau_{xz} \end{Bmatrix}\Bigg|_{x^-} = \begin{Bmatrix} \sigma_x \\ \tau_{xy} \\ \tau_{xz} \end{Bmatrix}\Bigg|_{x^+} \tag{2.32}$$

显然，在由垂直于 x 轴的平面切割所产生的平面上的面力仅涉及上述三个应力分量，在切割平面处，这三个应力分量的连续性，即方程(2.32)，是牛顿第三定律的要求。因为作用力与反作用力分别作用于不同的物体，方程(2.32)不是平衡条件。

方程(2.32)所没有涉及的另外三个应力分量，在上述切割平面处不必连续，因为就涉及的切割平面而言，牛顿第三定律与它们无关。

方程(2.24)和(2.32)就是由分离体图而得出的连续条件，其叙述同样适用于垂直于 y 轴、z 轴，乃至任意朝向的平面。

2.5 对称性条件

为了能在不同物理学科中应用，对称性的概念除了其几何及所关心的物体的材料特性之外，还必须落实到与所研究的物理问题相关的物理场，如位移、应变、应力，只有这样，所谓的对称性的概念才能被充分地展开，并为所研究的物理问题提供有价值的信息，由对称性所蕴含的物理场的特性，在本书中称为对称性条件。

物理场(对于矢量场或张量场，则其分量)通常具有极性，即方向及正负，一个场乘以-1后即成了与原来相反的极性。极性的存在丰富了对称性的概念，但作为副产品，也带入了更多的容易造成混淆的机会。相对于几何意义下的对称变换，一个物理场可有对称与反对称之分。如果在对称变换下，物理场的极性不变，则此场是对称的；反之，如果在对称变换下，物理场的极性逆转，则此场是反对称的。显然，"对称"作为一形容词，可以用来描述几何、材料及物理场，但"反对称"仅可描述物理场。如果有人要执意滥用此术语，那么，结果会是误人误己。

读者也很容易以此作为一试金石，以辨真伪，而免被误导。

本节的目标是要对于前述已提到的三种对称性推导其相应的对称性条件。不失一般性，推导仅就变形体的力学问题给出，该问题涉及位移矢量场 u、应变张量场 ε、应力张量场 σ。尽管它们对该物理问题都同等重要，但对称性条件的推导将仅限于位移与应力，因为作为本书的主题，欲建立代表性体元与单胞，其关键的内容，即边界条件，需由它们来给出。

2.5.1 反射对称性

不失一般性，假设所讨论的反射对称性是关于一个垂直于 x 轴的平面，位于 x_0，物体的形状和材料特性关于此平面的对称性已经作为先决条件而满足。以对称平面将所研究的物体切割成两个分离体，如图 2.9(a) 所示。位移与面力的连续性要求

$$\left. \begin{Bmatrix} u \\ v \\ w \end{Bmatrix} \right|_{x_0^+} = \left. \begin{Bmatrix} u \\ v \\ w \end{Bmatrix} \right|_{x_0^-}, \qquad \left. \begin{Bmatrix} \sigma_x \\ \tau_{xy} \\ \tau_{xz} \end{Bmatrix} \right|_{x_0^+} = \left. \begin{Bmatrix} \sigma_x \\ \tau_{xy} \\ \tau_{xz} \end{Bmatrix} \right|_{x_0^-} \tag{2.33}$$

其中，朝纸面外的分量 w 和 τ_{xz} 未在图中明示，但不难想象其存在。因此，在下述的解析表达中将一直保留。

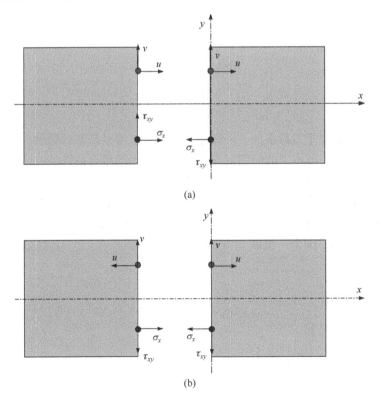

(a)

(b)

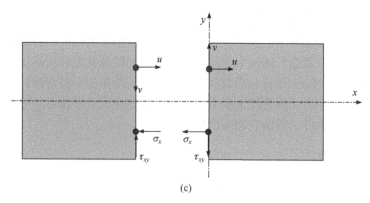

(c)

图 2.9　(a)展示位移和面力连续性的分离体图(x_0=0)；(b)对称的位移和面力；(c)反对称的位移和面力

　　如果所研究的位移与应力场关于该反射变换是对称的，如图 2.9(b)所示，则此对称性要求

$$\left\{\begin{array}{c} u \\ v \\ w \end{array}\right\}\Bigg|_{x_0^+} = \left\{\begin{array}{c} -u \\ v \\ w \end{array}\right\}\Bigg|_{x_0^-}, \qquad \left\{\begin{array}{c} \sigma_x \\ \tau_{xy} \\ \tau_{xz} \end{array}\right\}\Bigg|_{x_0^+} = \left\{\begin{array}{c} \sigma_x \\ -\tau_{xy} \\ -\tau_{xz} \end{array}\right\}\Bigg|_{x_0^-} \tag{2.34}$$

如果所研究的物理场关于该反射变换是反对称的，如图 2.9(c)所示，则反对称性要求

$$\left\{\begin{array}{c} u \\ v \\ w \end{array}\right\}\Bigg|_{x_0^+} = \left\{\begin{array}{c} u \\ -v \\ -w \end{array}\right\}\Bigg|_{x_0^-}, \qquad \left\{\begin{array}{c} \sigma_x \\ \tau_{xy} \\ \tau_{xz} \end{array}\right\}\Bigg|_{x_0^+} = \left\{\begin{array}{c} -\sigma_x \\ \tau_{xy} \\ \tau_{xz} \end{array}\right\}\Bigg|_{x_0^-} \tag{2.35}$$

对称或反对称取决于载荷条件，一般地，载荷条件可以是非对称的，既不对称也不反对称，幸好，就本书的应用而言，所需要处理的载荷条件经过适当的处理可以仅限于对称或反对称两者之一。从事结构分析的人员还会知道，任何非对称的载荷条件，都可以被分解成一对称的载荷条件和一反对称的载荷条件之和。

　　无论是对称的还是反对称的情况，如果考虑式(2.33)与式(2.34)，或者式(2.33)与式(2.35)，作为一组联立方程，即可消去那些在 $(\ )\big|_{x^-}$ 上的分量。在对称的情况下

$$u\big|_{x_0^+} = 0, \qquad \tau_{xy}\big|_{x_0^+} = \tau_{xz}\big|_{x_0^+} = 0 \tag{2.36}$$

而在反对称的情况下

$$v\big|_{x_0^+} = w\big|_{x_0^+} = 0, \qquad \sigma_x\big|_{x_0^+} = 0 \tag{2.37}$$

如上就是位移和应力在对称和反对称情况下, 在$\left(\;\right)\big|_{x^+}$侧的对称面上必须满足的条件, 它们便是欲利用对称性减小所需分析的问题的尺寸, 仅对$x \geqslant x_0$一侧的半个物体作出分析时, 在切割面上所必须满足的边界条件, 它们保证了分析半个物体的结果与分析整个物体的结果完全相同。当然, 如果分析工具是有限元的话, 与应力相关的边界条件是自然边界条件(Washizu, 1982), 不需要施加, 此叙述适用于下面所有的与应力相关的边界条件, 恕不逐一指出。

上述推导还同时产生如下的恒等关系, 在对称的情况下

$$v\big|_{x_0^+} = v\big|_{x_0^+}, \qquad w\big|_{x_0^+} = w\big|_{x_0^+}, \qquad \sigma_x\big|_{x_0^+} = \sigma_x\big|_{x_0^+} \tag{2.38}$$

在反对称情况下

$$u\big|_{x_0^+} = u\big|_{x_0^+}, \qquad \tau_{xz}\big|_{x_0^+} = \tau_{xz}\big|_{x_0^+}, \qquad \tau_{xy}\big|_{x_0^+} = \tau_{xy}\big|_{x_0^+} \tag{2.39}$$

这些都可以进一步约减成 0=0 的恒等式, 因为恒等, 故恒满足, 对所研究的物理问题也不带来任何额外的约束, 所以无须考虑。这也是为什么在文献中给出对称性条件时, 从不提及这些量。为什么有些量需要作为边界条件予以约束, 而有些量则不, 鲜有系统的推导, 也很少有相关的任何线索的出处, 细心的读者有时难免疑惑, 致使对对称性问题人们常有说不清道不明的感觉, 有时似乎可以意会, 但言传常有困难。这里不厌其烦, 赘述如上。

应该注意到, 反射对称性条件包括了对位移的一定的约束。在有限元分析中, 必须引入进一步的必要的约束, 以消除刚体运动。方程(2.36)中的第一式已经自动约束了x方向的刚体平移及关于y轴和z轴的刚体旋转, 而式(2.37)中的位移约束已经消除了y方向和z方向的刚体平移及关于x轴的刚体旋转。应该指出, 条件(2.36)或(2.37)中对位移的约束由对称性所致, 是对称性所引入的必要条件, 人为地给其中某一位移一个非零的值, 常见于在诸多的用反射对称来无理取代平移对称时的胡乱试凑的尝试之中, 数学上破坏了所考虑的反射对称性, 显然既不正确也无必要, 故不可效法。

2.5.2 180°旋转对称性

如同反射对称性, 180°的旋转对称性可以是对称的或反对称的, 先决条件是物体的形状和材料特性是180°旋转对称的, 而对称或反对称取决于载荷条件。同样地, 对称性条件可以从连续与对称这两个方面推导而得。图 2.10(a)所示的分离体图示意了连续性的要求。连续性对位移和面力的要求的数学表示可如下给出

$$\left\{\begin{matrix} u \\ v \\ w \end{matrix}\right\}\Bigg|_{y=0^+,z} = \left\{\begin{matrix} u \\ v \\ w \end{matrix}\right\}\Bigg|_{y=0^-,z} \tag{2.40}$$

$$\left\{ \begin{array}{c} \tau_{yx} \\ \sigma_y \\ \tau_{yz} \end{array} \right\}\Bigg|_{y=0^+,z} = \left\{ \begin{array}{c} \tau_{yx} \\ \sigma_y \\ \tau_{yz} \end{array} \right\}\Bigg|_{y=0^-,z} \tag{2.41}$$

它们与 2.5.1 节的反射对称性中的条件完全一样，因为它们连续性的要求与对称性无关。

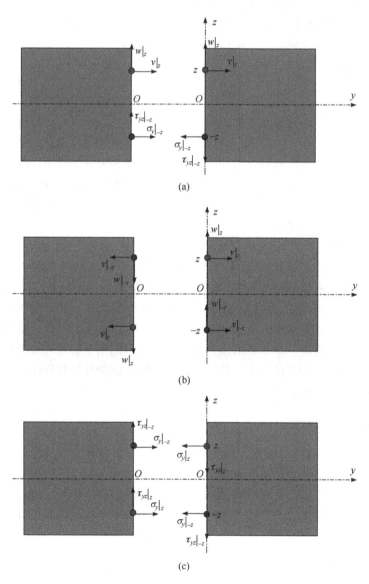

(a)

(b)

(c)

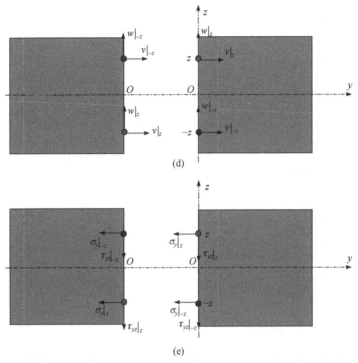

图 2.10　(a)展示位移和面力连续性的分离体图；(b)位移的对称的旋转对称性；(c)面力的对称的旋转对称性；(d)位移的反对称的旋转对称性；(e)面力的反对称的旋转对称性

就当下的讨论，旋转对称仅限于 180° 旋转，即 C^2，而在极坐标系中，其他角度的旋转对称性在第 6 章中将另行介绍，也可参阅(Li et al., 2014)。图 2.10 中的坐标系的选取(y-z 而不是 x-y)是为了方便地把所考虑的旋转定义为是绕着 x 轴的，因为绕 x 轴的旋转对称与关于一个垂直于 x 轴的平面的反射对称有一些内在的联系，这在第 3 章会详述。

就旋转对称而言，为推导相应的对称性条件所需采用的分离体图的切割面的选取，已不像在反射对称中那样唯一，而且切割的面也未必需要是平面，确切的要求是切割面必须包含对称轴，并且关于对称轴 180° 旋转对称。不失一般性，选取 x-z 平面为切割面，垂直于 y 轴，如图 2.10 所示，该切割面自然符合上述关于切割面的要求。

在一关于 x 轴 180° 的旋转变换下，在对称的情况下，位移与面力的关系分别示意于图 2.10(b)和(c)，而反对称的情况则示意于图 2.10(d)和(e)，数学表示如下。

对称旋转变换：

$$
\left.\begin{Bmatrix} u \\ v \\ w \end{Bmatrix}\right|_{y=0^+,-z} = \left.\begin{Bmatrix} u \\ -v \\ -w \end{Bmatrix}\right|_{y=0^-,z} \tag{2.42}
$$

$$
\left.\begin{Bmatrix} \tau_{yx} \\ \sigma_y \\ \tau_{yz} \end{Bmatrix}\right|_{y=0^+,-z} = \left.\begin{Bmatrix} -\tau_{yx} \\ \sigma_y \\ \tau_{yz} \end{Bmatrix}\right|_{y=0^-,z} \tag{2.43}
$$

反对称旋转变换：

$$
\left.\begin{Bmatrix} u \\ v \\ w \end{Bmatrix}\right|_{y=0^+,-z} = \left.\begin{Bmatrix} -u \\ v \\ w \end{Bmatrix}\right|_{y=0^-,z} \tag{2.44}
$$

$$
\left.\begin{Bmatrix} \tau_{yx} \\ \sigma_y \\ \tau_{yz} \end{Bmatrix}\right|_{y=0^+,-z} = \left.\begin{Bmatrix} \tau_{yx} \\ -\sigma_y \\ -\tau_{yz} \end{Bmatrix}\right|_{y=0^-,z} \tag{2.45}
$$

分别与式(2.40)和式(2.41)联立，消去 $(\ )\big|_{y=0^-}$ 上的分量之后，对称情况下的对称性条件为

$$
\left.\begin{Bmatrix} u \\ v \\ w \end{Bmatrix}\right|_{y=0^+,z} = \left.\begin{Bmatrix} u \\ -v \\ -w \end{Bmatrix}\right|_{y=0^+,-z} , \qquad \left.\begin{Bmatrix} \tau_{yx} \\ \sigma_y \\ \tau_{yz} \end{Bmatrix}\right|_{y=0^+,z} = \left.\begin{Bmatrix} -\tau_{yx} \\ \sigma_y \\ \tau_{yz} \end{Bmatrix}\right|_{y=0^+,-z} \tag{2.46}
$$

上述条件适用于切割面上除了对称轴之外的点，以对称轴一侧的值与另一侧的值之间的关系的形式给出，而在对称轴上，上述关系可进一步化简为确定值的条件如下

$$
v\big|_{y=0,z=0} = w\big|_{y=0,z=0} = 0 , \qquad \tau_{yx}\big|_{y=0,z=0} = 0 \tag{2.47}
$$

另外，在对称轴上，还可以得到下述恒等条件

$$
u\big|_{y=0,z=0} = u\big|_{y=0,z=0} , \qquad \sigma_y\big|_{y=0,z=0} = \sigma_y\big|_{y=0,z=0} , \qquad \tau_{yz}\big|_{y=0,z=0} = \tau_{yz}\big|_{y=0,z=0} \tag{2.48}
$$

因为恒等，它们不提供任何约束，可以置之不理。

反对称的对称性条件为

$$
\left.\begin{Bmatrix} u \\ v \\ w \end{Bmatrix}\right|_{y=0^+,z} = \left.\begin{Bmatrix} -u \\ v \\ w \end{Bmatrix}\right|_{y=0^+,-z} , \qquad \left.\begin{Bmatrix} \tau_{yx} \\ \sigma_y \\ \tau_{yz} \end{Bmatrix}\right|_{y=0^+,z} = \left.\begin{Bmatrix} \tau_{yx} \\ -\sigma_y \\ -\tau_{yz} \end{Bmatrix}\right|_{y=0^+,-z} \tag{2.49}
$$

同样，上述条件也只适用于切割面上除了对称轴之外的点，而在对称轴上，对称性条件为

$$u\big|_{y=0,z=0} = 0 , \qquad \sigma_y\big|_{y=0,z=0} = 0 , \qquad \tau_{yz}\big|_{y=0,z=0} = 0 \qquad (2.50)$$

同时可得的非约束恒等条件为

$$v\big|_{y=0,z=0} = v\big|_{y=0,z=0} , \qquad w\big|_{y=0,z=0} = w\big|_{y=0,z=0} , \qquad \tau_{yx}\big|_{y=0,z=0} = \tau_{yx}\big|_{y=0,z=0} \qquad (2.51)$$

在 180°旋转对称性下，选择 y 平面为切割面，方程(2.47)即为在对称的情况下的对称性条件，而式(2.50)即为在反对称的情况下的对称性条件。为了减轻分析的负担，倘若使用该对称性，把欲分析的问题的定义域减半，那么这些对称性条件即为所需分析的 $y \geqslant 0$ 区域在切割面上的边界条件。

与 2.5.1 节讨论的情形类似，上面得到的旋转对称性条件中关于位移的条件，也约束了一些刚体运动，如果所涉及的旋转对称性是对称的(而不是反对称的)，方程(2.47)中的第一式不仅约束了沿 y 方向和 z 方向的刚体平移，而且还约束了 x 轴绕 y 轴和 z 轴转动的自由度，当然也就约束了这两个刚体转动，剩下的自由的刚体运动是沿 x 轴的平移和绕 x 轴的转动。如果所涉及的旋转对称性是反对称的，方程(2.50)中的第一式约束了沿 x 方向(离开纸面的方向)的刚体平移和绕 y 轴、z 轴的刚体转动，剩下的刚体运动仍自由，在有限元分析时需适当约束。

如果切割所选择的是另一个平面或曲面，边界条件可以类似地推导，基本考虑雷同。同样地，如果旋转是绕另一轴，读者可以按同样的方式推导对称性条件。

2.5.3　平移对称性与多尺度材料表征的关系

反射和旋转对称性常应用于通常的结构分析中，主要是用来减小所需分析的结构的大小，以提高分析效率，严格说来，它们与多尺度分析并无必然联系。在多尺度分析中，它们在高、低尺度上都可以使用，但功效也还是减小问题大小，提高效率，属于锦上添花。当然，如第 3 章所要讨论的，它们对材料的分类也有着非常重要的作用，与材料表征有关，但严格来说，这并不是多尺度分析的具体内容，因为不管在哪一个尺度上使用，它们仅能得出该尺度上相关的结论，与其他尺度无关。下面要讨论的平移对称，才是对多尺度分析来说必不可少的，是连接高、低尺度的桥梁。

多尺度材料表征通常都建立在一定意义的均匀化的基础上，基本假设是，在低尺度上，材料所占据的空间无穷大。平移对称性是唯一可以把无穷大区域减小到有限区域从而进行分析的一种对称性，正如在 2.2.3 节中所叙述的，对于专注于代表性体元和单胞的本书而言，这一对称性有着特别的地位，因此把平移对称性清楚地、简捷地处理妥当举足轻重，而任何试图绕过平移对称性，并以反射或旋

转对称性取而代之的尝试，首先是概念不清，其次是不可避免地会在所进行的推导中留下本质性隐患，这在第 5 章中会作详尽的论述。

工程材料的表征通常是在高尺度上进行，一般需要施加一定的物理场，如应力、热流等，而且希望尽可能均匀，以便得到值为常数的物理场，作为输入条件，然后测量由之产生的另一物理场，如应变、温度梯度等，作为输出，一般地，只要输入场足够均匀，输出场也会足够均匀。材料或介质的特性则可由输入、输出的常数场之间的关系得出。所谓多尺度材料表征，是在高尺度场的均匀性的前提下，承认材料或介质以及相应的物理场在低尺度上的不均匀性。高尺度上的均匀性意味着低尺度的周期性，能够恰当地描述周期性几何的对称性只能是平移对称性，而反射和旋转对称性在有的问题中可能根本就不存在，更谈不上它们的适用性了。

高尺度上的常数物理场，即为低尺度上的相应的物理场的平均值，因此，也是在低尺度上每个周期的平均值。多尺度分析的一大内容就是要得出这些在低尺度上的物理场的平均值，而这常常是在一个代表性体元或一个单胞中进行，即一个周期，作为问题的定义域，这就需要对这个代表性体元或一个单胞进行分析，即求物理问题的控制方程在其中的解，为了得到正确的解，必须给出正确的边界条件，所要建立的对称性条件，就是为了提供这样的沿定义域边界的边界条件。一般来说，控制方程的形式由问题类型完全确定，如力学变形、导热、导电等，已知的类型也有限，但因为在低尺度上材料构形的不同，所具有的平移对称性也不同，故所得到的边界条件可以千变万化。当然，不同的边界条件，对应着不同的解，即在低尺度上不同的物理场其平均值也自然不同，被表征出来的材料或介质的特性也就不同。这就是为什么代表性体元和单胞成为一个值得研究的问题，而所要得到的是欲分析的代表性体元和单胞所需的正确的边界条件，也是挑战所在，在第 5 章中对所谓的边值问题会做更详细的诠释。在得到了正确的边界条件之后，控制方程的求解则已经基本被计算机化了，不再是任何实质性的挑战了。

2.5.4 平移对称性——以一维情况作为简介

因为平移对称性相对来说是最不熟悉的一类对称性，所以此对称性需要分步处理，而一维的情况是第一步。在一维空间里，所谓几何物体，就是一线段，其两端可以是有限的，也可以是无限的。就几何形状而言，它关于其中心点总是对称的，无论是反射还是旋转。然而，如果是平移对称，那么该物体(线段)必须在两端都是无限的。这样，一开始就可以看到一个与反射和旋转截然不同的差别。就几何形状而言，一维的无限的物体(直线)具有平移对称性，而平移量可以因问题而异。

假设所讨论的一维空间即为 x 轴，平移沿 x 方向，而材料特性、物理场都具有平移量为 Δx 的平移对称性。问题的定义域的几何形状及物理特性具有平移对称性是下述讨论的先决条件，作为下述讨论的基本假设。而真正应用时，用户需要确保此假设的合理性。

显然，并非任何物理场都具有此类对称性。以一变形体的力学问题为例，相应于一理想均匀的应变场，该应变场的平移对称性不言而喻，但与之相应的位移场便不具有平移对称性。位移场将是下述讨论的重心，因为实用的分析方法——有限元法，是建立在位移法的基础之上的，所需的边界条件也是以位移形式给出的。

从实际应用的角度考虑，关于平移对称性，反对称的情形实用价值不高，故下述讨论将仅就对称的平移对称性的情形展开。

选择位于 x 和 $x+\Delta x$ 之间的一个周期(区间)，长度为 Δx，作为分离体，其上的位移可以描述为一个 x 的函数。相应于高尺度上的常应变 ε_0 场，该位移场在高、低两个尺度上分别表达如下

在高尺度上：$U(x) = \varepsilon_0 x + u_0$ (2.52)

在低尺度上：$u(x) = \int_{x_0}^{x} \varepsilon(x)\mathrm{d}x + u_0$ (2.53)

其中 u_0 是位移在一给定的参考点 x_0 处的值，不失一般性，参考点取在 x 轴的原点，因此 $u_0 = u(0)$；$\varepsilon(x)$ 是在低尺度上以 Δx 为周期的周期变化的应变场；高尺度上的常应变 ε_0 是低尺度上应变场 $\varepsilon(x)$ 的平均值。

然而，如果用有限元作为求解器的话，那是位移法，描述问题的基本变量是位移，边界条件得由位移给出。由函数(2.52)和(2.53)可见，无论是在哪一个尺度上，位移场都不是周期的，因此也没有平移对称性，即便相应的应变场在两个尺度都是周期的。更形象的描述可见图 2.11，作为一个最简单的例子，黑色的直线给出变形前的状态，以 Δx 为周期，在一常应变下变形成了灰色的直线，显然，不同周期的位移量是不同的，位移场不可能在一平移变换下像应变场那样保持不变，因此，不具备平移对称性。

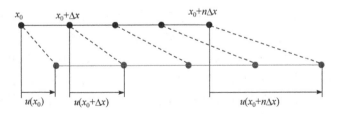

图 2.11 与均匀应变场相应的一维的线性位移场

位移场不具备平移对称性常常是引起混淆的根源之一。为了能将平移对称性正确地应用于位移场，有必要借助相对位移场的概念，该概念会用于有两个不同

但又紧密联系着的场合。一个场合是作为一周期内任意一点的位移与该周期内的一参考点的位移之差，这主要是用于低尺度；另一个场合是在不同的周期中的相应的点之间的位移差，此相对位移在高、低两个尺度上都会用到，即所谓沟通高、低尺度的桥梁，因为高尺度上的常应变场即为低尺度上的应变场的平均值，也就是在低尺度上每个周期中的平均值，其可以从在不同的周期中的相应的点之间的相对位移得出。

在周期 Δx 中选择任意一点 R 作为参考点，位于 x_R，假设在该周期中欲考虑的一点 P 位于 x，那么 P 点相对于 R 点的位移即为

$$u_P - u_R = u_x - u_{x_R} \tag{2.54}$$

其中 u_R 和 u_P 分别为 P 点和 R 点的位移。平移对称性可以把 P 和 R 从这个周期映射到其他的任一周期中，不妨考虑与之相邻的另一个周期，与 P 和 R 相应的点为 P' 和 R'，即 P' 和 R' 分别为 P 和 R 在平移对称变换下的象。P' 和 R' 之间的相对位移为

$$u_{P'} - u_{R'} = u_{x+\Delta x} - u_{x_R+\Delta x} \tag{2.55}$$

其中 $u_{R'}$ 和 $u_{P'}$ 分别为 P' 点和 R' 点的位移。由式(2.53)及 $\varepsilon(x)$ 是以 Δx 为周期的周期函数，即 $\varepsilon(x+\Delta x)=\varepsilon(x)$，任一线段中的相对位移场就可以建立如下

$$\Delta u = u_P - u_R = \int_0^{x_P} \varepsilon(x)\mathrm{d}x + u_0 - \left(\int_0^{x_R} \varepsilon(x)\mathrm{d}x + u_0 \right) = \int_{x_R}^{x_P} \varepsilon(x)\mathrm{d}x \tag{2.56}$$

$$u_{P'} - u_{R'} = \int_{x_{R'}}^{x_{P'}} \varepsilon(x)\mathrm{d}x = \int_{x_R+\Delta x}^{x_P+\Delta x} \varepsilon(x)\mathrm{d}x$$

$$= \int_{x_R+\Delta x}^{x_P+\Delta x} \varepsilon(x+\Delta x)\mathrm{d}x = \int_{x_R}^{x_P} \varepsilon(x)\mathrm{d}x = u_P - u_R \tag{2.57}$$

此相对位移场分段定义，在每个周期中都完全一样，因此，相互之间具有平移对称性。在图 2.12(a)中，一个在高尺度上就是均匀的应变场，其所对应的位移场如蓝色直线所示，而相应的相对位移场由红色锯齿状线条给出。作为更一般的情形，如果应变场在低尺度上非均匀，其所对应的位移场如图 2.12(b)中蓝色曲线所示，则相对位移场即如红色曲线所示。应该注意到，相对位移场并不处处连续，但是，只要总位移场本身是连续的，那就不影响什么，因为问题的控制方程始终是针对总位移场建立的，而不是相对位移场，相对位移场仅仅用来帮助观察对称性，并借此建立恰当的对称性条件的敲门砖而已。

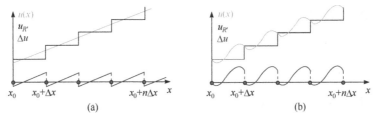

图 2.12　与(a)均匀应变场相应的位移场(蓝色光滑直线)和(b)非均匀应变场相应的位移场(蓝色光滑曲线)，及其相应的相对位移场(呈锯齿状、红色)和如褐色线条所示的对应着分段定义的刚体位移阶梯函数(彩图请扫封底二维码)

总位移场可以表达为

$$u(x) = u_{R'} + \Delta u = u_{P'} \tag{2.58}$$

其中 $u_{R'}$ 是一个阶梯函数，如图 2.12 中的褐色线条所示，该函数也不连续，对应着分段定义的刚体位移，因此，在每一周期中为一常数，其与相对位移场 Δu 的叠加，即总位移场，如图 2.12 中的蓝线所示，当然连续。

现在可以清楚地看到，一般来说，位移场本身并不具有周期性，但是，相对位移场具有周期性，因此，正确利用相对位移的概念，就可以得到平移变换下对称性条件。

方程(2.57)又可以移项后写为

$$u_{P'} - u_P = u_{R'} - u_R \tag{2.59}$$

即不同周期中任意的互为象和原的两点的相对位移，等于这两周期中互为象和原的指定的两参考点的相对位移。如果高尺度上应变场是均匀的，则低尺度上不同周期中参考点的相对位移与高尺度上同样的点的相对位移应该相同，由式(2.53)可得

$$u_{R'} - u_R = \int_{x_R}^{x_{R'}} \varepsilon(x)\mathrm{d}x = \int_{x_R}^{x_R + k\Delta x} \varepsilon(x)\mathrm{d}x = k \int_{x_R}^{x_R + \Delta x} \varepsilon(x)\mathrm{d}x = k\varepsilon_0 \Delta x \tag{2.60}$$

其中 k 为象和原所隔的周期数。从式(2.60)可以得到在低尺度上任意不同周期中互为象和原的两点的相对位移为

$$u_{P'} - u_P = u_{R'} - u_R = k\varepsilon_0 \Delta x \tag{2.61}$$

不失一般性，取始于 x_0 的线段(周期)为一分离体，如图 2.13 所示，置 P 于 $x = x_0$，当 $k=1$ 时，P' 即位于 $x = x_0 + \Delta x$，即该线段的另一端。

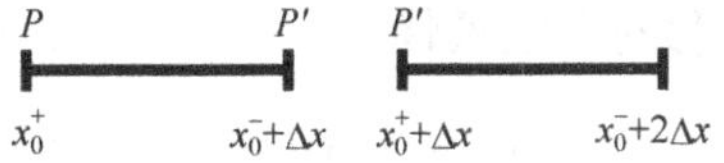

图 2.13　与 $k=1$ 相应的周期作为分离体及其相邻的周期

一般地，连续性要求

$$u\left(x_0^- + \Delta x\right) = u\left(x_0^+ + \Delta x\right) \tag{2.62}$$

而平移对称性则要求

$$u\left(x_0^+ + \Delta x\right) - u\left(x_0^+\right) = \Delta U = \varepsilon_0 \Delta x \tag{2.63}$$

其中ΔU为相对位移，ε_0为高尺度上的平均应变，即低尺度上每个周期的平均应变。由式(2.62)和式(2.63)消去$u\left(x_0^+ + \Delta x\right)$，可以得到

$$u\left(x_0^- + \Delta x\right) - u\left(x_0^+\right) = \varepsilon_0 \Delta x \tag{2.64}$$

这是由在同一个分离体的不同边界上的位移给出的，因此可以作为该分离体的边界条件，这不仅满足了平移对称性，也满足了连续性。条件(2.64)即为在平移变换$T_x^{\Delta x}$下位移的对称性条件，表达为该线段两端处的相对位移与高尺度上的平均应变的关系。

类似地，考虑在该区间内的轴向应力，注意到应力场所具有的平移对称性，关于面力的连续条件为

$$F\left(x_0^- + \Delta x\right) = -F\left(x_0^+ + \Delta x\right) \tag{2.65}$$

根据面力的定义，即应力与外法线矢量的乘积，在$\left(x_0^- + \Delta x\right)$面上的外法线方向与$x$轴的正向相同，而在$\left(x_0^+ + \Delta x\right)$面上则相反，因此，用应力来表示，式(2.65)成为

$$\sigma\left(x_0^- + \Delta x\right) = \sigma\left(x_0^+ + \Delta x\right) \tag{2.66}$$

平移对称性要求

$$\sigma\left(x_0^+\right) = \sigma\left(x_0^+ + \Delta x\right) \tag{2.67}$$

从式(2.66)和式(2.67)中消去$\sigma\left(x_0^+ + \Delta x\right)$后，在一维的情况下，对于所考虑的线段，关于应力的平移对称性条件为

$$\sigma\left(x_0^+\right) = \sigma\left(x_0^- + \Delta x\right) \tag{2.68}$$

表达为应力在该线段一端处的值与其在另一端处的值之间的关系，这就是在平移变换$T_x^{\Delta x}$下面力的对称性条件。

2.5.5 在三维情况下的平移对称性条件

假设平移对称仍为Δx在x方向，上述关于一维条件下的平移对称性的论述，可以推广到三维情况，得到相应的位移的平移对称性条件如下

$$\begin{Bmatrix} u \\ v \\ w \end{Bmatrix} \Bigg|_{x_0^- + \Delta x} - \begin{Bmatrix} u \\ v \\ w \end{Bmatrix} \Bigg|_{x_0^+} = \begin{Bmatrix} \Delta U \\ \Delta V \\ \Delta W \end{Bmatrix} \tag{2.69}$$

其中的 ΔU、ΔV、ΔW 稍后会统一处理，而关于面力的平移对称性条件为

$$\begin{Bmatrix} \sigma_x \\ \tau_{xy} \\ \tau_{xz} \end{Bmatrix} \Bigg|_{x_0^+} = \begin{Bmatrix} \sigma_x \\ \tau_{xy} \\ \tau_{xz} \end{Bmatrix} \Bigg|_{x_0^- + \Delta x} \tag{2.70}$$

在三维问题中平移对称性的另一个需要考虑的情形是沿着任一倾斜的轴的方向 ξ 的平移对称性，有关推导如下。

假设一个三维可变形体，其沿 ξ 方向具有平移量为 δ 的平移对称性或周期性，ξ 的方向可由单位矢量 $\boldsymbol{n}$ 确定，考虑该方向上任一长度为 δ 的周期内一任意点 $P(x,y,z)$，其与参考点 R 之间有一相对位移，根据所存在的对称性，由该周期通过平移对称性所映射到的其他任一周期中与 P 和 R 相应的点(象)为 P' 和 R'，它们之间的相对位移也具有对称性，因此

$$\begin{Bmatrix} u \\ v \\ w \end{Bmatrix} \Bigg|_{P'} - \begin{Bmatrix} u \\ v \\ w \end{Bmatrix} \Bigg|_{R'} = \begin{Bmatrix} u \\ v \\ w \end{Bmatrix} \Bigg|_{P} - \begin{Bmatrix} u \\ v \\ w \end{Bmatrix} \Bigg|_{R} \tag{2.71}$$

移项处理后，

$$\begin{Bmatrix} u \\ v \\ w \end{Bmatrix} \Bigg|_{P'} - \begin{Bmatrix} u \\ v \\ w \end{Bmatrix} \Bigg|_{P} = \begin{Bmatrix} u \\ v \\ w \end{Bmatrix} \Bigg|_{(x',y',z')} - \begin{Bmatrix} u \\ v \\ w \end{Bmatrix} \Bigg|_{(x,y,z)} = \begin{Bmatrix} u \\ v \\ w \end{Bmatrix} \Bigg|_{R'} - \begin{Bmatrix} u \\ v \\ w \end{Bmatrix} \Bigg|_{R} \tag{2.72}$$

其中 $\begin{Bmatrix} u \\ v \\ w \end{Bmatrix} \Bigg|_{R'} - \begin{Bmatrix} u \\ v \\ w \end{Bmatrix} \Bigg|_{R}$ 是在不同区间中平移对称的参考点之间的相对位移，此相对位移，在高、低尺度上应相等，因此

$$\begin{Bmatrix} u \\ v \\ w \end{Bmatrix} \Bigg|_{R'} - \begin{Bmatrix} u \\ v \\ w \end{Bmatrix} \Bigg|_{R} = \begin{Bmatrix} \Delta U \\ \Delta V \\ \Delta W \end{Bmatrix} \tag{2.73}$$

其中 U、V、W 分别是在高尺度上 x、y、z 方向的位移分量，根据微分法则，在高尺度上相对位移可以由高尺度上的位移梯度表达成

$$
\begin{Bmatrix} \Delta U \\ \Delta V \\ \Delta W \end{Bmatrix} = \begin{bmatrix} \dfrac{\partial U}{\partial x} & \dfrac{\partial U}{\partial y} & \dfrac{\partial U}{\partial z} \\ \dfrac{\partial V}{\partial x} & \dfrac{\partial V}{\partial y} & \dfrac{\partial V}{\partial z} \\ \dfrac{\partial W}{\partial x} & \dfrac{\partial W}{\partial y} & \dfrac{\partial W}{\partial z} \end{bmatrix} \begin{Bmatrix} \Delta x \\ \Delta y \\ \Delta z \end{Bmatrix} \tag{2.74}
$$

其中 Δx、Δy、Δz 便是平移对称性的平移矢量的三个分量，其可表示为

$$
\begin{Bmatrix} \Delta x \\ \Delta y \\ \Delta z \end{Bmatrix} = \begin{Bmatrix} n_x \\ n_y \\ n_z \end{Bmatrix} \delta \tag{2.75}
$$

其中 $\delta = \sqrt{(\Delta x)^2 + (\Delta y)^2 + (\Delta z)^2}$ 。

将式(2.75)代入式(2.74)，再相继地代入式(2.73)、式(2.72)，便得到了在低尺度上不同周期内的、由平移对称相联系的两点(原与象)之间的相对位移，与高尺度上的位移梯度关系如下

$$
\begin{Bmatrix} u \\ v \\ w \end{Bmatrix}\Bigg|_{(x',y',z')} - \begin{Bmatrix} u \\ v \\ w \end{Bmatrix}\Bigg|_{(x,y,z)} = \begin{bmatrix} \dfrac{\partial U}{\partial x} & \dfrac{\partial U}{\partial y} & \dfrac{\partial U}{\partial z} \\ \dfrac{\partial V}{\partial x} & \dfrac{\partial V}{\partial y} & \dfrac{\partial V}{\partial z} \\ \dfrac{\partial W}{\partial x} & \dfrac{\partial W}{\partial y} & \dfrac{\partial W}{\partial z} \end{bmatrix} \begin{Bmatrix} n_x \\ n_y \\ n_z \end{Bmatrix} \delta \tag{2.76}
$$

如上在低尺度上，平移对称的点之间的相对位移即为关于位移的平移对称性条件。

与位移不同，应力场在低尺度上是周期的，故本身就自然满足平移对称性，因此，关于面力的对称性条件即为

$$
\left(\begin{bmatrix} \sigma_x & \tau_{xy} & \tau_{xz} \\ \tau_{xy} & \sigma_y & \tau_{yz} \\ \tau_{xz} & \tau_{yz} & \sigma_z \end{bmatrix} \begin{Bmatrix} n_x \\ n_y \\ n_z \end{Bmatrix} \right)_{(x',y',z')} = \left(\begin{bmatrix} \sigma_x & \tau_{xy} & \tau_{xz} \\ \tau_{xy} & \sigma_y & \tau_{yz} \\ \tau_{xz} & \tau_{yz} & \sigma_z \end{bmatrix} \begin{Bmatrix} n_x \\ n_y \\ n_z \end{Bmatrix} \right)_{(x,y,z)} \tag{2.77}
$$

如上所得的关于位移和面力的对称性条件，都涉及按平移对称相应的两点 P 和 P'，若把它们分别置于所考虑周期的相对的两边界表面，这样自然满足对称性要求，而式(2.76)和式(2.77)就给定了由平移对称性而来的相对两边界上的位移和面力的边界条件，所需研究的区域也随之由 ξ 方向的无穷减小到了长度为 δ 的区间了。

2.6　结　　语

本章对几何对称性，包括反射、旋转和平移三种基本类型，作了一个简短但又足够系统的描述，并且把对称性的概念引入实际问题所必须涉及的物理场中，推导了这三种对称性给所研究的物理问题带来的对称性条件。推导过程仅涉及两个基本考虑：由分离体图所代表的连续性和物理场所具有的对称性，前提假设为所研究的问题的定义域，以及占据该定义域的材料均满足相应的对称性。

本章还阐明了平移对称性是唯一可以把无穷区域减小到有限区域的对称性，是建立高、低尺度上的物理场之间关系的数学手段，因而也是多尺度分析的必经之路。所以平移对称性是建立单胞所必须正确处理的一个问题。该对称性又与相对位移场的概念相辅相成，为方便后续系统地建立单胞的需要，相对位移的概念及利用都已在本章作了充分的叙述。相对而言，反射对称与旋转对称至多可以把一个无穷的区域减小到半无穷，而半无穷有一侧仍是无穷的。正是因为此尴尬，反射和旋转对称性常被滥用，详述见第 5 章。

参 考 文 献

Abaqus. 2019. Abaqus Analysis User's Guide. Abaqus 2019 HTML Documentation.
https://en.wikipedia.org/wiki/%C3%89variste_Galois.

Humphreys J F, Prest M Y. 2004. Numbers, Groups and Codes. Cambridge: Cambridge University Press.

Li S. 1999. On the unit cell for micromechanical analysis of fibre-reinforced composites. Proceedings of the Royal Society of London, Series A: Mathematical, Physical and Engineering Sciences, 455: 815.

Li S. 2001. General unit cells for micromechanical analyses of unidirectional composites. Composites Part A: Applied Science and Manufacturing, 32: 815-826.

Li S. 2008. Boundary conditions for unit cells from periodic microstructures and their implications. Composites Science and Technology, 68: 1962-1974.

Li S, Kyaw S, Jones A. 2014. Boundary conditions resulting from cylindrical and longitudinal periodicities. Computers & Structures, 133: 122-130.

Li S, Reid S R. 1992. On the symmetry conditions for laminated fibre-reinforced composite structures. International Journal of Solids and Structures, 29: 2867-2880.

Li S, Wongsto A. 2004. Unit cells for micromechanical analyses of particle-reinforced composites. Mechanics of Materials, 36: 543-572.

Li S, Zou Z. 2011. The use of central reflection in the formulation of unit cells for micromechanical FEA. Mechanics of Materials, 43: 824-834.

Washizu K. 1982. Variational Methods in Elasticity and Plasticity. Oxford: Pergamon.

第3章 材料分类与材料表征

3.1 背 景

在过去的几个世纪里，固体力学与金属材料学并肩发展，因为金属是固体力学的主要应用对象，在大多数教材里，材料的均匀性、各向同性性、线弹性都是前提条件，在此前提下，若对材料分类，这类材料就是均匀的、各向同性的、线弹性的。对于这类材料，材料的线弹性特征仅需两个材料常数便可完全描述，即弹性模量 E 与泊松比 ν，而这类材料的表征则是确定这两个常数。通常，材料供应商会提供这些常数，如果必须测定，也有现成的工业标准作为依据。在过去的那么长的时间里，面临的几乎就这一类材料，材料分类作为一步骤的确多此一举。

复合材料大规模的工业应用很大程度上打破了如上既成的格局，然而，由于早期复合材料的使用基本上限于由单向纤维增强的层板层压而成的层合结构，由其沿厚度方向的材料的不均匀性所引起的复杂性可以通过不同类型的层合板壳理论的使用而被化解，例如经典层合板理论(Jones, 1998)、一阶横向剪切变形理论(Reissner, 1945; Mindlin, 1951)、高阶理论(Reddy, 1984)以及多层一阶的层合板理论(Mau, 1973)，这样，层合结构就可以被描述成一个一定形式的二维结构，在定义该问题的二维空间里，材料还是均匀的，而呈不均匀特性的第三维，则因层合板壳理论的应用而消失了，其效应则完全反映在广义的应力-应变关系上了，描述广义的应力-应变关系中的弹性系数，从层合结构每一层的积分而得，考虑到了各层的贡献。尽管每一层都不再是各向同性的了，但描述其性态所需的材料常数可以相当直接地从各向同性的金属推广而来，即沿纤维方向与垂直于纤维方向的弹性模量与泊松比，剪切模量也因层板的各向异性而成为一个独立的弹性常数，测试它们的标准(ASTM, 2014; BS EN ISO, 1997)也基本上是相应的各向同性材料的翻版，除了剪切(ASTM, 2013 , 2012; BS EN ISO, 1998; Mohseni Shakib and Li, 2009)稍有不同外，因为对于各向同性材料，没有必要测量其剪切模量，它可以根据材料的各向同性，由强性模量 E 与泊松比 ν 导出。这也解释了为什么复合材料剪切的试验标准要比测弹性模量 E 与泊松比 ν 的花样多一些，没那么统一。看上去，似乎简单地承认复合材料是正交各向异性的，也就不必再去操心材料的分类了。

直到复合材料的应用到了当前的水平，仍然还没到非要重视材料分类不可的地步。通过下面的观察，可以看到材料分类的需求是怎么被回避的，应该指出的是大多数复合材料的用户甚至都不知道这一需求的存在，因此也未曾意识到在他们的应用中，跳过了一个步骤。当然，这也不无代价。

单向纤维增强的复合材料的材料主轴显而易见，任何人凭直觉都可以确定，在这类材料的表征时，材料主轴会自然地被选作描述材料特性的坐标轴，在此坐标系下，单向纤维增强的复合材料自然就是正交各向异性的。当需要把一个层合板作为一个结构时，也需要一个坐标系，在这个坐标系里，如果一个层板的纤维铺设方向不正好是 0°或 90°，其刚度特性就不再呈正交各向异性了，而是更一般的各向异性，显然不能与正交各向异性同属一类。但是，这里引进另一类材料的要求被一个简单坐标变换化解了，只要给每一层板引进一个仅属于该层板的材料主坐标系，那么层板在自己的主坐标系里都是正交各向异性的，没有必要引进其他材料类型，而其在其他坐标系中所呈现的更一般的各向异性可以通过一个坐标变换来体现，因此，坐标变换就成了复合材料力学中不可缺少的步骤，而材料的分类，作为一个步骤则多一事不如少一事了。

通过下述的观察，可以进一步揭示缺乏材料分类给新材料在工程设计中的应用所带来的限制，由于层合板理论对强度预报的准确性的不足，在航空工业中，通常设计依赖于对一系列可能用及的铺层，通过试验实测其许用值。鉴于现有的试验标准，仅有均衡铺层可以被采纳，即对应于其中任何一铺设角为 θ 的层板，必定有另一 $-\theta$ 的层板，以便让所得到的层合板具备等效的正交各向异性特征。因为铺层可以有无穷无尽的排列组合，能够实测的铺层形式常常是十分局限的。即便如此，对于任一特定型号的研制，得到有关的设计许用值，作为必要的步骤之一，这已经是十分繁重的任务了。尽管获取设计许用值的过程无疑是一材料表征的过程，所涵盖的层合板则仅限于均衡铺层，加之成形的考虑，铺层通常还是对称的，这样所得的层合板宏观上是正交各向异性的，因此材料分类便不再是必要的一步骤，因为如果材料被分为正交各向异性和非正交各向异性两大类的话，随着后者已被摒弃于考虑范围之外，分类便是多余的步骤了。如此的思维方式，形成了如下情形。

正交各向异性这一材料类型的确覆盖了绝大部分实际工程中应用的材料，但是随着现代科技的发展，新材料层出不穷，通常它们都具备特殊的微观或细观构形以提供高性能的应用潜力，如负泊松比材料、超材料、三维纺织复合材料等。然而，设计人员一般无以得益于这些新材料，这并不是没有需求，而是因为现有的材料表征体系无以支持这类材料，而根本的原因在于现有的材料表征体系中对材料分类这一步骤的缺乏。这些材料是不是正交各向异性的并没那么一目了然，即便是，其材料主轴也未必仅靠直觉就可以确定。因此，强调材料分类未必一定要增加新的材料类型，而是找出适当的坐标系，让材料在此坐标系下呈现出最低程度的各向异性特征。譬如，即便是一个正交各向异性材料，如果坐标系选择不当，其特征可呈现为一般的各向异性，搞清楚在什么坐标系下此材料才能呈现为正交各向异性的，是一个应该在具体地进行材料表征之前就梳理妥当的步骤。本书把这步骤，加之另外一些相关的考虑，划分成一个独立的过程，称为材料分类，必须在材料表征之前进行，以保证后续的材料表征不致误导。

若没有恰当的材料分类，材料表征可能是无源之水，而未经表征，其工业应用便无从谈起了。通过揭示材料分类这一步骤的缺乏，作者呼吁重视这一步骤，这一步骤应该先于任何有意义的材料表征。材料分类的过程也应该被标准化，以支持新材料的工程研究并为其工程应用作铺垫。希望 3.2 节的内容能为朝此方向迈出有意义的第一步作出积极的贡献。

3.2 材料分类

任何认真的材料应用都需要知道材料的特性，而获取这些材料特性的过程常称作材料表征。现有的材料表征程序按现有的工业标准进行，而现有的所有标准都仅局限于具正交各向异性特征的材料。因为材料表征如此重要，在没有充分理由的前提下，任意假设材料的正交各向异性显然不是专业的态度。为了说明这一点，考虑一斜纹机织复合材料，如图 3.1(a)所示。如果挑战读者来表征此材料，那么，表征将如何展开呢？更具体地说，如果需要制造试片，这些试片应该沿哪些方向切割呢？这些方向当然应该是材料的主向，因为纤维束是沿着两个相互正交的方向，选择很可能被直觉所导向，即沿纤维束方向切割试片。然而，这样的选择，除了直觉，别无根据。类似的例子也适用于具如图 3.1(b)所示的螺旋体(gyroid)构形的材料。

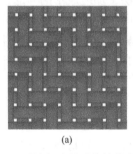 

(a)   (b)

图 3.1   不具备反射对称性的内部构形：(a)斜纹织物；(b)螺旋体

当代材料的发展总是不断地超出常规类型的材料的边界，所谓的常规类型，是指那些可以被认为是均匀的、各向同性的、线性弹性的材料。一旦超出常规，没有恰当分类的材料表征，其合理性就不能是理所当然的了。所谓材料分类，是把所关心的材料放在一恰当的类型中来考虑，因此，这基本上是一个定性的分析过程，但需严格遵守各类型的定义。材料的非均匀、各向异性及非线性的严重程度,在任何严肃的工程设计的材料选择阶段都是十分重要的考虑,这些应该被适当地分类,这样,后续的定量的材料表征才会具有真正的价值。

迄今,关于如何表征均匀的各向同性的材料的非线性,如亚弹性、超弹性、塑性等,已有相当的研究,而关于非均匀、各向异性材料,在非均匀性和各向异性未得充分考量之前则很难描述。本章试图在线弹性的前提下来考虑这方面的分类。

3.2.1 均匀性

就材料分类而言,均匀性无疑是最重要的一个方面,尽管这常被人当作是理所当然的。如果所关心的材料不具备均匀性,那么材料的性态在不同的点上会有所不同,自然的或人造的材料中,都不无此类例子,如骨头、梯度材料等,材料特性在不同的位置有明显的不同。作为复合材料制造最新的发展,如3D打印(Zhuo et al., 2017, 2021, 2022)、纤维自动铺设(Gurdal and Olmedo, 1993),复合材料层合板有偏离那种由单向纤维增强的复合材料层板合成的传统结构的趋势。如果纤维沿曲线路径铺设,材料的方向性便会因位置不同而不同,即便是沿着同一束纤维,由于纤维束本身的各向异性,以及在不同的位置纤维体积含量也可能不尽相同,因而,材料的非均匀性在所难免,表征此类材料将会是一门非常专门的学问,因此,超出了本书的范畴。本书的注意力主要集中于其性能至少在某一尺度上是均匀的这类材料,这类材料的工程应用也是在此尺度上或者更高的尺度上,而在更低尺度上,只要尺度足够低,任何材料都是有非均匀性的。所谓的微观力学的使命之一便是把低尺度上非均匀的材料均匀化,从而可以在高尺度的工程应用中将此类材料视作均匀材料来处理。为了实现此均匀化的目标,对于在低尺度上构形随机的材料来说,代表性体元将是有力的工具;而对在低尺度上具规则构形的材料来说,代表性体元可以由单胞得到,此类材料分类的根据是平移对称性,一材料如果具备独立的、不共面的三个方向的平移对称性,则该材料在高一尺度上便是等效均匀的,而这里所谓的平移对称性,对于规则构形来说,可以是严格的;而对于随机构形,平移对称则是在统计意义下的。其中最小的平移量决定了代表性体元或单胞的特征尺寸。确定此特征尺寸是对材料关于均匀性分类的首要任务。如果某材料中不存在这样的平移对称性,那么该材料一般就不能被认为是均匀材料,这样的材料将很难表征,至少,至今尚无任何可用的工业标准可以作为依据来表征这类材料,而任何实际应用就更无从谈起了。

按照上述关于均匀性的材料分类,对于后面的材料表征来说,一个自然的指南是,在材料表征所采用的试件的任一方向,其标距应覆盖足够多个数的代表性体元或单胞,否则试验结果可能不可靠。可是并没有一个确切明了的结论,到底给出多少个才是足够多。事实上,这也随材料不同而不同,这一点,在确定试件的尺寸前用户应该非常明确，也正因为此，认真的用户应该付诸适当的精力来积累关于所关心的材料的经验，以确保后续试验的可靠性。基于此考虑，任何现有的标准，都不能盲从，特别是在确定试件的尺寸方面。

作为经验或者指南，一个可靠的程序，应该有一个类似数值分析中的收敛性研究，逐步增大试件的尺寸，直至继续增大尺寸已不再造成结果的任何差别为止，而用户则可以在收敛了的尺寸中选择最小的作为此类试件的具有代表性的尺寸。对于具有随机构形的材料，这可以是试件试验段的实际尺寸，而对于具有规则构形的材料，所谓的尺寸，应该是在各个方向上单胞的个数，这时，应该尽量避免不完整的单胞，特别是在所包含的单胞数较小的情况下。

3.2.2 各向异性

讨论了均匀性之后，关于各向异性的材料分类成为下一个目标。一个一般的各向异性材料，其弹性行为可由一 6×6 的刚度或柔度矩阵描述，这个 6×6 的矩阵总是对称的，原因在于材料中所储存的应变能或余应变能密度的存在性(Jones, 1998)。以应变能密度为例，一般地，其可以表达为应变的二次齐次函数

$$U = \frac{1}{2} C_{ij} \varepsilon_i \varepsilon_j \tag{3.1}$$

其中刚度张量和应变张量均采用了其缩减(contracted notation)形式，即四阶刚度张量缩减为一 6×6 的矩阵，而二阶的应力或应变张量则缩减为一 6 维的矢量。如果应变能密度作为应变的函数的确存在，它必须充分连续，而连续性要求其二阶混合偏导数与求导顺序无关，即

$$\frac{\partial^2 U}{\partial \varepsilon_i \partial \varepsilon_j} = \frac{\partial^2 U}{\partial \varepsilon_j \partial \varepsilon_i} \tag{3.2}$$

由式(3.1)可得

$$\frac{\partial^2 U}{\partial \varepsilon_i \partial \varepsilon_j} = C_{ij}, \qquad \frac{\partial^2 U}{\partial \varepsilon_j \partial \varepsilon_i} = C_{ji} \tag{3.3}$$

因此

$$C_{ij} = C_{ji} \tag{3.4}$$

即刚度矩阵是对称的。以张量形式给出，此对称性可表示为

$$C_{ijkl} = C_{klij} \tag{3.5}$$

而张量形式的应力-应变关系为

$$\sigma_{ij} = C_{ijkl} \varepsilon_{kl} \tag{3.6}$$

因为应力张量、应变张量均为对称张量，即

$$\sigma_{ij} = \sigma_{ji}, \qquad \varepsilon_{ij} = \varepsilon_{ji} \tag{3.7}$$

刚度张量还满足如下的对称性

$$C_{ijkl} = C_{jikl} = C_{ijlk} \tag{3.8}$$

可以证明，四阶刚度张量的 81 个分量中，至多仅有 21 个是独立的。

类似的结论对柔度同样适用，只是届时考虑的是余应变能密度，作为应力的二次齐次函数。有了刚度和柔度矩阵的对称性，最一般的各向异性材料，至多也只有 21 个独立的弹性常数。所谓材料表征，就弹性性态而言，就是确定这 21 个弹性常数。

对于一般的各向异性材料来说，其刚度矩阵，即缩减形式的刚度张量，是一满阵的 6×6 的对称矩阵，因此有 21 个独立的分量，因此，在拉伸(或压缩)和剪切之间有充分的耦合，即正应力不仅产生正应变，还产生剪应变，反过来也一样，剪应力不仅产生剪应变，还产生正应变。

一般地，在通过材料的任一平面上，有三个应力分量，其中一个是正应力，垂直于该平面，还有两个相互垂直的剪应力，在该平面内。对应这些应力分量，分别有相应的应变分量。在一般的各向异性材料中，这些应力分量和应变分量之间均有耦合。如果材料中存在这样一个平面，其上的应力分量或应变分量之间没有如上所述的耦合，其上的正应力分量都不会产生与其余两个剪应力分量相对应的剪应变分量；其上的任一剪应力分量都不会产生与该面上正应力分量相对应的正应变分量，也不会产生与另一个剪应力分量相应的剪应变分量，那么这个平面便称为该材料的一个主平面。

由于泊松比的存在，正应力分量或正应变分量之间总是耦合的，因此，一个剪应力分量或剪应变分量，如果与一个正应力分量或正应变分量耦合，它也一定与其他的正应力分量或正应变分量相耦合；反之，如果一个剪应力分量或剪应变分量与一个正应力分量或正应变分量无耦合，它也一定与其他的正应力分量或正应变分量不相耦合。

与一个主平面平行的任一平面都是同一材料的主平面，在这一组平行的主平面中，只有一个是独立的，其他均可由之派生。

垂直于一主平面的轴称为材料主轴。平行于一主轴的任一轴线都是同一材料的主轴，在这一组平行的主轴中，只有一个是独立的，其他均可由之派生。

如果材料具有一主平面，也就必具备一主轴，它们相互垂直，反之亦然。

一般的各向异性材料不具有任何主平面，也不具有任何主轴。

如果一材料具有一主平面或一主轴，此材料便称作单斜(monoclinic)各向异性的，这是一类一般性仅次于完全各向异性的材料，其弹性行为可由 13 个独立的弹性常数确定。

如果对材料不作分类，那么就意味着所有材料都必须按完全各向异性的来处理。完全各向异性的材料在实际问题中并不常见，因为至今还没有此类材料的工业标准可以用于这类材料的表征。绝大多数的工程材料具有一些特征，其可以用来简化这些材料的表述。如果能够确定一材料的一主轴或一主平面，该材料就可以被系统地简化。为了辨别材料的主轴或主平面，可以利用在第 2 章中介绍的对称性，特别是 2.3 节所讨论的关于张量物理场的对称性和反对称性。为了对各向异性材料的弹性行为作出恰当的分类，不妨以应变作为对材料的激励，而把应力作为材料的响应，这样，材料的分类将对刚度张量 C 作出，反过来的话，即以应力为激励，应变为响应，则是通过柔度张量 S 对材料的各向异性的弹性行为进行分类。

如果材料中存在一反射对称面，根据对称性原理，即给材料任一关于该平面是对称或反对称的激励(即应变)，其所产生的响应(即应力)关于该平面也相应地一定是对称或反对称的。因此，材料的反射对称平面一定是此材料的一个主平面。当然，上述结论的逆命题一般不成立，如前所述，平行于主平面的任一平面都是主平面，而这些主平面中不是每个都是对称面。

具有一反射对称平面的材料是单斜各向异性材料。如果在单斜各向异性材料的基础上，还能进一步找到独立的、垂直于现有的主平面的另外一个主平面，或者是独立的垂直于现有的主轴的另一个主轴，则这类材料可进一步归于更特殊的一类：正交各向异性材料，这类材料的弹性行为可以由 9 个独立的弹性常数完全确定。

可见，关于材料各向异性特征的分类，任务就是要识别材料的主轴或主平面，实现此举的方法之一便是利用材料所具有的对称性。在下述的数小节中，将证明反射对称的对称面一定是一个主平面，而旋转对称的对称轴一定是一个主轴，但反之未必然。

展示反射对称性对材料分类的作用比较直接明了，使用该对称性之后，具有此对称性的材料便可归于单斜各向异性之类，然而，系统的推导并不常见于通常的教科书之中，理由可能是该结论几乎由直觉便可得出，故略去推导的细节无妨。的确如此，可是如果没有关于反射对称的情形的系统的推导作为跳板，要展示旋转对称性对材料分类的作用，推导就再也没那么明了简单了，其结果是旋转对称性在材料分类中的作用从来未见经传，更别说是广为接受了，无以对具有如图 3.1 所示的微观或细观构形的材料作出恰当的分类便是佐证，而具体的证明过程将在 3.2.2.2 节中详细陈述，为此，下面首先系统推导反射对称的效果。

3.2.2.1 反射对称

考虑一个弹性问题，材料的性态可以完全由其弹性矩阵 C 决定，通常意义下的应力、应变分量都标注在图 3.2 上，为让示意图清晰起见，其中所标注的仅是微元的可见面上的应力和应变分量，考虑一个关于 x 面(即垂直于 x 轴的平面)的反射变换。经反射变换而得到的坐标系、应力状态及相应的应变状态示意于该图中对称面的左边，坐标系由 x、y、z 变换成 x'、y'、z'，应力由 $\boldsymbol{\sigma}$ 变换成 $\boldsymbol{\sigma}'$，应变由 $\boldsymbol{\varepsilon}$ 变换成 $\boldsymbol{\varepsilon}'$，在同一变换下，刚度 $\boldsymbol{C}$ 也相应地变换成 $\boldsymbol{C}'$。变换前后的应力-应变关系分别为

$$\boldsymbol{\sigma} = \boldsymbol{C}\boldsymbol{\varepsilon}, \qquad \boldsymbol{\sigma}' = \boldsymbol{C}'\boldsymbol{\varepsilon}' \tag{3.9}$$

取决于所关心的材料，由所考虑的反射变换得到的材料，可能保留原材料的特性，也可能与原材料大不相同，分别如图 3.3(a)和(b)所示。如果材料的特性在此变换下得以保留，那么此材料关于反射面便是反射对称的。于是，便有如下的关系

$$\boldsymbol{C}' = \boldsymbol{C} \tag{3.10}$$

识别材料中如此的对称性是对材料进行分类的首要工作。如果一个材料不具有这样的对称性，那便不能靠这样的对称性来对该材料进行分类。

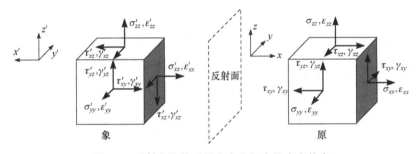

图 3.2　反射变换前后的应力和相应的应变状态

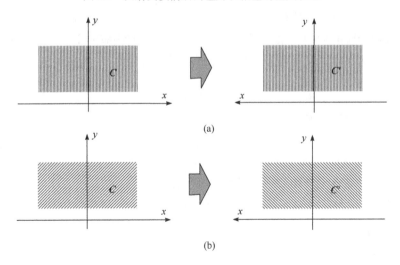

图 3.3　材料关于 y 轴(x 面)反射变换的图示，设想图中的剖面线代表单向纤维增强复合材料中的纤维：(a)材料特性被保留；(b)材料特性被改变

假设在某材料中可以找到一个反射对称性，通过选择适当的坐标系，总可以使 x 面恰为对称面，如图 3.2 所示。

如图 3.2 所示的变换后的应力、应变状态，如果它们都在变换前的那个坐标系中表示出来的话，则可有

$$\begin{Bmatrix} \sigma'_{xx} \\ \sigma'_{yy} \\ \sigma'_{zz} \\ \tau'_{yz} \\ \tau'_{xz} \\ \tau'_{xy} \end{Bmatrix} = \begin{Bmatrix} \sigma_{xx} \\ \sigma_{yy} \\ \sigma_{zz} \\ \tau_{yz} \\ -\tau_{xz} \\ -\tau_{xy} \end{Bmatrix}, \quad \begin{Bmatrix} \varepsilon'_{xx} \\ \varepsilon'_{yy} \\ \varepsilon'_{zz} \\ \gamma'_{yz} \\ \gamma'_{xz} \\ \gamma'_{xy} \end{Bmatrix} = \begin{Bmatrix} \varepsilon_{xx} \\ \varepsilon_{yy} \\ \varepsilon_{zz} \\ \gamma_{yz} \\ -\gamma_{xz} \\ -\gamma_{xy} \end{Bmatrix} \tag{3.11}$$

从而就有如下的关系

$$\begin{Bmatrix} \sigma_{xx} \\ \sigma_{yy} \\ \sigma_{zz} \\ \tau_{yz} \\ -\tau_{xz} \\ -\tau_{xy} \end{Bmatrix} = \begin{Bmatrix} \sigma'_{xx} \\ \sigma'_{yy} \\ \sigma'_{zz} \\ \tau'_{yz} \\ \tau'_{xz} \\ \tau'_{xy} \end{Bmatrix} = \boldsymbol{\sigma}' = \boldsymbol{C}'\boldsymbol{\varepsilon}' = \boldsymbol{C}\boldsymbol{\varepsilon}' = \begin{bmatrix} c_{11} & c_{12} & c_{13} & c_{14} & c_{15} & c_{16} \\ c_{21} & c_{22} & c_{23} & c_{24} & c_{25} & c_{26} \\ c_{31} & c_{32} & c_{33} & c_{34} & c_{35} & c_{36} \\ c_{41} & c_{42} & c_{43} & c_{44} & c_{45} & c_{46} \\ c_{51} & c_{52} & c_{53} & c_{54} & c_{55} & c_{56} \\ c_{61} & c_{62} & c_{63} & c_{64} & c_{65} & c_{66} \end{bmatrix} \begin{Bmatrix} \varepsilon_{xx} \\ \varepsilon_{yy} \\ \varepsilon_{zz} \\ \gamma_{yz} \\ -\gamma_{xz} \\ -\gamma_{xy} \end{Bmatrix} \tag{3.12}$$

按照矩阵运算的规则，方程(3.12)等号最左边的应力项中负号可以被吸收到方程右边的系数矩阵中相应的行中，而等号最右边的应变项的负号可以被吸收到其系数矩阵中相应的列中，系数矩阵中，与这些行和列相应的主子矩阵因为符号被连续改变了两次而保持不变。从而此方程可以改写为

$$\begin{Bmatrix} \sigma_{xx} \\ \sigma_{yy} \\ \sigma_{zz} \\ \tau_{yz} \\ \tau_{xz} \\ \tau_{xy} \end{Bmatrix} = \begin{bmatrix} c_{11} & c_{12} & c_{13} & c_{14} & -c_{15} & -c_{16} \\ c_{21} & c_{22} & c_{23} & c_{24} & -c_{25} & -c_{26} \\ c_{31} & c_{32} & c_{33} & c_{34} & -c_{35} & -c_{36} \\ c_{41} & c_{42} & c_{43} & c_{44} & -c_{45} & -c_{46} \\ -c_{51} & -c_{52} & -c_{53} & -c_{54} & c_{55} & c_{56} \\ -c_{61} & -c_{62} & -c_{63} & -c_{64} & c_{65} & c_{66} \end{bmatrix} \begin{Bmatrix} \varepsilon_{xx} \\ \varepsilon_{yy} \\ \varepsilon_{zz} \\ \gamma_{yz} \\ \gamma_{xz} \\ \gamma_{xy} \end{Bmatrix} \tag{3.13}$$

由式(3.9)可得

$$\begin{Bmatrix} \sigma_{xx} \\ \sigma_{yy} \\ \sigma_{zz} \\ \tau_{yz} \\ \tau_{xz} \\ \tau_{xy} \end{Bmatrix} = \begin{bmatrix} c_{11} & c_{12} & c_{13} & c_{14} & c_{15} & c_{16} \\ c_{21} & c_{22} & c_{23} & c_{24} & c_{25} & c_{26} \\ c_{31} & c_{32} & c_{33} & c_{34} & c_{35} & c_{36} \\ c_{41} & c_{42} & c_{43} & c_{44} & c_{45} & c_{46} \\ c_{51} & c_{52} & c_{53} & c_{54} & c_{55} & c_{56} \\ c_{61} & c_{62} & c_{63} & c_{64} & c_{65} & c_{66} \end{bmatrix} \begin{Bmatrix} \varepsilon_{xx} \\ \varepsilon_{yy} \\ \varepsilon_{zz} \\ \gamma_{yz} \\ \gamma_{xz} \\ \gamma_{xy} \end{Bmatrix}$$

(3.14)

$$\equiv \begin{bmatrix} c_{11} & c_{12} & c_{13} & c_{14} & -c_{15} & -c_{16} \\ c_{21} & c_{22} & c_{23} & c_{24} & -c_{25} & -c_{26} \\ c_{31} & c_{32} & c_{33} & c_{34} & -c_{35} & -c_{36} \\ c_{41} & c_{42} & c_{43} & c_{44} & -c_{45} & -c_{46} \\ -c_{51} & -c_{52} & -c_{53} & -c_{54} & c_{55} & c_{56} \\ -c_{61} & -c_{62} & -c_{63} & -c_{64} & c_{65} & c_{66} \end{bmatrix} \begin{Bmatrix} \varepsilon_{xx} \\ \varepsilon_{yy} \\ \varepsilon_{zz} \\ \gamma_{yz} \\ \gamma_{xz} \\ \gamma_{xy} \end{Bmatrix}$$

上述方程显然对任意的应变 ε 状态都成立，满足此条件的唯一的可能性是

$$\begin{bmatrix} c_{11} & c_{12} & c_{13} & c_{14} & c_{15} & c_{16} \\ c_{21} & c_{22} & c_{23} & c_{24} & c_{25} & c_{26} \\ c_{31} & c_{32} & c_{33} & c_{34} & c_{35} & c_{36} \\ c_{41} & c_{42} & c_{43} & c_{44} & c_{45} & c_{46} \\ c_{51} & c_{52} & c_{53} & c_{54} & c_{55} & c_{56} \\ c_{61} & c_{62} & c_{63} & c_{64} & c_{65} & c_{66} \end{bmatrix} = \begin{bmatrix} c_{11} & c_{12} & c_{13} & c_{14} & -c_{15} & -c_{16} \\ c_{21} & c_{22} & c_{23} & c_{24} & -c_{25} & -c_{26} \\ c_{31} & c_{32} & c_{33} & c_{34} & -c_{35} & -c_{36} \\ c_{41} & c_{42} & c_{43} & c_{44} & -c_{45} & -c_{46} \\ -c_{51} & -c_{52} & -c_{53} & -c_{54} & c_{55} & c_{56} \\ -c_{61} & -c_{62} & -c_{63} & -c_{64} & c_{65} & c_{66} \end{bmatrix}$$

(3.15)

由式(3.14)而得出式(3.15)不应被理解为消去方程两边的公因子，因为消去公因子对矢量和张量方程一般不适用。譬如，如下等式

$$\begin{bmatrix} 1 & 1 \\ 0 & 1 \end{bmatrix} x = \begin{bmatrix} 1 & 0 \\ 0 & 1 \end{bmatrix} x$$

(3.16)

当 $x = [1\ 0]^{\mathrm{T}}$ 时成立，但消去 x 后，方程的两边便不再相等了，因为等式(3.16)虽然对 $x = [1\ 0]^{\mathrm{T}}$ 成立，但若换之以 $x = [0\ 1]^{\mathrm{T}}$，将不再成立。两矩阵要相等，除了它们分别乘以同一个矢量得到同样的结果的条件之外，还要求这个结果对任意被乘的矢量都成立。

回到式(3.15)，那些等于自身的负值的分量，如 $c_{15} = -c_{15}$，必须为零，即 $c_{15} = 0$，因为零是唯一可以同时为正也为负的数。因此

$$c_{15} = c_{25} = c_{35} = c_{45} = c_{16} = c_{26} = c_{36} = c_{46} = 0$$

(3.17)

由此可得，具有关于 x 面反射对称性的材料的刚度矩阵可以简化为

$$C = \begin{bmatrix} c_{11} & c_{12} & c_{13} & c_{14} & 0 & 0 \\ c_{21} & c_{22} & c_{23} & c_{24} & 0 & 0 \\ c_{31} & c_{32} & c_{33} & c_{34} & 0 & 0 \\ c_{41} & c_{42} & c_{43} & c_{44} & 0 & 0 \\ 0 & 0 & 0 & 0 & c_{55} & c_{56} \\ 0 & 0 & 0 & 0 & c_{65} & c_{66} \end{bmatrix} \tag{3.18}$$

如上结论的得出，借助了几何的形象描述，但几何的形象受限于可见的三维空间，超出此范畴便无以施展了，这时代数的抽象便是唯一的途径，因此有必要予以论述。首先，简化形式的刚度矩阵的分量，如果用刚度的张量分量来表示，由应力-应变关系(3.6)及刚度张量的对称性(3.5)和(3.8)，注意到工程应变与张量应变的差别，可以有

$$\begin{bmatrix} c_{11} & c_{12} & c_{13} & c_{14} & c_{15} & c_{16} \\ c_{21} & c_{22} & c_{23} & c_{24} & c_{25} & c_{26} \\ c_{31} & c_{32} & c_{33} & c_{34} & c_{35} & c_{36} \\ c_{41} & c_{42} & c_{43} & c_{44} & c_{45} & c_{46} \\ c_{51} & c_{52} & c_{53} & c_{54} & c_{55} & c_{56} \\ c_{61} & c_{62} & c_{63} & c_{64} & c_{65} & c_{66} \end{bmatrix} = \begin{bmatrix} c_{1111} & c_{1122} & c_{1133} & c_{1123} & c_{1113} & c_{1112} \\ c_{2211} & c_{2222} & c_{2233} & c_{2223} & c_{2213} & c_{2212} \\ c_{3311} & c_{3322} & c_{3333} & c_{3323} & c_{3313} & c_{3312} \\ c_{2311} & c_{2322} & c_{2333} & c_{2323} & c_{2313} & c_{2312} \\ c_{1311} & c_{1322} & c_{1333} & c_{1323} & c_{1313} & c_{1312} \\ c_{1211} & c_{1222} & c_{1233} & c_{1223} & c_{1213} & c_{1212} \end{bmatrix} \tag{3.19}$$

因为反射对称是关于 x 面的，在此变换下三个坐标轴中仅有 x 轴方向逆转。张量分量的每一下标都与一坐标轴相关联，1、2、3 分别对应 x、y、z。同一数码的下标，譬如 1，可出现 0 次至 4 次，对应着 0 度至 4 度的关联。因为对称变换逆转 x 轴的方向，这不影响与 x 轴有 0 度关联的分量，而有 1 度关联的分量应该改变符号，有 2 度关联的分量，因为符号被改变了两次，则如同不变。依次类推，可知，凡下标中含偶数个 1 的分量，在关于 x 面的反射变换下不发生任何变化，而凡下标中含奇数个 1 的分量，在关于 x 面的反射变换下将改变符号。这样，此规则要求刚度矩阵的第 5、6 行的第 1~4 列改变符号，同样的要求是第 5、6 列的第 1~4 行改变符号。如果一个材料具有关于 x 面的反射对称性，又可以得到刚度矩阵在相应的变换下的原和象应该相同，于是就直接得到了方程(3.15)，之后的推导就如法炮制了，结论当然也如出一辙。

如上的论述，完全可以用柔度矩阵给出，用刚度还是柔度对材料的弹性性质进行分类，效果完全相同，因此，本书的论述仅就刚度给出，而不失一般性。

刚度矩阵的形式如式(3.18)所给的材料，属于典型的单斜各向异性类别，其特征是在所有正应力(或正应变)和三个剪应力(或剪应变)中与 x(对应于下标 1)有关的那两个剪应力(或剪应变)之间没有耦合，与正应力(或正应变)之间也没有耦合，这两个剪应力也正是在分离体图 3.2 中暴露在 x 面上的两个剪应力。单斜各向异

性的特征,只有当材料的主平面被设定为坐标平面之一时才会被明显地表露出来。否则,刚度矩阵仍呈满阵,尽管可以证明,在所有的 21 个分量中,只有 13 个是独立的,而其他的则都可以由这 13 个独立的分量表达出来。

如果选取坐标系时把对称面置于 y 面而不是 x 面,推导雷同,只是 0 分量将落在与 σ_{23} 和 σ_{12} 对应的第 4、6 行和与 ε_{23} 和 ε_{12} 对应的第 4、6 列上。同理可知对称面被选作 z 面时的情形。

在主平面为 x 面的单斜各向异性的基础上,如果还能找到另一个独立的对称性,假设是关于 y 面的反射对称性,则此材料可进一步简化成所谓的正交各向异性材料。这时,正应力和剪应力之间便完全没有耦合,而各剪应力之间也没有任何耦合。正交各向异性材料的弹性性质可以由 9 个独立的刚度分量或适当的弹性常数完全描述。应该指出的是,按现有的工业标准(如 ASTM, 2014; BS EN ISO, 1997)来表征材料,范围仅限于正交各向异性材料,关于现有标准的不正确的应用,在 3.2.2.2 节中关于斜纹复合材料表征时会举例说明。

如果存在两个相互垂直的主平面,即材料是正交各向异性的,则与这两个主平面均垂直的平面也一定是一个主平面,不管是否存在关于该平面的反射对称性。同样的结论也适用于主轴,即如果存在两个相互垂直的主轴,材料当然是正交各向异性的,则与这两个主轴均垂直的轴也一定是一个主轴。

顺着同一思路,材料的分类可以继续推进。不过,应该指出,在正交各向异性的材料中,如果再找到一个与已有的两个主平面正交的第三个对称面,便不会给材料的弹性性质的简化带来进一步的帮助,因为这一对称性的效果已经被已有的两个对称性所涵盖。但是,这不排除其他非正交的对称面能够带来进一步简化的可能性。譬如,如果材料关于与两个相互垂直的主平面都夹 45°角的平面也有反射对称性,这三个对称面相交于一直线,在垂直于该直线的平面内,该材料被称为是正方对称的,或正方各向同性,当然,如果存在与两个相互垂直的主平面都夹 45°角的一个主平面,那么与这三个主平面共享交线而又与其中之一夹 90°、135°、180°、225°、270°、315°角的平面都是主平面。这时,独立的弹性常数的个数降为 6。这类材料的例子之一是单向纤维增强的复合材料,而纤维在其横截面上呈正方排列的情形(Li, 1999, 2001),如图 3.4(a)所示。

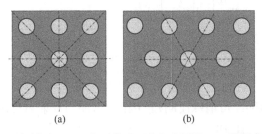

(a)　　　　　　　　　　(b)

图 3.4　两个例子:(a)正方对称或正方各向同性;(b)横观各向同性

如果两个独立的对称面夹 22.5°或者 60°，那么如上可以分别得到一系列相应的对称面，而这时该材料在垂直于这两个对称面的交线的平面内是各向同性的，即所谓横观各向同性材料，独立的弹性常数个数降至 5。其中夹角为 60°的例子可见于单向纤维增强的复合材料，其纤维在横截面上呈正六角形排列的情形(Li，1999，2001)，如图 3.4(b)所示。

如果一材料在两个相互垂直的平面内都是正方对称的，则该材料称为立方对称的或立方各向同性，独立的弹性常数个数降至 3。

如果一材料在两个相互垂直的平面内都是横观各向同性的，则该材料便是各向同性的，独立的弹性常数个数降至 2。这是最简单的材料，也是最传统的工程材料，但是其界限常为现代的材料科学所突破。

3.2.2.2　旋转对称

旋转对称性在材料分类中的应用，在所有的文献中，未见经传。以绕 x 轴 180°的旋转对称性为例，应力状态、相应的应变状态及其旋转变换后的情形如图 3.5 所示，其右侧是原，左侧为象。反射变换仅逆转一个轴(x 轴)的方向，而一个旋转变换则同时逆转垂直于旋转轴的两个轴(y 轴和 z 轴)的方向，见图 3.5。

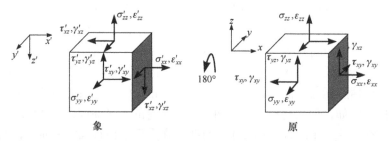

图 3.5　应力状态和相应的应变状态在关于 x 轴 180°的旋转变换下的原和象

如果材料在此变换下对称，则方程(3.10)照样成立。此时，如果把象中的应力、应变分量在原的坐标系下表达出来，则有

$$\begin{Bmatrix} \sigma'_{xx} \\ \sigma'_{yy} \\ \sigma'_{zz} \\ \tau'_{yz} \\ \tau'_{xz} \\ \tau'_{xy} \end{Bmatrix} = \begin{Bmatrix} \sigma_{xx} \\ \sigma_{yy} \\ \sigma_{zz} \\ \tau_{yz} \\ -\tau_{xz} \\ -\tau_{xy} \end{Bmatrix}, \quad \begin{Bmatrix} \varepsilon'_{xx} \\ \varepsilon'_{yy} \\ \varepsilon'_{zz} \\ \gamma'_{yz} \\ \gamma'_{xz} \\ \gamma'_{xy} \end{Bmatrix} = \begin{Bmatrix} \varepsilon_{xx} \\ \varepsilon_{yy} \\ \varepsilon_{zz} \\ \gamma_{yz} \\ -\gamma_{xz} \\ -\gamma_{xy} \end{Bmatrix} \tag{3.20}$$

这与式(3.11)完全相同，可谓殊途同归。因此，遵循与反射对称的情形类似的描述，只是此时材料特性是在 180°的旋转变换下保持不变，那么关于刚度矩阵，可以得

到如下的关系

$$
\begin{bmatrix}
c_{11} & c_{12} & c_{13} & c_{14} & c_{15} & c_{16} \\
c_{21} & c_{22} & c_{23} & c_{24} & c_{25} & c_{26} \\
c_{31} & c_{32} & c_{33} & c_{34} & c_{35} & c_{36} \\
c_{41} & c_{42} & c_{43} & c_{44} & c_{45} & c_{46} \\
c_{51} & c_{52} & c_{53} & c_{54} & c_{55} & c_{56} \\
c_{61} & c_{62} & c_{63} & c_{64} & c_{65} & c_{66}
\end{bmatrix}
=
\begin{bmatrix}
c_{11} & c_{12} & c_{13} & c_{14} & -c_{15} & -c_{16} \\
c_{21} & c_{22} & c_{23} & c_{24} & -c_{25} & -c_{26} \\
c_{31} & c_{32} & c_{33} & c_{34} & -c_{35} & -c_{36} \\
c_{41} & c_{42} & c_{43} & c_{44} & -c_{45} & -c_{46} \\
-c_{51} & -c_{52} & -c_{53} & -c_{54} & c_{55} & c_{56} \\
-c_{61} & -c_{62} & -c_{63} & -c_{64} & c_{65} & c_{66}
\end{bmatrix}
\tag{3.21}
$$

这又与式(3.15)完全相同,通过相同的推导,可以得出与式(3.18)完全相同的结论,即刚度矩阵由下式给出

$$
C =
\begin{bmatrix}
c_{11} & c_{12} & c_{13} & c_{14} & 0 & 0 \\
c_{21} & c_{22} & c_{23} & c_{24} & 0 & 0 \\
c_{31} & c_{32} & c_{33} & c_{34} & 0 & 0 \\
c_{41} & c_{42} & c_{43} & c_{44} & 0 & 0 \\
0 & 0 & 0 & 0 & c_{55} & c_{56} \\
0 & 0 & 0 & 0 & c_{65} & c_{66}
\end{bmatrix}
\tag{3.22}
$$

同样地,按照第 2 章 2.3 节所述的张量变换的代数方法也可以得到同样的结果。刚度矩阵用张量分量表示已在式(3.19)中给出。反射变换改变下标中 1 出现奇数次的张量分量的符号,而旋转变换则改变下标中 2 和 3 出现的次数之和为奇数的张量分量的符号,因为在此变换下,2、3 轴,即 y、z 轴,同时逆转方向。下标中 2 和 3 出现的次数之和为偶数的张量分量则不改变符号,这样得到的结果与式(3.22)完全相同,当然也同于式(3.18)。其实,刚度张量是四阶的,有四个下标,如果 1 出现奇数次,剩下的下标不是 2 就是 3,它们共同出现的次数也一定是奇数;反之,偶数的情形也一样,同时出现。因此,旋转变换的效果与反射变换的效果相同并非偶然。

这样,就材料弹性性质的分类而言,关于一轴的 180° 旋转对称的效果与关于垂直于该轴的一个平面的反射对称的效果完全一致。一个关于某平面的反射对称,确定了该平面为材料的一个主平面,而按定义,垂直于主平面的轴是该材料的主轴。相应地,一个关于某轴的 180° 旋转对称,确定了该轴为材料的一个主轴,按定义,垂直于主轴的平面是该材料的主平面。当然,这两个对称性在材料分类问题上的等价性并不意味着这两个对称性本身的等价,也不意味着它们在其他方面具有任何等价性。事实上,它们分别属于两类相互独立的对称性,除了个别特例,如材料分类,它们很不相同。

上述所建立的旋转对称性在材料分类问题上的地位,对于那些不具有反射对称性而又不乏旋转对称的材料而言是十分重要的,譬如,图 3.1 中的斜纹复合材

料和螺旋结构，都不具有任何反射对称性。如图 3.1(a)所示的斜纹复合材料，其关于织物的面内如图 3.6(a)中的点划线所示的对角线，具有 180°的旋转对称性，因此，该对角线是一主轴，而垂直于该对角线的平面是一主平面。同时，关于垂直于该织物平面并通过如图 3.6(a)中的叉所示的轴，其也具有 180°的旋转对称性，因此，这也是一主轴。因为平行于主轴的轴都是主轴，任何一个垂直于织物平面的轴都是主轴，而织物平面则是一主平面。因为已经找到了两个相互垂直的主轴和两个相互垂直的主平面，所以，未在图 3.6(a)中标出的另外一条对角线也是一主轴，因为它垂直于另外两个主轴，尽管关于此对角线并没有明显的对称性。此材料是正交各向异性的，只是材料的主轴并不是顺着纤维的走向。一般地，此材料在坐标轴顺纤维方向的坐标系中不具备正交各向异性特征，因为存在着正、剪之间的耦合。在用试验方法表征此类材料时，试件应该顺着材料的主轴方向切割，而由顺纤维方向切割的试件所测得的数据，严格来说都是无效的，因为没有支持非主轴方向的试验的任何工业标准。事实上，如果欲做的试验是单向拉伸，则不可避免地会有弯矩和剪力的伴随。

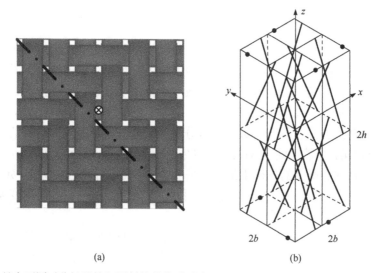

(a)   (b)

图 3.6 具有不同对称性的纺织预制件的构形示意：(a)二维斜纹机织物；(b)三维四轴编织物

    另一种典型的纺织预制件是三维四轴编织物，该织物的一个单胞如图 3.6(b)所示，其构形中显然没有任何反射对称性，但是，其关于如图 3.6(b)中所示的三个坐标轴都具有 180°的旋转对称性，因此，由此织物复合成的复合材料是正交各向异性的，而这三个旋转对称轴即为该复合材料的三个主轴。

    类似地，如图 3.1(b)所示的螺旋体也没有任何反射对称性，该螺旋体在每个方向均有一个半周期，切掉多余部分后，如图 3.7(a)中的白色方框所示，即可得到一个单胞。很容易看出，从六个面的任何一面观察都可以找到一点，如图 3.7(a)所示，经过此点正穿该螺旋体形成一轴，此螺旋体具有关于该轴的 180°旋转对称性，因此，该轴便是一主轴。三个方向各有一主轴，因此，该材料是正交各向异性的。

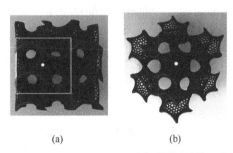

(a)　　　　　　　　　　(b)

图 3.7　螺旋体的不同视角：(a)关于过白点而又正穿螺旋体的轴(垂直纸面)的 C^2 对称性；(b)关于贯穿螺旋体立体对角线(过白点并垂直纸面)的 C^3 对称性

如同考虑反射对称性一样，材料的分类可以随着更多的对称性的存在而进一步推进。如果一材料具有关于一轴的 90°的旋转对称性，用第 2 章 2.2.2 节的记号，即 C^4 对称性，此材料在垂直于该轴的平面内是正方对称的。

如果一材料关于一轴是 45°或者 120°旋转对称的，即 C^8 或 C^3 对称，此材料在垂直于该轴的平面内就是各向同性的，即所谓横观各向同性材料。

类似地，可以用旋转对称来确定正方对称和各向同性。前面在讨论如图 3.7(a)所示的螺旋体的正交各向异性特征时，已经找出了绕三个正交的轴的 180°的旋转对称性，除此之外，该螺旋体还有一个如图 3.7(b)所示的关于贯穿螺旋体立体对角线，即过白点并垂直纸面的 120°的旋转对称性，即 C^3。因此，在垂直于该对角线的平面内，材料呈各向同性，即所谓横观各向同性，加上之前已经确定了的正交各向异性，可以进一步明确，在那三个方向材料的性质都相同，因此可知此材料是正方对称的，具有三个独立的弹性常数。这类构形文献中常见，但旋转对称性对正方对称材料的应用完全未曾提及，更别提系统地用于材料分类。此结论，虽然曾有猜测(Khaderi et al., 2014)，但之前从未有过严格的论证。

另外一个从未曾见过经传的结论是，由单向纤维增强的复合材料而得的层合物，如果当作一种"材料"来表征，那么不管其铺层是多么地任意，它至多也只能是单斜各向异性材料，因为关于任一垂直于层板的轴，此"材料"具有 180°的旋转对称性，所以此轴必定是此"材料"的一个主轴，具有一个主轴的材料是单斜各向异性的，而垂直于主轴的任一平面一定是材料的主平面，尽管关于该平面一般并没有任何反射对称性。

综上所述，旋转对称性在材料分类上的应用与反射对称性十分相似，一定意义上，贡献互补，之所以不见经传，很大程度上是因为对称性的作用，在反射对称性时就没有完全搞清楚，所采用的试验标准的结论则是多半依赖于直觉得出，但在处理旋转对称时，直觉已不够用了，从而导致了认知的空白。其实，关于旋转对称性的上述推导并没有任何过分的难点，与反射对称性的情形可谓如出一辙，症结就在于，对于简单的问题，在理得清楚的情况下，人们选择了不去理清楚而走捷径，因为这时确有捷径可走，问题稍一复杂，没有了捷径，也就没有了通途，要么一筹莫展，避而不提，要么各显神通，瞒天过海，实非科学之态度。

3.3 材料表征

在材料被恰当地分类之后，材料表征才可以顺理成章。对一类材料适用的试验方法，对另一类材料未必适用。譬如，那些适用于各向同性材料的，一般不能直接用于正交各向异性材料；而适用于正交各向异性材料的，如果被盲目地应用于单斜各向异性材料，无疑会导致错误。与材料分类一样，表征材料时，也需要明确表征所得的结果适用的尺度，至少需要在此尺度上，材料可以被认为是均匀的，即如 1.1 节中所定义的所谓高尺度。微观力学材料表征的目标是由低尺度上材料的组分、构形来获取其在高尺度上的等效材料特性，从而减轻对材料进行实际试验的负担。

最常见的一类等效材料特性是弹性常数，如弹性模量、泊松比、剪切模量。测量这些材料常数时，非常重要的一点是遵循它们的定义，事实上，如果是用试验方法来测量，这也正是试验标准意欲确保的。在满足标准的要求时，用户常常容易忽视科学背景，即所测常数的严格定义，因为这仍是标准的科学基础，当然，如果标准中的要求已经被切实遵循了，忽视定义在实际的物理试验中还不致导致严重的问题。

问题突显在采用虚拟试验时，这时不再需要加工试件，用于测试的虚拟试件也不再需要是标准中定义的形状和尺寸，如拉伸用的哑铃状试件。一虚拟试验中所采用的试件，可以仅是一个代表性体元或一个单胞，如果对欲测量的物理量的定义置若罔闻，其结果会犹如痴人说梦。在常见的虚拟试验中，一方面，有些用户忽视所采用的代表性体元或单胞应满足的材料常数的定义要求，而得出似是而非的结果；另一方面，有些用户又过于拘泥于试验标准的要求，譬如机械地模拟哑铃状试件，而无视真实试验中需要用哑铃状试件的原因。

鉴于此因，为避免在运用虚拟试验进行材料表征过程中潜在的混淆，下面首先重述一下弹性常数的定义：

弹性模量

$$E_1 = \frac{\sigma_1}{\varepsilon_1}, \quad \text{当} \ \sigma_2 = \sigma_3 = \tau_{23} = \tau_{13} = \tau_{12} = \Delta T = 0 \ \text{时} \tag{3.23a}$$

$$E_2 = \frac{\sigma_2}{\varepsilon_2}, \quad \text{当} \ \sigma_1 = \sigma_3 = \tau_{23} = \tau_{13} = \tau_{12} = \Delta T = 0 \ \text{时} \tag{3.23b}$$

$$E_3 = \frac{\sigma_3}{\varepsilon_3}, \quad 当 \sigma_1 = \sigma_2 = \tau_{23} = \tau_{13} = \tau_{12} = \Delta T = 0 \text{ 时} \tag{3.23c}$$

泊松比

$$\nu_{12} = -\frac{\varepsilon_2}{\varepsilon_1}, \qquad \nu_{13} = -\frac{\varepsilon_3}{\varepsilon_1}, \quad 当 \sigma_2 = \sigma_3 = \tau_{23} = \tau_{13} = \tau_{12} = \Delta T = 0 \text{ 时} \tag{3.24a}$$

$$\nu_{23} = -\frac{\varepsilon_3}{\varepsilon_2}, \quad 当 \sigma_1 = \sigma_3 = \tau_{23} = \tau_{13} = \tau_{12} = \Delta T = 0 \text{ 时} \tag{3.24b}$$

而与之相应的次泊松比为

$$\nu_{32} = \frac{E_3}{E_2}\nu_{23}$$

$$\nu_{31} = \frac{E_3}{E_1}\nu_{13} \tag{3.25}$$

$$\nu_{21} = \frac{E_2}{E_1}\nu_{12}$$

如果希望从试验中直接测得这些次泊松比，它们需按如下得出

$$\nu_{21} = -\frac{\varepsilon_1}{\varepsilon_2}, \quad 当 \sigma_1 = \sigma_3 = \tau_{23} = \tau_{13} = \tau_{12} = \Delta T = 0 \text{ 时} \tag{3.26a}$$

$$\nu_{32} = -\frac{\varepsilon_2}{\varepsilon_3}, \qquad \nu_{31} = -\frac{\varepsilon_1}{\varepsilon_3}, \quad 当 \sigma_1 = \sigma_2 = \tau_{23} = \tau_{13} = \tau_{12} = \Delta T = 0 \text{ 时} \tag{3.26b}$$

剪切模量

$$G_{23} = \frac{\tau_{23}}{\gamma_{23}}, \quad 当 \sigma_1 = \sigma_2 = \sigma_3 = \tau_{13} = \tau_{12} = \Delta T = 0 \text{ 时} \tag{3.27a}$$

$$G_{13} = \frac{\tau_{13}}{\gamma_{13}}, \quad 当 \sigma_1 = \sigma_2 = \sigma_3 = \tau_{23} = \tau_{12} = \Delta T = 0 \text{ 时} \tag{3.27b}$$

$$G_{12} = \frac{\tau_{12}}{\gamma_{12}}, \quad 当 \sigma_1 = \sigma_2 = \sigma_3 = \tau_{23} = \tau_{13} = \Delta T = 0 \text{ 时} \tag{3.27c}$$

　　上述定义中所涉及的条件特别重要，强调如下：弹性模量与泊松比应该在相应的方向上的**单向应力状态**下测得，在其他的应力状态下，如多向应力，所得的不可能是所要测的，尤其是不能把单向应力与单向应变混为一谈。在真实试验中，实现单向应变状态，即便可能，也极其困难，因此误用单向应变完全没有可能；而在虚拟试验中，实现单向应变状态则十分简单，完全可以在不经意之间被误用。剪切模量则要在相应的**纯剪应力状态**下测得。无论是单向应力状态还是纯剪应力状态，在虚拟试验的模型中，都极易被不正确地、常常是漫不经心地采用的约束

条件所扰乱。遵循定义，特别是定义中规定的条件，在很多这方面的工作中近乎为一个盲点，本书的作者目击了太多此类的错误，而更荒唐的是，当你向这类错误的制造者们指出问题所在时，他们都会认为这些甚至都是不值得改正的错误，这轻则是概念不清，重则是科学态度的沦丧。

类似的考虑同样适用于其他的学科，例如扩散问题，需要铭记的规则是在获取任一等效特性时必须满足该特性的定义。微观力学可以提供一种虚拟试验的手段，而确保在理论模拟中定义所需满足的要求能够如同在真实试验中一样得到满足，那是用户的责任。其实，在理论模拟中要满足这些条件比在真实试验中满足这些条件要容易得多。当然，在虚拟试验中也会有像真实试验中一样多的导致错误的陷阱。端正的科学态度常常是步入成功的钥匙，而随随便便的摆弄则实不可推崇。

如前所述，材料表征是为了获取定量的材料数据，任何可避免的误差，无论多大多小，只要可能而又无需过分的代价，都该剔除。任何不可避免的误差应该伴随相应的对其效应的估计，并反映为所采用的材料表征方法适用性的限制条件。把可避免的误差带入表征的结果，绝不是所谓的"工程方法"，恰恰相反，这是对工程方法的曲解，甚至是侮辱。真正的工程方法是对不可避免的误差不失掌控。

按照如上给出的材料特性的定义，所谓微观或细观力学的材料表征就可以通过对正确地建立代表性体元或单胞进行恰当的分析来实现，这是在本书的后续章节要讨论的问题。所涉及的分析就是按所需计算的等效特性的定义施加相应的载荷，并得到材料的响应。此方法不仅考虑到了标准中所指定的要求，更反映了制订标准的精神所在。

3.4 结 语

本章正式提出了材料分类的概念，先行于材料表征，与材料表征同等重要，前者确定材料的线性范围、均匀性适用的尺度、各向异性的程度这些定性特征，后者是定量的操作，在材料被恰当地分类之后，也只能是这时，才有可能确定哪个试验标准适用于所欲进行的材料表征。用来进行材料表征的多尺度分析是一虚拟试验方法，为了获取某材料特性，完成此虚拟试验的关键在于遵从该特性的定义，这比机械地遵从相应的标准更重要。

参 考 文 献

ASTM. 2012. ASTM D7078 / D7078M-12. Standard Test Method for Shear Properties of Composite Materials by V-Notched Rail Shear Method. ASTM International.

ASTM. 2013. ASTM D3518 / D3518M-13. Standard Test Method for In-Plane Shear Response of

Polymer Matrix Composite Materials by Tensile Test of a ±45° Laminate. ASTM International.

ASTM. 2014. ASTM D3039/D3039M-14. Standard Test Method for Tensile Properties of Polymer Matrix Composite Materials. ASTM International.

BS EN ISO. 1997.BS EN ISO 527-4. Plastics. Determination of tensile properties. Test conditions for isotropic and orthotropic fibre-reinforced plastic composites.

BS EN ISO. 1998. BS EN ISO 14129:1998. Fibre-reinforced plastic composites — Determination of the in-plane shear stress/shear strain response, including the in-plane shear modulus and strength, by the ±45° tension test method.

Gurdal Z, Olmedo R. 1993. In-plane response of laminates with spatially varying fiber orientations - Variable stiffness concept. AIAA Journal, 31: 751-758.

Jones R M. 1998. Mechanics of Composite Materials. Boca Raton: CRC Press.

Khaderi S N, Deshpande V S, Fleck N A. 2014. The stiffness and strength of the gyroid lattice. International Journal of Solids and Structures, 51: 3866-3877.

Li S. 1999. On the unit cell for micromechanical analysis of fibre-reinforced composites. Proceedings of the Royal Society of London, Series A: Mathematical, Physical and Engineering Sciences, 455: 815.

Li S. 2001. General unit cells for micromechanical analyses of unidirectional composites. Composites Part A: Applied Science and Manufacturing, 32: 815-826.

Mau S T. 1973. A refined laminated plate theory. ASME Journal of Applied Mechanics, 40: 606-607.

Mindlin R D. 1951. Influence of rotatory inertia and shear in flexural motion of isotropic elastic plates. ASME Journal of Applied Mechanics, 18: 31-38.

Mohseni Shakib S M, Li S. 2009. Modified three rail shear fixture (ASTM D 4255/D 4255M) and an experimental study of nonlinear in-plane shear behaviour of FRC. Composites Science and Technology, 69: 1854-1866.

Reddy J N. 1984. A simple higher-order theory for laminated composite plates. ASME Journal of Applied Mechanics, 51: 745-752.

Reissner E. 1945. The effect of transverse shear deformation on the bending of elastic plates. ASME Journal of Applied Mechanics, 12: A68-A77.

Zhuo P, Li S, Ashcroft I, et al. 2017. 3D printing of continuous fibre reinforced thermoplastic composites. 21st International Conference on Composite Materials. Xi'an, 20-25th August.

Zhuo P, Li S, Ashcroft I, et al. 2021. Material extrusion additive manufacturing of continuous fibre reinforced polymer matrix composites: A review and outlook. Composites B, 224: 109143.

Zhuo P, Li S, Ashcroft I, et al. 2022. Continuous fibre composite 3D printing with pultruded carbon/PA6 commingled fibres: processing and mechanical properties. Composites Sci Tech, 221:109341.

第4章 代表性体元与单胞

4.1 引　　言

对材料的微观或细观构形(即所谓在低尺度)进行分析, 以获取该材料在高尺度上的等效特性的方法, 常常需要借助代表性体元(RVE)或单胞(UC)的概念, 它们都定义在低尺度上, 分析也是在低此尺度上进行的, 这类分析通常被称为多尺度分析, 而代表性体元或单胞则是沟通不同尺度之间的桥梁。如此进行的多尺度分析的合理性在于材料在高尺度上的均匀性,此均匀性适用于低尺度上的两种情形: 构形无序但是在统计意义下均匀, 或者构形有序。代表性体元或者单胞应运而生, 也成了实施此类多尺度分析的有效工具。

代表性体元和单胞这两术语有时可以互换使用, 又不尽然, 因此难免引起一些混淆, 作为本章的目标之一, 也为了后面的论述, 逻辑地定义它们将不无帮助。就本章而言, 精力主要集中于几何特征, 而相关的物理考虑则会在后续的数章中逐步表述。

应该注意, 实际采用的代表性体元或单胞可能会因为物理场的性质不同而不同, 本章所描述的将是对大多数物理场都普适的基本概念。

另外, 还要提醒读者, 这里引进的定义, 可能与有的文献中所采用的, 或者是出自直觉的那些有所不同, 它们是按本书作者认为最具逻辑的方式提出的。

4.2　代表性体元

4.2.1　代表性

代表性体元(RVE)通常都是在低尺度上引进的, 其定义的关键在于其"代表性",所谓一个代表性体元具有代表性是指它能够再现在低尺度上无限大尺寸的体积的材料, 即在高尺度上有限尺寸的体积的材料的特性。不管任何文献、任何专家是怎么说的, 代表性才应该是定义代表性体元的准则, 而不仅仅是某个人的观念。代表性常常是以所感兴趣的材料在高尺度上的材料特性来定义的, 只要材料在高尺度上是均匀的, 在低尺度上就一定存在一个适当的、有限的体元作为代表性体元。在多尺度分析中, 一个通常的也是足够合理的假设是, 高尺度上的任何一个有限的尺寸, 在低尺度上都可以被考虑成无穷大; 而低尺度上的任何一个有限的尺寸，在高尺度上都可以被考虑成无穷小。一个代表性体元的尺寸在低尺度上必须是有限的，因此，在高尺度上便可以考虑成无穷小。在低尺度上体积无穷大的体元一定具有代表性，但当然不是一个理想代表性体元。

　　一个所关心的材料的代表性体元，其体积应足够大，以致其代表性与比其更大的体元已无差别。通常地，代表性体元被用于在低尺度上构形无序的材料上，譬如，如图 4.1 所示的单向(UD)纤维增强复合材料的横截面的微观照片，其中，纤维在此截面上是随机分布的，这时，代表性体元必须足够大才能具有代表性，而在低尺度上具备有序构形就不再需要依赖于这样的统计特征，代表性体元能以确定的方法来选取，这将在 4.2.2 节中讨论。一般地，只要尺寸足够大，总可以得到一个有足够代表性的代表性体元，显然，从计算效率考虑，人们的兴趣所在当然是尺寸最小的而又不失代表性的体元，而任何体积小于此的体元将不再具有代表性，而体积大于此的体元虽不乏代表性，但计算效率低下。代表性体元的最小尺寸可以随材料不同而不同，随领域不同而不同，有时还可以随同一领域但不同的等效特性不同而不同。譬如，热容、UD 复合材料沿纤维方向的弹性模量等，都大致取决于材料中的纤维体积含量，对此类量，只要一体元中的纤维体积含量正确，它便是一个合理的代表性体元。而其他特性，尤其是那些基于统计均匀性的，如 UD 复合材料的横向弹性模量，就需要足够大的体元方可有足够的代表性。

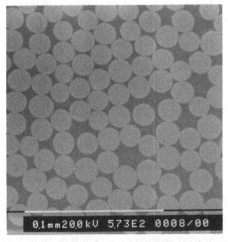

图 4.1　单向(UD)纤维增强复合材料的横截面上随机分布的纤维

　　一个代表性体元的代表性,应该由其对所需表征的等效特性的代表性来判别,不需要考虑能否通过平移对称性来复制所需表征的材料的其他部分,无论是几何特征还是应力、应变的分布。事实上,如果材料的构形是无序的,任一部分都不可能被另一部分所复制。

　　在低尺度上对无序构形引进代表性体元时,一个常见而又原则性的错误是人为地强加几何特征的周期性，从而可以使用所谓的周期性边界条件，具体的评述将在第 5 章给出。

4.2.2 边界效应区和衰减长度的概念

作为首次尝试，Hill (1963)提出过一个关于代表性体元的尺寸的准则。任一体元，都可以用两种不同的方式加载：给定均匀的边界位移或给定均匀的面力，一般地，它们将导致不同的结果，包括所得的等效特性。然而，随着体元的尺寸的增大，如上的差别会渐渐减小，当此差别足够小时，所采用的相应尺寸的体元便具有足够的代表性。

尽管直觉上 Hill 准则有其相关性，也可以表明其确实可行，但所得到的代表性体元的尺寸可能不必要地偏大。上述的两个解，其实哪一个也不正确，但其间的差别，乃至于与正确解的差别，应该仅限于体元的边界附近，离开边界进入体元内部，该差别将渐消失，其结果将趋于当体元的尺寸趋于无限大时的解，这可以由圣维南(Saint-Venant)原理来解释。严格地说，此二解之间的绝对差别永远都不会消失，但此差别仅出现在体元边界附近的区域。随着体元尺寸增大而消失的是所得的等效特性之间的差别，而它们的值是通过关于体元体积平均的结果。随着体积增大，受边界效应影响的区域的体积与体元总体积之比逐步减小，即消失的是相对的差别。受边界效应影响的区域自然在边界附近，其厚度是一重要的特征长度，即从边界到边界效应消失处的距离，显然，这个距离随边界上的点的位置的不同而有所不同，其最大值在本书中被称为**衰减距离**。对于一给定的材料和给定的应用领域，衰减距离是一确定的值。这样，受边界效应影响的区域可以视为相应体元的一层厚度为衰减距离的外壳。以一个边长为 a 的立方体代表性体元为例，假设衰减距离为 t，代表性体元的体积和受边界效应影响的区域的体积分别为 V 和 V_s，则有比值

$$r = \frac{V_s}{V} = \frac{a^3 - (a-2t)^3}{a^3} = \frac{6a^2t - 12at^2 + 8t^3}{a^3} = 6\left(\frac{t}{a}\right) - 12\left(\frac{t}{a}\right)^2 + 8\left(\frac{t}{a}\right)^3 \to 0 \qquad (4.1)$$

显然，因 t 不变，随着 a 增大，t/a 趋于 0，上述体积比也将趋于 0，即受边界效应影响的区域部分的体积在整个代表性体元的体积中的占比也将消失。在受边界效应影响的区域内，由均匀位移和均匀面力分别作为边界条件所得的应力场和应变场不同，而所得到的等效特性之所以相同，是因为上述场之间的差别及其效果随着体元体积的增大而被冲淡，仅此而已。

如上观察导致下述一个重要结论。因为给定材料的衰减距离是一常数，在一体元内距边界超过此距离处的应力场与应变场便不因边界条件是以均匀位移还是均匀面力给出的而有所不同了，如果剥去此体元的厚度为衰减距离的外壳，在剩

下的内芯部分，其中的应力场与应变场就如同取自于无穷大的体元。这样，一个更有效地、更逻辑地引进代表性体元的方法便展现在眼前了，再无必要仅仅为了冲淡对所得的等效特性的影响而增大体元尺寸了，只要内芯部分的材料对于在高尺度上的材料具有足够代表性，即组分体积含量同于在高尺度上的材料，则该代表性体元尺寸就足够大了，即便是如 Hill 所描述的差别仍然存在，甚至很严重也无妨。从内芯部分的平均应力和平均应变已经与从无穷大体元中同一部分中的平均应力和平均应变没有差别了，所得出的等效特性也将不会有差别，此内芯部分具有充分的代表性。按此定义的代表性体元的具体实施，将在第 9 章中详尽给出。

归纳本章关于代表性体元的论述，决定一体元能否作为一代表性体元的准则是其代表性，尽管这总是会涉及该体元的尺寸，但却无需为考虑尺寸而考虑尺寸。前面提出了两种方法来确定其尺寸：第一是用尺寸来冲淡因边界条件不准确而带来的误差，而实际的绝对误差并不真正从代表性体元中消失，这便是 Hill (1963)提出的方法；第二种方法是留出足够的空间容纳受边界效应影响的区域，而在这一区域之外，即体元的内芯部分，已无前述的绝对误差，只要这部分内芯的体积在材料组分上具有足够的代表性，那么，它在其他物理方面也应该有足够的代表性。第二种方法显然在各方面都更可取。

4.3　单　　胞

4.3.1　规则性

一个单胞是在低尺度上的一部分材料，其可通过一定的对称变换，再现该材料的其他的任何一部分，这样此单胞以及以此单胞为原的所有象可以不重叠而又完整地充满该材料所占有的空间，而且与原来的材料具有完全相同的构形。单胞的存在意味着在低尺度上材料的构形的规则性或有序性，并因此导致此材料在高尺度上的均匀性。高尺度上材料的均匀性也可以在统计意义上由在低尺度上材料构形完全随机的情形得出。鉴于此差别，一个单胞可能是出自材料真实的有序构形，也可能是出于原来的无序构形但被理想化成了有序构形的虚拟材料。对于后一种情况，如果所关心的等效特征不能被理想化了的有序构形所合理地反映，那么 4.2 节所引进的代表性体元将是不可避免的选择。一般来说，无序构形的代表性体元要比有序构形的单胞大得多，因此计算成本要高得多，计算结果的后处理也要繁复得多。

仅就不重叠又无缝隙地用单胞及其象来充满材料所占的空间这样的一个几何问题而言，平移对称并不一定是非它不可，有时平移对称性可以被回避，代之以反射或旋转对称性。这应该正是文献中建立单胞时，对称性常常被误用的原因所在，从而导致了第 5 章中将详细讨论的诸多的原则性错误。

4.3.2 平移对称性的作用

在建立单胞时，必须记得单胞所占的空间是所关心的物理问题的数学描述的定义域。为了解决物理问题，还必须涉及相应的物理场，如位移场、应变场、应力场，可是有的物理场，如位移场，如果没有平移对称，仅用反射和旋转对称是不能理性地从一个单胞复制到另外一单胞的。而恰恰就是这个位移场，它是建立有限元方法中的基本变量，分析问题时的边界条件都需要用位移给出，不是应力或应变，而分析单胞最常用的工具就是有限元法。在单胞的应用中，理性常常被忽视，而想当然地滥用反射、旋转对称性来得出所谓的周期性边界条件，此类滥用的例子将在第 5 章中揭示并深究。

假设所考虑的材料在其高尺度上是均匀的，因此它总是具备平移对称性的。使用平移对称性在对材料均匀化的同时，不会对材料的各向异性特征产生任何影响。一般情况下，材料不总具备反射或旋转对称性，除非是那些在低尺度上具有特殊构形的材料。所有的应力、应变分量在平移变换下都是对称的，但是在反射或旋转变换下，有些应力分量是对称的，而另一些则是反对称的，这会给材料表征的模拟带来额外的复杂性。建立单胞时，理性的做法是首先利用并穷尽所有可利用的平移对称性。如果还想把单胞的尺寸降至最小，以减小数值表征的计算量，则可进一步去探求反射、旋转对称性，这一问题将留到本书的第 8 章再作详尽的讨论。

建立单胞依赖于对构形中具备的对称性的正确、到位的表述，即便是对同一个构形，由于客观存在的多余的、不独立的平移对称性，还有周期性中相位的任意性，得到的单胞可以看上去很不相同。有时，积木块式的构造有着自然的分界面，如图 4.2(a)中的二维情形下的鱼鳞状地砖铺设，作为平移对称性的例子这在第 2 章中已被提及。而另一个一般适用的方法是，采用 Voronoi 图形(Ahuja and Schachter, 1983)来把如图 4.2(a)中构形划分如图 4.2(b)那样的规则的胞元，按此法所得的划分，在该法则的意义下具有唯一性(Li, 2001; Li and Wongsto, 2004)。所谓的 Voronoi 胞元是这样定义的：胞元的每一边都是该胞元的中心与邻近胞元的中心连线的垂直平分线，绕该胞元的中心四周的这些垂直平分线所形成的包络，即为一 Voronoi 胞元。这些胞元的中心也称为种子，如果这些种子是无序分布的，那么所得的胞元也是不规划的；反之，由有序的种子可得规则的胞元，而任一胞元，都可以进而定义为一单胞。同样的定义可以推广到三维空间，将垂直平分线改成垂直平分面即可。

如图 4.2(a)和(b)中所示的形状不同的单胞，出自同样的平移对称性，可见貌似不同的单胞可以代表同一物理问题。只要应用得正确，它们都应该得到相同的结果，包括低尺度上应力、应变的分布，高尺度上的等效特性(Li, 1999, 2008)。

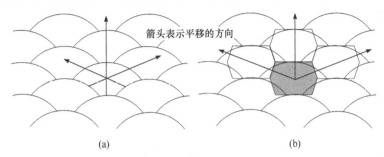

箭头表示平移的方向

$$(a)\qquad\qquad\qquad(b)$$

图 4.2　对同一图案所得的不同形状的单胞：(a)自然划分；(b) Voronoi 划分

　　在所得单胞形貌上的差别被如上淡化之后，就可以从实施方面来考量单胞的优劣了。当所得的单胞用有限元来分析时，不同形貌的单胞对网格的生成及网格的质量，可以带来相当大的差别。有些可能会在单胞内部形成一些棘手的区域，如存一个很尖的角，致使单元很难划分。因此，严肃的单胞用户在单胞的形貌选取时，应该已经考虑到了后续网格生成的利弊。如图 4.2(a)中的单胞，划分网格比较容易，而图 4.2(b)中的单胞，其中有多个子区域，而有些子区域划分高质量的网格不易，特别是上方左右两角，其中每个都有一圆弧与其切线所夹的无限尖锐的角，严格地说，此处都无法定义有限元的单元。

　　一旦选定综合性能最佳的单胞，此单胞的几何边界就完全确定了，如何确定由低尺度上的平移对称性所决定的不同部分的边界之间的对应关系是关键的一个步骤，这将在下面的数子节中逐步展开。

4.3.3　根据所具备的平移对称性识别单胞

　　给定一个具备平移对称性的图案，经过适当的划分，可得遍布的形状相同的胞元，其中任一个，如图 2.3 中带阴影的那个，都可以被选为用于后续分析的单胞，而图案中的任何另外一个胞元，都可以从所选取的单胞，通过相应的平移对称变换而再现，或者说是从单胞映射到相应的胞元。对于如图 2.3 所示的图案，如第 2 章 2.3 节所述，有四个方向的平移对称性，即沿此四个方向图案都具有周期性。在这四个平移对称性中仅有两个是独立的，另外的两个都可以由这两个独立的复合而成。给定所选取的单胞，其他任一胞元都可以由两个独立的平移对称性及沿这两个方向平移的周期数来唯一确定。图 2.3 复制于图 4.3 之中，不妨选择 ξ 和 y 作为两个独立的方向，则任一胞元都可以由沿此两方向以周期数来描述平移量，即任一胞元对应着如图 4.3 中标注的一对整数，就像是在 ξ-y 坐标系中的坐标，唯一地确定作为变换的象。沿 ξ 方向，相应于第一坐标；沿 y 方向，相应于第二坐标。而沿其他方向，如 η，以所选取的单胞左上角的那个胞元为例，它可由

所选取的单胞沿 ξ 方向平移 –1 个周期，即反向平移一个周期，然后沿 y 方向平移一个周期而得，即"坐标"为 $(-1,1)$，上述两个平移的顺序互换无妨，这与用坐标确定一点的位置类似。其他胞元如法炮制，每个胞元对应一对"坐标" (i,j)，如图 4.3 中所标注的。

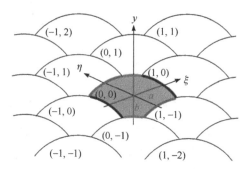

图 4.3　用图案中独立的平移对称性来标识每个胞元(彩图请扫封底二维码)

4.3.4　从单胞到其他胞元的映射和单胞边界对应部分之间的关系

所选取的单胞中任意一点 (x,y) 可以通过如下的变换而映射到另一胞元中的相应的点 (x',y')

$$\begin{Bmatrix} x' \\ y' \end{Bmatrix} = \begin{Bmatrix} x \\ y \end{Bmatrix} + ia\boldsymbol{p} + jb\boldsymbol{q} \tag{4.2}$$

其中，i 和 j 分别是沿所选定的两个独立的平移方向 ξ 和 y 平移的周期数，a 和 b 分别是此两方向每周期的长度，$\boldsymbol{p}$ 和 $\boldsymbol{q}$ 分别为 ξ 和 y 方向的单位基矢量。

通过如上的映射，所选取的单胞就可以通过两个标识平移对称变换的整数 i 和 j，复制其他任一胞元。单胞的边界也因此可以分成三对，如图 4.3 中不同的颜色所示，分别为红色、黄色、绿色。红色的一对相应于 $i=1$、$j=0$，于是，从式(4.2)可得

$$\begin{Bmatrix} x \\ y \end{Bmatrix}\bigg|_{右上} = \begin{Bmatrix} x \\ y \end{Bmatrix}\bigg|_{左下} + a\boldsymbol{p} \tag{4.3}$$

黄色的一对相应于 $i=0$、$j=1$，则

$$\begin{Bmatrix} x \\ y \end{Bmatrix}\bigg|_{上} = \begin{Bmatrix} x \\ y \end{Bmatrix}\bigg|_{下} + b\boldsymbol{q} \tag{4.4}$$

绿色的一对相应于 $i=-1$、$j=1$，则

$$\left\{\begin{matrix} x \\ y \end{matrix}\right\}\Bigg|_{左上} = \left\{\begin{matrix} x \\ y \end{matrix}\right\}\Bigg|_{右下} - a\boldsymbol{p} + b\boldsymbol{q} \tag{4.5}$$

这三组成对的边界之间，相应的坐标增量分别为

$$\left\{\begin{matrix} \Delta x \\ \Delta y \end{matrix}\right\} = \left\{\begin{matrix} x \\ y \end{matrix}\right\}\Bigg|_{右上} - \left\{\begin{matrix} x \\ y \end{matrix}\right\}\Bigg|_{左下} = a\boldsymbol{p} \tag{4.6}$$

$$\left\{\begin{matrix} \Delta x \\ \Delta y \end{matrix}\right\} = \left\{\begin{matrix} x \\ y \end{matrix}\right\}\Bigg|_{上} - \left\{\begin{matrix} x \\ y \end{matrix}\right\}\Bigg|_{下} = b\boldsymbol{q} \tag{4.7}$$

$$\left\{\begin{matrix} \Delta x \\ \Delta y \end{matrix}\right\} = \left\{\begin{matrix} x \\ y \end{matrix}\right\}\Bigg|_{左上} - \left\{\begin{matrix} x \\ y \end{matrix}\right\}\Bigg|_{右下} = -a\boldsymbol{p} + b\boldsymbol{q} \tag{4.8}$$

将它们分别代入由方程(2.74)、(2.73)所给出的相对位移的表达式中，即可得到单胞的边界条件，它们也因此被称为是单胞的相对位移边界条件，即文献中常用的所谓"周期性边界条件"，而这些边界条件显然不具备周期性，此称谓难免误导，故不推荐，本书建议改称为"相对位移边界条件"。

图 4.3 中的图案仅作示意之用，这也仅是一个二维的情形。然而，这可以被简单地推广至三维的情形，这时可以有三个独立的平移对称性，具体的步骤将通过实用的例子在第 6 章中详述。

4.4　结　　语

对于高尺度上均匀的材料，可以使用多尺度分析的方法进行材料表征，本章系统地描述了用于多尺度材料表征的代表性体元和单胞的基本概念，从应用的角度，两者的差别是显然的，前者适用于在低尺度上构形无序的材料，而后者则适用于构形有序的材料。对在建立代表性体元或单胞时常见的典型难点也作了概述。对于代表性体元来说，关键在于其代表性，正如所述，采用作为材料构形的特征的衰减长度的概念并加以合理利用，此代表性问题可以迎刃而解。而建立单胞则依赖于关于对称性的正确处理和应用，包括几何考虑和对称性涉及的物理场的考虑，从而可以由对称性条件得出正确的单胞的边界条件。误用对称性是在建立单胞的各个方面犯错的主要原因。

在文献中不时会遇到另一术语：代表性单胞(representative unit cell，RUC)，也许是希望把代表性体元与单胞统一起来，但实际效果可能是适得其反。代表性体元与单胞之间的逻辑统一在于：**单胞一定是代表性体元，而反之不尽然**。因此，所谓的 RUC，如果用来描述无序材料的代表性体元，则误用了 UC，因为此时并

无单胞(UC)一说；如果用来描述有序材料的单胞，则代表性(R)纯属赘述，因为 UC 已意味着代表性了，在 UC 前加 R，实乃多此一举，建议不要效仿。

就应用而言，代表性体元和单胞分别是对低尺度上无序和有序的材料而提出的，本书作者希望借此机会为自己在早期的文章(Wongsto and Li, 2005; Li et al., 2009)中这两个概念的误用向读者们致歉，因为当时这两个概念在他的认知中还没那么清晰，前面给出的两者之间的逻辑关系还是后来随着认识的提高和澄清概念的需求而渐渐归纳得出的，尽作者所知，尚未见到有另外的出处。

在清楚地陈述了代表性体元和单胞的概念之后，它们系统的构建，包括数学模型、有限元实施以及关于正确性的验证，都将在后续章节中逐步推出。因为分析代表性体元和单胞的问题，数学上都是所谓的边值问题，它们的构建，将主要是推导此类边值问题的边界条件。得到了正确的边界条件之后，问题的求解则因为有限元的使用而轻而易举。有了有限元作为求解器之后，求解问题本身已不再具有挑战性了，挑战被转移到了如何确保所得到的解是正确的，即所谓的验证。

参 考 文 献

Ahuja N, Schachter B J. 1983. Pattern Models. New York: Wiley.

Hill R. 1963. Elastic properties of reinforced solids: Some theoretical principles. Journal of the Mechanics and Physics of Solids, 11: 357-372.

Li S. 1999. On the unit cell for micromechanical analysis of fibre-reinforced composites. Proceedings of the Royal Society of London, Series A: Mathematical. Physical and Engineering Sciences, 455: 815.

Li S. 2001. General unit cells for micromechanical analyses of unidirectional composites. Composites Part A: Applied Science and Manufacturing, 32: 815-826.

Li S. 2008. Boundary conditions for unit cells from periodic microstructures and their implications. Composites Science and Technology, 68: 1962-1974.

Li S, Singh C V, Talreja R. 2009. A representative volume element based on translational symmetries for FE analysis of cracked laminates with two arrays of cracks. International Journal of Solids and Structures, 46: 1793-1804.

Li S, Wongsto A. 2004. Unit cells for micromechanical analyses of particle-reinforced composites. Mechanics of Materials, 36: 543-572.

Wongsto A, Li S. 2005. Micromechanical FE analysis of UD fibre-reinforced composites with fibres distributed at random over the transverse cross-section. Composites Part A: Applied Science and Manufacturing, 36: 1246-1266.

第5章 常见的错误处理及其概念根源

5.1 假设的背景

本节为本章设置背景，不无假设的场景，不真之处权当艺术造作；而如果有任何真实感受，大可不必对号入座，有则改之，无则加勉。

现今工科学生的数学教学倾向于给学生们留下一个误解，即边界条件不那么重要。而边界条件这个问题，松松地散落在诸多交叉学科的岔口上：数学与物理、偏微分方程与常微分方程、边值问题与初值问题、数值解与解析解等。数学课程中关于微分方程教学通常是从常系数线性常微分方程开始，而此类方程的解一般地可以由其通解和一特解之和给出，通解有固定的方法确定，并由此带入若干积分常数，加入特解后，由初始条件或边界条件来确定那些积分常数。因为之后确定这些积分常数的过程无非就是求解一联立线性代数方程组，到了学微分方程时，线性代数方程组已经是老生常谈了，故没必要加以强调，而精力会自然地集中于构造通解和特解这方面。此种教法及其背后的逻辑考虑本身无懈可击，但却无疑会给学生们留下了一个印象，即边界条件，即便不是不重要，至多也只是一个次重要的方面。

随着教学的深入，幸运一点的学生，其教学大纲中的数学内容更丰富一点，就会涉及偏微分方程了，这时方程的范围一般会缩小至通常被称为数理方程那一类。如果采用解析解，尽管不幸地这已不再是当今大多数工程学科中常用的方法了，为了强调边界条件的重要性，老师们不得不作额外的努力，因为此时边界条件不仅帮助定解，而且还不时地决定着方程的求解方法。此处的强调甚至被提高到如此的地步，以致教科书中常常把求解偏微分方程的问题称为边值问题。其实所谓的边值问题的术语在常微分方程时就提及了，作为与初值问题对应的那一类问题，但是，在求解常微分方程时，两者差别甚微，没有必要作任何强调。

尽管所谓的有限元法就是一种求解边值问题的数值方法。通常关于有限元的教学会把精力集中在各种单元的建立，包括其形函数、刚度矩阵等，还有网格、刚度方程的特征及其各种解法等。如果大纲中加入一些基础理论，也许作为变分原理的一部分，会提及强制边界条件对应着位移的边值，而自然边界条件则对应着给结构的边界上加分布形式或集中形式的载荷。特别是，边界上的载荷，除了量纲不同之外，已无需区分于体力形式的载荷了。而在解析解中，体力是平衡方程的右端项，是特解需要满足的，而面力则是自然边界条件，两者甚不相同。如果教程偏重应用，加边界条件仅仅是众多步骤中的一步而已。有限元法的鼻祖们对边界条件的重要性应该是了如指掌，然而仅就有限元方法的构建，无论是通过明示还是暗示，都将边界条件的重要性淡化了。

边界条件的重要性还被有限元法的另一考虑进一步淡化。一个有限元分析，在结构的刚体位移被约束之前无以进行，这就给用户敞开了另一便利之门，即假设其他方面都已得到了正确的处理，只要约束了刚体位移就可以得到解了。早先，在计算机没普及之前，要得到一个边值问题的解所需的数学造诣远远超出验证一个解是否正确所需的水平与能力，先人们的数学水平与能力足以求解边值问题，验证自然不在话下。随着这样的数学水平与能力渐渐成为稀有，很多人甚至认为多余，现今的有限元用户们甚至连判断有限元解的合理与否的能力都已经捉襟见肘了，他们很少想到在不正确的边界条件下得到的解，虽然千真万确是一个解，但却是另外一个不同的物理问题的解，与所要解决的问题没有多少关系。

现今大多数的有限元的用户们，绝大部分的精力会花费在建模上，还常常在不断苛刻的挑战下弄得越来越复杂，譬如，大变形、非弹性、接触条件等，还不时耦合着其他的物理问题，如热、电、磁等。在此过程中，特别是在早期试运行期间，为了让所面临的问题尽可能简单，临时施加一些起码的边界条件，以便畅通地运行，如果在其他问题解决了以后能够回过头来把边界条件梳理清楚以确保后续应用的正确性，这无可厚非，可是现实中情况未必如此。用户们往往全神贯注地关注他们所研究的问题中具有复杂性的方面，无心顾及边界条件这样不起眼的工作。一个更现实的考虑是，解决了那些复杂的问题，有新的见解，可以得到赞誉，而这之后，再去修整边界条件，一来可能精力不济，二来也缺乏动力，还多半是吃力不讨好。客观地说，在现今典型的有限元模拟中，相对于如上列举的种种复杂性来说，边界条件的确不是那种振奋人心的东西，当然也不是最具有挑战性的东西。任一有足够能力去研究那些高大上的复杂问题的用户，都有足够的能力把物理条件的限制翻译成为适当的边界条件，以满足一个正确的分析需求。然而，正是这种对边界条件长期的、近乎刻意的忽视，导致了现今这样一个普遍得到认同的态度，即就边界条件而言，科学的严谨性是可以打折扣的，因此边界条件几乎可以随便处置。在单胞的应用方面，一个极易辨别的典型征兆就是，大部分使用了单胞的文章不提供单胞的边界条件，剩下小部分给出边界条件的，措辞往往是这样的："提议""假设""建议""当作"，别无说明或参考文献，有时甚至连这样一点婉转都没有，莫名其妙的边界条件，不分青红皂白就用上了。不管是哪一种，对单胞的边界条件可以由严格的推导得出这一事实都是置若罔闻。

　　在展开本章后续的关于各种错误及其根源讨论之前,先作一客观的陈述如下:在分析一个问题时,如果其边界条件有误,则不管该问题考虑了多少阳春白雪的复杂性,其结果都是不可靠的。这是后续讨论的背景、前提,读者们兴许不同意本书关于边界条件的夸张陈词,但至少可以看到如下数节所列举的错误中,大多数都是与边界和边界条件有关的。

5.2　代表性体元的建立及其边界

　　如第 4 章所讨论的,作为定义,一个代表性体元(RVE)必须具有代表性,即它要保留所感兴趣的材料的特征。在很多应用代表性体元例子中,材料构形的随机性常常是一个基本特征,否则这类构形完全可以在被理想化成为一个有序的构形之后再进行分析,这样分析要简单得多,然而仅就这一点,所发表了的有关代表性体元的工作中多半是打了折扣的。

　　在对低尺度上的无序构形,如图 5.1(a)所示的那样建立代表性体元时,有一个常常是心照不宣的惯例,即在所选择的区域(体元)的边界附近做些小动作,人为地改变构形的分布,伪造原本不存在的周期性,以便使用所谓的周期性边界条件。其做法是,任一边界处,有些特征,如图 5.1(a)中的圆圈,不可避免地要被直线所截断,这些特征都会被人为地复制到该体元的对面边界处,如图 5.1(b)中带阴影的圆圈所示,而阴影更深的则被多次复制,因为原特征(位于右上角)同时被两条边界所截断。这样,就产生了如下三个显而易见又有原则性的疑问:

　　(1) 这样的人为干预,势必改变原来的材料中组分的体积含量,从而改变该体元的代表性。

　　(2) 现实中,未必总有空间容纳那些被人为复制进来的特征,避免此冲突的途径无非有这些:①选择特定的区域以避免此冲突;②允许重叠,如图 5.1(b)所示;③人为地挪移那些导致冲突的特征,以便嵌入那些被复制进来的特征;④人为地删除那些导致冲突的特征,给被复制进来的那些腾空间,如图 5.1(c)所示。如此这般,就得到了一个如图 5.1(d)所示的所谓的代表性体元。由于人为因素的加入,无论是通过哪一途径,都给随机性打了折扣。

　　(3) 这种伪造的周期性也让所得的构形在低尺度上被强加上了周期性,如周期性边界条件所意味着的,如果把多个这样的体元摞在一起,此周期性将一目了然,如图 5.1(e)和(f)所示,分别对应着图 5.1(b)和(d)的情形,如此有序的构形,其随机性还从何谈起? 当一构形被如此系统地人为改造后,还值得劳民伤财地来模拟这样的一个貌似无序但已经有序成了周期性的构形吗? 所得到的代表性体元对此人为所得的构形的确具有充分的代表性,但其特征已与原构形大相径庭了。这里要说明的是,在科学研究中,不是不能作些假设、近似,但需要明确,至少承认所作的假设或近似,并予以一定的解释。然而，在上述的问题上，人们似乎无需知道这些小动作的合理性，因此，从未见过文献中除了提及周期性还有过任何描述。在这方面，合理性未经任何判别的假设和近似，被他人照搬，似乎天经地义。更有甚者，错误的做法被当作常规，唯一的理由仅仅是别人也这么用，反而还把与之不同但又正确的做法笼统地视作离经叛道。

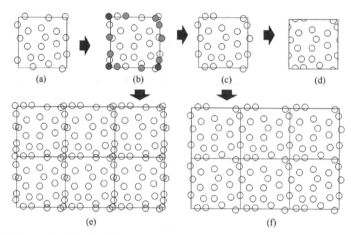

图 5.1　伪造周期性所得的代表性体元的示意：(a)一个无序构形的代表性体元；(b)伪造后的代表性体元；(c)人为地消除重叠后的代表性体元；(d)修整后的代表性体元；(e)由带重叠的代表性体元所代表的材料；(f)由人为地消除了重叠的代表性体元所代表的材料

归纳本节，应该指出，建立和分析不做小动作就能得出的代表性体元是做得到的，这将在本书第 9 章陈述，特别地，届时会展示所谓的周期性边界条件对代表性体元的分析，以及那些小动作既不逻辑也无必要。

5.3　单胞的建立

5.3.1　反射对称性

反射对称性被很多人认为是唯一的对称性类型，因为在商用有限元软件中这的确是唯一提供的对称性处理，当然，如第 2 章所介绍的，这显然是不正确的。

在微观力学的分析中，一个基本的假设是，材料所占的空间域是无限大的，因为在低尺度上的任何特征，例如纤维及其分布的特征长度，常常比材料应用的典型尺度，即高尺度，要小若干个量级，使用代表性体元或者单胞的目标就是把这无限大的区域缩小至一个有限区域而又不失关于重要特征的代表性。一个反射对称性可以把无限的区域缩小到半无限，但是半无限仍然还是无限。为了进一步缩小区域的幅度，反射对称常被滥用，案例在文献中比比皆是。典型的做法是把反射对称在两个平行又相隔一定距离的平面上连续使用两次。这两个平面中的任一个也的确是一个对称平面，但却不能把两个都作为对称面，在利用了其中的一个面为对称面后，区域已经由无限降至半无限，一个半无穷的区域至少在几何上已不可能在同一方向上再有任何反射对称性了，如图 5.2 所示。

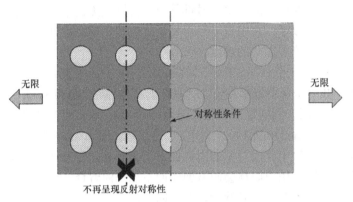

图 5.2　不再呈现反射对称性的适用情形

从力学观点来看，一个反射对称意味着在对称面上有些位移等于 0，如果同样的对称条件又被强加在相平行的另一个平面，那么这两个平面之间的某些相对位移将成为 0，平面应变的情况可谓一例，这对单胞的应用来说显然是不合适的，因为这样所得的变形已受限制，而不再具有足够的代表性了。如果如此建立单胞，就等效特性而言，这将导致有的弹性模量或剪切模量趋于无限大。

事实上，如此建立单胞的用户们很快就会认识到这模型有问题，于是便人为地放松有些由对称性引入的对位移的约束，从而避免上述的不合理的变形模式。对于对称性条件的任何的人为干预，都与对称性的定义相矛盾，问题处理的一致性也就被大大地打上折扣。一致性的欠缺是后续的更多的混淆的前奏，如此混淆的一个典型例子就是所谓的"等效坐标系"(equivalent coordinate system) (Whitcomb et al., 2000; De Carvalho et al., 2011)。如上所述，这些所谓的等效坐标系不可能等效，因为它们的坐标原点分别有着不同的位移，如果以这样的坐标系的坐标平面为反射对称面，则与对称性条件相矛盾。

此类错误的根源可以追溯到 Timoshenko 和 Goodier (1969)的《弹性理论》这一经典著作，该著中在引进平面应变问题时所作的解释就是在不同的位置连续使用反射对称性，这其实有误，幸好在该著中还不致产生问题，因为按定义，平面应变问题中任何两个垂直于轴线的平面之间的相对位移正好应该为 0，但是如果如此引进平面应变问题，便无法一致地引进所谓的"广义平面应变问题"了 (Li and Lim, 2005)，此类广义平面应变问题已经被收录于现代商用软件中，如 Abaqus (2016)。如果采用的理论一致，平面应变问题应该是广义平面应变问题的一个特例。

关于"等效坐标系"以及引进平面应变问题的等效的反射对称面,确切的评价应该是这样的:它们的确是等效的,但这只是在作出选择以前,即选择哪一个,效果都相同;但是,一经选择,那就阴阳相隔,再无等效可言。一个比较形象的例子是摇号抽奖,在摇出前,每个号都等效,否则就无公平可言,但是,一经摇出,则再也不能等效了,否则就号号得奖了。当然,这样也许更公平,但这已是另一个问题了,而绝非抽奖的规则。

关于反射对称的另一个混淆是,如在 2.5.1 节中已经解释的,在具有对称特征的物理场中,并不是每个场都相应于"对称的对称性"(Li and Reid,1992)。如果把"对称的对称性"用一偶函数来描述,即 $f(-x)=f(x)$,那么有的物理场则具有"反对称的对称性"(Li and Reid,1992),相应于奇函数,即 $f(-x)=-f(x)$。剪应力、剪应变常属此类。物理量中,反对称的对称性常带来额外的复杂性。也正是因为这个原因,大多数单胞的用户们都会回避剪切而不加任何解释,似乎剪切与材料行为不大相干或者无关紧要,这显然不是那么回事。

正确的解决方法是首先使用平移对称性建立单胞,如果其中尚有反射对称,并分别处理之,这在第 8 章还会详尽介绍,可以再按 2.5.1 节所陈述的步骤推导与反对称性相应的边界条件。应该指出,从有限元的实施的角度,一个对称的载荷条件和一个反对称的载荷条件不能被考虑成为同一个分析中的两个载荷条件。所谓的两个载荷条件,是指刚度方程左端相同,不同的仅仅是右端载荷矢量。因为对称的载荷条件和反对称的载荷条件对应着不同的边界条件,在施加约束后,刚度方程左端的系数矩阵,即刚度矩阵,也就不同了,因此,必须作为两个独立的分析。

5.3.2 旋转对称性

旋转对称性没有像反射对称性那么尽人皆知,虽然其在数学上早已有严格的定义,也已应用于有些物理学科,如晶体物理。而旋转对称性在单胞建立中的应用,则要比反射对称少得多,然而与反射对称在单胞建立方面的滥用一样,旋转对称的利用也不无混淆。

混淆之一是,对同一微观或细观构形,有那么多形形色色的单胞。一个典型的例子是单向纤维增强的复合材料,作为理想化,也可能是刻意的设计(Teply and Dvorak,1998),在其横截面内,纤维呈六角形排列。正如在(Li, 1999, 2001)中所列举的,如图 5.3 所示的各种不同的形状,都可以被定义为单胞。仿佛此情形还不够混乱,还有完全人为的、不必要的一笔:有那么一篇文章(de Kok and Meijer, 1999),其中所采用的单胞的一条边呈曲线形。其实,如果此曲线满足后面将要描述的条件,这本身并不是错误,尽管如此怪异的形状肯定不会对澄清此问题有任何积极的作用。事实上，在(de Kok and Meijer, 1999)中提供的边界条件还真是正确的，文中所提供的使用曲边的理由是可以容纳较高的纤维体积含量，而发表于一学术会议上的该单胞稍早一点版本(Govaert et al., 1995)，曲边的理由则是为了让该曲边两端的角成为直角，以避免应力奇异性，正如本书在其英文版前言里所叙述的那段故事所记载。如(Li, 2001)中所论述的，最高的体积含量相应于纤维之间相互接触的情形，即便此时，正六边形的单胞照样能够胜任，而不需要截断任一纤维。如果在此正六边形单胞的基础上，继续使用纵横两个方向的反射对称性，最小的单胞就是一直角梯形，即正六边形的 1/4，其倾斜的那边是一直线。如果换之以曲线，仅就不截断纤维又允许高纤维体积含量这一点而言，效果适得其反；而所谓的应力奇异，那更是荒唐，物理上、数学上都没有这种可能性，因为曲边两端的那两个角，位于基体中间，不存在任何的不连续性以导致应力的奇异性。当然，如按(de Kok and Meijer, 1999)中所给出的边界条件，的确也不会引起任何奇异性。如本章引言中所述，(de Kok and Meijer, 1999)中的边界条件也是从天而降，未见推导或其他出处。

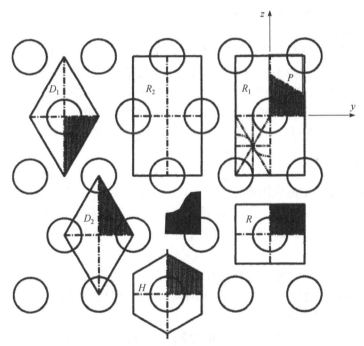

图 5.3　各种胞元及其导出的单胞(彩图请扫封底二维码)

其实，所有如图 5.3 中所示的形形色色的单胞，通过恰当地使用旋转对称性都可以统一起来，所谓万变不离其宗。首先，利用纵横两个正交方向的平移对称性，可以得到如图 5.3 中右上方的那个矩形胞元；其次，在此胞元中，利用纵横两个方向的反射对称性,可将胞元缩小成红色矩形所示的胞元,即原胞元的 1/4;最后,还有一个关于 P 点的 180° 的旋转对称性,其又可进一步把胞元降至原胞元的 1/8,如图 5.3 中红色矩形中带阴影的梯形所示。在使用旋转对称性将红色矩形胞元减半时,分割需要沿一线路,将该胞元一分为二。该分割线仅需满足三个条件:通过 P 点;贯穿胞元;本身关于 P 点具有 180° 的旋转对称性。这样,被分割的两部分必定是 180° 旋转对称的。在这些条件之外,分割线仍具有相当的任意性。一些典型的例子,用双点划线示意于图 5.3 的与红色矩形相似、位于其左下方的胞元里。图 5.3 中其他所有带阴影的单胞都可以通过选择一相应的分割线来实现。譬如,两条对角线,均满足分割线的要求,它们可以分别实现两个不同的三角形单胞。当然,如果施加正确的边界条件,也不排除采用图 5.3 的曲线边界。这样,不同形状的单胞就都被统一于旋转对称之中了。

从实施考虑,分割线形状越简单越好。当纤维体积含量增高到一定程度,上述的对角线会截断纤维,给后续的网格划分带来困难。一般来说,以连接两圆心的那条对角线的垂直平分线作为分割线是一最佳选择,所得的梯形单胞是正六边形胞元 H 的 1/4。文献中之所以出现那么多的不同形状,其实是因为对旋转对称性的认识的缺乏。

应该指出,旋转对称性也可以把一无限的区域减小至半无限,正如反射对称性一样,旋转对称性也不能对相互平行的轴连续使用,以达到把无限域减小至有限域的目的。同样,建立在旋转对称性基础上的所谓的"等效坐标系",也与建立在反射对称性上的那些一样地含糊其词,原因也相同,都是企图用反射或旋转来取代 5.3.3 节要讨论的平移对称性,像是一科技版的"狸猫换太子"。

5.3.3 平移对称性

就其对建立单胞的应用而言,较之于其他对称性,平移对称性是最鲜为人知的,但是这恰恰是建立单胞所需的最重要的对称性,因为这是唯一可以把无限域减小到一个有限域来研究的对称性,正如在 2.2.3 节中所陈述的,也如图 5.4 所示。

在讨论平移对称性时,通常假设在此变换下,物理场不改变其性质,即不考虑反对称的情况,不是因为数学上的不存在,完全可以刻意地臆造一个反对称的情况,只是没有多少应用价值。

其实,难得也有少量关于单胞的文章,如 Whitcomb 等(2000),提及了平移对称性,但仅限于描述几何特征,而在物理场上的应用,则避而不谈了,于是便导致了所谓的"等效坐标系",即如前面两子节指出的,是企图用反射或旋转对称性来取代平移对称性的举措。这也是在第 2 章中要强调物理场的对称性的原因所在。

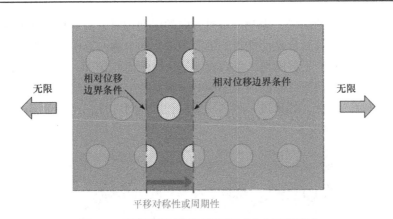

图 5.4　利用平移对称性将无限域减小至有限域

　　几何上，平移对称性等效于周期性，也正因为这个原因，几乎所有的单胞用户都会提及所谓的"周期性边界条件"，尽管大多数的用户是扯大旗作虎皮，似乎这样，别人便不能质疑其所用边界条件的正确性了，隐匿边界条件就有充分的理由了。然而，在那些给出了边界条件的文章中，所谓的"周期性边界条件"则是五花八门，读者们会无所适从。"周期性边界条件"这一术语，应该首先是 Suquet (1987)针对单胞的边界条件提出来的，在具备平移对称性的前提下，应力场、应变场都具有周期性，但位移场不具有周期性。这一微妙的差别，对那些按字面理解"周期性边界条件"的用户来说，显然不够明确。首先，"周期性"这一前缀就极具误导性，若按字面来定义边界条件，用户很快就会发现，单胞根本不会变形，于是就各显神通，人为地引入允许变形的机制，导致似是而非的边界条件，但都不得要领。单胞的边界条件天生就缺乏唯一性，这样，即便有人侥幸碰对了一组边界条件，那完全不足以给后人留下一点有指导意义的方法来正确定义并实施这些边界条件。这种边界条件，是否在文章中给出，也的确没多大差别，也许不给出更安全，以免让人挑毛病。兴许正因为此，十篇涉及单胞的文章中，约有九篇不给出所采用的边界条件。

　　在作为现今分析单胞的最常用的工具的有限元法中，边界条件是由位移给出的，周期的应力场、应变场通常并不导致周期的位移场，因此，如果不加"周期性"这一前缀，至少误导性会小些。其实，周期性不仅存在于应力场、应变场，相对位移场也是周期性的。正因为此，为了避免误导，如在 4.3.4 节中所述，作者建议改称单胞的边界条件为**相对位移边界条件**。

　　在利用平移对称性建立单胞时，平移对称性本身就是存在各种各样的形状的单胞的原因之一，因为在具有平移对称性的构形中，往往有用不上的多余的平移对称性，如图 5.5(a)所示。其中，矩形单胞相应于相对来说最简单的平移对称性，即纵横正交的两个方向的平移。然而，此简单性的代价是所得的单胞的面积可以是其他形状的单胞的两倍，因为沿垂直方向的周期相对来说更长。菱形和六边形的单胞是仅利用平移对称性而能得到的面积最小的单胞，其中，前者从与横轴夹±60°角的两个方向的平移所得，而后者则是从与横轴夹 0°和±60°角的三个方向的平移所得。在此构形所具备的四个不同的平移对称中不同的组合导致了上述的不同形状的单胞。当然，如果进一步利用反射和旋转对称性，这些单胞的尺寸都还可以被减小(Li, 1999)。

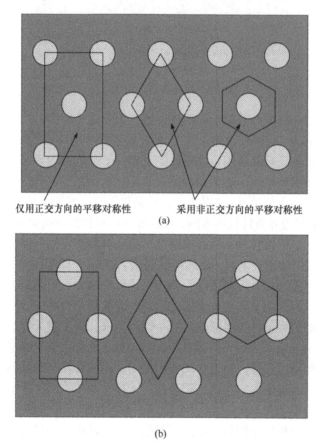

图 5.5　从不同部位提取的各种矩形、菱形、六边形单胞，分别示意于(a)和(b)

　　单胞形状纷杂的另一个原因是，即便利用同样组合的平移对称性，取自不同相位的周期，也可以得到形貌迥异的单胞，试比较图 5.5(a)与(b)中相同轮廓的单胞。这可以用一个具有周期性的正弦函数来比拟，一个完整的周期，不一定是从 0 到 2π，从任意的 x 到 $x+2\pi$ 都是一个完整的周期。正因为此，图 5.5(a)与(b)中外形相同的单胞，仅就建立单胞而言，应该被认为是完全相同的，因为所受的边界条件完全相同(Li, 2008)，也代表相同的材料，所不同的是，后续有限元分析时，划分网格的难易，因为这跟单胞内部的几何形状有关。同样的结论也适用于图 5.6(a-1) 的那个和(a-2)中的那两个内部形貌不同的单胞，它们也都是相同的。

而恰恰相反，有些看来形貌完全相同的单胞，由于不同的边界条件，它们代表着不同的材料，因此是完全不同的单胞，由完全不同的微观构形得到的貌似相同的单胞的一个例子如图 5.6(a-3)和(b-3)所示，因为不同的构形相应着不同的对称性，所得单胞的边界条件也不同，它们是不同的单胞，也对应着不同材料。这也是一个很好的例子，说明边界条件关乎问题的本质，而不是像有些人认为的那样是装饰品。

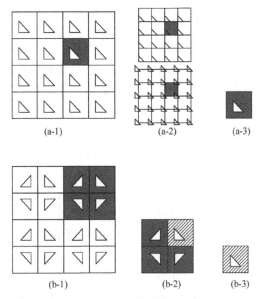

图 5.6 与貌似相同的单胞所对应着的不相同的微观构形：(a)简单的正方排列；(b)由具有反射对称性的子构形正方排列成的构形

5.3.4 冗余边界条件

按平移对称得出的相对位移边界条件，在应用商用有限元软件分析时，常常会得到一些足以妨碍分析正常运行的错误信息，提示边界条件的某种冲突，其原因是边界条件中的冗余的条件。相对位移边界条件，在三维的单胞里，是按面给出的；在二维单胞里，是按边给出的。在三维的单胞的棱上、顶点上，或者是二维单胞的角上，都存在着冗余的边界条件。上述部位，都是面、边相交的部位，因此都有重复的边界条件。常用的有限元软件，如 Abaqus/Standard，都不能容忍冗余的边界条件，这是因为在具体施加每一个边界条件时，都会以此消去一个自由度。在一冗余边界条件涉及一个已被消去了的自由度的情况下，这相当于要在一个已不存在的自由度上加一约束条件，自然，软件会报错。识别冗余的边界条件，需要对几何和运动学作些系统的分析，而到目前为止，过滤掉这些冗余的边界条件还只能如(Li, 2001; Li and Wongsto, 2004)所描述的那样进行人工操作，除非作出额外的努力将此过程自动化(Li et al., 2015; Li, 2014)。仅此一困难，已不知让多少单胞的用户们放弃了由平移对称性而得的相对位移边界条件。

　　放弃了由平移对称性而得的正确相对位移边界条件，用户们只能去试凑或者采用由平移对称性之外的对称性而来的边界条件，并含糊其词地称之为"周期性边界条件"，这可以解释在文献中为什么会有那么多对"周期性边界条件"的主观诠释。

5.3.5　微观构形中具备的对称性的不完全的利用

　　在对于单向纤维复合材料的应用方面，如图 5.7 所示的矩形单胞，在文献中最为普遍，这是如图 5.3 和图 5.5 中仅由正交方向的平移对称性得到的矩形单胞的 1/4。事实上，该单胞的使用，一定程度上表现出了用户的无知或无能。采用仅由正交方向的平移对称性得到的全尺寸的矩形单胞的优点是所有载荷状态可以在同一组边界条件下分析，没有反对称的困扰。使用了两个正交的反射对称性以实现单胞尺寸的缩小后，上述优势已不复存在。既然已经失去了同一组边界条件分析所有载荷状态的优势，以追求较小尺寸的单胞，那么为什么不进一步利用关于该单胞中心点的 180°旋转对称性，把单胞尺寸减至最小呢？当然，这时的边界条件要稍复杂些，但复杂性基本在于推导，而不在实施，之外别无代价，但是计算效率要高很多。其实，在清楚怎样正确利用对称性的前提下，利用了平移对称性后，再利用尚存的反射、旋转对称性，相应的边界条件的推导并不难，这在第 8 章中会具体演示。当然，如图 5.7 所示的单胞也不是一无是处，它是一个靠直觉最容易得到一些正确结果的例子，但是，这可能更多的是对载荷状态在高尺度上是正应力或正应变的情形而言，若载荷状态改成剪切的话，直觉会不太靠得住，其适用性将另当别论。

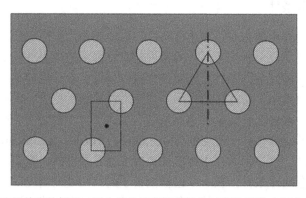

图 5.7　不可取的单胞的例子，因为其中尚存可利用的对称性以进一步减小单胞的尺寸

　　类似的论述也适用于图 5.7 中的等边三角形单胞，其可由图 5.3 和图 5.5 中菱形胞元利用关于横轴的反射对称性而得，既然已经利用了反射对称性，何不进一步利用关于纵轴的反射对称性呢？这可将所示的三角形尺寸减半。就这一特例而言，尺寸减小后的单胞的边界条件，较之于之前的等边三角形的单胞的边界条件还要稍简单一些，何乐而不为呢？此处所需的竞技能力仅仅是识别存在的对称性，并据此来推导相应的边界条件。

5.3.6　由多个胞元堆砌而成的单胞

　　在文献中，采用由多个完全相同的胞元堆砌而成的单胞的例子并非罕见，如 (Fang et al., 2005)，该文的作者们甚至不厌其烦地展示了所预测的等效特性随着单胞中胞元个数增加的收敛性。其实，如果边界条件正确，完全没有必要多此一举，因为这时如图 5.8 所示，由一个胞元作为单胞，还是由多个堆砌而成的单胞，得到的结果完全相同，而除了数值分析的截断误差，那通常是微不足道的，任何的不同，仅仅说明边界条件的不正确。因而，如此堆砌之作，除了承认推导正确的边界条件的能力的缺乏，就没有更多其他的价值了，而所得到的收敛性，仅仅是如 4.2.2 节中对代表性体元讨论时所描述的冲淡错误的边界条件所引起的误差的举措。

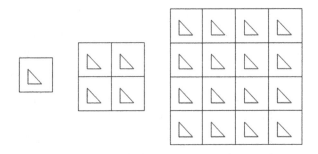

图 5.8　用不同数量的多个胞元堆砌起来的单胞

　　另一个类似的、更常遇到的例子是在分析单向纤维增强的复合材料时，若采用三维实体单元来建模，沿纤维方向，采用多层的堆砌，如图 5.9 中以纤维按正方形排列的情形为例。因为无论是在微观还是宏观尺度，材料在纤维方向都是均匀的，而所有应力分量沿纤维方向的分布也应该是均匀的，因此，采用一层单元和多层单元，结果应该相同。此类由多层单元堆砌起来单胞的用户，常常需要藏匿该单胞两端因不正确的边界条件所致的不真实的应力集中，还有其他不合理的现象。如果边界条件正确，一层就足够，并足以说明结果沿纤维方向的均匀性。

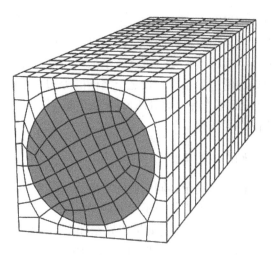

图 5.9　用多层胞元堆砌起来藏匿由在两端的不正确的边界条件所致的错误的例子

5.3.7　强制边界条件和自然边界条件

单胞的分析，作为一边值问题，主要是通过有限元来求解的。在边值问题中，常见的有两类边界条件：第一类边界条件，或称为 Dirichlet 边界条件，还有第二类边界条件，或称为 Neumann 边界条件。现代的有限元法都是建立在以位移为基本变量(即位移法)的变分原理的基础之上的，对于固体力学问题的有限元分析，第一类边界条件就是在边界上指定的位移，在变分原理中称为强制边界条件(essential boundary conditions)，在相应的有限元模型中，这类边界条件是需要严格满足的，以确保模型与所要分析的物理问题之间的一致。第二类边界条件以位移的导数的形式给出，相应着面力边界条件，在变分原理中称为自然边界条件(natural boundary condition)，在有限元分析中，这类边界条件相应于施加一个与面力相应的载荷，至于关于位移导数或面力的边界条件是否严格满足，变分原理不作苛求，而是通过总体的能量泛函的驻值条件(与平衡条件一样)近似地满足，当然有限元法亦然，事实上自然边界条件正是在边界处的平衡条件。可见两类边界条件性质有别，有限元实施也大相径庭，第一类是以强制形式强加，第二类是以载荷形式施加。其间的差别还有更重要的含义，论述如下。

仅就平移对称性而言，对称性条件包含对边界上位移的约束和对边界上面力的约束，如果采用通常的解析方法来分析此类边值问题，上述两类边界条件都必须满足，它们同等重要，在第 15 章会看到一个这样的例子。然而，在有限元分析中，仅强制边界条件，即相对位移边界条件，需要严格满足；而周期性面力边界条件是自然边界条件，其证明见(Li, 2012)，第 7 章中会详述，严格按照变分原理，应该由能量泛函的驻值条件来满足。对用户来说，这绝对是无为而治。这里，把自然边界条件误作强制边界条件而强加的话，虽然周期性面力边界条件可以被严格满足，但其代价是其他方面的近似将被打上折扣，更重要的是，得到的解所对应的能量将不能被极小化，因而不可能是同样的网格所能得到的最精确的解。因此，此举在数学上有悖有限元的基本原理，而在实施上则绝对是多此一举。

平心而论，在单胞的有限元分析中，要把自然边界条件当作强制边界条件来强加之，这并非易事，然而，文献中真有正式发表的工作，所作所为竟然恰恰如此(Drago and Pindera, 2007; Yeh, 1992)，在 Yeh 的工作中，面力边界条件被称为"平衡条件"。谓之多此一举是轻的，更确切的评价应该是画蛇添足，因为这不仅牺牲有限元分析的精度，还违背作为具有数学严谨性的有限元法的基本原理。此类错误的原因是缺乏对变分原理中的自然边界条件的理解，而现今绝大部分的有限元的用户可能都没有听说过这一名词，这也是为什么有限元永远都不能完全成为一个"黑匣子"的原因之一。

5.4　后　处　理

代表性体元和单胞的最常见的应用是材料表征，从而得到由代表性体元或单胞所代表的材料的等效材料特性，作为材料表征的一个重要部分，为了得到等效材料特性，必须首先得到平均应力和平均应变。然而，如何计算平均应力和平均应变，这几乎是在所有已发表的工作中都闭口不谈的，不经心的读者会认为它们自然而然就会得出，而实际上，本书作者相信，大部分的平均应力和平均应变都是把所有从单元的积分点或节点上得到的应力和应变的值，分别算术平均一下而已，因此，在发表的文章中没有值得解释的必要。虽然在本书后面会证明，就单胞的应用而言，任何方式的数值平均都不是一个有效的办法，但是只要方法正确，仍不失为一种方法。然而，如果只是把那些值算术平均一下，这无疑是一个不正确的做法，当然所得到的结果也是错误的。现举一简单的例子予以说明，为说明方便，仅以应力为例，假设采用线性单元，并降阶积分，这样每单元仅有一个积分点，积分点上的应力也就是该单元中的平均应力。不妨假设单胞中的应力场已通过由如图 5.10(a)所示的两个单元构成的网格被正确地获得，各单元中的应力也如图中所示，分别为 10MPa 和 4MPa，其算术平均为 7MPa。设想，如果同一问题，网格如图 5.10(b)所示被细分，即把应力为 10MPa 的单元一分为二，因为之前的解已经是收敛了的正确解，这两个被细分的单元中的应力都应该保持为 10MPa，这样，算术平均以后的应力则为 8MPa；而如果同一问题，网格如图 5.10(c)所示被细分，即把应力为 4MPa 的单元一分为二，这样算术平均以后的应力又变成了 6MPa。如此的不确定性，显然不是正确的方法。简单的算术平均，其错误是根本性的。

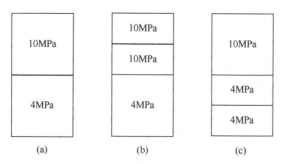

图 5.10　用单胞进行材料表征时采用简单的算术平均以获取平均应力的方法的矛盾

如果一定要使用数值平均的方法，那也应该是加权平均，就上述例子而言，每个单元的应力的权重为该单元的面积。一般地，如果单元不是线性的，或者采用全积分，每单元就有多个积分点，这时的权重将是积分点的权重和该积分点的Jacobian 矩阵的行列式的乘积。商用软件一般不提供此过程，其与生成单元刚度矩阵时的数值积分十分类似，因此对于一个具有有限元编程经验的用户来说，这并不难，但又无疑超出了如今大多数的有限元用户的能力范围。这应该也是为什么关于后处理的细节几乎在任何一篇已发表的文章中都是概不提供的内容。

然而，上述的求平均值的过程完全是不必要的，如果单胞是正确地建立的，那么就有一个远比求平均值有效并严格的方法来得到平均应力和平均应变，这将在本书的后续章节中细述。

5.5　实施中的问题

对于迄今为止的很多的单胞用户来说，单胞的运用几乎是逢场作戏，特别是在以有限元分析为求解器的情况下，在实施方面的错误是举不胜举，在不求穷尽的情况下，列举一些有代表性的例子如下，供读者引以为戒。

5.5.1　单胞的维度和二维理想化

任何物体都是三维的，但三维结构的分析一般都很费机时，如果一个结构的确不具备降维的特征，那也就只能是别无选择地进行三维分析了。而有时，有些问题可以被理想化成为二维问题，特别是对单向纤维增强的复合材料的微观分析。就力学问题而言，可以采用所谓的广义应变问题(Li, 2001)，以确保代表性体元或单胞的代表性。而在垂直于纤维的截面上，采用平面应力问题或平面应变问题类的单元，则构成了一个严重的错误，此材料不可能在这样的条件下被恰当地表征。

就数值分析而言，把问题由三维降至二维所减低的计算量是巨大的，当然远大于原来的三分之一。然而，二维理想化对很多人来说都可能是一引起混淆的缘由。而在有限元的实施中，这很大程度上，仅仅就是选用适当类型的单元而已。大多数商用有限元软件都提供平面应力、平面应变，以及不同类型的所谓的广义平面应变单元，一般地，除非所要分析的问题的确是一薄膜，在代表性体元和单胞的应用中，很少会有满足平面应力状态的情形，而平面应力单元被盲目地选用并非罕见。

选用平面应变单元意味着一个非常苛刻的限制，在平面应变条件下，无法得到一个真正的宏观的单向应力状态，而材料等效特性，如弹性模量、泊松比，都应在单向应力状态下测得，它们不能从任何非单向应力状态直接得出。不妨仅给一各向同性的材料在 x 方向施加大小为 σ 的应力，得到 x 方向的应变为 ε，假设材料在 y 方向自由，因此该方向的应力为 0。如果在 z 方向也不受约束，那么这便是一个单向应力状态，当然在 x-y 平面内也是平面应力状态。这时，材料的弹性模量为

$$E = \frac{\sigma}{\varepsilon} \tag{5.1}$$

而泊松比 ν 则为侧向应变与轴向应变的比值的负值。而在同样的情况下，如果 z 方向的变形如平面应变的要求被完全约束，即该方向的应变为 0，那么该问题在 x-y 平面内就是一平面应变问题，这时 x 方向的应力与应变之比则为

$$\frac{\sigma}{\varepsilon} = \frac{E}{1-\nu^2} \neq E \tag{5.2}$$

这不再是材料的弹性模量。

对于单向纤维增强的复合材料来说，如果在垂直于纤维的平面内分析，合适的类型是所谓的广义平面应变单元，这类单元具有面外的一个位移和两个转角的自由度，它们为网格中的所有单元所共享，完全约束它们则重现平面应变问题，而让它们完全自由，则导致宏观的平面应力状态，如果面内是单向加载的，也就得到了宏观的单向应力状态，由此，可以直接得到等效的弹性模量和泊松比。

这里应该特别指出，采用广义平面应变单元，按如上所得的等效的(也称宏观的)平面应力状态，与直接采用平面应力单元所得的平面应力状态之间存在着明显的差别。从前者得到的解，代表性体元或单胞中的哪一点可能都不处在平面应力状态下，因为每一点都可能有非 0 的面外应力，面外自由度的自由，保证的是面外应力的合力为 0，面外的应变是一常数；而后者保证的是处处都处在平面应力状态下，面外的应力处处为 0，当然合力也为 0，但面外的应变不再是常数。因此，这两类单元是不能随意互换的。

有时，虽然二维理想化可行，但因为缺乏合适类型的单元而不得不使用三维单元。这时，沿着本来可以被消去的方向，只需要一层单元即可，因为只要边界

条件处理正确，就会得到与现实问题同样的结论，即沿此方向，应力、应变的分布都是常数，没有必要对网格作任何的细分，正如 5.3.6 节所论述的。

5.5.2 等效弹性常数

为了得到等效材料特性，代表性体元或单胞可以作为一虚拟试验的有效工具，但必须牢记这些材料特性的定义，并正确运用。简单地由应力除以应变而得出弹性模量，而对材料在高尺度上处于单向应力状态的条件置若罔闻，这样的错误实在是太常见了，5.5.1 节中已经给出了一个此类的例子，单向应力状态或纯剪应力状态常常是被有意或无意地忽视了，千万不要把所得到的结果称为"工程近似"，因为那纯粹是"工程无知"。

5.5.3 网格收敛

在任何有限元分析中，保证正式分析时所采用的网格是收敛了的网格，这是用户的责任，任何所得的结果在网格收敛之前都不应该当真。还需要知道，不同的量收敛速度不同，通常等效弹性特性收敛最快，其次是位移，而应力收敛则要慢得多。

5.5.4 关于刚体运动的约束

在有限元模型中，约束刚体运动是一必需的步骤，恰当地建立在单胞中，通常有些刚体运动已被约束。如果约束不够，分析会无法进行下去；反之，任何过度的约束也是不正确的。

5.5.4.1 刚体平移

就刚体平移而言，相应的约束必须恰如其分，不多也不少。为了帮助严肃的单胞用户，一些典型的错误做法列举如下：

(1) 有时仅需约束某个节点上一个特定的自由度，例如，为了约束该自由度方向的刚体平移，一个常见的错误是把该节点的所有自由度都约束了。

(2) 有时仅需约束某个节点上一个特定的自由度，例如，为了约束该自由度方向的刚体平移，另一个常见的错误是把整个一条边上所有的节点的同样的自由度都约束了。

5.5.4.2 刚体旋转

在如壳、梁这类单元中，节点具有转角自由度，直接约束一个节点上的一个转角自由度，便约束了这个方向的刚体转动，但是在单胞和代表性体元的分析中，所采用的绝大部分是二维或三维的实体单元，节点没有转角自由度，这时，为了约束一个刚体转动，必须涉及两个不同的节点。虽然这两个节点的选择并不唯一，但也不能随便选两个。

如果所分析的问题定义于一正交的区域，例如，一长方形或长方体，不是太漫不经心的话，一般不会出错。然而，如果定义域如图 5.11(a)所示，约束面内的刚体转动可能就没有那么直观了。假设为了约束刚体平移，在 A 节点上沿 x 方向和 y 方向的自由度已被约束，即 $u_A=v_A=0$，为了进一步约束 x-y 平面内的刚体转动而约束 B 节点在 y 方向的自由度，即 $v_B=0$，绝非一罕见的做法，但是不幸的是，这是错的，原因在于对刚体转动的含义的理解的缺乏，现说明如下。

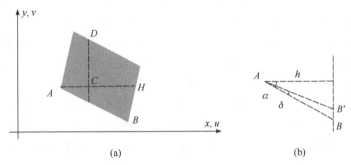

图 5.11　约束刚体转动：(a)不规则形状的物体；(b)位移、转角和伸长之间的几何关系

假设上述结构除了在节点 A 处的约束之外，尚无其他约束，这时给节点 B 一个无穷小的沿 y 方向的位移 v_B。如果节点 A 和 B 处在同一水平线上，那么 v_B 导致整个结构一个无穷小的刚体转动，而长度 AB 的改变量是一高阶无穷小。然而，如果 A 和 B 不在同一条水平线上，如图 5.11(a)所示，这时，由 v_B 引起的长度 AB 的改变就不再是高阶的无穷小了。参见图 5.11(b)，记线段 AB 在水平线上的投影为 h，当节点 B 经过 v_B 变动到 B' 的位置时，线段 AB 移动至 AB'，线段 AB 和 AB' 之间的夹角为 δ，不妨称之为转角，线段 AB 的初始长度为 $h/\cos\alpha$，变形后，即 AB' 的长度为 $h/\cos(\alpha-\delta)$，由 v_B 引起的 AB 的长度的改变及其泰勒展开为

$$\Delta = AB' - AB = \frac{h}{\cos(\alpha-\delta)} - \frac{h}{\cos\alpha} = \frac{\cos\alpha - \cos(\alpha-\delta)}{\cos(\alpha-\delta)\cos\alpha}h$$

$$\approx h\left(-\frac{\sin\alpha}{\cos^2\alpha}\delta - \frac{1+\sin^2\alpha}{2\cos^3\alpha}\delta^2 + \cdots\right)$$

(5.3)

如果 $\alpha=0$，即线段在一水平线上

$$\Delta \approx h\left(-\frac{1}{2}\delta^2 + \cdots\right)$$

(5.4)

这的确是转角 δ 的二阶无穷小，但是，如果 $\alpha \neq 0$，即线段 AB 不是水平的，则 AB

长度的改变量Δ与转角δ就是同阶的无穷小了。因为$v_B = \sin\delta\dfrac{AB}{\sin(90°+\alpha-\delta)}\approx$

$\delta\dfrac{h}{\cos\alpha}$，$v_B$与转角$\delta$是同阶的无穷小。换言之，如果$AB$不在同一水平线上，那$B$点的沿$y$方向的位移$v_B$会引起线段$AB$的长度的改变，即造成结构内的应变，显然，由$v_B$引起的转动$\delta$不是刚体转动。因此，约束$v_B$的效果不是仅仅约束刚体转动，其中还掺杂了对某种变形的约束。

一个正确的约束刚体转动方式是$v_C=0$，其中C可以是任一与A在同一水平线上的节点。从数值精度考虑，节点C距离节点A越远越好，因此，如果在H点处有一节点，约束H点的效果会比约束C点更好。同一个刚体转动，也可以通过约束C点和D点的x方向的位移来实现，即$u_C=u_D=0$。导致相同的约束刚体转动的效果，而存在不同方式的约束，无疑是引起混淆的原因之一，用户应该遵循的更应该是诸多方式背后的物理问题的逻辑性。

上面的例子还再一次说明，建立单胞时，后续的网格划分已需要被纳入考虑了，网格中至少需有两个在同一x坐标或同一y坐标的节点，以便正确地约束在x-y平面内的刚体转动。这有点像下象棋，在以当头炮开局的时候，如何策马过河应已胸有成竹了。

5.6 自洽验证与"神志测验"

前述的方方面面说明了在建立和运用单胞的过程中，有很多可能出错的机会，加之一系列实施方面的问题，首功告成的概率微乎其微。这也许是多数用户选择依靠直觉的方式随随便便地建一单胞的原因所在，这样至少可以相对容易地得到一些结果，譬如，单向拉伸或压缩的情况。然而，直觉的适用范围常常很有限，面临剪切时，直觉就不再是那么直截了当了，这也许是众多涉及单胞的文章对剪切避而不谈的原因所在，似乎根本就没有剪切那么一回事。

因为出错的机会太多，任何单胞在其付诸应用之前，必须对单胞的自洽性作出必要的验证。仅就单胞的应用而言，有一个步骤极其有效，称为"神志测验"(sanity check)，即给单胞中的所有组分材料都赋予同样的材料特性，这样，单胞就成了一均匀体，其行为的合理性由常理即可判别。所谓的"神志测验"是要验证所建立的单胞能否再现常理。虽然再现了任一方面的常理，都不能充分地保证单胞的正确性，但是任何折扣都足以表明所建单胞的正确性的不足。在这类测验中，数值结果通常很容易处理，绝大部分的错误，无论是推导过程中的理论错误，还是建模时输入数据的笔误，常常导致单胞内非均匀的应力、应变场，通常伴随着高度的局部应力集中，所得的应力云图常常是五彩缤纷的，典型的出错之处常与边界条件有关。相反，正确的结果应力云图总是单调乏味、清一色的，因为此时的应力场应该是均匀的。对很多人来说，此类结果没有报道的必要，因为缺乏兴奋点。然而，能否通过如此的测验，至关重要。在文献中，如果对每篇文章中的单胞进行这样的测验，通不过如此"神志测验"的，可能比比皆是。当然，大多数此类的单胞，文章中都不提供边界条件，似乎边界条件无关紧要，或者自然而然就会有，也自然而然就会被满足。即便如此，错误的边界条件的蛛丝马迹还是不时可见。

5.7　验证(verification)与验证(validation)

英文中有两个貌若相似但又大相径庭的单词：verification 与 validation，在中文中，它们常被翻译成同一个词：验证。字面意思八九不离十，但使用时的意境则相差甚远。在航空工业中，尤其是民航工业界，所谓的 V&V，在国内已渐渐受到重视，然而两个 V 之间到底有何联系又有何差别，鉴于国内工程人员对它们的理解的普遍缺乏，将其上升到工业文化的差别来重视应该不为过，故借此机会，给有心的读者予以澄清。

针对此主题，如果作一粗浅的文献检索，也许最招眼也不无哲理的一个说法是："verification 是保证问题求解得正确；validation 是保证求解的是正确的问题。"这对清楚地理解了 V 与 V 之间的异同的人来说，的确是一精辟的、哲学的概括；但对很多尚需厘清其间关系的人来说，似乎还是有点不得要领。

举一例子说明之。早年学数学，有所谓的应用题，譬如：6 个苹果，给 3 个人分，每人得几个？我们现在的人都已经太聪明了，对此题，不需要求解过程，直接就知道结果了，而且笃信其准确性，故无须作 verification，也不必操心 validation。如果我们能够暂时放下身段，按照当年老师教我们的步骤来求解一遍，则会有温故而知新的效果。首先，要假设每人分得 x 个；然后列方程:$3x=6$；再求解，$x=6\div3=2$。这时，求解虽然已经完成，但未经任何验证。所谓的 verification 是把 $x=2$ 代入方程，检验方程是否满足，这不需要外部资源，检验的是解方程过程的自洽性；而 validation 就需一点外部资源了，也许我们可以找 6 粒花生米，3 个杯子，分一下，看看每个杯子里有几粒。应该特别指出的是，如果每个杯子里确为两粒，这还不意味着上述的解被 validated 了。validation 还需要解释用花生米代替苹果、用杯子代替人的合理性，当此合理性也被解释清楚了时，那才可以说此问题的解已被 validated。

上述例子因为过于简单，仍不无淡化 verification 重要性以及工作量之倾向。前面也已经提到过，如今的分析主要是靠有限元、计算机，不需要多少数学、力学造诣，而大部分的分析设计人员，很多连用数学、力学的基本概念来 verify 计算机得出的结果的能力也丧失了,其中的很多人可能从来就没有具备过这种能力,多半能想到的是与试验结果比较,一步跃入 validation。其实,该 verify 的方面太多了,就有限元应力分析而言,应该自问:单元选择是否合理?边界条件加对了吗?载荷加对了吗?网格收敛了吗?有没有不该出现的应力集中?预期的应力集中是否出现?趋势合理吗?不该出现应力的部位,如自由边,有不可忽略的应力吗?预期之内的现象是否都观察到了?有任何预期之外的现象吗?当然,如果我们没有预期,那也就没什么需要观察的了。具备能够"预期"的能力,是功力的底蕴。在一定意义上,verification 对个人来说是素养,对设计部门来说是文化。

关于 verification 与 validation 的另一个说法是,verification 是自检,或者说是验证自洽性,所需的资源都是问题本身所具备的,加之常理。通过任一检验,都不足以说明解的正确,但通不过任一检验,则无疑表明解的不正确。自然,能够通过的检验越多、越详细、越周密,对解的正确性就越有把握,而且所谓通过,其要求常常是不折不扣、百分之一百。因此,这一验证,挑战的是一个设计、分析人员的智慧、知识和经验,是其基本概念及其对基本概念的理解和运用,是其耐心、细致、缜密的逻辑思维,是其精益求精、一丝不苟的态度,是其观察、归纳、表达的能力,是其认识错误、改正错误的勇气。可见,这是艰难的一步,称为难中之难也不为过。但是,除了上述的挑战或说资源外,对硬件、时间、空间、经费的要求都不是很高,但是,形成如此的素养和文化,则需要长期不懈的培养、努力和积累。鉴于国内的工程业界环境,不需要经费,也就不会给经费;没有经费,也就没有动力。国内典型的科研项目,试验可以纳入经费申请,分析基本不可以纳入经费申请。这无疑也是 verification 之所以不受重视的缘由之一。

与之相对的 validation,则基本上是由他人抽检,或者说是做给别人看的,典型的例子如部件试验、整机试验、试飞等。因为这些基本是适航当局所要求的,相当于适航当局来抽查这些方面,因此试验虽然需要与分析或设计要求足够地吻合,但一般不会苛求百分之一百的准确,而且能观察到的方面有限。其目的主要是让别人(局方)放心,如果自检作得足够充分,设计、分析人员应该有充分信心通过这些他人抽检,除非试验方法有问题。无论 validate 哪一项,一般对资源的诉求都极高,耗时费力。

中国航空的传统,因为历史原因,常以通过试飞一锤定音。而现代设计、分析工具,如有限元之强大,常潜移默化地给人以"黑匣子"的错觉,只要知道按哪个键,就可以设计飞机了,从而忽略对基本概念、基本理论,包括有限元理论的重视,以致设计、分析人员对如上述所描述 verification 的种种挑战,已无力招架,在多做一点 verification 和少做一点 verification 之间,则自然而然地两害相权取其轻了;加之两个 V,反正都是验证,而 validation 试验反正非做不可,更何况试验是真刀真枪,容易让人相信,于是一切的一切都被押宝于那些为数极其有限但又已是不堪重负的试验了。

不幸的是，适航除了要求这些试验作为 validation 之外，还要求设计的每一步骤都有系统的 verification。这也是为什么，对于中国民航工业，适航是那么难的一件事，尽管适航要求对民航来说，实际上仅仅是最低的要求，而不是最高的要求。从态度方面讲，自己设定的要求，高了并不觉得高，别人强加的要求，低了也不会被认为低。善做 verification 者，举重若轻，不善做 verification 者，举轻若重。常言说道：态度决定成败。善做 verification 是科学态度，押宝 validation 是投机取巧，而就适航而言，这又注定是行不通的。适航是安全问题，安全如同科学，无捷径可循。

关于 verification 与 validation 所涉及的内容，著者相信在哪个民族的文化中都不缺乏，但是，把这些内容归纳并分类成这样有着严格差别而又紧密联系的两个范畴，那是西方文化的贡献，称为束缚也罢，乐意与否，规则业已制定。规则的制定，如同为火车铺设铁轨：如果把铁轨视作枷锁，那也的确限制左右；但是如果把铁轨作为道路，则可天堑变通途，南北任我行。乒乓球的规则并非我们制定，但不排除我们可以打遍天下无敌手。要让规则能如鱼得水般地为我所用，需要尊重规则；而要尊重规则，则需要理解、尊重制定规则的文化，至少是必要的了解，那才能不为其所累。上述对 verification 与 validation 的解读，不无著者个人的观点与领悟，抛砖引玉而已，读者大可不必完全认同，但是如果上述讨论能够触动读者去对这两个概念的内涵与外延作些必要的探究，而不是坐着想当然，那笔墨就费得其所了。本章在参考文献中提供了若干相关的网站，也许可以作为有心的读者的切入点。

本书所关注的代表性体元和单胞，所涉及的 verification 与 validation，与上述情形不无异曲同工之妙。文献中，很多的结果都押宝于与数量少之又少的试验结果的比较之上，美其名曰，validation，然而，如果它们连基本的"神志测验"都过不去，还有 validation 这一说吗？反过来说，即便理论结果与用作 validation 的试验结果凑得上，但如果理论结果仍有通不过的"神志测验"，这样的理论结果还可能靠谱吗？

5.8　结　　语

代表性体元和单胞，作为虚拟试验的手段，对表征在低尺度上具有一定构形的材料来说是极其潜能的。然而，它们的运用却为文献中粗制滥造的东西所充斥，包括一些关键的方面，特别是边界条件。若要将其作为一可用的工具，所需的基本的一致性或自洽性还远远不够，正如本章所列举的。现状中自洽性的缺乏已经给此方法的科学性，慢说其实用性，笼罩上了一层厚厚的疑云。

如本章所表，在找到了这些不自洽的现象与根源以及在实施阶段可能出现的差错之后，本书作者确信，达到必要的自洽性，建立对该方法的信心，可望可及，这也正是本书的目标所在。用自洽的步骤来建立并实施代表性体元和单胞的方法将在本书后续的章节中逐步而有系统地展开。作为所系统地、逻辑地推导出来的方法的可行性的佐证，它们通过一个在 Abaqus/CAE 平台上二次开发出来的软件，叫作 UnitCells©，被全面地实施。UnitCells©已通过了相当广泛的自检和一定量的抽检。本书作者虽保留版权，但软件已由 Elsevier 出版社的专门的网站开源地提供给本书的读者，更新的版本也已由科学出版社在书背上的二维码所连接的网站开源发表，无所藏匿。此举至少提供了一积极的标志，一旦把错误的、松散凌乱的东西剔除掉，同时把实施过程中烦琐、重复的步骤自动化了之后，采用代表性体元和单胞的多尺度方法的确可以是一个强有力的工具，特别地，通过建立完善的逻辑法则，如果用户愿意遵循，便可用来构造满足他们特定需求的新的代表性体元或单胞。

参 考 文 献

Abaqus. 2016.Abaqus Analysis User's Guide. Abaqus 2016 HTML Documentation.

De Carvalho N V, Pinho S T, Robinson P. 2011. Reducing the domain in the mechanical analysis of periodic structures, with application to woven composites. Composites Science and Technology, 71: 969-979.

de Kok J M M, Meijer H E H. 1999. Deformation, yield and fracture of unidirectional composites in transverse loading: 1. Influence of fibre volume fraction and test-temperature. Composites Part A: Applied Science and Manufacturing, 30: 905-916.

Drago A, Pindera M J. 2007. Micro-macromechanical analysis of heterogeneous materials: Macroscopically homogeneous vs periodic microstructures. Composites Science and Technology, 67: 1243-1263.

Fang Z, Yan C, Sun W, et al. 2005. Homogenization of heterogeneous tissue scaffold: A comparison of mechanics, asymptotic homogenization, and finite element approach. Applied Bionics and Biomechanics, 2(1):17-29.

Govaert L E, Schellens H J, de Kok J M M, et al. 1995. Micromechanical modelling of time dependent failure in transversely loaded composites. Proceedings of 3rd International Conference of deformation and fracture of composites, 27-29 March 1995 University of Surrey. The Institute of Materials, 77-85.

https://en.wikipedia.org/wiki/Verification_and_validation.

https://www.faa.gov/about/office_org/headquarters_offices/ang/offices/tc/activities/vandv.

https://www.guru99.com/design-verification-process.html.

Li S. 1999. On the unit cell for micromechanical analysis of fibre-reinforced composites. Proceedings of the Royal Society of London, Series A: Mathematical. Physical and Engineering Sciences, 455: 815.

Li S. 2001. General unit cells for micromechanical analyses of unidirectional composites. Composites

Part A: Applied Science and Manufacturing, 32: 815-826.

Li S. 2008. Boundary conditions for unit cells from periodic microstructures and their implications. Composites Science and Technology, 68: 1962-1974.

Li S. 2012. On the nature of periodic traction boundary conditions in micromechanical FE analyses of unit cells. IMA Journal of Applied Mathematics, 77: 441-450.

Li S. 2014. UnitCells© User Manual, Version 1.4.

Li S, Jeanmeure L F C, Pan Q. 2015. A composite material characterisation tool: UnitCells. Journal of Engineering Mathematics, 95: 279-293.

Li S, Lim S H. 2005. Variational principles for generalized plane strain problems and their applications. Composites Part A: Applied Science and Manufacturing, 36: 353-365.

Li S, Reid S R. 1992. On the symmetry conditions for laminated fibre-reinforced composite structures. International Journal of Solids and Structures, 29: 2867-2880.

Li S, Wongsto A. 2004. Unit cells for micromechanical analyses of particle-reinforced composites. Mechanics of Materials, 36: 543-572.

Suquet P M. 1987. Elements of homogenization for inelastic solid mechanics. // Sanchez-Palencia, E, Zaoui A. Homogenization Techniques for Composite Media. Lecture Notes in Physics, vol 272. Berlin, Heidelberg: Springer.

Teply J. L, Dvorak G L. 1998. Bounds on overall instantaneous properties of elastic-plastic composites. Journal of the Mechanics and Physics of Solids, 36: 29-58.

Timoshenko S, Goodier J N. 1969. Theory of Elasticity. London: McGraw-Hill.

Whitcomb J D, Chapman C D, Tang X. 2000. Derivation of boundary conditions for micromechanics analyses of plain and satin weave composites. Journal of Composite Materials, 34: 724-747.

Yeh J.R. 1992. The effect of interface on the transverse properties of composites. International Journal of Solids and Structures, 29: 2493-2502.

第二部分

单胞与代表性体元的建立
—— 理论的一致性与完备性

第6章 常见类型的单胞的建立

6.1 引　言

　　单胞已经在模拟和表征低尺度上具有复杂构形材料，特别是现代复合材料方面，取得了广泛的应用，遗憾的是，在文献中，单胞常常是被随随便便地用于各种分析。读者有时会觉得单胞模拟可能已经是路人皆知了，可是当真正实施时，立即会因困难重重而无所适从，事实上，如果真想认真建立此方法以作为材料表征可用的工具，那还真会发现，道路坎坷、陷阱密布，有那么多貌似平庸的步骤需要妥善处理，然而，若不把它们都搞定，所建立起来的单胞，可能连真正平庸的问题都解决不了！

　　在此，一个全面文献综述就从免了，原因是所出版的文献中常常缺乏建立单胞的细节，大约十篇文章中有九篇会由于缺乏必要的信息，如边界条件、载荷条件、结果处理等，读者们不可能再现其结果，而在那些提供了边界条件的文章中，边界条件又常常是"被建议为"、"被假设为"、"被近似为"，或者粗暴地"使用如下边界条件"，没有理由，没有出处，也不加评论、讨论。对读者来说，这不知是天经地义，不容置疑，还是此问题就只能如此，各人信口开河。不过，以科学的态度，略带一点批判精神去审视此问题，便会发现，它们中间很少有经得起推敲的。如果读者认真观察一下，有时，有悖常理的现象就显而易见。一个简单的鉴别可以是本章稍后将详细引入的所谓"神志测验"。

　　所谓的"神志测验"(sanity check)在英文中是一个比较口语化的短语，用时稍稍有点欠敬，即在把一个人的任何一句话当真之前，譬如，在花精力花时间了解某人声称的一项伟大的发明之前，最好先查验一下此人的神志是否清楚，如果他同时还声称自己已经300岁了，或者秦始皇是他的儿子之类的，那么就完全没有必要再去操心他的伟大发明了。

　　文献中不乏用单胞来研究非常高深复杂的问题的例子，但所用的单胞大多数都通不过如此的"神志测验"，只是作者们通常不作此测验或者没有勇气告诉别人测验的结果而已。另一个简单的观察是文章中是否考虑剪切状态，如果考虑了，那是怎样考虑的。大多数涉及单胞的文章都避而不谈剪切，似乎同样的考虑也适用于剪切，或者剪切根本就不值得考虑。实际情况当然远非如此。对复合材料来说，剪切的特性一般都是基体主导的，它不可能被任何纤维主导的特性所涵盖。

即便是宏观各向同性的材料，独立地得到剪切刚度也很重要，因为这可以检验所采用的理论模型能否保留真实材料所具有的各向同性的特征。具体地说，各向同性的条件之一是材料的弹性模量 E、剪切模量 G、泊松比 ν 之间应该存在一个关系，即 $G = E / 2(1+\nu)$。如果由单胞所得的弹性常数不能满足这一关系，则说明该单胞所代表的材料不是各向同性的，用户在应用它之前应该确定这是否具有所需的代表性。

采用单胞作为手段的多尺度分析，如果被系统地、一致地实施，可以是一个很有效的材料表征的工具，本章的目标就是提供一个关于如何建立正确、可靠的单胞的全面的论述，随着这一方法论的建立，并遵循每一考虑的逻辑性，这将驱散笼罩在关于单胞问题上的疑云，还此问题以公平的也本该具有的清澈透明。

6.2　相对位移场与刚体转动

一个典型的多尺度分析涉及两个长度尺度：高尺度和低尺度。采用多尺度的方法进行材料表征，就是要通过对低尺度上的材料模型的分析，以获取该材料在高尺度上的等效特性。因此，对所要表征的材料作如下假设：材料在高尺度上是等效均匀的，为了表征此材料而赋之于该材料的应力场、应变场，在高尺度上，也是均匀的，正如用实验的方法来表征一样，需要指定相应的试验段或标距，以确保在其中应力、应变状态的均匀性。这里的均匀性可以是在统计意义上的，也可以是出于低尺度上构形中的规则性，相应地，可以采用单胞来实施低尺度上的具体分析。为了获取材料在高尺度上的等效特性，必须遵循这些等效特性的定义，从均匀的**单向应力或纯剪应力状态下**的应力和应变来得出，在测得的均匀应力和均匀应变这两组值中，如果一组被视作为输入，则另一组可理解为输出。这过程与通过试验实测来获得等效特性相仿，试验机可以有载荷控制或位移控制的模式，因此，采用单胞进行材料表征，也可以有类似的模式，如果实施正确，的确是地地道道的虚拟试验。

当高尺度上的种种关系确立之后，分析则要在低尺度上进行。对于那些适用于单胞的问题来说，构形在低尺度上的规则性是一个基本假设，而高尺度上材料的均匀性，对于一般三维的问题，则是基于低尺度上构形具有在三个不共面的方向上的平移对称性，尽管这三个方向未必需要是沿坐标轴的方向。在两个尺度之间的一个关键的联系是,在相对于等于低尺度上的构形的周期的整数倍的长度上，高、低两个尺度上的相对位移相等这一事实。在高尺度上，由于应变场的均匀性，在任一方向上，只要是相对于相同的长度，相对位移是均匀的，即处处相等；而在低尺度上，相对位移仅仅在完整的周期上相等，如果坐标增量按周期给出，则相对位移场也是均匀的，且同于高尺度上的相应的相对位移场。从而可以得到低尺度上的相对位移场与高尺度上的位移梯度场之间的关系，即

$$
\left\{ \begin{array}{c} \Delta u \\ \Delta v \\ \Delta w \end{array} \right\} = \left\{ \begin{array}{c} \Delta U \\ \Delta V \\ \Delta W \end{array} \right\} = \left[\begin{array}{ccc} \dfrac{\partial U}{\partial x} & \dfrac{\partial U}{\partial y} & \dfrac{\partial U}{\partial z} \\[2mm] \dfrac{\partial V}{\partial x} & \dfrac{\partial V}{\partial y} & \dfrac{\partial V}{\partial z} \\[2mm] \dfrac{\partial W}{\partial x} & \dfrac{\partial W}{\partial y} & \dfrac{\partial W}{\partial z} \end{array} \right] \left\{ \begin{array}{c} \Delta x \\ \Delta y \\ \Delta z \end{array} \right\} \tag{6.1}
$$

其中的 U、V、W 是高尺度上沿 x、y、z 方向的位移，而 Δx、Δy、Δz 则是该平移对称性所对应的平移量在三个坐标轴方向的分量，与构形的周期性有关。因为在高尺度上的应变场是均匀的，上述位移梯度矩阵的每个分量都是常数。一般地，如式(6.1)中的位移梯度，包含了关于应变状态和刚体转动的全部信息。在大多数的应用中，所关心的是应变状态，即与之相关的那一部分的位移梯度，位移梯度中关于刚体转动的那一部分可以搁置，除非研究有限变形问题，这在第 13 章会作相应的阐述。换言之，如果在一给定的如式(6.1)中给出位移梯度的基础上，人为地加上一个刚体转动，那完全不会影响应变状态，因为这仅仅是一个参照系问题，即如何观察物体的变形的问题。为了揭示这点，由式(6.1)给出的位移梯度总可以被分解成对称的和反对称的两部分，如下

$$
\left[\begin{array}{ccc} \dfrac{\partial U}{\partial x} & \dfrac{\partial U}{\partial y} & \dfrac{\partial U}{\partial z} \\[2mm] \dfrac{\partial V}{\partial x} & \dfrac{\partial V}{\partial y} & \dfrac{\partial V}{\partial z} \\[2mm] \dfrac{\partial W}{\partial x} & \dfrac{\partial W}{\partial y} & \dfrac{\partial W}{\partial z} \end{array} \right] = \left[\begin{array}{ccc} \varepsilon_x^0 & \varepsilon_{xy}^0 & \varepsilon_{xz}^0 \\ \varepsilon_{xy}^0 & \varepsilon_y^0 & \varepsilon_{yz}^0 \\ \varepsilon_{xz}^0 & \varepsilon_{yz}^0 & \varepsilon_z^0 \end{array} \right] + \left[\begin{array}{ccc} 0 & -\omega_{xy}^0 & \omega_{xz}^0 \\ \omega_{xy}^0 & 0 & -\omega_{yz}^0 \\ -\omega_{xz}^0 & \omega_{yz}^0 & 0 \end{array} \right] \tag{6.2}
$$

其中

$$
\left[\varepsilon^0 \right] = \left[\begin{array}{ccc} \varepsilon_x^0 & \varepsilon_{xy}^0 & \varepsilon_{xz}^0 \\ \varepsilon_{xy}^0 & \varepsilon_y^0 & \varepsilon_{yz}^0 \\ \varepsilon_{xz}^0 & \varepsilon_{yz}^0 & \varepsilon_z^0 \end{array} \right] = \left[\begin{array}{ccc} \dfrac{\partial U}{\partial x} & \dfrac{1}{2}\left(\dfrac{\partial V}{\partial x} + \dfrac{\partial U}{\partial y} \right) & \dfrac{1}{2}\left(\dfrac{\partial U}{\partial z} + \dfrac{\partial W}{\partial x} \right) \\[3mm] \dfrac{1}{2}\left(\dfrac{\partial V}{\partial x} + \dfrac{\partial U}{\partial y} \right) & \dfrac{\partial V}{\partial y} & \dfrac{1}{2}\left(\dfrac{\partial W}{\partial y} + \dfrac{\partial V}{\partial z} \right) \\[3mm] \dfrac{1}{2}\left(\dfrac{\partial U}{\partial z} + \dfrac{\partial W}{\partial x} \right) & \dfrac{1}{2}\left(\dfrac{\partial W}{\partial y} + \dfrac{\partial V}{\partial z} \right) & \dfrac{\partial W}{\partial z} \end{array} \right]
$$

$$
\tag{6.3}
$$

$$\begin{Bmatrix} \omega_{yz}^0 \\ \omega_{xz}^0 \\ \omega_{xy}^0 \end{Bmatrix} = \frac{1}{2} \begin{Bmatrix} \dfrac{\partial W}{\partial y} - \dfrac{\partial V}{\partial z} \\ \dfrac{\partial U}{\partial z} - \dfrac{\partial W}{\partial x} \\ \dfrac{\partial V}{\partial x} - \dfrac{\partial U}{\partial y} \end{Bmatrix} \tag{6.4}$$

前者是在小变形假设下的应变张量(注意此处的应变不宜推广到有限变形的问题,在第 13 章会专门详述有限变形的问题),各分量的表达式均为张量分量,因为是在高尺度上,上述的应变当然是均匀的;而后者即为刚体旋转矢量,这也是高尺度上位移梯度的一部分。在式(6.2)中,如果应变张量项消失,那么位移梯度中就仅剩刚体转动,因为刚体转动矢量描述的是刚体运动,其分量可以被赋予任意的值而不会影响应变状态,只要不超出小变形假设的范畴即可。

上述刚体转动矢量的分量可以按如下方法来展示。在三个坐标平面上分别作一条与该坐标平面相关的两坐标轴都夹 45° 角的直线,该直线可以绕第三根坐标轴(垂直于该直线)作刚体旋转,刚体旋转矢量(6.4)中的每一分量对应着上述直线的刚体旋转。以式(6.4)中的第三个分量为例,它就是 x-y 平面内呈 45° 倾斜的那条直线绕 z 轴的刚体旋转角(足够小以满足小转角假设)。给相应的旋转分量标以 45°的上标,则式(6.4)可以改写为

$$\boldsymbol{R}^{45°} = \begin{Bmatrix} R_x^{45°} \\ R_y^{45°} \\ R_z^{45°} \end{Bmatrix} = \begin{Bmatrix} \omega_{yz}^0 \\ \omega_{xz}^0 \\ \omega_{xy}^0 \end{Bmatrix} \tag{6.5}$$

就材料表征而言,所感兴趣的只是位移梯度中的应变部分,由式(6.2)所给的分解,如果舍去转动部分,即置刚体转动矢量为零,则相对位移场便可得为

$$\begin{Bmatrix} u \\ v \\ w \end{Bmatrix} \Bigg|_{(x',y',z')} - \begin{Bmatrix} u \\ v \\ w \end{Bmatrix} \Bigg|_{(x,y,z)} = \begin{bmatrix} \varepsilon_x^0 & \varepsilon_{xy}^0 & \varepsilon_{xz}^0 \\ \varepsilon_{xy}^0 & \varepsilon_y^0 & \varepsilon_{yz}^0 \\ \varepsilon_{xz}^0 & \varepsilon_{yz}^0 & \varepsilon_z^0 \end{bmatrix} \begin{Bmatrix} \Delta x \\ \Delta y \\ \Delta z \end{Bmatrix} \tag{6.6}$$

等效地,这可以通过约束上述的分别在三个坐标平面内的那些 45° 的直线的转动来实现。换言之,如式(6.6)所给出的形式仅仅是按上述特定方式约束刚体旋转后所得的、在此特殊情况下的相对位移场。当刚体转动如此约束时,各剪应变分量中的两项(两个位移的偏导数)刚好相等,在二维的情况下来观察,剪切变形表现为微元两邻边大小相等、方向相反的转动,如图 6.1(a)所示。

然而,这绝不是约束刚体转动的唯一正确的方式,事实上,不同的而又正确的方式有无穷种,而有些可能更实用。譬如,如果相对位移用前述的那些 45°的直线的转角来表示,即

$$\left\{\begin{array}{c}\Delta U\\\Delta V\\\Delta W\end{array}\right\}=\left(\begin{bmatrix}\varepsilon_x^0 & \varepsilon_{xy}^0 & \varepsilon_{xz}^0\\\varepsilon_{xy}^0 & \varepsilon_y^0 & \varepsilon_{yz}^0\\\varepsilon_{xz}^0 & \varepsilon_{yz}^0 & \varepsilon_z^0\end{bmatrix}+\begin{bmatrix}0 & -R_z^{45°} & R_y^{45°}\\R_z^{45°} & 0 & -R_x^{45°}\\-R_y^{45°} & R_x^{45°} & 0\end{bmatrix}\right)\left\{\begin{array}{c}\Delta x\\\Delta y\\\Delta z\end{array}\right\}\qquad(6.7)$$

那么给定这些转角分量任意一组定值，都是一种约束方形，这样就可以得到形式不同的相对位移场，但都对应着完全相同的应变状态。当各转角分量都取 0 值时，就得到了式(6.6)，这仅为一特例而已。如果恰好取如下的值

$$\boldsymbol{R}=\left\{\begin{array}{c}R_x^{45°}\\R_y^{45°}\\R_z^{45°}\end{array}\right\}=\frac{1}{2}\left\{\begin{array}{c}\dfrac{\partial W}{\partial y}+\dfrac{\partial V}{\partial z}\\[6pt]-\dfrac{\partial U}{\partial z}-\dfrac{\partial W}{\partial x}\\[6pt]\dfrac{\partial V}{\partial x}+\dfrac{\partial U}{\partial y}\end{array}\right\}=\left\{\begin{array}{c}\varepsilon_{yz}^0\\-\varepsilon_{xz}^0\\\varepsilon_{xy}^0\end{array}\right\}\qquad(6.8)$$

即与相应的张量剪应变的值刚好大小相等，这相当于约束微元的一边，而剪切变形则可视为是邻边相对于被约束的边的转动，二维情形如图 6.1(b)所示，显然，这也约束了刚体旋转，但不改变应变状态。当然，完全没有理由不能给那些转角以另外的值，如图 6.1(c)所示，以达到约束刚体转动的目的，而又不改变应变状态。到底使用哪一种，一方面可以是用户各有所好，另一方面也可以视处理问题方便选取。本书取与图 6.1(b)所示情形相应的方式约束刚体转动，即尽可能让实施时方便些。

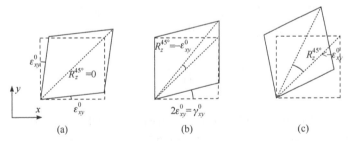

图 6.1　在 x-y 平面内刚度转动约束的不同而又等效的可能性

如果按式(6.8)约束刚体转动，从式(6.7)得出的相对位移为

$$\left\{\begin{array}{c}u\\v\\w\end{array}\right\}\bigg|_{(x',y',z')}-\left\{\begin{array}{c}u\\v\\w\end{array}\right\}\bigg|_{(x,y,z)}=\left\{\begin{array}{c}\Delta U\\\Delta V\\\Delta W\end{array}\right\}=\begin{bmatrix}\dfrac{\partial U}{\partial x} & 0 & 0\\[6pt]\dfrac{\partial V}{\partial x} & \dfrac{\partial V}{\partial y} & 0\\[6pt]\dfrac{\partial W}{\partial x} & \dfrac{\partial W}{\partial y} & \dfrac{\partial W}{\partial z}\end{bmatrix}\left\{\begin{array}{c}\Delta x\\\Delta y\\\Delta z\end{array}\right\}=\begin{bmatrix}\varepsilon_x^0 & 0 & 0\\\gamma_{xy}^0 & \varepsilon_y^0 & 0\\\gamma_{xz}^0 & \gamma_{yz}^0 & \varepsilon_z^0\end{bmatrix}\left\{\begin{array}{c}\Delta x\\\Delta y\\\Delta z\end{array}\right\}\quad(6.9)$$

其中，为了后续应用起见，剪应变都已用相应的工程分量 γ 来表示了。方程(6.9)相当于用

$$
\left\{
\begin{array}{c}
\dfrac{\partial V}{\partial z} \\[2mm]
\dfrac{\partial U}{\partial z} \\[2mm]
\dfrac{\partial U}{\partial y}
\end{array}
\right\} =
\left\{
\begin{array}{c}
0 \\ 0 \\ 0
\end{array}
\right\}
\tag{6.10}
$$

来约束刚体转动，即分别约束 z 轴上的点绕 x 轴和 y 轴的刚体转动，并约束 y 轴上的点绕 z 轴的刚体转动，这与变形运动学没有任何冲突，而应变场则与式(6.3)所定义的完全相同。只是在条件(6.10)下

$$
\left\{
\begin{array}{c}
\gamma_{yz}^{0} \\[2mm]
\gamma_{xz}^{0} \\[2mm]
\gamma_{xy}^{0}
\end{array}
\right\} =
\left\{
\begin{array}{c}
\dfrac{\partial W}{\partial y} \\[2mm]
\dfrac{\partial W}{\partial x} \\[2mm]
\dfrac{\partial V}{\partial x}
\end{array}
\right\}
\tag{6.11}
$$

只要应变是相同的，那位移场便是正确的。

请注意，上述由式(6.10)给出的约束刚体转动的方法与(Li, 1999, 2001; Li and Wongsto, 2004; Li and Sitnikova, 2018)中的有所不同，此番调整是为了保证在本书后述的相关部分能够有一个一致的约束方式，而不是随问题改变而改变。

6.3　单胞的相对位移边界条件

由式(6.9)给出的相对位移场确定了在由所研究的问题中的平移对称性所联系着的两个胞元中的相应的点上的位移之间的关系，如果坐标的增量刚好等于低尺度上的一整个周期，把其中一点置于一胞元的边界处，则另一点将会是在该胞元的另一边的边界上，如 4.3.3 节所描述的，式(6.9)就给出了该胞元相对应的两边界上的相对位移，对于单胞的建立来说，这就是这两条边上的相对位移边界条件了。如 4.3.3 节所述，单胞的边界必须分割成两两成对的面或边，每一对都相应着一个平移对称性，当然应该提醒一下的是，并不一定所有存在的平移对称性都会被用上。这些分片或分段的边界之间既不能有任何间隙，也不能有任何重叠，这是保证问题的解的存在并唯一的必要条件。

在 5.3.3 节中，已经解释了"相对位移边界条件"的命名优于"周期性边界条

件”的缘由，在本书中，从此往后，单胞的边界条件将全面采用之。

相对位移边界条件建立的是单胞不同部分的边界上的位移之间的相对关系，事实上，此关系正是相对位移边界条件的确切的定义，具体地说，相应的两部分边界上的位移通过与相对位移场所具备的平移对称性而相互联系着。如 6.2 节所已阐明了的，相应于平移对称性的相对位移场又可由高尺度上的均匀的应变场表示出来，而由于对刚体转动的不同的方式的约束，该表达式并不唯一，就本书后续的论述，除了第 7 章例外，一概采用如式(6.9)所给出的相对位移，即

$$\begin{Bmatrix} u' \\ v' \\ w' \end{Bmatrix} - \begin{Bmatrix} u \\ v \\ w \end{Bmatrix} = \begin{bmatrix} \varepsilon_x^0 & 0 & 0 \\ \gamma_{xy}^0 & \varepsilon_y^0 & 0 \\ \gamma_{xz}^0 & \gamma_{yz}^0 & \varepsilon_z^0 \end{bmatrix} \begin{Bmatrix} \Delta x \\ \Delta y \\ \Delta z \end{Bmatrix} \tag{6.12}$$

作为相对位移边界条件的一般形式，其中 $\begin{bmatrix} u & v & w \end{bmatrix}^{\mathrm{T}}$ 是单胞一部分边界上的位移，作为相应的平移对称变换的原，$\begin{bmatrix} u' & v' & w' \end{bmatrix}^{\mathrm{T}}$ 是单胞另一部分边界上的位移，作为相应的平移对称变换的象，而相应的平移对称性则由平移量 $\begin{bmatrix} \Delta x & \Delta y & \Delta z \end{bmatrix}^{\mathrm{T}}$ 所定义。在式(6.12)中出现的应变，它们是高尺度上均匀的等效应变，也是低尺度上应变场的平均值，即单胞内的平均应变。可见，单胞内的平均应变可以通过相对位移场而被引入低尺度上的分析模型，它们可以被视作独立的自由度，如同一个节点，但并不是为了描述单胞几何形状而引入的那些通常的节点，它们是为了建立单胞的边界条件而引入的，它们的重要性和系统的处理将在 6.6 节中陈述，而相关的逻辑关系则将在第 7 章中给出严格的数学证明。

在条件(6.9)和(6.6)之间，从正确性考虑，毫无差别，因为只要实施正确，从两者所得的在低尺度上的应力场以及高尺度上的等效材料特性都完全相同，之所以选择条件(6.9)而不是条件(6.6)，完全出于后续的实施考虑，因为在定义边界条件时，可以少填写几项，以 x 方向的位移为例，采用式(6.9)或式(6.12)，约束条件为

$$u' - u = \varepsilon_x^0 \Delta x \tag{6.13}$$

而若采用式(6.6)，同一约束则应按如下给出

$$u' - u = \varepsilon_x^0 \Delta x + \frac{1}{2} \gamma_{xy}^0 \Delta y + \frac{1}{2} \gamma_{xz}^0 \Delta z \tag{6.14}$$

当然，在效果相同的情况下，边界条件的形式越简单越好，犯错误的机会也就越少。不过，此情况，在有限变形问题中将大不相同，当然，仍然不是对与错的差别，这将在第 13 章中专门论述。

作者及其合作者们在过去的 20 多年中，建立了一系列的二维、三维的单胞，发表于(Li, 1999; Li, 2001; Wongsto and Li, 2005; Li, 2008; Li et al., 2009; Li et al., 2011; Li et al., 2014)，该内容将在下文中逐一介绍，详尽地推导相应的相对位移边界条件，而所依据的基本原理均已于前述章节给出。

6.4 典型单胞及其相对位移边界条件

在下面将要考虑的各单胞中，单胞的一部分边界上的位移会与该单胞另一部分边界上的位移联系起来，而这两部分边界正好分别是某一平移对称性中的原和象，所谓的相对位移边界条件都会是以这样的方程形式给出。

6.4.1 二维单胞

6.4.1.1 二维理想化简介

二维理想化是当三维问题的定义域的几何特征和定义于其上的物理场具备某些特殊的性质时的数学简化，致使沿某方向，场值为 0 或常数，这些特殊性质可能是客观情况，也可能是近似。二维理想化的适用性取决于所选取的二维平面在面外的第三个方向上应力场和应变场不呈现任何变化这一条件，典型的弹性力学问题中有平面应力、平面应变，还有如任意截面形状的杆的扭转，即所谓的 Saint-Venant 问题及涉及面外剪应力的问题，其控制方程同于热传导及很多其他的物理问题(Bateman, 1932)。这些问题在物理上大相径庭，因此，应用时万不可混为一谈。理论上，平面应力问题适用于薄片状的材料，而且薄片的相对的两个表面都不受任何面力，薄片也不受面外方向的体力。该问题之所以称为平面应力，因为该问题中所有非 0 的应力分量都在面内，而面外的那些应力分量(一个正应力和两个剪应力)，因为在两表面都为 0，从一表面到另一表面的距离又很短，如果把其中一应力在两表面之间任一点处的值视为从一表面到该点处的增量，其可近似为微分，即导数与坐标增量的乘积，物理问题的连续性要求导数是有限值，只要两表面之间的距离足够小，上述坐标的增量也会足够小，应力的增量就会足够小，故可忽略，近似为 0。平面应变适用于无限长、等截面的问题，适用于同类几何形状的还有另一类问题，称为广义平面应变问题(Li and Lim, 2005)。两者之间的差别是，在前者中，物体受纵向的约束，以至于每个横截面都不能发生纵向的位移；而在后者则允许纵向膨胀或收缩。当然，如果在广义平面应变问题中约束纵向的变形，则可再现平面应变问题作为其一特殊形式。如第 5 章 5.5.1 节所述的，无论是平面应力还是平面应变，与复合材料的微观力学分析都没太多的关系，尽管平面应力是复合材料层合板理论的基础，但那是宏观力学的范畴。广义平面应变问题则与复合材料微观力学十分相关。应该指出，如果在广义平面应变问题中允许第三个方向自由地伸缩，这一般并不再现平面应力问题，因为这样只是保证在第三方向上应力的合力为 0，但并不排除在任何一点上第三方向上的应力不等于 0 的情况，而平面应力则要求在任何一点上第三方向上的应力都为 0。

在单向复合材料的微观力学分析中，通常可以合理地假设：纤维的长度为无穷而材料特性以及所有几何特征沿纤维方向都不存在变化，这样问题就可以在垂直于纤维的平面内描述，因而被理想化为一个二维问题，即广义平面应变问题。广义平面应变问题在单向纤维增强的复合材料上的应用的例子可见于(Li, 1999, 2001; Wongsto and Li, 2005)。应该指出，现有的商用有限元软件中的广义平面应变单元有其局限性，因为它们仅仅通过引进一个参考节点，允许一个总体的面外位移，相应于面外正应变，加之两个总体转角，相应于总体的弯曲变形。如(Li and Lim, 2005)中所提出的，一个圆满的广义应变单元应涵盖顺纤维方向的剪切，遗憾的是，在商用有限元软件中尚无此单元。为了研究单向纤维增强的复合材料，只能采用如下两种方案之一：

(1) 如果限于二维模型，现有的广义平面应变单元可以用来获取所考虑的二维平面(垂直于纤维)的面内等效特性以及沿面外方向的弹性模量和泊松比，而面外的剪切不能由此得出。为了得到面外剪切特性，一个移花接木的途径是借助稳态热传导比拟，因为它们所对应的控制方程相同，而后者在大多数商用有限元软件中都有，例如 Abaqus，如(Wongsto and Li, 2005)中所演示的。二维的热传导问题的控制方程为

$$\frac{\partial q_x}{\partial x} + \frac{\partial q_y}{\partial y} = 0 \tag{6.15}$$

其中 q_x、q_y 是热流矢量，

$$\begin{Bmatrix} q_x \\ q_y \end{Bmatrix} = -\begin{bmatrix} k_{11} & k_{12} \\ k_{12} & k_{22} \end{bmatrix} \begin{Bmatrix} T_x \\ T_y \end{Bmatrix} \tag{6.16}$$

k_{ij} $(i,j=1,2)$ 是材料的导热系数，T_x、T_y 是温度场的梯度，

$$\begin{Bmatrix} T_x \\ T_y \end{Bmatrix} = \nabla T = \begin{Bmatrix} \dfrac{\partial T}{\partial x} \\ \dfrac{\partial T}{\partial y} \end{Bmatrix} \tag{6.17}$$

T 为温度场。在与之相对应的面外剪切问题中，T 就是面外位移，k_{ij} 为剪切模量，q_x、q_y 相应于剪应力的负值。鉴于此控制方程的性质，其解常被称为调和函数，此类函数，如果用来定义一位移场来描述截面的翘曲位移，其常常呈马鞍形。此问题本可作为最一般形式的广义平面应变问题的一部分，遗憾的是未被大多数商用有限元软件所涵盖。如果采用此比拟，二维网格与之前所述的广义平面应变问题可以互用，输入的各相组分材料的导热系数由相应的组分材料的剪切模量替代，作为载荷的集中热流由集中力所取代。而在输出数据中，热流矢量的两个分量应该被翻译成面外两个剪应力的负值，温度梯度为应变，温度为截面的翘曲位移。

用此比拟的方法，计算效率高，但需要用户对问题的理解，以及必要的技巧。在纤维增强复合材料的分析中，对广义平面应变问题的需求显而易见，但是，现有的广义平面应变单元还不是最广义的，在其基础上，还可以加入面外剪切部分，仍可继续保持问题是平面问题，即二维的，这样就可以支持上述分析，而不再需要把分析分成面内、面外作两次分析，其中一次还要借助比拟。在有限元商用软件中加入此类问题的应力分析的单元类型，是来自用户们的呼吁，也应该是对有限元商用软件开发商们的一个挑战。在没有如此更广义的广义应变问题的现状下，就只能采用上述的比拟来分析面外剪切问题了。在定义上述比拟问题的边界条件时，会引进两个独立的自由度 T_x^0 和 T_y^0，在热传导问题中，它们是在高尺度上温度场的梯度，而在相应的面外变形问题中，则是高尺度上的等效剪应变，它们与高尺度上的热流，或者说是剪应力之间的关系为

$$\begin{Bmatrix} q_x^0 \\ q_y^0 \end{Bmatrix} = -\begin{bmatrix} k_{11}^0 & k_{12}^0 \\ k_{12}^0 & k_{22}^0 \end{bmatrix}\begin{Bmatrix} T_x^0 \\ T_y^0 \end{Bmatrix} \tag{6.18}$$

其中 k_{ij}^0 为相应问题中的等效热传导系数，或者说是等效面外剪切刚度。确定这些等效材料特性通常是多尺度材料表征的目标所在。

(2) 给二维的单胞加上第三个维度，然后用三维实体单元来分析，以避免如上所述的把该问题的分析分成两部分来进行，此方法在本章后续部分还会细述。大致地，就是在第三维的方向，引入一个平移量为 t 的平移对称性，因为原问题是二维的，应力场、应变场沿第三维的方向没有变化，因此，t 可以是任意一个正值。从有限元的数值性态考虑，该值的选取应与面内网格的特征长度相匹配，这样的话，t 作为实体单元沿面外方向的边长与网格中所有单元在面内的边长不会有太大的悬殊。这时，在第三维方向，仅需一层单元，因为与正确的解所对应的应力场、应变场在此方向上没有任何变化。反言之，在所得的解中，如果应力场或应变场在此方向上有任何变化，解一定错了，没有悬念，而最有可能出错的方面是边界条件的施加。这类错误，采用 6.9 节将要讨论的"神志测验"，则很容易诊断。它们应该也能够被完全清除。如第 5 章所讨论的，在此方向上采用多层的网格，除了增加计算量之外，不会带来任何差别，事实上，文献中那些采用多层单元的做法是一典型的通过冲淡由错误的边界条件引起的误差来掩饰错误之举。

6.4.1.2 由沿坐标轴方向的平移对称性导出的二维单胞

由在平面内沿坐标轴方向的平移对称性导出的最简单的单胞呈长方形，其边长分别等于沿两坐标轴方向的平移对称的平移量，如图 6.2(a)所示，当两边长恰好相等时，即得一正方形单胞(Li, 1999, 2001)，作为一特殊形式。理论上没有理由不能选取其他的形状作为单胞，譬如像图 6.2(b)所示的那样，只是这时描述单胞的

边界要复杂些，一般没有必要这样去选取，除非在低尺度上的几何特征的确呈现如此的边界，像是在第 2 章中列举的鱼鳞状排布的地砖的例子。

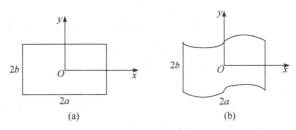

图 6.2　沿坐标轴方向的平移对称性导出的不同形状的二维单胞：(a)长方形单胞；(b)曲边的二维单胞

在二维空间内，即一平面，式(6.12)可以简化至其二维情形下的特殊形式

$$\left\{\begin{matrix} u' \\ v' \end{matrix}\right\} - \left\{\begin{matrix} u \\ v \end{matrix}\right\} = \begin{bmatrix} \varepsilon_x^0 & 0 \\ \gamma_{xy}^0 & \varepsilon_y^0 \end{bmatrix} \left\{\begin{matrix} \Delta x \\ \Delta y \end{matrix}\right\} \tag{6.19}$$

相对位移边界条件可从其导出。假设沿 x、y 两个方向的平移量分别为 $2a$、$2b$，单胞的两对边界之间的距离也就分别为 $2a$、$2b$。由 x 方向平移对称性相联系着的两对边，从左边平移至右边的平移矢量为

$$\left\{\begin{matrix} \Delta x \\ \Delta y \end{matrix}\right\} = \left\{\begin{matrix} 2a \\ 0 \end{matrix}\right\} \tag{6.20}$$

因此，这一对边上的相对位移边界条件可从式(6.19)得出为

$$
\begin{aligned}
u|_{(a,y)} - u|_{(-a,y)} &= 2\varepsilon_x^0 a \\
v|_{(a,y)} - v|_{(-a,y)} &= 2\gamma_{xy}^0 a
\end{aligned}
\tag{6.21}
$$

类似地，另一对边之间的平移矢量为

$$\left\{\begin{matrix} \Delta x \\ \Delta y \end{matrix}\right\} = \left\{\begin{matrix} 0 \\ 2b \end{matrix}\right\} \tag{6.22}$$

而相对位移边界条件则为

$$
\begin{aligned}
u|_{(x,b)} - u|_{(x,-b)} &= 0 \\
v|_{(x,b)} - v|_{(x,-b)} &= 2\varepsilon_y^0 b
\end{aligned}
\tag{6.23}
$$

上述相对位移边界条件适用于图 6.2 中的任一个，无论边是直的还是曲的，因为导出这些边界条件的根据是相应的平移对称性，这些平移对称性与边是直的还是曲的无关。

为了能够正确施加上述相对位移边界条件，相对的边上的节点配置应该完全相同，这是一个需要在网格划分时便纳入考虑的重要因素，最有效的实施方法是

首先在其中的一条边上把节点配置妥当，然后把这已经配置了节点的边复制到对边；如法处理另一对边。然后，再在边界上给定了节点的条件下，生成单胞域内的网格。上述的相对位移边界条件可以按序逐对节点施加，也可以在节点集之间，即先将对应边上的节点，按边分别置于两个集中，边界条件则以集对集的形式给出。不过，如果采用集的形式，用户必须保证在相应的两集内，节点的排列顺序是一致的。有时，貌似的一致可能并不能保证真正的一致，不妨以 Abaqus/Standard 作为求解器的情形为例，在一节点集内，无论节点号怎样排序，输入计算机后，在计算机内部将按递增顺序重新排列，这是默认排序，除非默认排序被人为干预。要人为干预排序，在 Abaqus/Standard 中可以这样来实现，定义节点集的指令中有一选择参数，叫"unsorted"，其可抑制默认排序，这一选择，对于正确地施加相对位移边界条件非常重要。应该有不少的单胞用户，他们放弃正确的选择，是因为未能运用这一不起眼的雕虫小技，而在单胞正确地实施的过程中，此类不起眼的小动作还多着呢。

单胞的任一角都分别位于两相邻边之上，因此都会同时被涵盖于上述的式(6.21)和式(6.23)之中，譬如，角$(-a,-b)$和角$(a,-b)$由式(6.21)联系着，角$(-a,b)$和角(a,b)亦然，而角$(-a,-b)$和角$(-a,b)$又由式(6.23)联系着，这就间接地建立了角$(a,-b)$与角(a,b)之间的联系，当相对位移边界条件(6.23)被加在角$(a,-b)$与角(a,b)之间时，就会出现两个角之间有两组来历不同的边界条件，数学上这是不允许的，除非此两组条件完全重复。幸好，这两组条件还的确完全重复，因为它们都出自相同的基本考虑，因此，其中的一组便是赘余的，这就不造成数学上的冲突了。然而，实施则是另一码事，有的求解器可以容忍这类赘余的边界条件，如采用显式算法的 Abaqus/Explicit。大部分求解器，如 Abaqus/Standard，不允许此类赘余边界条件，如不剔除，运行时会报错并终止分析，因此，必须剔除。目前，还没有任何一商用有限元软件具备自动剔除赘余约束的功能，用户必须自行人工处理。当然，如果能避免它们，那应当是明智之举。为实现此目的，把角从每条边中刨除，边界条件(6.21)和(6.23)仅加在这些不包含角的边上，这显然不是因为那些边界条件对角不适用，而是为了避免与角相关的赘余边界条件。在这些角上，边界条件另列，剔除赘余的条件之后，再加在这些角点上。同样的考虑，在本书后述的所有部分，都会如法炮制。

具体地说，从导致本单胞的两个平移对称性的角度看，角$(a,-b)$和角$(-a,b)$是角$(-a,-b)$分别在这两个对称变换下的象，而角(a,b)也是角$(-a,-b)$的象，相应的对称变换则是上述两个平移对称变换的组合。这样的话，在四个角点，由上述三个对称变换相联系，数学表达出来就得出了如下三组没有赘余的边界条件：

$$u|_{(a,-b)} - u|_{(-a,-b)} = 2\varepsilon_x^0 a$$
$$v|_{(a,-b)} - v|_{(-a,-b)} = 2\gamma_{xy}^0 a$$
相应的平移为　$\begin{Bmatrix} \Delta x \\ \Delta y \end{Bmatrix} = \begin{Bmatrix} 2a \\ 0 \end{Bmatrix}$　　(6.24a)

$$u|_{(-a,b)} - u|_{(-a,-b)} = 0$$
$$v|_{(-a,b)} - v|_{(-a,-b)} = 2\varepsilon_y^0 b$$
相应的平移为　$\begin{Bmatrix} \Delta x \\ \Delta y \end{Bmatrix} = \begin{Bmatrix} 0 \\ 2b \end{Bmatrix}$　　(6.24b)

$$u|_{(a,b)} - u|_{(-a,-b)} = 2\varepsilon_x^0 a$$
$$v|_{(a,b)} - v|_{(-a,-b)} = 2\gamma_{xy}^0 a + 2\varepsilon_y^0 b$$
相应的平移为　$\begin{Bmatrix} \Delta x \\ \Delta y \end{Bmatrix} = \begin{Bmatrix} 2a \\ 0 \end{Bmatrix} + \begin{Bmatrix} 0 \\ 2b \end{Bmatrix}$　　(6.24c)

上述角点上的相对位移边界条件也同样适用于图 6.2 中的任一个，无论边是直的还是曲的。

方程(6.24)中的三组相对位移边界条件是单胞的四个角点的位移之间，由上述三个对称变换而来的关系的一个充分的描述。但是，如上所得的组合形式并不唯一，很容易从同样充分而形式不同的组合得出貌似不同的边界条件，当然，如果推导正确，它们的作用应该是完全等价的。然而，之所以选择由式(6.24)所给出的组合，是出于如下的两个基本考虑，可作为推导角点上相对位移边界条件的推荐方法。

第一个考虑是这些边界条件的独立性。由式(6.24)给出的这些边界条件的确是相互独立的，即其中的哪一个条件都不可能由其他的条件得出，而用其他任何形式得到的关于单胞角点的相对位移边界条件，则都可以由式(6.24)中的条件的线性组合而得出，即不再独立。在现在这个简单的单胞中，不难看出，如果选择任一角点作为平移对称变换的原，那么其余的三个角点可以通过该问题所具有的平移对称性得出，作为变换的原在相应的对称变换下的象。一般地，假设由通过现有的平移对称变换相联系着的一组角点有 N 个，那么，这些对称性可以在这些角点中提供 $N{-}1$ 组独立的相对位移边界条件，这对本章中所有单胞中的每一组角点都适用。当然，后面会看到，稍复杂一点的单胞中可能有多于一组的这样的角点，它们之间相互独立，不能由平移对称性相联系，因此，正确处理这些角点，首先需要分清一单胞的所有角点中，有几组独立的。在本小节中讨论的二维单胞中，无论是如图 6.2(a)所示的矩形单胞，还是如图 6.2(b)所示的曲边的二维单胞，所有的角点都在同一组。角点分组的根据是问题中所存在的平移对称性，即可以通过对称性相联系着的都属同一组。如前已述，角点之间的相对位移边界条件的选择并不唯一，数学意义上，是把一组角点中的一角点与该组中的其他角点联系起来，还是把一组角点中一部分(多个)与另一部分联系起来，这之间没有差别，只要能保证这些关系的充分性并且没有任何赘余条件(即必要性)即可。不过，相对来说，前一种做法系统性更强，自然保证从各角点得出的条件的独立性，而又不遗漏任何独立条件，因而本书推荐采纳；而后一种方法中各条件间的独立性还需要经一定的逻辑分析才能确定，有点自寻烦恼。

第二个重要的考虑与边界条件在有限元模型中的实施有关，在角点上强加相对位移边界条件时，必须遵循所采用的求解器的规则，例如，在 Abaqus/Standard 中，涉及多个自由度并以线性方程形式给出的边界条件，其定义有一固定的输入模式，首先，方程需要通过适当的移项，使其右端项为 0，这样，用户仅需定义左端的各项。如 5.3.4 节中提及的，在 Abaqus/Standard 中任一边界条件的施加，是通过消去一个自由度的方式来实现的，对于上述涉及多个自由度的方程约束来说，与出现在方程左端的第一项相应的自由度会按约定被消除。角点上的相对位移边界条件的特征之一是，有的自由度会多次出现在不同的约束条件中，如在式(6.24)中，角点(-a,-b)上的位移在每个方程中出现，用户必须保证，这样的自由度不会在所有条件中作为第一项而出现多于一次；否则，运行将因报错而中断，因为该自由度在第一次出现于一约束条件时已被消除，当它第二次出现时，照例，要消除该自由度，但届时，该自由度已被消除，不复存在，软件将因找不着所需约束的自由度而报错，而且这还是一个 Abaqus/Standard 不能宽容的错误，故只能中断运行。因此，正确的做法是确保每组角点的相对位移边界条件中，任何一个自由度在所有的约束条件中作为第一项，至多只出现一次，甚至是不出现，而作为第一项之外的项，则可出现任意多次无妨，如在式(6.24)中的节点(-a,-b)上的自由度所示。

上述两个考虑的综合，得到如下本书推荐实施方法，也是本书自始至终遵循的方法：在每组相关的角点中，一角点为平移对称变换的原，其他都是象，在定义相对位移边界条件时，把象上的位移置于方程的第一项，这样就自然地保证了不会出现上述运行错误。当然，再次说明，这样做仅仅是出于实施考虑，数学含义完全没有差别。这也说明了建立正确的单胞的要求之苛刻，数学正确还不够，不难想见，在达到数学正确性之后，因实施原因而功亏一篑的情景。这又是一不起眼的雕虫小技。

对于如本小节中所建立的单胞模型，除了上述的在边上和角点上的相对位移边界条件之外，还必须确保所有刚体运动都被适当地约束了。作为一个二维问题，刚体运动包括面内的两个沿正交方向的平动及一个面内的转动。相对位移边界条件的引进，按 6.2 节中所陈述的，已经约束了单胞在平面内的刚体转动，剩下的两个刚体平动可以通过约束任一尚未被约束过的节点，不妨选择在式(6.24)中一直位于方程的第二项的角点(-a,-b)，即其他角点在对称变换中的原，式(6.24)对其没有约束，因此，可以被用来约束单胞的刚体平动，即

$$u\big|_{(-a,-b)} = v\big|_{(-a,-b)} = 0 \tag{6.25}$$

在用单胞分析多孔材料时，有时选择的单胞，其角点位于材料中的孔洞处，

这样，上述关于角点的烦恼自然消失，没有赘余边界条件的出现，当然，此时约束刚体平动不能是约束角点，未被约束过的任一节点都堪当此任。

一新建的单胞，在初始的试运行阶段，客观地说，因为可能出错的机会太多，首功告成的机会十分小。因为种种可能出现的错误，在约束刚体平动的节点处可能出现很高的应力集中，但这未必是在该节点上的约束的问题。用户很容易被直觉所误导，而把该约束挪至其他节点，特别是在三维单胞中，约束体内一节点便可隐匿错误，使不真实的应力集中在单胞表面上观察不到。这将是一个十分不可取的做法，隐匿错误与改正错误是两种完全不同的态度。事实上，越是容易暴露错误的地方，越要尽可能保留，这样才能越有效地排除那些错误。作为已有 40 多年有限元理论、应用和编程经验的著者的亲身经历，一个新建的单胞中存在数十处的错误，这一点都不夸张，这些错误需要被一一排除，而不是藏着掖着。本章后续的 6.9 节中要描述的"神志测验"在这方面大有帮助。

作为长方形单胞的特殊情况的正方形单胞，其最常见的应用是用来支持无论是现实的还是理想化了的纤维呈正方形排列的单向纤维增强的复合材料的微观力学分析，假设纤维截面形状为圆形，容易得出，在此排列下，纤维的体积含量最高可达 78.54%，当然，这是理想极限，现实中不能达到。读者们还请注意，纤维呈正方形排列的单向纤维复合材料的等效特性在高尺度上不是横观各向同性的(Li, 2001)，因此，它不适用于作为一个横观各向同性材料的理想化的纤维排列。如果横观各向同性的特征对所关心的问题的确不重要，那么，正方形单胞不失为一可以用来表征单向纤维增强复合材料的最简单的一个单胞。

然而，上述的二维单胞尚不足以完全表征单向纤维复合材料，尤其是其横截面外的特性。为了能够使用二维单胞，充分表征单向纤维复合材料，鉴于现有的有限元软件的限制，如 Abaqus，必须按 6.4.1.1 节中所描述的，把问题分解成两部分：一个广义平面应变问题和一个面外剪切问题。广义平面应变单元除了面内的自由度之外，还通过一参考节点提供一个网格中所有单元所共享的面外位移自由度，不妨记作 w_0，通过它，可以给整个单胞引入一个面外的正应变 ε_z^0。它与前述的面外位移有如下关系：

$$w_0 = t\varepsilon_z^0 \tag{6.26}$$

其中，t 是所分析物体(即单胞)在面外方向的厚度。这样，此广义平面应变问题便已涵盖了 6 个应力或应变分量中的 4 个，还剩 2 个面外的剪切分量，得由另一个问题，通过热传导比拟来求解。

从二维问题到上述的广义平面应变问题，差别仅在于选择广义平面应变单元，除了式(6.26)之外，不增加新的边界条件，上述的边上、角上的相对位移边界条件，以及对刚体位移的约束，都仍然适用。

在单胞的面外剪切问题中，控制方程是一拉普拉斯方程，在单胞的边上(不含角)，相对位移边界条件为

$$w|_{(a,y)} - w|_{(-a,y)} = 2a\gamma_{xz}^0 \quad \text{相应的平移为} \quad \begin{Bmatrix} \Delta x \\ \Delta y \end{Bmatrix} = \begin{Bmatrix} 2a \\ 0 \end{Bmatrix} \quad (6.27a)$$

$$w|_{(x,b)} - w|_{(x,-b)} = 2b\gamma_{yz}^0 \quad \text{相应的平移为} \quad \begin{Bmatrix} \Delta x \\ \Delta y \end{Bmatrix} = \begin{Bmatrix} 0 \\ 2b \end{Bmatrix} \quad (6.27b)$$

角点上的相对位移边界条件为

$$w|_{(a,-b)} - w|_{(-a,-b)} = 2a\gamma_{xz}^0 \qquad \text{相应的平移为} \quad \begin{Bmatrix} \Delta x \\ \Delta y \end{Bmatrix} = \begin{Bmatrix} 2a \\ 0 \end{Bmatrix} \quad (6.28a)$$

$$w|_{(-a,b)} - w|_{(-a,-b)} = 2b\gamma_{yz}^0 \qquad \text{相应的平移为} \quad \begin{Bmatrix} \Delta x \\ \Delta y \end{Bmatrix} = \begin{Bmatrix} 0 \\ 2b \end{Bmatrix} \quad (6.28b)$$

$$w|_{(a,b)} - w|_{(-a,-b)} = 2a\gamma_{xz}^0 + 2b\gamma_{yz}^0 \quad \text{相应的平移为} \quad \begin{Bmatrix} \Delta x \\ \Delta y \end{Bmatrix} = \begin{Bmatrix} 2a \\ 0 \end{Bmatrix} + \begin{Bmatrix} 0 \\ 2b \end{Bmatrix} \quad (6.28c)$$

其中，w 是面外位移场变量，但仅是面内坐标的函数，其与广义平面应变问题中引入的 w_0 是完全不同的两码事。采用热传导比拟，w 就是温度场 T，而 γ_{xz}^0 和 γ_{yz}^0 则分别为温度梯度场在 x 和 y 方向的分量，即 T_x 和 T_y。

同样地，刚体运动必须被约束。在本问题中，可能的刚体运动仅有面外的平动，不失一般性，可以约束唯一尚未被约束过的角点，即

$$w|_{(-a,-b)} = 0 \tag{6.29}$$

现在可以来解释为什么在方程(6.12)中，系数矩阵采用其下三角形式而不是如作者在其原先的文章中那样，采用上三角(Li, 1999, 2001; Li and Wongsto, 2004)，两者在数学上的等价性已在 6.2 节中充分论述，物理差别仅在于一些刚体转动。如果采用上三角，因为 x-y 平面为问题定义所在的平面，作为参考平面而固定不动，那么，两个面外剪应变就只能表现为垂直于 x-y 平面的纤维相对于 x-y 平面的转动了，这样也就没有面外位移了，就会使得该面外剪切问题及其相应的热传导比拟都没那么直观。数学上等价的相对位移梯度场的下三角表示，轻而易举地改变了如上所述的不便。

无论是数学上还是工程上，如果能够把三维问题降至二维，那都是何乐而不为之举，然而，限于现有商用有限元软件中的所谓的广义平面应变单元还不够广义的现状，如果希望避免上述分成两部分来分析，而且还需要求助热传导的不便，目前唯一可行的途径是退回到原来的三维问题，用三维实体单元来模拟，以单向纤维复合材料为例，一个带有有限元网格的具有均匀厚度的正方形单胞如图 6.3

所示(Li et al., 2015; Li, 2014)。用网格示意的目的之一是要说明，在厚度方向，仅需一层单元，原因之前已经陈述，是因为应力、应变场沿此方向没有变化，而如果在结果中发现应力、应变场沿此方向的任何的变化，那只说明模型有误，而错误则十之八九与边界条件有关。因为只有一层单元，如果采用一次单元，即单元的边上没有中间节点，为避免赘余边界条件，把面与面相交之棱和棱与棱相交之顶点刨除于面，那么，平行于 z 轴的四个面将都不含任何节点，当然，这并不意味着在这些面上的相对位移边界条件不重要，因为所有的棱与顶上的相对位移边界条件都得从它们导出。如果采用二次单元，面上的节点将不可避免，这并不给问题带来本质的差别，只是处理时多些手脚而已。

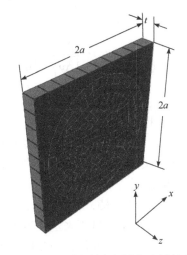

图 6.3　适用于纤维被理想化成正方形排列的单向纤维复合材料微观分析这一个二维问题的三维单胞及其有限元网格示意

这里顺便给对有限元理论知识不足的读者补充一点常识，几乎所有商用有限元软件的默认单元类型都是一次的，但是，在多数情况下，二次单元的精度要高得多，譬如，对一正方形区域，采用 4×4 个二次单元，效果要比 8×8 个一次单元计算量低但精度更高，因此网格收敛要明显地快，推荐读者努力熟悉之，并充分发挥其优势，但需要尽量避免的是在任何单元的中间节点加集中载荷的情形，这总可以通过适当地调整网格，把集中载荷加在单元的角点上。采用降阶积分(reduced integration)通常也是一个减少计算量反而提高计算精度的选择，这些都是在选择单元类型时需要的一些基本知识，默认选择是最容易的选择，也可能是最通用的选择，但通常不是对所面临的问题的最佳选择，最佳选择常常因问题不同而异，这也是有限元法不可能完全成为"黑匣子"的原因之一。

上述单胞的一套完整的相对位移边界条件给出如下。关于三对表面(面的定义见位移下标标注)

$$u|_{(a,y,z)} - u|_{(-a,y,z)} = 2\varepsilon_x^0 a$$
$$v|_{(a,y,z)} - v|_{(-a,y,z)} = 2\gamma_{xy}^0 a \qquad \text{相应的平移为} \qquad \left\{\begin{matrix} \Delta x \\ \Delta y \\ \Delta z \end{matrix}\right\} = \left\{\begin{matrix} 2a \\ 0 \\ 0 \end{matrix}\right\} \qquad (6.30a)$$
$$w|_{(a,y,z)} - w|_{(-a,y,z)} = 2\gamma_{xz}^0 a$$

$$u|_{(x,a,z)} - u|_{(x,-a,z)} = 0$$
$$v|_{(x,a,z)} - v|_{(x,-a,z)} = 2\varepsilon_y^0 a \qquad \text{相应的平移为} \qquad \left\{\begin{matrix} \Delta x \\ \Delta y \\ \Delta z \end{matrix}\right\} = \left\{\begin{matrix} 0 \\ 2a \\ 0 \end{matrix}\right\} \qquad (6.30b)$$
$$w|_{(x,a,z)} - w|_{(x,-a,z)} = 2\gamma_{yz}^0 a$$

$$u|_{(x,y,t)} - u|_{(x,y,0)} = 0$$
$$v|_{(x,y,t)} - v|_{(x,y,0)} = 0 \qquad \text{相应的平移为} \qquad \left\{\begin{matrix} \Delta x \\ \Delta y \\ \Delta z \end{matrix}\right\} = \left\{\begin{matrix} 0 \\ 0 \\ t \end{matrix}\right\} \qquad (6.30c)$$
$$w|_{(x,y,t)} - w|_{(x,y,0)} = \varepsilon_z^0 t$$

如果把上述条件强加于面上的所有节点，在棱上和顶上必然导致赘余的边界条件，为了剔除这类赘余条件，在定义面时，刨除棱上的节点，而在定义棱时，刨除两端的顶点，由式(6.30)定义的相对位移边界条件，仅加于如上定义的面，而棱与顶上的边界条件另行给出如下。

此单胞为一正六面体，其有 12 条棱，4 条一组，每组分别平行于一坐标轴。每组棱中，任意 3 条都可以由第 4 条通过用来定义该单胞的问题中固有的平移对称性及其组合而得到，把该第 4 条棱上的位移与其他 3 条棱上的位移以相对位移的形式给出，便得到了这组棱上的相对位移边界条件，其充分性和独立性(或说必要性)与前述关于二维单胞的角点时的论述相仿，因此，不含任何赘余条件。这样，那些平行于 x 轴的棱上的相对位移边界条件可得为

$$u|_{(x,a,0)} - u|_{(x,-a,0)} = 0$$
$$v|_{(x,a,0)} - v|_{(x,-a,0)} = 2a\varepsilon_y^0 \qquad \text{相应的平移为} \qquad \left\{\begin{matrix} \Delta x \\ \Delta y \\ \Delta z \end{matrix}\right\} = \left\{\begin{matrix} 0 \\ 2a \\ 0 \end{matrix}\right\} \qquad (6.31a)$$
$$w|_{(x,a,0)} - w|_{(x,-a,0)} = 2a\gamma_{yz}^0$$

$$u|_{(x,a,t)} - u|_{(x,-a,0)} = 0$$
$$v|_{(x,a,t)} - v|_{(x,-a,0)} = 2a\varepsilon_y^0 \qquad \text{相应的平移为} \qquad \left\{\begin{matrix} \Delta x \\ \Delta y \\ \Delta z \end{matrix}\right\} = \left\{\begin{matrix} 0 \\ 2a \\ 0 \end{matrix}\right\} + \left\{\begin{matrix} 0 \\ 0 \\ t \end{matrix}\right\} \qquad (6.31b)$$
$$w|_{(x,a,t)} - w|_{(x,-a,0)} = 2a\gamma_{yz}^0 + t\varepsilon_z^0$$

$$u|_{(x,-a,t)} - u|_{(x,-a,0)} = 0$$
$$v|_{(x,-a,t)} - v|_{(x,-a,0)} = 0 \qquad \text{相应的平移为} \qquad \begin{Bmatrix} \Delta x \\ \Delta y \\ \Delta z \end{Bmatrix} = \begin{Bmatrix} 0 \\ 0 \\ t \end{Bmatrix} \qquad (6.31c)$$
$$w|_{(x,-a,t)} - w|_{(x,-a,0)} = t\varepsilon_z^0$$

平行于 y 轴的棱：

$$u|_{(a,y,0)} - u|_{(-a,y,0)} = 2a\varepsilon_x^0$$
$$v|_{(a,y,0)} - v|_{(-a,y,0)} = 2a\gamma_{xy}^0 \qquad \text{相应的平移为} \qquad \begin{Bmatrix} \Delta x \\ \Delta y \\ \Delta z \end{Bmatrix} = \begin{Bmatrix} 2a \\ 0 \\ 0 \end{Bmatrix} \qquad (6.32a)$$
$$w|_{(a,y,0)} - w|_{(-a,y,0)} = 2a\gamma_{xz}^0 + t\varepsilon_z^0$$

$$u|_{(a,y,t)} - u|_{(-a,y,0)} = 2a\varepsilon_x^0$$
$$v|_{(a,y,t)} - v|_{(-a,y,0)} = 2a\gamma_{xy}^0 \qquad \text{相应的平移为} \qquad \begin{Bmatrix} \Delta x \\ \Delta y \\ \Delta z \end{Bmatrix} = \begin{Bmatrix} 2a \\ 0 \\ 0 \end{Bmatrix} + \begin{Bmatrix} 0 \\ 0 \\ t \end{Bmatrix} \qquad (6.32b)$$
$$w|_{(a,y,t)} - w|_{(-a,y,0)} = 2a\gamma_{xz}^0 + t\varepsilon_z^0$$

$$u|_{(-a,y,t)} - u|_{(-a,y,0)} = 0$$
$$v|_{(-a,y,t)} - v|_{(-a,y,0)} = 0 \qquad \text{相应的平移为} \qquad \begin{Bmatrix} \Delta x \\ \Delta y \\ \Delta z \end{Bmatrix} = \begin{Bmatrix} 0 \\ 0 \\ t \end{Bmatrix} \qquad (6.32c)$$
$$w|_{(-a,y,t)} - w|_{(-a,y,0)} = t\varepsilon_z^0$$

平行于 z 轴的棱：

$$u|_{(a,-a,z)} - u|_{(-a,-a,z)} = 2a\varepsilon_x^0$$
$$v|_{(a,-a,z)} - v|_{(-a,-a,z)} = 2a\gamma_{xy}^0 \qquad \text{相应的平移为} \qquad \begin{Bmatrix} \Delta x \\ \Delta y \\ \Delta z \end{Bmatrix} = \begin{Bmatrix} 2a \\ 0 \\ 0 \end{Bmatrix} \qquad (6.33a)$$
$$w|_{(a,-a,z)} - w|_{(-a,-a,z)} = 2a\gamma_{xz}^0$$

$$u|_{(a,a,z)} - u|_{(-a,-a,z)} = 2a\varepsilon_x^0$$
$$v|_{(a,a,z)} - v|_{(-a,-a,z)} = 2a\gamma_{xy}^0 + 2a\varepsilon_y^0 \qquad \text{相应的平移为} \qquad \begin{Bmatrix} \Delta x \\ \Delta y \\ \Delta z \end{Bmatrix} = \begin{Bmatrix} 2a \\ 0 \\ 0 \end{Bmatrix} + \begin{Bmatrix} 0 \\ 2a \\ 0 \end{Bmatrix} \qquad (6.33b)$$
$$w|_{(a,a,z)} - w|_{(-a,-a,z)} = 2a\gamma_{xz}^0 + 2a\gamma_{yz}^0$$

$$u|_{(-a,a,z)} - u|_{(-a,-a,z)} = 0$$
$$v|_{(-a,a,z)} - v|_{(-a,-a,z)} = 2a\varepsilon_y^0 \qquad \text{相应的平移为} \qquad \begin{Bmatrix} \Delta x \\ \Delta y \\ \Delta z \end{Bmatrix} = \begin{Bmatrix} 0 \\ 2a \\ 0 \end{Bmatrix} \qquad (6.33c)$$
$$w|_{(-a,a,z)} - w|_{(-a,-a,z)} = 2a\gamma_{yz}^0$$

注意到，对于每组 4 条的棱，都只有 3 套边界条件，这意味着其中 3 条棱相对于第 4 条棱被约束，而第 4 条棱本身不受约束，这与前述考虑的二维单胞的角相同，而在本章后续的其他单胞中，考虑也尽相同。

平面单胞的相对位移边界条件的推导，在处理了与上述边对应的角之后便告完成，但当引进了第三个维度后，问题中又增加了对 8 个顶点的考虑。这 8 个顶点可合成一组，即由其中任意一个，可以通过本单胞所代表的材料在低尺度上具有的平移对称性及其它们的不同的组合，复制出其他 7 个顶点，这 7 个平移对称变换给出了如下 7 组关于顶点的相对位移边界条件：

$$
\left.u\right|_{(a,-a,0)} - \left.u\right|_{(-a,-a,0)} = 2a\varepsilon_x^0
$$
$$
\left.v\right|_{(a,-a,0)} - \left.v\right|_{(-a,-a,0)} = 2a\gamma_{xy}^0 \qquad \text{相应的平移为} \quad \begin{Bmatrix} \Delta x \\ \Delta y \\ \Delta z \end{Bmatrix} = \begin{Bmatrix} 2a \\ 0 \\ 0 \end{Bmatrix} \qquad (6.34\mathrm{a})
$$
$$
\left.w\right|_{(a,-a,0)} - \left.w\right|_{(-a,-a,0)} = 2a\gamma_{xz}^0
$$

$$
\left.u\right|_{(a,a,0)} - \left.u\right|_{(-a,-a,0)} = 2a\varepsilon_x^0
$$
$$
\left.v\right|_{(a,a,0)} - \left.v\right|_{(-a,-a,0)} = 2a\gamma_{xy}^0 + 2a\varepsilon_y^0 \qquad \text{相应的平移为} \quad \begin{Bmatrix} \Delta x \\ \Delta y \\ \Delta z \end{Bmatrix} = \begin{Bmatrix} 2a \\ 2a \\ 0 \end{Bmatrix} \qquad (6.34\mathrm{b})
$$
$$
\left.w\right|_{(a,a,0)} - \left.w\right|_{(-a,-a,0)} = 2a\gamma_{xz}^0 + 2a\gamma_{yz}^0
$$

$$
\left.u\right|_{(-a,a,0)} - \left.u\right|_{(-a,-a,0)} = 0
$$
$$
\left.v\right|_{(-a,a,0)} - \left.v\right|_{(-a,-a,0)} = 2a\varepsilon_y^0 \qquad \text{相应的平移为} \quad \begin{Bmatrix} \Delta x \\ \Delta y \\ \Delta z \end{Bmatrix} = \begin{Bmatrix} 0 \\ 2a \\ 0 \end{Bmatrix} \qquad (6.34\mathrm{c})
$$
$$
\left.w\right|_{(-a,a,0)} - \left.w\right|_{(-a,-a,0)} = 2a\gamma_{yz}^0
$$

$$
\left.u\right|_{(-a,-a,t)} - \left.u\right|_{(-a,-a,0)} = 0
$$
$$
\left.v\right|_{(-a,-a,t)} - \left.v\right|_{(-a,-a,0)} = 0 \qquad \text{相应的平移为} \quad \begin{Bmatrix} \Delta x \\ \Delta y \\ \Delta z \end{Bmatrix} = \begin{Bmatrix} 0 \\ 0 \\ t \end{Bmatrix} \qquad (6.34\mathrm{d})
$$
$$
\left.w\right|_{(-a,-a,t)} - \left.w\right|_{(-a,-a,0)} = t\varepsilon_z^0
$$

$$
\left.u\right|_{(a,-a,t)} - \left.u\right|_{(-a,-a,0)} = 2a\varepsilon_x^0
$$
$$
\left.v\right|_{(a,-a,t)} - \left.v\right|_{(-a,-a,0)} = 2a\gamma_{xy}^0 \qquad \text{相应的平移为} \quad \begin{Bmatrix} \Delta x \\ \Delta y \\ \Delta z \end{Bmatrix} = \begin{Bmatrix} 2a \\ 0 \\ t \end{Bmatrix} \qquad (6.34\mathrm{e})
$$
$$
\left.w\right|_{(a,-a,t)} - \left.w\right|_{(-a,-a,0)} = 2a\gamma_{xz}^0 + t\varepsilon_z^0
$$

$$
\left.u\right|_{(a,a,t)} - \left.u\right|_{(-a,-a,0)} = 2a\varepsilon_x^0
$$
$$
\left.v\right|_{(a,a,t)} - \left.v\right|_{(-a,-a,0)} = 2a\gamma_{xy}^0 + 2a\varepsilon_y^0 \qquad \text{相应的平移为} \quad \begin{Bmatrix} \Delta x \\ \Delta y \\ \Delta z \end{Bmatrix} = \begin{Bmatrix} 2a \\ 2a \\ t \end{Bmatrix} \qquad (6.34\mathrm{f})
$$
$$
\left.w\right|_{(a,a,t)} - \left.w\right|_{(-a,-a,0)} = 2a\gamma_{xz}^0 + 2a\gamma_{yz}^0 + t\varepsilon_z^0
$$

$$
\left.u\right|_{(-a,a,t)} - \left.u\right|_{(-a,-a,0)} = 0
$$
$$
\left.v\right|_{(-a,a,t)} - \left.v\right|_{(-a,-a,0)} = 2a\varepsilon_y^0 \qquad \text{相应的平移为} \quad \begin{Bmatrix} \Delta x \\ \Delta y \\ \Delta z \end{Bmatrix} = \begin{Bmatrix} 0 \\ 2a \\ t \end{Bmatrix} \qquad (6.34\mathrm{g})
$$
$$
\left.w\right|_{(-a,a,t)} - \left.w\right|_{(-a,-a,0)} = 2a\gamma_{yz}^0 + t\varepsilon_z^0
$$

如前所述，相对位移场(6.12)的形式，已经约束了单胞的刚体转动，剩下三个刚体平动可通过约束一个未受任何约束的节点来实现，不失一般性，不妨选取 8 个顶点中未受约束的顶点，即

$$u|_{(-a,-a,0)} = v|_{(-a,-a,0)} = w|_{(-a,-a,0)} = 0 \tag{6.35}$$

显然，剔除赘余边界条件的方式并不唯一，所得的边界条件的外观也不尽相同，加之先前曾指出过的建立单胞时存在的缺乏唯一性的种种考虑，单胞的长相可以不同，边界条件的形式也可以有别，但是，只要建立单胞的方法是逻辑的、系统的，最终所得出的在低尺度上的应力场、应变场都应该是完全相同的，而可能引起的混淆也可以被控制在最低的程度。这也是为什么本书自始至终地强调方法的逻辑性和系统性的原因所在。

6.4.1.3　由沿两个非正交方向的平移对称性导出的二维单胞

当一个在低尺度上二维构形呈现沿两个任意的非正交的方向的平移对称性时，可以得到一个如图 6.4 所示的平行四边形二维单胞(Li et al., 2009)，其边长分别对应于那两个方向的平移对称性中的平移量，该平行四边形的边分别沿相应的平移对称性的方向。当然，该单胞的边也可以是曲线的，只要两两之间满足平移对称性即可，除了边界上节点的坐标会因此而异之外，没有其他差别，这与 6.4.1.2 节的论述完全相同，恕不累叙。

与前一单胞不同的是，因为平移的方向不同于坐标轴的方向，在对应的边上相对应的两个节点之间，节点的坐标之间的关系不再是那么直接，而会更复杂一点。以图 6.4 中的平行四边形单胞为例，相对应的节点的坐标之间的关系可得如下：

$$\begin{aligned} x' &= x + ma\cos\alpha + nb\cos\beta \\ y' &= y + ma\sin\alpha + nb\sin\beta \end{aligned} \tag{6.36}$$

其中，a 和 b 为两邻边的边长，也是平移位移对称性的平移量，α 和 β 为两邻边分别与 x 轴的夹角(方向如图 6.4 所示)，m 和 n 分别为两方向平移量的倍数。当 $m=1$、$n=0$ 时，式(6.36)给出与 x 轴夹 α 角的两条边上相应的点的坐标之间的关系；当 $m=0$、$n=1$ 时，则是与 x 轴夹 β 角的两条边上相应的点的坐标之间的关系。

其实，实际操作时，坐标之间的显式关系并非总有必要，在有限元实施时，这种对应关系通过对应边之间同样的节点配置得以保证，因此，以后在本书中，尤其是形状较复杂的单胞，节点的坐标就未必作为下标显式给出了，代之以数码或符号来标明单胞边界的不同部分，如 $u|_A$ 表示边 A 上 x 方向的位移。

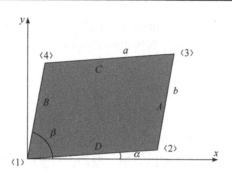

图 6.4　由沿两个任意的非正交的方向的平移对称性所导出的平行四边形二维单胞

这样，单胞的边上(不包括角)的相对位移边界条件为

$$\left. u \right|_A - \left. u \right|_B = \varepsilon_x^0 a \cos\alpha$$

$$\left. v \right|_A - \left. v \right|_B = \gamma_{xy}^0 a \cos\alpha + \varepsilon_y^0 a \sin\alpha$$

相应的平移为 $\quad \begin{Bmatrix} \Delta x \\ \Delta y \end{Bmatrix} = a \begin{Bmatrix} \cos\alpha \\ \sin\alpha \end{Bmatrix}$ (6.37a)

$$\left. u \right|_C - \left. u \right|_D = \varepsilon_x^0 b \cos\beta$$

$$\left. v \right|_C - \left. v \right|_D = \gamma_{xy}^0 b \cos\beta + \varepsilon_y^0 b \sin\beta$$

相应的平移为 $\quad \begin{Bmatrix} \Delta x \\ \Delta y \end{Bmatrix} = b \begin{Bmatrix} \cos\beta \\ \sin\beta \end{Bmatrix}$ (6.37b)

而角上的相对位移边界条件则为

$$\left. u \right|_{\langle 2 \rangle} - \left. u \right|_{\langle 1 \rangle} = \varepsilon_x^0 a \cos\alpha$$

$$\left. v \right|_{\langle 2 \rangle} - \left. v \right|_{\langle 1 \rangle} = \gamma_{xy}^0 a \cos\alpha + a \varepsilon_y^0 \sin\alpha$$

相应的平移为 $\quad \begin{Bmatrix} \Delta x \\ \Delta y \end{Bmatrix} = a \begin{Bmatrix} \cos\alpha \\ \sin\alpha \end{Bmatrix}$ (6.38a)

$$\left. u \right|_{\langle 3 \rangle} - \left. u \right|_{\langle 1 \rangle} = \varepsilon_x^0 \left(a \cos\alpha + b \cos\beta \right)$$

$$\left. v \right|_{\langle 3 \rangle} - \left. v \right|_{\langle 1 \rangle} = \gamma_{xy}^0 \left(a \cos\alpha + b \cos\beta \right) + \varepsilon_y^0 \left(a \sin\alpha + b \sin\beta \right)$$

相应的平移为 $\begin{Bmatrix} \Delta x \\ \Delta y \end{Bmatrix} = a \begin{Bmatrix} \cos\alpha \\ \sin\alpha \end{Bmatrix} + b \begin{Bmatrix} \cos\beta \\ \sin\beta \end{Bmatrix}$ (6.38b)

$$\left. u \right|_{\langle 4 \rangle} - \left. u \right|_{\langle 1 \rangle} = \varepsilon_x^0 b \cos\beta$$

$$\left. v \right|_{\langle 4 \rangle} - \left. v \right|_{\langle 1 \rangle} = \gamma_{xy}^0 b \cos\beta + \varepsilon_y^0 b \sin\beta$$

相应的平移为 $\quad \begin{Bmatrix} \Delta x \\ \Delta y \end{Bmatrix} = b \begin{Bmatrix} \cos\beta \\ \sin\beta \end{Bmatrix}$ (6.38c)

刚体平动则约束如下

$$\left. u \right|_{\langle 1 \rangle} = \left. v \right|_{\langle 1 \rangle} = 0 \tag{6.39}$$

与 6.4.1.2 节类似，可以引进第三个维度以模拟广义的二维问题，在面外方面，仅一层单元足矣。如果想把问题限制于二维空间，那也与前面的单胞一样，可以通过一个现有的广义平面应变问题和一个热传导比拟来实现，具体的考虑与操作都与 6.4.1.2 节相同，可以如法炮制。

6.4.1.4　使用多于两个的平移对称性导出的二维单胞

如图 6.5 所示的正六角形单胞(Li, 2001)、如图 6.6 所示的相应于有位错的构形的长方形单胞(Li et al., 2011)，还有如第 4 章图 4.1 所示的鱼鳞状构形，都有一个共同的特征，即使用了比两个更多的平移对称性，分别沿不同的方向，显然，这时不是每一平移对称性都是沿一坐标轴方向。在第 2 章中已陈述，在一平面内，至多只有两个平移对称性是独立的，而其他的可以由两个独立的组合而得。这样合成的平移对称性，在前述的二维单胞中推导角点的相对位移边界条件时已被使用，但是，那仅仅是角点而已，而在那里，边上的相对位移边界条件，有两个独立的平移对称性分别单独使用就足够了。上述列举的例子中的单胞，都有三对边，每对边相应着一个不同的平移对称性，尽管其中之一可以由另外两个的组合得出。如图 6.6 所示矩形，由于在任两个独立的平移对称性中，至少有一个不是沿坐标轴方向，而是与坐标轴有一个既不等于 0° 也不等于 90° 的夹角，上、下方相邻的胞元的角点，把上、下两边都分别一分为二，形成了共三对相应的边。在这种情况下，如何在相应的构形中划分形状相同的胞元，是建立一个恰当的单胞首先需要认真考虑的问题。如 6.4.1.2 节中建立的那个长方形单胞，正交排布是自然的选择，即便如此，仍然存在如图 6.2 那样的曲线边界，至少在单胞的形貌上，使问题在一定程度上复杂化，尽管几何图形的划分本身可以是一相当重要的数学分支，非本书可以涵盖，还是可以归纳出一些简单可循的规则，逐一陈述如下。

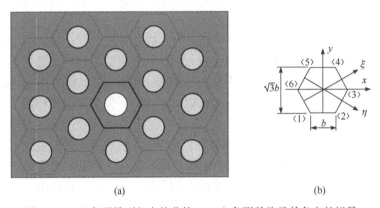

(a)　　　　　　　　　　(b)

图 6.5　(a)六角形排列与自然分块；(b)六角形单胞及其角点的标号

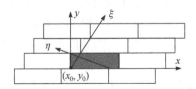

图 6.6　具有位错的构形及其相应的平移对称性的平移方向 x、ξ、η

(1) 如果在所要研究的构形中存在自然的划分，譬如像图 6.5(a)中那样圆形特征的有序排列，其可能是因为实际制造、应用的要求，或者是一定意义上的理想化的结果，用户可以自然地把平面划分成形状、大小完全相同的正六角块胞元，而其中任一胞元都可以作为一单胞。另一类例子如第 2 章中列举的鱼鳞状构形和图 6.6 中的位错构形，在此类问题中，划分是自然划分，用户的责任仅仅是识别构形中存在的平移对称性，尤其是那些联系单胞相对的边界的平移对称性，以及其中独立的那些平移对称性。这些相对来说比较直观，用户的直觉通常足够而不至于被误导。在图 6.5 的六角形构形中，沿 x、y、ξ、η 方向都具备平移对称性，然而，沿 x 方向的平移量是 $3b$，原与象不相邻，故与单胞边界没有任何关系。在剩下的三个平移对称性中，任意一个都可以表示成为其余两个的组合，即仅有两个是独立的。

(2) 在没有自然划分的情况下，Voronoi 划分可以是一个一般适用也相当有效的方法，其从构形中的特征出发，譬如以单向纤维复合材料的横截面为例，可以以纤维的中心为种子而生成 Voronoi 划分。虽然不无例外，但是至少有些单胞可以由 Voronoi 胞元而得，特别是在所得的 Voronoi 胞元都完全相同的情况下。图 6.5(a)中的划分其实就是 Voronoi 划分。

(3) 也可以先有系统地忽略一些种子后再生成 Voronoi 划分，譬如在如图 6.5(a)所示的六角形排列构形中，每隔一行纤维，略去一行纤维，那么所得的 Voronoi 胞元就可以是如第 5 章图 5.3 所示长方形 R_1，其显然可以用作单胞。当然，这样所得的单胞的尺寸会大一点。

(4) 在任何一个有序构形中，一旦该构形被划分成由完全相同的胞元组成的网格，那么相对于构形，将网格在任意方向作任意量的平移后，虽然胞元内的形貌会完全不同，但任一胞元仍然不失为一单胞，尽管对后续的在单胞内部的有限元网格的划分来说，它们各自的优劣可以大不相同，但边界条件相同，所代表的材料也相同。

(5) 同样，在所得的 Voronoi 划分中，改变胞元的边界线的形貌也不影响单胞的定义，只要其对边也按相应的平移对称性同时改变。因此，单胞的边不一定是直线，但话又说回来，除非特别的原因，如自然划分，也没有理由自寻烦恼地选择曲线。

(6) 在 Voronoi 划分的基础上，如果需要，用户还可以挪移角点的位置，只要做得有系统性并不与平移对称性相冲突。譬如，如第 5 章图 5.5(b)中的菱形单胞，可视作图 5.5(a)中的六角形单胞的左右两边的两个角点被挪至边之中点而重合、上下两角点分别外推的结果。

正因为如上诸多的可能性，导致了对于相同构形可以有形状不相同的单胞，可见，缺乏唯一性是单胞问题与生俱来的特征，认真的用户应该注视这些纷杂形貌背后的、万变不离其宗的基本原则，即支持单胞构建的平移对称性，而不是形貌本身。这样的话，纷杂的形貌只是问题的表象，而作为其基石的原理则如磐石之不移，且放之四海而皆准。

对用户来说，在现有的平移对称性中选择独立的那些，仍然是一个必须作的决定，然而，只要所选择的是独立的，所得到的边界条件的正确性不受影响，当然问题的数学、物理本质也不会受到任何影响，尽管推导的过程会有所不同，仅此而已。

下面先以如图 6.5 所示的正六角形单胞为例，推导其边界条件。假设六角形的边长为 b，相关的平移对称性分别沿 y、ξ、η 方向，平移量均为 $\sqrt{3}\,b$，单胞的三对边则分别对应于这三个平移对称性，单胞的边界条件以相对位移的形式总可以由式(6.12)作为一般形式给出，对当前的问题仅需要确定与每一对边相应的平移矢量代入式(6.12)即可。

不妨选择沿 y 方向和 ξ 方向的两个平移对称性为独立的对称性，相应的平移矢量分别为

$$\begin{Bmatrix} \Delta x \\ \Delta y \end{Bmatrix} = \begin{Bmatrix} 0 \\ \sqrt{3}b \end{Bmatrix} \quad \text{和} \quad \begin{Bmatrix} \Delta x \\ \Delta y \end{Bmatrix} = \begin{Bmatrix} 3b/2 \\ \sqrt{3}b/2 \end{Bmatrix} \tag{6.40a}$$

于是，沿 η 方向的平移矢量可表示为上述两者的组合

$$\begin{Bmatrix} \Delta x \\ \Delta y \end{Bmatrix} = -\begin{Bmatrix} 0 \\ \sqrt{3}b \end{Bmatrix} + \begin{Bmatrix} 3b/2 \\ \sqrt{3}b/2 \end{Bmatrix} = \begin{Bmatrix} 3b/2 \\ -\sqrt{3}b/2 \end{Bmatrix} \tag{6.40b}$$

代入式(6.12)，三对边上的相对位移边界条件分别为

$$u|_{y=\sqrt{3}b/2} - u|_{y=-\sqrt{3}b/2} = 0$$
$$v|_{y=\sqrt{3}b/2} - v|_{y=-\sqrt{3}b/2} = \sqrt{3}b\varepsilon_y^0$$
相应的平移为 $\begin{Bmatrix} \Delta x \\ \Delta y \end{Bmatrix} = \begin{Bmatrix} 0 \\ \sqrt{3}b \end{Bmatrix}$ (6.41a)

$$u|_{\xi=\sqrt{3}b/2} - u|_{\xi=-\sqrt{3}b/2} = 3b\varepsilon_x^0/2$$
$$v|_{\xi=\sqrt{3}b/2} - v|_{\xi=-\sqrt{3}b/2} = 3b\gamma_{xy}^0/2 + \sqrt{3}b\varepsilon_y^0/2$$
相应的平移为 $\begin{Bmatrix} \Delta x \\ \Delta y \end{Bmatrix} = \begin{Bmatrix} 3b/2 \\ \sqrt{3}b/2 \end{Bmatrix}$ (6.41b)

$$u|_{\eta=\sqrt{3}b/2} - u|_{\eta=-\sqrt{3}b/2} = 3b\varepsilon_x^0/2$$
$$v|_{\eta=\sqrt{3}b/2} - v|_{\eta=-\sqrt{3}b/2} = 3b\gamma_{xy}^0/2 - \sqrt{3}b\varepsilon_y^0/2$$
相应的平移为 $\begin{Bmatrix} \Delta x \\ \Delta y \end{Bmatrix} = \begin{Bmatrix} 3b/2 \\ -\sqrt{3}b/2 \end{Bmatrix}$

$$\tag{6.41c}$$

为了避免赘余边界条件，上述的边都不包含角点，而角点上的边界条件，在确定了角点的相关性之后，另行得出。

相应于现有的平移对称性，六角形的六个角可以分成两组，⟨1,3,5⟩ 和 ⟨2,4,6⟩，在同一组内，三个角点可以作为原和象由如上的平移对称性相联系，而不同组的

任两角点，这些平移对称包括它们任何组合，都不能把它们作为原和象联系起来，因此，这两组角点相互独立。在同一组角点之内，通过平移对称性，可以把其中的一角点上的位移与其余两个角点上的位移联系起来，给出约束该组角点的相对位移边界条件。不妨分别在第一组中选择角点⟨1⟩而在第二组中选择角点⟨6⟩作为原，于是，关于角点的相对位移边界条件则为

$$u_{\langle 5\rangle} - u_{\langle 1\rangle} = 0$$
$$v_{\langle 5\rangle} - v_{\langle 1\rangle} = \sqrt{3}b\varepsilon_y^0 \qquad \text{相应的平移为} \quad \begin{Bmatrix} \Delta x \\ \Delta y \end{Bmatrix} = \begin{Bmatrix} 0 \\ \sqrt{3}b \end{Bmatrix} \qquad (6.42a)$$

$$u_{\langle 3\rangle} - u_{\langle 1\rangle} = 3b\varepsilon_x^0/2$$
$$v_{\langle 3\rangle} - v_{\langle 1\rangle} = 3b\gamma_{xy}^0/2 + \sqrt{3}b\varepsilon_y^0/2 \qquad \text{相应的平移为} \quad \begin{Bmatrix} \Delta x \\ \Delta y \end{Bmatrix} = \begin{Bmatrix} 3b/2 \\ \sqrt{3}b/2 \end{Bmatrix} \qquad (6.42b)$$

$$u_{\langle 4\rangle} - u_{\langle 6\rangle} = 3b\varepsilon_x^0/2$$
$$v_{\langle 4\rangle} - v_{\langle 6\rangle} = 3b\gamma_{xy}^0/2 + \sqrt{3}b\varepsilon_y^0/2 \qquad \text{相应的平移为} \quad \begin{Bmatrix} \Delta x \\ \Delta y \end{Bmatrix} = \begin{Bmatrix} 3b/2 \\ \sqrt{3}b/2 \end{Bmatrix} \qquad (6.42c)$$

$$u_{\langle 2\rangle} - u_{\langle 6\rangle} = 3b\varepsilon_x^0/2$$
$$v_{\langle 2\rangle} - v_{\langle 6\rangle} = 3b\gamma_{xy}^0/2 - \sqrt{3}b\varepsilon_y^0/2 \qquad \text{相应的平移为} \quad \begin{Bmatrix} \Delta x \\ \Delta y \end{Bmatrix} = \begin{Bmatrix} 3b/2 \\ -\sqrt{3}b/2 \end{Bmatrix} \qquad (6.42d)$$

另外，单胞的刚体平动可以通过约束角点⟨1⟩来实现

$$u|_{\langle 1\rangle} = v|_{\langle 1\rangle} = 0 \qquad (6.43)$$

读者可能已经注意到，角点⟨1⟩和⟨6⟩在边界条件(6.42)中出现不止一次，但都不是出现在方程的第一项，因此相应的自由度均未被消除，其中任意一个都可以用来约束刚体平动。在此还再次提醒读者，单胞的刚体转动，在采用由式(6.12)所给出的相对位移的表达式时，已经被约束了。

与6.4.1.2节所述的长方形单胞一样，该六角形单胞也可以如法推广到广义平面应变问题，而面外剪切也同样可以通过热传导比拟来求解，步骤基本相同，故不在此赘述。

与正方形单胞一样，六角形单胞的最广泛的应用在于模拟纤维按六角形排列或理想化成六角形排列的单向纤维复合材料，其特点之一是能够完全保留，至少是弹性行为的横观各向同性的特征，另外，它也允许最致密的纤维排列，假设纤维的截面呈圆形，理想的最高纤维体积含量可达90.69%，尽管在真实复合材料中这很难实现。

还是如正方形单胞，六角形单胞也可以通过引进第三个维度，并采用三维实体单元来避免分成两次进行的二维分析，而且有一次还需采用热传导比拟，当然，如前所述，在第三维方向仅用一层单元便足够了，如图6.7所示。这时，完整的边界条件可顺序得出。4对面上的相对位移边界条件为

$$u|_{y=\sqrt{3}b/2} - u|_{y=-\sqrt{3}b/2} = 0$$

$$v|_{y=\sqrt{3}b/2} - v|_{y=-\sqrt{3}b/2} = \sqrt{3}b\varepsilon_y^0 \qquad 相应的平移为 \quad \begin{Bmatrix} \Delta x \\ \Delta y \\ \Delta z \end{Bmatrix} = \begin{Bmatrix} 0 \\ \sqrt{3}b \\ 0 \end{Bmatrix} \quad (6.44\text{a})$$

$$w|_{y=\sqrt{3}b/2} - w|_{y=-\sqrt{3}b/2} = \sqrt{3}b\gamma_{yz}^0$$

$$u|_{\xi=\sqrt{3}b/2} - u|_{\xi=-\sqrt{3}b/2} = 3b\varepsilon_x^0/2$$

$$v|_{\xi=\sqrt{3}b/2} - v|_{\xi=-\sqrt{3}b/2} = 3b\gamma_{xy}^0/2 + \sqrt{3}b\varepsilon_y^0/2 \qquad 相应的平移为 \quad \begin{Bmatrix} \Delta x \\ \Delta y \\ \Delta z \end{Bmatrix} = \begin{Bmatrix} 3b/2 \\ \sqrt{3}b/2 \\ 0 \end{Bmatrix}$$

$$w|_{\xi=\sqrt{3}b/2} - w|_{\xi=-\sqrt{3}b/2} = 3b\gamma_{xz}^0/2 + \sqrt{3}b\gamma_{yz}^0/2$$

$$(6.44\text{b})$$

$$u|_{\eta=b} - u|_{\eta=-b} = 3b\varepsilon_x^0/2$$

$$v|_{\eta=b} - v|_{\eta=-b} = 3b\gamma_{xy}^0/2 - \sqrt{3}b\varepsilon_y^0/2 \qquad 相应的平移为 \quad \begin{Bmatrix} \Delta x \\ \Delta y \\ \Delta z \end{Bmatrix} = \begin{Bmatrix} 3b/2 \\ -\sqrt{3}b/2 \\ 0 \end{Bmatrix}$$

$$w|_{\eta=b} - w|_{\eta=-b} = 3b\gamma_{xz}^0/2 - \sqrt{3}b\gamma_{yz}^0/2$$

$$(6.44\text{c})$$

$$u|_{z=t} - u|_{z=0} = 0$$

$$v|_{z=t} - v|_{z=0} = 0 \qquad 相应的平移为 \quad \begin{Bmatrix} \Delta x \\ \Delta y \\ \Delta z \end{Bmatrix} = \begin{Bmatrix} 0 \\ 0 \\ t \end{Bmatrix} \quad (6.44\text{d})$$

$$w|_{z=t} - w|_{z=0} = t\varepsilon_z^0$$

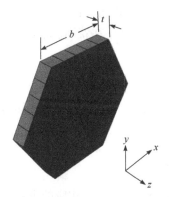

图 6.7　适用于纤维被理想化成六角形排列的单向纤维复合材料微观分析这一个二维问题的三维单胞及其有限元网格示意

　　为了避免在棱上和顶点上的赘余的边界条件,这些部位的边界条件需要单列,为此先对其间的相关性分析如下。单胞的 18 条棱可以分成如下独立的 5 组:

　　(1) 通过与二维单胞的(1,3,5)角点的相应的顶点的、平行于 z 轴的三条棱,记为 I、III、V,它们之间的相对位移边界条件相应于两个平移对称性,选择棱 I 作为原,按 6.4.1.2 节中描述的步骤,另外两条棱作为象,其上的相对位移边界条件为

$$u|_V - u|_I = 0$$
$$v|_V - v|_I = \sqrt{3}b\varepsilon_y^0 \qquad \text{相应的平移为} \qquad \left\{ \begin{array}{c} \Delta x \\ \Delta y \\ \Delta z \end{array} \right\} = \left\{ \begin{array}{c} 0 \\ \sqrt{3}b \\ 0 \end{array} \right\} \qquad (6.45a)$$
$$w|_V - w|_I = \sqrt{3}b\gamma_{yz}^0$$

$$u|_{III} - u|_I = 3b\varepsilon_x^0/2$$
$$v|_{III} - v|_I = 3b\gamma_{xy}^0/2 + \sqrt{3}b\varepsilon_y^0/2 \qquad \text{相应的平移为} \qquad \left\{ \begin{array}{c} \Delta x \\ \Delta y \\ \Delta z \end{array} \right\} = \left\{ \begin{array}{c} 3b/2 \\ \sqrt{3}b/2 \\ 0 \end{array} \right\} \qquad (6.45b)$$
$$w|_{III} - w|_I = 3b\gamma_{xz}^0/2 + \sqrt{3}b\gamma_{yz}^0/2$$

(2) 通过顶点(2,4,6)的平行于 z 轴的另三条棱，记为 II、IV、VI，选择棱 VI 作为原，另外两条棱作为象，其上的相对位移边界条件为

$$u|_{IV} - u|_{VI} = 3b\varepsilon_x^0/2$$
$$v|_{IV} - v|_{VI} = 3b\gamma_{xy}^0/2 + \sqrt{3}b\varepsilon_y^0/2 \qquad \text{相应的平移为} \qquad \left\{ \begin{array}{c} \Delta x \\ \Delta y \\ \Delta z \end{array} \right\} = \left\{ \begin{array}{c} 3b/2 \\ \sqrt{3}b/2 \\ 0 \end{array} \right\} \qquad (6.46a)$$
$$w|_{IV} - w|_{VI} = 3b\gamma_{xz}^0/2 + \sqrt{3}b\gamma_{yz}^0/2$$

$$u|_{II} - u|_{VI} = 3b\varepsilon_x^0/2$$
$$v|_{II} - v|_{VI} = 3b\gamma_{xy}^0/2 - \sqrt{3}b\varepsilon_y^0/2 \qquad \text{相应的平移为} \qquad \left\{ \begin{array}{c} \Delta x \\ \Delta y \\ \Delta z \end{array} \right\} = \left\{ \begin{array}{c} 3b/2 \\ -\sqrt{3}b/2 \\ 0 \end{array} \right\} \qquad (6.46b)$$
$$w|_{II} - w|_{VI} = 3b\gamma_{xz}^0/2 - \sqrt{3}b\gamma_{yz}^0/2$$

(3) 垂直于 y 轴的在正面和背面各有两条棱，四条一组，由分别沿 y 方向和 z 方向的平移对称性联系着，选择其中在背面底部的一条作为原，另外三条棱上的相对位移边界条件为

$$u|_{y=\sqrt{3}b/2,z=0} - u|_{y=-\sqrt{3}b/2,z=0} = 0$$
$$v|_{y=\sqrt{3}b/2,z=0} - v|_{y=-\sqrt{3}b/2,z=0} = \sqrt{3}b\varepsilon_y^0 \qquad \text{相应的平移为} \qquad \left\{ \begin{array}{c} \Delta x \\ \Delta y \\ \Delta z \end{array} \right\} = \left\{ \begin{array}{c} 0 \\ \sqrt{3}b \\ 0 \end{array} \right\} \qquad (6.47a)$$
$$w|_{y=\sqrt{3}b/2,z=0} - w|_{y=-\sqrt{3}b/2,z=0} = \sqrt{3}b\gamma_{yz}^0$$

$$u|_{y=\sqrt{3}b/2,z=t} - u|_{y=-\sqrt{3}b/2,z=0} = 0$$
$$v|_{y=\sqrt{3}b/2,z=t} - v|_{y=-\sqrt{3}b/2,z=0} = \sqrt{3}b\varepsilon_y^0 \qquad \text{相应的平移为} \qquad \left\{ \begin{array}{c} \Delta x \\ \Delta y \\ \Delta z \end{array} \right\} = \left\{ \begin{array}{c} 0 \\ \sqrt{3}b \\ t \end{array} \right\}$$
$$w|_{y=\sqrt{3}b/2,z=t} - w|_{y=-\sqrt{3}b/2,z=0} = \sqrt{3}b\gamma_{yz}^0 + t\varepsilon_z^0$$

$$(6.47b)$$

$$u|_{y=-\sqrt{3}b/2,z=t} - u|_{y=-\sqrt{3}b/2,z=0} = 0$$
$$v|_{y=-\sqrt{3}b/2,z=t} - v|_{y=-\sqrt{3}b/2,z=0} = 0 \qquad \text{相应的平移为} \qquad \left\{ \begin{array}{c} \Delta x \\ \Delta y \\ \Delta z \end{array} \right\} = \left\{ \begin{array}{c} 0 \\ 0 \\ t \end{array} \right\} \qquad (6.47c)$$
$$w|_{y=-\sqrt{3}b/2,z=t} - w|_{y=-\sqrt{3}b/2,z=0} = t\varepsilon_z^0$$

(4) 垂直于 ξ 轴的在正面和背面各有两条棱，四条一组，由分别沿 ξ 方向和 z 方向的平移对称性联系着，选择其中在背面上 ξ 为负值的一条作为原，另外三条棱上的相对位移边界条件为

$$u|_{\xi=\sqrt{3}b/2,z=0} - u|_{\xi=-\sqrt{3}b/2,z=0} = 3b\varepsilon_x^0/2$$

$$v|_{\xi=\sqrt{3}b/2,z=0} - v|_{\xi=-\sqrt{3}b/2,z=0} = 3b\gamma_{xy}^0/2 + \sqrt{3}b\varepsilon_y^0/2 \qquad \text{相应的平移为} \quad \begin{Bmatrix} \Delta x \\ \Delta y \\ \Delta z \end{Bmatrix} = \begin{Bmatrix} 3b/2 \\ \sqrt{3}b/2 \\ 0 \end{Bmatrix}$$

$$w|_{\xi=\sqrt{3}b/2,z=0} - w|_{\xi=-\sqrt{3}b/2,z=0} = 3b\gamma_{xz}^0/2 + \sqrt{3}b\gamma_{yz}^0/2$$

$$(6.48a)$$

$$u|_{\xi=\sqrt{3}b/2,z=t} - u|_{\xi=-\sqrt{3}b/2,z=0} = 3b\varepsilon_x^0/2$$

$$v|_{\xi=\sqrt{3}b/2,z=t} - v|_{\xi=-\sqrt{3}b/2,z=0} = 3b\gamma_{xy}^0/2 + \sqrt{3}b\varepsilon_y^0/2 \qquad \text{相应的平移为} \quad \begin{Bmatrix} \Delta x \\ \Delta y \\ \Delta z \end{Bmatrix} = \begin{Bmatrix} 3b/2 \\ \sqrt{3}b/2 \\ t \end{Bmatrix}$$

$$w|_{\xi=\sqrt{3}b/2,z=t} - w|_{\xi=-\sqrt{3}b/2,z=0} = 3b\gamma_{xz}^0/2 + \sqrt{3}b\gamma_{yz}^0/2 + t\varepsilon_z^0$$

$$(6.48b)$$

$$u|_{\xi=-\sqrt{3}b/2,z=t} - u|_{\xi=-\sqrt{3}b/2,z=0} = 0$$

$$v|_{\xi=-\sqrt{3}b/2,z=t} - v|_{\xi=-\sqrt{3}b/2,z=0} = 0 \qquad \text{相应的平移为} \quad \begin{Bmatrix} \Delta x \\ \Delta y \\ \Delta z \end{Bmatrix} = \begin{Bmatrix} 0 \\ 0 \\ t \end{Bmatrix}$$

$$w|_{\xi=-\sqrt{3}b/2,z=t} - w|_{\xi=-\sqrt{3}b/2,z=0} = t\varepsilon_z^0$$

$$(6.48c)$$

(5) 垂直于 η 轴的在正面和背面各有两条棱，四条一组，由分别沿 η 方向和 z 方向的平移对称性联系着，选择其中在背面上 η 为负值的一条作为原，另外三条棱上的相对位移边界条件为

$$u|_{\eta=\sqrt{3}b/2,z=0} - u|_{\eta=-\sqrt{3}b/2,z=0} = 3b\varepsilon_x^0/2$$

$$v|_{\eta=\sqrt{3}b/2,z=0} - v|_{\eta=-\sqrt{3}b/2,z=0} = 3b\gamma_{xy}^0/2 - \sqrt{3}b\varepsilon_y^0/2 \qquad \text{相应的平移为} \quad \begin{Bmatrix} \Delta x \\ \Delta y \\ \Delta z \end{Bmatrix} = \begin{Bmatrix} 3b/2 \\ -\sqrt{3}b/2 \\ 0 \end{Bmatrix}$$

$$w|_{\eta=\sqrt{3}b/2,z=0} - w|_{\eta=-\sqrt{3}b/2,z=0} = 3b\gamma_{xz}^0/2 - \sqrt{3}b\gamma_{yz}^0/2$$

$$(6.49a)$$

$$u|_{\eta=\sqrt{3}b/2,z=t} - u|_{\eta=-\sqrt{3}b/2,z=0} = 3b\varepsilon_x^0/2$$

$$v|_{\eta=\sqrt{3}b/2,z=t} - v|_{\eta=-\sqrt{3}b/2,z=0} = 3b\gamma_{xy}^0/2 - \sqrt{3}b\varepsilon_y^0/2$$

$$w|_{\eta=\sqrt{3}b/2,z=t} - w|_{\eta=-\sqrt{3}b/2,z=0} = 3b\gamma_{xz}^0/2 - \sqrt{3}b\gamma_{yz}^0/2 + t\varepsilon_z^0$$

$$\text{相应的平移为} \quad \begin{Bmatrix} \Delta x \\ \Delta y \\ \Delta z \end{Bmatrix} = \begin{Bmatrix} 3b/2 \\ -\sqrt{3}b/2 \\ 0 \end{Bmatrix}$$

$$(6.49b)$$

$$u|_{\eta=-\sqrt{3}b/2,z=t} - u|_{\eta=-\sqrt{3}b/2,z=0} = 0$$

$$v|_{\eta=-\sqrt{3}b/2,z=t} - v|_{\eta=-\sqrt{3}b/2,z=0} = 0 \qquad \text{相应的平移为} \quad \begin{Bmatrix} \Delta x \\ \Delta y \\ \Delta z \end{Bmatrix} = \begin{Bmatrix} 0 \\ 0 \\ t \end{Bmatrix} \text{(6.49c)}$$

$$w|_{\eta=-\sqrt{3}b/2,z=t} - w|_{\eta=-\sqrt{3}b/2,z=0} = t\varepsilon_z^0$$

该单胞有 12 个顶点，分别位于六条棱 $I \sim VI$ 的两端，分为两组，相互独立，其中在棱 I、III、V 上的 6 个为一组，在 II、IV、VI 上的 6 个为另一组，按与前类似的考虑，选择棱 I 在背面上顶点作为第一组的原，选择棱 VI 在背面上顶点作为第二组的原，在每组 6 个顶点之间，由相应的平移对称性，可得如下两组、每组 5 套的相对位移边界条件。

第一组：

$$u|_{I,z=t} - u|_{I,z=0} = 0$$

$$v|_{I,z=t} - v|_{I,z=0} = 0 \qquad \text{相应的平移为} \quad \begin{Bmatrix} \Delta x \\ \Delta y \\ \Delta z \end{Bmatrix} = \begin{Bmatrix} 0 \\ 0 \\ t \end{Bmatrix} \qquad \text{(6.50a)}$$

$$w|_{I,z=t} - w|_{I,z=0} = t\varepsilon_z^0$$

$$u|_{III,z=0} - u|_{I,z=0} = 3b\varepsilon_x^0/2$$

$$v|_{III,z=0} - v|_{I,z=0} = 3b\gamma_{xy}^0/2 + \sqrt{3}b\varepsilon_y^0/2 \qquad \text{相应的平移为} \quad \begin{Bmatrix} \Delta x \\ \Delta y \\ \Delta z \end{Bmatrix} = \begin{Bmatrix} 3b/2 \\ \sqrt{3}b/2 \\ 0 \end{Bmatrix}$$

$$w|_{III,z=0} - w|_{I,z=0} = 3b\gamma_{xz}^0/2 + \sqrt{3}b\gamma_{yz}^0/2$$

$$\text{(6.50b)}$$

$$u|_{III,z=t} - u|_{I,z=0} = 3b\varepsilon_x^0/2$$

$$v|_{III,z=t} - v|_{I,z=0} = 3b\gamma_{xy}^0/2 + \sqrt{3}b\varepsilon_y^0/2 \qquad \text{相应的平移为} \quad \begin{Bmatrix} \Delta x \\ \Delta y \\ \Delta z \end{Bmatrix} = \begin{Bmatrix} 3b/2 \\ \sqrt{3}b/2 \\ t \end{Bmatrix}$$

$$w|_{III,z=t} - w|_{I,z=0} = 3b\gamma_{xz}^0/2 + \sqrt{3}b\gamma_{yz}^0/2 + t\varepsilon_z^0$$

$$\text{(6.50c)}$$

$$u|_{V,z=0} - u|_{I,z=0} = 0$$

$$v|_{V,z=0} - v|_{I,z=0} = \sqrt{3}b\varepsilon_y^0 \qquad \text{相应的平移为} \quad \begin{Bmatrix} \Delta x \\ \Delta y \\ \Delta z \end{Bmatrix} = \begin{Bmatrix} 0 \\ \sqrt{3}b \\ 0 \end{Bmatrix} \text{(6.50d)}$$

$$w|_{V,z=0} - w|_{I,z=0} = \sqrt{3}b\gamma_{yz}^0$$

$$u|_{V,z=t} - u|_{I,z=0} = 0$$

$$v|_{V,z=t} - v|_{I,z=0} = \sqrt{3}b\varepsilon_y^0 \qquad \text{相应的平移为} \quad \begin{Bmatrix} \Delta x \\ \Delta y \\ \Delta z \end{Bmatrix} = \begin{Bmatrix} 0 \\ \sqrt{3}b \\ t \end{Bmatrix} \text{(6.50e)}$$

$$w|_{V,z=t} - w|_{I,z=0} = \sqrt{3}b\gamma_{yz}^0 + t\varepsilon_z^0$$

第二组：

$$u|_{VI,z=t} - u|_{VI,z=0} = 0$$
$$v|_{VI,z=t} - v|_{VI,z=0} = 0 \qquad 相应的平移为 \quad \left\{\begin{matrix} \Delta x \\ \Delta y \\ \Delta z \end{matrix}\right\} = \left\{\begin{matrix} 0 \\ 0 \\ t \end{matrix}\right\} \qquad (6.51a)$$
$$w|_{VI,z=t} - w|_{VI,z=0} = t\varepsilon_z^0$$

$$u|_{IV,z=0} - u|_{VI,z=0} = 3b\varepsilon_x^0/2$$
$$v|_{IV,z=0} - v|_{VI,z=0} = 3b\gamma_{xy}^0/2 + \sqrt{3}b\varepsilon_y^0/2 \qquad 相应的平移为 \quad \left\{\begin{matrix} \Delta x \\ \Delta y \\ \Delta z \end{matrix}\right\} = \left\{\begin{matrix} 3b/2 \\ \sqrt{3}b/2 \\ 0 \end{matrix}\right\}$$
$$w|_{IV,z=0} - w|_{VI,z=0} = 3b\gamma_{xz}^0/2 + \sqrt{3}b\gamma_{yz}^0/2$$

$$(6.51b)$$

$$u|_{IV,z=t} - u|_{IV,z=0} = 3b\varepsilon_x^0/2$$
$$v|_{IV,z=t} - v|_{IV,z=0} = 3b\gamma_{xy}^0/2 + \sqrt{3}b\varepsilon_y^0/2 \qquad 相应的平移为 \quad \left\{\begin{matrix} \Delta x \\ \Delta y \\ \Delta z \end{matrix}\right\} = \left\{\begin{matrix} 3b/2 \\ \sqrt{3}b/2 \\ t \end{matrix}\right\}$$
$$w|_{IV,z=t} - w|_{IV,z=0} = 3b\gamma_{xz}^0/2 + \sqrt{3}b\gamma_{yz}^0/2 + t\varepsilon_z^0$$

$$(6.51c)$$

$$u|_{II,z=0} - u|_{VI,z=0} = 3b\varepsilon_x^0/2$$
$$v|_{II,z=0} - v|_{VI,z=0} = 3b\gamma_{xy}^0/2 - \sqrt{3}b\varepsilon_y^0/2 \qquad 相应的平移为 \quad \left\{\begin{matrix} \Delta x \\ \Delta y \\ \Delta z \end{matrix}\right\} = \left\{\begin{matrix} 3b/2 \\ -\sqrt{3}b/2 \\ 0 \end{matrix}\right\}$$
$$w|_{II,z=0} - w|_{VI,z=0} = 3b\gamma_{xz}^0/2 - \sqrt{3}b\gamma_{yz}^0/2$$

$$(6.51d)$$

$$u|_{II,z=t} - u|_{VI,z=0} = 3b\varepsilon_x^0/2$$
$$v|_{II,z=t} - v|_{VI,z=0} = 3b\gamma_{xy}^0/2 - \sqrt{3}b\varepsilon_y^0/2 \qquad 相应的平移为 \quad \left\{\begin{matrix} \Delta x \\ \Delta y \\ \Delta z \end{matrix}\right\} = \left\{\begin{matrix} 3b/2 \\ -\sqrt{3}b/2 \\ t \end{matrix}\right\}$$
$$w|_{II,z=t} - w|_{VI,z=0} = 3b\gamma_{xz}^0/2 - \sqrt{3}b\gamma_{yz}^0/2 + t\varepsilon_z^0$$

$$(6.51e)$$

同样，单胞的刚体平移需要约束，这可以通过约束一个尚未受任何约束的角点，不失一般性，选择棱 I 在背面的端点，实现如下

$$u|_{I,z=0} = v|_{I,z=0} = w|_{I,z=0} = 0 \qquad (6.52)$$

如前所述，为了能够正确施加单胞在其面、棱、顶上的相对位移边界条件，必须把棱从面上刨除、顶从棱中刨除。

在本小节开始时列举的三个例子，即正六角形、位错矩形、鱼鳞状的构形，虽然它们形貌迥异，但拓扑结构相同，都是六边形，其中的位错矩形，其上、下两条边应在交接点处各一分为二，因为两半交错着，分别对应着两个不同的平移对称性。

如果采用如图 6.8 所示的矩形作为如图 6.6 所示的具有位错的构形的单胞，关于前述正六角形的边界条件可以在形式上全套照搬，仅需把三个平移对称性的

平移矢量换成以当前问题下的平移矢量如下:

在 x 方向: $\begin{Bmatrix} \Delta x \\ \Delta y \\ \Delta z \end{Bmatrix} = \begin{Bmatrix} b \\ 0 \\ 0 \end{Bmatrix}$, 平移量为 b (6.53a)

在 ξ 方向: $\begin{Bmatrix} \Delta x \\ \Delta y \\ \Delta z \end{Bmatrix} = \begin{Bmatrix} a \\ h \\ 0 \end{Bmatrix}$, 平移量为 $c = \sqrt{h^2 + a^2}$ (6.53b)

在 η 方向: $\begin{Bmatrix} \Delta x \\ \Delta y \\ \Delta z \end{Bmatrix} = \begin{Bmatrix} a-b \\ h \\ 0 \end{Bmatrix}$, 平移量为 $e = \sqrt{h^2 + (b-a)^2}$ (6.53c)

在 z 方向: $\begin{Bmatrix} \Delta x \\ \Delta y \\ \Delta z \end{Bmatrix} = \begin{Bmatrix} 0 \\ 0 \\ t \end{Bmatrix}$, 平移量为 t, 如果延伸至三维单胞 (6.53d)

代入相对位移的一般表达式(6.12)可得四对面上的相对位移边界条件。由上述平移对称性及其组合,与方程(6.45)~(6.52)相应的在棱和顶上的相对位移边界条件可以如法炮制,以完成本单胞,但细节应无必要在此重复了。

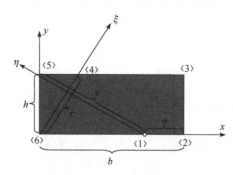

图6.8 具有位错矩形构形中的平移对称性及其相应的矩形单胞

6.4.2 三维单胞

6.4.2.1 引言

6.4.1 节里建立的单胞本质上都是二维的,因为相应的数学问题的定义域是一个二维区域,尽管第三个维度曾被引入,但那仅仅是因为现有的商用有限元软件中的二维单元过于狭义而不得不采用的折中,以便能最有效地使用现有的资源,弥补不足,也正因为此,在第三维的方向上,一层单元足够,因为在此方向上,应力场、应变场都不应该有任何变化,除非边界条件加错了。

  还有另一类极其宽泛的问题，它们不可能被合理地简化成二维问题，因此不得不在三维空间中来描述、分析它们，尽管在高尺度上的均匀性一般都能得到保证，无论是基于低尺度上客观的构形还是统计意义下的规则性。此类问题包括点阵结构(lattice structures)、超材料(meta materials)、多孔材料(porous materials)、特定增强形式的复合材料，如粒子增强、纺织预制体增强等。任何材料的表征都是它们的工程应用的基本要求，而针对上述材料的、建立在理论分析基础上的表征方法，则十分重要，也标志着现代材料科学与工程的一个发展方向，因为这将提供此类材料设计的有效的工具，从而可以得到所需的材料特性。有些问题中，如点阵结构和纺织复合材料，如果忽略制造过程带来的工艺误差，其中的几何构形十分规则，尤其是现代的超材料，其特异的材料特性，如负泊松比、负折射率等，均依赖于材料在低尺度上的构形的规则性，这时单胞可以是很有效的工具用以表征此类材料。另一些材料，如多孔材料、粒子增强的复合材料等，通过建立在统计基础之上的理想化，也可以假设适当的规则性以建立单胞，从而表征此类材料。如果所需表征的特性与材料在低尺度上的不规则性紧密相关，那么恰当的表征只能是通过代表性体元(RVE)了，这将在第 9 章中再详述。

  为了对低尺度上的构形中形位的排列形式作适当的分类，可以借助晶体学(Nye, 1985)中一些既成的概念和定义，很多系统可以直接用晶体结构的术语来描述，如简单立方(simple cubic，SC)、面心立方(face centred cubic，FCC)、体心立方(body centred cubic，BCC)、密排六方(close packed hexagonal，CPH)。在这些理想的排列构形中，存在着相当多的不同的对称性，特别是平移对称性。利用平移对称性，建立二维单胞的方法已在 6.4.1 节陈述，依次类推地建立三维单胞是本子节的主题。

  对于粒子增强的复合材料和多孔材料等这类材料，由于在低尺度上增强粒子或孔隙在基体中的分布的随机性及统计均匀性，在高尺度上呈各向同性，这是一重要的统计特征，可是，所有规则排列的晶体结构都无法精确地再现这一特征，因此采用这些规则构形来近似实际构形时，需要有所保留，不能那么理所当然。考虑粒子均为球形并分布在一个各向同性基体中这样的情形，在文献(Li and Wongsto, 2004)中得出过如下的结论：如果用户能够宽容少量的误差，那么 FCC、BCC、CPH 排列都可以近似考虑为各向同性的，而 SC 则呈现相当严重的各向异性。三种立方排列，即 SC、FCC、BCC 都具有立方对称性，即有 3 个独立的弹性常数，而各向同性材料仅有 2 个独立的弹性常数。CPH 则是横观各向同性的，因此需要 5 个独立的弹性常数来表征。

  在近年的文献中，粒子在基体中的排列的随机性不时受到关注，因此考虑此效果的尝试也屡见不鲜，然而，所采用的方法常常多有限制，诋毁考虑粒子分布的随机性的初衷，一种恰当地引入随机性的方法，会在第 9 章中详细介绍。

正如在本书中已多次强调的，对于一给定的构形，单胞的形貌不唯一。在下述的论述中，除非另外说明，Voronoi 划分方法将被用来划分所感兴趣的构形系统，其可由一组种子来产生，种子可选自粒子的中心。与一种子相应的 Voronoi 胞元可以被描述为由该种子与周边种子连线的垂直平分线构成的包络。以粒子增强复合材料为例，假设粒子都等尺寸并呈球状，那么 Voronoi 胞元的优点是每一胞元仅含一粒子，而且是完整的粒子。后面将看到，这些胞元中有些直接就可以用作单胞，但有些不能，即便如此，这样的划分仍然对理解所讨论的排列构形不无帮助。

6.4.2.2　由沿三个不共面的方向的平移对称性导出的三维单胞

对于具有沿三个不共面的方向的平移对称性的材料来说，如图 6.9 所示的三维斜方体是一形状最简单的单胞，三个方向的棱分别沿三个平移对称性的方向，边长则分别为三个方向的平移量，这相当于把 6.4.1.3 节中的二维单胞推广至三维。此单胞不是由 Voronoi 胞元而得，更是自然划分的结果。

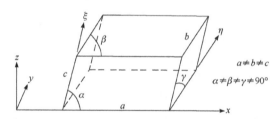

图 6.9　由沿三个不共面的方向的平移对称性导出的三维斜方体单胞

这时，在三维空间里从单胞中的一点到另一胞元中相应的点的坐标增量或叫平移矢量如下。

x 方向平移矢量为

$$\begin{Bmatrix} \Delta x \\ \Delta y \\ \Delta z \end{Bmatrix} = la \begin{Bmatrix} 1 \\ 0 \\ 0 \end{Bmatrix} \tag{6.54a}$$

η 方向平移矢量为

$$\begin{Bmatrix} \Delta x \\ \Delta y \\ \Delta z \end{Bmatrix} = mb \begin{Bmatrix} \cos \beta \\ \sin \beta \\ 0 \end{Bmatrix} \tag{6.54b}$$

ζ 方向平移矢量为

$$\begin{Bmatrix} \Delta x \\ \Delta y \\ \Delta z \end{Bmatrix} = nc \begin{Bmatrix} \cos \alpha \\ (\cos \gamma - \cos \beta \cos \alpha)/\sin \beta \\ \sqrt{\sin^2 \beta \sin^2 \gamma - \cos^2 \gamma + 2\cos \gamma \cos \beta \cos \alpha - \cos^2 \beta \cos^2 \alpha}/\sin \beta \end{Bmatrix} \tag{6.54c}$$

其中，x、y、z 和 a、b、c 均如图 6.9 所示，而 l、m、n 则分别为沿三个方向平移量的倍数，斜方体的三对面分别相应于 $l=1$、$m=n=0$；$l=0$、$m=1$、$n=0$；$l=m=0$、$n=1$，代入上式则得到三对面的平移矢量，由方程(6.12)可以得到对面之间的相对位移边界条件，进而还可以得到棱上的和顶点上的相对位移边界条件。

鉴于在如此一般的条件下，应用该单胞的机会并不多，具体的推导和表达式就从略了，但步骤与如下将详述的长方体单胞基本相同，有必要的话，读者不妨自行填空，所得的相对位移边界条件除了形式上稍稍复杂一些，所有基本考虑都相同。

作为上述单胞的一个特殊例子，如果三个平移的方向都正交，所得的三维单胞便是一长方体。不妨选择坐标系，原点位于单胞中心，其坐标轴分别沿平移对称性的方向，而记单胞的边长，即平移量，分别为 $2a$、$2b$、$2c$，于是此单胞就如图 6.10 所示。

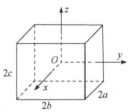

图 6.10　长方形单胞

为了避免赘余边界条件，单胞的相对位移边界条件最好按面、棱、顶分别给出，在定义面时，刳除棱，在定义棱时，刳除顶。作为一个六面体，其有 12 条棱，4 条一组，各组独立，每组分别平行于一个平移对称性方向，因此由适当的平移对称性及其组合相联系；8 个顶点同为一组，之间可由三个平移对称性及其组合相联系。

三个平移对称性所对应的平移矢量分别为

$$x \text{ 方向：} \begin{Bmatrix} \Delta x \\ \Delta y \\ \Delta z \end{Bmatrix} = \begin{Bmatrix} 2a \\ 0 \\ 0 \end{Bmatrix}, \text{ 平移量为 } 2a \tag{6.55a}$$

$$y \text{ 方向：} \begin{Bmatrix} \Delta x \\ \Delta y \\ \Delta z \end{Bmatrix} = \begin{Bmatrix} 0 \\ 2b \\ 0 \end{Bmatrix}, \text{ 平移量为 } 2b \tag{6.55b}$$

$$z \text{ 方向：} \begin{Bmatrix} \Delta x \\ \Delta y \\ \Delta z \end{Bmatrix} = \begin{Bmatrix} 0 \\ 0 \\ 2c \end{Bmatrix}, \text{ 平移量为 } 2c \tag{6.55c}$$

于是，从式(6.12)可得 $x=-a$ 面和 $x=a$ 面(不含棱)之间的相对位移边界条件为

$$\begin{aligned} u|_{(a,y,z)} - u|_{(-a,y,z)} &= 2a\varepsilon_x^0 \\ v|_{(a,y,z)} - v|_{(-a,y,z)} &= 2a\gamma_{xy}^0 \quad \text{相应于平移矢量} \quad \begin{Bmatrix} \Delta x \\ \Delta y \\ \Delta z \end{Bmatrix} = \begin{Bmatrix} 2a \\ 0 \\ 0 \end{Bmatrix} \\ w|_{(a,y,z)} - w|_{(-a,y,z)} &= 2a\gamma_{xz}^0 \end{aligned} \tag{6.56a}$$

$y=-b$ 面和 $y=b$ 面(不含棱)之间的相对位移边界条件为

$$
\begin{aligned}
u|_{(x,b,z)} - u|_{(x,-b,z)} &= 0 \\
v|_{(x,b,z)} - v|_{(x,-b,z)} &= 2b\varepsilon_y^0 \qquad \text{相应于平移矢量} \\
w|_{(x,b,z)} - w|_{(x,-b,z)} &= 2b\gamma_{yz}^0
\end{aligned}
\qquad
\begin{Bmatrix} \Delta x \\ \Delta y \\ \Delta z \end{Bmatrix} =
\begin{Bmatrix} 0 \\ 2b \\ 0 \end{Bmatrix}
\tag{6.56b}
$$

$z=-c$ 面和 $z=c$ 面(不含棱)之间的相对位移边界条件为

$$
\begin{aligned}
u|_{(x,y,c)} - u|_{(x,y,-c)} &= 0 \\
v|_{(x,y,c)} - v|_{(x,y,-c)} &= 0 \qquad \text{相应于平移矢量} \\
w|_{(x,y,c)} - w|_{(x,y,-c)} &= 2c\varepsilon_z^0
\end{aligned}
\qquad
\begin{Bmatrix} \Delta x \\ \Delta y \\ \Delta z \end{Bmatrix} =
\begin{Bmatrix} 0 \\ 0 \\ 2c \end{Bmatrix}
\tag{6.56c}
$$

剔除了赘余条件后,棱上(不含顶)的相对位移边界条件可由上述的平移对称性及其组合得出。与 x 轴平行的 4 条棱(不含顶)之间的相对位移边界条件为

$$
\begin{aligned}
u|_{(x,b,-c)} - u|_{(x,-b,-c)} &= 0 \\
v|_{(x,b,-c)} - v|_{(x,-b,-c)} &= 2b\varepsilon_y^0 \qquad \text{相应于平移矢量} \\
w|_{(x,b,-c)} - w|_{(x,-b,-c)} &= 2b\gamma_{yz}^0
\end{aligned}
\qquad
\begin{Bmatrix} \Delta x \\ \Delta y \\ \Delta z \end{Bmatrix} =
\begin{Bmatrix} 0 \\ 2b \\ 0 \end{Bmatrix}
\tag{6.57a}
$$

$$
\begin{aligned}
u|_{(x,b,c)} - u|_{(x,-b,-c)} &= 0 \\
v|_{(x,b,c)} - v|_{(x,-b,-c)} &= 2b\varepsilon_y^0 \qquad \text{相应于平移矢量} \\
w|_{(x,b,c)} - w|_{(x,-b,-c)} &= 2b\gamma_{yz}^0 + 2c\varepsilon_z^0
\end{aligned}
\qquad
\begin{Bmatrix} \Delta x \\ \Delta y \\ \Delta z \end{Bmatrix} =
\begin{Bmatrix} 0 \\ 2b \\ 2c \end{Bmatrix}
\tag{6.57b}
$$

$$
\begin{aligned}
u|_{(x,-b,c)} - u|_{(x,-b,-c)} &= 0 \\
v|_{y(x,-b,c)} - v|_{(x,-b,-c)} &= 0 \qquad \text{相应于平移矢量} \\
w|_{(x,-b,c)} - w|_{(x,-b,-c)} &= 2c\varepsilon_z^0
\end{aligned}
\qquad
\begin{Bmatrix} \Delta x \\ \Delta y \\ \Delta z \end{Bmatrix} =
\begin{Bmatrix} 0 \\ 0 \\ 2c \end{Bmatrix}
\tag{6.57c}
$$

与 y 轴平行的 4 条棱(不含顶)之间的相对位移边界条件为

$$
\begin{aligned}
u|_{(a,y,-c)} - u|_{(-a,y,-c)} &= 2a\varepsilon_x^0 \\
v|_{(a,y,-c)} - v|_{(-a,y,-c)} &= 2a\gamma_{xy}^0 \qquad \text{相应于平移矢量} \\
w|_{(a,y,-c)} - w|_{(-a,y,-c)} &= 2a\gamma_{xz}^0
\end{aligned}
\qquad
\begin{Bmatrix} \Delta x \\ \Delta y \\ \Delta z \end{Bmatrix} =
\begin{Bmatrix} 2a \\ 0 \\ 0 \end{Bmatrix}
\tag{6.58a}
$$

$$
\begin{aligned}
u|_{(a,y,c)} - u|_{(-a,y,-c)} &= 2a\varepsilon_x^0 \\
v|_{(a,y,c)} - v|_{(-a,y,-c)} &= 2a\gamma_{xy}^0 \qquad \text{相应于平移矢量} \\
w|_{(a,y,c)} - w|_{(-a,y,-c)} &= 2a\gamma_{xz}^0 + 2c\varepsilon_z^0
\end{aligned}
\qquad
\begin{Bmatrix} \Delta x \\ \Delta y \\ \Delta z \end{Bmatrix} =
\begin{Bmatrix} 2a \\ 0 \\ 2c \end{Bmatrix}
\tag{6.58b}
$$

$$u\big|_{(-a,y,c)} - u\big|_{(-a,y,-c)} = 0$$
$$v\big|_{(-a,y,c)} - v\big|_{(-a,y,-c)} = 0 \qquad \text{相应于平移矢量} \quad \begin{Bmatrix} \Delta x \\ \Delta y \\ \Delta z \end{Bmatrix} = \begin{Bmatrix} 0 \\ 0 \\ 2c \end{Bmatrix} \qquad (6.58c)$$
$$w\big|_{(-a,y,c)} - w\big|_{(-a,y,-c)} = 2c\varepsilon_z^0$$

与 z 轴平行的 4 条棱(不含顶)之间的相对位移边界条件为

$$u\big|_{(a,-b,z)} - u\big|_{(-a,-b,z)} = 2a\varepsilon_x^0$$
$$v\big|_{(a,-b,z)} - v\big|_{(-a,-b,z)} = 2a\gamma_{xy}^0 \qquad \text{相应于平移矢量} \quad \begin{Bmatrix} \Delta x \\ \Delta y \\ \Delta z \end{Bmatrix} = \begin{Bmatrix} 2a \\ 0 \\ 0 \end{Bmatrix} \qquad (6.59a)$$
$$w\big|_{(a,-b,z)} - w\big|_{(-a,-b,z)} = 2a\gamma_{xz}^0$$

$$u\big|_{(a,b,z)} - u\big|_{(-a,-b,z)} = 2a\varepsilon_x^0$$
$$v\big|_{(a,b,z)} - v\big|_{(-a,-b,z)} = 2a\gamma_{xy}^0 + 2b\varepsilon_y^0 \qquad \text{相应于平移矢量} \quad \begin{Bmatrix} \Delta x \\ \Delta y \\ \Delta z \end{Bmatrix} = \begin{Bmatrix} 2a \\ 2b \\ 0 \end{Bmatrix} \qquad (6.59b)$$
$$w\big|_{(a,b,z)} - w\big|_{(-a,-b,z)} = 2a\gamma_{xz}^0 + 2b\gamma_{yz}^0$$

$$u\big|_{(-a,b,z)} - u\big|_{(-a,-b,z)} = 0$$
$$v\big|_{(-a,b,z)} - v\big|_{(-a,-b,z)} = 2b\varepsilon_y^0 \qquad \text{相应于平移矢量} \quad \begin{Bmatrix} \Delta x \\ \Delta y \\ \Delta z \end{Bmatrix} = \begin{Bmatrix} 0 \\ 2b \\ 0 \end{Bmatrix} \qquad (6.59c)$$
$$w\big|_{(-a,b,z)} - w\big|_{(-a,-b,z)} = 2b\gamma_{yz}^0$$

剔除了赘余条件后，8 个顶点之间的相对位移边界条件为

$$u\big|_{(-a,-b,c)} - u\big|_{(-a,-b,-c)} = 0$$
$$v\big|_{(-a,-b,c)} - v\big|_{(-a,-b,-c)} = 0 \qquad \text{相应于平移矢量} \quad \begin{Bmatrix} \Delta x \\ \Delta y \\ \Delta z \end{Bmatrix} = \begin{Bmatrix} 0 \\ 0 \\ 2c \end{Bmatrix} \qquad (6.60a)$$
$$w\big|_{(-a,-b,c)} - w\big|_{(-a,-b,-c)} = 2c\varepsilon_z^0$$

$$u\big|_{(a,-b,-c)} - u\big|_{(-a,-b,-c)} = 2a\varepsilon_x^0$$
$$v\big|_{(a,-b,-c)} - v\big|_{(-a,-b,-c)} = 2a\gamma_{xy}^0 \qquad \text{相应于平移矢量} \quad \begin{Bmatrix} \Delta x \\ \Delta y \\ \Delta z \end{Bmatrix} = \begin{Bmatrix} 2a \\ 0 \\ 0 \end{Bmatrix} \qquad (6.60b)$$
$$w\big|_{(a,-b,-c)} - w\big|_{(-a,-b,-c)} = 2a\gamma_{xz}^0$$

$$u\big|_{(a,b,-c)} - u\big|_{(-a,-b,-c)} = 2a\varepsilon_x^0$$
$$v\big|_{(a,b,-c)} - v\big|_{(-a,-b,-c)} = 2a\gamma_{xy}^0 + 2b\varepsilon_y^0 \qquad \text{相应于平移矢量} \quad \begin{Bmatrix} \Delta x \\ \Delta y \\ \Delta z \end{Bmatrix} = \begin{Bmatrix} 2a \\ 2b \\ 0 \end{Bmatrix} \qquad (6.60c)$$
$$w\big|_{(a,b,-c)} - w\big|_{(-a,-b,-c)} = 2a\gamma_{xz}^0 + 2b\gamma_{yz}^0$$

$$u\big|_{(-a,b,-c)} - u\big|_{(-a,-b,-c)} = 0$$
$$v\big|_{(-a,b,-c)} - v\big|_{(-a,-b,-c)} = 2b\varepsilon_y^0 \qquad \text{相应于平移矢量} \quad \begin{Bmatrix} \Delta x \\ \Delta y \\ \Delta z \end{Bmatrix} = \begin{Bmatrix} 0 \\ 2b \\ 0 \end{Bmatrix} \qquad (6.60d)$$
$$w\big|_{(-a,b,-c)} - w\big|_{(-a,-b,-c)} = 2b\gamma_{yz}^0$$

$$u\big|_{(a,-b,c)} - u\big|_{(-a,-b,-c)} = 2a\varepsilon_x^0$$

$$v\big|_{(a,-b,c)} - v\big|_{(-a,-b,-c)} = 2a\gamma_{xy}^0 \qquad \text{相应于平移矢量} \quad \begin{Bmatrix} \Delta x \\ \Delta y \\ \Delta z \end{Bmatrix} = \begin{Bmatrix} 2a \\ 0 \\ 2c \end{Bmatrix} \quad (6.60e)$$

$$w\big|_{(a,-b,c)} - w\big|_{(-a,-b,-c)} = 2a\gamma_{xz}^0 + 2c\varepsilon_z^0$$

$$u\big|_{(-a,b,c)} - u\big|_{(-a,-b,-c)} = 0$$

$$v\big|_{(-a,b,c)} - v\big|_{(-a,-b,-c)} = 2b\varepsilon_y^0 \qquad \text{相应于平移矢量} \quad \begin{Bmatrix} \Delta x \\ \Delta y \\ \Delta z \end{Bmatrix} = \begin{Bmatrix} 0 \\ 2b \\ 2c \end{Bmatrix} \quad (6.60f)$$

$$w\big|_{(-a,b,c)} - w\big|_{(-a,-b,-c)} = 2b\gamma_{yz}^0 + 2c\varepsilon_z^0$$

$$u\big|_{(a,b,c)} - u\big|_{(-a,-b,-c)} = 2a\varepsilon_x^0$$

$$v\big|_{(a,b,c)} - v\big|_{(-a,-b,-c)} = 2a\gamma_{xy}^0 + 2b\varepsilon_y^0 \qquad \text{相应于平移矢量} \quad \begin{Bmatrix} \Delta x \\ \Delta y \\ \Delta z \end{Bmatrix} = \begin{Bmatrix} 2a \\ 2b \\ 2c \end{Bmatrix} \quad (6.60g)$$

$$w\big|_{(a,b,c)} - w\big|_{(-a,-b,-c)} = 2a\gamma_{xz}^0 + 2b\gamma_{yz}^0 + 2c\varepsilon_z^0$$

注意到在上述所有边界条件中,于方程中出现的第一项涉及 7 个顶点,其上的自由度被该方程所代表的条件所约束,相应的自由度因此被消除,而第一项未涉及的顶点仅有一个,即$(-a,-b,-c)$,其上的自由度虽然受约束条件影响,但是作为一个自由度并未被消除。

如果在唯一尚未被消除的顶点上约束刚体平动,即

$$u\big|_{(-a,-b,-c)} = v\big|_{(-a,-b,-c)} = w\big|_{(-a,-b,-c)} = 0 \qquad (6.61)$$

单胞便不再具有任何刚体运动的自由度了。再次提醒读者,刚体转动的自由度已经随着式(6.12)的使用而被消除。

6.4.2.3 相应于简单立方排列的单胞

6.4.2.2 节所建立的长方体单胞应该是各种用微观力学的方法来分析、表征材料,或者是设计材料的微观或细观构形中最常用的一个单胞,作为其一特殊情况,可以得到正立方体单胞,这可以视为从简单立方构形的 Voronoi 胞元得出的单胞,简单立方是一典型的晶体结构,如图 6.11(a)所示,假设粒子均呈球形、大小相等且已达其极限尺寸以利视觉。在此极限条件下,粒子的体积含量可达 52.36%。

正立方单胞的相对位移边界条件可以从上 6.4.2.2 节的长方体单胞中令 $a=c=b$ 而直接得出。不过,为了给后续的相应于 FCC、BCC、CPH 的单胞铺垫,引入适当的记号,且不厌其烦地在新的记号系统中复述一遍。

在研究多面体时,正确地确定多面体所含的面、棱、顶的数量是很重要的验证,针对此,如下著名的欧拉多面体公式(Euler, 1758; Richeson, 2008)应该是一个很有效、快捷的工具:

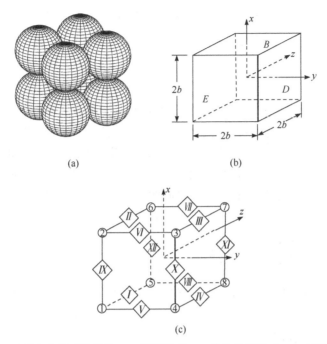

图 6.11　适用于简单立方排列的单胞：(a)排列示意；(b)作为单胞的 Voronoi 胞元，标注了可
见的面及尺寸；(c)棱和顶的标注

面数+顶数=棱数+2　　　　　　　　　　　　　　　　　　　　　　　(6.62)

上述公式对凸的多面体都适用。因为 Voronoi 胞元总是凸的，所以，上述关系对
Voronoi 单胞总是适用的。以当前的单胞为例，6 面+8 顶=12 棱+2。提醒一下读
者，棱是面与面的交线，顶是棱与棱的交点(至少三棱汇交)。相交意味着一定程度
的重合，在重合处就有可能留下赘余的边界条件，剔除这些赘余的边界条件，对
形状复杂的单胞来说，如 FCC 和 BCC，还是需要相当的努力的，尝试阶段，出错
在所难免。利用欧拉公式，可以很快地验证，在施加边界条件时，是否有被遗漏
的面、棱、顶。当然，就如其他形式的验证一样，这不是正确性的充分条件，譬
如，当同时遗漏了一条棱和一个顶的情况下，上述条件仍成立。但是，如果上述
条件不能被满足，那么，毫无疑问，一定有错。

　　图 6.11(b)示意了用来定义该单胞的坐标系，同时，还标注了用大写字母标记
的面，为了图示清晰，图中仅标明了可见面的标记，而未标出的面则分别与已标
出的相对成双，即 A 面(未标)与 B 面(已标)相对、C(未标)相对于 D(已标)、E(已
标)相对于 F(未标)。用来定义该单胞的对称性分别为 A 到 B、C 到 D、E 到 F 的
平移，这些也是简单立方排列所具备的三个独立的平移对称性，分别沿 x、y、z 方
向，平移量均为 2b，这也是如图 6.11(a)所示的球的直径。在一简单立方排列中，

从一个胞元到另一个胞元的平移矢量可一般地表示为

$$
\begin{Bmatrix} \Delta x \\ \Delta y \\ \Delta z \end{Bmatrix} = \begin{Bmatrix} 2bi \\ 2bj \\ 2bk \end{Bmatrix}
\tag{6.63}
$$

其中，i、j、k 分别为沿 x、y、z 方向的平移胞元的个数。在确定了原之后，任意一个胞元作为象，都可以一组整数 i、j、k 来唯一确定，作为上下两个相邻的胞元的表面，面 A 和面 B 的关系相应于 $i=1, j=k=0$，作为左右两个相邻的胞元的表面；面 C 和面 D 相应于 $i=0, j=1, k=0$，作为前后两个相邻的胞元的表面；面 E 和面 F 相应于 $i=j=0, k=1$。这样，相应的面之间的平移矢量分别可以得到

$$
\begin{Bmatrix} \Delta x \\ \Delta y \\ \Delta z \end{Bmatrix}_{AB} = \begin{Bmatrix} 2b \\ 0 \\ 0 \end{Bmatrix}, \quad \begin{Bmatrix} \Delta x \\ \Delta y \\ \Delta z \end{Bmatrix}_{CD} = \begin{Bmatrix} 0 \\ 2b \\ 0 \end{Bmatrix}, \quad \begin{Bmatrix} \Delta x \\ \Delta y \\ \Delta z \end{Bmatrix}_{EF} = \begin{Bmatrix} 0 \\ 0 \\ 2b \end{Bmatrix}
\tag{6.64}
$$

将它们分别代入式(6.12)，这些相对着的面 A 和 B、C 和 D、E 和 F 之间的相对位移边界条件即为

$$
\begin{Bmatrix} u \\ v \\ w \end{Bmatrix}_B - \begin{Bmatrix} u \\ v \\ w \end{Bmatrix}_A = \begin{Bmatrix} 2b\varepsilon_x^0 \\ 2b\gamma_{xy}^0 \\ 2b\gamma_{xz}^0 \end{Bmatrix}, \quad \text{简记为 } U_B - U_A = F_{AB}
\tag{6.65a}
$$

$$
\begin{Bmatrix} u \\ v \\ w \end{Bmatrix}_D - \begin{Bmatrix} u \\ v \\ w \end{Bmatrix}_C = \begin{Bmatrix} 0 \\ 2b\varepsilon_y^0 \\ 2b\gamma_{yz}^0 \end{Bmatrix}, \quad \text{简记为 } U_D - U_C = F_{CD}
\tag{6.65b}
$$

$$
\begin{Bmatrix} u \\ v \\ w \end{Bmatrix}_F - \begin{Bmatrix} u \\ v \\ w \end{Bmatrix}_E = \begin{Bmatrix} 0 \\ 0 \\ 2b\varepsilon_z^0 \end{Bmatrix}, \quad \text{简记为 } U_F - U_E = F_{EF}
\tag{6.65c}
$$

如果比较在(Li and Wongsto, 2004)中给出的如上的方程，可以发现上述 F_{AB}、F_{CD}、F_{EF} 的表达式略有所不同，这是因为如在 6.4.1.2 节中所解释的，为了本书上下文的一致，在相对位移场的表达式(6.12)中的系数矩阵采用了下三角的形式，而在(Li and Wongsto, 2004)中所采用的是上三角，其间的差别仅仅是一些刚体转动，不影响变形。另外，图 6.11(b)中还纠正了在(Li and Wongsto, 2004)中同一图示中所标记错了的面。

该立方排列的单胞的棱和顶的标记示意于图 6.11(c)，其中棱的编号采用罗马数字，置于菱形方块之中，顶用阿拉伯数字标注，置于圆圈之中。在所有的棱中，

平行于每坐标轴的 4 条棱形成独立的一组，其中，任一条棱都可以通过三个不同的平移对称性映射到另三条棱，这三个平移对称性中，有两个是独立的，第三个可以由两个独立的组合而成。以平行于 z 轴的 4 条棱为例，选择棱 I 为原，则沿 x 方向和 y 方向的两个独立的平移对称变换的象分别为棱 II 和棱 IV，分别相应于 $i=1, j=k=0$ 和 $i=0, j=1, k=0$，这两个独立的平移对称性的组合，即 $i=j=1, k=0$，将棱 I 变换到棱 III。将上述的整数 i、j、k 分别代入式(6.63)得相应的平移矢量，再代入相对位移的表达式(6.12)，即可得这组棱上的所有独立的相对位移边界条件为

$$U_{II} - U_I = F_{AB}$$
$$U_{III} - U_I = F_{AB} + F_{CD} \tag{6.66a}$$
$$U_{IV} - U_I = F_{CD}$$

类似地，平行于 y 轴和平行于 x 轴的棱上的相对位移边界条件分别可为

$$U_{VI} - U_V = F_{AB}$$
$$U_{VII} - U_V = F_{EF} + F_{AB} \tag{6.66b}$$
$$U_{VIII} - U_V = F_{EF}$$

$$U_X - U_{IX} = F_{CD}$$
$$U_{XI} - U_{IX} = F_{CD} + F_{EF} \tag{6.66c}$$
$$U_{XII} - U_{IX} = F_{EF}$$

在所有的 8 个顶点中，从其中的一个，譬如顶点 1，可以通过 7 个不同的平移对称变换(尽管其中只有三个是独立的)得到其他 7 个，相应地也可以得到这 7 个顶点相对于顶点 1 的相对位移边界条件为

$$U_2 - U_1 = F_{AB}, \qquad\qquad \text{即通过 } i=1, j=k=0 \text{ 由顶点 1 得到顶点 2}$$
$$U_3 - U_1 = F_{AB} + F_{CD}, \qquad \text{即通过 } i=j=1, k=0 \text{ 由顶点 1 得到顶点 3}$$
$$U_4 - U_1 = F_{CD}, \qquad\qquad \text{即通过 } i=0, j=1, k=0 \text{ 由顶点 1 得到顶点 4}$$
$$U_5 - U_1 = F_{EF}, \qquad\qquad \text{即通过 } i=0, j=0, k=1 \text{ 由顶点 1 得到顶点 5} \tag{6.67}$$
$$U_6 - U_1 = F_{AB} + F_{EF}, \qquad \text{即通过 } i=1, j=0, k=1 \text{ 由顶点 1 得到顶点 6}$$
$$U_7 - U_1 = F_{AB} + F_{CD} + F_{EF}, \quad \text{即通过 } i=j=k=1 \text{ 由顶点 1 得到顶点 7}$$
$$U_8 - U_1 = F_{CD} + F_{EF}, \qquad \text{即通过 } i=0, j=k=1 \text{ 由顶点 1 得到顶点 8}$$

至此，单胞的 6 个面、12 条棱、8 个顶(数目满足欧拉公式)都被赋予了相应的相对位移边界条件，且无赘余，即既充分又必要。鉴于单胞边界条件的形式本身缺乏唯一性，有很多正确但又貌似不同的形式，其间所有的差别，若不是上述方程的不同的线性组合，那就是增减一刚体运动，这些都不影响变形，因此，既没可能，也没必要穷尽所有不同的形式。得到了一组正确的，又能比较系统地验证其正确性，并能相对方便地实施，那就足够了。

当然，实施之前，还需消除单胞的刚体平动，对本单胞，这可以是

$$u_1 = v_1 = w_1 = 0, \quad 简记为 \quad U_1 = 0$$

如上建立的单胞，应该重现 6.4.2.2 节的结果，只要在 6.4.2.2 节中单胞的边长均取为 $2b$ 即可，但是在诸多关系的表示方面，采用了简记符号，这些将在后续章节中不加申明地沿用，因为届时，若不采用任何简记符号，太多的方程会影响本书的篇幅及易读性。

6.4.2.4 相应于面心立方排列的单胞

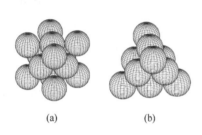

图 6.12　不同视角的面心立方排列的示意

面心立方排列可以由图 6.12 示意，其中的两个示意图均出自同一系统，只是视角有所不同，而堆砌的圆球的个数有所增减而已。这是一密排结构，如果用满尺寸的圆球堆砌，圆球的体积含量可高达 74.05%。每一圆球都与其他 12 个相切，这 12 个圆球可分为 4 个一组，共 3 组，每一组 4 个与该球位于同一平面并正交分布于其四周，3 组对应着 3 个这样的平面，相互垂直，很自然地会被选作后续建立模型的坐标平面。

对面心立方排列的构形进行 Voronoi 划分，可得 Voronoi 胞元如图 6.13(a)所示，它有 6 对呈菱形的面、24 条棱、14 个顶，数目显然满足欧拉公式(6.62)。此 Voronoi 胞元将被定义为适用于该构形的单胞。

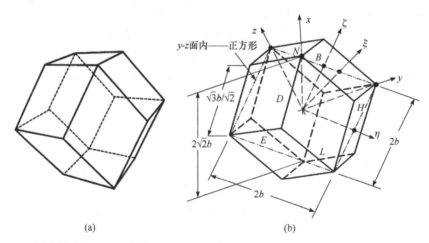

(a)　　　　　　　　　　　　　　(b)

图 6.13　用作单胞的面心立方排列的 Voronoi 胞元：(a)Voronoi 胞元(菱形 12 面体)；(b)坐标系、平移对称的方向、面的标注

　　刻画面心立方特征的坐标系已在前面描述，置其于欲研究的单胞里，则可描述如下：在此单胞的 14 个顶点中，有 6 个是 4 条棱的交汇点，另外 8 个是 3 条棱的交汇点，那 6 个 4 条棱交汇的顶点两两相对，之间的距离给出单胞的线度，即最大尺寸，是满尺寸的圆球的直径的 $\sqrt{2}$ 倍，穿过这样的一对顶点可连一直线，3 根这样的直线相互垂直，即为坐标系的坐标轴 x、y、z，示意于图 6.13(b)，同时，图中还标注了构形所具有的三个独立的平移对称性的方向 ξ、η、ζ，以及可见的面 B、D、E、H、L、N，不可见的面 A、C、F、G、K、M 分别与可见面相对，上述代表面的字母按序排列但跳过了 I 和 J，以免与代表棱的罗马数字相混淆。这些面可以分别解析表示如下：

$$x+y=\pm\sqrt{2}b \quad (+相应于 B 面、-相应于 A 面)$$

$$x-y=\pm\sqrt{2}b \quad (+相应于 D 面、-相应于 C 面)$$

$$y+z=\pm\sqrt{2}b \quad (+相应于 F 面、-相应于 E 面)$$

$$y-z=\pm\sqrt{2}b \quad (+相应于 H 面、-相应于 G 面) \tag{6.68}$$

$$x+z=\pm\sqrt{2}b \quad (+相应于 N 面、-相应于 M 面)$$

$$x-z=\pm\sqrt{2}b \quad (+相应于 L 面、-相应于 K 面)$$

其中，b 是满尺寸圆球的半径。

　　在面心立方排列的构形中的三个独立的平移对称变换是从单胞所含的球的球心，即坐标原点，分别指向相邻的球的球心(参见图 6.12)，其中 η 方向和 ζ 方向相互垂直，但 ξ 的方向与 η-ζ 平面夹 45°角，因此，ξ-η-ζ 也构成一坐标系，但这是一非正交的坐标系。经原点沿任一面的法线方向都会穿过相邻的球的球心，也对应着一个不同的平移对称性，此构形共有 12 个这样的平移对称性，都可以由上述三个独立地组合而成。这些平移对称的平移量均为 $2b$，即满尺寸圆球的直径。这样，从单胞中任一点到空间任一胞元中相应的点的平移矢量可表示为

$$\begin{Bmatrix} \Delta\xi \\ \Delta\eta \\ \Delta\zeta \end{Bmatrix} = 2b \begin{Bmatrix} i \\ j \\ k \end{Bmatrix} \tag{6.69}$$

其中，i、j、k 分别为沿 ξ、η、ζ 方向平移通过的胞元的个数，负值表示沿反方向。上述平移矢量是在一非正交坐标系下给出的，可以通过一线性变换，在 x-y-z 坐标系表示如下

$$\begin{Bmatrix} \Delta x \\ \Delta y \\ \Delta z \end{Bmatrix} = \frac{1}{\sqrt{2}} \begin{bmatrix} 1 & 0 & 0 \\ 1 & 1 & 1 \\ 0 & -1 & 1 \end{bmatrix} \begin{Bmatrix} \Delta\xi \\ \Delta\eta \\ \Delta\zeta \end{Bmatrix} \tag{6.70}$$

这样，单胞的6对面中的每一对在一平移变换下分别为原与象，其对称性可以由一组整数 i、j、k 描述如下：

从 A 面平移至 B 面：$i=1, j=k=0$

从 C 面平移至 D 面：$i=1, j=k=-1$

从 E 面平移至 F 面：$i=j=0, k=1$

从 G 面平移至 H 面：$i=0, j=1, k=0$ （6.71）

从 K 面平移至 L 面：$i=1, j=0, k=-1$

从 M 面平移至 N 面：$i=1, j=-1, k=0$

将这些 i、j、k 的组合代入式(6.69)，再将其代入式(6.70)就得到了相应的平移矢量，由式(6.12)可分别得这6对面的相对位移边界条件为

$$\left\{\begin{matrix}u\\v\\w\end{matrix}\right\}_B-\left\{\begin{matrix}u\\v\\w\end{matrix}\right\}_A=\sqrt{2}b\left\{\begin{matrix}\varepsilon_x^0\\\gamma_{xy}^0+\varepsilon_y^0\\\gamma_{xz}^0+\gamma_{yz}^0\end{matrix}\right\},\quad\text{简记为}\quad U_B-U_A=F_{AB} \tag{6.72a}$$

$$\left\{\begin{matrix}u\\v\\w\end{matrix}\right\}_D-\left\{\begin{matrix}u\\v\\w\end{matrix}\right\}_C=\sqrt{2}b\left\{\begin{matrix}\varepsilon_x^0\\\gamma_{xy}^0-\varepsilon_y^0\\\gamma_{xz}^0-\gamma_{yz}^0\end{matrix}\right\},\quad\text{简记为}\quad U_D-U_C=F_{CD} \tag{6.72b}$$

$$\left\{\begin{matrix}u\\v\\w\end{matrix}\right\}_F-\left\{\begin{matrix}u\\v\\w\end{matrix}\right\}_E=\sqrt{2}b\left\{\begin{matrix}0\\\varepsilon_y^0\\\gamma_{yz}^0+\varepsilon_z^0\end{matrix}\right\},\quad\text{简记为}\quad U_F-U_E=F_{EF} \tag{6.72c}$$

$$\left\{\begin{matrix}u\\v\\w\end{matrix}\right\}_H-\left\{\begin{matrix}u\\v\\w\end{matrix}\right\}_G=\sqrt{2}b\left\{\begin{matrix}0\\\varepsilon_y^0\\\gamma_{yz}^0-\varepsilon_z^0\end{matrix}\right\},\quad\text{简记为}\quad U_H-U_G=F_{GH} \tag{6.72d}$$

$$\left\{\begin{matrix}u\\v\\w\end{matrix}\right\}_N-\left\{\begin{matrix}u\\v\\w\end{matrix}\right\}_M=\sqrt{2}b\left\{\begin{matrix}\varepsilon_x^0\\\gamma_{xy}^0\\\gamma_{xz}^0+\varepsilon_z^0\end{matrix}\right\},\quad\text{简记为}\quad U_N-U_M=F_{MN} \tag{6.72e}$$

$$\left\{\begin{matrix}u\\v\\w\end{matrix}\right\}_L-\left\{\begin{matrix}u\\v\\w\end{matrix}\right\}_K=\sqrt{2}b\left\{\begin{matrix}\varepsilon_x^0\\\gamma_{xy}^0\\\gamma_{xz}^0-\varepsilon_z^0\end{matrix}\right\},\quad\text{简记为}\quad U_L-U_K=F_{KL} \tag{6.72f}$$

为了剔除赘余边界条件，棱应该从面中刨除，棱上的边界条件需要单列。为

了达到此目的，观察棱之间的相互关系如下：24 条棱分别朝 4 个方向倾斜，任一
4 棱交汇的顶点所涉及的 4 条棱就分别朝着这 4 个方向，其他的所有棱都平行于
这 4 条之一。这样，每个方向均有 6 条棱，每条棱都是一端为 4 棱交汇的顶，另
一端为 3 棱交汇的顶，但是在同一朝向的 6 条棱中，有 3 条，4 棱交汇的顶在同
一端，而另 3 条在另一端，即这 6 条朝向相同的棱中，有两种不同的极性。所以
只有 3 条棱朝向相同、极性相同，之间可通过现有的平移对称性相互再现，24 条
棱因此在给定的平移对称性下分成相互独立的 8 组，每组 3 条，同朝向、同极性。
这 3 条棱，两两之间，都分别是相对的两个面上相对应的两条棱，因此，其间的
相对位移边界条件与相应的面之间的相对位移边界条件完全相同，只是需要剔除
赘余的条件，这可以简单地通过斩断 3 条棱之间的"三角"关系来实现。这样，
单胞棱上既充分又必要的相对位移边界条件可得为

$$-U_{XXIII} + U_{I} = F_{KL} \qquad 及 \qquad -U_{XVIII} + U_{I} = F_{AB} \tag{6.73a}$$

$$-U_{XVII} + U_{II} = F_{AB} \qquad 及 \qquad -U_{XX} + U_{II} = F_{MN} \tag{6.73b}$$

$$-U_{XXII} + U_{III} = F_{CD} \qquad 及 \qquad -U_{XIX} + U_{III} = F_{MN} \tag{6.73c}$$

$$-U_{XXIV} + U_{IV} = F_{KL} \qquad 及 \qquad -U_{XXI} + U_{IV} = F_{CD} \tag{6.73d}$$

$$U_{XV} - U_{V} = F_{KL} \qquad 及 \qquad U_{X} - U_{V} = F_{AB} \tag{6.73e}$$

$$U_{IX} - U_{VI} = F_{AB} \qquad 及 \qquad U_{XII} - U_{VI} = F_{MN} \tag{6.73f}$$

$$U_{XIV} - U_{VII} = F_{CD} \qquad 及 \qquad U_{XI} - U_{VII} = F_{MN} \tag{6.73g}$$

$$U_{XVI} - U_{VIII} = F_{KL} \qquad 及 \qquad U_{XIII} - U_{VIII} = F_{CD} \tag{6.73h}$$

其中棱的编号如图 6.14(a)所示。

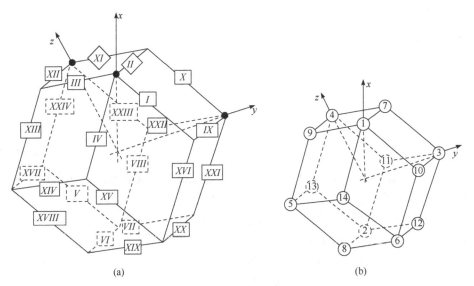

(a)　　　　　　　　　　　　　　　(b)

图 6.14　面心立方单胞棱(a)和顶(b)的编号

类似地，为了避免赘余边界条件，顶也需从棱中刳除，顶上的边界条件单列。前面已经把 14 个顶分成了 6 个一组的 4 棱交汇顶和 8 个 3 棱交汇的顶。前一组 6 个无疑构成一组独立的顶，采用如图 6.14(b)中的顶的编号，顶 1 与顶 3、4、5、6 分别为不同的成对的面上的相应的点，因此其间的关系也就是那些成对的面之间的关系。同样地，顶 2 也与顶 3、4、5、6 分别为不同的成对的面上的相应的点，间接地，顶 1 与顶 2 可以被联系起来，或者说是现有平移对称性的一个特别的组合。于是有

$$-U_2 + U_1 = F_{AB} + F_{CD} \tag{6.74a}$$

$$-U_3 + U_1 = F_{CD} \tag{6.74b}$$

$$-U_4 + U_1 = F_{KL} \tag{6.74c}$$

$$-U_5 + U_1 = F_{AB} \tag{6.74d}$$

$$-U_6 + U_1 = F_{MN} \tag{6.74e}$$

出现在同一面上的两个 4 棱交汇的顶可以分别被视为另外一对面上的两个相应的点，互为原与象，如同在面 B 上的顶 1 和顶 3，可视为面 D 和面 C 上相对应的点，但是，出现在同一面上的两个 3 棱交汇的顶，不可能同时出现在任何一对相对的面上，不能互为原与象。因此，那 8 个 3 棱交汇的顶，必须分成两组相互独立的顶，每组 4 个，分别以顶 7 和 8 为原，每组中的其他的 3 个分别为顶 7 或 8 的象，位于成对的面上的相应的点，其间的相对位移边界条件如下

$$-U_{12} + U_7 = F_{MN} \tag{6.75a}$$

$$-U_{13} + U_7 = F_{AB} \tag{6.75b}$$

$$-U_{14} + U_7 = F_{EF} \tag{6.75c}$$

$$U_9 - U_8 = F_{MN} \tag{6.75d}$$

$$U_{10} - U_8 = F_{AB} \tag{6.75e}$$

$$U_{11} - U_8 = F_{EF} \tag{6.75f}$$

如上给出的顶之间的相对位移边界条件也是既充分又必要的，其充分性在于包含了所有的相对关系，而必要性在于没有任何重复。

作为有限元模型来分析，单胞的平动刚体位移可约束如下

$$u_1 = v_1 = w_1 = 0, \quad \text{记} \quad U_1 = 0 \tag{6.76}$$

这样，面心立方的单胞的所有边界条件就都有了，就建单胞而言，可谓大功告成，但是，如此的单胞在实际的有限元分析中的实施还不无挑战，仅仅是三维的有限

元网格的划分就需要相当大的努力，就这方面，作者的直接经验可能有所帮助。该单胞可以首先中心开花分割成几何形状完全相同但方位不同的 4 个等边六面体，其中之一如图 6.15(a)所示，且称为第一块。其余的三块，合在一处时如图 6.15(b)所示，呈一凹的多面体，其被三等分后，每一块都与第一块形状完全相同。第一块与另三块的组合体的相对位置关系如图 6.15(c)所示意。这样分块后，用户仅需恰当地划分其中之一即可。需要注意的是，每一块都是一个六面体，六个面外观形状都相同，但是，其中三个面暴露在单胞的表面，另三个面在单胞的内部，每一个内部的面都与另一块衔接，即共享节点。因此，对此六面体划分网格时，必须保证三个内部的面上的划分完全相同，相对来说，对一个六面体进行网格划分，那就容易多了。划分妥当后，把这一块复制三份，每块内部的面都与另一块内部的面无缝衔接。经过适当的旋转、平移，三块无缝地合在一起，这时，与第一块衔接的三个内部的面上的网格就如图 6.15(b)所示。

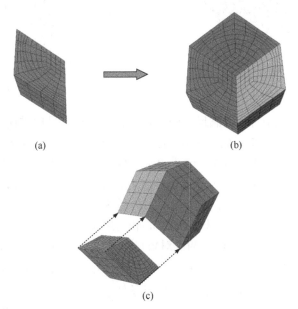

(a)　　　　　　　　　　　　(b)

(c)

图 6.15　面心立方单胞有限元网格的搭建：(a)按所建议的分块方案所得的具有代表性的一块，呈一六面体；(b)另三块的组合；(c)第一块与另三块的组合件的装配

6.4.2.5　相应于体心立方的单胞

图 6.16(a)给出了一个由满尺寸圆球所示意的体心立方排列，其排列的致密程度显然不如面心立方，但高于简单立方，满尺寸圆球的体积含量为 68.02%。体心立方构形中有 4 个直接有用的平移对称性，即分别沿 x、y、z 坐标轴方向的平移，平移量为 $4b/\sqrt{3}$ ，还有一沿倾斜方向但与三个坐标轴夹相同角度的方向，记为 ρ

方向，平移量为 $2b$，这里的 b 是满尺寸圆球的半径。虽然可以证明第四个平移对称性可由前三个线性组合得出，但是暂时保留第四个平移对称性对后续推导还是有便利之处的。从体心立方得到的 Voronoi 胞元如图 6.16(b)所示，它有 7 对面、36 条棱、24 个顶，自然它们满足欧拉公式(6.62)。Voronoi 胞元显然可以是一个合适的单胞，如果以满尺寸圆球为粒子增强复合材料的增强粒子，这一单胞仅含一个完整的粒子，而不涉及任何其他相邻的粒子。

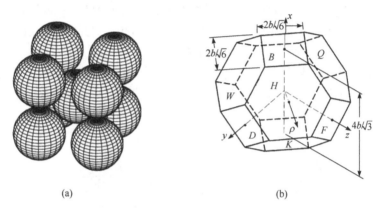

(a)   (b)

图 6.16 (a)体心立方排列；(b)体心立方的 Voronoi 胞元，含主要尺寸及面的标号

借助如图 6.16(a)所示的满尺寸圆球排列，可比较容易地描述该单胞的特征。它是一个 14 面体，即 7 对面，其中，有 4 对是介于与该单胞所含的圆球之球心和与之相邻的 8 个球之球心的连线的垂直平分面，它们两两成对，均呈尺寸相同的正六角形，面的法向分别在 8 个卦象中，与三坐标轴(不分正负)夹相同的夹角，其中第一卦象中的方向即为 ρ 的方向。另外的 3 对面，分别垂直于三条坐标轴，是介于与该单胞所含的满尺寸圆球的球心和与之次近邻(有间距)的 6 个球(即上、下、左、右、前、后，它们也两两成对)的球心的连线的垂直平分面，均呈尺寸相同的正方形。这些六角形和正方形共享同样的边长 $2b/\sqrt{6}$，如图 6.16(b)所示。单胞的形状描述清楚了就可以来推导其边界条件了。

在体心立方构形中，从任一 Voronoi 胞元到另一胞元，都可以通过沿 x、y、z、ρ 这 4 个方向的平移对称变换来实现，这两胞元之间的相对位置，可以由如下的 4 个方向的距离来定义

$$\begin{Bmatrix} \delta x \\ \delta y \\ \delta z \\ \delta \rho \end{Bmatrix} = 2b \begin{Bmatrix} 2i/\sqrt{3} \\ 2j/\sqrt{3} \\ 2k/\sqrt{3} \\ l \end{Bmatrix} \tag{6.77}$$

其中 i、j、k、l 均为整数，分别为沿 x、y、z、ρ 方向上移动的胞元的个数，任何两个胞元之间都可以由这样一组整数相联系。理论上，如前所述，第四个平移对称性并不独立，只是整数的 i、j、k 不足以联系一胞元与包含紧挨着的 8 个球的胞元，因此作为过渡暂时保留第四个平移对称。事实上，因为问题定义在三维空间，只能有三个完全独立的平移对称性，从一胞元中的一点到另一胞元中的相应的点的坐标增量可以由式(6.77)表示为

$$
\begin{Bmatrix} \Delta x \\ \Delta y \\ \Delta z \end{Bmatrix} = \frac{1}{2} \begin{bmatrix} 2 & 0 & 0 & 1 \\ 0 & 2 & 0 & 1 \\ 0 & 0 & 2 & 1 \end{bmatrix} \begin{Bmatrix} \delta x \\ \delta y \\ \delta z \\ \delta \rho \end{Bmatrix}
\tag{6.78}
$$

这样，本单胞的 7 对面所对应的整数 i、j、k、l 便分别为

从 A 面平移至 B 面：$i=1, j=k=l=0$

从 C 面平移至 D 面：$i=0, j=1, k=l=0$

从 E 面平移至 F 面：$i=j=0, k=1, l=0$

从 G 面平移至 H 面：$i=j=k=0, l=1$　　　　　　　　　　　　(6.79)

从 P 面平移至 Q 面：$i=0, j=-1, k=0, l=1$

从 K 面平移至 L 面：$i=0, j=k=-1, l=1$

从 M 面平移至 N 面：$i=j=0, k=-1, l=1$

将上述整数分别代入式(6.77)，再将式(6.77)代入式(6.78)，利用式(6.12)即可得这些成对的面之间的相对位移边界条件如下：

$$
\begin{Bmatrix} u \\ v \\ w \end{Bmatrix}_B - \begin{Bmatrix} u \\ v \\ w \end{Bmatrix}_A = \frac{4b}{\sqrt{3}} \begin{Bmatrix} \varepsilon_x^0 \\ \gamma_{xy}^0 \\ \gamma_{xz}^0 \end{Bmatrix}, \qquad \text{简记为} \quad U_B - U_A = F_{AB}
\tag{6.80a}
$$

$$
\begin{Bmatrix} u \\ v \\ w \end{Bmatrix}_D - \begin{Bmatrix} u \\ v \\ w \end{Bmatrix}_C = \frac{4b}{\sqrt{3}} \begin{Bmatrix} 0 \\ \varepsilon_y^0 \\ \gamma_{yz}^0 \end{Bmatrix}, \qquad \text{简记为} \quad U_D - U_C = F_{CD}
\tag{6.80b}
$$

$$
\begin{Bmatrix} u \\ v \\ w \end{Bmatrix}_F - \begin{Bmatrix} u \\ v \\ w \end{Bmatrix}_E = \frac{4b}{\sqrt{3}} \begin{Bmatrix} 0 \\ 0 \\ \varepsilon_z^0 \end{Bmatrix}, \qquad \text{简记为} \quad U_F - U_E = F_{EF}
\tag{6.80c}
$$

$$\begin{Bmatrix} u \\ v \\ w \end{Bmatrix}_H - \begin{Bmatrix} u \\ v \\ w \end{Bmatrix}_G = \frac{2b}{\sqrt{3}} \begin{Bmatrix} \varepsilon_x^0 \\ \gamma_{xy}^0 + \varepsilon_y^0 \\ \gamma_{xz}^0 + \gamma_{yz}^0 + \varepsilon_z^0 \end{Bmatrix}, \quad 简记为 \quad U_H - U_G = F_{GH} \tag{6.80d}$$

$$\begin{Bmatrix} u \\ v \\ w \end{Bmatrix}_Q - \begin{Bmatrix} u \\ v \\ w \end{Bmatrix}_P = \frac{2b}{\sqrt{3}} \begin{Bmatrix} \varepsilon_x^0 \\ \gamma_{xy}^0 - \varepsilon_y^0 \\ \gamma_{xz}^0 - \gamma_{yz}^0 + \varepsilon_z^0 \end{Bmatrix}, \quad 简记为 \quad U_Q - U_P = F_{PQ} \tag{6.80e}$$

$$\begin{Bmatrix} u \\ v \\ w \end{Bmatrix}_L - \begin{Bmatrix} u \\ v \\ w \end{Bmatrix}_K = \frac{2b}{\sqrt{3}} \begin{Bmatrix} \varepsilon_x^0 \\ \gamma_{xy}^0 - \varepsilon_y^0 \\ \gamma_{xz}^0 - \gamma_{yz}^0 - \varepsilon_z^0 \end{Bmatrix}, \quad 简记为 \quad U_L - U_K = F_{KL} \tag{6.80f}$$

$$\begin{Bmatrix} u \\ v \\ w \end{Bmatrix}_N - \begin{Bmatrix} u \\ v \\ w \end{Bmatrix}_M = \frac{2b}{\sqrt{3}} \begin{Bmatrix} \varepsilon_x^0 \\ \gamma_{xy}^0 + \varepsilon_y^0 \\ \gamma_{xz}^0 + \gamma_{yz}^0 - \varepsilon_z^0 \end{Bmatrix}, \quad 简记为 \quad U_N - U_M = F_{MN} \tag{6.80g}$$

建立了单胞的面的边界条件之后，就可以来处理棱和顶了，因为棱和顶都是面的一部分，适用于它们的边界条件都可以从面的边界条件导出，只是需要剔除赘余的边界条件而已，其基本过程与之前的简单立方和面心立方的单胞中的相关论述大同小异。简单来说，从三对正方形的面中各取一面，其 4 条棱都是相互独立的棱，采用如图 6.17(a)所示的棱的编号，即 $I \sim IV$、$V \sim VIII$、$IX \sim XII$，共 $3 \times 4 = 12$ 条，通过现有的平移变换，每条可以复制另外与之平行的两条。以棱 I 为例，其复制出来的两条中的一条在对面的正方形的面上，即棱 XIII；另一条是两六角形面的交线，即棱 XXXV。因此，在所有的 36 条棱中仅有 12 条是独立的。棱上的相对位移边界条件可得为

$$\begin{aligned} -U_{XIII} + U_I = F_{AB} \\ -U_{XXXV} + U_I = F_{GH} \end{aligned} \tag{6.81a}$$

$$\begin{aligned} -U_{XIV} + U_{II} = F_{AB} \\ -U_{XXXVI} + U_{II} = F_{PQ} \end{aligned} \tag{6.81b}$$

$$\begin{aligned} -U_{XV} + U_{III} = F_{AB} \\ -U_{XXXIII} + U_{III} = F_{KL} \end{aligned} \tag{6.81c}$$

$$\begin{aligned} -U_{XVI} + U_{IV} = F_{AB} \\ -U_{XXXIV} + U_{IV} = F_{MN} \end{aligned} \tag{6.81d}$$

$$-U_{XVII} + U_V = F_{CD}$$
$$-U_{XXXII} + U_V = F_{GH}$$
$$(6.81e)$$

$$-U_{XVIII} + U_{VI} = F_{CD}$$
$$-U_{XXX} + U_{VI} = F_{MN}$$
$$(6.81f)$$

$$-U_{XIX} + U_{VII} = F_{CD}$$
$$U_{XXVI} - U_{VII} = F_{PQ}$$
$$(6.81g)$$

$$-U_{XX} + U_{VIII} = F_{CD}$$
$$U_{XXVIII} - U_{VIII} = F_{KL}$$
$$(6.81h)$$

$$-U_{XXI} + U_{IX} = F_{EF}$$
$$-U_{XXXI} + U_{IX} = F_{GH}$$
$$(6.81i)$$

$$-U_{XXII} + U_X = F_{EF}$$
$$U_{XXVII} - U_X = F_{KL}$$
$$(6.81j)$$

$$-U_{XXIII} + U_{XI} = F_{EF}$$
$$U_{XXV} - U_{XI} = F_{MN}$$
$$(6.81k)$$

$$-U_{XXIV} + U_{XII} = F_{EF}$$
$$-U_{XXIX} + U_{XII} = F_{PQ}$$
$$(6.81l)$$

类似地，一个顶作为两条棱的交点，可以通过现有的平移对称变换到另外 3 个顶，因此，24 个顶中，只有 6 个是独立的，采用如图 6.17(b)所示的顶的编号，不妨选顶 1~6，它们相互独立，而其他都可以由其中之一通过现有的平移对称性而得。顶上的相对位移边界条件可得为

$$-U_{11} + U_1 = F_{MN}$$
$$-U_{14} + U_1 = F_{GH}$$
$$-U_{21} + U_1 = F_{AB}$$
$$(6.82a)$$

$$-U_{13} + U_2 = F_{GH}$$
$$-U_{16} + U_2 = F_{PQ}$$
$$-U_{22} + U_2 = F_{AB}$$
$$(6.82b)$$

$$-U_{15} + U_3 = F_{PQ}$$
$$-U_{10} + U_3 = F_{KL}$$
$$-U_{23} + U_3 = F_{AB}$$
$$(6.82c)$$

$$-U_9 + U_4 = F_{KL}$$
$$-U_{12} + U_4 = F_{MN}$$
$$-U_{24} + U_4 = F_{AB}$$
$$(6.82d)$$

$$-U_7 + U_5 = F_{CD}$$
$$-U_{18} + U_5 = F_{MN} \tag{6.82e}$$
$$-U_{20} + U_5 = F_{GH}$$

$$-U_8 + U_6 = F_{EF}$$
$$-U_{17} + U_6 = F_{PQ} \tag{6.82f}$$
$$-U_{19} + U_6 = F_{GH}$$

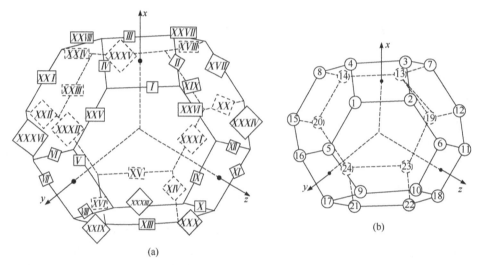

图 6.17 (a) 面心立方的单胞的棱(a)和顶(b)的编号

刚体平动可以如下约束

$$u_1 = v_1 = w_1 = 0 \text{ , 简记为 } U_1 = 0 \tag{6.83}$$

由如上建立的边界条件，理论上可以进行单胞的分析了，然而本单胞的拓扑构造较之于本书中的其他单胞都要复杂。单胞的有限元网格通常要从单胞的表面开始，以确保表面上的划分能够支持前述相对位移边界条件的施加。该单胞的表面上有 8 个六边形的面，因为大多数有限元前处理软件都不能直接划分如此的多边形，用户必须先将这样的六边形分割成前处理软件能够接受的子区域，如三角形、四边形，然后再在各子区域中划分表面网格。关于表面网格的一些基本要求在本章 6.5 节中还会作相应的介绍。

6.4.2.6 相应于密排六方排列的单胞

如图 6.18 所示，密排立方是一种紧密排列系统，就排列密度而言，它与面心立方相同，但是，如果以图 6.18 中的由三层满尺寸圆球所构成的示意构形为例，相对于图 6.12(b)中所示的面心立方，密排立方每第三层(图 6.18(a)中最上层)有一个位错，因此，所得的 Voronoi 胞元也就与面心立方的有所不同，尽管它们的体积相同，如果相应的满尺寸圆球的直径相同，面、棱、顶的数量也相同，但拓扑结构已不再相同。具体地说，6 个菱形的面不再是两两相对，事实上，它们中的哪一个都不平行于其他的另一个了，因此，也就不存在任何平移对称性把其中的一个与另外的任何一个相联系。正因为这个原因，对密排六方而言，Voronoi 胞元不可能被用作单胞，至少在本章的限制条件下，即仅利用平移对称性，从一个 Voronoi 胞元仅通过平移变换，不可能填满整个空间。如欲从一个 Voronoi 胞元通过对称变换填满整个空间，除了平移之外还需要一个 180°的旋转。第 8 章中将详细介绍在充分利用了所有的平移对称性之后，再进一步利用构形所具有的反射、旋转对称性建立尺寸更小的单胞的具体步骤。

尽管这种情况下 Voronoi 胞元无以用作单胞，但是得出 Voronoi 胞元至少可增进对密排六方构形的认知，建立在这一认知的基础上，一个折中的单胞可以是一个正六角柱体，作为一个适用而又相对来说形状简单的单胞。参见图 6.18(b)，如果把 Voronoi 胞元中平行于 x 轴的 6 个面沿 x 方向，向两端延长，就会得到一无限长的六角柱体。在该柱体内，沿长度方向，规则地排列着一系列与柱体的 6 个面都相切的完整的极限尺寸圆球，而在每两个这样的球之间，都有被那 6 个面截断的、分别属于三个不同的球、如橘瓣那样的三分之一的球。如果将该柱体通过相距最近的两组这样不完整的球的球心处截断，而可得一长度为 $4b/\sqrt{6}$ 的正六角柱体，内含一整球，其上下各有三个球的碎块，大小是整球的六分之一，这 6 个碎块在这个六角柱体中的位置如图 6.19(a)示意。此六角柱体的体积是 Voronoi 胞元的两倍，通过在 x 方向的平移对称和 y-z 平面内的平移对称，可以既不重叠又不留缝隙地填满整个空间，因此，这就是一个理想的单胞。

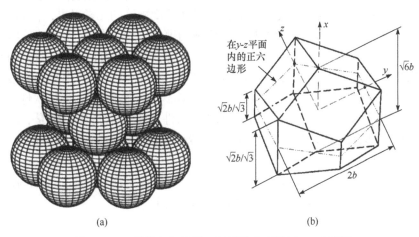

(a)　　　　　　　　　　　　(b)

图 6.18　(a)密排六方示意；(b)密排六方的 Voronoi 胞元

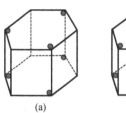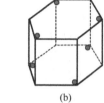

(a)   (b)

图 6.19　(a)适合密排六方的单胞；
(b)相应的面心立方的情形

经过如上变通，就不再有必要另起炉灶建立此单胞了，而可以直接用 6.4.1.4 节所建立的单胞。所不同的是，这时所需分析的问题是一个地地道道的三维问题，在 x 方向，不能只有一层单元，而需要一足够细分的网格，因为沿此方向，应力场一般不再是常数。在图 6.19(a)中 6 个不同的顶点处的黑点，所示意的都是一个六分之一的球，而在柱体中心处的一个完整的球未在图中标出。

密排六方与面心立方的排列的异同可以借图 6.19(b)示意，所谓的第三层有一位错，比较图 6.19(a)和(b)就可以一目了然了。

6.4.2.7　适用于层合复合材料的单胞

层合板是复合材料在工程应用中最常见的结构形式，它们作为金属板材的替代而被广泛使用，譬如，作为飞机的蒙皮。在很多工程设计场合中，它们经常被当作是一种"材料"，而不是一结构，事实上，如果考虑到由铺层引起的材料沿厚度方向的不均匀性，层合板的确是一结构。然而，在实际应用中，特别是大型的结构设计过程中，如飞机，如果将层合板作为一种"材料"来处理，不无便利之处。为了能将其作为"材料"，就必须知道其等效弹性常数和等效热膨胀系数。通常，这可以通过使用所谓的经典层合板理论，首先获取等效刚度矩阵，一般记作 **A**、**B**、**D** (Jones, 1998)。需要指出的是，这些刚度矩阵的元素本身并不直接就是通常的弹性常数，尽管它们之间有着密切的关系。简单地说，刚度矩阵的逆矩阵是柔度矩阵，按照弹性常数的定义，它们可以从柔度矩阵的元素得出，譬如，其主对角线上的元素的倒数，就是弹性模量或剪切模量。矩阵求逆，通常都超出了手算的范围，用户不得不写一小程序，在某一平台上运行，如 Excel、Matlab，由计算机来代劳。不管该程序多么的微不足道，除非用户购置用来分析复合材料的专用软件，这虽然不很昂贵，但也不谓不是一笔费用，而此软件，既为专用，一般无甚别用。另一方面，有限元软件通常要贵得多，但是，一般的设计人员，都有配置，如果把上述分析，置于有限元的平台，则对用户来说，便利不必多说。

鉴于上述理由，实现前述分析的最简便的途径就是通过一专门的单胞，就可以在已有的有限元的平台来分析，这是本小节的主题。

　　如果把一层合板作为一"材料"，就好像是一金属板材，用试验来表征，则需要施加产生单向应力或者是纯剪的载荷，在常规的正确加载的必要考虑之外，还需要一定的额外的考虑，因为此"材料"是非均匀的、各向异性的。譬如，为了试验时能得到单向应力状态，在试件的试验段的两端必须留有充分的长度余量，以保证加载和夹持端的边界效应在到达试验段时已足够地衰减，这样的话，试验段内就会有足够近似的单向应力状态。而在试片的两边，由于层与层之间纤维铺设的方向不同而造成的弹性性质的不同，在层间的界面上可以有很高的应力集中，即所谓的自由边效应，因此，这两边也必须留有足够的宽度，以便让自由边界效应能够被充分地冲淡。这些试验方面的挑战，在虚拟试验中很容易避免，只要边界条件处理得当。为此，可以在分离体的意义下从层合板的试验段中又远离两边边界处，取出满厚度的一块，如果施以相对位移边界条件，它将不会受到任何自由边界条件的影响，因此，对于层合板作为一"材料"，这比试验状态更具有代表性，故可作为一单胞，用来表征该层合板。但是，以该单胞来代表有限尺寸的试件，其效果则要差些，因为单胞所代表的是平面内尺寸无限的层合板。相对来说，如果将层合板视作一"材料"，在单胞和有限尺寸的试件之间，更缺乏代表性的是的试件，而不是单胞，理由已如上给出。

　　在层合板试件的试验段内又远离自由边的部分，每层板在层板平面内处于常应力状态，而沿层合板厚度方向，在层板内的应力状态要么是常数，或者至多是由于弯曲而呈线性分布。不管是哪一种情况，对每一层板，有一个线性实体单元足以描述该层内的应力变化，而整个单胞，也就是这样一叠单个的线性的实体单元，每层一个单元。这单胞所涉及的自由度数很少，分析所需的计算机机时也微不足道，从用户的角度，与用其他平台，如 Matlab 或 Excel，分析同样的问题，感觉上不会有多大的不同。这里，单胞及其实施的正确性至关重要。后续的第 14 章中会展示，本著作者将此单胞的实施，如同其他所已建立的单胞，充分地自动化，之后，用户仅需通过一用户界面，输入所需表征的层合板的铺层信息，即可得到该层合板的所有等效弹性常数。

　　所谓建立此单胞，就是正确施加合适的相对位移边界条件，而该单胞的内部构形，简单至极。与本章中所建立的其他单胞不同的是，那些单胞所代表的问题，在高尺度上，相应的应变场都是均匀的，而对于层合板，为了能够表征弯曲特性，允许应变场沿层合板的厚度方向有一常梯度。因为考虑了弯曲，从该单胞也可以得出层板的弯曲刚度，当然也可以得到面内的等效弹性常数。在层合板的宏观的尺度上，在广义应变场为常数的条件下，层合板内的位移场可以由广义应变表为

(Li et al.,1994)

$$u = x\varepsilon_x^0 + \frac{1}{2}y\gamma_{xy}^0 + xz\kappa_x + \frac{1}{2}yz\chi_{xy}$$

$$v = \frac{1}{2}x\gamma_{xy}^0 + y\varepsilon_y^0 + yz\kappa_y + \frac{1}{2}xz\chi_{xy} \tag{6.84}$$

$$w = -\frac{1}{2}x^2\kappa_x - \frac{1}{2}y^2\kappa_y - \frac{1}{2}xy\chi_{xy}$$

其中，$\left(\varepsilon_x^0, \varepsilon_y^0, \gamma_{xy}^0\right)$ 是面内应变，$\left(\kappa_x, \kappa_y, \chi_{xy}\right)$ 是与层合板的弯曲变形相应的曲率，两者合在一起，通常称为层合板的广义应变，显然，表达式(6.84)仅确定到刚体运动，因此，此表达式也可以因刚体运动的约束方式不同而有所差别，但不影响变形。

在层合板的尺度上，广义应变场可以认为是常数场，由两个胞元中任意两个相应的点 $P(x,y,z)$ 和 $P'(x',y',z)$ 之间的相对位移，可以导出所需的边界条件。注意，相应的点必须相应着相同的 z 坐标。

$$u' - u = (x'-x)\varepsilon_x^0 + \frac{1}{2}(y'-y)\gamma_{xy}^0 + (x'-x)z\kappa_x + \frac{1}{2}(y'-y)z\chi_{xy}$$

$$v' - v = \frac{1}{2}(x'-x)\gamma_{xy}^0 + (y'-y)\varepsilon_y^0 + (y'-y)z\kappa_y + \frac{1}{2}(x'-x)z\chi_{xy} \tag{6.85}$$

$$w' - w = -\frac{1}{2}\left(x'^2 - x^2\right)\kappa_x - \frac{1}{2}\left(y'^2 - y^2\right)\kappa_y - \frac{1}{2}\left(x'y' - xy\right)\chi_{xy}$$

如果将第二个胞元选为一个紧挨着单胞但位于 x 坐标增大的一方，这样，如果 P 置于单胞的 x 坐标较小的那一边界，则 P' 将位于单胞的 x 坐标较大的边界上，P 和 P' 共享相同的 y 和 z 坐标，假设该两边界间的距离为 $2a$，即单胞的长度，那么，

$$x' = x + 2a, \qquad y' = y \tag{6.86}$$

则垂直于 x 轴的两个面上的相对位移边界条件可由(6.85)可得出为

$$u\big|_{(a,y,z)} - u\big|_{(-a,y,z)} = 2a\varepsilon_x^0 + 2az\kappa_x$$

$$v\big|_{(a,y,z)} - v\big|_{(-a,y,z)} = a\gamma_{xy}^0 + az\chi_{xy} \qquad \text{垂直于 } x \text{ 轴的两个面} \tag{6.87a}$$

$$w\big|_{(a,y,z)} - w\big|_{(-a,y,z)} = -2ax_0\kappa_x - ay\chi_{xy}$$

其中，$x_0 = x + a$ \hfill (6.88)

为单胞中心的 x 坐标。如果单胞中心选择在坐标系的原点，则垂直于 x 轴的两个面上的相对位移边界条件可简化为

$$u|_{(a,y,z)} - u|_{(-a,y,z)} = 2a\varepsilon_x^0 + 2az\kappa_x$$

$$v|_{(a,y,z)} - v|_{(-a,y,z)} = a\gamma_{xy}^0 + az\chi_{xy} \qquad 垂直于\,x\,轴的两个面 \tag{6.89a}$$

$$w|_{(a,y,z)} - w|_{(-a,y,z)} = -ay\chi_{xy}$$

如果将第二个胞元另选为一个紧挨着单胞但位于 y 坐标增大的一方，这样，如果 P 置于单胞的 y 坐标较小的那一边界，则 P' 将位于单胞的 y 坐标较大的边界上，P 和 P' 共享相同的 x 和 z 坐标，假设该两边界间的距离为 $2b$，即单胞的宽度，那么，

$$x' = x, \qquad y' = y + 2b \tag{6.90}$$

则此两边界间的相对位移边界条件也可由 (6.85) 得出为

$$u|_{(x,b,z)} - u|_{(x,-b,z)} = b\gamma_{xy}^0 + bz\chi_{xy}$$

$$v|_{(x,b,z)} - v|_{(x,-b,z)} = 2b\varepsilon_y^0 + 2bz\kappa_y \qquad 垂直于\,y\,轴的两个面 \tag{6.91}$$

$$w|_{(x,b,z)} - w|_{(x,-b,z)} = -2by_0\kappa_y - bx\chi_{xy}$$

其中，$y_0 = y + b$ \qquad (6.92)

为单胞中心的 y 坐标。如果单胞中心选择在坐标系的原点，则垂直于 y 轴的两个面上的相对位移边界条件可简化为

$$u|_{(x,b,z)} - u|_{(x,-b,z)} = b\gamma_{xy}^0 + bz\chi_{xy}$$

$$v|_{(x,b,z)} - v|_{(x,-b,z)} = 2b\varepsilon_y^0 + 2bz\kappa_y \qquad 垂直于\,y\,轴的两个面 \tag{6.89b}$$

$$w|_{(x,b,z)} - w|_{(x,-b,z)} = -bx\chi_{xy}$$

方程 (6.89a) 和 (6.89b) 即为层合板单胞在单胞中心选择在坐标系的原点时的相对位移边界条件，其中包含广义应变，它们与本章中出现在其它单胞的相对位移边界条件中的、在高尺度上的等效应变作用相同，在 6.6 节中会介绍它们的特殊作用。

相对位移边界条件 (6.89a) 和 (6.89b) 分别施加在垂直于 x 轴的一对面和垂直于 y 轴的一对面上，垂直于 z 轴的一对面是自由面不受约束，这与经典层合板理论一致。

为了避免赘余边界条件，上述的两对面都不应包括与 z 轴平行的 4 条棱，而在这 4 条棱之间，包括棱的端点，边界条件可以由与之前那些单胞类似的考虑得到如下

$$u\big|_{(a,-b,z)} - u\big|_{(-a,-b,z)} = 2a\varepsilon_x^0 + 2az\kappa_x$$

$$v\big|_{(a,-b,z)} - v\big|_{(-a,-b,z)} = a\gamma_{xy}^0 + az\chi_{xy} \tag{6.93a}$$

$$w\big|_{(a,-b,z)} - w\big|_{(-a,-b,z)} = ab\chi_{xy}$$

$$u\big|_{(-a,b,z)} - u\big|_{(-a,-b,z)} = b\gamma_{xy}^0 + bz\chi_{xy}$$

$$v\big|_{(-a,b,z)} - v\big|_{(-a,-b,z)} = 2b\varepsilon_y^0 + 2bz\kappa_y$$

$$w\big|_{(-a,b,z)} - w\big|_{(-a,-b,z)} = ab\chi_{xy} \tag{6.93b}$$

$$u\big|_{(a,b,z)} - u\big|_{(-a,-b,z)} = 2a\varepsilon_x^0 + b\gamma_{xy}^0 + 2az\kappa_x + bz\chi_{xy}$$

$$v\big|_{(a,b,z)} - v\big|_{(-a,-b,z)} = 2b\varepsilon_y^0 + a\gamma_{xy}^0 + 2bz\kappa_y + az\chi_{xy} \tag{6.93c}$$

$$w\big|_{(a,b,z)} - w\big|_{(-a,-b,z)} = 0$$

与前类似，在选择由(6.84)给出的位移场时，刚体转动已被约束，只要再约束单胞在三个方向的平动，不妨选择尚未受约束的棱，即 $x=-a$、$y=-b$，其上任一节点约束之。

这样，该单胞就已完全建立，其中的有限元网格即为一叠单个的单元，每单元相应于一层板。相对来说，此单胞是一最简单也是最容易自动化实施的单胞。

6.4.2.8 在柱坐标下具有 C^n 旋转对称性的问题的单胞

C^n 旋转对称性在柱坐标系下表示最为方便，不过多数有限元软件是在直角坐标系下建立的，如果软件不提供柱坐标系，下述的在柱坐标系下得出的对称条件，总可以通过适当的坐标转换之后，再加以实施。不妨让这两坐标系共享原点，以便处理。在如图 6.20(a)所示的这两坐标系下，位移之间有如下的变换关系

$$u_r = v\cos\theta + w\sin\theta$$

$$u_\theta = -v\sin\theta + w\cos\theta \tag{6.94}$$

$$u_x = u$$

其中，r、θ、x 分别为柱坐标系中的径向、周向、轴向的坐标，分别示意于图 6.20(a)之中。

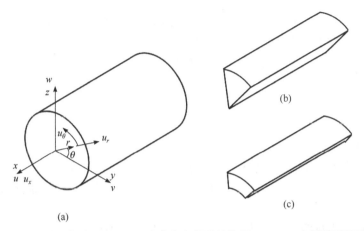

图 6.20　(a)柱坐标下的位移 u_r、u_θ、u_x 和直角坐标下的位移 u、v、w 之间关系的示意；(b)旋
　　　　转对称性导出的单胞(实心柱体)；(c)旋转对称导出的单胞(空心柱体)

　　假设所研究的结构具轴向和周向的周期性，当其承受宏观均匀的载荷，如温度变化、轴向拉伸、压缩或扭转，或者具有与该结构同样的周期性的载荷时，则根据对称性原理，结构内部的应力场、应变场都应该是周期的，即

$$\sigma_{ij}\left(r,\theta+\alpha,x+b\right)=\sigma_{ij}\left(r,\theta-\alpha,x-b\right)$$
$$\varepsilon_{ij}\left(r,\theta+\alpha,x+b\right)=\varepsilon_{ij}\left(r,\theta-\alpha,x-b\right) \tag{6.95}$$

其中 2α 是周向的周期，而 $2b$ 则是轴向的周期，一个单胞可定义为分别沿周向和轴向的一个完整的周期，不失一般性，这可以定义在如下的域内(以实心柱体为例)

$$0\leqslant r\leqslant R\left(\theta,x\right)$$
$$-\alpha\leqslant\theta\leqslant\alpha \tag{6.96}$$
$$-b\leqslant x\leqslant b$$

其中，$R(\theta,x)$ 描述定义域的径向边界，一般地，这可以是周向和轴向的坐标函数，因此，径向的边界不一定是一圆弧。如果 R 是一常数，研究的结构就是一圆柱体。这时，单胞就是一完整的圆柱体的一瓣，如图 6.20(b)所示。

　　在直角坐标系下，相应于周期性的应变场，位移场一般不具备周期性，而在柱坐标系下，如果应变场沿周向是周期，那么面内的位移 u_r、u_θ 沿周向也必然有相同的周期性，这可以从任一横截面内描写变形的几何方程求证。

$$\varepsilon_r=\frac{\partial u_r}{\partial r}$$
$$\varepsilon_\theta=\frac{u_r}{r}+\frac{1}{r}\frac{\partial u_\theta}{\partial\theta} \tag{6.97}$$
$$\gamma_{r\theta}=\frac{1}{r}\frac{\partial u_r}{\partial\theta}+\frac{\partial u_\theta}{\partial r}+\frac{u_\theta}{r}$$

可以看到，面内的位移 u_r、u_θ 分别与应变出现在上述的第二和第三个方程之中，除非它们与应变具有相同的周期性，否则，上述的几何方程便不能被满足。这样，周向的周期性条件导致了下述相对位移边界条件

$$u_r\big|_{\theta=\alpha} - u_r\big|_{\theta=-\alpha} = 0$$
$$u_\theta\big|_{\theta=\alpha} - u_\theta\big|_{\theta=-\alpha} = 0 \tag{6.98}$$
$$u_x\big|_{\theta=\alpha} - u_x\big|_{\theta=-\alpha} = 0$$

因为这时的相对位移刚好为 0，称上述为周期性边界条件无懈可击，但是仅适用于周向。这也有助于说明为什么在直角坐标系下称相对位移边界条件为周期性边界条件是不合理的。

在周向，成对的两部分边界在柱坐标下可描述为 $\theta=\pm\alpha$，其中 $\alpha=\pi/n$，联系此两部分边界的对称性为 C_x^n。

在柱坐标系中，沿轴向的坐标是线性的，由应变场沿该方向的周期性或平移对称性得出的相对位移边界条件(此时称其为周期性边界条件就欠妥了)为

$$u_r\big|_{x=b} - u_r\big|_{x=-b} = 0$$
$$u_\theta\big|_{x=b} - u_\theta\big|_{x=-b} = 2\phi b \tag{6.99}$$
$$u_x\big|_{x=b} - u_x\big|_{x=-b} = 2b\varepsilon_x^0$$

其中，ϕ 为关于 x 轴的单位长度上的扭角。

在单胞边界上，必须强加分别如式(6.98)和式(6.99)的边界条件，此单胞才具有代表性，从而可以代表原来完整的结构。与之前所有单胞一样，周向与轴向的两对面所相交的棱应被排除在面之外，它们的边界条件需要单列以避免赘余边界条件。因为结构的径向的外表面不受约束，如果结构是空心的，如图6.20(c)所示，内表面同样不受约束，因此，沿轴向的棱可以包含在垂直周向的面之内，顶点可以含于沿径向棱之内，不需要单列。可能产生赘余边界条件的棱仅限于沿径向的4条。它们之中，仅有一条是独立的，其他三条，可由对称性复制而得。棱上的边界条件可得为

$$u_r\big|_{\theta=\alpha,x=-b} - u_r\big|_{\theta=-\alpha,x=-b} = 0$$
$$u_\theta\big|_{\theta=\alpha,x=-b} - u_\theta\big|_{\theta=-\alpha,x=-b} = 0 \tag{6.100a}$$
$$u_x\big|_{\theta=\alpha,x=-b} - u_x\big|_{\theta=-\alpha,x=-b} = 0$$

$$u_r\big|_{\theta=-\alpha,x=b} - u_r\big|_{\theta=-\alpha,x=-b} = 0$$
$$u_\theta\big|_{\theta=-\alpha,x=b} - u_\theta\big|_{\theta=-\alpha,x=-b} = 2\phi b \tag{6.100b}$$
$$u_x\big|_{\theta=-\alpha,x=b} - u_x\big|_{\theta=-\alpha,x=-b} = 2b\varepsilon_x^0$$

$$u_r\big|_{\theta=\alpha,x=b} - u_r\big|_{\theta=-\alpha,x=-b} = 0$$

$$u_\theta\big|_{\theta=\alpha,x=b} - u_\theta\big|_{\theta=-\alpha,x=-b} = 2\phi b \qquad\qquad (6.100c)$$

$$u_x\big|_{\theta=\alpha,x=b} - u_x\big|_{\theta=-\alpha,x=-b} = 2b\varepsilon_x^0$$

空心的结构沿轴向有四条棱，如图 6.20(c) 所示，内外各两条，都可分别含于垂直周向的面内。当结构为实心时，内部的两条重合于中心轴，这时位于中心轴上的棱需要被刨除于垂直周向的面外，而中心轴上的边界条件则由柱坐标系特有的连续条件得出

$$u_r\big|_{r=0} = 0 \qquad\qquad (6.101)$$

结构在柱坐标系下没有径向的刚体位移，而周向和轴向的刚体位移，不失一般性，可约束如下

$$u_\theta\big|_{r=R,\theta=-\alpha,x=-b} = u_x\big|_{r=R,\theta=-\alpha,x=-b} = 0 \qquad\qquad (6.102)$$

如果使用商用软件进行有限元分析，在实施的过程中，一般无需用户的干预，径向和周向的位移，都会被转换到直角坐标系之后才能进行分析，因为在曲线坐标系下建立单元的刚度矩阵，迄今仍是一个未被妥善解决的问题。

适用于该单胞的结构，按需要，一般可以加温度载荷，轴向拉、压，以及扭转，还有沿周向周期分布的径向和周向的载荷。

用来建立本小节所讨论的单胞的对称性显然是旋转对称性，本章中所建立的其他单胞所涉及的对称性都是平移对称性，为了寻找共同点，也许可以把旋转对称性 C^n 视作是沿周向在曲线坐标意义下的平移对称，平移量为 2α。

6.5　对网格的要求

在施加前述各节中基于各种考虑所推导的边界条件后，单胞通常通过有限元法进行分析，而正确地施加这些边界条件，常常是使用单胞过程中最具有挑战性的部分，但在边界条件可以被正确地施加之前，所需分析的单胞，作为数学问题的定义域，必须被划分成适当的网格，单胞的网格必须满足有限元分析中对于网格的常规要求，除此之外，单胞的网格还需满足一个关键的要求，即由平移对称性所联系着的任一对成对的表面上，划分必须完全相同，换言之，如果将其中一表面平移至另一表面，两者将完全吻合。

上述要求，一般并不就是两个面上的节点配置完全相同那么简单，因为在相同的节点配置的条件下，表面的划分仍可能不尽相同(Li and Wongsto, 2004)，图 6.21 仅以一立方体给出了一个示意，假设所涉及的节点仅限于那 8 个顶点，这时，上、下两表面的划分完全吻合，但是前后两表面的划分就不相吻合，尽管相

应的节点之间完全吻合。读者不妨重温一下，对称性条件是在分离体的意义上建立的，这意味着相邻的胞元在它们共享的边界上的连续性，只有当相邻的胞元对接的两个面上的划分一致时，连续性才有可能。在有限元理论中，这常被称作为网络的协调条件。

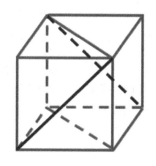

图 6.21　单胞边界上相对的面的网格划分的协调性以及不协调的例子

类似的连续性考虑在常规的有限元分析中也不时遇见，譬如，一结构可以分成若干部分，分别划分网格，在把所有部分组装起来时，任一界面的两侧网格必须协调，而仅仅是共享节点一般尚不足以保证协调，特别是在表面划分有三角形区域的情况下。

在相对位移边界条件的实施过程中，还有另外一个必须关注的细节，相对位移边界条件总是以一部分边界上的位移与另一部分边界上的位移之间的某种关系的形式给出，它们常常表达为以方程形式给出的边界条件，它们必须严格按照所采用的有限元分析软件规定的格式来定义，通常需要逐点定义，一一对应，这非常耗时费力。而有些软件，如 Abaqus/Standard，其中允许先把类似的节点定义为集，而方程边界条件则可逐集定义，节省大量的操作。不过这时，用户必须保证相应节点之间的对应关系，在相应的节点集中分别按序排列尚不足以保证所期望的对应关系，譬如在 Abaqus/Standard 中，无论节点号在节点集内是怎样排列的，输入计算机后都会按默认的递增顺序重新排列。用户必须保证，这样的默认排列被取缔，否则便不能保证所需的逐点对应的关系。在 Abaqus/Standard 中，定义节点集时，有一参数，叫 Unsorted，采用它，即可抑制默认的排序。

6.6　主自由度与平均应变

在建立相对位移边界条件时被引入的在高尺度上的等效应变可以给后续的在低尺度上所进行的单胞的分析提供一个极其有用的机关，用来联系所涉及的两个不同的尺度。就单胞的几何定义而言，可以完全不涉及它们，但是通过在低尺度上分析单胞所必需的边界条件，它们被引入单胞的理论框架，作为额外的自由度，它们的值，如果作为"节点位移"被确定，便直接给出单胞内的平均应变，在用于如 6.4.2.7 节所描述的层合板的单胞中，它们则为平均的广义应变，在高尺度上，它们则分别称为等效应变或广义应变，通过相对位移边界条件而被引入，用于在低尺度上对单胞的分析。因此，它们是问题中所涉及的高、低两个尺度之间的关键连接，故称为单胞的主自由度(key degrees of freedom，Kdofs)。在有限元分析中实施相对位移边界条件时，这些主自由度可以作为同一个额外的节点的不同的自由度而引入，也可以通过仅具有单个自由度的不同的节点而引入。这样的节点，因为不用于定义任何几何特征，不需要坐标。如果所采用的软件一定要给每个节点以明确的坐标，坐标任意给出无妨，如原点处的坐标，只要所用的节点号不与其他任何的节点重复即可。

主自由度作为独立的自由度，它们可以被赋值，即强加的节点"位移"，如同通常的有限元分析一样，强加节点位移，是一种加载方式，仿佛是材料试验机上的所谓位移控制。这里所强加的节点"位移"，事实上是给单胞强加的平均应变，作为后续分析的输入量。通过后续的有限元分析，在这些自由度上的输出量则为在这些自由度上的"支反力"，它们则与该单胞中与所强加的平均应变所对应着的平均应力或者是等效应力紧密地联系着。

上述的"位移"和"支反力"都带着引号，因为它不是真正的位移和力，至少它们的量纲不是。在这些主自由度上的节点位移，其实是应变，因此是无量纲的，而所谓的支反力，其量纲为：力×长度，因此它们都是广义的，不过，如同通常的位移和力，这一对广义的位移和力也互为能量对偶。

作为另一种加载方式，在这些主自由度上，也可以加集中"力"作为输入，这相当于给单胞施加给定的平均应力，就像是材料试验机上的所谓载荷控制。而作为分析的输出，在这些主自由度上得到的节点"位移"，可以直接给出单胞中的平均应变。

上述两种利用主自由度加载的方式各有其优势，依所需求的输出而定。如果所求的是材料的等效刚度矩阵，这可以在主自由度上施加单位等效应变，具体的操作在 7.5 节中再详述。但是，如果欲求的是材料的等效弹性常数，如弹性模量、泊松比、剪切模量，施加等效的单向应力或纯剪应力状态则更便利，这将在 7.6 节中再详述。

需要强调的是，主自由度在很多方面与通常的节点自由度相同。当对其强加一零或非零的"位移"，这便是一个强制边界条件，这样的边界条件在分析中必须严格满足，自然，这也必然导致在该自由度上的"支反力"。但是，如果一个主自由度是自由的，未被强加任何位移；或者是在该自由度上，无论是有意还是无意地加了一个"力"，用于分析的有限元软件就会把它作为自然边界条件来处理，这类边界条件只能在能量极小的意义下被近似地满足，尽管该近似可以随着网格的无限细分而无限地改善。在一个主自由度不加任何载荷的情况，其实等同于加零载荷，这时，加与不加没有差别，满足也同样是近似的。

如果欲求的是刚度矩阵的一列，在相应的主自由度上应该加单位"位移"，即单位等效应变，而其他主自由度必须约束，即强加零"位移"，这样才能保证一个等效的单向应变状态，正如刚度矩阵的定义所要求的。如果其他的主自由度不被约束，所得的则是单向应力状态，只是载荷是通过在加载的那个自由度上加应变来实现的而已。

现在，这应该很清楚了，单胞内的平均应变，或者说是在高尺度上的等效应变，可以作为施加的载荷，事先已知；或者是作为主自由度上的节点"位移"，通过分析而求得。熟悉有限元理论的读者知道，节点位移作为直接输出量，不带有任何因后处理而导致的数值误差，典型地，由后处理而得到的应力和应变，则会因为应变涉及位移的导数而较之于位移失去一阶精度。因此，直接从主自由度上的节点"位移"得到平均应变，可以在最大程度上减少数值精度的损失。这重述了一个事实，即最好的解往往是最简单的解，反之亦然。

6.7 平均应力与等效材料特性

从低尺度分析所得的单胞中的平均应力就是高尺度上的等效应力。如果不引进主自由度的概念，为了得到单胞中的平均应力，就得有一个适当的求平均值的算法。但是，求单胞中的应力的平均值方法的任何细节，除了著者本人所参与的，在其他已经出版的文献中都没有介绍，如 5.4 节中已论述的，平均应力不能通过在积分点上，或者是节点上所输出的应力值简单地求平均而得，一个正确但显然不是最佳的方法是

$$\sigma^0 = \frac{1}{V} \sum_{e=1}^{\text{所有单元}} \int_{V^e} \sigma \mathrm{d}V = \frac{1}{V} \sum_{e=1}^{\text{所有单元}} \sum_{i=1}^{\text{(单元的所有积分点)}} W_i \sigma_i |J_i| \tag{6.103}$$

其中，V 是单胞所占的空间域的体积，σ 是任一应力分量，σ_i 是其在单元中一积分点上的值，而 σ^0 则是其平均值，V_e 是第 e 个单元所占的空间域，W_i 是积分点的权重，$|J_i|$ 是相应于该积分点的雅可比矩阵 J_i 的行列式，而计算 J_i 需要知道该单元所涉及的所有节点的坐标，而且一般来说还需识别积分点，因为不仅在不同的积分点 J_i 的值不同，不同的积分点的权重 W_i 一般也不同。这些细节，数学问题并不高深，实施操作也不过分复杂，对于具有有限元法编程能力的人来说，可以说是举手之劳。然而，现今的绝大部分的有限元用户都不具备此能力，使用商用软件，通常不能看到源程序，在这种情况下，实现如方程(6.103)所要求的有限元分析的特定的后处理还是有相当大的挑战的，至少远超出有限元商用软件的一般用户的能力范围。而这一后处理的描述完全不见于涉及单胞的任何公开发表的文献之中，这不能不让人深感疑虑。如果不是采用前述的主自由度，单胞中的平均应变也当如平均应力那样求得，同样是一个值得怀疑的方面。

另外，从计算精度考虑，从有限元所得的无论是应力还是应变的精度，都要低于节点位移的精度，加之公式(6.103)本身的插值误差，及其使用该公式时对有限元分析所得出的应力的值所作的必要的有限截断，不可避免地会丢失一定的数值精度，较之于主自由度的运用，这的确劳民伤财，事倍功半。

恰当地运用主自由度的概念，大大地简化了获取单胞中的平均应变的过程，

准确地说，应该是免去了这一过程及其所伴随的数值误差，因为平均应变可以直接由主自由度上的节点"位移"而得，无需任何额外的操作。这些主自由度的另一大贡献是，从它们还可以几乎不需要任何努力，便可以得到单胞内的平均应力，完全免去任何烦琐的后处理的必要性。在这些主自由度上的集中力，无论是作为施加的载荷，还是作为在其上强加位移所造成的支反力，它们与单胞中的平均应力有如下简单的关系：

$$
\begin{aligned}
&F_x = V\sigma_x^0 &\qquad& F_{yz} = V\tau_{yz}^0 \\
&F_y = V\sigma_y^0 &\text{及}\qquad& F_{xz} = V\tau_{xz}^0 \\
&F_z = V\sigma_z^0 && F_{xy} = V\tau_{xy}^0
\end{aligned}
\tag{6.104}
$$

其中，V 是单胞的体积，对二维单胞而言，体积就是面积，这在相应的单胞建立时都有交代。也许有读者会对上述关系中的体积有疑虑，因为通常的力等于应力乘以面积，而不是体积。对此，读者大可不必疑惑，此处无笔误，公式(6.104)是完全正确的，因为其中的力，本应带引号，它们的量纲是"力×长度"。

如果这些集中力的值正好等于单胞的体积，通过主自由度被依次逐一施加于单胞进行分析，这等价于给单胞施加单位平均应力，作为单胞的载荷，或者说是输入，而从单胞的分析所得的输出则是平均应变，由所有主自由度上的"位移"，给出单胞所代表的材料的等效柔度矩阵的一列，依次可以构成完整的柔度矩阵。

通常的等效弹性常数，如弹性模量、剪切模量，虽然它们都描写材料的刚度，但却不能直接从刚度矩阵得出，即便已经得到了刚度矩阵，还是要先对其求逆，得到柔度矩阵，再从柔度矩阵获取相应的弹性常数。其原因在于这些弹性常数的定义中，限制条件是单向应力状态或者是纯剪应力状态，施加平均应力作为载荷条件，能够最简单地实现此类应力状态。而与刚度矩阵相对应的是单向应变状态或者是纯剪应变状态，不能直接满足这些弹性常数的定义的要求。

因为可以通过在主自由度上加集中力而实现单向应力状态或者是纯剪应力状态，单胞所代表的材料的等效弹性常数就可以简单、直接地从在主自由度上所施加的集中力及其分析所得到的在这些主自由度上的节点位移得出如下。

在 $\sigma_y^0 = \sigma_z^0 = \tau_{yz}^0 = \tau_{xz}^0 = \tau_{xy}^0 = 0$ 的条件下，即 $F_y = F_z = F_{yz} = F_{zx} = F_{xy} = 0$，以便产生在 x 方向的等效的单向应力状态，该方向的弹性模量和泊松比可如下得出

$$
E_x^0 = \sigma_x^0 / \varepsilon_x^0 = F_x / (V\varepsilon_x^0)
$$

$$
\nu_{xy}^0 = -\varepsilon_y^0 / \varepsilon_x^0
\tag{6.105}
$$

$$
\nu_{xz}^0 = -\varepsilon_z^0 / \varepsilon_x^0
$$

类似地，在 $\sigma_x^0 = \sigma_z^0 = \tau_{yz}^0 = \tau_{xz}^0 = \tau_{xy}^0 = 0$ 的条件下，即 $F_x = F_z = F_{yz} = F_{zx} = F_{xy} = 0$，

以便产生在 y 方向的等效的单向应力状态，该方向的弹性模量和泊松比可如下得出

$$E_y^0 = \sigma_y^0 / \varepsilon_y^0 = F_y / (V \varepsilon_y^0)$$

$$\nu_{yx}^0 = -\varepsilon_x^0 / \varepsilon_y^0 \tag{6.106}$$

$$\nu_{yz}^0 = -\varepsilon_z^0 / \varepsilon_y^0$$

而在 $\sigma_x^0 = \sigma_y^0 = \tau_{yz}^0 = \tau_{xz}^0 = \tau_{xy}^0 = 0$ 的条件下，即 $F_x = F_y = F_{yz} = F_{zx} = F_{xy} = 0$，以便产生在 z 方向的等效的单向应力状态，该方向的弹性模量和泊松比可如下得出

$$E_z^0 = \sigma_z^0 / \varepsilon_z^0 = F_z / (V \varepsilon_z^0)$$

$$\nu_{zx}^0 = -\varepsilon_x^0 / \varepsilon_z^0 \tag{6.107}$$

$$\nu_{zy}^0 = -\varepsilon_y^0 / \varepsilon_z^0$$

在 $\sigma_x^0 = \sigma_y^0 = \sigma_z^0 = \tau_{xz}^0 = \tau_{xy}^0 = 0$ 的条件下，即 $F_x = F_y = F_z = F_{zx} = F_{xy} = 0$，以便产生在 y-z 平面内的等效的纯剪应力状态，该平面内剪切模量可如下得出

$$G_{yz}^0 = \tau_{yz}^0 / \gamma_{yz}^0 = F_{yz} / (V \gamma_{yz}^0) \tag{6.108}$$

在 $\sigma_x^0 = \sigma_y^0 = \sigma_z^0 = \tau_{yz}^0 = \tau_{xy}^0 = 0$ 的条件下，即 $F_x = F_y = F_z = F_{yz} = F_{xy} = 0$，以便产生在 x-z 平面内的等效的纯剪应力状态，该平面内剪切模量可如下得出

$$G_{zx}^0 = \tau_{zx}^0 / \gamma_{zx}^0 = F_{zx} / (V \gamma_{zx}^0) \tag{6.109}$$

在 $\sigma_x^0 = \sigma_y^0 = \sigma_z^0 = \tau_{yz}^0 = \tau_{xz}^0 = 0$ 的条件下，即 $F_x = F_y = F_z = F_{yz} = F_{xz} = 0$，以便产生在 x-z 平面内的等效的纯剪应力状态，该平面内剪切模量可如下得出

$$G_{xy}^0 = \tau_{xy}^0 / \gamma_{xy}^0 = F_{xy} / (V \gamma_{xy}^0) \tag{6.110}$$

必须注意的是，在上述获取等效弹性常数的公式中，每一公式的适用性，都严格受限于所给出的条件，即相应的单向应力状态或者是纯剪应力状态，这些条件的任何折扣，都直接影响到所得结果的合理性，自然地影响到材料表征的正确性。

到此为止，所有讨论和分析均未涉及温度载荷，相当于假设温度恒定。如果需要获取材料的等效热膨胀系数，则必须考虑温度，这将在 6.8 节中讨论。

6.8 热膨胀系数

结构分析中所涉及的温度载荷，通常有两种情形。一种是一般的热应力分析，所涉及的温度场可以是均匀的，也可以是非均匀的；可以随时间变化，即瞬态问题，这时，应力分析与温度分析将相耦合，问题的复杂性在另一层次。温度场也可以不随时

间而变，即所谓稳态问题，这时，温度分析与应力分析不耦合，分析可以分别进行。另一种是用于表征热膨胀系数的特定的分析，它是第二种情形在稳态及温度场均匀的条件下的特殊情况，也是本节论述的前提，其中没有分析温度场的必要，所涉及的温度载荷仅仅是由一均匀的温度场改变到温度为另一个值的均匀温度场。

在许多工程应用中，材料的热膨胀系数扮演着重要的角色，特别是现代的碳纤维增强的复合材料，因为碳纤维在其长度方向表现出怪异的热膨胀性能，这可以给有些应用带来很严重的问题，而有时又可以为另一应用提供有利用价值的性能。无论是为了解决其带来的问题，还是利用其独特的性能，都必须首先对材料的热膨胀系数作出适当的表征。

为了计算热膨胀系数，所需的只是给单胞施加一温度载荷，即相对于一参考温度，引入一个均匀的温度变化，该温度变化将通过材料的本构关系被引入问题的数学表达中，成为导致材料变形的原因，即温度载荷。

在大多数商用有限元软件中，温度载荷都是其中一既成的模块，为了实施此分析，用户必须输入在低尺度上各组分材料的热膨胀系数，加之于常规的弹性常数，而单胞的网格划分、相对位移边界条件的施加，以及主自由度的利用，都与前述的分析无别。差别仅在于载荷的类型，较之于之前在主自由度上施加一位移或集中力，此时的主自由度都不受任何约束，也不受任何集中力，单胞所受的载荷为温度变化。相应于单位温度变化，主自由度上的节点"位移"，就是材料的等效热膨胀系数，如果施加的温度变化不是单位值，而是一非零的值 ΔT，那么热膨胀系数可如下确定：

在 $\sigma_x^0 = \sigma_y^0 = \sigma_z^0 = \tau_{yz}^0 = \tau_{xz}^0 = \tau_{xy}^0 = 0$，即 $F_x = F_y = F_z = F_{yz} = F_{xz} = F_{xy} = 0$ 的条件下

$$\alpha_x^0 = \varepsilon_x^0 / \Delta T , \qquad \alpha_y^0 = \varepsilon_y^0 / \Delta T , \qquad \alpha_z^0 = \varepsilon_z^0 / \Delta T$$

$$\alpha_{yz}^0 = \gamma_{yz}^0 / \Delta T , \qquad \alpha_{xz}^0 = \gamma_{xz}^0 / \Delta T , \qquad \alpha_{xy}^0 = \gamma_{xy}^0 / \Delta T \tag{6.111}$$

一般地，热膨胀系数构成一对称的二阶张量，数学性质同于应变张量，因为它也的确就是由单位温度变化导致的应变。对于各向异性材料，正、剪分量之间存在着耦合，不过此类耦合项，通常很少提及，因为工程中绝大部分应用的材料都是正交各向异性的。随着现代材料科学的发展，具有复杂的内部构形的例子已经是不时会遇到的情形，如纺织复合材料、点阵结构、超材料等，这时，正交各向异性并不总能事先假设，至少需要有识别一般各向异性的能力才有可能从中分离出确为正交各向异性的情形，在确定了它们的材料主轴的方向之后，按正交各向异性来处理，而那些不具备正交各向异性的材料，就只能严格按照各向异性的材料来处理了。

值得指出的是，对于一般的各向异性材料，如果采用试验方法来表征，目前尚缺乏其材料表征的工业标准，这时，采用本书所倡导的基于单胞的虚拟材料表

征，可以有更独到的价值。

6.9　"神志测验"与基本的验证(verification)

在本章的前述数节中建立的单胞以及相关的分析处理，都是系统性很强的过程，欲严肃地应用微观力学的方法来表征材料，这是一个值得推举的发展方向。因为系统性强，其方法相对来说比较容易通过程序而自动化，尽管实施的步骤可能挺烦琐。正因为此，有太多的地方可以犯错误，譬如一时一处的疏忽、键入时的误击等，一步到位、准确无误的境界几乎不存在。排除这类错误，必要性自不必言，但一般来说，既无直截了当之措，也无自动了结之途。确保单胞的正确性，这是单胞建立者的责任。

此情形与有限元法初问世时，有限元的建立者们所面临的情形极其类似。很多有限元法的先驱们致力于推导一个适用于特定问题的单元，如平面应力、板壳等，或者是适用性更强的单元，如等参单元，或者是精度更高的单元，如高阶单元、杂交元等；有些则致力于算法，包括数值积分、大型联列方程的求解等。他们必须验证他们的所作所为是正确的，除了与现有的解比较之外，特别是解析解，还有一些必要条件必须满足，如单元的收敛条件，其中有刚体位移条件、常应变条件等。这些都是他们当年的常规操作，没有任何打折扣的余地。当然，随着有限元法的成熟、软件技术的发展，此类验证已成为软件商们的工作，他们的软件在安装或版本更新时，常需要通过一整套验证案例(verification cases)，这时，任何折扣都意味着一定意义上的错误，必须排除。而这些商用软件的用户们的责任似乎就降至按价交费了。甚至有人认为，既已交费，得到正确的解就是天经地义的了，就像买了门票，就可以看电影一样。如此误解，自然不言而喻，但是变相的实践，则怕是比比皆是。著者相信，如今建单胞以求解特定问题的人一定远多于当年有限元的先驱们，当年的一举一动都有必不可少的验证，而今天的单胞，有多少被验证过了，且不说系统地验证了?这是一个严肃的问题，且不去指责用户们的不周，退一步自问，如欲验证一单胞的正确性，又有多少行之有效的验证方法呢?这是本节想要探讨的问题。

一个单胞，无论其实现是人工的还是自动的，都必须尽可能验证，建立此单胞的各个步骤是否都得到了正确的实施。在这方面，很多单胞的用户们有点太愿意与试验结果比较了。而现实情况是，试验数据往往十分有限，试验中能作观察的方面常常是非常狭窄，与试验的某一方面凑得上，与所谓的试验验证(validation)实在是相距甚远，尤其是当理论结果中尚存有明显的有悖常理的现象时。

就发展用微观力学的方法来进行材料的表征的工具这一方向而言，对自检(verification)的要求，远比他人抽检(validation)要重要，至少前者要先于后者。遗憾的是，在我们的中文中，verification 和 validation 这两单词均翻译为验证，以至于没有多少人知道或关注其间的差别。读者请回顾 5.7 节中关于 verification 与 validation 的讨论。单胞的验证，作为一严肃的过程，在缺乏充分的自检的情况下便匆匆步入他人抽检，其态度是不科学的，至少应该首先穷尽下述一系列的"神志测验"，作为最基本的自检。任何单胞，如果其理论或实施不能通过任一"神志测验"，那它就是不正确的，不管它的某些结果与某些试验结果有多么吻合。

对于单胞，第一组"神志测验"可以描述如下，在单胞建立妥当后，包括网格还有边界条件，但是在给各相组分材料分别按照实际问题而赋予相应的材料特性之前，先给它们赋予相同的材料特性，这样此单胞实质上是一均匀材料。这时如果分别施之以各种载荷条件，即在所有的主自由度上逐一施加集中载荷，在每种载荷条件下，所得的应力场和应变场都应该是完全均匀的，用现今商用软件的后处理,把应力场和应变场绘成云图,它们都应该是单色、枯燥的画面,如图6.22(a)中的六角形单胞所示，任何色彩鲜艳的云图都应警觉，因为很有可能是错误所致，而可以被接受的例外的情况不外乎两种，一是如图6.22(b)所示的彩色云图，因为由云图的色标(legend)所示的应力的量值，较其他非零的应力值均为相差七八个量级的小量，故数值上应近似为零，故云图中的色差仅仅是低值的白色噪声而已，不足为虑。另一种情况是色标显示同一值，虽有色差，但无量差，当然也不足为虑。导致应力云图中实质性色彩反差的最易发生的地方，常常在边界处，与边界条件有关，通常都会呈现很高的应力集中。特别是在约束刚体运动的节点处，尽管往往错误并不一定发生在这些节点处，但有错必纠。不排除有人把这些节点选在单胞内部，以藏匿因其错误所造成的应力集中，这决不可取。事实上，诸多的错误中最容易引起的就是约束刚体运动的节点处的应力集中，这是一个预兆错误的非常得力的手段，不可多得，藏匿起来实为可惜。

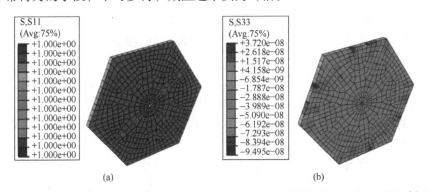

图 6.22 (a)标志常应变的单色应力场云图，(b)彩色应力场云图但量值近乎为零(彩图请扫封底二维码)

在每一载荷条件下，在得到了均匀的应力场和应变场之后，分别核对其场值，是否与期望值相符，是另一个非常重要的"神志测验"，应力必须与在相应的主自由度上所加的集中力按式(6.104)相联系，而应变的值，除了要与相应的主自由度上的节点位移相等，还应与应力按照所输入的材料特性相联系，而各应变之比值，应再现所输入的材料的泊松比。

最后，按式(6.105)~式(6.110)来获取的材料的等效弹性常数，应该与输入的相应的那些弹性常数完全相同。同样的"神志测验"也可以用于表征热膨胀系数的单胞。

根据作者的经验，通过了如上的所有"神志测验"，至少已有90%的在单胞建立和实施过程中可能犯的错误被排除，另言之，建立并实施一个单胞的90%以上的精力会是耗费在通过这些"神志测验"的努力之中的，因此，一旦通过了这些测验，对所建立和实施的单胞的正确性的信心应该有了大幅度的提升，尽管这尚不足以确保完全正确。数值分析的特征之一是，一般不存在正确性的充分条件，用户的正确对策是，顺利通过正确性的必要条件，寻找、建立这样的必要条件极有价值，而且多多益善。验证过程中的任何一个失败，都意味着单胞中尚存的错误，必须纠正，别无选择。

6.10 结　语

传统上，为了获取所需的材料特性而进行的材料表征是材料试验的范畴，单胞理论的建立提供了一个建立在计算机模拟基础上的通过不同的途径实现同一目标的理论方法，即所谓虚拟试验。尽管这并不是为了完全取代实际的材料试验而引入的，当然也不可能完全取代实际的材料试验，但是，它可以尽量减少实际的材料试验的数量，并在一定程度上取代实际的材料试验。众所周知，实际的材料试验通常需要耗资、费时、费力，很多现代的新材料，特别是纤维增强复合材料，微观或细观上的非均匀性、宏观上的各向异性常常是它们的主要特征，因而采用实际的材料试验来进行材料表征则对资源的要求就更加苛刻，这也为虚拟试验提供了其用武之地。

利用很多材料都具有的在低尺度上的规则性，采用几何学中的对称性，结合其在相应的物理问题中的具体体现，就可用来建立相应的单胞，鉴于单胞关于真实材料的代表性，通过对单胞的分析，可以得到由单胞所代表的材料的等效特性，从而大大减轻对实际材料试验的需求。当然，也限于单胞关于真实材料的代表性，虚拟试验的精度及应用的广度有着不应回避的局限性。

就上述应用而言，平移对称性无疑是所有对称性中最重要的一种对称性，在本章中的所有单胞的建立，除了在柱坐标中应用的一个例外，都只利用了这一对称性。相对来说，识别如此的几何对称性还是比较容易的，而道明其在建立单胞过程中的确切作用，特别是推导分析单胞所必需的正确的边界条件，则依赖于一个新的概念，即相对位移场。有此概念，建立单胞就有了坚实的基础，该领域中所发现的如第 5 章所列举的诸多错误，几乎都是因缺乏此概念而引起的。所研究的问题中存在着的其他对称性，如反射或旋转，可以被用来进一步减小单胞的尺寸，这在本书第 8 章会专门论述，但是，它们不能替代平移对称性，无论是在几何意义上还是在物理意义上。

正确地建立的单胞，所采用的平移对称性直接把在高尺度上的等效应变，也就是低尺度上的平均应变，引入了单胞的边界条件，即相对位移边界条件，作为额外的自由度，即主自由度，它们是所建立的单胞的一个非常重要的组成部分，对单胞在材料表征方面能恰如其分地用到好处，有着极重要的作用，因为它们以最简单的方式，系结着单胞内的平均应力和平均应变，这不仅简化甚至免去了单胞的有限元分析结果的后处理，从而避免了不必要的数值运算及其误差，而且更重要的是把两个尺度之间的联系极其形象地刻画了出来。

单胞的"神志测验"的重要性是一个再夸张也不为过的步骤，事实上，为了正确地建立一个新的单胞，绝大部分的工作量将花费于此，没有通过这一步骤的单胞完全没有可信性，而通不过此测验的任意一环节没有悬念地指示了错误的存在，至少有一个，常常更多。绕过此类测验而直接用实际的试验结果来验证单胞的正确性几乎已经不打自招地承认自己是在隐匿错误。

本章中所遵从的建立单胞的规则可以被推广至其他的物理问题，譬如所谓的扩散问题，其涵盖相当宽泛的一系列物理过程，如热传导、电传导、多孔介质中的渗流等，这会在第 10 章中介绍，如本章所建立的单胞，可以用来表征所关心的材料的等效扩散系数。这些单胞也可以直接应用于研究现代的纺织复合材料，包括二维和三维，这将在第 12 章详细介绍。

本章中所建立的单胞，其边界条件看上去往往很烦琐，而施加起来，可能更易倦怠，但是细心观察不难发现，它们也很系统，系统性强的好处是可以编程处理、计算机化。这一点很像有限元法，靠人工实施不可思议，但一经程序化、计算机化，即刻成了万能的设计工具，缺了它，很难设想现代的工程如何维系。本书所建立的单胞的系统性已通过一软件而充分展示，其称作为 UnitCells©，这是一个以 Abaqus/CAE 作为平台的二次开发的单胞分析系统(Li, 2014; Li et al., 2015)，其已被高度地自动化，至少在相对位移边界条件的施加和结果后处理方面，完全不需要用户的介入，具体细节将在本书的第 14 章中陈述。

参 考 文 献

Ahuja N, Schachter B J. 1983. Pattern Models. New York: Wiley.

Bateman H. 1932. Partial Differential Equations of Mathematical Physics. Cambridge: Cambridge University Press.

Euler L. 1758. Demonstratio nonnullarum insignium proprieatatum, quibus solida hedris planis inclusa sunt praedita. Novi Commentarii Academiae Scientiarum Petropolitanae, 4: 72-93.

Jones R M. 1998. Mechanics Of Composite Materials. Boca Raton: CRC Press.

Li S. 1999. On the unit cell for micromechanical analysis of fibre-reinforced composites. Proceedings of the Royal Society of London, Series A: Mathematical. Physical and Engineering Sciences: 455, 815.

Li S. 2001. General unit cells for micromechanical analyses of unidirectional composites. Composites Part A: Applied Science and Manufacturing, 32: 815-826.

Li S. 2008. Boundary conditions for unit cells from periodic microstructures and their implications. Composites Science and Technology, 68: 1962-1974.

Li S. 2014. UnitCells© User Manual, Version 1.4.

Li S, Jeanmeure L F C, Pan Q. 2015. A composite material characterisation tool: UnitCells. Journal of Engineering Mathematics, 95: 279-293.

Li S, Kyaw S, Jones A. 2014. Boundary conditions resulting from cylindrical and longitudinal periodicities. Computers & Structures, 133: 122-130.

Li S, Lim S H. 2005. Variational principles for generalized plane strain problems and their applications. Composites Part A: Applied Science and Manufacturing, 36: 353-365.

Li S, Reid S R, Soden P D. 1994. A finite strip analysis of cracked laminates. Mechanics of Materials, 18: 289-311.

Li S, Singh C V, Talreja R. 2009. A representative volume element based on translational symmetries for FE analysis of cracked laminates with two arrays of cracks. International Journal of Solids and Structures, 46: 1793-1804.

Li S, Sitnikova E. 2018. An Excursion into Representative Volume Elements and Unit Cells. Reference Module in Materials Science and Materials Engineering.

Li S, Warrior N, Zou Z et al. 2011. A unit cell for FE analysis of materials with the microstructure of a staggered pattern. Composites Part A: Applied Science and Manufacturing, 42: 801-811.

Li S, Wongsto A. 2004. Unit cells for micromechanical analyses of particle-reinforced composites. Mechanics of Materials, 36: 543-572.

Nye J F. 1985. Physical Properties of Crystals. Oxford: Clarendon Press.

Richeson D S. 2008. Euler's Gem: The Polyhedron Formula and the Birth of Topology. Princeton:Princeton University Press.

Wongsto A, Li S. 2005. Micromechanical FE analysis of UD fibre-reinforced composites with fibres distributed at random over the transverse cross-section. Composites Part A: Applied Science and Manufacturing, 36: 1246-1266.

第7章 单胞的周期性面力边界条件与主自由度

7.1 引　言

典型的单胞分析是用有限元法来求解，绝大多数的有限元软件都是基于位移法的变分原理之上的，譬如最小位能原理、虚位移原理，本章的讨论，除非另外声明，将都是基于这类的变分原理，因此所得的结论也将直接适用于单胞的有限元分析，尽管本章并不涉及有限元分析本身。

在第 5 章中，为了避免不必要的误导，著者建议改称所谓的"周期性位移边界条件"为"相对位移边界条件"，因为位移场并不周期。读者们应该还记得建立单胞的两个关键考虑，即分离体图和对称性。分离体图代表着材料的连续性，当其应用于位移，加之于对称性的考虑，这就导致了相对位移边界条件，根据牛顿第三定律，材料的连续性的另一个侧面是界面上的面力的连续性。在一个与单胞类似的情形中的面力如图 7.1 所示，面力的连续性可表示为

$$T_1 = -T_2 \text{ 和 } T_3 = -T_4 \tag{7.1}$$

在沿水平方向一个距离为 Δx 的平移对称变换下，T_1 和 T_2 分别映射至 T_3 和 T_4，因此

$$T_1 = T_3 \text{ 和 } T_2 = T_4 \tag{7.2}$$

从方程(7.1)和(7.2)可得单胞的面力边界条件为

$$T_2 = -T_3 \tag{7.3a}$$

如果假设横轴为 x 轴，T_1 和 T_2 所在的位置为 x_0，而 T_3 和 T_4 所在的位置即为 $x_0+\Delta x$，考虑到单胞的左右两面的外法线方向相反，面力边界条件可用相应的应力分量表示为

$$\left\{ \begin{array}{c} \sigma_x \\ \tau_{xy} \\ \tau_{xz} \end{array} \right\} \Bigg|_{x_0^+} = \left\{ \begin{array}{c} \sigma_x \\ \tau_{xy} \\ \tau_{xz} \end{array} \right\} \Bigg|_{x_0^- + \Delta x} \tag{7.3b}$$

其中 x_0 的 "−"、"+" 上标分别示意在 x_0 处的切口的左、右两表面，同样的记号后面使用时将不一一说明，包括应用于其他场函数，如位移和应力。

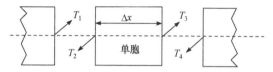

图 7.1　一个可视作单胞的段块所涉及的面力

鉴于在高尺度上的等效均匀性，应力场是均匀的，如式(7.2)所意味的，面力是周期的，因此，称式(7.3)为周期性面力边界条件，充分合理。

在数学意义上，对于一个边值问题而言，周期性面力边界条件正好补足相对位移边界条件。本书到目前为止，建立单胞仅关注了相对位移边界条件，本章的目标之一是来考究一下周期性面力边界条件。

从变分原理的角度看，通常的问题中的位移边界条件和面力边界条件的性质是不同的，因而在有限元中对它们的处理也完全不同。在位移法的变分原理中，位移边界条件是强制边界条件，必须严格满足，否则，试函数(位移场)便不属于变分原理的允许函数集的范畴，在有限元分析的实施中，这相应于对相关的节点自由度施加约束；而面力边界条件是自然边界条件(Nemat-Nasser and Hori, 1999; Fung and Tong, 2001)，它们不需要硬性强加便会由总位能泛函的驻值条件而被自动满足，通常是近似地满足，跟平衡条件的满足是同一事件。应该指出，自然边界条件不应该如同强制边界条件那样强加于试函数，因为这样做会缩小试函数集的域，从而使得能量不能取得本可取得的最小值。作为演示，这里引用(Li, 2008)中的一受线性分布的轴力的杆件的简单例子来展示把自然边界条件当作强制边界条件来强加所导致的误差。所欲分析的问题示意于图 7.2 中，而分析结果罗列于表 7.1。从结果可见，问题的精确解是一个三次函数，精确解对应的总位能最小，一般其为负值，近似解所对应的总位能的值越小，近似程度越高，以二次函数作为试函数，可得一近似解，其总位能的值，在无量纲化之后，比精确解高 4/5760，可以注意到，这时，强制边界条件严格满足，但自然边界条件有一误差，无量纲量值为 1/6。如果同样采用二次函数作为试函数，但将自然边界条件当作强制边界条件，那么自然边界条件当然也被严格满足了，但这不意味着是一个更精确的近似解，恰恰相反，其精度更差。这时自然边界条件的满足牺牲了 1/12 的固定端处的应力的精度。当然，这尚不足以作为精度高低的论据，权威的论据是其所对应的总位能的量值，这时，所得的总位能要比精确解高 9/5760，比二次函数本应能得到的近似程度差了 5/5760。在近似解之间，总位能越高，精度越低。

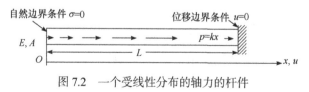

图 7.2　一个受线性分布的轴力的杆件

表 7.1　关于图 7.2 中的问题的不同的解之间的比较($\xi = x/L$)

试函数	位移场 $u \times \dfrac{6EA}{kL^3}$	自由端的应力 $\sigma \times \dfrac{2A}{kL^2}$	$\sigma \times \dfrac{2A}{kL^2}$	总位能的值 $\Pi \times \dfrac{EA}{k^2L^5}$
精确解	$1-\xi^3$	0	-1	$-\dfrac{144}{5760}$
近似解(不强加自然边界条件)	$(a+b\xi)(1-\xi)$	$\dfrac{1}{2}(2+3\xi)(1-\xi)$	$\dfrac{1}{6}$	$-\dfrac{5}{6}$ ... $-\dfrac{140}{5760}$
错误解(强加自然边界条件)	$a(1+\xi)(1-\xi)$	$\dfrac{3}{8}(1+\xi)(1-\xi)$	0	$-\dfrac{3}{4}$ ... $-\dfrac{135}{5760}$

　　根据变分原理，自然边界条件由变分过程来满足，即总位能泛函的驻值条件，而在实际的有限元分析的实施过程中，面力边界条件作为自然边界条件，是通过施加载荷来实现的，此时需要做的事情仅仅就是将面力按所采用单元的形函数离散，然后加在相应的单元的节点自由度上，从而生成节点载荷{f}，有限元分析则是要求解刚度方程[K]{u}={f}，其代表整体的平衡条件，同时已经事先满足了变形的几何方程和材料的本构方程。很多时候，结构某些部分甚至全部面力为零，这时施加自然边界条件就完全不需要任何操作，无为而治。这里可以清楚地看到自然边界条件与强制边界条件在实施层面上的差别，如果某自由度上的节点位移为零，那必须在定义有限元模型的边界条件时，明确施加，否则，所得的解将不是所研究的问题的解，即无为便无治。当然，所得结果也有别，强制边界条件的满足是严格的、不折不扣的，而自然边界条件的满足则是近似的，其近似程度随有限元模型的网格的收敛而收敛。如果像强制边界条件那样强加自然边界条件，不但不能提高精度，效果一般还会适得其反，而上升到数学的层面，这则是一个根本的概念错误。

　　不难想见，相对位移边界条件是强制边界条件，因为只有满足此条件的位移场才可能是单胞的允许位移场，然而，由同样的连续性和对称性条件导出的周期性面力边界条件，其性质尚不明朗。反映在单胞的有限元分析中，疑问则是，它们是强制边界条件，还是自然边界条件？如果是自然边界条件，则可无为而治；但若是强制边界条件，这就需要先将面力由位移表示出来，再强加于单包的边界，如在 5.3.7 节中所提及的那些文献中那样，劳民伤财。必须指出，一边界条件是否是自然边界条件，不能仅仅是因为它与面力有关，一边界条件除非可以通过相应的变分原理被证明是自然边界条件，否则不能被无故地当作自然边界条件。为了消除此疑惑，下面数节将要证明周期性面力边界条件确为自然边界条件，是与强制的相对位移边界条件互补的面力边界条件。

　　应该指出，如果分析单胞的方法不是基于变分原理之上的，譬如，有限差分或基于级数的解析解等，那么，位移和面力边界条件必须同样施加，方可定解，再无次序、优先等差别可言。在第 15 章中将会给出一个这样的例子。

7.2 由平移对称性定义的单胞的边界及边界条件

假设一单胞所占据的空间区域为Ω，其边界记为$\partial\Omega$，如果一材料可以为一单胞所代表，则此材料在低尺度上必呈周期性构形，那么该单胞的边界$\partial\Omega$可以相应于定义该单胞所采用的平移对称性而分解成两个不重叠的部分，分别记作$\partial\Omega^+$和$\partial\Omega^-$，它们有相应的平移对称性，一般是分片地联系着。此处讨论的单胞是一般意义之下的，可以是二维的，也可以是三维的，形状不拘。为帮助叙述，不妨以一个二维的正方形单胞(Li, 2001)为例，如图 7.3(a)所示，本书第 6 章的 6.4.1.2 节有详尽的细节，这时，Ω是 $x\text{-}y$ 平面(二维空间)上的一正方形，而$\partial\Omega$则是其外框$ABCD$，$\partial\Omega^+$由边 BC 和 DC 组成，而$\partial\Omega^-$则是由 AD 和 AB 组成。$\partial\Omega^+$与$\partial\Omega^-$之间的对称性分片定义，$\partial\Omega^+$中的 BC 和$\partial\Omega^-$中的 AD 由沿 x 方向的距离为 $2b$ 的平移对称性相联系，而 DC 和 AB 则由沿 y 方向的平移对称性相联系，距离也是 $2b$。类似的描述适用于所有由平移对称性建立的单胞，如图 7.3(b)所示的二维的六角形单胞(Li, 2001)或如图 7.3(c)所示的三维单胞等，图 7.3(c)中仅标注了$\partial\Omega^+$，而$\partial\Omega^-$未加标注，但就在$\partial\Omega^+$的对面，不难想象。

$\partial\Omega^+$和$\partial\Omega^-$之间的相对位移边界条件可一般地给出为

$$u_i^+ - u_i^- = \varepsilon_{ij}^0 \Delta x_j \tag{7.4}$$

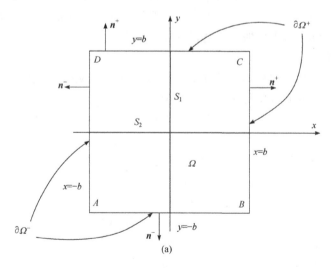

(a)

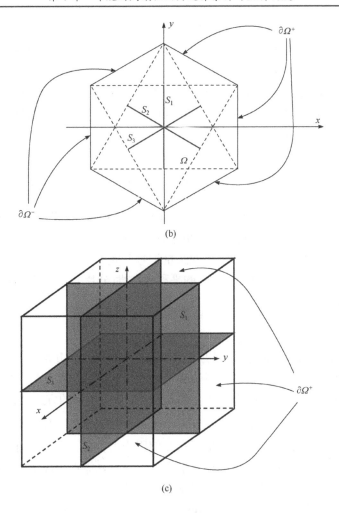

图 7.3   不同的单胞及边界的标注: (a)—正方形单胞; (b)—正六角形单胞; (c)—一立方体单胞

其中 u_i^+ 和 u_i^- 分别为 $\partial\Omega^+$ 和 $\partial\Omega^-$ 上的位移, ε_{ij}^0 是单胞内的平均应变, $\Delta x_j = x_j^+ - x_j^-$ 是从 $\partial\Omega^-$ 上的一点到 $\partial\Omega^+$ 上的相应的点之间的距离, 即平移对称性的平移量。在式 (7.4) 中, 平均应变对单胞的建立而言起着关键的作用, 它们被称为主自由度, 如第 6 章 6.6 节所引入的。事实上方程(7.4)与第 6 章中的方程(6.6)完全一致, 只是此处采用了张量记号。本章中不采用第 6 章中的方程(6.9), 其间的差别, 如在第 6 章中业已解释的, 仅仅是一刚体转动而已。方程(6.9)的形式在实施时稍有便利, 因为本章主要是解析推导, 无需考虑实施的便利, 而张量记号则更适合解析推导, 各取所需。

如果沿边界都给定位移，这可以确保该边值问题的解存在且唯一。不过，单胞的相对位移边界条件虽然涉及整个边界，但仅是以在一部分边界上的位移与在另一部分边界上的位移的一种关系的形式给出的，即相对位移，如果认为一部分边界上的位移相对另一部分边界已确定，则另一部分边界上的位移尚且自由，这显然不足以完全确定该边值问题的解，定解还需要更多的边界条件。

从平移对称性所得的如式(7.3)所示的周期性面力边界条件，其更一般的形式可以写成为

$$T_i^+ = \sigma_{ij}^+ n_j^+ = -\sigma_{ij}^- n_j^- = -T_i^- \quad \text{或} \quad \sigma_{ij}^+ \left(x^+ \right) n_j^+ \left(x^+ \right) + \sigma_{ij}^- \left(x^- \right) n_j^- \left(x^- \right) = 0 \tag{7.5}$$

其中 σ_{ij}^+ 和 σ_{ij}^- 为应力分别在 $\partial\Omega^+$ 和 $\partial\Omega^-$ 上相应的点 x^+ 和 x^- 处的值，n_i^+ 和 n_i^- 分别为 $\partial\Omega^+$ 和 $\partial\Omega^-$ 上的单位外法向矢量。这里坐标 x^+ 和 x^- 采用粗体字代表矢量，以避免下标可能带来的混淆，因为如常规的张量记号，此处采用爱因斯坦规则，重复下标意味着求和。鉴于 $\partial\Omega^+$ 和 $\partial\Omega^-$ 之间的平移对称性(分片的)，其上的外法矢量之间存在着下述关系

$$n_j^- \left(x^- \right) = -n_j^+ \left(x^+ \right) \tag{7.6}$$

方程(7.4)和(7.5)一起为当前的边值问题提供了完整的边界条件，一组关联相对边界上的位移，另一组关联相对边界上的面力。边值问题的解可以确定到刚体平移，而刚体转动已因式(7.4)，按在第 6 章 6.2 节中说明的方式被约束了。

有时在文献中，条件(7.5)被误作 $\sigma_{ij}^+ = \sigma_{ij}^-$。对于一般的三维问题，应力有 6 个独立的分量，而面力只有 3 个分量，直接使用应力分量，会得出过多的条件，以致满足这些条件的解一般不再存在。事实上，没有暴露在表面上的那些应力分量没有任何理由要求它们必须连续，强制它们连续，那是画蛇添足。

如前所述，$\partial\Omega$ 可以分解成 $\partial\Omega^+$ 和 $\partial\Omega^-$，因为它们都是分片定义的，故可记为

$$\partial\Omega^+ = \sum_{m=1}^{K} \partial\Omega_m^+$$
$$\partial\Omega^- = \sum_{m=1}^{K} \partial\Omega_m^- \tag{7.7}$$

其中 $\partial\Omega_m^+$ 和 $\partial\Omega_m^-$，$m=1,2,\cdots,K$(K 为 $\partial\Omega^+$ 或 $\partial\Omega^-$ 所分片的片数)，分别为 $\partial\Omega^+$ 和 $\partial\Omega^-$ 中按某一平移对称性相应的那部分边界，因此，两者均可映射至同一个面，记为 S_m，不妨取其为 $\partial\Omega_m^+$ 和 $\partial\Omega_m^-$ 的中面，如图 7.3 所示意，即

$$\begin{aligned} \partial\Omega_m^+ &\to S_m \\ \partial\Omega_m^- &\to S_m \end{aligned} \quad \text{或} \quad \begin{aligned} x_m^+ &\to x_m \\ x_m^- &\to x_m \end{aligned} \quad x_m \text{ 是任一位于 } S_m \text{ 面上的点} \tag{7.8}$$

这样，S_m 可以被认为是定义在 $\partial\Omega_m^+$ 和 $\partial\Omega_m^-$ 上的应力、位移及单位外法向矢量的共同的定义域，即

$$\sigma_{ij}^+\left(x_m^+\right)=\sigma_{ij}^+\left(x_m\right),\quad \sigma_{ij}^-\left(x_m^-\right)=\sigma_{ij}^-\left(x_m\right)$$

$$n_j^+\left(x_m^+\right)=n_j^+\left(x_m\right),\quad n_j^-\left(x_m^-\right)=n_j^-\left(x_m\right)\qquad (m=1,2,\cdots,K)\qquad(7.9)$$

$$\delta u_i^+\left(x_m^+\right)=\delta u_i^+\left(x_m\right),\quad \delta u_i^-\left(x_m^-\right)=\delta u_i^-\left(x_m\right)$$

如此的共同的定义域的存在是用以定义单胞的平移对称性的自然结果，其在后续的推导中十分重要。

7.3　给定平均应变条件下单胞的总位能与变分原理

假设所考虑的单胞的变形都在线弹性的范围，即材料线弹性，而变形则在小变形的范畴，最小总位能原理适用于所考虑的问题，同时这也是有限元法的基础，尽管其他的建立有限元法的途径有时也被称为虚位移原理、加权余量法，或者是弱形式的边值问题等。如通常的微观力学分析，不考体力的影响。给定平均应变 $\bar\varepsilon_{ij}^0$ 作为载荷条件，这里变量顶上的一横杠表示给定的量，因此没有变分，或说是变分为零。平均应变是主自由度上的位移，给定平均应变就是给定这些自由度上的位移，这些给定的位移除了限制试函数的允许范围，对总位能的表达式没有贡献，因此这时的总位能就等于应变能，没有施加的外力以产生任何外力位能。

$$\Pi=\frac{1}{2}\int_\Omega \sigma_{ij}\varepsilon_{ij}\mathrm{d}\Omega\qquad(7.10)$$

其中，σ_{ij} 和 ε_{ij} 分别为低尺度上在单胞内的应力和应变。任一位移场的试函数 u_i，若要成为允许的试函数，必须满足相对位移边界条件(7.4)，还需满足如下的弹性力学几何方程

$$\varepsilon_{ij}=\frac{1}{2}\left(u_{i,j}+u_{j,i}\right)\qquad(7.11)$$

这样，总位能(7.10)的驻值条件便成为

$$\delta\Pi=\frac{1}{2}\delta\int_\Omega \sigma_{ij}\varepsilon_{ij}\mathrm{d}\Omega=\int_\Omega \sigma_{ij}\delta\varepsilon_{ij}\mathrm{d}\Omega=\int_\Omega \sigma_{ij}\delta u_{i,j}\mathrm{d}\Omega=0\qquad(7.12)$$

基于线弹性和小变形假设，很容易证明，总位能的驻值必定也是其最小值，此命题等价于材料刚度张量的正定性，故在下述讨论中，驻值与最小值将是两个等价的名词。为了变换上述表达式，可以利用如下的高斯定理，也称为散度定理

$$\int_\Omega g_{i,i} \mathrm{d}\Omega = \int_{\partial\Omega} g_i n_i \mathrm{d}S \tag{7.13}$$

其中 n_i 是单胞边界面 $\partial\Omega$ 上的单位外法向矢量。令

$$g_i = \sigma_{ij}\delta u_j \tag{7.14}$$

因为应力张量的对称性，即 $\sigma_{ji} = \sigma_{ij}$，可得

$$g_{i,i} = \left(\sigma_{ij}\delta u_j\right)_{,i} = \sigma_{ij,i}\delta u_j + \sigma_{ij}\delta u_{j,i} = \sigma_{ij,j}\delta u_j + \sigma_{ij}\delta u_{i,j} \tag{7.15}$$

于是，条件(7.12)可以另写成

$$\delta\Pi = \int_\Omega \sigma_{ij}\delta u_{i,j} \mathrm{d}\Omega = \delta H - \int_\Omega \sigma_{ij,j}\delta u_i \mathrm{d}\Omega = 0 \tag{7.16}$$

其中

$$\delta H = \int_{\partial\Omega} \sigma_{ij} n_j \delta u_i \mathrm{d}S \tag{7.17}$$

在方程(7.16)中，鉴于 δu_i 在 Ω 域内的任意性，其系数 $\sigma_{ij,j}$ 必须为零，否则，式(7.16)便不可能被满足，这就得到了弹性力学中的平衡方程，此处，其作为变分问题的欧拉方程

$$\sigma_{ij,j} = 0, \qquad \text{在} \Omega \text{域内} \tag{7.18}$$

用语言描述的话，在引进位移的试函数时，无须考虑平衡方程，而平衡方程的满足是总位能驻值条件的一部分。类似地，δH 也必须为零，作为由总位能驻值条件

$$\delta H = 0 \tag{7.19}$$

这一条件在 7.4 节还会继续往下推导，最终导出所欲得到的结果。

7.4 单胞的周期性面力边界条件与自然边界条件

当单胞的边界因为强制边界条件(7.4)而被分割成 $\partial\Omega^+$ 和 $\partial\Omega^-$，如式(7.17)所定义的 δH 可以表示为

$$\delta H = \int_{\partial\Omega} \sigma_{ij} n_j \delta u_i \mathrm{d}S = \int_{\partial\Omega^-} \sigma_{ij} n_j \delta u_i \mathrm{d}S + \int_{\partial\Omega^+} \sigma_{ij} n_j \delta u_i \mathrm{d}S \tag{7.20}$$

而这又可更清楚地改写为

$$\delta H = \int_{\partial\Omega^+} \sigma_{ij}^+\left(\boldsymbol{x}^+\right) n_j^+\left(\boldsymbol{x}^+\right)\delta u_i^+\left(\boldsymbol{x}^+\right)\mathrm{d}S + \int_{\partial\Omega^-} \sigma_{ij}^-\left(\boldsymbol{x}^-\right) n_j^-\left(\boldsymbol{x}^-\right)\delta u_i^-\left(\boldsymbol{x}^-\right)\mathrm{d}S \tag{7.21}$$

其中所涉及的每一项都定义于各自的定义域。作为单胞的边界, $\partial\Omega^+$ 和 $\partial\Omega^-$ 是单胞表面的不同的部分, 然而它们可以被统一起来。不失一般性, 由式(7.8)定义的 S_m 作为它们共同的定义域, 式(7.21)可改写为

$$\delta H = \sum_{m=1}^{K}\left(\int_{\partial\Omega_m^+}\sigma_{ij}^+\left(\boldsymbol{x}_m^+\right)n_j^+\left(\boldsymbol{x}_m^+\right)\delta u_i^+\left(\boldsymbol{x}_m^+\right)\mathrm{d}S + \int_{\partial\Omega_m^-}\sigma_{ij}^-\left(\boldsymbol{x}_m^-\right)n_j^-\left(\boldsymbol{x}_m^-\right)\delta u_i^-\left(\boldsymbol{x}_m^-\right)\mathrm{d}S\right)$$

$$= \sum_{m=1}^{K}\int_{S_m}\left(\sigma_{ij}^+\left(\boldsymbol{x}_m\right)n_j^+\left(\boldsymbol{x}_m\right)\delta u_i^+\left(\boldsymbol{x}_m\right)+\sigma_{ij}^-\left(\boldsymbol{x}_m\right)n_j^-\left(\boldsymbol{x}_m\right)\delta u_i^-\left(\boldsymbol{x}_m\right)\right)\mathrm{d}S \tag{7.22}$$

如果单胞是二维的, 上述积分便是一维的线积分, 可以作出与三维单胞类似的论述。

由式(7.4), 可以得出

$$\delta u_i^+ - \delta u_i^- = \delta\bar{\varepsilon}_{ij}^0\Delta x_j \quad \text{或} \quad \delta u_i^+ = \delta u_i^- + \delta\bar{\varepsilon}_{ij}^0\Delta x_j \tag{7.23}$$

其中, $\delta\bar{\varepsilon}_{ij}^0 \equiv 0$, 因为任何给定的值都不可能有非零的变分, 但是, $\delta\bar{\varepsilon}_{ij}^0$ 作为一记号, 暂保留在式中, 因为它可以帮助确定与给定平均应变为约束所相对应的支反力, 这在后面会看到。利用式(7.23), 表达式(7.22)可改写为

$$\delta H = \sum_{m=1}^{K}\int_{S_m}\left(\left(\sigma_{ij}^+\left(\boldsymbol{x}_m\right)n_j^+\left(\boldsymbol{x}_m\right)+\sigma_{ij}^-\left(\boldsymbol{x}_m\right)n_j^-\left(\boldsymbol{x}_m\right)\right)\delta u_i^-\left(\boldsymbol{x}_m\right)+\sigma_{ij}^+\left(\boldsymbol{x}_m\right)n_j^+\left(\boldsymbol{x}_m\right)\Delta x_k\delta\bar{\varepsilon}_{ik}^0\right)\mathrm{d}S$$

$$= \sum_{m=1}^{K}\int_{S_m}\left(\left(\sigma_{ij}^+\left(\mathbf{x}_m\right)n_j^+\left(\mathbf{x}_m\right)+\sigma_{ij}^-\left(\mathbf{x}_m\right)n_j^-\left(\mathbf{x}_m\right)\right)\delta u_i^-\left(\mathbf{x}_m\right)\right)\mathrm{d}S + R_{ij}\delta\bar{\varepsilon}_{ij}^0$$

$$\tag{7.24}$$

其中

$$R_{ij} = \sum_{m=1}^{K}\int_{S_m}\sigma_{ik}^+\left(\boldsymbol{x}_m\right)n_k^+\left(\boldsymbol{x}_m\right)\Delta x_j\mathrm{d}S \tag{7.25}$$

是在主自由度上给定节点位移 $\bar{\varepsilon}_{ij}^0$ 所产生的支反力。在主自由度的位移值给定的条件下, 在由式(7.24)给出的 δH 的表达式中, 与 R_{ij} 有关的一项恒为零, 因为 $\delta\bar{\varepsilon}_{ik}^0 \equiv 0$。鉴于 $\delta u_i^-\left(\boldsymbol{x}_m\right)$ 的任意性, 为了满足式(7.19), 即 $\delta H=0$, 式(7.24)中被积函数中的第一项中 $\delta u_i^-\left(\boldsymbol{x}_m\right)$ 的系数必须为零, 即

$$\sigma_{ij}^+\left(\boldsymbol{x}_m\right)n_j^+\left(\boldsymbol{x}_m\right)+\sigma_{ij}^-\left(\boldsymbol{x}_m\right)n_j^-\left(\boldsymbol{x}_m\right)=0 \tag{7.26}$$

这时, 再分别把各函数的定义域映射回它们各自原来的在 $\partial\Omega^+$ 或 $\partial\Omega^-$ 上的定义域, 式(7.26)就变成

$$\sigma_{ik}^{+}\left(x_m^{+}\right)n_k^{+}\left(x_m^{+}\right)+\sigma_{ik}^{-}\left(x_m^{-}\right)n_k^{-}\left(x_m^{-}\right)=0 \quad (m=1,2,\cdots,K) \tag{7.27}$$

这再现了在 7.2 节中由平移对称性而得出的周期性面力边界条件(7.5)，但是，那时并不清楚，在有限元分析时，该条件是否应该作为边界条件来强加。如上通过变分原理的推导，确认了该条件是在相对位移边界条件下，单胞中的总位能取驻值(即 $\delta\Pi=0$)的一个必要条件，根据变分法的基本定义，条件(7.27)，即(7.5)是一自然边界条件(Washizu, 1982)。自然边界条件是变分法中的欧拉方程的伴随条件，在力学问题中，由总位能泛函所得的欧拉方程是弹性力学中的平衡方程，而在变分原理中自然边界条件的满足与欧拉方程的满足，意义完全相同，即让总位能取驻值，力学上，面力边界条件所代表的其实就是在边界处的平衡条件。

至此，由式(7.5)给出的单胞的周期性面力边界条件是在相对位移边界条件作为强制边界条件的情况下，由单胞中的总位能变分所得出的自然边界条件这一命题已被严格证明。

在使用任何建立于最小总位能原理基础之上的方法，如有限元法，分析单胞时，用户仅需保证位移场的试函数满足由式(7.11)给出的变形几何方程，以及由式(7.4)给出的相对位移边界条件，而平衡方程(7.18)和周期性面力边界条件(7.5)则由总位能的驻值条件来近似满足，在有限元分析中，这体现于求解刚度方程。因此，用户不应该将自然边界条件当作强制边界条件那样强加，因为这样做，一来概念有误，二来精度有损，纯属费力不讨好、画蛇添足之举，此结论具有普适性，而作为示意的个案，则已展示于表 7.1 中。

证明了周期性面力边界条件为自然边界条件之后，只要分析工具是建立在最小总位能原理或其不同形式的其他理论基础之上的，如有限元，在分析中正确处理此类边界条件就有依据了，而所谓的正确处理竟然是不作任何处理，何乐而不为？这是一个理想的无为而治的境界！所有自然边界条件的处理方法都一样，后面还会用到其他对称性，如反射、旋转，会有类似的情形，边界条件中有以位移给出的，也有以面力给出的，正确的处理是强加位移边界条件，而对面力边界条件则应该视而不见。本来它们应该是作为载荷而施加的，只因由对称性得出的面力边界条件，所涉及的面力要不为零，要不就是如上所述的周期条件，没有面力需要施加，故可以逸待劳。

上述推导都是在位移法前提之下进行的，正如几乎所有的有限元法都属此类。如果使用力法，相应的变分原理则为最小余能原理，例如文献(Li and Hafeez, 2009)中所采用的，这时，周期性面力边界条件将是强制边界条件，是应力场的试函数所必须满足的，当然，这时应力场的试函数还需满足平衡方程，而所得的自然边界条件则应该相应于相对位移边界条件，尽管位移作为未知变量并不直接出现于这样的变分原理之中。如果采用如 Hellinger-Reissner (Washizu, 1982)那样的广义变分原理，那么相对位移边界条件和周期性面力边界条件将都成为自然边界条件，只是建立在最小余位能原理或 Hellinger-Reissner 广义变分原理基础之上的有限元软件实不多见，即便不是完全没有。

7.5　在主自由度上的支反力的性质

平均应力、应变是单胞的微观力学有限元分析的典型的、直接的输入、输出信息，然而在文献中，如何计算它们，则在很大程度上是一个含糊不清的问题，大多数作者显然不愿意提供他们的有限元分析的后处理的任何细节，其所传递的信息不外乎：①这不重要；②这已路人皆知。而实际情况则是两者皆非。

在有提及平均应力的获取的文献中，如(Xia et al., 2006)、(Xia et al., 2003)，它们是通过计算某截面或者整个单胞上的平均值而得的，通常这都需要涉及大量的单元。而其中最具挑战的步骤是，用户需要通过自行安排的后处理，不可避免地编写一定量的程序，因为无一商用软件直接提供此功能。如第 6 章 6.7节中已经指出的，如上平均需要正确地加权，而此权可以因单元不同或积分点不同而异。因此，这通常都已经超出了现今有限元用户们的技术水平，即便是对那些拥有如此技术水平的用户来说，这也需要花费相当的时间和精力，如此这般，使得运用单胞变成了一项重不堪负的工作，而在后处理方面明确的说明的缺乏，正好给本来就不乏疑团的单胞的运用又蒙上了一层可望而不可即的面纱。

前面已经解释，单胞内的平均应变，可以通过单胞的主自由度而被直接给定，作为一种给单胞加载的机制，如果采用相对位移边界条件，为了得到平均应变，完全没有任何另行计算或后处理的必要，主自由度上的"节点位移"直接给出这些平均应变。

当这些主自由度被指定"节点位移"时，单胞的变形由被指定的平均应变所驱使，而在这些主自由度上必然产生"支反力"，本节要严格地用数学证明的是，这些支反力与单胞中的平均应力则有着简单而又直接的关系。

通过式(7.24)，主自由度 ε_{ij}^0 上的支反力 R_{ij} 已由式(7.25)得出，如果把式(7.25)改写为两半之和，并加入可相互抵消的两项，以底部横杠显示，则被积函数的大括号中的前两项，因为周期性面力边界条件(7.27)而消失，再在将定义域从 S_m 返回到各项各自本来的、在单胞表面的定义域 $\partial\Omega_m^+$ 或 $\partial\Omega_m^-$，可得

$$R_{ij} = \sum_{m=1}^{K} \int_{S_m} \sigma_{ik}^+ (\boldsymbol{x}_m) n_k^+ (\boldsymbol{x}_m) \Delta x_j \mathrm{d}S$$

$$= \frac{1}{2} \sum_{m=1}^{K} \int_{S_m} \left(\begin{array}{l} \left(\sigma_{ik}^+ (\boldsymbol{x}_m) n_k^+ (\boldsymbol{x}_m) + \underline{\sigma_{ik}^- (\boldsymbol{x}_m) n_k^- (\boldsymbol{x}_m)} \right) \\ + \left(\sigma_{ik}^+ (\boldsymbol{x}_m) n_k^+ (\boldsymbol{x}_m) - \underline{\sigma_{ik}^- (\boldsymbol{x}_m) n_k^- (\boldsymbol{x}_m)} \right) \end{array} \right) \Delta x_j \mathrm{d}S$$

(7.28)

$$= \frac{1}{2} \sum_{m=1}^{K} \int_{S_m} \left(\sigma_{ik}^+ (\boldsymbol{x}_m) n_k^+ (\boldsymbol{x}_m) - \sigma_{ik}^- (\boldsymbol{x}_m) n_k^- (\boldsymbol{x}_m) \right) \Delta x_j \mathrm{d}S$$

$$= \frac{1}{2} \left(\int_{\partial \Omega^+} \sigma_{ik}^+ (\boldsymbol{x}^+) n_k^+ (\boldsymbol{x}^+) \Delta x_j \mathrm{d}S - \int_{\partial \Omega^-} \sigma_{ik}^- (\boldsymbol{x}^-) n_k^- (\boldsymbol{x}^-) \Delta x_j \mathrm{d}S \right)$$

由平移对称性，$\Delta x_j = x_j^+ - x_j^-$，上式又可改写为

$$R_{ij} = \frac{1}{2} \left(\int_{\partial \Omega^+} \sigma_{ik}^+ (\boldsymbol{x}^+) n_k^+ (\boldsymbol{x}^+) (x_j^+ - x_j^-) \mathrm{d}S - \int_{\partial \Omega^-} \sigma_{ik}^- (\boldsymbol{x}^-) n_k^- (\boldsymbol{x}^-) (x_j^+ - x_j^-) \mathrm{d}S \right)$$

$$= \frac{1}{2} \left(\int_{\partial \Omega^+} \sigma_{ik}^+ (\boldsymbol{x}^+) n_k^+ (\boldsymbol{x}^+) x_j^+ \mathrm{d}S - \underline{\int_{\partial \Omega^-} \sigma_{ik}^- (\boldsymbol{x}^-) n_k^- (\boldsymbol{x}^-) x_j^+ \mathrm{d}S} \right)$$

(7.29)

$$- \frac{1}{2} \left(\underline{\int_{\partial \Omega^+} \sigma_{ik}^+ (\boldsymbol{x}^+) n_k^+ (\boldsymbol{x}^+) x_j^- \mathrm{d}S} - \int_{\partial \Omega^-} \sigma_{ik}^- (\boldsymbol{x}^-) n_k^- (\boldsymbol{x}^-) x_j^- \mathrm{d}S \right)$$

利用周期性边界条件(7.5)，在上述表达式中底部带横杠提示的，第一个括号中的第二项和第二个括号中的第一项，可分别改写为

$$\int_{\partial \Omega^-} \sigma_{ik}^- (\boldsymbol{x}^-) n_k^- (\boldsymbol{x}^-) x_j^+ \mathrm{d}S = - \int_{\partial \Omega^-} \sigma_{ik}^+ (\boldsymbol{x}^+) n_k^+ (\boldsymbol{x}^+) x_j^+ \mathrm{d}S$$

$$\int_{\partial \Omega^+} \sigma_{ik}^+ (\boldsymbol{x}^+) n_k^+ (\boldsymbol{x}^+) x_j^- \mathrm{d}S = - \int_{\partial \Omega^+} \sigma_{ik}^- (\boldsymbol{x}^-) n_k^- (\boldsymbol{x}^-) x_j^- \mathrm{d}S$$

(7.30)

上述积分所涉及的积分区域$\partial \Omega^+$和$\partial \Omega^-$，都等价于$S = S_1 \oplus S_2 \oplus \cdots \oplus S_m \oplus \cdots \oplus S_K$，因此，它们之间可以互换而不影响这些积分的值。因此

$$\int_{\partial \Omega^+} \sigma_{ik}^- (\boldsymbol{x}^-) n_k^- (\boldsymbol{x}^-) x_j^- \mathrm{d}S = \int_{S} \sigma_{ik}^- (\boldsymbol{x}^-) n_k^- (\boldsymbol{x}^-) x_j^- \mathrm{d}S = \int_{\partial \Omega^-} \sigma_{ik}^- (\boldsymbol{x}^-) n_k^- (\boldsymbol{x}^-) x_j^- \mathrm{d}S$$

$$\int_{\partial \Omega^-} \sigma_{ik}^+ (\boldsymbol{x}^+) n_k^+ (\boldsymbol{x}^+) x_j^+ \mathrm{d}S = \int_{S} \sigma_{ik}^+ (\boldsymbol{x}^+) n_k^+ (\boldsymbol{x}^+) x_j^+ \mathrm{d}S = \int_{\partial \Omega^+} \sigma_{ik}^+ (\boldsymbol{x}^+) n_k^+ (\boldsymbol{x}^+) x_j^+ \mathrm{d}S$$

(7.31)

再利用式(7.30)和式(7.31)，表达式(7.29)成为

$$R_{ij} = \int_{\partial \Omega^+} \sigma_{ik}^+ (\boldsymbol{x}^+) n_k^+ (\boldsymbol{x}^+) x_j^+ \mathrm{d}S + \int_{\partial \Omega^-} \sigma_{ik}^- (\boldsymbol{x}^-) n_k^- (\boldsymbol{x}^-) x_j^- \mathrm{d}S = \int_{\partial \Omega} (\sigma_{ik} x_j) n_k \mathrm{d}S$$

(7.32)

为了揭示 R_{ij} 的庐山真面目，将如式(7.13)给出的散度定理施于式(7.32)的右端项，得到

$$R_{ij} = \int_{\partial\Omega} \left(\sigma_{ik}x_j\right)n_k \mathrm{d}S = \int_{\Omega} \left(\sigma_{ik}x_j\right)_{,k} \mathrm{d}\Omega = \int_{\Omega} \sigma_{ik,k}x_j \mathrm{d}\Omega + \int_{\Omega} \sigma_{ik}\delta_{jk} \mathrm{d}\Omega = \int_{\Omega} \sigma_{ij} \mathrm{d}\Omega \tag{7.33}$$

其中的 $\sigma_{ik,k}$ 因为由式(7.18)所给出的平衡方程而消失，而 $x_{i,j} = x_{j,i} = \delta_{ij}$ 是一恒等式，这里的 δ_{ij} 是熟知的 Kroneker 单位张量，具有 $\sigma_{ik}\delta_{jk} = \sigma_{ij}$ 的性质，这样 R_{ij} 可以写为

$$R_{ij} = V\sigma_{ij}^0 \tag{7.34}$$

其中 V 是区域 Ω，即单胞的体积，而

$$\sigma_{ij}^0 = \frac{1}{V}\int_{\Omega} \sigma_{ij} \mathrm{d}\Omega \tag{7.35}$$

这正是单胞内平均应力的数学定义。这样，在得到了作用在主自由度上的支反力之后，单胞内的平均应力可简单地从这些支反力如下得出

$$\sigma_{ij}^0 = \frac{1}{V}R_{ij} \tag{7.36}$$

从而完全避免了为了得到平均应力所需的任何的后处理，给出了又一个无为而治的例子。

如果在主自由度上施加平均应变作为给定的"节点位移"，而单胞内的平均应力又可从主自由度上的支反力通过式(7.36)得出，这样，获取由单胞所代表的材料的等效刚度矩阵就直截了当了。采用工程应变及常规的缩减张量记号，平均应力与平均应变通过等效刚度矩阵相联系，即所谓的等效应力–应交关系如下

$$\begin{Bmatrix} \sigma_x^0 \\ \sigma_y^0 \\ \sigma_z^0 \\ \tau_{yz}^0 \\ \tau_{xz}^0 \\ \tau_{xy}^0 \end{Bmatrix} = \begin{bmatrix} c_{11}^0 & c_{12}^0 & c_{13}^0 & c_{14}^0 & c_{15}^0 & c_{16}^0 \\ c_{21}^0 & c_{22}^0 & c_{23}^0 & c_{24}^0 & c_{25}^0 & c_{26}^0 \\ c_{31}^0 & c_{32}^0 & c_{33}^0 & c_{34}^0 & c_{35}^0 & c_{36}^0 \\ c_{41}^0 & c_{42}^0 & c_{43}^0 & c_{44}^0 & c_{45}^0 & c_{46}^0 \\ c_{51}^0 & c_{52}^0 & c_{53}^0 & c_{54}^0 & c_{55}^0 & c_{56}^0 \\ c_{61}^0 & c_{62}^0 & c_{63}^0 & c_{64}^0 & c_{65}^0 & c_{66}^0 \end{bmatrix} \begin{Bmatrix} \varepsilon_x^0 \\ \varepsilon_y^0 \\ \varepsilon_z^0 \\ \gamma_{yz}^0 \\ \gamma_{xz}^0 \\ \gamma_{xy}^0 \end{Bmatrix} \tag{7.37}$$

为了得到此刚度矩阵，一般需要对单胞进行 6 次分析，如果软件允许，也可以是一次分析，但含 6 个独立的载荷条件，以主自由度上的"节点位移"给出如下

$$\begin{Bmatrix} 1 \\ 0 \\ 0 \\ 0 \\ 0 \\ 0 \end{Bmatrix}, \begin{Bmatrix} 0 \\ 1 \\ 0 \\ 0 \\ 0 \\ 0 \end{Bmatrix}, \begin{Bmatrix} 0 \\ 0 \\ 1 \\ 0 \\ 0 \\ 0 \end{Bmatrix}, \begin{Bmatrix} 0 \\ 0 \\ 0 \\ 1 \\ 0 \\ 0 \end{Bmatrix}, \begin{Bmatrix} 0 \\ 0 \\ 0 \\ 0 \\ 1 \\ 0 \end{Bmatrix}, \begin{Bmatrix} 0 \\ 0 \\ 0 \\ 0 \\ 0 \\ 1 \end{Bmatrix} \tag{7.38}$$

应该指出，采用如上的单位应变纯粹是出于数值分析的便利，因为这样，相对于任一载荷条件，所得的平均应力将直接给出刚度矩阵的一列，而不要字面理解它们的大小的真实性，因为绝大多数材料都无法容忍如此之大的应变，即便偶尔有这样的材料，真实状态下的变形量也已远远超出了小变形的范畴，因此，上述分析严格地仅适用于线性问题，其响应都是成比例的。一旦超出此范畴，材料的响应就成了所谓有限变形问题，一般都是高度非线性的。就单胞的应用而言，这还远不止变形大一点、在有限元分析时打开几何非线性的开关而已，这在第 13 章会专门论述。

通过分析上述的 6 个载荷状态而得到了材料的等效刚度矩阵之后，即可从中提炼出材料的等效弹性特性，如等效工程弹性常数。应该指出，刚度矩阵的元素并不直接就是工程弹性常数，为了得到工程弹性常数，需要首先对刚度矩阵求逆，从而得到材料等效的柔度矩阵，如下

$$
\left[S^0 \right] =
\begin{bmatrix}
s_{11}^0 & s_{12}^0 & s_{13}^0 & s_{14}^0 & s_{15}^0 & s_{16}^0 \\
s_{21}^0 & s_{22}^0 & s_{23}^0 & s_{24}^0 & s_{25}^0 & s_{26}^0 \\
s_{31}^0 & s_{32}^0 & s_{33}^0 & s_{34}^0 & s_{35}^0 & s_{36}^0 \\
s_{41}^0 & s_{42}^0 & s_{43}^0 & s_{44}^0 & s_{45}^0 & s_{46}^0 \\
s_{51}^0 & s_{52}^0 & s_{53}^0 & s_{54}^0 & s_{55}^0 & s_{56}^0 \\
s_{61}^0 & s_{62}^0 & s_{63}^0 & s_{64}^0 & s_{65}^0 & s_{66}^0
\end{bmatrix}
=
\begin{bmatrix}
c_{11}^0 & c_{12}^0 & c_{13}^0 & c_{14}^0 & c_{15}^0 & c_{16}^0 \\
c_{21}^0 & c_{22}^0 & c_{23}^0 & c_{24}^0 & c_{25}^0 & c_{26}^0 \\
c_{31}^0 & c_{32}^0 & c_{33}^0 & c_{34}^0 & c_{35}^0 & c_{36}^0 \\
c_{41}^0 & c_{42}^0 & c_{43}^0 & c_{44}^0 & c_{45}^0 & c_{46}^0 \\
c_{51}^0 & c_{52}^0 & c_{53}^0 & c_{54}^0 & c_{55}^0 & c_{56}^0 \\
c_{61}^0 & c_{62}^0 & c_{63}^0 & c_{64}^0 & c_{65}^0 & c_{66}^0
\end{bmatrix}^{-1}
\tag{7.39}
$$

一般地，一个完全各向异性的材料的柔度矩阵与其工程弹性常数有如下的关系

$$
\left[S^0 \right] =
\begin{bmatrix}
\dfrac{1}{E_1^0} & -\dfrac{\nu_{21}^0}{E_2^0} & -\dfrac{\nu_{31}^0}{E_3^0} & \dfrac{\eta_{41}^0}{G_{23}^0} & \dfrac{\eta_{51}^0}{G_{13}^0} & \dfrac{\eta_{61}^0}{G_{12}^0} \\[2mm]
-\dfrac{\nu_{12}^0}{E_1^0} & \dfrac{1}{E_2^0} & -\dfrac{\nu_{32}^0}{E_3^0} & \dfrac{\eta_{42}^0}{G_{23}^0} & \dfrac{\eta_{52}^0}{G_{13}^0} & \dfrac{\eta_{62}^0}{G_{12}^0} \\[2mm]
-\dfrac{\nu_{13}^0}{E_1^0} & -\dfrac{\nu_{23}^0}{E_2^0} & \dfrac{1}{E_3^0} & \dfrac{\eta_{43}^0}{G_{23}^0} & \dfrac{\eta_{53}^0}{G_{13}^0} & \dfrac{\eta_{63}^0}{G_{12}^0} \\[2mm]
\dfrac{\eta_{14}^0}{E_1^0} & \dfrac{\eta_{24}^0}{E_2^0} & \dfrac{\eta_{34}^0}{E_3^0} & \dfrac{1}{G_{23}^0} & \dfrac{\mu_{54}^0}{G_{13}^0} & \dfrac{\mu_{64}^0}{G_{12}^0} \\[2mm]
\dfrac{\eta_{15}^0}{E_1^0} & \dfrac{\eta_{25}^0}{E_2^0} & \dfrac{\eta_{35}^0}{E_3^0} & \dfrac{\mu_{45}^0}{G_{23}^0} & \dfrac{1}{G_{13}^0} & \dfrac{\mu_{65}^0}{G_{12}^0} \\[2mm]
\dfrac{\eta_{16}^0}{E_1^0} & \dfrac{\eta_{26}^0}{E_2^0} & \dfrac{\eta_{36}^0}{E_3^0} & \dfrac{\mu_{46}^0}{G_{23}^0} & \dfrac{\mu_{56}^0}{G_{13}^0} & \dfrac{1}{G_{12}^0}
\end{bmatrix}
\tag{7.40}
$$

其中 E_1^0、E_2^0、E_3^0、G_{23}^0、G_{13}^0、G_{12}^0 是材料的等效弹性模量和剪切模量，ν_{23}^0、ν_{13}^0、ν_{12}^0 为等效的泊松比，这些都为读者们熟知，而 η_{ij}^0 代表着正、剪应力、应变之间的

耦合，μ_{ij}^0 则代表着剪应力、剪应变之间的耦合，这些耦合均不见于通常的正交各向异性材料，其他的常数可由柔度矩阵的对称性如下得出

$$\frac{v_{21}^0}{E_2^0}=\frac{v_{12}^0}{E_1^0}$$

$$\frac{\eta_{41}^0}{G_{23}^0}=\frac{\eta_{14}^0}{E_1^0}$$

$$\frac{\mu_{54}^0}{G_{13}^0}=\frac{\mu_{45}^0}{G_{23}^0}$$

$$\cdots\cdots$$

(7.41)

η_{ij}^0 和 μ_{ij}^0 这两组等效材料常数不为读者们熟知，因为它们仅出现于一般的各向异性材料(Lekhnitskii, 1977)，尽管它们都可以严格地数学定义，但是现实中，即便有这样的材料，也没有任何可靠而又可行的实验手段来测量它们，因为现有的工业标准仅限于正交各向异性材料，而测试也仅限于其沿材料主轴方向的特性。

如果材料是正交各向异性的，则其柔度矩阵可以简化为

$$[S^0]=\begin{bmatrix} \dfrac{1}{E_1^0} & -\dfrac{v_{21}^0}{E_2^0} & -\dfrac{v_{31}^0}{E_3^0} & 0 & 0 & 0 \\[2mm] -\dfrac{v_{12}^0}{E_1^0} & \dfrac{1}{E_2^0} & -\dfrac{v_{32}^0}{E_3^0} & 0 & 0 & 0 \\[2mm] -\dfrac{v_{13}^0}{E_1^0} & -\dfrac{v_{23}^0}{E_2^0} & \dfrac{1}{E_3^0} & 0 & 0 & 0 \\[2mm] 0 & 0 & 0 & \dfrac{1}{G_{23}^0} & 0 & 0 \\[2mm] 0 & 0 & 0 & 0 & \dfrac{1}{G_{13}^0} & 0 \\[2mm] 0 & 0 & 0 & 0 & 0 & \dfrac{1}{G_{12}^0} \end{bmatrix}$$

(7.42)

由之，等效弹性常数可以直接与柔度矩阵的相关元素联系如下

$$E_1^0=\frac{1}{s_{11}^0}, \qquad E_2^0=\frac{1}{s_{22}^0}, \qquad E_3^0=\frac{1}{s_{33}^0}$$

$$v_{23}^0=-\frac{s_{32}^0}{s_{22}^0}, \qquad v_{13}^0=-\frac{s_{31}^0}{s_{11}^0}, \qquad v_{12}^0=-\frac{s_{21}^0}{s_{11}^0}$$

(7.43)

$$G_{23}^0 = \frac{1}{s_{44}^0}, \qquad G_{13}^0 = \frac{1}{s_{55}^0}, \qquad G_{12}^0 = \frac{1}{s_{66}^0}$$

上述 9 个等效弹性常数给出了一般正交各向异性材料的一组完整的弹性常数，独立的等效弹性常数的个数会随着材料特性的特殊化而进一步下降，这正是本书第 3 章所呼吁的材料分类，没有恰当的分类而盲目地进行的材料表征，所得出的材料常数可能会误导，而整个的表征工作都可能失去价值。

一般地，如果所感兴趣的仅仅是等效刚度矩阵，用给定平均应变的分析应该是最直接的办法，但是如果所感兴趣的是等效弹性常数，如上描述的办法并不是最有效的，因为这还需要求一个 6×6 的矩阵的逆，尽管这并非不可及，但的确有要简单许多的办法，这将在 7.6 节介绍。

7.6 在主自由度上给定集中"力"的情况

在第 6 章中已经通过相对位移边界条件而引入了单胞的主自由度，在单胞的有限元模型建立之后，主自由度就已经成为该模型不可分割的一部分了，这些自由度虽然与一般的节点自由度有别，因为它们与确定单胞的几何形状无关，但是它们都是有限元模型中的自由度，在这个意义上，它们都同样具备自由度的功能。在有限元模型中的每一个自由度之上，都定义有两个能量共轭的量，即节点位移和节点力。一个有限元分析，首先要在各节点自由度上加上已知的节点力，未被加节点力的自由度是因为相应的节点力刚好为零；然后根据物理问题中客观的约束强加边界条件；再通过对刚度方程的求解获得的在域内各节点自由度上的节点位移；进而可得单元积分点上的应变、应力。其中的边界条件仅涉及在边界上的节点的自由度，一般情况下，已知的节点位移和节点力参半，即有些已知节点位移，但相应的节点力未知，它们就是待求的支反力；而在其他的节点自由度上，已知的是节点力，即所谓自然边界条件，特别是当这样的节点力为零时，用户不需要有任何作为，但这不意味着什么边界条件都没有，这时待求的就是这些自由度上的节点位移。主自由度可以像边界上的自由度被指定"位移"，作为强制边界条件，如在 7.5 节所采用的；当然也可以被指定"力"，作为载荷，本节的目标是要建立这样指定的、在主自由度上的"力"，与单胞中的平均应力的关系。这里的"位移"和"力"都带着引号，因为从量纲的意义上说，它们都不是通常的位移和力，因此是广义的，以下在不至于引起误会的前提下，引号从免。

在 7.3 节中，在具有相对位移边界条件的约束的情况下，单胞的最小总位能原理是在给定主自由度上的位移，即平均应变的条件下建立的，与之互补的另一情形是给定主自由度上的力，当然这些力就会产生外力位能，这时总位能可以得

出为

$$\Pi = \frac{1}{2}\int_{\Omega}\sigma_{ij}\varepsilon_{ij}\mathrm{d}\Omega - \overline{F}_{ij}\varepsilon_{ij}^{0} \tag{7.44}$$

其中 $\overline{F}_{ij}$ 是在主自由度 ε_{ij}^{0} 上给定的集中力，记号顶上的一杠表示给定值，变分为零。如前一样的变分操作，可得

$$\delta\Pi = -\int_{\Omega}\sigma_{ij,j}\delta u_i\mathrm{d}\Omega + \delta Q \tag{7.45}$$

其中上式等号右边第一项因平衡条件(7.18)而消失，第二项给出如下

$$\delta Q = \delta H - \overline{F}_{ij}\delta\varepsilon_{ij}^{0} \tag{7.46}$$

这里的 δH 已于式(7.17)定义。借助如式(7.21)～式(7.25)中的数学变换，假设周期性面力边界条件(7.27)已被满足，将所涉及的各项由 S 分别映射回 $\partial\Omega^+$ 和 $\partial\Omega^-$ 后，即得

$$\delta H = \frac{1}{2}\left(\int_{\partial\Omega^+}\sigma_{ik}^{+}\left(x^{+}\right)n_{k}^{+}\left(x^{+}\right)\left(x_{j}^{+}-x_{j}^{-}\right)\mathrm{d}S - \int_{\partial\Omega^-}\sigma_{ik}^{-}\left(x^{-}\right)n_{k}^{-}\left(x^{-}\right)\left(x_{j}^{+}-x_{j}^{-}\right)\mathrm{d}S\right)\delta\varepsilon_{ij}^{0} \tag{7.47}$$

再按照如同在式(7.29)～式(7.34)中所进行的操作，上式可化简为

$$\delta H = \left(\int_{\Omega}\sigma_{ij}\mathrm{d}\Omega\right)\delta\varepsilon_{ij}^{0} = V\sigma_{ij}^{0}\delta\varepsilon_{ij}^{0} \tag{7.48}$$

将式(7.48)代回到式(7.46)，可得

$$\delta Q = \left(V\sigma_{ij}^{0} - \overline{F}_{ij}\right)\delta\varepsilon_{ij}^{0} \tag{7.49}$$

作为驻值条件 $\delta\Pi = 0$，由式(7.45)所给出的总位能的变分等于零，其必要条件之一是 $\delta Q = 0$。由于 $\delta\varepsilon_{ij}^{0}$ 的任意性，从式(7.49)可知

$$V\sigma_{ij}^{0} - \overline{F}_{ij} = 0 \quad \text{或} \quad \overline{F}_{ij} = V\sigma_{ij}^{0} \tag{7.50}$$

由此可得

$$\sigma_{ij}^{0} = \frac{1}{V}\overline{F}_{ij} \tag{7.51}$$

即在主自由度上所给定的集中力与由此载荷导致的单胞内的平均应力成正比，而比例因子则是单胞的体积，因此，通过在主自由度上加适当的力，就可以给单胞赋以欲加的平均应力。

如上的结论，可从能量平衡的角度直观地验证如下。把单胞考虑成一结构，如果仅通过 6 个主自由度 ε_{ij}^0 给其加载，那么这 6 个力 $\bar{F}_{ij}$ 给结构输入的能量为

$$U_1 = \frac{1}{2}\bar{F}_{ij}\varepsilon_{ij}^0 \tag{7.52}$$

其中 ε_{ij}^0 是这 6 个自由度在此载荷下所产生的位移。如果该单胞已被均匀化，其中所储存的应变能则为

$$U_2 = \frac{1}{2}V\sigma_{ij}^0\varepsilon_{ij}^0 \tag{7.53}$$

其中 σ_{ij}^0 和 ε_{ij}^0 分别为单胞中的平均应力和平均应变，V 是单胞的体积。在任何应变状态 ε_{ij}^0 下，U_1 和 U_2 应该相等，即能量守恒，由于 ε_{ij}^0 的任意性，其系数必相等，似乎是消去 ε_{ij}^0，此关系便再现了式(7.51)。

7.7　主自由度的利用

通过主自由度给单胞加载可以有两种方法，归纳于下：

(1) 如果欲给单胞强加平均应变，可在主自由度强加节点位移，其量值即为所欲加的平均应变，因为这是强制边界条件，6 个自由度的每一个必须给定一明确的值，如果是如式(7.38)中的任一单位载荷，1 和 0 都得分别强加，相应着一个平均的单向应变或纯剪应变状态。分析的结果表现在这 6 个主自由度上，则是 6 个支反力，相应着平均应力的 6 个分量，即欲产生给定平均应变状态所需的平均应力状态。

(2) 如果欲给单胞施加平均应力，可在主自由度施加集中力，其量值即为所欲加的平均应力乘以单胞的体积，因为这是自然边界条件，仅需施加 6 个自由度中非零的值。分析的结果表现在这 6 个主自由度上，则是 6 节点位移相应着平均应变的 6 个分量，即所施加的应力状态导致的应变状态。为了基本上消除有限元分析的后处理的必要性，建议每次仅给 6 个主自由度之一加集中力，相应着一个平均的单向应力或纯剪应力状态，集中力的量值取作单胞的体积，而不是单位 1，这样，等效地，给单胞施加的就是单位平均应力了。如果用户希望通过对单胞的分析得到材料的等效弹性常数，这一加载方式尤为妥切，因为等效弹性常数是在单向应力或纯剪应力状态下定义的，而不是在单向应变或纯剪应变状态下。

7.8 例　子

建立了给单胞加载的机制后，单胞便可有效地应用了，为了演示所建立的方法的运用，以下对若干典型的单胞作为一系列实用的例子来展示分析的输入与输出。

7.8.1 二维正方形单胞

二维长方形单胞的边界条件已在第 6 章的 6.4.1.2 节中推导。假设此单胞的半边长均为 $a=b=1$mm，即得一正方形单胞，而如果厚度也假设为 1mm，则单胞的体积可得为 $V = 2\times 2\times 1 = 4(\text{mm}^3)$。用其来分析单向纤维增强复合材料，如果纤维体积含量为 60%，则可得纤维直径为 1.7491mm。假设组分材料的特性由表 7.2 给出，取自(Li，2001)。采用 Abaqus 作为有限元求解器，选择广义平面应变单元建立网格，主自由度 ε_z^0 相应于面外位移，直接得到面外正应变，此位移为单胞的其他所有节点所共享。Abaqus 中的广义平面应变单元还有另外两个共享的自由度，分别为两转角，与单胞的变形无关，因此必须约束掉。余下的主自由度为 ε_x^0、ε_y^0、γ_{xy}^0，前述的利用主自由度的两种方法将分别展示如下。

表 7.2　组分纤维和基体的材料特性及其体积含量

	E/GPa	ν	$\alpha/(10^{-6}\text{℃}^{-1})$	体积含量
纤维	10.0	0.2	5	60%
基体	1.0	0.3	50	40%

7.8.1.1 给定平均应变

如前所述，给定平均应变是得到材料等效刚度矩阵最直接的方法，按照 7.5 节中所述的步骤，在主自由度上强加

$$\bar{\varepsilon}_x^0 = 1 \quad 及 \quad \bar{\varepsilon}_y^0 = \bar{\varepsilon}_z^0 = \bar{\gamma}_{xy}^0 = 0$$

作为载荷条件，相应于在 x 方向的单向应变状态。应该提醒，上述平均应变分量中的零值必须强加，因为它们都是强制边界条件，这样才能确保单向应变状态，否则，所加的将是单向应力状态，所得到的将不再是刚度了。

分析之后，所得的在主自由度上的反作用力分别为

$$R_x = 14.580\,\text{N}\cdot\text{m}, \qquad R_y = 3.8619\,\text{N}\cdot\text{m}, \qquad R_z = 4.2849\,\text{N}\cdot\text{m}, \qquad R_{xy} = 0$$

因此，该载荷条件所产生的平均应力分量为

$$\sigma_x^0 = R_x / V = 3645.0\,\text{MPa}, \qquad \sigma_y^0 = R_y / V = 965.5\,\text{MPa},$$

$$\sigma_z^0 = R_z / V = 1071.2\,\text{MPa}, \qquad \tau_{xy}^0 = R_{xy} / V = 0$$

请注意上述各个量的量纲和单位，在有限元的应用中，单位制的不统一是一典型的错误类型。

上述的平均应力正好给出材料等效刚度矩阵的一列，由之无以直接得出等价弹性常数，除非把刚度矩阵的每一列都求得，再按 7.5 节中描述的方法处理方可，原因是单胞所处的是单向应变状态，而非单向应力状态，因此，此法非寻求等效弹性常数的最佳途径，故在此不费过多的笔墨。如果等效弹性常数是所欲求的目标，下面的方法将更妥切。

7.8.1.2 给定平均应力

在主自由度 ε_z^0 上施加集中力

$$\bar{F}_z = 4\,\text{N}\cdot\text{mm}$$

这样，就给单胞施加了一个等效的沿 z 方向的单向应力状态。与上一小节的情形不同的是，主自由度上值为零的力无需施加，因为 $\bar{F}_x = \bar{F}_y = \bar{F}_{xy} = 0$ 是自然边界条件。通过上述集中力所施加的平均应力为

$$\sigma_z^0 = \bar{F}_z / V = 1\,\text{MPa}, \qquad \sigma_x^0 = \sigma_y^0 = \tau_{xy}^0 = 0$$

在所得的分析结果中，在主自由度上的节点位移分别为

$$\varepsilon_z^0 = 1.5617 \times 10^{-4}, \qquad \varepsilon_x^0 = \varepsilon_y^0 = -3.6284 \times 10^{-5}, \qquad \gamma_{xy}^0 = 0$$

它们直接就是单胞中的平均应变。

因为单胞处于单向应力状态，相应的等效弹性常数可直接得出如下

$$E_z^0 = \sigma_z^0 / \varepsilon_z^0 = 6403.3\,\text{MPa}, \qquad \nu_{zx}^0 = \nu_{zy}^0 = -\varepsilon_x^0 / \varepsilon_z^0 = 0.2323$$

前面已经提及，单向应力状态也可以通过给定相应的主自由度加平均应变而得，但其他的自由度不能赋以零值，而必须自由，这时，从强加应变的主自由度上所得的支反力可以得到所加的单向应力，而从其他的自由的自由度上所得的位移，则给出相应方向上的应变。

类似地，如果在另一个主自由度 ε_x^0 上另加一集中力作为另一载荷条件，譬如

$$\bar{F}_x = 4\,\text{N}\cdot\text{mm}$$

可得到如下的单向等效应力状态

$$\sigma_x^0 = \bar{F}_x / V = 1\,\text{MPa}, \qquad \sigma_y^0 = \sigma_z^0 = \tau_{xy}^0 = 0$$

而相应的平均应变则为

$$\varepsilon_x^0 = 3.0348 \times 10^{-4}, \qquad \varepsilon_y^0 = -6.9721 \times 10^{-5}, \qquad \varepsilon_z^0 = -3.6284 \times 10^{-5}, \qquad \gamma_{xy}^0 = 0$$

能够得出的等效弹性常数为

$$E_x^0 = \sigma_x^0 / \varepsilon_x^0 = 3295.1\,\text{MPa}, \qquad v_{xy}^0 = -\varepsilon_y^0 / \varepsilon_x^0 = 0.2297, \qquad v_{xz}^0 = -\varepsilon_z^0 / \varepsilon_x^0 = 0.1196$$

再考虑一剪切载荷条件

$$\bar{F}_{xy} = 4\,\text{N}\cdot\text{mm}$$

得到一纯剪应力状态,

$$\tau_{xy}^0 = \bar{F}_{xy} / V = 1\,\text{MPa}, \qquad \sigma_x^0 = \sigma_y^0 = \sigma_z^0 = 0$$

相应的平均应变为

$$\gamma_{xy}^0 = 1.0936 \times 10^{-3}, \qquad \varepsilon_x^0 = \varepsilon_y^0 = \varepsilon_z^0 = 0$$

由此又可得等效剪切模量为

$$G_{xy}^0 = \tau_{xy}^0 / \gamma_{xy}^0 = 914.4\,\text{MPa}$$

鉴于纤维呈正方排列的单向复合材料的正方正交异性,其仅有 6 个独立的等效弹性常数,E_z^0、$v_{zx}^0 = v_{zy}^0$、$E_x^0 = E_y^0$、$v_{xy}^0 = v_{yx}^0$、$G_{xy}^0 = G_{yx}^0$ 为其中的 5 个,均已由前述的三组载荷条件所确定。尚剩的一个等效弹性常数是顺纤维方向的等效剪切模量 $G_{xz}^0 = G_{yz}^0$。这却不可能从目前的广义平面应变问题得出,Abaqus 中也没有专门分析此问题的单元。

顺纤维方向剪切变形问题是一调和问题,与稳态的热传导问题共享同一控制方程,稳态热传导问题是 Abaqus 所求解的标准问题之一,因此,可以通过稳态热传导比拟予以求解,如第 6 章的 6.4.1.1 节所描述的。

所得的结果均罗列于表 7.3 中,并与 Hashin-Rosen 理论(Hashin and Rosen, 1964)的结果作比较。应该指出,尽管 Hashin-Rosen 理论是所谓的上、下界理论,但其上、下界尚不可太从字面理解。Hashin-Rosen 的结果中,有多项的上、下界相等,这意味着所得的解是精确解,其实这也不错,那些解应该也的确是精确解,只是解的问题是 Hashin-Rosen 理论中所假设的那个问题,所谓的圆柱包含圆柱的问题,即几何形状是轴对称的,其与真实问题还是有差别的,真实问题的解完全有可能在 Hashin-Rosen 的上、下界之外,这也是为什么用有限元对单胞分析,所得的结果中有的的确如此,而有限元分析的结果所对应的模型比 Hashin-Rosen 理论中的模型显然更合理。

表 7.3 等效弹性常数

	正方形单胞	六角形单胞	Hashin-Rosen 理论(1964)	
			下界	上界
E_z^0/GPa	6.4033	6.4029	6.4029	6.4029
$E_x^0=E_y^0/\mathrm{GPa}$	3.2951 (2.5623)[①]	2.8552	2.5381	3.0152
G_{xy}^0/GPa	0.91441 (1.3398)[②]	1.0824	0.91055	1.1780
$G_{zx}^0=G_{yz}^0/\mathrm{GPa}$	1.1948	1.1533	1.1495	1.1495
$\nu_{zx}^0=\nu_{zy}^0$	0.23234	0.23337	0.2334	1.1495
ν_{xy}^0	0.22974 (0.40105)[①]	0.31896	0.2798	0.3937
$\alpha_z^0/(10^{-6}℃^{-1})$	8.1233	8.0815	8.0785	8.0785
$\alpha_x^0=\alpha_y^0/(10^{-6}℃^{-1})$	23.195	23.804	23.848	23.848

注：① 括号中的横向弹性常数取自绕 z 轴旋转了 45°的坐标系；

② 括号中的值由 $G_{xy}^0=G_{yx}^0=E_x^0/2\left(1+\nu_{xy}^0\right)$ 而得。

7.8.2 二维六角形单胞

如图 7.3(b)所示的二维六角形单胞已在第 6 章 6.4.1.4 节中详述,假设 b=1mm,以及单位厚度, 即 $t=1\mathrm{mm}$, 单胞的体积可得为 $V=3\sqrt{3}/2=2.5981\,\mathrm{mm}^3$。如果纤维体积含量为 60%的话,纤维的直径就可得为 1.6268mm。组分材料采用前一例子的数据,即由表 7.2 所给出的。

通过在主自由度 ε_z^0 上加集中力 $\bar{F}_z=2.5981\,\mathrm{N\cdot mm}$, 即大小等于该单胞的体积, 等价于给单胞施加一单向平均应力, 其值为

$$\sigma_z^0=\bar{F}_z/V=1\,\mathrm{MPa}$$

而其余的主自由度处于自由状态, 意味着其他的平均应力均为零, 即

$$\sigma_x^0=\sigma_y^0=\tau_{xy}^0=0$$

通过对单胞的有限元分析, 单胞的平均应变由主自由度上的位移直接得出为

$$\varepsilon_z^0=1.5618\times10^{-4}, \quad \varepsilon_x^0=\varepsilon_y^0=-3.6448\times10^{-5}, \quad \gamma_{xy}^0=0$$

因为由单胞所代表的材料此时处于等效的单向应力状态之下, 正合材料等效弹性常数的定义所要求, 相应的等效弹性常数可简单地得出如下

$$E_z^0=\sigma_z^0/\varepsilon_z^0=6,402.9\,\mathrm{MPa}, \quad \nu_{zx}^0=\nu_{zy}^0=-\varepsilon_x^0/\varepsilon_z^0=0.2334$$

类似地, 作为另一载荷条件, 在 ε_x^0 上加

$\overline{F}_x = 2.5981\,\text{N·mm}$

这等价于给单胞加如下的单向平均应力状态

$$\sigma_x^0 = \overline{F}_x / V = 1\,\text{MPa}, \qquad \sigma_y^0 = \sigma_z^0 = \tau_{xy}^0 = 0$$

有限元分析后的平均应变为

$$\varepsilon_x^0 = 3.5023\times10^{-4}, \qquad \varepsilon_y^0 = -1.1171\times10^{-4}, \qquad \varepsilon_z^0 = -3.6448\times10^{-5}, \qquad \gamma_{xy}^0 = 0$$

相应的等效弹性常数可得为

$$E_x^0 = \sigma_x^0 / \varepsilon_x^0 = 2{,}855.3\,\text{MPa}, \qquad \nu_{xy}^0 = -\varepsilon_y^0 / \varepsilon_x^0 = 0.3190, \qquad \nu_{xz}^0 = -\varepsilon_z^0 / \varepsilon_x^0 = 0.1041$$

再通过 γ_{xy}^0 给单胞加一集中力

$\overline{F}_{xy} = 2.5981\,\text{N·mm}$

作为另一个载荷条件，即加单位平均剪应力

$$\tau_{xy}^0 = \overline{F}_{xy} / V = 1\,\text{MPa}, \qquad \sigma_x^0 = \sigma_y^0 = \sigma_z^0 = 0$$

可得平均应变为

$$\gamma_{xy}^0 = 9.2389\times10^{-4}, \qquad \varepsilon_x^0 = \varepsilon_y^0 = \varepsilon_z^0 = 0$$

该方向的等效剪切模量可得为

$$G_{xy}^0 = \tau_{xy}^0 / \gamma_{xy}^0 = 1082.4\,\text{MPa}$$

　　由于复合材料是由呈六角形排列的单向纤维增强的，它一定是横观各向同性的，其具有 5 个独立的等效弹性常数，通过如上前两个载荷条件，已得出了其中的 4 个，E_z^0、$\nu_{zx}^0 = \nu_{zy}^0$、$E_x^0 = E_y^0$、$\nu_{xy}^0 = \nu_{yx}^0$。得出横向剪切模量的第三个载荷条件其实并不必要，由于横观各向同性，它可以由前面已得的 4 个弹性常数中的两个如下得出

$$G_{xy}^0 = G_{yx}^0 = E_{xx}^0 / 2\left(1 + \nu_{xy}^0\right)$$

　　但是，著者还是强烈建议用户们不厌其烦地从分析得出横向剪切模量，即上述的第三个载荷状态，而上述条件作为一"神志测验"来验证分析结果的正确性。在第 5 章已经展示，建立单胞过程中出错的机会太多了，验证的手段多多益善。

　　如同前一例子，尚未确定的一个等效常数，即沿纤维方向的剪切模量 $G_{xz}^0 = G_{yz}^0$，无以从广义平面应变问题得出，如果希望限于二维分析，那就得借助稳态热传导比拟方可求得。所得的所有结果与前一例子的结果一道归纳于表 7.3 中。

7.8.3 由面心立方得出的正十二面体三维单胞

文献(Li and Wongsto, 2004)针对粒子增强的复合材料，根据粒子的排列状态，建立了一系列的三维单胞，按同样的思路，在 6.4.2 节中，建立了相应的一般用途的三维单胞，边界条件均通过平移对称性得出，就其实施过程中对主自由度的有效的利用而言，它们与 7.8.1 节和 7.8.2 节中所列举的二维单胞异曲同工，本子节就以在第 6 章 6.4.2.4 节建立的由面心立方得出的正十二面体单胞为对象，给出一个三维情形下的例子。组分材料的特性录于(Li and Wongsto, 2004)，并列入表 7.4 之中。

表 7.4 组分增强粒子和基体的材料特性

	E /GPa	ν	$\alpha/(10^{-6}\text{℃}^{-1})$	体积含量
增强粒子	76	0.230	4.9	30%
基体	3.01	0.394	60	70%

假设粒子中心间距的一半长度为 b=1mm，则单胞的体积可得为

$$V = 4\sqrt{2}b^3 = 5.6569 \text{ mm}^3$$

如果粒子的体积含量为 30%，并且粒子呈球形，则粒子的半径可得为

a=0.73995mm

在单胞的主自由度 σ_x^0 上加集中力

$$\overline{F}_x = 5.6569 \text{ N} \cdot \text{mm}$$

相应于单向平均应力

$$\sigma_x^0 = F_x / V = 1 \text{ MPa}, \qquad \sigma_y^0 = \sigma_z^0 = \tau_{yz}^0 = \tau_{xz}^0 = \tau_{xy}^0 = 0$$

有限元分析得单胞内的平均应变，即主自由度上的位移为

$$\varepsilon_x^0 = 1.9417 \times 10^{-4}, \qquad \varepsilon_y^0 = \varepsilon_z^0 = -7.2401 \times 10^{-5}, \qquad \gamma_{yz}^0 = \gamma_{xz}^0 = \gamma_{xy}^0 = 0$$

从而可得相应的等效弹性常数为

$$E_x^0 = \sigma_x^0 / \varepsilon_x^0 = 5,150.1 \text{ MPa}, \qquad v_{xy}^0 = v_{xz}^0 = -\varepsilon_y^0 / \varepsilon_x^0 = 0.3729$$

而作为另一载荷条件，在主自由度 γ_{yz}^0 上加集中力

$$\overline{F}_{yz} = 5.6569 \text{ N} \cdot \text{mm}$$

相当于加纯剪应力状态

$$\tau_{yz}^0 = F_{yx} / V = 1 \text{ MPa}, \qquad \sigma_x^0 = \sigma_y^0 = \sigma_z^0 = \tau_{xz}^0 = \tau_{xy}^0 = 0$$

分析后可得平均应变为

$$\gamma_{yz}^0 = 4.8744\times10^{-4}, \qquad \varepsilon_x^0 = \varepsilon_y^0 = \varepsilon_z^0 = \gamma_{xz}^0 = \gamma_{xy}^0 = 0$$

从而得等效剪切模量为

$$G_{yz}^0 = \tau_{yz}^0 / \gamma_{yz}^0 = 2051.5 \text{ MPa}$$

由于该单胞所代表的材料的立方正交各向异性，此材料仅有如上两个载荷条件而得的 3 个独立的等效弹性常数，即 $E_x^0 = E_y^0 = E_z^0$、$\nu_{xy}^0 = \nu_{xz}^0 = \nu_{yz}^0$、$G_{yz}^0 = G_{xz}^0 = G_{xy}^0$。尽管需要分析的载荷条件数量要少于前述两个二维的例子，但由于单胞的三维特征，有限元分析的运行时间要长得多。如果仅需得到材料的等效弹性常数，借助该材料的正交各向异性，可以把两载荷条件合并为一，因为两者之间没有耦合，提取等效弹性常数的过程不受影响，当然在低尺度上的应力分布将是两载荷条件的叠加，不可误读。

应该指出，由正十二面体所代表的面心立方构形的材料，一般不是各向同性的，上述所得的剪切模量通常是一独立的等效弹性常数，一般不满足各向同性的要求

$$E_{xx}^0 / 2\left(1 + \nu_{xy}^0\right) = 1875.6 \text{ MPa} \neq 2051.5 \text{ MPa} = G_{xy}^0$$

当然，上述差别也不是十分大，如果所研究的问题可以容忍此差别，则该材料便可被近似为各向同性材料。另外，如果在同样的条件下，如法分析第 6 章 6.4.2.3 节所建立的相应于简单立方的单胞，如上的两个值则分别为 2554MPa 和 1839MPa。换言之，如果要近似各向同性，面心立方的效果要比简单立方的效果好得多。

7.9　结　论

借助于数学和弹性力学，本章严格证明了由平移对称性导出的单胞的周期性面力边界条件是变分意义下的自然边界条件，此结论是在相对位移边界条件下，由建立在总位能基础之上的变分原理导出，在建立于位移法变分原理基础之上的有限元分析中，自然边界条件的满足是通过总位能的驻值条件而实现的。现有的商用有限元软件都是这类的。就在单胞上的应用而言，在强加了相对位移边界条件之后，对于周期性面力边界条件的正确处理就是不作任何处理。把自然边界条件像强制边界条件那样强加，概念是错的，而数值精度则比不加更低。

相对位移边界条件把单胞中的平均应变作为单胞的主自由度引入单胞模型，作为单胞模型十分重要的部分，尽管它们都不是单胞网格的一部分，但是一旦被引入了单胞模型，它们就如同其他节点的位移自由度一样，它们可以被给定位移，

这其实就是给单胞强加相应的平均应变，这样作为分析结果的一部分，可以得到这些自由度上的支反力，这些支反力与单胞中的平均应力简单而又直接地联系着，事实上，单胞内的平均应力等于这些支反力除以单胞的体积。这是本章所证明的另一个结论。

当然，作为正常的自由度，也可以在其上加集中力作为给单胞的载荷，这等价于给单胞加给定的平均应力，这些加在主自由度上的集中力除以单胞的体积，就是单胞中的平均应力。这是本章所证明的又一个结论。作为分析结果的一部分，可以得到这些自由度上的位移，这些主自由度上的位移就是单胞内的平均应变。对于以等效弹性常数为目标的应用而言，这样的加载方式使用起来更方便、有效。

本章所得的结论，对于第 6 章所建立的单胞来说，在它们的实施方面，不增加任何负担。相反，单胞的实施时，不需要对周期性面力边界条件作任何的处理，还有不需要任何专门的后处理即可得到单胞中的平均应力和平均应变，本章给这些便利提供了严格的数学依据，让实用的便利牢固地建立在数学的严谨基础之上。

本章最后还借助若干单胞的例子展示了上述单胞中平均应力和平均应变获取的步骤，包括后续的等效弹性常数的提取。

参 考 文 献

Fung Y C, Tong P. 2001. Classical and Computational Solid Mechanics. London: World Scientific.

Hashin Z, Rosen B W. 1964. The elastic moduli of fiber-reinforced materials. Journal of Applied Mechanics, 31: 223-232.

Lekhnitskii S G. 1977. Theory of Elasticity of an Anisotropic body. Moscow: Mir Publications.

Li S. 2001. General unit cells for micromechanical analyses of unidirectional composites. Composites Part A: Applied Science and Manufacturing, 32: 815-826.

Li S. 2008. Boundary conditions for unit cells from periodic microstructures and their implications. Composites Science and Technology, 68: 1962-1974.

Li S, Hafeez F. 2009. Variation-based cracked laminate analysis revisited and fundamentally extended. International Journal of Solids and Structures, 46: 3505-3515.

Li S, Wongsto A. 2004. Unit cells for micromechanical analyses of particle-reinforced composites. Mechanics of Materials, 36: 543-572.

Nemat-Nasser S, Hori M. 1999. Micromechanics: Overall Properties of Heterogeneous Materials. Oxford: North-Holland.

Washizu K. 1982. Variational Methods in Elasticity and Plasticity. Oxford: Pergamon.

Xia Z, Zhang Y, Ellyin F. 2003. A unified periodical boundary conditions for representative volume elements of composites and applications. International Journal of Solids and Structures, 40: 1907-1921.

Xia Z, Zhou C, Yong Q, et al. 2006. On selection of repeated unit cell model and application of unified periodic boundary conditions in micro-mechanical analysis of composites. International Journal of Solids and Structures, 43: 266-278.

第8章 单胞内部尚存的对称性的利用

8.1 引　　言

在如第2章介绍的三种对称性中，平移对称性对建立单胞的至关重要的作用在第6章中已充分展示，如果没有计算效率的考虑，建立单胞的工作即可到此打住，换言之，为了表征在高尺度上均匀而在低尺度上又具有规则构形的材料，仅平移对称性就能够胜任，这是唯一可以严格地把所感兴趣的介质从无限区域减小到一个有限区域来研究而又不丢失重要信息的对称性，不幸的是，在文献中，该对称性最少受到重视，导致了如第5章所指出的形形色色的错误。

在如第6章那样仅仅利用平移对称性而建立了那些单胞之后，仔细观察可以发现，在很多那样的单胞中尚有其他的对称性，典型地，反射对称性或旋转对称性，或者是两者的复合或并存。采用单胞进行材料表征，并不是非要利用这些对称性，但是一旦使用任何一个这样的对称性，即能可观地减小单胞的尺寸，单胞尺寸的减小，对解析分析而言，一般都不会导致任何不同，但是如果单胞的分析是通过有限元法来实现的，那么分析的计算量会随着单胞尺寸的减小而大大降低。单胞的尺寸越小，离散单胞所需的单元个数就越少，所包含的节点自由度也越少。有限元的计算量与自由度的个数呈幂函数关系，粗略地说，约是三次方的关系。这样，如果模型的大小减半，计算量可减至1/8。因此，完全值得，把单胞的尺寸减至最小，而尚存的对称性正好可提供此途径，从而提高单胞分析的效率。当然，降低计算成本往往还需要那么一点代价，这就是本章的主题。

平移对称性不改变任何物理场的极性，即正负号，因此，由之导出的边界条件通用于所有的载荷条件，但是反射对称性和旋转对称性会逆转有些位移分量和有些剪应力、剪应变的极性，因此在一载荷条件下得出的边界条件可能不适用于另一载荷条件，本章的目标就是要厘清由这样的对称性所导致的尺寸减小了的单胞的边界条件中的复杂性。

正如仅由平移对称性而引入的单胞，其形貌缺乏唯一性，进一步使用尚存的对称性，将给单胞问题带来更多的变数，因此如果不是通过透彻的理解和适时、谨慎、系统的步骤，混淆在所难免。

仅采用平移对称性建立单胞时，任何一个正确的周期划分都可以沿任何方向平移任意距离而不破坏上述周期划分的正确性以及所产生的单胞的边界条件的适用性，因为任何周期函数描述其特征的除了周期之外，还有一特征量是相位，网格平移一距离，无非就是改变一个相位而已。唯一可能的差别是后续单胞分析时需建立的有限元网格，因为单胞内的有些几何特征可能在不同的部位被截断而导

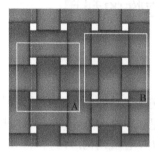

图 8.1　在一平纹纺织复合材料中不同的单胞选取

致不同形状的子区域，可能致使所得有限元网格的质量不同。如果希望利用尚存的对称性，相位的选择必须十分精心。譬如，对图 8.1 中的构形，胞元 A 和 B 均可作为平移对称性意义下的单胞，显然，胞元 A 中尚存诸多的反射、旋转对称性，而胞元 B 不再具备任何的对称性。因此，如果希望利用尚存的对称性以减小所需分析的单胞的尺寸，开始的布局需要精心的策划。所谓精心策划的布局，就是相位选择恰当，在这方面，常人的直觉通常足够。

选择恰当的胞元，还要考虑后续推导的过程不至于烦不堪负，一般来说，胞元的外形越简单越好，如果可能的话，相应的平移对称性最好选择沿正交方向的那些，此方略在本章中将会尽可能遵从。

图 8.1 的例子重申了一个事实，即形貌相左的单胞，可能代表同一材料，而形貌相同的单胞又有可能代表着完全不同的材料，因而对应着不同的等效材料特性(Li，2008)，孰是孰非，取决于单胞的边界条件，正如第 5 章 5.3.3 节中所详述的。

如第 6 章中仅由平移对称性所导出的单胞，作为下述讨论的起点，为了后述方便起见，将被称为**元胞元**(此处特意没用"原胞元"以确保没有第二个含义)。

元胞元的边界条件由相对位移给出，利用尚存的对称性获取单胞边界条件的步骤应该建立在元胞元的边界条件的基础之上。元胞元的相对位移边界条件尚不能约束单胞的刚体平移，在进行有限元分析之前，它们必须被适当地约束，一般地，约束它们的方法不唯一，只要约束得合理，不会给分析结果带来差别。而当进一步利用了尚存的反射或旋转对称性之后，这种任意性会在一定程度上减小或者完全消失，因为有些刚体平移自由度会因为这些对称性的应用而被约束。

不失一般性，为了叙述方便，选择单胞中的平均应力，即高尺度上的等效应力，作为给予单胞的载荷，作为系统的激励，而所得的单胞的平均应变，以及在低尺度上单胞内的位移场，则作为系统的响应。

8.2　现有的平移对称性之外的反射对称

考虑一个由沿三坐标轴方向的平移对称性而得到的如 6.4.2.2 节所建立的三

维长方体单胞，作为元胞元，如果其中尚存一反射对称性，利用之，可以将单胞的大小减半。如何正确地使用反射对称性，这已在第 2 章介绍了，其涉及两个基本考虑，即位移场的连续性和对称性，但是在本章中，应用于当前的问题还要多一层考虑，即所研究的元胞元，其边界上已经强加了由平移对称性导出的相对位移边界条件。

8.2.1 一个反射对称性的情形

不失一般性，假设在一个元胞元之中尚有一个关于一平面的反射对称性，总可以通过适当地引入坐标系使得该对称面垂直于 x 轴，自然地，该对称面必定通过长方体的元胞元的中心，选择坐标系的原点位于其中心，这样对后续推导的描述会有所便利。关于垂直于 x 轴的平面的对称性的使用，完全不影响由原来的平移对称性所决定的、平行于 x 轴的两组两两相对的表面，除了那些因新的对称性的使用而产生的新的棱和顶，面与面之间的相对位移边界条件不变，只是这些面沿 x 方向的长度都已减半。而对垂直于 x 轴的一对表面来说，利用反射对称性将元胞元的尺寸减半之后，剩下来的那个面，已失去了其在平移对称意义下的对偶，代之以因使用反射对称性而新产生的一个面，与之相对。下面的讨论将集中于此两表面及其与另外两对表面的交线，自然也就是前面刚提到的新的棱，包括顶。

针对本章讨论的问题，载荷条件不得不根据不同的对称特性分别讨论，因为其中有的是对称的，有的是反对称的。在关于垂直于 x 轴的平面的对称变换下，平均应力、平均应变、位移中对称的和反对称的分量列于表 8.1 之中。

表 8.1 在关于垂直于 x 轴的平面的反射对称变换下，作为激励的平均应力和作为响应的平均应变及位移的对称性的性质

	激励/响应	关于 x 面的反射对称变换
载荷条件 (平均应力)	σ_x^0、σ_y^0、σ_z^0、τ_{yz}^0	对称
	τ_{xz}^0、τ_{xy}^0	反对称
主自由度上的位移 (平均应变)	ε_x^0、ε_y^0、ε_z^0、γ_{yz}^0	对称
	γ_{xz}^0、γ_{xy}^0	反对称
位移	u	反对称
	v、w	对称

值得一提的是，在此对称变换下，三个正应力、正应变总是对称的，三个剪应力、剪应变之中有一个是对称的，另两个是反对称的，三个位移之中，有两个是对称的，一个是反对称的。强记何者为对称，何者为反对称非可取之道，而建

立在下述理解基础之上的规则，则放之四海而皆准。

沿 x、y、z 坐标轴方向的基矢分别记作 i、j、k，作为张量记号的下标即相应于这些基矢。应力，无论是在高尺度上的等效形式，即平均值，还是在低尺度上的分布不均匀场，总是一个二阶张量，其涉及两个基矢。一个关于一坐标平面的反射对称变换，逆转垂直于该平面的基矢，针对目前所讨论的对称性，该基矢为 i，此变换将改变任一场中所有与该基矢有关的分量的正负号。一个正应力分量总是重复涉及同一基矢，因此其符号要么不受影响，要么就被改变两次，其效果保持不变，因此，总是对称的；而一个剪应力分量所涉及的两个基矢总不相同，其中至多只能有一个的方向被逆转了，即反对称的。三个剪切分量中，任一基矢都会在其中的两个分量的下标中出现，这两个就是反对称的。当然，剩下来的一个，两下标都不涉及该基矢，则其便为对称的。

同样的考虑，当然也适用于应变张量。事实上，它适用于任何阶次的张量。位移是一个一阶张量，仅有一下标，当然就更简单，按上述规则，沿 i 方向的分量反对称，其余两分量是对称的。

顺便也可以看到为什么平移对称变换总是对称的，因为它不改变任何基矢的方向，当然，此变换也就不改变任何分量的正负号。

为了利用反射对称性，可以按照所谓的对称性原理，其可陈述如下：

对称结构在对称激励下，产生的响应必定是对称的；反之亦然。

从材料分类的角度，具有一个反射对称性的材料属于单斜对称这类，反映在刚度矩阵或者柔度矩阵中，由非对角元所代表的耦合，存在于在这个反射变换下对称的分量之间，即 σ_x^0、σ_y^0、σ_z^0、τ_{yz}^0，同样地也存在于反对称的分量之间即 τ_{xz}^0、τ_{xy}^0，但在任何对称的分量与任何反对称的分量之间不存在任何耦合。这在后续边界条件的建立时都会用到，当然也会体现在从单胞得出的分析结果之中。

另一个基本考虑是分离体图，这在第 2 章中已作论述，简单重温一下，当一物体被剖分成两分离体时，原物体本身的连续性要求，由分离面产生的两个表面上任一对相应的点上的位移相等这一条件来满足，因此，分离仅仅发生在想象之中，目的是让研究者可以观察到原本在物体内部处的状态，而又不影响物体的物理连续性。上述的连续条件还有另一个关于相互作用力的侧面。暴露在由分离面产生的两个面上的面力分别互为作用力和反作用力，根据牛顿第三定律，作用力与反作用力大小相等、方向相反，更重要的是，它们分别作用在不同的物体上。此定律主宰着分离体图中力之间的关系。与面力有关的话题在第 7 章刚刚讨论过，结论在此处依然适用，即由对称性导出的面力边界条件是自然边界条件，因此，在下述的讨论中，不再有必要关注。

如果被考虑的长方体元胞元由对称面剖分成的两半作为两分离体，分离面的两侧的位移必须同时满足如下两个要求：①它们的值相同，包括大小、方向，以确保位移场的连续性；②对应于载荷条件的对称或反对称，位移关于对称面也相应地呈对称或反对称。从这两要求，便可导出分离面上的位移边界条件。

在元胞元上进一步利用一个反射对称性，其结果将导致两组边界条件，一组相应于对称载荷，另一组相应于反对称载荷，如表 8.1 中所分类的，下面分小节逐一讨论。

8.2.1.1 在对称载荷（σ_x^0、σ_y^0、σ_z^0、τ_{yz}^0 或它们的组合）下的边界条件

鉴于在高尺度上的等效应力和等效应变之间的密切的关系，如第 7 章所建立的，用来定义单胞的载荷条件，两者可以互换，在本章中，除非必要，将不区分两者，而是泛泛地以等效应力为载荷。由于对称性的存在，当前的材料是等效单斜对称的。因此，在当前的对称的载荷条件下，反对称平均应变 γ_{xz}^0 和 γ_{xy}^0 将为零，这需要作为对这两个自由度的约束条件而强加，实施时，即约束这两个主自由度，后面遇到类似的情形，一样处理，刨除意味着约束。在对称面的两侧，连续性要求

$$u\big|_{(0^+,y,z)} = u\big|_{(0^-,y,z)}$$
$$v\big|_{(0^+,y,z)} = v\big|_{(0^-,y,z)} \tag{8.1}$$
$$w\big|_{(0^+,y,z)} = w\big|_{(0^-,y,z)}$$

而对称性则要求

$$u\big|_{(x,y,z)} = -u\big|_{(-x,y,z)}$$
$$v\big|_{(x,y,z)} = v\big|_{(-x,y,z)} \tag{8.2a}$$
$$w\big|_{(x,y,z)} = w\big|_{(-x,y,z)}$$

对任何 $x \geq 0$ 都成立，包括 $x=0$，即

$$u\big|_{(0^+,y,z)} = -u\big|_{(0^-,y,z)}$$
$$v\big|_{(0^+,y,z)} = v\big|_{(0^-,y,z)} \tag{8.2b}$$
$$w\big|_{(0^+,y,z)} = w\big|_{(0^-,y,z)}$$

选择坐标原点在对称面上，避免了上述表达式中下标的复杂性。从式(8.1)和式(8.2b)两个切向的位移，即 v、w，得出的条件是 0=0 的恒等式，正如在第 2 章中描述的，不管 v、w 取何值，均满足上述的两个要求，故不构成约束，因此，在对称面上得到的边界条件仅为

$$u\big|_{(0,y,z)} = u\big|_{(0^+,y,z)} = u\big|_{(0^-,y,z)} = 0 \tag{8.3}$$

这显然不约束位移 v 和 w,因此,v、w 在对称面上完全自由。边界条件(8.3)还意味着,单胞沿 x 方向的刚体位移已经约束,后续的模型建立及分析中不能再约束了。

垂直于 x 轴的还有另一个面需要定义边界条件,在引入反射对称之前,该面与其对面由平移对称性相联系,相对位移边界条件如第 6 章 6.4.2.2 节给出为

$$
\begin{aligned}
&u\big|_{(a,y,z)} - u\big|_{(-a,y,z)} = 2a\varepsilon_x^0 \\
&v\big|_{(a,y,z)} - v\big|_{(-a,y,z)} = 0 \\
&w\big|_{(a,y,z)} - w\big|_{(-a,y,z)} = 0
\end{aligned}
\tag{8.4}
$$

其中在方程的右端项中,仅包含对称的平均应变 ε_x^0,比较式(6.56a),反对称的平均应变 γ_{xz}^0 和 γ_{xy}^0 已被刓除,因为目前考虑的是对称的载荷条件。

如果利用关于 $x=0$ 平面的反射对称性,对称面将元胞元一分为二,此时的目标是要取其中的一半,不妨取 $x \geqslant 0$ 的那一半,作为新的单胞。这时,与 $x=a$ 的表面平移对称的面,即 $x=-a$ 表面已不再是单胞的一部分,为了得到 $x=a$ 面上的边界条件,考虑如下由式(8.2a)当 $x=a$ 时得出的反射对称条件

$$
\begin{aligned}
&u\big|_{(a,y,z)} = -u\big|_{(-a,y,z)} \\
&v\big|_{(a,y,z)} = v\big|_{(-a,y,z)} \\
&w\big|_{(a,y,z)} = w\big|_{(-a,y,z)}
\end{aligned}
\tag{8.5}
$$

联立式(8.4)和式(8.5)并求解,可得

$$
u\big|_{(a,y,z)} = a\varepsilon_x^0
\tag{8.6}
$$

而关于 v 和 w,那些方程同样不带来任何约束。因此,与式(8.3)相似,式(8.6)也不包含对于 v 和 w 的任何约束。

因为此反射对称性不影响与 x 轴平行的那两对表面,故其上的边界条件仍分别如第 6 章 6.4.2.2 节中的式(6.56b)和式(6.56c)所给,其恰好不涉及反对称的平均应变 γ_{xz}^0 和 γ_{xy}^0,与这两个反对称的平均应变相应的主自由度也与本载荷条件无关。为了后续表述清楚起见,下面对利用反射对称性之后尺寸减半了的新的单胞,在对称的载荷条件下,各表面上的边界条件作一归纳。单胞表面的位移边界条件为:

在 $x=0$ 面上(不含棱)

$$
u\big|_{(0,y,z)} = 0
\tag{8.3 重复}
$$

在 $x=a$ 面上(不含棱)

$$u|_{(a,y,z)} = a\varepsilon_x^0 \qquad\qquad\qquad\qquad (8.6\ 重复)$$

在 $y = -b$ 和 $y=b$ 这对面上(不含棱)，同式(6.65b)

$$
\begin{aligned}
& u|_{(x,b,z)} - u|_{(x,-b,z)} = 0 \\
& v|_{(x,b,z)} - v|_{(x,-b,z)} = 2b\varepsilon_y^0 \\
& w|_{(x,b,z)} - w|_{(x,-b,z)} = 2b\gamma_{yz}^0
\end{aligned}
\qquad\qquad (8.7)
$$

在 $z = -c$ 和 $z=c$ 这对面上(不含棱)，同式(6.65c)

$$
\begin{aligned}
& u|_{(x,y,c)} - u|_{(x,y,-c)} = 0 \\
& v|_{(x,y,c)} - v|_{(x,y,-c)} = 0 \\
& w|_{(x,y,c)} - w|_{(x,y,-c)} = 2c\varepsilon_z^0
\end{aligned}
\qquad\qquad (8.8)
$$

显然，其中仅包含对称的平均应变 ε_x^0、ε_y^0、ε_z^0、γ_{yz}^0，而反对称的平均应变 γ_{xz}^0 和 γ_{xy}^0 均已被刨除。

如在第 6 章中反复陈述的，上述边界条件虽然在作为面交线的棱上都成立，但是，因为多余的条件的存在，在使用商用有限元软件进行分析的实施中会遇到问题。同样地，在作为棱之交点的顶上也如此。因此，在本章中，所有涉及的单胞的边界条件都按面(不含棱)、棱(不含顶)、顶分别给出，除非特别说明。而面上的边界条件已如上给出了。

平行于 x 轴的 4 条棱(不含顶)不受所考虑的反射对称性的影响，只是各自的长度减半了而已，因此，边界条件仍如式(6.57)所给，即

$$
\begin{aligned}
& u|_{(x,b,-c)} - u|_{(x,-b,-c)} = 0 \\
& v|_{(x,b,-c)} - v|_{(x,-b,-c)} = 2b\varepsilon_y^0 \\
& w|_{(x,b,-c)} - w|_{(x,-b,-c)} = 2b\gamma_{yz}^0
\end{aligned}
\qquad\qquad (8.9a)
$$

$$
\begin{aligned}
& u|_{(x,b,c)} - u|_{(x,-b,-c)} = 0 \\
& v|_{(x,b,c)} - v|_{(x,-b,-c)} = 2b\varepsilon_y^0 \\
& w|_{(x,b,c)} - w|_{(x,-b,-c)} = 2b\gamma_{yz}^0 + 2c\varepsilon_z^0
\end{aligned}
\qquad\qquad (8.9b)
$$

$$
\begin{aligned}
& u|_{(x,-b,c)} - u|_{(x,-b,-c)} = 0 \\
& v|_{(x,-b,c)} - v|_{(x,-b,-c)} = 0 \\
& w|_{(x,-b,c)} - w|_{(x,-b,-c)} = 2c\varepsilon_z^0
\end{aligned}
\qquad\qquad (8.9c)
$$

平行于 y 轴的 4 条棱(不含顶)，分别位于 $z=\pm c$ 面上，分成两对，按沿 z 方向的平移对称性，两两对应，需满足由式(6.12)给出的相对位移边界条件，即

$$u\big|_{(0,y,c)} - u\big|_{(0,y,-c)} = 0$$

$$v\big|_{(0,y,c)} - v\big|_{(0,y,-c)} = 0 \tag{8.10a}$$

$$w\big|_{(0,y,c)} - w\big|_{(0,y,-c)} = 2c\varepsilon_z^0$$

$$u\big|_{(a,y,c)} - u\big|_{(a,y,-c)} = 0$$

$$v\big|_{(a,y,c)} - v\big|_{(a,y,-c)} = 0 \tag{8.10b}$$

$$w\big|_{(a,y,c)} - w\big|_{(a,y,-c)} = 2c\varepsilon_z^0$$

如果这些棱仅作为表面 $z=\pm c$ 的一部分，这已足够，但是棱$(0,y,\pm c)$和$(a,y,\pm c)$还分别是面 $x=0$ 和面 $x=a$ 的一部分，它们必须分别满足式(8.3)和式(8.6)，因此与式(8.10a)和式(8.10b)分别联立可得

$$u\big|_{(0,y,c)} = u\big|_{(0,y,-c)} = 0$$

$$v\big|_{(0,y,c)} - v\big|_{(0,y,-c)} = 0 \tag{8.11a}$$

$$w\big|_{(0,y,c)} - w\big|_{(0,y,-c)} = 2c\varepsilon_z^0$$

$$u\big|_{(a,y,c)} = u\big|_{(a,y,-c)} = a\varepsilon_x^0$$

$$v\big|_{(a,y,c)} - v\big|_{(a,y,-c)} = 0 \tag{8.11b}$$

$$w\big|_{(a,y,c)} - w\big|_{(a,y,-c)} = 2c\varepsilon_z^0$$

注意式(8.11a)与式(8.10a)以及式(8.11b)与式(8.10b)之间微妙的差别，仅在关于 u 的方程中，即其中的 "=" 和 "–" 的差别。

通过类似的分析，可得平行于 z 轴的 4 条棱上的边界条件为

$$u\big|_{(0,b,z)} = u\big|_{(0,-b,z)} = 0$$

$$v\big|_{(0,b,z)} - v\big|_{(0,-b,z)} = 2b\varepsilon_y^0 \tag{8.12a}$$

$$w\big|_{(0,b,z)} - w\big|_{(0,-b,z)} = 2b\gamma_{yz}^0$$

$$u\big|_{(a,b,z)} = u\big|_{(a,-b,z)} = a\varepsilon_x^0$$

$$v\big|_{(a,b,z)} - v\big|_{(a,-b,z)} = 2b\varepsilon_y^0 \tag{8.12b}$$

$$w\big|_{(a,b,z)} - w\big|_{(a,-b,z)} = 2b\gamma_{yz}^0$$

在当前所讨论的单胞中，每个顶是三条棱的交点，即这三条棱的逻辑交，其上的边界条件应该是这三条棱上的边界条件的逻辑和，因为顶必须同时满足这三条棱上的所有边界条件。如上的逻辑关系陈述比较容易，但是实施很麻烦，不太可取。最简捷的途径还是对称性，通过识别由对称性相联系着的顶来建立各顶点处的边界条件。显然，在 $x=0$ 处的 4 个顶点由沿 y 方向和沿 z 方向两个平移对称性联系着，可以视作为是由其中的一个顶点 $(0,-b,-c)$，分别映射到另外三个顶点，没有任何重复。如同平行于 x 轴的 4 条棱之间的关系，加之关于 x 面的反射对称，这 4 个顶点之间有如下三组边界条件

$$u\big|_{(0,b,-c)} = u\big|_{(0,-b,-c)}$$

$$v\big|_{(0,b,-c)} - v\big|_{(0,-b,-c)} = 2b\varepsilon_y^0 \tag{8.13a}$$

$$w\big|_{(0,b,-c)} - w\big|_{(0,-b,-c)} = 2b\gamma_{yz}^0$$

$$u\big|_{(0,b,c)} = u\big|_{(0,-b,-c)}$$

$$v\big|_{(0,b,c)} - v\big|_{(0,-b,-c)} = 2b\varepsilon_y^0 \tag{8.13b}$$

$$w\big|_{(0,b,c)} - w\big|_{(0,-b,-c)} = 2b\gamma_{yz}^0 + 2c\varepsilon_z^0$$

$$u\big|_{(0,-b,c)} = u\big|_{(0,-b,-c)}$$

$$v\big|_{(0,-b,c)} - v\big|_{(0,-b,-c)} = 0 \tag{8.13c}$$

$$w\big|_{(0,-b,c)} - w\big|_{(0,-b,-c)} = 2c\varepsilon_z^0$$

其中 $u\big|_{(0,-b,-c)} = 0$ \hfill (8.13d)

同样地，在 $x=a$ 处的 4 个顶点之间也有如下三组边界条件

$$u\big|_{(a,b,-c)} = u\big|_{(a,-b,-c)}$$

$$v\big|_{(a,b,-c)} - v\big|_{(a,-b,-c)} = 2b\varepsilon_y^0 \tag{8.13e}$$

$$w\big|_{(a,b,-c)} - w\big|_{(a,-b,-c)} = 2b\gamma_{yz}^0$$

$$u\big|_{(a,b,c)} = u\big|_{(a,-b,-c)}$$

$$v\big|_{(a,b,c)} - v\big|_{(a,-b,-c)} = 2b\varepsilon_y^0 \tag{8.13f}$$

$$w\big|_{(a,b,c)} - w\big|_{(a,-b,-c)} = 2b\gamma_{yz}^0 + 2c\varepsilon_z^0$$

$$u\big|_{(a,-b,c)} = u\big|_{(a,-b,-c)}$$

$$v\big|_{(a,-b,c)} - v\big|_{(a,-b,-c)} = 0 \tag{8.13g}$$

$$w\big|_{(a,-b,c)} - w\big|_{(a,-b,-c)} = 2c\varepsilon_z^0$$

其中 $u\big|_{(a,-b,-c)} = a\varepsilon_x^0$ $\qquad$ (8.13h)

如上得到的顶点上的边界条件，除了沿 y 方向和沿 z 方向的刚体平动，已经充分地约束了这 4 个顶点之间的相对位移，而这些边界条件中，也不会有不独立的条件，因为相应的顶点之间的平移对称变换，是由其中的一个顶点 $(a,-b,-c)$ 分别映射到另外三个顶点，没有任何重复。

上述所得到的面、棱、顶上的边界条件还需再补充对刚体位移的约束。平移对称性已经约束了所有的刚体转动，由上述反射对称性的使用而得出的式(8.3)，又约束了沿 x 方向的平动刚体位移，所需进一步约束的是沿 y 和 z 方向的刚体平动位移，这里约束刚体平移的节点的位置的选取，虽然有一定的任意性，但最好在对称面上，即 $x=0$，因为在该面上，沿 y 和 z 方向的平动位移完全自由。为了避免与已有的约束冲突，最好是不取在该表面的周边上。不失一般性，可取

$$v\big|_{(0,0,0)} = w\big|_{(0,0,0)} = 0 \qquad (8.14)$$

如果遇到空心的单胞，坐标原点 $(0,0,0)$ 处没有节点，则可在 $x=0$ 面上另择一节点。

8.2.1.2 在反对称载荷(τ_{xz}^0、τ_{xy}^0 或它们的组合)下的边界条件

因为材料是等效单斜对称的，在反对称的载荷条件下，不会产生对称的平均应变 ε_x^0、ε_y^0、ε_z^0、γ_{yz}^0。如果把前述的对称性原理中的"反之亦然"部分说得更明确一点，那就是：**对称结构在反对称激励下，一定产生反对称的响应**。注意，反对称激励的先决条件之一是，结构必须是对称的。如在第 2 章中已经澄清了的，没有反对称结构这一说，反对称仅适用于描述载荷条件以及定义在对称结构中的物理场。

按前一小节的步骤，从连续性和反对称条件可得到尺寸减半的单胞在反对称载荷下的边界条件，表陈如下，顺便提醒一下，当前的载荷条件，仅产生反对称平均应变 γ_{xz}^0 和 γ_{xy}^0，而对称的平均应变 ε_x^0、ε_y^0、ε_z^0、γ_{yz}^0 均为零。

在 $x=0$ 面上(不含棱)

$$v\big|_{(0,y,z)} = w\big|_{(0,y,z)} = 0 \qquad (8.15)$$

这样，沿 y 和 z 方向的刚体平动也已经被约束了，不可再行约束。

在 $x=a$ 面上(不含棱)，由式(6.56a)和反对称条件可得

$$v\big|_{(a,y,z)} = a\gamma_{xy}^0$$
$$w\big|_{(a,y,z)} = a\gamma_{xz}^0 \qquad (8.16)$$

与式(8.15)一样，式(8.16)也不涉及 u 位移。

关于 $x=0$ 面的反射对称性或反对称性都不影响 $y=-b$ 和 $y=b$ 面上的边界条

件，因此，仍由式(6.56b)给出，只是在现在的载荷条件下，对称的平均应变都不出现，即

$$u|_{(x,b,z)} - u|_{(x,-b,z)} = 0$$
$$v|_{(x,b,z)} - v|_{(x,-b,z)} = 0 \tag{8.17}$$
$$w|_{(x,b,z)} - w|_{(x,-b,z)} = 0$$

类似地，由式(6.56c)可得 $z=-c$ 和 $z=c$ 面上的边界条件为

$$u|_{(x,y,c)} - u|_{(x,y,-c)} = 0$$
$$v|_{(x,y,c)} - v|_{(x,y,-c)} = 0 \tag{8.18}$$
$$w|_{(x,y,c)} - w|_{(x,y,-c)} = 0$$

按前一小节类似的推导，棱上的边界条件可得如下。平行于 x 轴的棱

$$u|_{(x,b,-c)} - u|_{(x,-b,-c)} = 0$$
$$v|_{(x,b,-c)} - v|_{(x,-b,-c)} = 0 \tag{8.19a}$$
$$w|_{(x,b,-c)} - w|_{(x,-b,-c)} = 0$$

$$u|_{(x,b,c)} - u|_{(x,-b,-c)} = 0$$
$$v|_{(x,b,c)} - v|_{(x,-b,-c)} = 0 \tag{8.19b}$$
$$w|_{(x,b,c)} - w|_{(x,-b,-c)} = 0$$

$$u|_{(x,-b,c)} - u|_{(x,-b,-c)} = 0$$
$$v|_{(x,-b,c)} - v|_{(x,-b,-c)} = 0 \tag{8.19c}$$
$$w|_{(x,-b,c)} - w|_{(x,-b,-c)} = 0$$

平行于 y 轴的棱

$$u|_{(0,y,c)} - u|_{(0,y,-c)} = 0$$
$$v|_{(0,y,c)} = v|_{(0,y,-c)} = 0 \tag{8.20a}$$
$$w|_{(0,y,c)} = w|_{(0,y,-c)} = 0$$

$$u|_{(a,y,c)} - u|_{(a,y,-c)} = 0$$
$$v|_{(a,y,c)} = v|_{(a,y,-c)} = a\gamma_{xy}^0 \tag{8.20b}$$
$$w|_{(a,y,c)} = w|_{(a,y,-c)} = a\gamma_{xz}^0$$

注意在关于 v、w 的方程中的 "=" 号，每一式都给出两个方程。类似地，可得平行于 z 轴的 4 条棱上的边界条件为

$$u\big|_{(0,b,z)} - u\big|_{(0,-b,z)} = 0$$

$$v\big|_{(0,b,z)} = v\big|_{(0,-b,z)} = 0 \tag{8.21a}$$

$$w\big|_{(0,b,z)} = w\big|_{(0,-b,z)} = 0$$

$$u\big|_{(a,b,z)} - u\big|_{(a,-b,z)} = 0$$

$$v\big|_{(a,b,z)} = v\big|_{(a,-b,z)} = a\gamma_{xy}^0 \tag{8.21b}$$

$$w\big|_{(a,b,z)} = w\big|_{(a,-b,z)} = a\gamma_{xz}^0$$

相应地，顶上的边界条件为

$$u\big|_{(0,b,-c)} - u\big|_{(0,-b,-c)} = 0$$

$$v\big|_{(0,b,-c)} = v\big|_{(0,-b,-c)} \tag{8.22a}$$

$$w\big|_{(0,b,-c)} = w\big|_{(0,-b,-c)}$$

$$u\big|_{(0,b,c)} - u\big|_{(0,-b,-c)} = 0$$

$$v\big|_{(0,b,c)} = v\big|_{(0,-b,-c)} \tag{8.22b}$$

$$w\big|_{(0,b,c)} = w\big|_{(0,-b,-c)}$$

$$u\big|_{(0,-b,c)} - u\big|_{(0,-b,-c)} = 0$$

$$v\big|_{(0,-b,c)} = v\big|_{(0,-b,-c)} \tag{8.22c}$$

$$w\big|_{(0,-b,c)} = w\big|_{(0,-b,-c)}$$

其中 $v\big|_{(0,-b,-c)} = w\big|_{(0,-b,-c)} = 0$ \tag{8.22d}

$$u\big|_{(a,b,-c)} - u\big|_{(a,-b,-c)} = 0$$

$$v\big|_{(a,b,-c)} = v\big|_{(a,-b,-c)} \tag{8.22e}$$

$$w\big|_{(a,b,-c)} = w\big|_{(a,-b,-c)}$$

$$u\big|_{(a,b,c)} - u\big|_{(a,-b,-c)} = 0$$

$$v\big|_{(a,b,c)} = v\big|_{(a,-b,-c)} \tag{8.22f}$$

$$w\big|_{(a,b,c)} = w\big|_{(a,-b,-c)}$$

$$u|_{(a,-b,c)} - u|_{(a,-b,-c)} = 0$$
$$v|_{(a,-b,c)} = v|_{(a,-b,-c)} \qquad\qquad (8.22g)$$
$$w|_{(a,-b,c)} = w|_{(a,-b,-c)}$$

其中

$$v|_{(a,-b,-c)} = a\gamma_{xy}^0$$
$$w|_{(a,-b,-c)} = a\gamma_{xz}^0 \qquad\qquad (8.22h)$$

当然，在进行有限元分析前，还需要约束一个单胞中尚存的沿 x 方向的刚体平动，被约束此自由度的节点最好在对称面上，即 $x=0$，如前，不失一般性，可取

$$u|_{(0,0,0)} = 0 \qquad\qquad (8.23)$$

应该指出，对前一小节中描述的对称的情况，如果说边界条件能从直觉得出的话，那么，反对称的情况将超出绝大部分人的直觉。然而，如果在对称的情况下，边界条件如前一小节中描述的由理性推导得出的话，那么，反对称的情况下边界条件的推导就基本上是顺理成章。用大道理来说，就是在基本功上投机取巧的，也会在基本功上一败涂地。

8.2.1.3　小结

由一反射对称性导出的两组边界条件至此已经建立完毕，分别相应于对称载荷和反对称载荷，为了对单胞在所有载荷条件下都作出相应的分析，正如材料表征所必需的，两种边界条件的情况需分别求解，这是通过减小单胞尺寸来降低计算成本的代价。若不利用额外的反射对称性，单胞的 6 个载荷条件可以通过一次分析完全。考虑了反射对称性之后，对称的载荷条件有 4 个，可以一次分析；反对称的载荷条件有两个，也可以一次分析完成，但不能和对称的载荷条件相混。因为在两种载荷条件下的边界条件不同，施加了约束之后的结构刚度矩阵有所不同，一般地，在对刚度方程求解的方法中，计算量集中于对刚度矩阵的求逆或某种形式的分解，计算成本的差别在于对一个矩阵求逆或分解一次和对两个大小约一半的矩阵求逆或分解两次，每一次，约是求逆或分解原矩阵的计算量的约 1/8，两次共需约 1/4 的计算量。实际上，这两个矩阵比一半还是要大一点，加之与求逆或分解无关的计算量，真正需要的计算量要比 1/4 略高些，约在 1/3 到 1/2 之间。如果模型很大(即自由度很多)，或者是要分析的问题的个数很多，所节省的计算成本还是可观的。一般来说，求解 2 个 n 阶的问题，计算量要比求解一个 $2\times n$ 阶的问题的计算量小得多。

如果用户希望得到在多种载荷条件复合的情况下的变形或应力分布，复合只能限于对称的载荷条件之间或者反对称的载荷条件之间，不同对称性的载荷条件

不能在同一次分析中出现。当然，这不排除根据叠加原理，通过适当的后处理来获取如此复合的结果，这自然会给后处理带来一定的挑战，无此经验的用户可能还是退回到全尺寸的单胞为妥。

利用额外的反射对称性，破坏了原来的面与面之间两两成对的状态，如本子节考虑的关于垂直于 x 轴的平面对称的情况，对称性引入了一个新的面，与原来的面几何位置上相对，但之间不再由平移对称性相联系，在建立有限元网格时，这两个面上的划分，不再需要完全一致，只要网格足够细即可，而其他两对表面仍需要一致的划分。此情况与后面还会讨论的利用旋转对称性的情况有别，不可混淆。

8.2.2 两个反射对称性的情形

在如 8.2.1 节所描述的利用了一个反射对称性之后，如果在所得的单胞中还有一个反射对称性，正如在 8.2.1 节中所描述的，选择合适的坐标系，可以使得此对称性是关于一个垂直于 y 轴的平面的反射对称性，而坐标系的原点位于两对称面的交线上。有两个互为正交的反射对称性的存在，此材料一定是等效正交各向异性的，其中既不会有平均的正应力与剪应力之间的耦合，也不会有平均的剪应力之间的相互耦合。这时，平均应力、平均应变、位移应该有如表 8.2 所示的对称性和反对称性的排列特征。相对于这两个对称性，平均应力的正应力分量总是对称的，而剪应力分量则各自有着不同的对称与反对称的排列组合；位移也类似。这些都正如在 8.2.1 节中描述的下标规则所决定的。

表 8.2 在两个分别关于垂直于 x 轴和 y 轴的平面的反射对称变换下，作为激励的平均应力和作为响应的平均应变及位移的对称性的性质

	激励/响应	x 平面反射变换	y 平面反射变换
载荷条件 (平均应力)	σ_x^0、σ_y^0、σ_z^0	对称	对称
	τ_{yz}^0	对称	反对称
	τ_{xz}^0	反对称	对称
	τ_{xy}^0	反对称	反对称
主自由度上的位移 (平均应变)	ε_x^0、ε_y^0、ε_z^0	对称	对称
	γ_{yz}^0	对称	反对称
	γ_{xz}^0	反对称	对称
	γ_{xy}^0	反对称	反对称
变形 (位移)	u	反对称	对称
	v	对称	反对称
	w	对称	对称

利用这两个对称性，可将单胞的尺寸减小至原来的 1/4，但是用户必须建立 4 组不同的边界条件，其中之一可容纳 3 个载荷条件，分别相应于三个平均正应力，而另 3 个则分别相应于 3 个平均剪应力。如果要完全表征此材料，需要进行 4 次分析，即 4 次刚度矩阵的求逆或分解，尽管计算成本会进一步可观地降低。

推导相应的边界条件的原则与 8.2.1 节相同，故不赘述，仅将结果按小节表陈如下。

8.2.2.1 在 σ_x^0、σ_y^0、σ_z^0 及其组合载荷下的边界条件

如表 8.2 给出的，当前的载荷条件在所涉及的两个反射对称变换下都是对称的，因此它们也只能产生在这两个反射对称变换下都对称的平均应变，即正应变 ε_x^0、ε_y^0、ε_z^0，作为非零的主自由度，而其他平均应变均为零。位移分量关于这两个反射对称的性质如表 8.2 所罗列，相应的边界条件将根据它们来得出。

面 $x=0$(不含棱)上的边界条件由连续性和关于 x 面的反射对称性要求得出为

$$u\big|_{(0,y,z)} = 0 \tag{8.24}$$

面 $x=a$(不含棱)上的边界条件由关于 x 面的反射对称性和平移对称性要求式 (6.56a)联立得出为

$$u\big|_{(a,y,z)} = a\varepsilon_x^0 \tag{8.25}$$

如同 8.2.1 节，式(8.24)和式(8.25)中均不涉及对位移 v 和 w 的任何约束。

类似地，面 $y=0$(不含棱)上的边界条件由连续性和关于 y 面的反射对称性得出为

$$v\big|_{(x,0,z)} = 0 \tag{8.26}$$

面 $y=b$(不含棱)上的边界条件由关于 y 面的对称性和平移对称性要求式(6.56b)，联立得出为

$$v\big|_{(x,b,z)} = b\varepsilon_y^0 \tag{8.27}$$

显然式(8.26)和式(8.27)不对位移 u 和 w 有任何的约束。

由于 x 面和 y 面的反射对称性都不影响 $z=-c$ 和 $z=c$ 面上的边界条件，因此这一对表面上的边界条件仍由式(6.56c)给出，即

$$u\big|_{(x,y,c)} - u\big|_{(x,y,-c)} = 0$$
$$v\big|_{(x,y,c)} - v\big|_{(x,y,-c)} = 0 \tag{8.28}$$
$$w\big|_{(x,y,c)} - w\big|_{(x,y,-c)} = 2c\varepsilon_z^0$$

在当前的载荷条件下，因为激励是对称的，在这两个对称性中的任何一个变换下，呈反对称的平均应变都不出现，因此，所有边界条件中仅含平均正应变这三个主自由度。

按 8.2.1.1 节类似的推导，棱上的边界条件可得如下。从式(8.26)～(8.28)，平行于 x 轴的棱(不含顶)上的边界条件为

$$u|_{(x,0,c)} - u|_{(x,0,-c)} = 0$$
$$v|_{(x,0,c)} = v|_{(x,0,-c)} = 0 \tag{8.29a}$$
$$w|_{(x,0,c)} - w|_{(x,0,-c)} = 2c\varepsilon_z^0$$

$$u|_{(x,b,c)} - u|_{(x,b,-c)} = 0$$
$$v|_{(x,b,c)} = v|_{(x,b,-c)} = b\varepsilon_y^0 \tag{8.29b}$$
$$w|_{(x,b,c)} - w|_{(x,b,-c)} = 2c\varepsilon_z^0$$

从式(8.24)～(8.28)，可得平行于 y 轴的 4 条棱(不含顶)上的边界条件为

$$u|_{(0,y,c)} = u|_{(0,y,-c)} = 0$$
$$v|_{(0,y,c)} - v|_{(0,y,-c)} = 0 \tag{8.30a}$$
$$w|_{(0,y,c)} - w|_{(0,y,-c)} = 2c\varepsilon_z^0$$

$$u|_{(a,y,c)} = u|_{(a,y,-c)} = a\varepsilon_x^0$$
$$v|_{(a,y,c)} - v|_{(a,y,-c)} = 0 \tag{8.30b}$$
$$w|_{(a,y,c)} - w|_{(a,y,-c)} = 2c\varepsilon_z^0$$

从式(8.24)～(8.27)，可得平行于 z 轴的 4 条棱上的边界条件为

$$u|_{(0,0,z)} = 0$$
$$v|_{(0,0,z)} = 0 \tag{8.31a}$$

$$u|_{(a,0,z)} = a\varepsilon_x^0$$
$$v|_{(a,0,z)} = 0 \tag{8.31b}$$

$$u|_{(a,b,z)} = a\varepsilon_x^0$$
$$v|_{(a,b,z)} = b\varepsilon_y^0 \tag{8.31c}$$

$$u|_{(0,b,z)} = 0$$

$$v|_{(0,b,z)} = b\varepsilon_y^0 \qquad\qquad\qquad (8.31d)$$

相应地，各个顶点上的边界条件为

$$u|_{(0,0,c)} = v|_{(0,0,-c)} = 0$$

$$v|_{(0,0,c)} = v|_{(0,0,-c)} = 0 \qquad\qquad\qquad (8.32a)$$

$$w|_{(0,0,c)} - w|_{(0,0,-c)} = 2c\varepsilon_z^0$$

$$u|_{(a,0,c)} = u|_{(a,0,-c)} = a\varepsilon_x^0$$

$$v|_{(a,0,c)} = v|_{(a,0,-c)} = 0 \qquad\qquad\qquad (8.32b)$$

$$w|_{(a,0,c)} - w|_{(a,0,-c)} = 2c\varepsilon_z^0$$

$$u|_{(a,b,c)} = u|_{(a,b,-c)} = a\varepsilon_x^0$$

$$v|_{(a,b,c)} = v|_{(a,b,-c)} = b\varepsilon_y^0 \qquad\qquad\qquad (8.32c)$$

$$w|_{(a,b,c)} - w|_{(a,b,-c)} = 2c\varepsilon_z^0$$

$$u|_{(0,b,c)} = u|_{(0,b,-c)} = 0$$

$$v|_{(0,b,c)} = v|_{(0,b,-c)} = b\varepsilon_y^0 \qquad\qquad\qquad (8.32d)$$

$$w|_{(0,b,c)} - w|_{(0,b,-c)} = 2c\varepsilon_z^0$$

　　因为如式(8.24)和式(8.26)给出的由对称性得到的边界条件已经排除了在 x 和 y 方向的刚体平动，在有限元分析前，仅需约束 z 方向的刚体位移，节点应该选择在 z 轴上，不失一般性，可取

$$w|_{(0,0,0)} = 0 \qquad\qquad\qquad (8.33)$$

8.2.2.2　在 τ_{yz}^0 下的边界条件

　　如表 8.2 所示，由 τ_{yz}^0 给出的载荷条件在关于 x 面的反射变换下是对称的，而在关于 y 面的反射变换下是反对称的，满足如此的对称性特征的平均应变仅有 γ_{yz}^0，作为非零的主自由度，而其他平均应变均为零。各位移分量的相应的对称性或反对称性也已在表 8.2 中给出，边界条件可按部就班得出如下。

　　面 $x=0$ 和 $x=a$(不含棱)上的边界条件由关于 x 面的对称性及连续性或平移对称性要求联立得出为

$$u\big|_{(0,y,z)} = u\big|_{(a,y,z)} = 0 \tag{8.34}$$

如同 8.2.1.2 节，此边界条件不涉及对位移 v 和 w 的任何约束，但 x 方向的刚体平动已被约束。

类似地，面 $y=0$ 和 $y=b$(不含棱)上的边界条件由关于 y 面的反对称性及连续性或平移对称性要求与式(6.56b)联立得出为

$$u\big|_{(x,0,z)} = w\big|_{(x,0,z)} = 0 \tag{8.35}$$

$$u\big|_{(x,b,z)} = 0$$

$$w\big|_{(x,b,z)} = b\gamma_{yz}^0 \tag{8.36}$$

此边界条件约束了 z 方向的刚体平动。

因为这两个反射对称性都不影响 $z = -c$ 和 $z=c$ 面上的边界条件，因此，这一对表面上的边界条件仍由式(6.56c)给出，即

$$u\big|_{(x,y,c)} - u\big|_{(x,y,-c)} = 0$$

$$v\big|_{(x,y,c)} - v\big|_{(x,y,-c)} = 0 \tag{8.37}$$

$$w\big|_{(x,y,c)} - w\big|_{(x,y,-c)} = 0$$

显然，在上述边界条件下，单胞仍可以有 y 方向的刚体平动。

每一个棱都涉及两个面，即两面的交线上的边界条件应该同时满足两相关的面上的边界条件，由此可得各棱上的边界条件如下。

从式(8.35)、式(8.36)即面 $y=0$ 和 b，以及式(8.37)，即面 $z=\pm c$，平行于 x 轴的棱(不含顶)上的边界条件为

$$u\big|_{(x,0,c)} = u\big|_{(x,0,-c)} = 0$$

$$v\big|_{(x,0,c)} - v\big|_{(x,0,-c)} = 0 \tag{8.38a}$$

$$w\big|_{(x,0,c)} = w\big|_{(x,0,-c)} = 0$$

$$u\big|_{(x,b,c)} = u\big|_{(x,b,-c)} = 0$$

$$v\big|_{(x,b,c)} - v\big|_{(x,b,-c)} = 0 \tag{8.38b}$$

$$w\big|_{(x,b,c)} = w\big|_{(x,b,-c)} = b\gamma_{yz}^0$$

从式(8.34)和式(8.36)，可得平行于 y 轴的 4 条棱(不含顶)上的边界条件为

$$u\big|_{(0,y,c)} = u\big|_{(0,y,-c)} = 0$$

$$v\big|_{(0,y,c)} - v\big|_{(0,y,-c)} = 0 \tag{8.39a}$$

$$w\big|_{(0,y,c)} - w\big|_{(0,y,-c)} = 0$$

$$u\big|_{(a,y,c)} = u\big|_{(a,y,-c)} = 0$$

$$v\big|_{(a,y,c)} - v\big|_{(a,y,-c)} = 0 \tag{8.39b}$$

$$w\big|_{(a,y,c)} - w\big|_{(a,y,-c)} = 0$$

从式(8.34)~式(8.36)，可得平行于 z 轴的 4 条棱上的边界条件为

$$u\big|_{(0,0,z)} = 0$$

$$w\big|_{(0,0,z)} = 0 \tag{8.40a}$$

$$u\big|_{(a,0,z)} = 0$$

$$w\big|_{(a,0,z)} = 0 \tag{8.40b}$$

$$u\big|_{(a,b,z)} = 0$$

$$w\big|_{(a,b,z)} = b\gamma_{yz}^0 \tag{8.40c}$$

$$u\big|_{(0,b,z)} = 0$$

$$w\big|_{(0,b,z)} = b\gamma_{yz}^0 \tag{8.40d}$$

相应地，各个顶点上的边界条件为

$$u\big|_{(0,0,c)} = u\big|_{(0,0,-c)} = 0$$

$$v\big|_{(0,0,c)} - v\big|_{(0,0,-c)} = 0 \tag{8.41a}$$

$$w\big|_{(0,0,c)} = w\big|_{(0,0,-c)} = 0$$

$$u\big|_{(a,0,c)} = u\big|_{(a,0,-c)} = 0$$

$$v\big|_{(a,0,c)} - v\big|_{(a,0,-c)} = 0 \tag{8.41b}$$

$$w\big|_{(a,0,c)} = w\big|_{(a,0,-c)} = 0$$

$$u\big|_{(a,b,c)} = u\big|_{(a,b,-c)} = 0$$

$$v\big|_{(a,b,c)} - v\big|_{(a,b,-c)} = 0 \tag{8.41c}$$

$$w\big|_{(a,b,c)} = w\big|_{(a,b,-c)} = b\gamma_{yz}^0$$

$$u\big|_{(0,b,c)} = u\big|_{(0,b,-c)} = 0$$

$$v\big|_{(0,b,c)} - v\big|_{(0,b,-c)} = 0 \tag{8.41d}$$

$$w\big|_{(0,b,c)} = w\big|_{(0,b,-c)} = b\gamma_{yz}^0$$

条件(8.34)和(8.35)已经排除了在 x 和 z 方向的刚体平动，在有限元分析前，仅需约束 y 方向的刚体位移，节点最好选择在 z 轴上，不失一般性，可取

$$v|_{(0,0,0)} = 0 \tag{8.42}$$

8.2.2.3 在 τ_{xz}^0 下的边界条件

如表 8.2 所示，由 τ_{xz}^0 给出的载荷条件在关于 x 面的反射变换下是反对称的，而在关于 y 面的反射变换下是对称的，满足如此的对称性特征的平均应变仅有 γ_{xz}^0，作为非零的主自由度，而其他平均应变均为零。各位移分量的相应的对称性或反对称性也已在表 8.2 中给出，边界条件可得出如下。

面 $x=0$ 和 $x=a$(不含棱)上的边界条件为

$$v|_{(0,y,z)} = w|_{(0,y,z)} = 0 \tag{8.43}$$

$$v|_{(a,y,z)} = 0$$
$$w|_{(a,y,z)} = a\gamma_{xz}^0 \tag{8.44}$$

它们都不涉及对位移 u 的任何约束。

类似地，面 $y=0$ 和 $y=b$(不含棱)上的边界条件为

$$v|_{(x,0,z)} = v|_{(x,b,z)} = 0 \tag{8.45}$$

显然，上述的边界条件也不对位移 u 有任何的约束。

因为这两个关于反射对称性都不影响 $z=-c$ 和 $z=c$ 面上的边界条件，这一对表面上的边界条件仍由式(6.56c)给出，只是除了 γ_{xz}^0 之外的平均应变均为零

$$u|_{(x,y,c)} - u|_{(x,y,-c)} = 0$$
$$v|_{(x,y,c)} - v|_{(x,y,-c)} = 0 \tag{8.46}$$
$$w|_{(x,y,c)} - w|_{(x,y,-c)} = 0$$

平行于 x 轴的棱(不含顶)上的边界条件从式(8.45)和式(8.46)可得为

$$u|_{(x,0,c)} - u|_{(x,0,-c)} = 0$$
$$v|_{(x,0,c)} = v|_{(x,0,-c)} = 0 \tag{8.47a}$$
$$w|_{(x,0,c)} - w|_{(x,0,-c)} = 0$$

$$u|_{(x,b,c)} - u|_{(x,b,-c)} = 0$$
$$v|_{(x,b,c)} = v|_{(x,b,-c)} = 0 \tag{8.47b}$$
$$w|_{(x,b,c)} - w|_{(x,b,-c)} = 0$$

从式(8.43)~式(8.46)，平行于 y 轴的棱(不含顶)上的边界条件为

$$u\big|_{(0,y,c)} - u\big|_{(0,y,-c)} = 0$$
$$v\big|_{(0,y,c)} = v\big|_{(0,y,-c)} = 0 \tag{8.48a}$$
$$w\big|_{(0,y,c)} = w\big|_{(0,y,-c)} = 0$$

$$u\big|_{(a,y,c)} - u\big|_{(a,y,-c)} = 0$$
$$v\big|_{(a,y,c)} = v\big|_{(a,y,-c)} = 0 \tag{8.48b}$$
$$w\big|_{(a,y,c)} = w\big|_{(a,y,-c)} = a\gamma_{xz}^0$$

从式(8.44)和式(8.45)，平行于 z 轴的棱(不含顶)上的边界条件为

$$v\big|_{(0,0,z)} = 0$$
$$w\big|_{(0,0,z)} = 0 \tag{8.49a}$$

$$v\big|_{(a,0,z)} = 0$$
$$w\big|_{(a,0,z)} = a\gamma_{xz}^0 \tag{8.49b}$$

$$v\big|_{(0,b,z)} = 0$$
$$w\big|_{(0,b,z)} = 0 \tag{8.49c}$$

$$v\big|_{(a,b,z)} = 0$$
$$w\big|_{(a,b,z)} = a\gamma_{xz}^0 \tag{8.49d}$$

从本问题中的对称性，可得各个顶上的边界条件为

$$u\big|_{(0,0,c)} - u\big|_{(0,0,-c)} = 0$$
$$v\big|_{(0,0,c)} = v\big|_{(0,0,-c)} = 0 \tag{8.50a}$$
$$w\big|_{(0,0,c)} = w\big|_{(0,0,-c)} = 0$$

$$u\big|_{(a,0,c)} - u\big|_{(a,0,-c)} = 0$$
$$v\big|_{(a,0,c)} = v\big|_{(a,0,-c)} = 0 \tag{8.50b}$$
$$w\big|_{(a,0,c)} = w\big|_{(a,0,-c)} = a\gamma_{xz}^0$$

$$u\big|_{(a,b,c)} - u\big|_{(a,b,-c)} = 0$$
$$v\big|_{(a,b,c)} = v\big|_{(a,b,-c)} = 0 \tag{8.50c}$$
$$w\big|_{(a,b,c)} = w\big|_{(a,b,-c)} = a\gamma_{xz}^0$$

$$u\big|_{(0,b,c)} - u\big|_{(0,b,-c)} = 0$$

$$v\big|_{(0,b,c)} = v\big|_{(0,b,-c)} = 0 \tag{8.50d}$$

$$w\big|_{(0,b,c)} = w\big|_{(0,b,-c)} = 0$$

条件(8.43)已经排除了在 y 和 z 方向的刚体平动，在有限元分析前，仅需约束 x 方向的刚体位移，节点应该选择在 z 轴上，不失一般性，可取

$$u\big|_{(0,0,0)} = 0 \tag{8.51}$$

8.2.2.4 在 τ_{xy}^0 下的边界条件

如表 8.2 所示，由 τ_{xy}^0 给出的载荷条件在关于 x 和 y 面的反射变换下都是反对称的，满足如此的对称性特征的平均应变仅有 γ_{xy}^0，作为非零的主自由度，而其他平均应变均为零。各位移分量的相应的对称性或反对称性也已在表 8.2 中给出，边界条件可如法炮制。

面 $x=0$ 和 $x=a$(不含棱)上的边界条件为

$$v\big|_{(0,y,z)} = w\big|_{(0,y,z)} = 0 \tag{8.52}$$

$$v\big|_{(a,y,z)} = a\gamma_{xy}^0$$

$$w\big|_{(a,y,z)} = 0 \tag{8.53}$$

面 $y=0$ 和 $y=b$(不含棱)上的边界条件为

$$u\big|_{(x,0,z)} = w\big|_{(x,0,z)} = 0 \tag{8.54}$$

$$u\big|_{(x,b,z)} = w\big|_{(x,b,z)} = 0 \tag{8.55}$$

面 $z=-c$ 和 $z=c$(不含棱)上的边界条件为

$$u\big|_{(x,y,c)} - u\big|_{(x,y,-c)} = 0$$

$$v\big|_{(x,y,c)} - v\big|_{(x,y,-c)} = 0 \tag{8.56}$$

$$w\big|_{(x,y,c)} - w\big|_{(x,y,-c)} = 0$$

平行于 x 轴的棱(不含顶)上的边界条件为

$$u\big|_{(x,0,c)} = u\big|_{(x,0,-c)} = 0$$

$$v\big|_{(x,0,c)} - v\big|_{(x,0,-c)} = 0 \tag{8.57a}$$

$$w\big|_{(x,0,c)} = w\big|_{(x,0,-c)} = 0$$

$$u\big|_{(x,b,c)} = u\big|_{(x,b,-c)} = 0$$

$$v\big|_{(x,b,c)} - v\big|_{(x,b,-c)} = 0 \qquad\qquad (8.57\text{b})$$

$$w\big|_{(x,b,c)} = w\big|_{(x,b,-c)} = 0$$

平行于 y 轴的棱(不含顶)上的边界条件为

$$u\big|_{(0,y,c)} - u\big|_{(0,y,-c)} = 0$$

$$v\big|_{(0,y,c)} = v\big|_{(0,y,-c)} = 0 \qquad\qquad (8.58\text{a})$$

$$w\big|_{(0,y,c)} = w\big|_{(0,y,-c)} = 0$$

$$u\big|_{(a,y,c)} - u\big|_{(a,y,-c)} = 0$$

$$v\big|_{(a,y,c)} = v\big|_{(a,y,-c)} = a\gamma_{xy}^0 \qquad\qquad (8.58\text{b})$$

$$w\big|_{(a,y,c)} = w\big|_{(a,y,-c)} = 0$$

平行于 z 轴的棱(不含顶)上的边界条件为

$$u\big|_{(0,0,z)} = 0$$

$$v\big|_{(0,0,z)} = 0 \qquad\qquad (8.59\text{a})$$

$$w\big|_{(0,0,z)} = 0$$

$$u\big|_{(a,0,z)} = 0$$

$$v\big|_{(a,0,z)} = a\gamma_{xy}^0 \qquad\qquad (8.59\text{b})$$

$$w\big|_{(a,0,z)} = 0$$

$$u\big|_{(a,b,z)} = 0$$

$$v\big|_{(a,b,z)} = a\gamma_{xy}^0 \qquad\qquad (8.59\text{c})$$

$$w\big|_{(a,b,z)} = 0$$

$$u\big|_{(0,b,z)} = 0$$

$$v\big|_{(0,b,z)} = 0 \qquad\qquad (8.59\text{d})$$

$$w\big|_{(0,b,z)} = 0$$

各个顶上的边界条件为

$$u\big|_{(0,0,c)} = u\big|_{(0,0,-c)} = 0$$

$$v\big|_{(0,0,c)} = v\big|_{(0,0,-c)} = 0 \tag{8.60a}$$

$$w\big|_{(0,0,c)} = w\big|_{(0,0,-c)} = 0$$

$$u\big|_{(a,0,c)} = u\big|_{(a,0,-c)} = 0$$

$$v\big|_{(a,0,c)} = v\big|_{(a,0,-c)} = a\gamma_{xy}^0 \tag{8.60b}$$

$$w\big|_{(a,0,c)} = w\big|_{(a,0,-c)} = 0$$

$$u\big|_{(a,b,c)} = u\big|_{(a,b,-c)} = 0$$

$$v\big|_{(a,b,c)} = v\big|_{(a,b,-c)} = a\gamma_{xy}^0 \tag{8.60c}$$

$$w\big|_{(a,b,c)} = w\big|_{(a,b,-c)} = 0$$

$$u\big|_{(0,b,c)} = u\big|_{(0,b,-c)} = 0$$

$$v\big|_{(0,b,c)} = v\big|_{(0,b,-c)} = 0 \tag{8.60d}$$

$$w\big|_{(0,b,c)} = w\big|_{(0,b,-c)} = 0$$

条件(8.52)和(8.54)已经排除了所有的刚体平动,有限元分析时,已再无刚体位移需要约束了。

8.2.2.5 小结

8.2.2.1~8.2.2.4 节建立的由两个额外的反射对称性所减小了尺寸的单胞的边界条件,共 4 组,如果要完全表征此材料,需要进行 4 次分析,作为载荷条件,第一组相应于三个平均正应力,而另 3 组则分别相应于 3 个平均剪应力。因为这时由单胞所代表的材料是等效正交各向异性的,没有一般各向异性材料中的耦合。

上述的边界条件,以及前面数小节所建立的那些都可以直接地简化到二维的单胞,只需简单地把与第三维有关的项删去即可,即与 w 有关的,还有与垂直于 z 轴的面有关的项。

8.2.3 三个反射对称性的情形

如果在由平移对称性所得的单胞中,关于每一坐标平面都有一个反射对称性,利用这些对称性,可将单胞的尺寸减小至原来的 1/8,如 8.2.2 节的情况一样,用户必须建立 4 组不同的边界条件,其中之一可容纳 3 个载荷条件,分别相应于三个平均正应力,它们相对于任何一个反射对称性都是对称的,而另 3 个则分别相应于 3 个平均剪应力,每一个平均剪应力,都需要在一组不同的边界条件下进行一次独立的分析。如果要完全表征此材料,需要进行 4 次分析,即 4 次刚度矩阵的求逆或分解，这与两个反射对称性的情况相同，但是因为单胞的尺寸又减小了一半，计算成本会有十分可观的降低，而在仍只有 4 组不同的边界条件的意义下，问题的复杂性没有变化，那何乐而不为呢?

因为这三个额外的反射对称性的利用，所得的单胞中已再无自由的刚体位移了，因此不再需要另外的约束。推导相应的边界条件的原则与 8.2.2 节相同，结果直接按小节给出如下。

8.2.3.1　在 σ_x^0、σ_y^0、σ_z^0 及其组合载荷下的边界条件

如表 8.3 所示，本载荷条件关于 x、y、z 面都是对称的，满足如此的对称性特征的平均应变有 ε_x^0、ε_y^0、ε_z^0，作为非零的主自由度，而其他平均应变均为零。

表 8.3　在三个分别关于坐标平面的反射对称变换下，作为激励的平均应力和作为响应的平均应变及位移的对称性的性质

	激励/响应	x 平面反射变换	y 平面反射变换	z 平面反射变换
	σ_x^0、σ_y^0、σ_z^0	对称	对称	对称
载荷条件	τ_{yz}^0	对称	反对称	反对称
(平均应力)	τ_{xz}^0	反对称	对称	反对称
	τ_{xy}^0	反对称	反对称	对称
	ε_x^0、ε_y^0、ε_z^0	对称	对称	对称
主自由度上的位移	γ_{yz}^0	对称	反对称	反对称
(平均应变)	γ_{xz}^0	反对称	对称	反对称
	γ_{xy}^0	反对称	反对称	对称
	u	反对称	对称	对称
变形	v	对称	反对称	对称
(位移)	w	对称	对称	反对称

面 $x=0$ 和 $x=a$ 上的边界条件为

$$u\big|_{(0,y,z)} = 0 \tag{8.61}$$

$$u\big|_{(a,y,z)} = a\varepsilon_x^0 \tag{8.62}$$

面 $y=0$ 和 $y=b$ 上的边界条件为

$$v\big|_{(x,0,z)} = 0 \tag{8.63}$$

$$v\big|_{(x,b,z)} = b\varepsilon_y^0 \tag{8.64}$$

面 $z=0$ 和 $z=c$ 上的边界条件为

$$w\big|_{(x,y,0)} = 0 \tag{8.65}$$

$$w\big|_{(x,y,c)} = c\varepsilon_z^0 \tag{8.66}$$

当前的载荷条件都是对称的，所有边界条件中仅含平均正应变这三个主自由度。

在当前的载荷条件下，如果让每一个面都包含相应的棱和顶，这样尽管同一条棱或同一个顶可以属于不同的面，但是因为每一个面上的边界条件仅约束该面法向的自由度,定义在棱和顶之上的边界条件直接由相应的面上的边界条件给出，既不会有冲突，也没有多余，可以避免分别定义它们的麻烦。当然，也正是因为这个原因，这是文献中最多被光顾的单胞，而一旦涉及剪切载荷，如此的简捷就不再有了，当然，也正是因为这个原因，剪切的情况，文献中是鲜有关注。而这些，是本书值得一写的原因之一。

8.2.3.2 在 τ_{yz}^0 下的边界条件

如表 8.3 所示，本载荷条件关于 x 面是对称的，而关于 y 和 z 面则是反对称的，满足如此的对称性特征的平均应变仅有 γ_{yz}^0，作为非零的主自由度，而其他平均应变均为零。

对 $x=0$ 和 $x=a$(不含棱)上的边界条件由关于 x 面的对称性及连续性或平移对称性得出为

$$u\big|_{(0,y,z)} = u\big|_{(a,y,z)} = 0 \tag{8.67}$$

面 $y=0$ 和 $y=b$(不含棱)上的边界条件由关于 y 面的反对称性及连续性或平移对称性得出为

$$u\big|_{(x,0,z)} = w\big|_{(x,0,z)} = 0 \tag{8.68}$$

$$u\big|_{(x,b,z)} = 0$$
$$w\big|_{(x,b,z)} = b\gamma_{yz}^0 \tag{8.69}$$

面 $z=0$ 和 $z=c$(不含棱)上的边界条件由关于 z 面的反对称性及连续性或平移对称性得出为

$$u\big|_{(x,y,0)} = v\big|_{(x,y,0)} = 0$$
$$u\big|_{(x,y,c)} = v\big|_{(x,y,c)} = 0 \tag{8.70}$$

从上可见，对相交的两个面上的约束，可能对作为两个面交线的棱上的同一个自由度同时给出约束，譬如在 $y=z=0$，即 x 轴这条棱上，$y=0$ 面和 $z=0$ 都分别对位移 u 有约束，尽管约束条件相同，但是现有的有限元软件不允许如此重复的约束，因此，如果对包括棱的整个面施加约束的话，就会出错，不明缘由的用户可能就会在此搁浅，这就是为什么剪切常被搁置的原因之一。而在前一小节中，因为载荷关于每个面都是对称的，棱上的不同的自由度分别被相交的两个面上的约束所约束，不存在任何重复的约束，这也是为什么那种情况常被光顾。

因此，对于当前的载荷条件，必须把棱从面中分离出来，单独处理。同样的理由，顶也必须从棱中分离出来。

平行于 x 轴的棱(不含顶)上的边界条件为

$$u|_{(x,0,0)} = v|_{(x,0,0)} = w|_{(x,0,0)} = 0$$
$$u|_{(x,0,c)} = v|_{(x,0,c)} = w|_{(x,0,c)} = 0$$

(8.71a)

$$u|_{(x,b,0)} = v|_{(x,b,0)} = 0$$
$$u|_{(x,b,c)} = v|_{(x,b,c)} = 0$$

(8.71b)

$$w|_{(x,b,0)} = w|_{(x,b,c)} = b\gamma_{yz}^0$$

平行于 y 轴的棱(不含顶)上的边界条件为

$$u|_{(0,y,0)} = v|_{(0,y,0)} = 0$$
$$u|_{(0,y,c)} = v|_{(0,y,c)} = 0$$

(8.72a)

$$u|_{(a,y,0)} = v|_{(a,y,0)} = 0$$
$$u|_{(a,y,c)} = v|_{(a,y,c)} = 0$$

(8.72b)

平行于 z 轴的棱(不含顶)上的边界条件为

$$u|_{(0,0,z)} = u|_{(0,b,z)} = 0$$
$$w|_{(0,0,z)} = 0$$

(8.73a)

$$w|_{(0,b,z)} = b\gamma_{yz}^0$$

$$u|_{(a,0,z)} = u|_{(a,b,z)} = 0$$
$$w|_{(a,0,z)} = 0$$

(8.73b)

$$w|_{(a,b,z)} = b\gamma_{yz}^0$$

各个顶上的边界条件为

$$u|_{(0,0,c)} = u|_{(0,0,0)} = 0$$
$$v|_{(0,0,c)} = v|_{(0,0,0)} = 0$$

(8.74a)

$$w|_{(0,0,c)} = w|_{(0,0,0)} = 0$$

$$u\big|_{(a,0,c)} = u\big|_{(a,0,0)} = 0$$

$$v\big|_{(a,0,c)} = v\big|_{(a,0,0)} = 0 \tag{8.74b}$$

$$w\big|_{(a,0,c)} = w\big|_{(a,0,0)} = 0$$

$$u\big|_{(a,b,c)} = u\big|_{(a,b,0)} = 0$$

$$v\big|_{(a,b,c)} = v\big|_{(a,b,0)} = 0 \tag{8.74c}$$

$$w\big|_{(a,b,c)} = w\big|_{(a,b,0)} = b\gamma_{yz}^0$$

$$u\big|_{(0,b,c)} = u\big|_{(0,b,0)} = 0$$

$$v\big|_{(0,b,c)} = v\big|_{(0,b,0)} = 0 \tag{8.74d}$$

$$w\big|_{(0,b,c)} = w\big|_{(0,b,0)} = b\gamma_{yz}^0$$

8.2.3.3 在 τ_{xz}^0 下的边界条件

如表 8.3 所示，由 τ_{xz}^0 给出的载荷条件在关于 x 面和 z 面的反射变换下都是反对称的，而在关于 y 面的反射变换下是对称的，满足如此的对称性特征的平均应变仅有 γ_{xz}^0，作为非零的主自由度，而其他平均应变均为零。

面 $x=0$ 和 $x=a$(不含棱)上的边界条件为

$$v\big|_{(0,y,z)} = w\big|_{(0,y,z)} = 0 \tag{8.75}$$

$$v\big|_{(a,y,z)} = 0$$

$$w\big|_{(a,y,z)} = a\gamma_{xz}^0 \tag{8.76}$$

面 $y=0$ 和 $y=b$(不含棱)上的边界条件为

$$v\big|_{(x,0,z)} = v\big|_{(x,b,z)} = 0 \tag{8.77}$$

面 $z=0$ 和 $z=c$(不含棱)上的边界条件为

$$u\big|_{(x,y,0)} = v\big|_{(x,y,0)} = 0$$

$$u\big|_{(x,y,c)} = v\big|_{(x,y,c)} = 0 \tag{8.78}$$

平行于 x 轴的棱(不含顶)上的边界条件为

$$u\big|_{(x,0,0)} = v\big|_{(x,0,0)} = 0$$

$$u\big|_{(x,0,c)} = v\big|_{(x,0,c)} = 0$$

$$u\big|_{(x,b,0)} = v\big|_{(x,b,0)} = 0 \tag{8.79}$$

$$u\big|_{(x,b,c)} = v\big|_{(x,b,c)} = 0$$

平行于 y 轴的棱(不含顶)上的边界条件为

$$u|_{(0,y,0)} = v|_{(0,y,0)} = w|_{(0,y,0)} = 0$$

$$u|_{(0,y,c)} = v|_{(0,y,c)} = w|_{(0,y,c)} = 0$$

$$u|_{(a,y,0)} = v|_{(a,y,0)} = 0$$

$$w|_{(a,y,0)} = a\gamma_{xz}^0$$ (8.80)

$$u|_{(a,y,c)} = v|_{(a,y,c)} = 0$$

$$w|_{(a,y,c)} = a\gamma_{xz}^0$$

平行于 z 轴的棱(不含顶)上的边界条件为

$$u|_{(0,0,z)} = v|_{(0,0,z)} = w|_{(0,0,z)} = 0$$

$$u|_{(0,b,z)} = v|_{(0,b,z)} = w|_{(0,b,z)} = 0$$

$$u|_{(a,0,z)} = v|_{(a,0,z)} = 0$$

$$w|_{(a,0,z)} = a\gamma_{xz}^0$$ (8.81)

$$u|_{(a,b,z)} = v|_{(a,b,z)} = 0$$

$$w|_{(a,b,z)} = a\gamma_{xz}^0$$

各个顶上的边界条件为

$$u|_{(0,0,0)} = v|_{(0,0,0)} = w|_{(0,0,0)} = 0$$

$$u|_{(0,0,c)} = v|_{(0,0,c)} = w|_{(0,0,c)} = 0$$

$$u|_{(0,b,0)} = v|_{(0,b,0)} = w|_{(0,b,0)} = 0$$

$$u|_{(0,b,c)} = v|_{(0,b,c)} = w|_{(0,b,c)} = 0$$

$$u|_{(a,0,0)} = v|_{(a,0,0)} = 0$$

$$w|_{(a,0,0)} = a\gamma_{xz}^0$$

$$u|_{(a,0,c)} = v|_{(a,0,c)} = 0$$

$$w|_{(a,0,c)} = a\gamma_{xz}^0$$ (8.82)

$$u|_{(a,b,0)} = v|_{(a,b,0)} = 0$$

$$w|_{(a,b,0)} = a\gamma_{xz}^0$$

$$u|_{(a,b,c)} = v|_{(a,b,c)} = 0$$

$$w|_{(a,b,c)} = a\gamma_{xz}^0$$

8.2.3.4 在 τ_{xy}^0 下的边界条件

如表 8.3 所示，由 τ_{xy}^0 给出的载荷条件在关于 x 和 y 面的反射变换下都是反对称的，而关于 z 面是对称的，满足如此的对称性特征的平均应变仅有 γ_{xy}^0，作为非零的主自由度，而其他平均应变均为零。

面 $x=0$ 和 $x=a$(不含棱)上的边界条件为

$$v|_{(0,y,z)} = w|_{(0,y,z)} = 0 \tag{8.83}$$

$$v|_{(a,y,z)} = a\gamma_{xy}^0$$
$$w|_{(a,y,z)} = 0 \tag{8.84}$$

面 $y=0$ 和 $y=b$(不含棱)上的边界条件为

$$u|_{(x,0,z)} = w|_{(x,0,z)} = 0$$
$$u|_{(x,b,z)} = w|_{(x,b,z)} = 0 \tag{8.85}$$

面 $z=0$ 和 $z=c$(不含棱)上的边界条件为

$$w|_{(x,y,0)} = w|_{(x,y,c)} = 0 \tag{8.86}$$

平行于 x 轴的棱(不含顶)上的边界条件为

$$u|_{(x,0,0)} = w|_{(x,0,0)} = 0$$
$$u|_{(x,0,c)} = w|_{(x,0,c)} = 0$$
$$u|_{(x,b,0)} = w|_{(x,b,0)} = 0$$
$$u|_{(x,b,c)} = w|_{(x,b,c)} = 0 \tag{8.87}$$

平行于 y 轴的棱(不含顶)上的边界条件为

$$v|_{(0,y,0)} = w|_{(0,y,0)} = 0$$
$$v|_{(0,y,c)} = w|_{(0,y,c)} = 0$$
$$v|_{(a,y,0)} = a\gamma_{xy}^0$$
$$w|_{(a,y,0)} = 0$$
$$v|_{(a,y,c)} = a\gamma_{xy}^0$$
$$w|_{(a,y,c)} = 0 \tag{8.88}$$

平行于 z 轴的棱(不含顶)上的边界条件为

$$u|_{(0,0,z)} = v|_{(0,0,z)} = w|_{(0,0,z)} = 0$$

$$u|_{(0,b,z)} = v|_{(0,b,z)} = w|_{(0,b,z)} = 0$$

$$u|_{(a,0,z)} = w|_{(a,0,z)} = 0$$

$$v|_{(a,0,z)} = a\gamma_{xy}^0 \tag{8.89}$$

$$u|_{(a,b,z)} = w|_{(a,b,z)} = 0$$

$$v|_{(a,b,z)} = a\gamma_{xy}^0$$

各个顶上的边界条件为

$$u|_{(0,0,0)} = v|_{(0,0,0)} = w|_{(0,0,0)} = 0$$

$$u|_{(0,0,c)} = v|_{(0,0,c)} = w|_{(0,0,c)} = 0$$

$$u|_{(0,b,0)} = v|_{(0,b,0)} = w|_{(0,b,0)} = 0$$

$$u|_{(0,b,c)} = v|_{(0,b,c)} = w|_{(0,b,c)} = 0$$

$$u|_{(a,0,0)} = w|_{(a,0,0)} = 0 \tag{8.90}$$

$$u|_{(a,0,c)} = w|_{(a,0,c)} = 0$$

$$u|_{(a,b,0)} = w|_{(a,b,0)} = 0$$

$$u|_{(a,b,c)} = w|_{(a,b,c)} = 0$$

$$v|_{(a,0,0)} = v|_{(a,0,c)} = v|_{(a,b,0)} = v|_{(a,b,c)} = a\gamma_{xy}^0$$

8.2.3.5　小结

进一步利用反射对称性，减小由平移对称性所建立的单胞的尺寸，如果所采用的有限元软件不能容忍多余的、不独立的边界条件，从建立边界条件的过程可见，大量的精力花费在过滤掉在棱和顶处的多余的、不独立的边界条件。其实，就所得单胞而言，与仅利用平移对称性所建的相比，边界条件仍然是在不含棱的面上、不含顶点的棱上，以及所有孤立的顶上分别给出，边界条件表达的方式是相同的，就实施而言，所增加的工作量只是在于不同的载荷条件需要不同的边界条件，分析次数要相应地增加，而另一方面，一定程度上对网格划分的要求可以有所放宽，因为不是每一对表面都需要相同的划分了，而因为单胞尺寸的减小，计算成本则会有大幅度的降低。挑战仅在于实施之前，边界条件的推导，其过程中多了一个考虑反射对称性的步骤。这里，劳有所得无异议，但用户同时还要考虑的是劳是否所值的问题。在这方面，一个基本的原则是：如果只是解决一个问题，所建的单胞仅使用一次而已，为减小单胞尺寸而必须经历的复杂性也许未必值得，但是如果所建的单胞是作为数值材料表征的工具，建妥之后会被多次反复使用，特别是如果单胞内的构形比较复杂，或者是单胞内的有限元的网格分得较细时，自由度较多，计算量可能很大，这时减小单胞尺寸的优越性将会充分地体现出来。另一个原则是：单胞内尚存的反射对称性，不利用则已，要利用则利用尽，用严济慈老先生的话说：所费多于所当费，或所得少于所可得，都是浪费(严济慈，1966)。

8.2.4 各种应用的例子

8.2.4.1 对正方形排列的单向纤维增强复合材料的二维单胞的应用

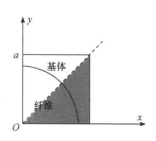

图 8.2 利用了反射对称性之后的适用于纤维呈正方排列的单向复合材料的单胞

在 8.2.2 节中的长方体单胞，是在三维条件下建立的，如果限定 $b=a$，即可应用于纤维呈正方排列的单向复合材料，当然，从计算效率考虑，其三维形式还可以降至二维，如图 8.2 所示(Li，1999)，其为元胞元的尺寸的 1/4，计算成本可降至原来的一小部分，只是在不同的载荷条件下，需要强加不同的边界条件，并进行相应的分析。

如图 8.2 所示的单胞中，其实还有一个尚未被利用的对称性，即关于由对角的点划线所示的反射对称。尽管几何意义上的对称应该不会有异议，但其力学应用不那么直接，因为有些载荷条件只能在复合的条件下施加，如垂直纤维方向的双向受拉、沿纤维方向受同向的剪切，这些是对称的情况；垂直纤维方向的一拉一压、沿纤维方向受反向的剪切，这样是反对称的。相关的单一的载荷条件为，沿纤维方向的拉伸、垂直纤维方向的平面内的剪切，它们都是对称的载荷条件，这样仍可以有足够的条件确定该横观正方对称材料的 6 个独立的等效弹性常数，但后处理需要多些操作。

此对称性的另一实际应用可以是在有限元的网格划分上，用户可以仅划分如图 8.2 中的有阴影的那一半，而后复制到另一半而完成整个单胞的网格划分。这样划分的网格的优点是，即便在网格划分得较粗时，材料的横观正方对称性仍能保证。

8.2.4.2 对一简单立方排列的粒子增强复合材料的三维单胞的应用

从第 6 章 6.4.2.3 节所述元胞元，通过在 8.2.3 节中所描述的，进一步利用关于三个坐标平面的反射对称性所减小了尺寸的长方体单胞，如果限定 $c=b=a$，即可应用于简单立方排列的粒子增强的复合材料，只要增强粒子的形状也具有同样的对称性，如球形，如图 8.3 所示，图中还显示了单胞表面的有限元网格，以示不同表面上网格的不同特征，具体地说，相对的面上的划分不再需要完全一致。

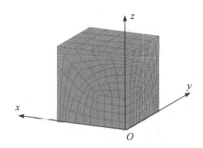

图 8.3　利用了反射对称性之后的适用于正立方排列的球形粒子增强的复合材料单胞

应该指出，该尺寸减小到了元胞元的 1/8 的单胞，如果应用于如第 7 章中所分析的问题，应该得出和那里的满尺寸的单胞完全相同的结果，所不同的只是计算成本以及为之必须付出的代价，即推导和实施的复杂性。

8.3　现有的平移对称性之外的旋转对称

相对来说，额外的反射对称性的利用还是比较简单的，鉴于此，如果具有反射对称性，应该首先考虑利用这些对称性减小单胞的尺寸，但是在有些现代材料中，如有些点阵结构、纺织预制体，还有许多宏观的结构，如航空发动机中的风扇叶轮和涡轮叶盘、风力发电的风机、通常的复合材料层合板等，其中都可能完全没有反射对称性，而所具备的旋转对称性却一目了然(Li and Reid, 1992)。旋转对称性在材料分类中的应用，及其与反射对称性同等的地位，在第 3 章中已首开先例地作了详细的介绍。相应地，利用旋转对称性也可以减小单胞的尺寸，然而正如对它在材料分类中的作用的认识的缺乏，它在减小单胞尺寸方面也因认识不足而常常出错，如第 5 章中所揭示的。也如利用反射对称性减小单胞尺寸可以降低计算成本，当然要以在不同的载荷条件下施加不同的边界条件来分析为代价，利用旋转对称性也可以减小单胞尺寸，但是对单胞与其所涉及的单胞的有些表面上有限元的网格划分，还要有额外的要求，因为旋转对称性将把这些表面变换到它们自身，因此这些面上的网格也必须具备同样的对称性，尽管这并不给单胞的建立造成任何不可逾越的障碍，但毕竟也是在已有的诸多要求的基础上的又一要求。

8.3.1　具有一个旋转对称性的情形

还是从在第 6 章的 6.4.2.2 节中建立的长方体单胞着手，作为元胞元，通过适当选取坐标系，总可以使得所具有的旋转对称性是关于 z 轴的 180° 旋转对称性，即 C_z^2，该坐标系的原点自然在 z 轴上，这对后续推导略有便利，后面也会看到，当旋转对称的轴对称不通过原点时，会有更多一点的复杂性。根据第 3 章的讨论，具有一个旋转对称性的材料是单斜对称的，旋转对称性的对称轴即为该材料的主轴，而垂直于该轴的平面则为主平面。应用于单胞，则单胞的尺寸可以减半。与反射对称性不同的是，此时用来剖分元胞元的面不再唯一，它甚至未必需要是一平面，所需满足的要求是该面关于 z 轴具有同样的旋转对称性，并包含 z 轴。虽然这给所考虑的问题增加了一定的不确定性，但是恰当地利用此不确定性，可以给后续的有限元网格划分带来一些便利，特别是当单胞的内部构形具有一定的复杂性时，若选用适当的曲面来剖分，可以避免在单胞内部形成奇形怪状的子区域，只要剖分面满足上述要求即可。为了叙述方便，本书就不去探求任何复杂的剖分了，仅以坐标平面 x 面为剖分面，即 $x=0$。应该指出，这并不失一般性，在后续建立的边界条件中，如果把边界的位置，即把所涉及的位移的取值(竖杠的下标)由 $x=0$ 改成相应的代表剖分面的函数，则所有边界条件的形式照旧适用。

不妨选择 $x \geqslant 0$ 的那一半长方体作为新的单胞，如图 8.4 中所示的阴影部分，图 8.4 可以视作是原长方体单胞的俯视图。关于 z 轴的旋转对称变换将同时逆转 x 轴和 y 轴的方向，因此，按前述对反射对称性的考虑方法如法炮制，各有关量的对称性和反对称性罗列于表 8.4 之中。

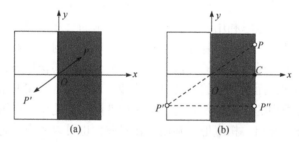

图 8.4　关于 z 轴的旋转对称性的元胞元(俯视图)：(a)阴影部分作为新的单胞；(b)边界上相应点之间的对称关系

表 8.4　在关于 z 轴的旋转对称变换下，作为激励的平均应力和作为响应的平均应变及位移的对称性的性质

	激励/响应	x 轴的旋转变换
载荷条件 (平均应力)	σ_x^0、σ_y^0、σ_z^0、τ_{xy}^0	对称
	τ_{yz}^0、τ_{xz}^0	反对称
主自由度上的位移 (平均应变)	ε_x^0、ε_y^0、ε_z^0、γ_{xy}^0	对称
	γ_{yz}^0、γ_{xz}^0	反对称

续表

	激励/响应	x 轴的旋转变换
变形	u、v	反对称
(位移)	w	对称

在尺寸减半后的新的单胞中，与 x 轴半行的 4 个表面除了长度减半之外，其间的两两对应关系不受影响，因此边界条件仍同由平移对称性而得的相对位移边界条件，即第 6 章的式(6.56b)和式(6.56c)。当然，如果剖分面不恰好是坐标平面，那么这 4 个面还要被剖分成若干子区域，最一般的情况下，一个面会分成三个子区域，其中一个仍满足平移对称性，另外两个则通过平移和旋转的耦合而相互联系，这与后面要讨论的垂直于 x 轴的表面的情形类似，为了不增加更多的复杂性，这里就不加更详细地叙述了。对于新的单胞来说，旋转对称性的效果体现在 $x=0$ 与 $x=a$ 这两个垂直于 x 轴的面上的边界条件。

下面，注意力将主要集中在垂直于 x 轴的两个面，其中之一位于 $x=0$，这是由剖分而产生的新的表面；另一个位于 $x=a$，该表面虽然原来就有，但是因为单胞的尺寸减半，原来与之成对的表面已经消失。这两个面上的边界条件必须从旋转对称性得出。首先考虑面 $x=0$，旋转对称将把它变换到自己本身，但又不是原封不动的单位变换，仔细观察可以看到，绕 z 轴 180° 的旋转，把该面的 $y>0$ 部分变换到了 $y<0$ 部分，即

$$P(0,y,z) \quad \rightarrow \quad P'(0,-y,z) \tag{8.91}$$

因此，在后续的有限元分析中，此两半表面的网格必须按如上变换严格对称，才能保证边界条件的正确施加，此对称，如果仅限于 $x=0$ 的平面内，则等同于一个关于 z 轴的二维的反射对称。

表面 $x=a$ 的情况要稍稍复杂些，在元胞元中，$x=a$ 面是 $x=-a$ 面在旋转对称变换下的原，如图 8.4(b)所示，其变换可表示为

$$P(a,y,z) \quad \rightarrow \quad P'(-a,-y,z) \tag{8.92}$$

同时，这两个面之间还存在着原有的沿 x 方向的平移对称性，即

$$P'(-a,-y,z) \quad \rightarrow \quad P''(a,-y,z) \tag{8.93}$$

这样就把 $x=a$ 面上的 $y>0$ 部分与 $y<0$ 部分联系了起来

$$P(a,y,z) \quad \rightarrow \quad P''(a,-y,z) \tag{8.94}$$

在后续的有限元分析中，在 $x=a$ 表面的这两部分的网格必须严格满足如上对称性，才能保证这个表面上的边界条件的正确施加，该面上的对称性与上述的 $x=0$ 上的对称性完全一样。

8.3.1.1　在对称载荷（σ_x^0、σ_y^0、σ_z^0、τ_{xy}^0 或它们的组合）下的边界条件

按第 2 章 2.5.2 节的推导，如表 8.4 所示，当前所给定的载荷条件是对称的，在此条件下，x 面(不含棱和顶)上的边界条件为

$$
\begin{aligned}
u|_{(0,y,z)} &= -u|_{(0,-y,z)} & u|_{(0,y,z)} + u|_{(0,-y,z)} &= 0 \\
v|_{(0,y,z)} &= -v|_{(0,-y,z)} \quad \text{或} \quad & v|_{(0,y,z)} + v|_{(0,-y,z)} &= 0 \qquad (y>0) \\
w|_{(0,y,z)} &= w|_{(0,-y,z)} & w|_{(0,y,z)} - w|_{(0,-y,z)} &= 0
\end{aligned}
\tag{8.95}
$$

就上述边界条件而言，条件 $y<0$ 与 $y>0$ 同样成立，只是它们相应的边界条件相互复制，限制于 $y>0$ 仅是为了保证边界条件的独立性而已，施加边界条件(8.95)后，面 $x=0$ 上的 $y>0$ 部分的自由度均已被约束。作为上述边界条件的特殊情况，沿旋转轴 z，即 $x=y=0$，边界条件如下

$$
\begin{aligned}
u|_{(0,0,z)} &= 0 \\
v|_{(0,0,z)} &= 0
\end{aligned}
\qquad \text{(不含端点)}
\tag{8.96}
$$

上式还意味着，沿 x 和 y 方向的刚体平动已被约束，在后续的有限元分析中不能再被约束。

虽然式(8.96)可视为式(8.95)当 $y=0$ 时的特殊情况，有限元分析实施时，它们的特征还是相当不同的。因为要利用旋转对称性，$y<0$ 部分和 $y>0$ 部分已被剖分成了两个面来处理，式(8.95)就是联系这两个面之间的边界条件。因为它们已分别成了两个不同的面，z 轴作为它们的交界，应视作为棱，而其两端则为顶，需分别考虑之，以避免不独立的边界条件卷入所欲建立的新单胞。

在元胞元的 $x=-a$ 和 $x=a$ 的表面之间，由平移对称性所得的相对位移边界条件可由式(6.56a)得出为

$$
\begin{aligned}
u|_{(a,y,z)} - u|_{(-a,y,z)} &= 2a\varepsilon_x^0 \\
v|_{(a,y,z)} - v|_{(-a,y,z)} &= 2a\gamma_{xy}^0 \\
w|_{(a,y,z)} - w|_{(-a,y,z)} &= 0
\end{aligned}
\tag{8.97}
$$

其中，根据对称性原理，反对称的平均应变 γ_{yz}^0 和 γ_{xz}^0，作为主自由度上的位移，已被刨除。因为材料是等效单斜对称的，相应的平均应力 τ_{yz}^0 和 τ_{xz}^0 当然不出现于载荷之列。这两个面之间的旋转对称性又要求

$$u\big|_{(a,-y,z)} = -u\big|_{(-a,y,z)} \qquad u\big|_{(a,-y,z)} + u\big|_{(-a,y,z)} = 0$$

$$v\big|_{(a,-y,z)} = -v\big|_{(-a,y,z)} \quad \text{或} \quad v\big|_{(a,-y,z)} + v\big|_{(-a,y,z)} = 0 \qquad (8.98)$$

$$w\big|_{(a,-y,z)} = w\big|_{(-a,y,z)} \qquad w\big|_{(a,-y,z)} - w\big|_{(-a,y,z)} = 0$$

与式(8.97)联立，消去在 $x=-a$ 面上的位移，可得 $x=a$ 面上的边界条件为

$$u\big|_{(a,y,z)} + u\big|_{(a,-y,z)} = 2a\varepsilon_x^0$$

$$v\big|_{(a,y,z)} + v\big|_{(a,-y,z)} = 2a\gamma_{xy}^0 \quad (y>0) \qquad (8.99)$$

$$w\big|_{(a,y,z)} - w\big|_{(a,-y,z)} = 0$$

如前述对 $x=0$ 面的讨论一样，式(8.99)中 $y>0$ 的选取，仅为了保证边界条件的独立性，一经选取，$y<0$ 和 $y>0$ 分别成为各自的独立的面，它们由式(8.99)相联系。同样，作为两者的交界，直线 $x=a$、$y=0$ 成为一条棱，其上的边界条件为

$$u\big|_{(a,0,z)} = a\varepsilon_x^0$$
$$\qquad\qquad \text{(不含端点)} \qquad\qquad\qquad (8.100)$$
$$v\big|_{(a,0,z)} = a\gamma_{xy}^0$$

此新单胞的其他的表面均不受影响，其上的边界条件从式(6.56b)和式(6.56c)，考虑到当前的载荷条件，罗列如下：

对于面 $y=-b$ 和 $y=b$(不含棱)

$$u\big|_{(x,b,z)} - u\big|_{(x,-b,z)} = 0$$

$$v\big|_{(x,b,z)} - v\big|_{(x,-b,z)} = 2b\varepsilon_y^0 \qquad (8.101)$$

$$w\big|_{(x,b,z)} - w\big|_{(x,-b,z)} = 0$$

对于面 $z=-c$ 和 $z=c$(不含棱)

$$u\big|_{(x,y,c)} - u\big|_{(x,y,-c)} = 0$$

$$v\big|_{(x,y,c)} - v\big|_{(x,y,-c)} = 0 \qquad (8.102)$$

$$w\big|_{(x,y,c)} - w\big|_{(x,y,-c)} = 2c\varepsilon_z^0$$

再考虑单胞的棱(不含顶)。所有平行于 x 轴的棱都被用来减小单胞尺寸的剖分面拦腰截去了一半，在所剩部分的棱上的边界条件都不受所利用的旋转对称性的影响，刨除了与当前载荷条件不相干的两个平均剪应变之后，由式(8.101)和式(8.102)可得

$$u\big|_{(x,b,-c)} - u\big|_{(x,-b,-c)} = 0$$

$$v\big|_{(x,b,-c)} - v\big|_{(x,-b,-c)} = 2b\varepsilon_y^0$$

$$w\big|_{(x,b,-c)} - w\big|_{(x,-b,-c)} = 0$$

$$u\big|_{(x,b,c)} - u\big|_{(x,-b,-c)} = 0$$

$$v\big|_{(x,b,c)} - v\big|_{(x,-b,-c)} = 2b\varepsilon_y^0 \qquad (8.103)$$

$$w\big|_{(x,b,c)} - w\big|_{(x,-b,-c)} = 2c\varepsilon_z^0$$

$$u\big|_{(x,-b,c)} - u\big|_{(x,-b,-c)} = 0$$

$$v\big|_{(x,-b,c)} - v\big|_{(x,-b,-c)} = 0$$

$$w\big|_{(x,-b,c)} - w\big|_{(x,-b,-c)} = 2c\varepsilon_z^0$$

平行于 y 轴的 4 条棱中，有两条在 $x=0$ 的面上，另外两条在 $x=a$ 面上，它们都因旋转对称性的利用而被拦腰分成两半，上述对称性将一半变换到另一半，因此，它们之间必须分别满足式(8.95)和式(8.99)，同时，这 4 条棱还必须两两分属 $z=-c$ 和 $z=c$ 面，故又满足式(8.102)。过滤掉不独立的条件，那些在 $x=0$ 面上的棱(不含顶)上的边界条件可得为

$$u\big|_{(0,y,-c)} + u\big|_{(0,-y,-c)} = 0$$

$$v\big|_{(0,y,-c)} + v\big|_{(0,-y,-c)} = 0$$

$$w\big|_{(0,y,-c)} - w\big|_{(0,-y,-c)} = 0$$

$$u\big|_{(0,y,c)} + u\big|_{(0,-y,-c)} = 0$$

$$v\big|_{(0,y,c)} + v\big|_{(0,-y,-c)} = 0 \qquad (y>0) \qquad (8.104a)$$

$$w\big|_{(0,y,c)} - w\big|_{(0,-y,-c)} = 2c\varepsilon_z^0$$

$$u\big|_{(0,-y,c)} - u\big|_{(0,-y,-c)} = 0$$

$$v\big|_{(0,-y,c)} - v\big|_{(0,-y,-c)} = 0$$

$$w\big|_{(0,-y,c)} - w\big|_{(0,-y,-c)} = 2c\varepsilon_z^0$$

其中，$(0, y, c)$ 和 $(0, -y, -c)$ 之间的关系是从 $(0, -y, -c)$ 到 $(0, -y, c)$ 的沿 z 方向的平移和从 $(0, -y, c)$ 到 $(0, y, c)$ 关于 z 轴的旋转的组合。通过如上约束，在这四条棱中，仅剩棱 $(0, -y, -c)$ 作为独立的部分，不受约束。

同样地，在 $x=a$ 面上的棱(不含顶)上的边界条件可得为

$$u|_{(a,y,-c)} + u|_{(a,-y,-c)} = 2a\varepsilon_x^0$$

$$v|_{(a,y,-c)} + v|_{(a,-y,-c)} = 2a\gamma_{xy}^0$$

$$w|_{(a,y,-c)} - w|_{(a,-y,-c)} = 0$$

$$u|_{(a,y,c)} + u|_{(a,-y,\ c)} = 2a\varepsilon_x^0$$

$$v|_{(a,y,c)} + v|_{(a,-y,-c)} = 2a\gamma_{xy}^0 \qquad (y>0) \tag{8.104b}$$

$$w|_{(a,y,c)} - w|_{(a,-y,-c)} = 2c\varepsilon_z^0$$

$$u|_{(a,-y,c)} - u|_{(a,-y,-c)} = 0$$

$$v|_{(a,-y,c)} - v|_{(a,-y,-c)} = 0$$

$$w|_{(a,-y,c)} - w|_{(a,-y,-c)} = 2c\varepsilon_z^0$$

其中，(a, y, c)和$(a, -y, -c)$之间的关系是从$(a, -y, -c)$到$(a, -y, c)$的沿z方向的平移和从$(a, -y, c)$到(a, y, c)的复合变换的组合，在这组棱中，仅剩棱$(a, -y, -c)$作为独立的部分，不受约束。

平行于z轴的棱中有两条原封不动，位于$x=a$面上，另外两条位于由剖分所产生的新的面$x=0$上，故条件(8.95)和(8.99)分别适用于它们，同时，这 4 条棱还两两分属$y=-b$和$y=b$面，故还满足式(8.101)。这样，这些棱(不含顶)上的边界条件可得如下。

从$x=0$面上的边界条件(8.95)和$y=\pm b$两面之间的相对位移边界条件(8.101)可得

$$u|_{(0,\pm b,z)} = 0$$

$$v|_{(0,\pm b,z)} = \pm b\varepsilon_y^0 \tag{8.105a}$$

$$w|_{(0,b,z)} - w|_{(0,-b,z)} = 0$$

从$x=a$面上的边界条件(8.99)和$y=\pm b$两面之间的相对位移边界条件(8.101)可得

$$u|_{(a,\pm b,z)} = a\varepsilon_x^0$$

$$v|_{(a,\pm b,z)} = a\gamma_{xy}^0 \pm b\varepsilon_y^0 \tag{8.105b}$$

$$w|_{(a,b,z)} - w|_{(a,-b,z)} = 0$$

除了上述 4 条常规的棱之外，平行于z轴的还有两条特殊的棱，分别为$x=0$和$x=a$两面的中线，由旋转对称性的利用而引入，其上的边界条件已分别于式

(8.96)和式(8.100)给出,为完整性起见,这里还是与其他棱上的边界条件一道给出如下:

$$u\big|_{(0,0,z)} = 0$$
$$v\big|_{(0,0,z)} = 0 \qquad \text{(不含端点)} \tag{8.96 重复}$$

$$u\big|_{(a,0,z)} = a\varepsilon_x^0$$
$$v\big|_{(a,0,z)} = a\gamma_{xy}^0 \qquad \text{(不含端点)} \tag{8.100 重复}$$

顶上的边界条件还是如前那样,从面的对称性按部就班得出。从式(8.95)、式(8.101)、式(8.102)可得在 $x=0$ 面上的 4 个顶上的边界条件为

$$u\big|_{(0,\pm b,\pm c)} = 0$$
$$v\big|_{(0,-b,\pm c)} = -b\varepsilon_y^0$$
$$v\big|_{(0,b,\pm c)} = b\varepsilon_y^0$$
$$w\big|_{(0,b,-c)} - w\big|_{(0,-b,-c)} = 0 \tag{8.106a}$$
$$w\big|_{(0,b,c)} - w\big|_{(0,-b,-c)} = 2c\varepsilon_z^0$$
$$w\big|_{(0,-b,c)} - w\big|_{(0,-b,-c)} = 2c\varepsilon_z^0$$

从式(8.99)、式(8.101)、式(8.102)可得在 $x=a$ 面上的 4 个顶上的边界条件为

$$u\big|_{(a,\pm b,\pm c)} = a\varepsilon_x^0$$
$$v\big|_{(a,-b,\pm c)} = a\gamma_{xy}^0 - b\varepsilon_y^0$$
$$v\big|_{(a,b,\pm c)} = a\gamma_{xy}^0 + b\varepsilon_y^0$$
$$w\big|_{(a,b,-c)} - w\big|_{(a,-b,-c)} = 0 \tag{8.106b}$$
$$w\big|_{(a,b,c)} - w\big|_{(a,-b,-c)} = 2c\varepsilon_z^0$$
$$w\big|_{(a,-b,c)} - w\big|_{(a,-b,-c)} = 2c\varepsilon_z^0$$

而那两条特殊的棱的 4 个顶则可由式(8.106)、式(8.107)、式(8.102)得出为

$$u\big|_{(0,0,\pm c)} = 0$$
$$v\big|_{(0,0,\pm c)} = 0 \tag{8.107a}$$
$$w\big|_{(0,0,c)} - w\big|_{(0,0,-c)} = 2c\varepsilon_z^0$$

$$u|_{(a,0,\pm c)} = a\varepsilon_x^0$$

$$v|_{(a,0,\pm c)} = a\gamma_{xy}^0 \tag{8.107b}$$

$$w|_{(a,0,c)} - w|_{(a,0,-c)} = 2c\varepsilon_z^0$$

在进行有限元分析之前，除了施加上述的所有条件之外，还得补充一条对最后的一个刚体运动的自由度的约束，不失一般性，可约束如下

$$w|_{(0,0,0)} = 0 \tag{8.108}$$

上述所建立的边界条件，可以直接简化到二维的情形，只要简单地除去所有与第三维有关的项和方程即可，这时的对称性就是绕二维平面的中心的 180° 旋转。后面的载荷条件亦类似，恕不赘述。

8.3.1.2 在反对称载荷 (τ_{yz}^0、τ_{xz}^0 或它们的组合) 下的边界条件

因为材料是单斜对称性，根据对称性原理，对称的和反对称变形之间不会发生耦合，在当前的反对称载荷条件下，按表 8.4，材料中不会产生对称的平均应变，即主自由度上的位移。按照与 8.2.1.2 节类似的步骤，以及其第 2 章 2.5.2 节的结论，边界条件可导出如下。

在 $x=0$ 面(不含棱和顶)上的反对称边界条件为

$$u|_{(0,y,z)} - u|_{(0,-y,z)} = 0$$

$$v|_{(0,y,z)} - v|_{(0,-y,z)} = 0 \qquad (y>0) \tag{8.109}$$

$$w|_{(0,y,z)} + w|_{(0,-y,z)} = 0$$

在该面的中线 z 轴，即 $x=y=0$，是一特殊的边界，作为一条棱，其上的边界条件将在后面与棱一道给出。

由元胞元的 $x=-a$ 和 $x=a$ 的表面之间的平移对称性所得的相对位移边界条件 (6.56a) 和当前的旋转反对称性，可得在 $x=a$ 面(不含棱)上的边界条件为

$$u|_{(a,y,z)} - u|_{(a,-y,z)} = 0$$

$$v|_{(a,y,z)} - v|_{(a,-y,z)} = 0 \qquad (y>0) \tag{8.110}$$

$$w|_{(a,y,z)} + w|_{(a,-y,z)} = 2a\gamma_{xz}^0$$

同样，作为一特殊的棱，在直线 $x=a$、$y=0$ 上的边界条件将在后面与棱一道给出。

此新单胞的面 $y=\pm b$ 和面 $z=\pm c$(不含棱)均不受旋转对称性影响，其上的边界条件可分别从式(6.56b)和式(6.56c)，考虑到当前的载荷条件，得到如下：

$$u|_{(x,b,z)} - u|_{(x,-b,z)} = 0$$

$$v|_{(x,b,z)} - v|_{(x,-b,z)} = 0 \tag{8.111}$$

$$w|_{(x,b,z)} - w|_{(x,-b,z)} = 2b\gamma_{yz}^0$$

$$u|_{(x,y,c)} - u|_{(x,y,-c)} = 0$$

$$v|_{(x,y,c)} - v|_{(x,y,-c)} = 0 \tag{8.112}$$

$$w|_{(x,y,c)} - w|_{(x,y,-c)} = 0$$

平行于 x 轴的 4 条棱(不含顶)上的边界条件由 $y=\pm b$ 上的相对位移边界条件 (8.111)和 $z=\pm c$ 上的相对位移边界条件(8.112)联立得出为

$$u|_{(x,b,\pm c)} - u|_{(x,-b,-c)} = 0$$

$$u|_{(x,-b,c)} - u|_{(x,-b,-c)} = 0$$

$$v|_{(x,b,\pm c)} - v|_{(x,-b,-c)} = 0$$

$$v|_{(x,-b,c)} - v|_{(x,-b,-c)} = 0 \tag{8.113}$$

$$w|_{(x,-b,c)} - w|_{(x,-b,-c)} = 0$$

$$w|_{(x,b,\pm c)} - w|_{(x,-b,-c)} = 2b\gamma_{yz}^0$$

平行于 y 轴的 4 条棱(不含顶)中，在 $x=0$ 面上的两条棱，因为旋转对称性的使用而已各自被截成两段,它们需同时满足 $x=0$ 上的边界条件(8.109)和 $z=\pm c$ 上的边界条件(8.112)，故得

$$u|_{(0,y,-c)} - u|_{(0,-y,-c)} = 0$$

$$v|_{(0,y,-c)} - v|_{(0,-y,-c)} = 0$$

$$w|_{(0,y,-c)} + w|_{(0,-y,-c)} = 0$$

$$u|_{(0,y,c)} - u|_{(0,-y,-c)} = 0$$

$$v|_{(0,y,c)} - v|_{(0,-y,-c)} = 0 \qquad (y>0) \tag{8.114a}$$

$$w|_{(0,y,c)} + w|_{(0,-y,-c)} = 0$$

$$u|_{(0,-y,c)} - u|_{(0,-y,-c)} = 0$$

$$v|_{(0,-y,c)} - v|_{(0,-y,-c)} = 0$$

$$w|_{(0,-y,c)} - w|_{(0,-y,-c)} = 0$$

同样地，在 $x=a$ 面上的那两条棱，需同时满足 $x=a$ 上的边界条件(8.110)和 $z=\pm c$ 上的边界条件(8.112)，因此

$$u\big|_{(a,y,-c)} - u\big|_{(a,-y,-c)} = 0$$

$$v\big|_{(a,y,-c)} - v\big|_{(a,-y,-c)} = 0$$

$$w\big|_{(a,y,-c)} + w\big|_{(a,-y,-c)} = 2a\gamma_{xz}^0$$

$$u\big|_{(a,y,c)} - u\big|_{(a,-y,-c)} = 0$$

$$v\big|_{(a,y,c)} - v\big|_{(a,-y,\ c)} = 0 \qquad\qquad (y>0) \qquad\qquad\qquad (8.114b)$$

$$w\big|_{(a,y,c)} + w\big|_{(a,-y,-c)} = 2a\gamma_{xz}^0$$

$$u\big|_{(a,-y,c)} - u\big|_{(a,-y,-c)} = 0$$

$$v\big|_{(a,-y,c)} - v\big|_{(a,-y,-c)} = 0$$

$$w\big|_{(a,-y,c)} - w\big|_{(a,-y,-c)} = 0$$

平行于 z 轴的棱(不含顶)中的 4 条常规的棱中，在 $x=0$ 面上的两条，需同时满足 $x=0$ 上的边界条件(8.109)和 $y=\pm b$ 面之间的边界条件(8.111)，边界条件可得为

$$u\big|_{(0,b,z)} - u\big|_{(0,-b,z)} = 0$$

$$v\big|_{(0,b,z)} - v\big|_{(0,-b,z)} = 0 \qquad\qquad\qquad\qquad (8.115a)$$

$$w\big|_{(0,\pm b,z)} = \pm b\gamma_{yz}^0$$

在 $x=a$ 面上的棱，需同时满足 $x=a$ 上的边界条件(8.110)和 $y=\pm b$ 面之间的边界条件(8.111)，边界条件可得为

$$u\big|_{(a,b,z)} - u\big|_{(a,-b,z)} = 0$$

$$v\big|_{(a,b,z)} - v\big|_{(a,-b,z)} = 0 \qquad\qquad\qquad\qquad (8.115b)$$

$$w\big|_{(a,\pm b,z)} = a\gamma_{xz}^0 \pm b\gamma_{yz}^0$$

平行于 z 轴的还有两条特殊的棱，分别为面 $x=0$ 和面 $x=a$ 沿 z 轴方向的中线，即 $y=0$ 而 x 分别为 0 和 a，其上的边界条件分别为

$$w\big|_{(0,0,z)} = 0 \qquad (不含端点) \qquad\qquad\qquad\qquad (8.115c)$$

$$w\big|_{(a,0,z)} = a\gamma_{xz}^0 \qquad (不含端点) \qquad\qquad\qquad\qquad (8.115d)$$

这意味着，沿 z 方向的刚体平动已被约束，在后续的有限元分析中不能再加约束。

相应地，顶作为棱的交点，其上的边界条件，从面上的边界条件可得为

$$u\big|_{(0,b,\pm c)} - u\big|_{(0,-b,-c)} = 0$$

$$u\big|_{(0,-b,c)} - u\big|_{(0,-b,-c)} = 0$$

$$v\big|_{(0,b,\pm c)} - v\big|_{(0,-b,-c)} = 0$$

$$v\big|_{(0,-b,c)} - v\big|_{(0,-b,-c)} = 0 \tag{8.116a}$$

$$w\big|_{(0,-b,\pm c)} = -b\gamma_{yz}^0$$

$$w\big|_{(0,b,\pm c)} = b\gamma_{yz}^0$$

$$u\big|_{(a,b,\pm c)} - u\big|_{(a,-b,-c)} = 0$$

$$u\big|_{(a,-b,c)} - u\big|_{(a,-b,-c)} = 0$$

$$v\big|_{(a,b,\pm c)} - v\big|_{(a,-b,-c)} = 0$$

$$v\big|_{(a,-b,c)} - v\big|_{(a,-b,-c)} = 0 \tag{8.116b}$$

$$w\big|_{(a,b,\pm c)} = a\gamma_{xz}^0 + b\gamma_{yz}^0$$

$$w\big|_{(a,-b,\pm c)} = a\gamma_{xz}^0 - b\gamma_{yz}^0$$

$$u\big|_{(0,0,c)} - u\big|_{(0,0,-c)} = 0$$

$$v\big|_{(0,0,c)} - v\big|_{(0,0,-c)} = 0 \tag{8.116c}$$

$$w\big|_{(0,0,\pm c)} = 0$$

$$u\big|_{(a,0,c)} - u\big|_{(a,0,-c)} = 0$$

$$v\big|_{(a,0,c)} - v\big|_{(a,0,-c)} = 0 \tag{8.116d}$$

$$w\big|_{(a,0,\pm c)} = a\gamma_{xz}^0$$

在进行有限元分析之前，除了施加上述的所有条件之外，还需补充对尚剩的两个刚体平移自由度的约束，不失一般性，可约束如下

$$u\big|_{(0,0,0)} = v\big|_{(0,0,0)} = 0 \tag{8.117}$$

8.3.2 具有两个旋转对称性的情形

如果在 8.3.1 节所建立的单胞中，尚有另外一 180°的旋转对称性，不失一般性，不妨假设此对称性是关于 x 轴的，则单胞的尺寸可以再次减半。采用与 8.3.1 节相同的坐标系，以坐标平面 z 面，即 z=0 作为进一步减小单胞尺寸的剖分面，如图 8.5(a)所示。如第 3 章所论证，具有分别关于两相互垂直的轴的旋转对称性

的材料是等效正交各向异性的，在这类材料中，不出现等效正应力与等效剪应力之间的耦合，也没有等效剪应力之间的相互耦合。各相关量的对称和反对称特征列于表 8.5 中，以备后续论述之需。

表 8.5　在分别关于 z 轴和 x 轴的旋转对称变换下，作为激励的平均应力和作为响应的平均应变及位移的对称性的性质

	激励/响应	关于 z 轴的旋转	关于 x 轴的旋转
载荷条件 (平均应力)	σ_x^0、σ_y^0、σ_z^0	对称	对称
	τ_{yz}^0	反对称	对称
	τ_{xz}^0	反对称	反对称
	τ_{xy}^0	对称	反对称
主自由度上的位移 (平均应变)	ε_x^0、ε_y^0、ε_z^0	对称	对称
	γ_{yz}^0	反对称	对称
	γ_{xz}^0	反对称	反对称
	γ_{xy}^0	对称	反对称
变形 (位移)	u	反对称	对称
	v	反对称	反对称
	w	对称	反对称

参考图 8.5(a)和(b)中所示意的映射，其与图 8.4 十分类似，选择 $z \geqslant 0$ 的部分作为新的单胞，位移边界条件的推导过程也与 8.3.1 节雷同，下面简单列出相应的结果，只是此时等效正应力和各个等效剪应力必须作为单独的载荷条件，因为它们的对称特征不同。

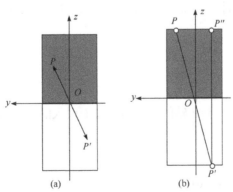

图 8.5　一个已由关于 z 轴的旋转对称性减小了尺寸的单胞(朝正 x 方向为视角的视图)中的另一个关于 x 轴旋转对称性的效果：(a)利用对称性所作的剖分和由阴影部分所示的新的单胞；(b)边界上相应点之间的映射关系

8.3.2.1 在 σ_x^0、σ_y^0、σ_z^0 及其组合载荷下的边界条件

因为等效正应力作为张量，其下标重复，按照在 8.2.1 节所介绍的下标规则，无论相对于哪种对称变换，正应力都是对称的，因此当前的载荷条件是对称的。

延续 8.3.1 节的思路，面 $x=0$ 已由关于 z 轴的旋转对称性引入，新的关于 x 轴的旋转对称性以及由之引入的 $z=0$ 的剖分面，除了减小了 $x=0$ 面的尺寸，对该面没有什么影响，当然，作为该面边界的棱，会受到不同程度的更多的约束，这在后面会单独处理。面 $x=0$(不含棱)上的边界条件为

$$u\big|_{(0,y,z)} + u\big|_{(0,-y,z)} = 0$$
$$v\big|_{(0,y,z)} + v\big|_{(0,-y,z)} = 0 \qquad (y>0) \tag{8.118a}$$
$$w\big|_{(0,y,z)} - w\big|_{(0,-y,z)} = 0$$

旋转对称性引入一特殊的平行于 z 轴的棱，即 $x=y=0$，其上的边界条件后面与其他棱一道给出。

类似地，面 $x=a$(不含棱)上的边界条件为

$$u\big|_{(a,y,z)} + u\big|_{(a,-y,z)} = 2a\varepsilon_x^0$$
$$v\big|_{(a,y,z)} + v\big|_{(a,-y,z)} = 0 \qquad (y>0) \tag{8.118b}$$
$$w\big|_{(a,y,z)} - w\big|_{(a,-y,z)} = 0$$

特殊的平行于 z 轴的棱，即 $x=a$、$y=0$，其上的边界条件将与其他棱一道给出。

面 $y=-b$ 和 $y=b$ 都得以在新的单胞中存留，只是又被新的对称性将 z 方向的长度减小了一半，其间的相对位移边界条件仍由平移对称性给出，同式(6.56b)，考虑到当前的载荷条件，可得此两面(不含棱)上的边界条件为

$$u\big|_{(x,b,z)} - u\big|_{(x,-b,z)} = 0$$
$$v\big|_{(x,b,z)} - v\big|_{(x,-b,z)} = 2b\varepsilon_y^0 \tag{8.119}$$
$$w\big|_{(x,b,z)} - w\big|_{(x,-b,z)} = 0$$

面 $z=0$ 是由新的关于 x 轴的旋转对称性而引入的一个新的面，其上(不含棱)的边界条件为

$$u\big|_{(x,y,0)} - u\big|_{(x,-y,0)} = 0$$
$$v\big|_{(x,y,0)} + v\big|_{(x,-y,0)} = 0 \qquad (y>0) \tag{8.120a}$$
$$w\big|_{(x,y,0)} + w\big|_{(x,-y,0)} = 0$$

附加的新的特殊的棱($y=z=0$)，其上的边界条件将与其他较之于 $x=0$ 的面的情形的

棱一道给出。

面 $z=c$ 的情形，与 8.3.1 节中的面 $x=a$ 类似，参见图 8.5(b)，由相应的映射关系，可得其上(不含棱)的边界条件为

$$u|_{(x,y,c)} - u|_{(x,-y,c)} = 0$$
$$v|_{(x,y,c)} + v|_{(x,-y,c)} = 0 \qquad (y>0) \tag{8.120b}$$
$$w|_{(x,y,c)} + w|_{(x,-y,c)} = 2c\varepsilon_z^0$$

附加的新的特殊的棱($y=0$、$z=c$)，其上的边界条件将与其他棱一道给出。

为了实施如上得出的 $z=0$ 和 $z=c$ 面上的边界条件，相对应的半表面上的有限元网格必须满足关于各自的面之中线(即 $y=0$、$z=0$ 和 $y=0$、$z=c$)的旋转对称性，如前所述，此旋转对称与限于面内的二维情形下的反射对称效果相同。

再来考虑单胞中的棱，平行于 x 轴的棱(不含顶)中，位于 $z=0$ 面上的棱，其边界条件可由 $z=0$ 上的边界条件(8.120a)和 $y=\pm b$ 面之间的边界条件(8.119)联立得出为

$$u|_{(x,b,0)} - u|_{(x,-b,0)} = 0$$
$$v|_{(x,\pm b,0)} = \pm b\varepsilon_y^0 \tag{8.121a}$$
$$w|_{(x,\pm b,0)} = 0$$

而位于 $z=c$ 面上的棱，其边界条件可由 $z=c$ 上的边界条件(8.120b)和 $y=\pm b$ 面之间的边界条件(8.119)联立得出为

$$u|_{(x,b,c)} - u|_{(x,-b,c)} = 0$$
$$v|_{(x,\pm b,c)} = \pm b\varepsilon_y^0 \tag{8.121b}$$
$$w|_{(x,\pm b,c)} = c\varepsilon_z^0$$

另外，还有两条特殊的棱(不含端点)，即 $y=0$、$z=0$ 和 $y=0$、$z=c$，其上的边界条件可作为 $z=0$ 面和 $z=c$ 面上的边界条件(8.120a)和(8.120b)，在 $y=0$ 的特殊情况下，分别为

$$v|_{(x,0,0)} = 0$$
$$w|_{(x,0,0)} = 0 \tag{8.122a}$$

$$v|_{(x,0,c)} = 0$$
$$w|_{(x,0,c)} = c\varepsilon_z^0 \tag{8.122b}$$

平行于 y 轴的棱(不含顶)中，位于 $x=0$ 面上的棱，其边界条件可由 $x=0$ 上的边界条件(8.118a)，分别与 $z=0$ 上的边界条件(8.120a)和 $z=c$ 上的边界条件(8.120b)

联立得出为

$$u|_{(0,y,0)} = u|_{(0,-y,0)} = 0$$

$$v|_{(0,y,0)} + v|_{(0,-y,0)} = 0 \qquad (8.123a)$$

$$w|_{(0,y,0)} = w|_{(0,-y,0)} = 0$$

$$u|_{(0,y,c)} = u|_{(0,-y,c)} = 0$$

$$v|_{(0,y,c)} + v|_{(0,-y,c)} = 0 \qquad (8.123b)$$

$$w|_{(0,y,c)} = w|_{(0,-y,c)} = c\varepsilon_z^0$$

而位于 $x=a$ 面上的棱，其边界条件可由 $x=a$ 上的边界条件(8.118b)，分别与 $z=0$ 上的边界条件(8.120a)和 $z=c$ 上的边界条件(8.120b)联立得出为

$$u|_{(a,y,c)} = u|_{(a,-y,0)} = a\varepsilon_x^0$$

$$v|_{(a,y,c)} + v|_{(a,-y,0)} = 0 \qquad (y>0) \qquad (8.124a)$$

$$w|_{(a,y,c)} = w|_{(a,-y,0)} = 0$$

$$u|_{(a,y,c)} = u|_{(a,-y,c)} = a\varepsilon_x^0$$

$$v|_{(a,y,c)} + v|_{(a,-y,c)} = 0 \qquad (y>0) \qquad (8.124b)$$

$$w|_{(a,y,c)} = w|_{(a,-y,c)} = c\varepsilon_z^0$$

平行于 z 轴的棱(不含顶)，其边界条件可由 $y=\pm b$ 上的边界条件(8.119)，分别与 $x=0$ 上的边界条件(8.118a)和 $x=a$ 上的边界条件(8.118b)联立得出为

$$u|_{(0,\pm b,z)} = 0$$

$$v|_{(0,\pm b,z)} = \pm b\varepsilon_y^0 \qquad (8.125a)$$

$$w|_{(0,b,z)} - w|_{(0,-b,z)} = 0$$

$$u|_{(a,\pm b,z)} = a\varepsilon_x^0$$

$$v|_{(a,\pm b,z)} = \pm b\varepsilon_y^0 \qquad (8.125b)$$

$$w|_{(a,b,z)} - w|_{(a,-b,z)} = 0$$

另外，还有两条特殊的棱(不含端点)，即 $x=0$、$y=0$ 和 $x=a$、$y=0$，其上的边界条件可作为 $x=0$ 面和 $x=a$ 面上的边界条件(8.118a)和(8.118b)，在 $y=0$ 的特殊情况下，分别为

$$u|_{(0,0,z)} = 0$$
$$v|_{(0,0,z)} = 0$$
(8.125c)

$$u|_{(a,0,z)} = a\varepsilon_x^0$$
$$v|_{(a,0,z)} = 0$$
(8.125d)

单胞的 8 个常规的顶,每一个都可以作为三个面的交汇,其上的边界条件可分别得出如下:

$$u|_{(0,\pm b,0)} = 0$$
$$v|_{(0,\pm b,0)} = \pm b\varepsilon_y^0$$
$$w|_{(0,\pm b,0)} = 0$$
(8.126a)

$$u|_{(a,\pm b,0)} = a\varepsilon_x^0$$
$$v|_{(a,\pm b,0)} = \pm b\varepsilon_y^0$$
$$w|_{(a,\pm b,0)} = 0$$
(8.126b)

$$u|_{(a,\pm b,c)} = a\varepsilon_x^0$$
$$v|_{(a,\pm b,c)} = \pm b\varepsilon_y^0$$
$$w|_{(a,\pm b,c)} = c\varepsilon_z^0$$
(8.126c)

$$u|_{(0,\pm b,c)} = 0$$
$$v|_{(0,\pm b,c)} = \pm b\varepsilon_y^0$$
$$w|_{(0,\pm b,c)} = c\varepsilon_z^0$$
(8.126d)

由两个旋转对称性分别引入的 4 条特殊的棱,它们在 $y=0$ 的平面内,形成一矩形框架,相应的顶也就是这一框架的角,作为框架两边的交点,相应的边界条件由联立两相交的框架两边处的边界条件得出为

$$u|_{(0,0,0)} = 0$$
$$v|_{(0,0,0)} = 0$$
$$w|_{(0,0,0)} = 0$$
(8.127a)

$$u|_{(a,0,0)} = a\varepsilon_x^0$$
$$v|_{(a,0,0)} = 0$$
$$w|_{(a,0,0)} = 0$$
(8.127b)

$$u\big|_{(a,0,c)} = a\varepsilon_x^0$$

$$v\big|_{(a,0,c)} = 0 \tag{8.127c}$$

$$w\big|_{(a,0,c)} = c\varepsilon_z^0$$

$$u\big|_{(0,0,c)} = 0$$

$$v\big|_{(0,0,c)} = 0 \tag{8.127d}$$

$$w\big|_{(0,0,c)} = c\varepsilon_z^0$$

至此可见，由于两个旋转对称性的利用，所有的刚体平动都已被约束，而刚体转动早已在利用平移对称性时就被约束。

8.3.2.2　在 τ_{yz}^0 下的边界条件

根据表 8.5，当前的载荷条件，相对于关于 z 轴的旋转变换是反对称的，利用之，如前所述，引入了 $x=0$ 面作为单胞的新的表面；而同一载荷条件，相对于关于 x 轴的旋转变换则是对称的，利用此对称性，又引入了 $z=0$ 面，作为单胞的新的表面。关于旋转反对称条件下的位移边界条件，建议读者重温第 2 章 2.5.2 节的论述。

如 8.3.2.1 节，面 $x=0$ 由关于 z 轴的旋转对称性引入，而当前的载荷条件在该旋转变换下是反对称的，因此，其上的边界条件可得为

$$u\big|_{(0,y,z)} - u\big|_{(0,-y,z)} = 0$$

$$v\big|_{(0,y,z)} - v\big|_{(0,-y,z)} = 0 \qquad (y>0) \tag{8.128a}$$

$$w\big|_{(0,y,z)} + w\big|_{(0,-y,z)} = 0$$

当然，与之伴随有一特殊的棱，由 $x=y=0$ 定义，其上的边界条件随其他的棱稍后一道给出。类似地，面 $x=a$(不含棱)上的边界条件可得为

$$u\big|_{(a,y,z)} - u\big|_{(a,-y,z)} = 0$$

$$v\big|_{(a,y,z)} - v\big|_{(a,-y,z)} = 0 \qquad (y>0) \tag{8.128b}$$

$$w\big|_{(a,y,z)} + w\big|_{(a,-y,z)} = 0$$

与之伴随的特殊的棱($x=a$、$y=0$)上的边界条件也稍后给出。

两个旋转对称性都不影响面 $y=-b$ 和 $y=b$，在当前的载荷条件，此两面(不含棱)上的边界条件为

$$u|_{(x,b,z)} - u|_{(x,-b,z)} = 0$$

$$v|_{(x,b,z)} - v|_{(x,-b,z)} = 0 \qquad\qquad\qquad (8.129)$$

$$w|_{(x,b,z)} - w|_{(x,-b,z)} = 2b\gamma_{yz}^0$$

面 $z=0$ 是由新的关于 x 轴的旋转对称性而引入的一个新的面，当前的载荷条件在该旋转变换下是对称的，其上(不含棱)的边界条件为

$$u|_{(x,y,0)} - u|_{(x,-y,0)} = 0$$

$$v|_{(x,y,0)} + v|_{(x,-y,0)} = 0 \qquad (y>0) \qquad\qquad (8.130a)$$

$$w|_{(x,y,0)} + w|_{(x,-y,0)} = 0$$

与之伴随的特殊的棱($y=z=0$)上的边界条件稍后给出。类似地，面 $z=c$ 上(不含棱)的边界条件为

$$u|_{(x,y,c)} - u|_{(x,-y,c)} = 0$$

$$v|_{(x,y,c)} + v|_{(x,-y,c)} = 0 \qquad (y>0) \qquad\qquad (8.130b)$$

$$w|_{(x,y,c)} + w|_{(x,-y,c)} = 0$$

与之伴随的特殊的棱($y=0$、$z=c$)上的边界条件稍后给出。

如前所述，为了实施如上得出的 $z=0$ 和 $z=c$ 面上的边界条件，表面的有限元网格必须具备相应的对称性。

平行于 x 轴的棱(不含顶)中，位于 $z=0$ 面上的棱，其边界条件可由 $z=0$ 上的边界条件(8.130a)和 $y=\pm b$ 面之间的边界条件(8.129)联立得出为

$$u|_{(x,b,0)} - u|_{(x,-b,0)} = 0$$

$$v|_{(x,\pm b,0)} = 0 \qquad\qquad\qquad (8.131a)$$

$$w|_{(x,\pm b,0)} = \pm b\gamma_{yz}^0$$

而位于 $z=c$ 面上的棱，其边界条件可由 $z=c$ 上的边界条件(8.130b)和 $y=\pm b$ 面之间的边界条件(8.129)联立得出为

$$u|_{(x,b,c)} - u|_{(x,-b,c)} = 0$$

$$v|_{(x,\pm b,c)} = 0 \qquad\qquad\qquad (8.131b)$$

$$w|_{(x,\pm b,c)} = \pm b\gamma_{yz}^0$$

另外，还有两条特殊的棱(不含端点)，即 $y=0$、$z=0$ 和 $y=0$、$z=c$，其上的边界条件可作为 $z=0$ 面和 $z=c$ 面上的边界条件(8.130a)和(8.130b)，在 $y=0$ 的特殊情况下，

分别为

$$v|_{(x,0,0)} = 0$$
$$w|_{(x,0,0)} = 0$$
(8.132a)

$$v|_{(x,0,c)} = 0$$
$$w|_{(x,0,c)} = 0$$
(8.132b)

平行于 y 轴的棱(不含顶)中，位于 $x=0$ 面上的棱，其边界条件可由 $x=0$ 上的边界条件(8.128a)，分别与 $z=0$ 上的边界条件(8.130a)和 $z=c$ 上的边界条件(8.130b)联立得出为

$$u|_{(0,y,0)} - u|_{(0,-y,0)} = 0$$
$$v|_{(0,y,0)} = v|_{(0,-y,0)} = 0 \qquad (y>0)$$
$$w|_{(0,y,0)} + w|_{(0,-y,0)} = 0$$
(8.133a)

$$u|_{(0,y,c)} - u|_{(0,-y,c)} = 0$$
$$v|_{(0,y,c)} = v|_{(0,-y,c)} = 0 \qquad (y>0)$$
$$w|_{(0,y,c)} + w|_{(0,-y,c)} = 0$$
(8.133b)

而位于 $x=a$ 面上的棱，其边界条件可由 $x=a$ 上的边界条件(8.128b)，分别与 $z=0$ 上的边界条件(8.130a)和 $z=c$ 上的边界条件(8.130b)联立得出为

$$u|_{(a,y,0)} - u|_{(a,-y,0)} = 0$$
$$v|_{(a,y,0)} = v|_{(a,-y,0)} = 0 \qquad (y>0)$$
$$w|_{(a,y,0)} + w|_{(a,-y,0)} = 0$$
(8.134a)

$$u|_{(a,y,c)} - u|_{(a,-y,c)} = 0$$
$$v|_{(a,y,c)} = v|_{(a,-y,c)} = 0 \qquad (y>0)$$
$$w|_{(a,y,c)} + w|_{(a,-y,c)} = 0$$
(8.134b)

平行于 z 轴的棱(不含顶)，其边界条件可由 $y=\pm b$ 面之间的边界条件(8.129)，分别与 $x=0$ 上的边界条件(8.128a)和 $x=a$ 上的边界条件(8.128b)联立得出为

$$u|_{(0,b,z)} - u|_{(0,-b,z)} = 0$$
$$v|_{(0,b,z)} - v|_{(0,-b,z)} = 0$$
$$w|_{(0,\pm b,z)} = \pm b\gamma_{yz}^{0}$$
(8.135a)

$$u\big|_{(a,b,z)} - u\big|_{(a,-b,z)} = 0$$

$$v\big|_{(a,b,z)} - v\big|_{(a,-b,z)} = 0 \tag{8.135b}$$

$$w\big|_{(a,\pm b,z)} = \pm b\gamma_{yz}^{0}$$

另外，还有两条特殊的棱(不含端点)，即 $x=0$、$y=0$ 和 $x=a$、$y=0$，其上的边界条件可作为 $x=0$ 面和 $x=a$ 面上的边界条件(8.128a)和(8.128b)，在 $y=0$ 的特殊情况下，分别得出为

$$w\big|_{(0,0,z)} = 0 \tag{8.136a}$$

$$w\big|_{(a,0,z)} = 0 \tag{8.136b}$$

单胞的 8 个常规的顶，每一个都可以作为三个面的交汇，其上的边界条件可分别得出如下：

$$u\big|_{(0,b,0)} - u\big|_{(0,-b,0)} = 0$$

$$v\big|_{(0,\pm b,0)} = 0 \tag{8.137a}$$

$$w\big|_{(0,\pm b,0)} = \pm b\gamma_{yz}^{0}$$

$$u\big|_{(a,b,0)} - u\big|_{(a,-b,0)} = 0$$

$$v\big|_{(a,\pm b,0)} = 0 \tag{8.137b}$$

$$w\big|_{(a,\pm b,0)} = \pm b\gamma_{yz}^{0}$$

$$u\big|_{(0,b,c)} - u\big|_{(0,-b,c)} = 0$$

$$v\big|_{(0,\pm b,c)} = 0 \tag{8.137c}$$

$$w\big|_{(0,\pm b,c)} = \pm b\gamma_{yz}^{0}$$

$$u\big|_{(a,b,c)} - u\big|_{(a,-b,c)} = 0$$

$$v\big|_{(a,\pm b,c)} = 0 \tag{8.137d}$$

$$w\big|_{(a,\pm b,c)} = \pm b\gamma_{yz}^{0}$$

由两个旋转对称性分别引入的 4 条特殊的棱，其端点作为特殊的顶，其上的边界条件得出为

$$v\big|_{(0,0,0)} = 0$$

$$w\big|_{(0,0,0)} = 0$$

$$v\big|_{(a,0,0)} = 0$$

$$w\big|_{(a,0,0)} = 0$$

$$v\big|_{(a,0,c)} = 0 \tag{8.138}$$

$$w\big|_{(a,0,c)} = 0$$

$$v\big|_{(0,0,c)} = 0$$

$$w\big|_{(0,0,c)} = 0$$

对于当前载荷条件下的单胞，有限元分析前尚需补充一个对刚体平移的约束

$$u\big|_{(0,0,0)} = 0 \tag{8.139}$$

8.3.2.3 在 τ_{xz}^0 下的边界条件

根据表 8.5，当前的载荷条件，相对于两个旋转对称变换都是反对称的。

面 $x=0$(不含棱)上的边界条件为

$$u\big|_{(0,y,z)} - u\big|_{(0,-y,z)} = 0$$

$$v\big|_{(0,y,z)} - v\big|_{(0,-y,z)} = 0 \qquad (y>0) \tag{8.140a}$$

$$w\big|_{(0,y,z)} + w\big|_{(0,-y,z)} = 0$$

与之伴随的是一特殊的棱($x=y=0$)，其上的边界条件稍后给出。面 $x=a$(不含棱)上的边界条件为

$$u\big|_{(a,y,z)} - u\big|_{(a,-y,z)} = 0$$

$$v\big|_{(a,y,z)} - v\big|_{(a,-y,z)} = 0 \qquad (y>0) \tag{8.140b}$$

$$w\big|_{(a,y,z)} + w\big|_{(a,-y,z)} = 2a\gamma_{xz}^0$$

与之伴随的特殊的棱($x=a$、$y=0$)上的边界条件也稍后再给出。

面 $y=-b$ 和 $y=b$(不含棱)上的边界条件为

$$u\big|_{(x,b,z)} - u\big|_{(x,-b,z)} = 0$$

$$v\big|_{(x,b,z)} - v\big|_{(x,-b,z)} = 0 \tag{8.141}$$

$$w\big|_{(x,b,z)} - w\big|_{(x,-b,z)} = 0$$

面 $z=0$(不含棱)上的边界条件为

$$u|_{(x,y,0)} + u|_{(x,-y,0)} = 0$$
$$v|_{(x,y,0)} - v|_{(x,-y,0)} = 0 \qquad (y>0) \tag{8.142a}$$
$$w|_{(x,y,0)} - w|_{(x,-y,0)} = 0$$

与之伴随的特殊的棱($y=z=0$)上的边界条件稍后给出。面 $z=c$ 上(不含棱)的边界条件为

$$u|_{(x,y,c)} + u|_{(x,-y,c)} = 0$$
$$v|_{(x,y,c)} - v|_{(x,-y,c)} = 0 \qquad (y>0) \tag{8.142b}$$
$$w|_{(x,y,c)} - w|_{(x,-y,c)} = 0$$

与之伴随的特殊的棱($y=0$、$z=c$)上的边界条件稍后给出。

平行于 x 轴的棱(不含顶)中，位于 $z=0$ 面上的棱上的边界条件为

$$u|_{(x,\pm b,0)} = 0$$
$$v|_{(x,b,0)} - v|_{(x,-b,0)} = 0 \tag{8.143a}$$
$$w|_{(x,b,0)} - w|_{(x,-b,0)} = 0$$

而位于 $z=c$ 面上的棱上的边界条件为

$$u|_{(x,\pm b,c)} = 0$$
$$v|_{(x,b,c)} - v|_{(x,-b,c)} = 0 \tag{8.143b}$$
$$w|_{(x,b,c)} - w|_{(x,-b,c)} = 0$$

还有两条特殊的棱(不含端点)，即 $y=0$、$z=0$ 和 $y=0$、$z=c$，其上的边界条件为

$$u|_{(x,0,0)} = 0 \tag{8.144a}$$
$$u|_{(x,0,c)} = 0 \tag{8.144b}$$

平行于 y 轴的棱(不含顶)中，位于 $x=0$ 面上的棱上的边界条件为

$$u|_{(0,y,0)} = u|_{(0,-y,0)} = 0$$
$$v|_{(0,y,0)} - v|_{(0,-y,0)} = 0$$
$$w|_{(0,y,0)} = w|_{(0,-y,0)} = 0 \qquad (y>0) \tag{8.145a}$$
$$u|_{(0,y,c)} = u|_{(0,-y,c)} = 0$$
$$v|_{(0,y,c)} - v|_{(0,-y,c)} = 0$$

而位于 $x=a$ 面上的棱上的边界条件为

$$u\big|_{(a,y,0)} = u\big|_{(a,-y,0)} = 0$$

$$v\big|_{(a,y,0)} - v\big|_{(a,-y,0)} = 0$$

$$w\big|_{(a,y,0)} = w\big|_{(a,-y,0)} = a\gamma_{xz}^0 \qquad (y>0) \tag{8.145b}$$

$$u\big|_{(a,y,c)} = u\big|_{(a,-y,c)} = 0$$

$$v\big|_{(a,y,c)} - v\big|_{(a,-y,c)} = 0$$

$$w\big|_{(a,y,c)} = w\big|_{(a,-y,c)} = a\gamma_{xz}^0$$

平行于 z 轴的棱(不含顶)上的边界条件为

$$u\big|_{(0,b,z)} - u\big|_{(0,-b,z)} = 0$$

$$v\big|_{(0,b,z)} - v\big|_{(0,-b,z)} = 0 \tag{8.146a}$$

$$w\big|_{(0,\pm b,z)} = 0$$

$$u\big|_{(a,b,z)} - u\big|_{(a,-b,z)} = 0$$

$$v\big|_{(a,b,z)} - v\big|_{(a,-b,z)} = 0 \tag{8.146b}$$

$$w\big|_{(a,\pm b,z)} = a\gamma_{xz}^0$$

还有两条特殊的棱(不含端点)，即 $x=0$、$y=0$ 和 $x=a$、$y=0$，其上的边界条件为

$$w\big|_{(0,0,z)} = 0 \tag{8.147a}$$

$$w\big|_{(a,0,z)} = a\gamma_{xz}^0 \tag{8.147b}$$

单胞的 8 个常规的顶上的边界条件为

$$u\big|_{(0,\pm b,0)} = 0$$

$$v\big|_{(0,b,0)} - v\big|_{(0,-b,0)} = 0 \tag{8.148a}$$

$$w\big|_{(0,\pm b,0)} = 0$$

$$u\big|_{(0,\pm b,c)} = 0$$

$$v\big|_{(0,b,c)} - v\big|_{(0,-b,c)} = 0 \tag{8.148b}$$

$$w\big|_{(0,\pm b,c)} = 0$$

$$u\big|_{(a,\pm b,0)} = 0$$

$$v\big|_{(a,b,0)} - v\big|_{(a,-b,0)} = 0 \tag{8.148c}$$

$$w\big|_{(a,\pm b,0)} = a\gamma_{xz}^0$$

$$u\big|_{(a,\pm b,c)}=0$$

$$v\big|_{(a,b,c)}-v\big|_{(a,-b,c)}=0 \tag{8.148d}$$

$$w\big|_{(a,\pm b,c)}=a\gamma_{xz}^{0}$$

作为 4 条特殊的棱的端点的顶上的边界条件为

$$u\big|_{(0,0,0)}=0$$

$$w\big|_{(0,0,0)}=0$$

$$u\big|_{(0,0,c)}=0$$

$$w\big|_{(0,0,c)}=0 \tag{8.149}$$

$$u\big|_{(a,0,c)}=0$$

$$w\big|_{(a,0,c)}=a\gamma_{xz}^{0}$$

$$u\big|_{(a,0,0)}=0$$

$$w\big|_{(a,0,0)}=a\gamma_{xz}^{0}$$

在当前载荷条件下的单胞，有限元分析前尚需补充一个对刚体平移的约束

$$v\big|_{(0,0,0)}=0 \tag{8.150}$$

8.3.2.4　在 τ_{xy}^{0} 下的边界条件

根据表 8.5，当前的载荷条件，相对于 z 轴的旋转对称变换是对称的，而相对于 x 轴的旋转对称变换是反对称的。

面 $x=0$(不含棱)上的边界条件为

$$u\big|_{(0,y,z)}+u\big|_{(0,-y,z)}=0$$

$$v\big|_{(0,y,z)}+v\big|_{(0,-y,z)}=0 \qquad (y>0) \tag{8.151a}$$

$$w\big|_{(0,y,z)}-w\big|_{(0,-y,z)}=0$$

与之伴随的是一特殊的棱($x=y=0$)，其上的边界条件稍后给出。面 $x=a$(不含棱)上的边界条件为

$$u\big|_{(a,y,z)}+u\big|_{(a,-y,z)}=0$$

$$v\big|_{(a,y,z)}+v\big|_{(a,-y,z)}=2a\gamma_{xy}^{0} \qquad (y>0) \tag{8.151b}$$

$$w\big|_{(a,y,z)}-w\big|_{(a,-y,z)}=0$$

与之伴随的特殊的棱($x=a$、$y=0$)上的边界条件稍后给出。

面 $y=-b$ 和 $y=b$(不含棱)上的边界条件为

$$u|_{(x,b,z)} - u|_{(x,-b,z)} = 0$$
$$v|_{(x,b,z)} - v|_{(x,-b,z)} = 0 \qquad\qquad (8.152)$$
$$w|_{(x,b,z)} - w|_{(x,-b,z)} = 0$$

面 $z=0$(不含棱)上的边界条件为

$$u|_{(x,y,0)} + u|_{(x,-y,0)} = 0$$
$$v|_{(x,y,0)} - v|_{(x,-y,0)} = 0 \qquad (y>0) \qquad (8.153a)$$
$$w|_{(x,y,0)} - w|_{(x,-y,0)} = 0$$

与之伴随的特殊的棱($y=z=0$)上的边界条件稍后给出。面 $z=c$ 上(不含棱)的边界条件为

$$u|_{(x,y,c)} + u|_{(x,-y,c)} = 0$$
$$v|_{(x,y,c)} - v|_{(x,-y,c)} = 0 \qquad (y>0) \qquad (8.153b)$$
$$w|_{(x,y,c)} - w|_{(x,-y,c)} = 0$$

与之伴随的特殊的棱($y=0$、$z=c$)上的边界条件稍后给出。

平行于 x 轴的棱(不含顶)中,位于 $z=0$ 面上的棱上的边界条件为

$$u|_{(x,-b,0)} + u|_{(x,-b,0)} = 0$$
$$v|_{(x,b,0)} - v|_{(x,-b,0)} = 0 \qquad\qquad (8.154a)$$
$$w|_{(x,b,0)} - w|_{(x,-b,0)} = 0$$

而位于 $z=c$ 面上的棱上的边界条件为

$$u|_{(x,b,c)} + u|_{(x,-b,c)} = 0$$
$$v|_{(x,b,c)} - v|_{(x,-b,c)} = 0 \qquad\qquad (8.154b)$$
$$w|_{(x,b,c)} - w|_{(x,-b,c)} = 0$$

还有两条特殊的棱(不含端点),即 $y=0$、$z=0$ 和 $y=0$、$z=c$,其上的边界条件为

$$u|_{(x,0,0)} = 0$$
$$u|_{(x,0,c)} = 0$$

平行于 y 轴的棱(不含顶)中,位于 $x=0$ 面上的棱上的边界条件为

$$u|_{(0,y,0)} + u|_{(0,-y,0)} = 0$$

$$v|_{(0,y,0)} = v|_{(0,-y,0)} = 0$$

$$w|_{(0,y,0)} - w|_{(0,-y,0)} = 0$$

$$u|_{(0,y,c)} + u|_{(0,-y,c)} = 0 \qquad (y>0) \qquad\qquad\qquad (8.155a)$$

$$v|_{(0,y,c)} = v|_{(0,-y,c)} = 0$$

$$w|_{(0,y,c)} - w|_{(0,-y,c)} = 0$$

而位于 $x=a$ 面上的棱上的边界条件为

$$u|_{(a,y,0)} + u|_{(a,-y,0)} = 0$$

$$v|_{(a,y,0)} = v|_{(a,-y,0)} = a\gamma_{xy}^0$$

$$w|_{(a,y,0)} - w|_{(a,-y,0)} = 0$$

$$u|_{(a,y,c)} + u|_{(a,-y,c)} = 0 \qquad (y>0) \qquad\qquad\qquad (8.155b)$$

$$v|_{(a,y,c)} = v|_{(a,-y,c)} = a\gamma_{xy}^0$$

$$w|_{(a,y,c)} - w|_{(a,-y,c)} = 0$$

平行于 z 轴的棱(不含顶)上的边界条件为

$$u|_{(0,b,z)} + u|_{(0,-b,z)} = 0$$

$$v|_{(0,\pm b,z)} = 0 \qquad\qquad\qquad\qquad\qquad (8.156a)$$

$$w|_{(0,b,z)} - w|_{(0,-b,z)} = 0$$

$$u|_{(a,b,z)} + u|_{(a,-b,z)} = 0$$

$$v|_{(a,\pm b,z)} = a\gamma_{xy}^0 \qquad\qquad\qquad\qquad\qquad (8.156b)$$

$$w|_{(a,b,z)} - w|_{(a,-b,z)} = 0$$

还有两条特殊的棱(不含端点)，即 $x=0$、$y=0$ 和 $x=a$、$y=0$，其上的边界条件为

$$u|_{(0,0,z)} = 0$$

$$v|_{(0,0,z)} = 0 \qquad\qquad\qquad\qquad\qquad (8.157a)$$

$$u|_{(a,0,z)} = 0$$

$$v|_{(a,0,z)} = a\gamma_{xy}^0 \qquad\qquad\qquad\qquad\qquad (8.157b)$$

单胞的 8 个常规的顶上的边界条件为

$$u\big|_{(0,b,0)} + u\big|_{(0,-b,0)} = 0$$

$$v\big|_{(0,\pm b,0)} = 0 \tag{8.158a}$$

$$w\big|_{(0,b,0)} - w\big|_{(0,-b,0)} = 0$$

$$u\big|_{(0,b,c)} + u\big|_{(0,-b,c)} = 0$$

$$v\big|_{(0,\pm b,c)} = 0 \tag{8.158b}$$

$$w\big|_{(0,b,c)} - w\big|_{(0,-b,c)} = 0$$

$$u\big|_{(a,b,c)} + u\big|_{(a,-b,c)} = 0$$

$$v\big|_{(a,\pm b,c)} = a\gamma_{xy}^0 \tag{8.158c}$$

$$w\big|_{(a,b,c)} - w\big|_{(a,-b,c)} = 0$$

$$u\big|_{(a,b,0)} + u\big|_{(a,-b,0)} = 0$$

$$v\big|_{(a,\pm b,0)} = a\gamma_{xy}^0 \tag{8.158d}$$

$$w\big|_{(a,b,0)} - w\big|_{(a,-b,0)} = 0$$

作为 4 条特殊的棱的端点的顶上的边界条件为

$$u\big|_{(0,0,0)} = 0$$

$$v\big|_{(0,0,0)} = 0$$

$$u\big|_{(0,0,c)} = 0$$

$$v\big|_{(0,0,c)} = 0$$

$$u\big|_{(a,0,0)} = 0 \tag{8.159}$$

$$v\big|_{(a,0,0)} = a\gamma_{xy}^0$$

$$u\big|_{(a,0,c)} = 0$$

$$v\big|_{(a,0,c)} = a\gamma_{xy}^0$$

在当前载荷条件下的单胞，有限元分析前尚需补充一个对刚体平移的约束

$$w\big|_{(0,0,0)} = 0 \tag{8.160}$$

作为旋转对称性与反射对称的差别之一，在利用了关于两个坐标平面的反射对称性之后，关于第三个坐标平面，反射对称性可能有，也可能没有，如果有，

则可以被用来进一步减小单胞的尺寸；而如果一构形具备了关于两个坐标轴的 180°的旋转对称性，则关于第三个坐标轴也一定是 180°旋转对称的。事实上，这三个旋转对称性的复合，即为一单位变换，即变换到自身，因此，不管构形或物体，关于这一复合变换都是对称的。如果已经利用了其中两个来减小单胞尺寸，关于第三个轴的旋转对称性已再无利可图。当然，这不排除关于其他轴的旋转对称性，这样的对称性如果存在，则仍可利用，这将在 8.3.3 节通过一具体例子来演示。

8.3.3　对具备更多的旋转对称性的三维四向编织复合材料的应用

纺织复合材料代表着复合材料在结构应用方面一个活跃的发展方向，在有些工业领域，由编织预制体而成型的复合材料颇受重视，其中，三维四向的编织件代表着一种预制体类型，以此为基础，可以衍生出如三维五向、六向、七向的编织预制体，因此，作为旋转对称性应用的例子，本节专门讨论适用于三维四向编织复合材料的单胞的建立。

如图 8.6(a)所示的一实体的三维四向编织复合材料单胞，一个简单化之后的示图见图 8.6(b)，其中粗实线都代表着相应的纤维束，而在上下底面的棱上黑点代表着被截断了的纤维束的边角，其更形象的实体示意可见图 8.6(a)。作为一理想化了的构形，由沿三个坐标轴方向的平移对称性可得该构形的元胞元，假设其横截面呈正方形，边长为 $2b$，其高为 $2h$。通过该示意图，引入了相应的坐标系。作为一长方体单胞，如果令 $a=b$、$c=h$，则其边界条件可直接从第 6 章的 6.4.2.2 节得出。显然，在此单胞中仍有诸多的对称性，都是旋转对称性，没有反射对称性。

首先利用关于 z 轴的旋转对称性，尺寸减半后的单胞如图 8.6(c)所示，然后再利用关于 x 轴的旋转对称性，尺寸又被减半，如图 8.6(d)所示。如果以此为单胞，则所有边界条件已如 8.3.2 节所建立。尺寸被减小到了 1/4 的单胞，其综合性能应该客观地评价一下。与元胞元相比，尺寸的确被减至 1/4，但真正的数值模型并没那么乐观，一方面，因为边界的存在，其上的自由度不能被减少，因此，总自由度数要略高于原来的 1/4；另一方面，由于大量方程形式的边界条件的引入，在单胞边界上不同位置的节点自由度之间，存在着相应的联系，这将使得经过施加边界条件约束之后的结构总体刚度矩阵的半带宽有所增加，从而增加所需的计算量。加之这时完全表征一材料需要进行四次分析，每次都是因为边界条件的不同而造成最终的结构总体刚度矩阵的不同而不得不进行独立的分析。相比之下，对于元胞元仅需一次分析，而六个载荷条件相应的是相同的刚度矩，六个载荷条件与一个载荷条件所费的计算量，其间的差别微乎其微。而且定义四组边界条件的人工也相当可观，所以综合考虑，利用两个旋转对称性将单胞的尺寸减至 1/4 虽有利可图，但相当一部分所得之利，耗费于随利而来之弊。用户应该根据具体情况，作出合理的选择。

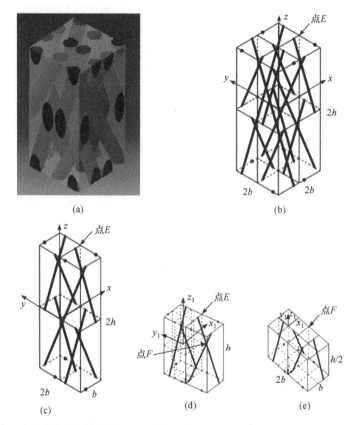

图 8.6　三维四向编织复合材料在利用了不同的对称性之后的单胞：(a)实体模型；(b)全尺寸单胞；(c)1/2 尺寸单胞；(d)1/4 尺寸单胞；(e)1/8 尺寸单胞

再观察图 8.6(d)中的单胞，其中仍有未尽的对称性，即关于 y_1 轴的 180°的旋转对称性，利用之，单胞的尺寸又可再次减半，即元胞元的 1/8，如图 8.6(e)所示，这也是能得到的、又有应用价值的最小尺寸的单胞了。这一步的对称性的利用，除了需要推导相应的边界条件的人工精力之外，有利而无弊，应该是一个何乐不为的选择。下面就来系统地建立这些边界条件。

直至 1/4 尺寸的单胞，所有推导可在同一坐标系内完成，通过适当选择坐标系原点，所有关系都可以直接以位移给出。现在的新的旋转对称性是关于 y_1 轴的，其不通过坐标系的原点，有些位移之间的关系必须在如图 8.6(d)和(e)中所示的局部坐标系 x_1-y_1-z_1 中建立，该坐标系虽然平行于原坐标系，但之间有明确的间距，特别是 y_1 轴。因为这时的旋转对称性的对称轴已经不再是原坐标系的坐标轴，而是 y_1 轴，位移本身并不具备关于此轴的旋转对称性，必须借助于关于该轴的相对位移来推导相应的边界条件，因为旋转对称性仅表现于这样的相对位移之中。

8.3.2 节所得到的 1/4 尺寸的单胞，如果令 $a=b$、$c=h$，便适用于如图 8.6(d)所示的单胞，为了利用关于 y_1 轴的旋转对称性，进一步减小单胞的尺寸，将该单胞顺 y_1 方向的侧视图勾绘于图 8.7(a)。如果按图中所示剖分，保留带阴影的一半作为新的单胞，其尺寸为元胞元的 1/8。在图 8.7(a)中，y_1 轴垂直于纸面，穿过 R 点，其位于$(b/2,b/2,h/2)$。

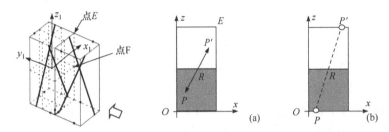

图 8.7　关于 y_1 轴(垂直于纸面，穿过 R 点)的旋转对称性(侧视图)：(a)剖分面的选择及新的单胞(阴影部分)；(b)单胞边界上的点之间的对称性映射关系

按如图 8.6(c)所示的尺寸，新的单胞所定义的区域为

$$0 \leqslant x \leqslant b, \quad -b \leqslant y \leqslant b \quad 和 \quad 0 \leqslant z \leqslant h/2 \tag{8.161}$$

考虑 1/8 尺寸的单胞中的任意一点 $P(x,y,z)$，在所讨论的关于 y_1 的对称性之下被变换到 $P'(b-x,y,h-z)$，如图 8.7(a)所示，这两点上的位移之间本来没有直接的联系，但是因为构形与载荷条件关于 y_1 轴的 180°的旋转对称性的存在，在图 8.7 中 y_1 轴投影成 R 点，P 和 P' 这两点相对于 y_1 轴的相对位移，必然按照对称性原理而如下相互联系着

$$\begin{aligned} u_{P'} - u_R &= \mp(u_P - u_R) & u_P \pm u_{P'} &= u_R \pm u_R \\ v_{P'} - v_R &= \pm(v_P - v_R) \quad 或 \quad & v_P \mp v_{P'} &= v_R \mp v_R \\ w_{P'} - w_R &= \mp(w_P - w_R) & w_P \pm w_{P'} &= w_R \pm w_R \end{aligned} \tag{8.162}$$

其中的正负号这样选取：上方的符号相应于对称的载荷条件，而下方的符号则相应于反对称载荷条件。

应该指出，在利用了关于 z 轴和 x 轴的旋转对称性之后，位移场本身已经不可能具有关于 y_1 轴的 180°的旋转对称性了，但是这不排除相对位移的对称性，这也是为什么在前面引进对称性时，总是尽可能地把坐标原点选择在对称性面或对称性轴上，以避免不必要地涉及相对位移，而现在不能不涉及了，一般地说，位移场的对称性都应该是建立在关于对称性面或对称性轴的相对位移基础之上的。

为了确定新的单胞的边界条件，需要知道 R 点处的位移，这可以通过把 P 点置于总体坐标系的原点 $O(0,0,0)$，这样，P' 点将位于 1/4 尺寸的单胞的顶部的水

平侧棱的中点，侧视图中记为 $E(b,0,h)$ 点，如图 8.7(a)所示。在对称载荷条件下

$$u_E + u_O = u_R + u_R = 2u_R \qquad\qquad u_E + u_O = 2u_R$$
$$v_E - v_O = v_R - v_R = 0 \qquad \text{或} \qquad v_E = v_O \qquad\qquad (8.163a)$$
$$w_E + w_O = w_R + w_R = 2w_R \qquad\qquad w_E + w_O = 2w_R$$

而在反对称载荷条件下

$$u_E - u_O = u_R - u_R = 0 \qquad\qquad u_E = u_O$$
$$v_E + v_O = v_R + v_R = 2v_R \qquad \text{或} \qquad v_E + v_O = 2v_R \qquad\qquad (8.163b)$$
$$w_E - w_O = w_R - w_R = 0 \qquad\qquad w_E = w_O$$

应该注意到，E 点是在 8.3.3 节中所定义的特殊的顶点之一，位于($x=a$, $y=0$, $z=c$)，该顶点处的位移可以由主自由度，即单胞中的平均应变直接给出，尽管在不同的载荷条件下，该顶点处的位移与主自由度之间关系的表达式有所不同。因为在总体坐标系的原点处位移均为零，即

$$u_O = v_O = w_O = 0 \qquad\qquad (8.164)$$

所以知道了 E 点的位移，也就可以根据载荷条件由式(8.163a)或式(8.163b)确定 R 点处相关的位移了。

在 8.3.1～8.3.2 节的一般论述中，在总体坐标的原点处约束刚体位移并非必要，事实上，如果要分析的材料是多孔材料，原点正好位于空洞内，那么在原点处便无节点可以约束，这时约束另一个节点无妨，只是原点处的位移不能为零了，即式(8.164)不再满足了。就当前的问题而言，在总体坐标的原点处约束刚体位移是必要的，这当然也不构成任何疑问，因为现在所分析的三维四向编织复合材料不会是空心的。

有了上述的准备之后，就可分别研究各载荷条件下具体的边界条件了。注意，在新的单胞中，仅有面 $z=h/2$ 是由第三个旋转对称性所引入的，该面上的边界条件需要推导，其他的面上的边界条件均可直接沿袭 8.3.2 节中相应的载荷条件的结果便可，但为完整起见，在下述 4 小节中还是一道给出。

8.3.3.1 在 σ_x^0、σ_y^0、σ_z^0 及其组合载荷下的边界条件

如前所述，当前的载荷条件总是对称的，在此之下，E 点处的位移可从利用了两个旋转对称性而导出的式(8.127c)得到，采用当前的几何尺寸参数，可表示为

$$u_E = b\varepsilon_x^0$$
$$v_E = 0 \qquad\qquad (8.165)$$
$$w_E = h\varepsilon_z^0$$

与式(8.163a)联立求解可得

$$u_R = \frac{1}{2}b\varepsilon_x^0 \quad \text{及} \quad w_R = \frac{1}{2}h\varepsilon_z^0 \tag{8.166}$$

这样，在当前的载荷条件下单胞的边界条件就可以按部就班地导出如下。

面 $z=h/2$(不含棱)是新的剖分面，如果把 P 点置于该面，参考图 8.7，由式(8.162)可得

$$
\begin{aligned}
u_P + u_{P'} &= u\big|_{(x,y,h/2)} + u\big|_{(b-x,y,h/2)} = u_R + u_R = 2u_R = b\varepsilon_x^0 \\
v_P - v_{P'} &= v\big|_{(x,y,h/2)} - v\big|_{(b-x,y,h/2)} = v_R - v_R = 0 \\
w_P + w_{P'} &= w\big|_{(x,y,h/2)} + w\big|_{(b-x,y,h/2)} = w_R + w_R = h\varepsilon_z^0
\end{aligned}
\qquad
\begin{aligned}
&0 < x < b/2 \\
&-b < y < b
\end{aligned}
\tag{8.167}
$$

显然，在 $x=b/2$ 处，式(8.167)会引入一条新的特殊的棱，其处理方法同于对此类棱的处理，此处不予赘述。

面 $z=0$(不含棱)在原 1/4 尺寸的单胞中就与其他的面无关，其上的边界条件也不因新的对称性的利用而改变，故仍如在相同的载荷条件下得出的式(8.120a)所给，按当前的几何参数，重述如下

$$
\begin{aligned}
u\big|_{(x,y,0)} - u\big|_{(x,-y,0)} &= 0 \\
v\big|_{(x,y,0)} + v\big|_{(x,-y,0)} &= 0 \qquad (0 < x < b, \ 0 < y < b) \\
w\big|_{(x,y,0)} + w\big|_{(x,-y,0)} &= 0
\end{aligned}
\tag{8.168}
$$

面 $y=\pm b$(不含棱)依旧是由平移对称性相联系着的边界，只是因为新的对称性的利用而缩短了一半，这不影响相对位移边界条件(8.119)的形式，只是施加该边界条件的区域小了些，按当前的几何参数，重述如下

$$
\begin{aligned}
u\big|_{(x,b,z)} - u\big|_{(x,-b,z)} &= 0 \\
v\big|_{(x,b,z)} - v\big|_{(x,-b,z)} &= 2b\varepsilon_y^0 \qquad (0 < x < b, \ 0 < z < h/2) \\
w\big|_{(x,b,z)} - w\big|_{(x,-b,z)} &= 0
\end{aligned}
\tag{8.169}
$$

面 $x=0$ 和 $x=b$(不含棱)也是如前所述，即由关于 $x=0$ 面的式(8.121)和关于 $x=b$ 面的式(8.123)，按当前的几何参数，重述如下

$$
\begin{aligned}
u\big|_{(0,y,z)} + u\big|_{(0,-y,z)} &= 0 \\
v\big|_{(0,y,z)} + v\big|_{(0,-y,z)} &= 0 \qquad (0 < y < b, \ 0 < z < h/2) \\
w\big|_{(0,y,z)} - w\big|_{(0,-y,z)} &= 0
\end{aligned}
\tag{8.170}
$$

$$u\big|_{(b,y,z)} + u\big|_{(b,-y,z)} = 2b\varepsilon_x^0$$

$$v\big|_{(b,y,z)} + v\big|_{(b,-y,z)} = 0 \qquad (0 < y < b, \ 0 < z < h/2) \tag{8.171}$$

$$w\big|_{(b,y,z)} - w\big|_{(b,-y,z)} = 0$$

施加如上边界条件时，不妨参考图 8.8，作为新的 1/8 尺寸的单胞的表面展开示意图，共 6 个表面，其中带阴影的 4 个表面，分别因为不同的旋转对称性的利用而各自一分为二，以图中的双点划线为界，其上的边界条件是一半面上的位移与另一半面上的位移之间的某种关系，此关系随不同的载荷条件而有所不同，而分界线将作为特殊的棱来处理。因为需要施加这些关系作为边界条件，这两半的表面网格必须对称，才能确保此类边界条件的正确施加。

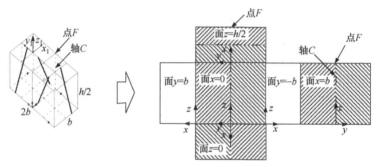

图 8.8 尺寸为元胞元 1/8 的单胞的表面展开图

为了帮助读者把图 8.8 中的展开表面与实体单胞对应起来，在图中的表面展开图中和左侧的实体单胞中标注了轴 C 的位置，轴 C 在图 8.4 的俯视图中是一个点，而点 E 则已在图 8.6(c) 和图 8.7(a) 中标注，因为它已经不在当前的单胞之中了，为了帮助理解，在图 8.8 中标注了与点 E 共处在轴 C 之上的点 F。

8.3.3.2 在 τ_{yz}^0 下的边界条件

当前的载荷条件在关于 y_1 轴的旋转变换下是反对称的，在此变换之下，E 点处的位移可从式 (8.138) 得出

$$v_E = 0 \quad \text{及} \quad w_E = 0 \tag{8.172}$$

与式 (8.163b) 联立可得

$$v_R = 0 \tag{8.173}$$

这样，单胞的边界条件就可导出如下。

面 $z=h/2$(不含棱)：

$$u\big|_{(x,y,h/2)} - u\big|_{(b-x,y,h/2)} = 0$$

$$v\big|_{(x,y,h/2)} + v\big|_{(b-x,y,h/2)} = 0 \qquad (0 < x < b/2, \ 0 < y < b) \tag{8.174}$$

$$w\big|_{(x,y,h/2)} - w\big|_{(b-x,y,h/2)} = 0$$

注意在 $x=b/2$ 处的一条新的特殊的棱。

面 $z=0$(不含棱):

$$u\big|_{(x,y,0)} - u\big|_{(x,-y,0)} = 0$$

$$v\big|_{(x,y,0)} + v\big|_{(x,-y,0)} = 0 \qquad (0 < x < b, \ 0 < y < b) \tag{8.175}$$

$$w\big|_{(x,y,0)} + w\big|_{(x,-y,0)} = 0$$

面 $y=\pm b$(不含棱):

$$u\big|_{(x,b,z)} - u\big|_{(x,-b,z)} = 0$$

$$v\big|_{(x,b,z)} - v\big|_{(x,-b,z)} = 0 \qquad (0 < x < b, \ 0 < z < h/2) \tag{8.176}$$

$$w\big|_{(x,b,z)} - w\big|_{(x,-b,z)} = 2b\gamma_{yz}^{0}$$

面 $x=0$ 和 $x=b$(不含棱):

$$u\big|_{(0,y,z)} - u\big|_{(0,-y,z)} = 0$$

$$v\big|_{(0,y,z)} - v\big|_{(0,-y,z)} = 0 \qquad (0 < y < b, \ 0 < z < h/2) \tag{8.177a}$$

$$w\big|_{(0,y,z)} + w\big|_{(0,-y,z)} = 0$$

$$u\big|_{(b,y,z)} - u\big|_{(b,-y,z)} = 0$$

$$v\big|_{(b,y,z)} - v\big|_{(b,-y,z)} = 0 \qquad (0 < y < b, \ 0 < z < h/2) \tag{8.177b}$$

$$w\big|_{(b,y,z)} + w\big|_{(b,-y,z)} = 0$$

8.3.3.3　在 τ_{xz}^{0} 下的边界条件

当前的载荷条件在关于 y_1 轴的旋转变换下是对称的,在此变换之下,E 点处的位移可从式(8.149)得出

$$u_E = 0 \quad 及 \quad w_E = b\gamma_{xz}^{0} \tag{8.178}$$

与式(8.163a)联立可得

$$u_R = 0 \quad 及 \quad w_R = \frac{1}{2}b\gamma_{xz}^{0} \tag{8.179}$$

单胞的边界条件就可导出如下。

面 $z=h/2$(不含棱):

$$u|_{(x,y,h/2)} + u|_{(b-x,y,h/2)} = 2u_R = 0$$

$$v|_{(x,y,h/2)} - v|_{(b-x,y,h/2)} = 0 \qquad (0 < x < b/2, \ -b < y < b) \qquad (8.180)$$

$$w|_{(x,y,h/2)} + w|_{(b-x,y,h/2)} = 2w_R = b\gamma_{xz}^0$$

注意在 $x=b/2$ 处的一条新的特殊的棱。

面 $z=0$(不含棱):

$$u|_{(x,y,0)} + u|_{(x,-y,0)} = 0$$

$$v|_{(x,y,0)} - v|_{(x,-y,0)} = 0 \qquad (0 < x < b, \ 0 < y < b) \qquad (8.181)$$

$$w|_{(x,y,0)} - w|_{(x,-y,0)} = 0$$

面 $y=\pm b$(不含棱):

$$u|_{(x,b,z)} - u|_{(x,-b,z)} = 0$$

$$v|_{(x,b,z)} - v|_{(x,-b,z)} = 0 \qquad (0 < x < b, \ 0 < z < h/2) \qquad (8.182)$$

$$w|_{(x,b,z)} - w|_{(x,-b,z)} = 0$$

面 $x=0$ 和 $x=b$(不含棱):

$$u|_{(0,y,z)} - u|_{(0,-y,z)} = 0$$

$$v|_{(0,y,z)} - v|_{(0,-y,z)} = 0 \qquad (0 < y < b, \ 0 < z < h/2) \qquad (8.183)$$

$$w|_{(0,y,z)} + w|_{(0,-y,z)} = 0$$

$$u|_{(b,y,z)} - u|_{(b,-y,z)} = 0$$

$$v|_{(b,y,z)} - v|_{(b,-y,z)} = 0 \qquad (0 < y < b, \ 0 < z < h/2) \qquad (8.184)$$

$$w|_{(b,y,z)} + w|_{(b,-y,z)} = 2b\gamma_{xz}^0$$

8.3.3.4　在 τ_{xy}^0 下的边界条件

当前的载荷条件在关于 y_1 轴的旋转变换下是反对称的,在此变换之下, E 点处的位移可从式(8.159)得出

$$u_E = 0 \quad 及 \quad v_E = b\gamma_{xy}^0 \qquad (8.185)$$

与式(8.179)联立可得

$$v_R = \frac{1}{2}b\gamma_{xy}^0 \tag{8.186}$$

单胞的边界条件就可导出如下。

面 $z=h/2$(不含棱):

$$u|_{(x,y,h/2)} - u|_{(b-x,y,h/2)} = u_R - u_R = 0$$

$$v|_{(x,y,h/2)} + v|_{(b-x,y,h/2)} = v_R + v_R = b\gamma_{xy}^0 \quad (0 < x < b/2, \ -b < y < b) \tag{8.187}$$

$$w|_{(x,y,h/2)} - w|_{(b-x,y,h/2)} = w_R - w_R = 0$$

注意在 $x=b/2$ 处的一条新的特殊的棱。

面 $z=0$(不含棱):

$$u|_{(x,y,0)} + u|_{(x,-y,0)} = 0$$

$$v|_{(x,y,0)} - v|_{(x,-y,0)} = 0 \quad (0 < x < b, \ 0 < y < b) \tag{8.188}$$

$$w|_{(x,y,0)} - w|_{(x,-y,0)} = 0$$

面 $y=\pm b$(不含棱):

$$u|_{(x,b,z)} - u|_{(x,-b,z)} = 0$$

$$v|_{(x,b,z)} - v|_{(x,-b,z)} = 2b\gamma_{xy}^0 \quad (0 < x < b, \ 0 < z < h/2) \tag{8.189}$$

$$w|_{(x,b,z)} - w|_{(x,-b,z)} = 0$$

面 $x=0$ 和 $x=b$(不含棱):

$$u|_{(0,y,z)} + u|_{(0,-y,z)} = 0$$

$$v|_{(0,y,z)} + v|_{(0,-y,z)} = 0 \quad (0 < y < b, \ 0 < z < h/2) \tag{8.190a}$$

$$w|_{(0,y,z)} - w|_{(0,-y,z)} = 0$$

$$u|_{(b,y,z)} + u|_{(b,-y,z)} = 0$$

$$v|_{(b,y,z)} = v|_{(b,-y,z)} = b\gamma_{xy}^0 \quad (0 < y < b, \ 0 < z < h/2) \tag{8.190b}$$

$$w|_{(b,y,z)} - w|_{(b,-y,z)} = 0$$

8.3.3.5　小结

在本节导出的单胞的尺寸是元胞元的 1/8,但就这类复合材料表征而言,其功能不变,只是平均正应力及各个平均剪应力必须分别作为独立的载荷条件来分析,因为它们对应着不同的边界条件。就此而言,这与仅考虑了两个旋转对称性而得的 1/4 尺寸的单胞相比,推导多了一个步骤,但实施起来的复杂性相同,因此除了用户示弱自己的判断力和解析推导能力,没有理由采用 1/4 尺寸的单胞而不采用 1/8 尺寸的单胞。

如上建立的单胞,所得边界条件的正确施加,要求 $y=\pm b$ 这对表面上的有限元网格,与 y 方向的平移对称性相一致;面 $x=0$ 和 $x=b$ 这两表面,要求它们网格各自关于该面上的平行于 z 轴的中线对称;面 $z=0$ 和 $z=h$ 这两表面,要求它们网格各自关于该面上的平行于 x 轴的中线对称,如图 8.8 中阴影部分的斜线所示意。

与其他所有单胞一样,得出了面上的边界条件之后,还需要建立棱上的、顶上的边界条件,过程虽然烦琐,但并无难处,因为基本考虑与前面所建立了的单胞都类似,这里就从略了,因为这对于仅希望对该问题有一了解的读者来说已足够,而对于那些希望将此单胞付诸实施的读者来说,从头到尾,工作量十分可观,而且出错的机会也太多,为了帮助这些读者,作者把已调试过了的文件整理好,读者扫描封底二维码可下载,这是一个在 Abaqus(2016)平台上分析三维四向复合材料的单胞的输入文件的模板,其中所有边界条件都已锁定,用户仅需根据自己感兴趣的问题建立单胞的几何模型、输入材料特性、划分网格并定义相应的节点集即可运行。

当然,建立恰当的几何模型并不总是一件容易的事,上述输入文件所采用的默认几何模型是一个高度理想化、简单化的模型,目的不在于模型的真实性,而在于演示边界条件的实施。有如下若干考虑,可能帮助几何模型的建立。

影响几何模型真实性的最大挑战是要保证单胞内纤维束的体积含量,如果采用规则形状的纤维束,一般很难实现有较广应用价值的纤维束体积含量,主要原因在于单胞中所包含的四根纤维束,及其分布在端面棱处的三个被截断的纤维束的碎块,一般很难摆布它们。然而,如果考虑单胞中尚存的几何对称性,则情况可以有所改善。

参考图 8.6(e),如果沿原坐标系的 y 面,将单胞分为体积相等的两部分,将其中的 $y>0$ 的那一部分,作一次绕穿过其中心的、如图 8.6(e)中的 z_1 轴的-90°(右手法则)的旋转,再作一次关于分界面($y=0$)的反射对称,则可以将其变换到 $y<0$ 的那一部分;而其中 $y>0$ 的那一部分本身,又具备关于 z_1 轴的 180°的旋转对称性,因此可将其再一分为二。如果适当选择剖分的面,一般将是一曲面,那么每一半的体积中仅含一纤维束及一个被截断的纤维束的碎块,这样几何上安排起来要容易得多,而且对纤维束形状的要求也可以宽松得多,相对来说,要得到欲实现的纤维束体积含量也要容易得多。此处唯一的挑战就是生成剖分曲面,硬性的要求仅仅是包含 z_1 轴并关于 z_1 轴 180°旋转对称,这较易满足,而要达到最佳效果的要求则是要有机地在如此的体积中安排一根完整纤维束及一个被截断的纤维束的碎块,使得所得的几何模型尽可能反映真实情况,之后便可以按照上面描述的对称性逐步复制,从而得到整个单胞的几何模型。

虽然上述描写的对称性对构造几何模型不无帮助，但它们的力学价值不高，因为载荷条件很难按它们来变换，因而不便利用它们来进一步减小单胞的尺寸。

按照同样的思路建立的适用于三维四向编织复合材料的热传导问题的单胞，作为旋转对称性在单胞中应用的例子，已发表于(Gou et al., 2015)，感兴趣的读者请查阅。

8.4　反射与旋转对称性混合的例子

8.4.1　呈六角排列构形的单胞

呈六角排列构形的例子，作为一典型的二维单胞的应用，可见于理想化了的单向纤维增强的复合材料的横截面(Li, 1999)。采用正交方向的平移对称性，可得一矩形单胞，如图 8.9(a)所示，这应该是在文献中最常见的单胞之一，其优点是，形状规则，如果对称性使用正确，同一组边界条件适用于所有载荷条件。当然，如果是凭直觉，试凑边界条件，尤其是不正确地使用反射对称性，如在第 5 章中所指出的，则不能有此优点，换言之，不同的载荷条件会需要不同的边界条件，通常因为剪切的情形没那么直观，容易出错，不恰当地建立的单胞的表现之一通常是回避剪切。

如果材料内含的组分材料(纤维)截面形状规则，譬如呈圆形，如图 8.9(a)所示，那么在由平移对称所导出的单胞内还有更多的对称性可利用。首先，该形貌明显具有关于纵横两向的中心轴的反射对称性，利用之，可将单胞的尺寸降至原来的 1/4，如图 8.9(b)所示。这也是最常见的单胞之一，但此单胞，除了它保留了一个矩形的外观之外，再无优点可列举，不管此单胞在文献中多么常见，使用它时，分析所需的努力已费尽所费，但受益未能得所当得，按科学的标准，这是资源的浪费(严济慈, 1966)。在使用了两个反射对称性之后，不同的载荷条件已不得不分别分析了，再利用更多的对称性已不会再增加分析的负担了，但可以把单胞的尺寸继续减小，何乐而不为呢？

在如图 8.9(b)所示的 1/4 尺寸的单胞中，尚存的是关于其中心 R 点的 180°旋转对称性，利用之，单胞的尺寸可减小至元胞元的 1/8，如图 8.9(c)所示。

认识到该旋转对称性之存在的另一个重要意义是统一文献中对同一个呈六角排列构形所提出过的诸多不同形状的形形色色的单胞，如在第 5 章中所列举的，它们虽然形貌迥异，但真正的差别仅在于实施该旋转对称性时剖分线的选取，因为该剖分线不唯一，对其的要求仅仅是过 R 点并关于其 180°旋转对称。正如文献(Li, 2008)意欲揭示的：貌似不同的单胞在正确的边界条件下所代表的材料可以是完全相同的；相反，貌似相同的单胞在不同的边界条件下所代表的材料可以是完

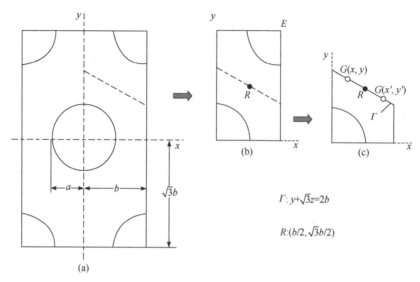

图 8.9 利用单胞中尚有的对称性减小单胞的尺寸：(a)元胞元，仅利用了正交方向的平移对称性；(b)进一步利用了反射对称性之后的 1/4 尺寸的单胞；(c)再进一步利用旋转对称性后的 1/8 尺寸的单胞

全不同的。选择不同的剖分线，就能得到那些形形色色的单胞，这样便把它们都统一了起来，再无困扰，而选择剖分线的实际考虑，应该仅仅是后续对单胞作有限元分析时网格划分的便利和质量问题。

如图 8.9(b)所示的 1/4 尺寸的单胞由额外的两个反射对称性而得，其边界条件可从 8.2.2 节简化至二维情形而得，下面着重研究关于 R 点的旋转对称性的影响，从而得到如图 8.9(c)所示的 1/8 尺寸的单胞的边界条件。首先来确定剖分线，除非纤维截面形状特异，否则，将代表纤维的两圆圆心连线之垂直平分线作为剖分线，就可以在极限纤维含量的情况下，让单胞内的子区域，仍保持着最适合有限元网格划分的格局，即仅有一个子区域是纤维，而该子区域是 1/4 圆，如图 8.9(c)所示。

因为点 R 不位于坐标系的原点，位移场本身并不具备关于 R 点的旋转对称性，但是关于 R 点的相对位移场是关于 R 点旋转对称的。因此单胞中的任意一点 P 的位移与这点在旋转对称变换下的象 P' 上的位移有如下关系，在对称载荷条件下

$$
\begin{aligned}
u_{P'} - u_R &= -(u_P - u_R) \\
v_{P'} - v_R &= -(v_P - v_R) \quad \text{或} \\
w_{P'} - w_R &= (w_P - w_R)
\end{aligned}
\qquad
\begin{aligned}
u_P + u_{P'} &= u_R + u_R = 2u_R \\
v_P + v_{P'} &= v_R + v_R = 2v_R \\
w_P - w_{P'} &= w_R - w_R = 0
\end{aligned}
\tag{8.191a}
$$

而在反对称的载荷条件下

$$
\begin{aligned}
u_{P'} - u_R &= \left(u_P - u_R\right) & u_P - u_{P'} &= u_R - u_R = 0 \\
v_{P'} - v_R &= \left(v_P - v_R\right) \quad \text{或} \quad & v_P - v_{P'} &= v_R - v_R = 0 \\
w_{P'} - w_R &= -\left(w_P - w_R\right) & w_P + w_{P'} &= w_R + w_R = 2w_R
\end{aligned} \tag{8.191b}
$$

与 8.3.3 节中考虑第三个旋转对称性时的情形一样，必须在确定了 R 点的位移之后，上述的条件才真正确定，才有可能为单胞提供所需的边界条件。为了确定 R 点的位移，把 P 点置于坐标系的原点 O，也是单胞的一个角点，这样，P' 就位于 1/4 尺寸的单胞的坐标原点的对角 E，如图 8.9(b)所示。通常，O 点的位移会因为前述的反射对称性的应用以及对单胞刚体位移的约束而均被约束，于是在对称的载荷条件下

$$
\begin{aligned}
u_E + u_O &= 2u_R & u_E &= 2u_R \\
v_E + v_O &= 2v_R \quad \text{或} \quad & v_E &= 2v_R \\
w_E - w_O &= 0 & w_E &= 0
\end{aligned} \tag{8.192a}
$$

而在反对称的载荷条件下

$$
\begin{aligned}
u_E - u_O &= 0 & u_E &= 0 \\
v_E - v_O &= 0 \quad \text{或} \quad & v_E &= 0 \\
w_E + w_O &= 2w_R & w_E &= 2w_R
\end{aligned} \tag{8.192b}
$$

换言之，如果知道了 E 点的位移，也就能得到 R 点的位移了。

经过了两个反射对称性之后，E 点的位移已经完全由单胞中的平均应变表示出来，当然，该表达式因载荷条件的不同而不同，下面分别分析之。

8.4.1.1　在 σ_x^0、σ_y^0、σ_z^0 下的边界条件

在当前的载荷条件下，所考虑的二维单胞可以在广义平面应变(Li and Lim, 2005)条件下建立，按广义平面应变的定义，面外的正应变 ε_z^0 在整个单胞中都是一个常数，假设单胞沿面外方向的厚度为单位长度，面外的位移 w 就等于 ε_z^0，因此就没有必要考虑面外位移 w 了。

当前的载荷条件是对称的，在此条件下，因为两个反射对称性的使用，参见 8.2.2.1 节，原点的面内位移一定为零。鉴于当前问题的二维特征，E 点的位移可由方程(8.32c)得出，相应于当前单胞尺寸

$$
\begin{aligned}
u_E &= b\varepsilon_x^0 \\
v_E &= \sqrt{3}b\varepsilon_y^0
\end{aligned} \tag{8.193}
$$

由式(8.192a)可得

$$u_R = \frac{1}{2}u_E = \frac{1}{2}b\varepsilon_x^0$$

$$v_R = \frac{1}{2}v_E = \frac{\sqrt{3}}{2}b\varepsilon_y^0$$

(8.194)

这样，单胞的边界条件可得出如下。

边 $x=0$(不含端点)，根据 8.2.2.1 节中的式(8.24)

$$u\big|_{(0,y)} = 0$$

(8.195)

边 $x=b$(不含端点)，从式(8.25)得

$$u\big|_{(a,y)} = b\varepsilon_x^0$$

(8.196)

边 $y=0$(不含端点)，从式(8.26)得

$$v\big|_{(x,0)} = 0$$

(8.197)

边 $x+\sqrt{3}y=2b$(不含端点和 R 点)，由关于 R 点旋转对称可得，其上的边界条件为

$$u\big|_G + u\big|_{G'} = 2u_R = b\varepsilon_x^0$$

$$v\big|_G + v\big|_{G'} = 2v_R = \sqrt{3}b\varepsilon_y^0$$

(8.198)

为了施加上述旋转对称性边界条件，该边上在 R 点的两侧，节点的布置必须对称，这在有限元网格的划分时必须注意，而边界条件是建立在两两相对的节点之间，如之前指出过的，如果采用节点集，边界条件定义在集与集之间，则在每个集中，节点要按序排列，而且必须抑制所采用的有限元软件中序号自动升阶或降阶排列的默认安排。

R 点处的边界条件已由式(8.194)给出，单胞的 4 个角点上的边界条件为

$$u\big|_{(0,0)} = v\big|_{(0,0)} = 0$$

$$u\big|_{(0,2b/\sqrt{3})} = 0$$

$$u\big|_{(b,0)} = u\big|_{(b,b/\sqrt{3})} = b\varepsilon_x^0$$

(8.199)

$$v\big|_{(0,2b/\sqrt{3})} + v\big|_{(b,b/\sqrt{3})} = \sqrt{3}b\varepsilon_y^0$$

刚体位移均已由所利用了的对称性条件而被约束了。

8.4.1.2 在 τ_{yz}^0 下的边界条件

在当前的载荷条件下，问题的控制方程是一互反(anticlastic)问题，即调和方程，如第 6 章 6.4.1 节所描述，其不涉及面内位移，唯一需要考虑的位移是面外位

移 w。在当前的载荷条件下，参见 8.2.2.2 节，因为两个反射对称性的使用，原点的面外位移 w 已被约束。由 8.2.2.2 节中的式(8.41c)，相应于当前单胞尺寸，给出 E 点的位移为

$$w_E = \sqrt{3}b\gamma_{yz}^0 \tag{8.200}$$

相对于旋转对称性，当前的载荷条件是反对称性的，式(8.192b)可得 R 点的边界条件为

$$w_R = \frac{\sqrt{3}}{2}b\gamma_{yz}^0 \tag{8.201}$$

边 $x=0$ 和 $x=b$ 所受约束，由式(8.34)给出，但式(8.34)显然不对 w 有任何约束。而从式(8.35)可得边 $y=0$(不含端点)上的边界条件为

$$w|_{(x,0)} = 0 \tag{8.202}$$

边 $x+\sqrt{3}y=2b$(不含端点和 R 点)的边界条件由式(8.191b)得出为

$$w|_G + w|_{G'} = \sqrt{3}b\gamma_{yz}^0 \tag{8.203}$$

R 点处的边界条件已由式(8.201)给出，单胞的 4 个角点上的边界条件为

$$w|_{(0,0)} = w|_{(b,0)} = 0$$
$$w|_{(0,2b/\sqrt{3})} + w|_{(b,b/\sqrt{3})} = \sqrt{3}b\gamma_{yz}^0 \tag{8.204}$$

刚体位移已通过对称性条件而被约束。

8.4.1.3 在 τ_{xz}^0 下的边界条件

当前问题的控制方程也是一调和方程，在当前的载荷条件下，E 点的位移由 8.2.2.3 节的式(8.50c)得到为

$$w_E = b\gamma_{xz}^0 \tag{8.205}$$

相对于旋转对称性，当前的载荷条件也是反对称性的，从式(8.191b)可得 R 点的边界条件为

$$w_R = \frac{1}{2}b\gamma_{yz}^0 \tag{8.206}$$

边 $x=0$ 和 $x=b$(不含端点)上的边界条件分别从式(8.43)和式(8.44)得出为

$$w|_{(0,y)} = 0$$
$$w|_{(b,y)} = b\gamma_{xz}^0 \tag{8.207}$$

而从式(8.45)可知，边 $y=0$ 不受约束。

边 $x+\sqrt{3}y=2b$ (不含端点和 R 点)的边界条件由式(8.192b)得出为

$$w|_G + w|_{G'} = b\gamma_{xz}^0 \tag{8.208}$$

R 点处的边界条件已由式(8.206)给出，单胞的 4 个角点上的边界条件为

$$
\begin{aligned}
w|_{(0,0)} &= w|_{(0,b/\sqrt{3})} = 0 \\
w|_{(b,0)} &= w|_{(b,b/\sqrt{3})} = b\gamma_{xz}^0
\end{aligned}
\tag{8.209}
$$

刚体位移已通过对称性条件而被约束。

8.4.1.4 在 τ_{xy}^0 下的边界条件

在当前的载荷条件下，所考虑的二维单胞也可以在广义平面应变(Li and Lim, 2005)条件下建立，如第 4 章 4.1.1 节所描述。

当前的载荷条件关于 R 点的旋转对称变换是对称的，在当前载荷条件下，参见 8.2.2.4 节，两个反射对称性的使用已约束了原点的面内位移。相应于当前单胞尺寸，E 点的位移可由 8.2.2.4 节的式(8.60c)得出

$$
\begin{aligned}
u_E &= 0 \\
v_E &= b\gamma_{xy}^0
\end{aligned}
\tag{8.210}
$$

从式(8.191a)可得 R 点的边界条件为

$$
\begin{aligned}
u_R &= 0 \\
v_R &= \frac{1}{2}b\gamma_{xy}^0
\end{aligned}
\tag{8.211}
$$

边 $x=0$ 和边 $x=b$(不含端点)上的边界条件，分别根据式(8.52)和式(8.53)可得

$$
\begin{aligned}
v|_{(0,y)} &= 0 \\
v|_{(b,y)} &= b\gamma_{xy}^0
\end{aligned}
\tag{8.212}
$$

边 $y=0$(不含端点)，从式(8.54)得

$$u|_{(x,0)} = 0 \tag{8.213}$$

边 $x+\sqrt{3}y=2b$ 关于 R 点旋转对称，其上(不含端点和 R 点)的边界条件由式(8.191a)可得为

$$u|_G + u|_{G'} = 0$$

$$v|_G + v|_{G'} = b\gamma_{xy}^0 \tag{8.214}$$

R 点处的边界条件已由式(8.211)给出，单胞的 4 个角点上的边界条件为

$$u|_{(0,0)} = v|_{(0,0)} = 0$$

$$v|_{(0,2b/\sqrt{3})} = 0$$

$$u|_{(b,0)} = 0 \tag{8.215}$$

$$v|_{(b,b/\sqrt{3})} = b\gamma_{xy}^0$$

$$u|_{(0,2b/\sqrt{3})} + u|_{(b,b/\sqrt{3})} = 0$$

刚体位移均通过对称性条件而被约束。

8.4.2　平纹纺织复合材料

利用复合的多重对称性的另一个例子是平纹纺织复合材料的单胞，如图 8.10(a)所示。仅仅利用平移对称性，可得一正方形元胞元，由图 8.10(a)中的最大的方框所示，如果用户希望就此打住，那么第 6 章中所建立的相应的单胞足矣。当然，利用尚有的反射对称性，单胞的尺寸可降至原来的 1/4，如图 8.10(a)中的蓝色方框所示。如果再进一步利用其中仍然存在的分别关于水平和垂直两轴，即 H 轴、G 轴的 180°旋转对称性，则单胞的尺寸遂降至原尺寸的 1/16，如图 8.10(b)中的红色方框所示，其计算效率的诱惑力对任何一位追求完美的用户来说都是无法抗拒的。当然，由于利用了反射对称性和旋转对称性，不同的载荷条件将对应着不同的边界条件，不过至多 4 组不同的边界条件，因而 4 次分析而已，这在利用了两个反射对称性之后，已经是如此了，在这个意义上说，进一步利用两对旋转对称性，净赚不赔，唯一的付出仅仅是边界条件的推导，如果是因为边界条件推导的复杂性而放弃这两个旋转对称性的利用，那等同因噎废食。本节便系统地推导这 4 组边界条件，除了上述的对称性之外，此处人为地添加了沿厚度方向的平移对称性，作为工程材料，平纹纺织复合材料使用时不会仅此一层，一般地，会是多层的堆砌，形成一层合结构，因此，可以假设沿此层合结构的厚度方向，每层都为一周期。

利用了两个反射对称性所得的单胞已在本章的 8.2.2 节完全建立，下面的挑战是要进一步利用两个旋转对称，将尺寸又一次减小到 1/4 之后，再建立单胞，并得出单胞的边界条件。

下面将遵循一条建立该单胞边界条件最不易混淆的途径，但这仍然是足够混淆的，因此请读者蓄足耐心。这就是把几何上显然是一个六面体的单胞在拓扑上

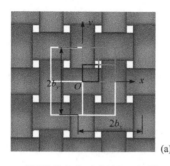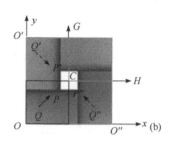

图 8.10　(a) 对平纹纺织复合材料逐个利用对称性所得出的不同尺寸的单胞；(b) 在一个已经利用了反射对称性把尺寸减小到了元胞元 1/4 尺寸的单胞中还存在的旋转对称性(彩图请扫描封底二维码)

视作一个八面体，如图 8.11 所示，其中的正面与右侧面由坐标平面 z 面各一分为二，而每两半之间的交线则作为特殊的棱，这样该单胞共有 17 条棱。在图 8.11 中这些棱分别用罗马数字予以标记，从〈Ⅰ〉到〈XX〉，中间跳过了〈Ⅸ〉、〈Ⅻ〉、〈ⅩⅦ〉，以便让棱的编号与其方位能有一定的联系。同样，顶点的编号从 1 至 12，但跳过了 9，这样，共有 11 个顶，其中顶 11 相应于图 8.10(b)中的 C 点，即尺寸为元胞元 1/4 的单胞的中心，后面会看到，这一点有点特别。

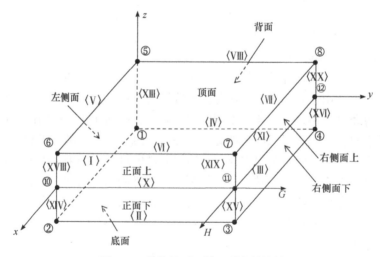

图 8.11　单胞的面、棱、顶点的编号

不妨假设元胞元沿经向和纬向的边长分别为 $2b_x$ 和 $2b_y$，其相应于层合结构中的一层，厚度为 $2b_z$，充分利用了反射和旋转对称性后，单胞的尺寸分别降至 $b_x/2$、$2b_y/2$、$2b_z$。

　　因为 H 轴、G 轴不是坐标轴，C 点也不是坐标系的原点，位移场本身并不具备关于 H 轴、G 轴的旋转对称性，但是任意两点 P 和 Q 之间的相对位移，与这两点在旋转对称变换下的象 P' 和 Q' 之间的相对位移，关于同一旋转变换，具有对称性。如果载荷关于同一旋转变换是对称的，相对位移则是对称的；如果载荷是反对称的，则相对位移便是反对称的。

　　由关于 H 轴的旋转对称性，在对称载荷条件下

$$u_P - u_Q = u_{P'} - u_{Q'}$$
$$v_P - v_Q = -\left(v_{P'} - v_{Q'}\right) \tag{8.216a}$$
$$w_P - w_Q = -\left(w_{P'} - w_{Q'}\right)$$

而在反对称的载荷条件下

$$u_P - u_Q = -\left(u_{P'} - u_{Q'}\right)$$
$$v_P - v_Q = v_{P'} - v_{Q'} \tag{8.216b}$$
$$w_P - w_Q = w_{P'} - w_{Q'}$$

　　由关于 G 轴的旋转对称变换，P 和 Q 的象记为 P'' 和 Q''，在对称载荷条件下

$$u_P - u_Q = -\left(u_{P''} - u_{Q''}\right)$$
$$v_P - v_Q = v_{P''} - v_{Q''} \tag{8.217a}$$
$$w_P - w_Q = -\left(w_{P''} - w_{Q''}\right)$$

而在反对称的载荷条件下

$$u_P - u_Q = u_{P''} - u_{Q''}$$
$$v_P - v_Q = -\left(v_{P''} - v_{Q''}\right) \tag{8.217b}$$
$$w_P - w_Q = w_{P''} - w_{Q''}$$

　　如果把 Q 置于 C 点，则 $Q = Q' = Q'' = C$。于是，在对称载荷条件下

$$
\begin{aligned}
u_P - u_{P'} &= 0 & u_P + u_{P''} &= 2u_C \\
v_P + v_{P'} &= 2v_C \quad \text{（关于 } H\text{）} & v_P - v_{P''} &= 0 \quad \text{（关于 } G\text{）} \\
w_P + w_{P'} &= 2w_C & w_P - w_{P''} &= 2w_C
\end{aligned}
\tag{8.218a}
$$

而在反对称的载荷条件下

$$
\begin{aligned}
u_P + u_{P'} &= 2u_C & u_P - u_{P''} &= 0 \\
v_P - v_{P'} &= 0 \quad \text{（关于 } H\text{）} & v_P + v_{P''} &= 2v_C \quad \text{（关于 } G\text{）} \\
w_P - w_{P'} &= 0 & w_P - w_{P''} &= 0
\end{aligned}
\tag{8.218b}
$$

其中的 C 点就是顶点 11，也即轴 G 和轴 H 的交点。这个顶点与 8.3.2 节中的 R 点相似，差别是，在那里，R 点的位移总可以被确定，因为可以找到两个已知位移的点，而这两个点又通过旋转对称性相联系着，而顶点 11 上有的位移不总能被事先确定，必须在对单胞的分析完成之后，作为解的一部分才能知道，因此这些未知的位移，应作为单胞中的自由度的一部分，不受约束，尽管由其他自由度可能通过一定的边界条件与之联系着。

再把 P 置于 O 点，则 $P' = O'$、$P'' = O''$，于是，在 C 点的位移可按旋转对称性和载荷条件得出如下。

在对称载荷条件下

$$v_C = \frac{1}{2}v_{O'} \qquad\qquad u_C = \frac{1}{2}u_{O''}$$
$$\text{（关于 } H\text{）} \qquad\qquad\qquad \text{（关于 } G\text{）} \qquad\qquad\qquad (8.219\text{a})$$
$$w_C = \frac{1}{2}w_{O'} \qquad\qquad w_C = \frac{1}{2}w_{O''}$$

在反对称的载荷条件下

$$u_C = \frac{1}{2}u_{O'} \quad \text{（关于 } H\text{）} \qquad v_C = \frac{1}{2}v_{O'} \quad \text{（关于 } G\text{）} \tag{8.219b}$$

而上述在 O' 和 O'' 点处的部分位移分量，已从关于 x 和 y 两坐标面的反射对称性以及相应的在反射对称性下载荷条件的对称或反对称性，在 8.2.2 节中分别由单胞中的平均应变得出，未提及的部分位移分量，如在对称载荷条件下与关于 H 旋转对称性相关的 u_{11}，则不受约束，是自由的、未知的，是分析结果的一部分。

8.4.2.1 在 σ_x^0、σ_y^0、σ_z^0 及其组合载荷下的边界条件

在当前的载荷条件下，由两个分别关于 x 和 y 两坐标面的反射对称变换，按8.2.2.1 节，(8.219)成为

$$v_{O'} = b_y\varepsilon_y^0 \quad \text{故} \quad v_C = \frac{1}{2}b_y\varepsilon_y^0 \quad \text{（关于 } H\text{）}$$

$$u_{O''} = b_x\varepsilon_x^0 \quad \text{故} \quad u_C = \frac{1}{2}b_x\varepsilon_x^0 \quad \text{（关于 } G\text{）} \tag{8.220}$$

而关于 x 和 y 两坐标面的反射对称都不对 w 有任何约束。

当前的载荷条件关于所讨论的两个旋转对称变换都是对称的。

面 $x=0$ 不受关于轴 G 和轴 H(图 8.11)的旋转对称性的影响，因此，其上的边界条件由之前的反射对称性得出，同式(8.24)：

$$u\big|_{x=0} = 0 \tag{8.221}$$

在面 $x=b_x/2$ 上的边界条件，采用关于 1/4 尺寸单胞的中心点 C 的相对位移，该中心点 C 即特殊的顶点 11，见图 8.10(b)，由关于 G 轴的旋转对称性由式(8.218a)、式(8.220)得出

$$u\big|_{\left(\frac{1}{2}b_x, y, z\right)} + u\big|_{\left(\frac{1}{2}b_x, y, -z\right)} = 2u_C = b_x \varepsilon_x^0$$

$$v\big|_{\left(\frac{1}{2}b_x, y, z\right)} - v\big|_{\left(\frac{1}{2}b_x, y, -z\right)} = 0 \qquad (z>0) \tag{8.222}$$

$$w\big|_{\left(\frac{1}{2}b_x, y, z\right)} + w\big|_{\left(\frac{1}{2}b_x, y, -z\right)} = 2w_C = 2w_{11}$$

在 $x=b_x/2$ 面上的位移 w，都通过式(8.222)与顶点 11 处的 w 位移联系着，作为这个面上的边界条件的一部分，尽管顶点 11 处的 w 位移是未知的。

在 $y=0$ 面上，边界条件仍由之前的反射对称性得出，如式(8.26)

$$v\big|_{(x,0,z)} = 0 \tag{8.223}$$

在面 $y=b_y/2$ 上的边界条件，由关于 H 轴的旋转对称性由式(8.218a)、式(8.220)得出

$$u\big|_{\left(x, \frac{1}{2}b_y, z\right)} - u\big|_{\left(x, \frac{1}{2}b_y, -z\right)} = 0$$

$$v\big|_{\left(x, \frac{1}{2}b_y, z\right)} + v\big|_{\left(x, \frac{1}{2}b_y, -z\right)} = 2v_C = b_y \varepsilon_y^0 \qquad (z>0) \tag{8.224}$$

$$w\big|_{\left(x, \frac{1}{2}b_y, z\right)} + w\big|_{\left(x, \frac{1}{2}b_y, -z\right)} = 2w_C = 2w_{11}$$

单胞的上下表面 $z=b_z$ 及 $z=-b_z$，则由从平移对称性而得的相对位移边界条件给出如下

$$u\big|_{z=b_z} - u\big|_{z=-b_z} = 0$$

$$v\big|_{(x,y,b_z)} - v\big|_{(x,y,-b_z)} = 0 \tag{8.225}$$

$$w\big|_{(x,y,b_z)} - w\big|_{(x,y,-b_z)} = 2b_z \varepsilon_z^0$$

8.4.2.2　在 τ_{yz}^0 下的边界条件

当前的载荷条件关于绕 H 轴的旋转对称变换是对称的，而关于绕 G 轴的旋转对称变换则是反对称的。

面 $x=0$ 不受关于轴 G 和轴 H 旋转对称性的影响，因此，其上的边界条件由之前的反射对称性得出，如式(8.34)：

$$u\big|_{(0,y,z)} = 0 \tag{8.226}$$

在面 $x=b_x/2$ 上的边界条件，由关于 G 轴的旋转反对称性，即式(8.218b)得出

$$u\big|_{\left(\frac{1}{2}b_x,y,z\right)} - u\big|_{\left(\frac{1}{2}b_x,y,-z\right)} = 0$$
$$v\big|_{\left(\frac{1}{2}b_x,y,z\right)} + v\big|_{\left(\frac{1}{2}b_x,y,-z\right)} = 2v_C = 2v_{11} \quad (z>0) \tag{8.227}$$
$$w\big|_{\left(\frac{1}{2}b_x,y,z\right)} - w\big|_{\left(\frac{1}{2}b_x,y,-z\right)} = 0$$

在 $y=0$ 面上，边界条件仍由之前的反射对称性得出，如式(8.35)

$$u\big|_{(x,0,z)} = w\big|_{(x,0,z)} = 0 \tag{8.228}$$

在面 $y=b_y/2$ 上的边界条件，由关于 H 轴的旋转对称性，即式(8.218a)得出

$$u\big|_{\left(x,\,y=\frac{1}{2}b_y,z\right)} - u\big|_{\left(x,\,y=\frac{1}{2}b_y,-z\right)} = 0$$
$$v\big|_{\left(x,\,y=\frac{1}{2}b_y,z\right)} + v\big|_{\left(x,\,y=\frac{1}{2}b_y,-z\right)} = 2v_C = 2v_{11} \quad (z>0) \tag{8.229}$$
$$w\big|_{\left(x,\,y=\frac{1}{2}b_y,z\right)} + w\big|_{\left(x,\,y=\frac{1}{2}b_y,-z\right)} = 2w_C = b_y\gamma_{yz}^0$$

单胞的上下表面 $z=b_z$ 及 $z=-b_z$，相对位移边界条件为

$$u\big|_{(x,y,b_z)} - u\big|_{(x,y,-b_z)} = 0$$
$$v\big|_{(x,y,b_z)} - v\big|_{(x,y,-b_z)} = 0 \tag{8.230}$$
$$w\big|_{(x,y,b_z)} - w\big|_{(x,y,-b_z)} = 0$$

8.4.2.3 在 τ_{xz}^0 下的边界条件

当前的载荷条件关于绕 H 轴的旋转对称变换是反对称的，而关于绕 G 轴的旋转对称变换则是对称的。

面 $x=0$ 上的边界条件，如式(8.43)：

$$v\big|_{(0,y,z)} = w\big|_{(0,y,z)} = 0 \tag{8.231}$$

在面 $x=b_x/2$ 上的边界条件，由关于 G 轴的旋转对称性，即由式(8.218a)得出

$$u\Big|_{\left(\frac{1}{2}b_x,y,z\right)} + u\Big|_{\left(\frac{1}{2}b_x,y,-z\right)} = 2u_C = 2u_{11}$$

$$v\Big|_{\left(\frac{1}{2}b_x,y,z\right)} - v\Big|_{\left(\frac{1}{2}b_x,y,-z\right)} = 0 \qquad\qquad (z>0) \qquad\qquad (8.232)$$

$$w\Big|_{\left(\frac{1}{2}b_x,y,z\right)} + w\Big|_{\left(\frac{1}{2}b_x,y,-z\right)} = 2w_C = b_x\gamma_{xz}^0$$

在 $y=0$ 面上，如式(8.45)

$$v\big|_{(x,0,z)} = 0 \qquad\qquad (8.233)$$

在面 $y=b_y/2$ 上的边界条件，由关于 H 轴的反旋转对称性，即式(8.218b)得出

$$u\Big|_{\left(x,\frac{1}{2}b_y,z\right)} + u\Big|_{\left(x,\frac{1}{2}b_y,-z\right)} = 2u_C = 2u_{11}$$

$$v\Big|_{\left(x,\frac{1}{2}b_y,z\right)} - v\Big|_{\left(x,\frac{1}{2}b_y,-z\right)} = 0 \qquad\qquad (z>0) \qquad\qquad (8.234)$$

$$w\Big|_{\left(x,\frac{1}{2}b_y,z\right)} - w\Big|_{\left(x,\frac{1}{2}b_y,-z\right)} = 0$$

单胞的上下表面 $z=b_z$ 及 $z=-b_z$，相对位移边界条件为

$$u\big|_{(x,y,b_z)} - u\big|_{(x,y,-b_z)} = 0$$

$$v\big|_{(x,y,b_z)} - v\big|_{(x,y,-b_z)} = 0 \qquad\qquad (8.235)$$

$$w\big|_{(x,y,b_z)} - w\big|_{(x,y,-b_z)} = 0$$

8.4.2.4　在 τ_{xy}^0 下的边界条件

当前的载荷条件关于绕 H 轴和 G 轴的旋转对称变换都是反对称的。

面 $x=0$ 上的边界条件，如式(8.52)：

$$v\big|_{(0,y,z)} = w\big|_{(0,y,z)} = 0 \qquad\qquad (8.236)$$

在面 $x=b_x/2$ 上的边界条件，由关于 G 轴的旋转对称性，即由式(8.218b)得出

$$u\Big|_{\left(\frac{1}{2}b_x,y,z\right)} - u\Big|_{\left(\frac{1}{2}b_x,y,-z\right)} = 0$$

$$v\Big|_{\left(\frac{1}{2}b_x,y,z\right)} + v\Big|_{\left(\frac{1}{2}b_x,y,-z\right)} = 2v_C = b_x\gamma_{xy}^0 \qquad (z>0) \qquad\qquad (8.237)$$

$$w\Big|_{\left(\frac{1}{2}b_x,y,z\right)} - w\Big|_{\left(\frac{1}{2}b_x,y,-z\right)} = 0$$

在 $y=0$ 面上，如式(8.54)

$$u\big|_{(x,0,z)} = w\big|_{(x,0,z)} = 0 \qquad\qquad (8.238)$$

在面 $y=b_y/2$ 上的边界条件，由关于 H 轴的旋转对称性，即由式(8.218b)得出

$$u\big|_{\left(x,\frac{1}{2}b_y,z\right)} + u\big|_{\left(x,\frac{1}{2}b_y,-z\right)} = 2u_C = 2u_{11}$$

$$v\big|_{\left(x,\frac{1}{2}b_y,z\right)} - v\big|_{\left(x,\frac{1}{2}b_y,-z\right)} = 0 \qquad (z>0) \tag{8.239}$$

$$w\big|_{\left(x,\frac{1}{2}b_y,z\right)} - w\big|_{\left(x,\frac{1}{2}b_y,-z\right)} = 0$$

单胞的上下表面 $z=b_z$ 及 $z=-b_z$，相对位移边界条件为

$$u\big|_{(x,y,b_z)} - u\big|_{(x,y,-b_z)} = 0$$

$$v\big|_{(x,y,b_z)} - v\big|_{(x,y,-b_z)} = 0 \tag{8.240}$$

$$w\big|_{(x,y,b_z)} - w\big|_{(x,y,-b_z)} = 0$$

上述的边界条件纯粹地由问题本身所具备的各种不同的对称性得出，除了逻辑的数学推导，没有任何人为的造作，如果刚体平动的自由度也适当地约束了的话，这些边界条件对于单胞在相应的载荷条件下的分析来说是充分的。

因为在棱和顶上会有不独立的约束，在这个意义上，上述边界条件的必要性不无折扣。要得到充分而又必要的边界条件的方法，前面已再三经历过，即从面上刨除棱，从棱上刨除顶，然后棱上和顶上的边界条件按其间的对称关系独立地建立。对当前的单胞，这一过程此处从略，具体细节、推导可见于文献(Li et al., 2011)。一般读者了解原理足矣；而对希望能将此单胞付诸实施的读者来说，从公式到实现之间还是有一段艰辛的历程。出于此考虑，这些细节的内容还是通过一模板以 Abaqus 的输入文件的格式作为本书的电子附件，提供给这类读者，扫描封底二维码可下载。

8.5 中心对称性

在前述的图谋单胞中尚有的反射或旋转对称性以减小单尺寸之利的同时，用户不得不接受其弊端，即不同的载荷条件对应不同的边界条件，因而需要进行多次的分析，这是因为这些对称性，仅存在于位移、应力、应变的部分分量之中，还有在作为载荷的平均应力以及作为主自由度的平均应变的部分分量之中，典型地，如正应力，各分量都是对称的；而对于其余的分量，如有些剪应力，则不得不借助于反对称的概念来处理。在反射或旋转对称变换下，位移、应力、应变、平均应力的分量都被分成相互排斥的对称的和反对称的两部分，如果要利用其中任一对称性，则对称的部分和反对称的部分必须分别处理，因为它们各自对应着不同的边界条件，故需要不同的分析，这当然也排除了出于特殊需求而给单胞施加一般的复合载荷的可能性，即同时含有对称的成分和反对称的成分。一定程度

上，用户的选择是在两难之间，全尺寸的元胞元，则一组边界条件搞定；减小了尺寸的单胞，不同的载荷条件有不同的边界条件。本节要介绍的是一个能在一定程度上兼得鱼和熊掌的执中(Li and Zou, 2011)。

具有中心对称性的物体生活中常见，如足球、篮球表面的图案，很多晶体、织物等，通常这些物体或构形还具有其他的对称性，如反射或旋转，致使其中所存在的中心对称不容易受关注。一个简单而又富有特征的具有中心对称性的形状是所谓的三斜(triclinic)晶体(Nye, 1985)，如图 8.12 所示，其由三对平行的平面组成，对与对之间一般不正交，而沿三个方向的边长一般各不相同。在这一几何形状中，中心对称是唯一存在的对称性。当然，这一对称性在正交的长方体中也存在，但这时其他的更显然的对称性容易被关注而忽视中心对称性。

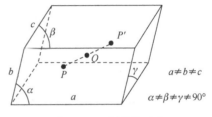

图 8.12 三斜晶体示意

解析描述的话，不妨将中心对称性(central reflection，严格讲应该叫中心反射对称性)记作 CR，其由如下映射定义

$$CR: \quad P \quad \rightarrow \quad P' \tag{8.241}$$

其中 P 是物体中的任意一点，坐标为 (x, y, z)，P' 为 P 在 CR 映射下的象，坐标为 (x', y', z')，记中心对称的中心点为 O，其坐标为 (x_0, y_0, z_0)，则映射前后的坐标之间有如下关系

$$(x' - x_0, y' - y_0, z' - z_0) = -(x - x_0, y - y_0, z - z_0)$$

或

$$(x', y', z') = (2x_0 - x, 2y_0 - y, 2z_0 - z) \tag{8.242}$$

显然，一个中心对称可以从一个关于过中心 O 的任一平面的反射对称 Σ_A^O 和关于垂直于该平面且过 O 点的轴的一个 $180°$ 的旋转对称 C_A^2 复合而得。因此，单纯地就对称性定义来说，中心对称不具备独立性。然而，因为有像三斜晶体那样仅仅具有这样复合的对称性，而不具备任何单一的反射或旋转对称性的物体或构形的存在，保留中心对称的描述还是值得的。特别地，在该对称变换下，应力、应变的任一分量都不改变方向，因此，如果用平均应力来描述的单胞载荷条件和用平均应变来描述的单胞的变形状态，任一分量都是对称的，没有需要用到反对称的概念的地方。因此，如果在一个由平移对称性所建立的单胞中，如还存在一个中心对称，那么利用这个中心对称性即可将单胞的尺寸减半，而所有载荷条件，又都可以在同一组边界条件下来分析。

所有的应力、应变在中心对称变换下保持它们的方向这一特征十分重要，作为记号，以应变场和描述宏观变形的平均应变为例，这一变换可表示为

$$\text{CR}: \left. \left(\varepsilon_x, \varepsilon_y, \varepsilon_z, \gamma_{yz}, \gamma_{xz}, \gamma_{xy} \right) \right|_P \rightarrow \left. \left(\varepsilon_x, \varepsilon_y, \varepsilon_z, \gamma_{yz}, \gamma_{xz}, \gamma_{xy} \right) \right|_{P'} \tag{8.243a}$$

$$\text{CR}: \left(\varepsilon_x^0, \varepsilon_y^0, \varepsilon_z^0, \gamma_{yz}^0, \gamma_{xz}^0, \gamma_{xy}^0 \right) \rightarrow \left(\varepsilon_x^0, \varepsilon_y^0, \varepsilon_z^0, \gamma_{yz}^0, \gamma_{xz}^0, \gamma_{xy}^0 \right) \tag{8.243b}$$

其中，$\left(\varepsilon_x, \varepsilon_y, \varepsilon_z, \gamma_{yz}, \gamma_{xz}, \gamma_{xy} \right)$ 是应变场，譬如是在一单胞里面的，$\left(\varepsilon_x^0, \varepsilon_y^0, \varepsilon_z^0, \gamma_{yz}^0, \gamma_{xz}^0, \gamma_{xy}^0 \right)$ 是应变场的体积平均，而组成这一中心对称的反射对称和旋转对称相应地按如下给出

$$\Sigma_x^O: \left(\varepsilon_x^0, \varepsilon_y^0, \varepsilon_z^0, \gamma_{yz}^0, \gamma_{xz}^0, \gamma_{xy}^0 \right) \rightarrow \left(\varepsilon_x^0, \varepsilon_y^0, \varepsilon_z^0, \gamma_{yz}^0, -\gamma_{xz}^0, -\gamma_{xy}^0 \right) \tag{8.244a}$$

$$C_x^2: \left(\varepsilon_x^0, \varepsilon_y^0, \varepsilon_z^0, \gamma_{yz}^0, \gamma_{xz}^0, \gamma_{xy}^0 \right) \rightarrow \left(\varepsilon_x^0, \varepsilon_y^0, \varepsilon_z^0, \gamma_{yz}^0, -\gamma_{xz}^0, -\gamma_{xy}^0 \right) \tag{8.244b}$$

当上述的 Σ_x^O 和 C_x^2 被先后施加之后，那两个改变符号的剪应变将又变回来，而且这还与顺序无关，两对称性复合的结果就是中心对称(8.243)。

上述的变换同样适用于应力场和平均应力，如图 8.13 所示。中心反射对称变换不会改变应力的任何一个分量的方向，同样也不会改变所示立方体任一表面上的外法线的方向。按照弹性力学中关于面力的定义，面力可由应力张量和所考虑的面上的单位外法线矢量完全确定，因此，中心反射对称变换也不会改变边界上的面力，尽管由第 7 章的结论已知，单胞的有限元分析不需要面力边界条件(Li, 2012)。可见，就应力、应变、面力而言，在中心反射对称变换下，反对称的情形完全不出现，这就直接打破了前述的两难境地。显然，这不是由反射对称或者旋转对称单独可以实现的，这样，如果具备这一对称性，则单胞的尺寸可以减半，但是除了边界条件看上去复杂了一点，别无代价，同一组边界条件适用于所有载荷条件以及它们的任何组合。下面就来建立这些边界条件。

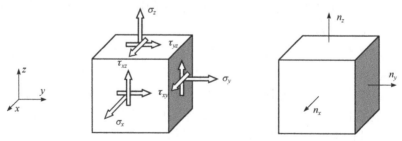

图 8.13　中心对称变换下各应力分量和外法线方向均展示完美的对称性

首先，中心对称同时逆转关于对称中心的相对位移场的所有分量的方向，即

$$\text{CR}: \left(u-u_0, v-v_0, w-w_0 \right) \rightarrow -\left(u'-u_0, v'-v_0, w'-w_0 \right) \tag{8.245}$$

其中 (u,v,w) 和 (u',v',w') 分别是 P 和 P' 点的位移，(u_0,v_0,w_0) 是对称中心 O 点的位移。上述映射关系必须理清并正确使用，因为单胞的边界条件得由位移给出。

就中心对称性的应用而言，在应用于单胞之前，可以先考虑一个在一般的结构分析中的应用，因为这要相对来说简单一些，容易入手。不妨考虑一个形如图 8.12 所示的三斜晶体状的固体结构，其关于中心的对称性不言而喻，如果其所受的载荷以及约束也具有同样的中心对称性，如图 8.14(a)所示意，那么利用此对称性，可以将此结构一分为二，只要能在剖分面上给出由此对称性所决定的正确的边界条件，就可以把需要分析的结构的尺寸减半，如图 8.14(b)所示。

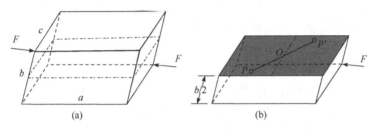

图 8.14 中心对称性的应用：(a) 一呈中心对称的结构；(b) 结构中对称的一半

根据对于位移场的中心对称变换(8.245)，关于对称中心的相对位移都被映射到相反的方向，因此可知

$$
\begin{array}{ll}
u - u_0 = -(u' - u_0) & u + u' = 2u_0 \\
v - v_0 = -(v' - v_0) \quad \text{或} \quad & v + v' = 2v_0 \\
w - w_0 = -(w' - w_0) & w + w' = 2w_0
\end{array}
\tag{8.246}
$$

因为 P 为结构中的任意一点，当将其选择在剖分面上时，其在中心对称变换之下的象 P' 当然也在同一剖分面上，关于 O 点对称于 P，如图 8.14(b)所示。当 P 取遍了剖分面上如图 8.14(b)中的点划线左侧的那一半之中的所有点，那么，P' 也将穷尽点划线右侧的那一半之中的所有点。这就是剖分面上的对称性，由之可以得出剖分面上的边界条件，即剖分面左半面上任一点的位移与其右半上对称的点上的位移之间的一个关系，如(8.246)所定义的，而剖分面之两半的分界线，即图 8.14(b)中的点划线，也应由 O 点一分为二，分别属于两半剖分面。显然，式 (8.246)不对 O 点有任何约束，如果该结构不允许刚体平移，不失一般性，可取

$$
\begin{array}{l}
u_0 = 0 \\
v_0 = 0 \\
w_0 = 0
\end{array}
\tag{8.247}
$$

为了进行有限元分析，用户还需要以适当的方式约束刚体转动。所谓适当的方式，是要根据所采用的有限元软件的约定，如果边界条件(8.246)的施加约束了剖分面左侧半面的位移，用来约束刚体转动的点应取自剖分面右侧的半面，或者是结构

的其他部分。

有限元分析的另一个考虑是剖分面左右两侧的表面网格必须关于 O 点呈中心对称。

应该指出，用来实施中心对称性的剖分面并不唯一，其可具有相当的任意性，平面或曲面，要求仅仅是该剖分面必须关于对称中心 O 对称并贯穿结构，当然，满足此要求的一个必要条件是剖分面通过 O 点。不管取何剖分面，边界条件(8.246)的形式不变。在剖分面上施加了这样的边界条件之后，结构的性态，可以完全地从结构的一半中获取，因为另一半将中心对称于所分析的那一半。同样地，用来平分剖分面分界线也不唯一，通过 O 点并关于中心 O 对称即可，使用时可视方便选择。

现在可以来考虑中心对称性在单胞中的应用了。假设所考虑的单胞是如第 6 章里那样仅仅利用了平移对称性而建立的，即元胞元，其边界条件由如第 6 章式 (6.12)那样的相对位移形式给出。假设其中尚有一中心对称性，利用之，单胞的尺寸可以减半，而所有载荷条件均可在同一组边界条件下分析。

在二维问题中，中心对称与 180° 旋转对称完全相同，因此其所导致的单胞的边界条件可以直接从 8.3.1 节中获取，因此，二维问题此处不再讨论，注意力将集中于三维问题。在很多现有的单胞中，包括那些原来是针对粒子增强的复合材料的单胞，单向纤维增强的复合材料的单胞，还有织物增强的复合材料的预制件的单胞，中心对称的现象相当普遍，当然，捕捉它们，需要略微仔细一点的观察，图 8.15 展示了一些此类的例子。

如图 8.15 所示的单胞，如果仅就尺寸减小而言，利用反射对称可达相同的效果，差别在于边界条件。利用反射对称，对不同的载荷条件需要不同的边界条件，并通过不同的分析来求解；而利用中心对称，则只有一组边界条件，通过一次分析，便可搞定所有载荷条件。

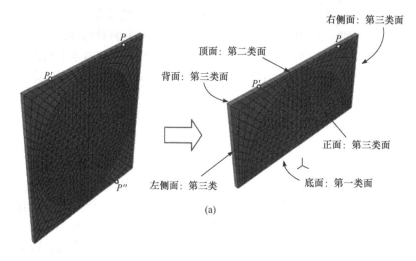

(a)

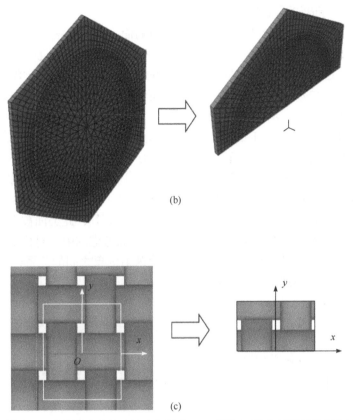

图 8.15　利用中心对称性减小单胞尺寸的例子：(a) 适用于单向纤维增强复合材料的正方形单
胞；(b) 适用于单向纤维增强复合材料的六角形单胞；(c) 平纹织物

　　相对来说，反射对称比较容易辨认，而中心对称则要稍难些，并需适当地选
择中心的位置才能得以展现。同样的平纹纺织复合材料，如果 O 点如图 8.10(a)那
样选择，几何上便不存在关于 O 点的中心对称。如果将 O 点沿 x 方向或 y 方向平
移 1/4 周期，即如图 8.15(c)所示，那么关于 O 点，就有中心对称，假设 O 点在 z
方向位于水平的纤维束的截面的中心。前面已经多次指出，利用平移对称性建立
单胞时，在周期一定的条件下，单胞的形貌仍然可以因为相位的不同而不同。不
是什么构形都具备中心对称性，但是即便是一个具备中心对称的构形，仍然只
是在特定的相位下才存在，因此用户的细心观察、适当选择必不可少。识别存
在的中心对称性虽然也是一挑战，但是利用此对称性来减小所需分析的结构或
单胞的尺寸之实施，应该是一个严峻得多的挑战，文献(Li and Zou, 2011)应该
是首开先例的尝试。

　　为了推导利用中心对称而得的尺寸为半的单胞的边界条件，此单胞的面或者

是面的一部分可分成如下互相排斥的三类。

第一类：元胞元被剖分成两半时产生的新的面。这一类面的例子之一是由图 8.15(a)所示的从正方形元胞元而得出的半尺寸单胞的底面。一般地，这一类面只有一个，如果选择元胞元上方的一半作为新的单胞，这个面总是新单胞的底面。中心对称将此类面的一半映射到另一半，从而可知这类面上的边界条件可由式(8.246)和式(8.247)给出。剖分该面，因为将其一分为二的分界线不唯一，不失一般性，不妨采用过 O 点平行于 z 轴的直线来剖分，形成其两侧的两个区域，这样这个面上的边界条件可以由这两个区域内对应的点上的位移之间的关系来给出。

第二类：无论是与元胞元相关的平移对称性，还是当前的中心对称性相关的映射，第二类面的象都在元胞元上不属于新单胞的另一半上，如由图 8.15(a)所示的从正方形元胞元而得出的半尺寸单胞的顶面，不难看到，此类面被平移对称映射到已不属于新单胞的元胞元的另一半上的对面，而考虑的中心对称变换，它又被映射到那一个面上，只是翻了个个，由这两个映射的象之间的关系，即式(6.12)和式(8.246)的复合，得到边界条件如下

$$u + u' = 2u_0 + \varepsilon_x^0 \Delta x$$
$$v + v' = 2v_0 + \gamma_{xy}^0 \Delta x + \varepsilon_y^0 \Delta y \qquad (8.248)$$
$$w + w' = 2w_0 + \gamma_{xz}^0 \Delta x + \gamma_{yz}^0 \Delta y + \varepsilon_z^0 \Delta z$$

其中 $\begin{bmatrix} \Delta x & \Delta y & \Delta z \end{bmatrix}^{\mathrm{T}}$ 是与所讨论的元胞元的面相应的平移矢量，(u,v,w)、(u',v',w')、(u'',v'',w'') 分别为点 $P(x,y,z)$、$P'(x',y',z')$、$P''(x'',y'',z'')$ 上的位移，点 P 是位于该面的一半上的任一点，P'' 在元胞元的对面上，它是 P 在这对表面之间的平移对称性变换的原，P' 是 P'' 在中心对称变换下的象，它位于 P 点所在的面的另一半上，点 P、P'、P'' 的位置分别示意于图 8.15(a)中。当 P 和 P' 无限靠近时，它们将同时落在该面的中心 C，从而得该点的边界条件为

$$u_C = u_0 + \frac{1}{2}\varepsilon_x^0 \Delta x$$
$$v_C = v_0 + \frac{1}{2}\gamma_{xy}^0 \Delta x + \frac{1}{2}\varepsilon_y^0 \Delta y \qquad (8.249)$$
$$w_C = w_0 + \frac{1}{2}\gamma_{xz}^0 \Delta x + \frac{1}{2}\gamma_{yz}^0 \Delta y + \frac{1}{2}\varepsilon_z^0 \Delta z$$

与第一类面一样，可以采用过该面中心点又平行于 z 轴的直线来剖分成两个区域，这个面上的边界条件也可以由这两个区域内对应的点上的位移之间的关系式(8.248)来给出。

第三类：这类面，若作为平移对称变换的原或象，则其象或原同位于新单胞；而若作为中心对称变换的原或象，则其象或原分别位于元胞元的不属于新单胞的那另一半。这类面的例子可见于图 8.15(a)中新单胞的左、右侧面和前后端面。因为在中心对

称性之下，这些面都被变换到了该新单胞之外，此对称性对这类面不构成任何约束，其上的边界条件如同元胞元在相应的面之间的相对位移边界条件，如第 6 章的式(6.56)，只是这些面都减小了一半。

在剖分元胞元为两半时，鉴于前面已经论述了的剖分面的任意性，作为最优选择，应该让新的单胞尽量减少第二类的面，因为相对来说，这类面上的边界条件最为复杂，即便是以增加第三类的面的个数为代价也无妨，因为第三类面上的边界条件的建立不需要额外的努力。譬如，在图 8.15(a)中的剖分，形成了一个第二类的面和两对第三类的面。如果剖分沿正方形的对角线的方向，那么将形成两个第二类的面和一对第三类的面，显然，后者不可取。同样的考虑，也适用于图 8.15(b)的情形。

以一沿正交方向平移对称性导出的长方体单胞为例，图 8.15(a)和(c)都属于这种情况，选取坐标原点位于此单胞的中心，即该单胞所具备的中心对称之中心，不妨用垂直于 y 轴的坐标平面剖分此单胞，现以 $y \geqslant 0$ 的一半作为新的单胞，如图 8.16 所示，底面是生成此单胞所采用的剖分面，即第一类面，不妨记为 y^0 面。因为中心对称性的使用，该面被一分为二，不妨记左侧部分为 y_1^0，而右侧部分为 y_2^0。中心对称变换将 y_1^0 映射到 y_2^0。

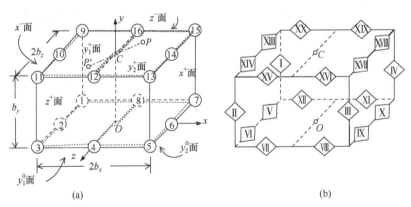

图 8.16 使用关于 O 点的中心对称性减小了尺寸的长方体单胞：(a) 面与顶点的编号；(b) 棱的编号

与底面相对的顶面，按如上定义是第二类面，其左侧部分 y_1^+，在中心对称和相应的平移对称的复合变换下，被映射到右侧部分 y_2^+，在图 8.16(a)中，在顶面上如此映射相对应的 P 点和 P' 点也有所示意，而这两点上的位移之间的关系作为边界条件，已由式(8.248)给出。

左右侧面和前后面按定义都是第三类面，元胞元的由平移对称性而得的相对位移边界条件依然适用。

通过上述分析，可得新单胞的完整的边界条件(既充分又必要)，各个面(不含棱)上的边界条件，由其上相应的点处的位移之间的关系给出如下。

垂直于 x 轴的面：

$$u_{x^+} - u_{x^-} = 2b_x \varepsilon_x^0$$
$$v_{x^+} - v_{x^-} = 2b_x \gamma_{xy}^0 \quad \text{简记为} \quad U_{x^+} - U_{x^-} = F_{\pm x} \quad \begin{pmatrix} \text{第三类面} \\ x' = -x = -b_x \\ y' - y = z' - z = 0 \end{pmatrix} \quad (8.250)$$
$$w_{x^+} - w_{x^-} = 2b_x \gamma_{xz}^0$$

垂直于 y 轴的面：

$$\begin{array}{ll} & u_{y_1^0} + u_{y_2^0} = 0 \\ y^0 \text{面：} & v_{y_1^0} + v_{y_2^0} = 0 \quad \text{简记为} \quad U_{y_1^0} + U_{y_2^0} = 0 \quad \begin{pmatrix} \text{第一类面} \\ x' + x = z' + z = 0 \\ y' = y = 0 \end{pmatrix} \quad (8.251) \\ & w_{y_1^0} + w_{y_2^0} = 0 \end{array}$$

为了避免因剖分线而增加的一条边界条件需要另行给出的棱，可以将该直线在 O 点的两侧分别划归于左右两半面，如图 8.16(a)中由细密的小点组成的线所勾画的两个区域，这样这个面上的边界条件可以由这两个区域内对应的点上的位移之间的关系来给出，而点 O 在这两个区域之外，边界条件已经单独地由式(8.247)给出了。

$$\begin{array}{ll} & u_{y_1^+} + u_{y_2^+} = 0 \\ y^+ \text{面：} & v_{y_1^+} + v_{y_2^+} = 2b_y \varepsilon_y^0 \quad \text{简记为} \quad U_{y_1^+} + U_{y_2^+} = F_{\pm y} \quad \begin{pmatrix} \text{第二类面} \\ y' = -y = -b_y \\ x' + x = z' + z = 0 \end{pmatrix} \\ & w_{y_1^+} + w_{y_2^+} = 2b_y \gamma_{yz}^0 \end{array}$$

$$(8.252)$$

相应地，剖分线也如法吸收到左右两半面之中，而面之中心点 C 处的边界条件则为

$$u_C = 0$$
$$v_C = b_y \varepsilon_y^0 \quad (8.253)$$
$$w_C = b_y \gamma_{yz}^0$$

垂直于 z 轴的面：

$$u_{z^+} - u_{z^-} = 0$$
$$v_{z^+} - v_{z^-} = 0 \quad \text{简记为} \quad U_{z^+} - U_{z^-} = F_{\pm z} \quad \begin{pmatrix} \text{第三类面} \\ z' = -z = -b_z \\ x - x' = y - y' = 0 \end{pmatrix} \quad (8.254)$$
$$w_{z^+} - w_{z^-} = 2b_z \varepsilon_z^0$$

上述的边界条件中，除了那些在 O 点和 C 点处的，都是以在不同位置上而又

通过一定对称条件相联系着的两个点上的位移的某种关系的形式给出的, 为了正确地施加这样的边界条件, 相应的面上的有限元网格划分也必须满足相应的对称性考虑。

为了定义新单胞的棱上的边界条件, 将棱编号, 如图 8.16(b)所示。把面上的边界条件应用于棱 I 至 IV(不含顶), 可得至少如下 4 组在相应的棱上的点上的位移之间的关系, 以简记符号表示为

$$\vec{U}_{II} - \vec{U}_{I} = F_{\pm z} \quad \vec{U}_{III} - \vec{U}_{II} = F_{\pm x} \quad \vec{U}_{III} - \vec{U}_{IV} = F_{\pm z} \quad \vec{U}_{IV} - \vec{U}_{I} = F_{\pm x} \tag{8.255}$$

其中, 在 U 顶上的一个箭头表示相应的棱上的节点排列顺序, 当方程中的两个 U 上的箭头同向时(向左或向右无妨), 相应的两条棱上的节点沿同一方向排列, 反之, 则排列方向相反。显然, 式(8.255)中的方程不都独立, 第四个可以由前面三个的线性组合而得。得出其中独立的方程的方法是用其中一条棱上的位移去表达其他三条上的位移, 即

$$\vec{U}_{II} - \vec{U}_{I} = F_{\pm z} \quad \vec{U}_{III} - \vec{U}_{I} = F_{\pm x} + F_{\pm z} \quad \vec{U}_{IV} - \vec{U}_{I} = F_{\pm x} \tag{8.256a}$$

新单胞的 20 条棱, 都可以类似地每四条一组地分组, 共五组, 式(8.256a)是第一组, 类似地, 其他四组棱上的位移均可以在过滤掉那些不独立的方程之后, 如法表达如下:

$$\vec{U}_{VI} + \vec{U}_{V} = -F_{\pm x} \quad \vec{U}_{IX} + \vec{U}_{V} = 0 \quad \vec{U}_{X} - \vec{U}_{V} = F_{\pm x} \tag{8.256b}$$

$$\vec{U}_{VIII} - \vec{U}_{XII} = F_{\pm z} \quad \vec{U}_{VIII} + \vec{U}_{XII} = 0 \quad \vec{U}_{XI} + \vec{U}_{XII} = -F_{\pm z} \tag{8.256c}$$

$$\vec{U}_{XIV} + \vec{U}_{XIII} = -F_{\pm x} + F_{\pm y} \quad \vec{U}_{XVII} + \vec{U}_{XIII} = F_{\pm y} \quad \vec{U}_{XVIII} - \vec{U}_{XIII} = F_{\pm x} \tag{8.256d}$$

$$\vec{U}_{XV} - \vec{U}_{XX} = F_{\pm z} \quad \vec{U}_{XVI} + \vec{U}_{XX} = F_{\pm y} \quad \vec{U}_{XIX} + \vec{U}_{XX} = F_{\pm y} - F_{\pm z} \tag{8.256e}$$

为了定义新单胞的顶点上的边界条件, 顶点的编号已在图 8.16(a)标出。同样的考虑, 可得完整而又相互独立的边界条件为

$$U_1 = -\frac{1}{2}F_{\pm x} - \frac{1}{2}F_{\pm z} \quad U_3 = -\frac{1}{2}F_{\pm x} + \frac{1}{2}F_{\pm z}$$

$$U_5 = \frac{1}{2}F_{\pm x} + \frac{1}{2}F_{\pm z} \quad U_7 = \frac{1}{2}F_{\pm x} - \frac{1}{2}F_{\pm z} \tag{8.257a}$$

$$U_2 = -\frac{1}{2}F_{\pm x} \quad U_4 = \frac{1}{2}F_{\pm z}$$

$$U_6 = \frac{1}{2}F_{\pm x} \quad U_8 = -\frac{1}{2}F_{\pm z} \tag{8.257b}$$

$$U_9 = -\frac{1}{2}F_{\pm x} + \frac{1}{2}F_{\pm y} - \frac{1}{2}F_{\pm z} \quad U_{11} = -\frac{1}{2}F_{\pm x} + \frac{1}{2}F_{\pm y} + \frac{1}{2}F_{\pm z}$$

$$U_{13} = \frac{1}{2}F_{\pm x} + \frac{1}{2}F_{\pm y} + \frac{1}{2}F_{\pm z} \qquad U_{15} = \frac{1}{2}F_{\pm x} + \frac{1}{2}F_{\pm y} - \frac{1}{2}F_{\pm z} \qquad (8.257c)$$

$$U_{10} = -\frac{1}{2}F_{\pm x} + \frac{1}{2}F_{\pm y} \qquad U_{12} = \frac{1}{2}F_{\pm y} + \frac{1}{2}F_{\pm z}$$

$$U_{14} = \frac{1}{2}F_{\pm x} + \frac{1}{2}F_{\pm y} \qquad U_{16} = \frac{1}{2}F_{\pm y} - \frac{1}{2}F_{\pm z} \qquad (8.257d)$$

刚体转动已在利用平移对称性时被约束，而刚体平移则由式(8.247)而约束。施加上述边界条件后，单胞的边界条件已充分而又必要。

8.6 关于微观结构中所具有对称性的利用顺序指南

作为一个一般适用的规则，为了得到最佳的效果，构形中存在的对称性的有效利用应遵循如下优先顺序：

(1) 平移对称性；

(2) 中心对称性(前提是：首先中心对称性存在；其次用户希望以同一组边界条件分析所有载荷条件以及它们的任意组合；再则，对称性的利用到此打住，不再寻求进一步的对称性来减小单胞的尺寸，除非放弃以同一组边界条件分析所有载荷条件的要求)；

(3) 反射对称性(前提是不存在中心对称性，或者由中心对称性将单胞尺寸减半还远没有穷尽构形中的对称性资源)；

(4) 旋转对称性(通常是在穷尽了尚存的反射对称性之后)。

如第3章所述，材料在其低尺度上的平移对称性是该材料在高尺度上均匀的充分条件，如果在低尺度上存在平移对称性，便可以在低尺度上适当定义一个在各个方向都具有有限尺寸的分离体，通过相应的平移对称性，该分离体可以再现构形中的任一部分以覆盖整个空间，此分离体因此可以作为一单胞，前提是代表平移对称性的相对位移边界条件已被正确地施加，否则，单胞的不正确的边界条件意味着材料内部的连续性被打了折扣。一般地，仅利用了平移对称性而得出的单胞，其尺寸未必是可能达到的最小尺寸，然而它也不无优势，表现在它允许以同一组边界条件分析所有载荷条件以及它们的任意组合。利用这些对称性，除了意味着材料在高尺度上的均匀性，将不会在材料分类和表征方面给所考虑的材料带来任何限制，材料可以是任何程度各向异性的。

中心对称性不是总有，即便存在，也需要精心地识别。该对称性的优势是，它可以把单胞的尺寸减半，同时又不失可以用同一组边界条件分析所有载荷条件以及它们的任意组合的便利，尽管边界条件的形式要复杂一些。同样，它也不会在任何意义下，对材料的各向异性有任何的限制。如果此对称性是单胞中尚存的唯一的对称性，其利用应该没有悬念，除非单胞只需被使用为数不多的次数，这时计算成本的节省可能不足以弥补复杂化了的边界条件的实施所需付出的人工代价。在构形中尚存更多的对称性的情况下，用户需要作出选择，利用中心对称性意味着不再寻求进一步的对称性来减小单胞的尺寸；否则，回避中心对称性。在利用了中心对称性之后，再利用其他对称性会使得边界条件变得不必要地复杂。

反射对称性相对来说最直观，边界条件的推导及其所得的形式也最简单，就其在单胞中的应用，复杂性多半来自其与事先已经利用过的平移对称性的复合，而又突显于与剪切相关的载荷条件，一定程度上，反射对称性也是最容易跌落的陷阱，因为在仅与平均正应力相关的载荷条件下引进单胞，直觉通常足够，而且得到的边界条件直接而又简单，简单地将其推而广之的诱惑力极大，反过来讲，如果这样真能解决问题，那还有什么必要去找那么多的麻烦?一般来说，企图用反射对称性把一个无限的区域简化成一个有限的区域，那除了是对对称性概念的滥用，就是自欺欺人了。一旦使用了一个反射对称性，材料就不可能是一般各向异性的了。换言之，对一个一般各向异性的材料，不可能有任何反射对称性，强行使用，无疑会曲解材料的表征。使用一个反射对称性，可以让单胞的尺寸减半，但是也就不再可能由一组边界条件分析所有载荷条件了。

旋转对称性除了所得出的边界条件比由反射对称性所得出的更复杂一些之外，其他方面效果与反射对称相似，因此，应该是所有存在的对称性中最后被考虑的，但是，最后考虑不意味着不予考虑，因为这仍然是对称性资源，而且，其利用，常常是对用户解析推导能力的考验。

8.7　结　　语

正如在第 6 章中所阐明的，仅利用平移对称性已足以建立单胞并得出单胞的相对位移边界条件。在实际问题中，在这样建立的单胞中还可以有其他的对称性，如反射对称、旋转对称。怎样利用它们，使得所建立的单胞计算效率更高是本章的主题。尽管每个被正确利用的如此的对称性都可以把单胞的尺寸减半，但这又不无代价。首先，用户必须准备对付更复杂的边界条件；其次，还可能需要准备针对不同的载荷条件施加不同的边界条件进行单独的分析。

这样的对称性可以以反射或旋转形式多次出现，也可以以反射和旋转复合的形式出现，有效地选择平移对称性的周期性中的相位，是识别这些对称性十分重要的环节。针对所利用了的对称性，对所得单胞的表面网格常常有严苛的要求，即它们必须满足所利用了的对称性，这也是必要的步骤，因为只有这样，才能保证由对称性导出的边界条件的正确施加。

作为一特殊形式的对称性，中心对称可以节省可观的计算成本，但是除了边界条件要复杂一些之外，别无代价，与纯粹的反射对称或旋转对称不同，所有载荷条件，以及它们的任意组合，都可以在同一组边界条件下，通过一次分析而完成，尽管从对称性本身来说，中心对称都不是一个独立的对称性。应该指出，复杂了一点的边界条件，其挑战只是在建立这些边界条件时需要的一些解析推导，以及单胞模型建立时边界条件正确地施加，这虽然需要一定的人工投入，但并不增加计算量，计算成本可因单胞尺寸的减半而大大降低，特别是当所建立的单胞会被反复使用，譬如用于材料表征的虚拟试验的软件。

在边界条件因为更多的对称性的利用而变得越来越复杂的情况下，作为实施这些边界条件的必要的过程的一部分，前面提到过的"神志测验"的重要性，怎么高估都不会过分。

在很多方面，本章重申了第 6 章希望阐明的论点，即所谓构造一个单胞，就是要建立该单胞所必须被赋予的边界条件。值得注意的是，在引入额外的对称性而形成的新的尺寸减小了的单胞中，主自由度的概念及其作用与其在仅利用平移对称性所得的元胞元中完全相同，不管这些主自由度的使用是以其上的"节点位移"的形式还是"支反力"的形式、是作为输入量还是输出量，都同样适用。按第 7 章的思路，不难证明，由这些额外的对称性引入的与位移边界条件相对应的面力边界条件都是自然边界条件，这包括在主自由上的"节点力"的情形，即在主自由度上施加的节点力作为载荷条件，它们也是自然边界条件，是自然边界条件在主自由度上的表现。

本章得出的边界条件中，绝大多数都很枯燥、烦琐，而且近乎重复而又不真的重复，故极易混淆，但是它们又相当地有系统性，便于计算机实施的程序化，犹如有限元法，如果用人工来求解，那绝对不可思议，现实地说，一般情况下是不可能，但是一旦程序化，它成了现今最普及的分析工具，没有它，所谓的现代工程根本就不能维持。这里声称的单胞的边界条件系统性，在一个在 Abaqus/CAE 平台上的二次开发的软件 UnitCells©中得到了充分的验证，这在本书的第 14 章将专门介绍。

参 考 文 献

严济慈. 1996. 热力学第一和第二定律. 北京: 人民教育出版社.

Abaqus. 2016. Abaqus Analysis User's Guide. Abaqus 2016 HTML Documentation.

Gou J J, Zhang H, Dai Y J, et al. 2015. Numerical prediction of effective thermal conductivities of 3D four-directional, braided composites. Composite Structures, 125: 499-508.

Li S. 1999. On the unit cell for micromechanical analysis of fibre-reinforced composites. Proceedings of the Royal Society of London. Series A: Mathematical. Physical and Engineering Sciences, 455: 815.

Li S. 2008. Boundary conditions for unit cells from periodic microstructures and their implications.

Composites Science and Technology, 68: 1962-1974.

Li S. 2012. On the nature of periodic traction boundary conditions in micromechanical FE analyses of unit cells. IMA Journal of Applied Mathematics, 77: 441-450.

Li S, Lim S H. 2005. Variational principles for generalised plane strain problems and their applications. Composites A, 36: 353-365.

Li S, Reid S R. 1992. On the symmetry conditions for laminated fibre-reinforced composite structures. International Journal of Solids and Structures, 29: 2867-2880.

Li S, Zhou C, Yu H, et al. 2011. Formulation of a unit cell of a reduced size for plain weave textile composites. Computational Materials Science, 50: 1770-1780.

Li S, Zou Z. 2011. The use of central reflection in the formulation of unit cells for micromechanical FEA. Mechanics of Materials, 43: 824-834.

Nye J F. 1985. Physical Properties of Crystals. Oxford: Clarendon Press.

第9章 含随机分布的包含物的介质的代表性体元

9.1 引 言

现代材料常常在不同的尺度或不同的方面展示不同的构形，有些构形在物理或几何特征上可能是完全不规则的，譬如粒子增强的复合材料，其中增强粒子在基体中通常是随机分布的，还有单向纤维增强的复合材料，在其横截面内，纤维也是随机分布的，此类问题的微观力学模拟，需要采用代表性体元。代表性体元的定义及其相关的考虑在第 4 章已有论述，而第 5 章中又对文献中常见的关于代表性体元的误解和滥用作出了客观的评价。在此基础之上，对建立在概念正确、逻辑清晰而又数学准确的代表性体元的需求就显而易见了，本章的任务就是要不含糊地理清必要的步骤，提供这样一个处理该问题的正确而又可行的途径。

代表性体元是在多尺度分析中联系高、低两尺度之间的桥梁，所谓体元是一个在低尺度上的有限区域，希望通过对其的分析来表征材料在高尺度上的特性。显然，如果该体元不够大，体元的不同的选取，可得到相当不同，甚至完全不同的结果，这样的体元显然不具有代表性，即不能代表材料在高尺度上的性能。反过来讲，只要体元取得足够大，它就会有足够的代表性。如果一个体元已经具有了代表性，那么进一步加大其体积，其代表性不会再改变了，因此无端地增加代表性体元的体积并无益处，特别是当其已具备了代表性之后。如果用来分析体元的工具是有限元之类的计算机软件，其分析的工作量，包括计算量随体元的增大而增大，那么从实用的角度，又会希望所取的体元越小越好，只要具有代表性即可。定义代表性体元就是要寻求这大与小之间的执中，原则是不失代表性。

在本章中，体元和代表性体元这两个概念会常常，甚至同时出现，读者一定不能混淆。一个体元可以具有代表性，也可以不具有代表性；而一个代表性体元则一定具有代表性，当然，具有代表性的体元一般不止一个，用户感兴趣的是体积、面积最小的，即便如此，代表性体元也不唯一，不管是哪一个，一定要具有代表性。

所谓代表性，也有两个方面的考虑，一方面是构形的代表性，即各组分材料的含量、分布；另一方面是行为，行为与所感兴趣的物理问题有关。对应于不同的物理问题，所谓行为的内容也不同。如果是力学行为，那么一定与应力场、应变场有关。相应于力学行为的不同特征，对代表性的要求也会有所不同，譬如弹性特征、强度特征。对体元而言，其代表性需要同时考虑构形与行为这两个方面，每一方面都分别可以得出一个对该方面的考虑而具备代表性的体元的最小体积，最终的代表性体元应该取两者之中较大的，才能保证哪一方面都不失代表性。

因为代表性的考虑之一涉及物理场，如应力场、应变场，这些场的获得，离不开边界条件。如果有限区域的边界条件不能准确地给出，就意味着所得到的场不可能是准确的，这也有损代表性。弥补这一代表性的欠缺的办法是增大休元的体积，当然这不无代价，因此理想的境界是体积增大得越少越好。根据 Saint-Venant 原理，不准确的边界条件的影响区域限于沿边界的一定距离之内，这个距离如第 4 章所定义的，称为**衰减距离**。在此区域内，物理场一般不具有代表性，如果增大体元的体积，仅仅是为了冲淡不准确部分的影响，如 Hill(1963)建议的，那么需要增大的量可能会较大，而且有些影响是不能被冲淡的。譬如，如果需要表征的是材料的强度，那么决定性的量会是局部的应力集中，由不准确的边界条件造成的在影响区内的异常的应力集中，特别是由于人为的有限截断而暴露出来的在不同相的组分材料界面在自由边界处的高度的应力集中，甚至应力奇异，那是冲不淡的误差。

理想地，如果一个问题可以在无穷域内求解并得到其解，或者在有限域内定义的代表性体元的完全正确的边界条件可以得到，施加于该代表性体元后问题便可求解，那么上述的问题就不成问题了。然而，这样理想的境界并不现实，本章欲提出的方法是建立在 Saint-Venant 原理的基础之上的，其在本章的应用可以描述如下：一体元，即便在其边界上所加的边界条件可能不够准确，但是只要这样的边界条件与无穷的区域内的条件或者是代表性体元的精确的边界条件是静力等效的，即合力相等、关于任意一点的合力矩也相等，则所得到的解在体元内部距离边界足够远的区域内仍然足够准确，因而具有代表性。这里所说的静力等效，涉及三个不同意义，甚至不同尺度的解：①高尺度上的均匀应力、应变场的解；②低尺度上应力、应变场的精确解，尽管一般无法得到，除非在特定条件下，如后面会讨论的，但其存在性没有疑问；③采用了近似的边界条件而得到的近似解。

Saint-Venant 原理在当前问题中的重要性在于，上述的第三种解，即采用了近似的边界条件而得到的近似解，在受近似的边界条件的影响区域之外，即距离边界超过了衰减距离的区域内，近似解与精确解一致。如果以这一区域作为一体元，则其中的物理场仿佛是在精确的边界条件下所得在该区域内的精确解。这样，如果该体元在其他方面，如构形，都具有代表性的话，则这就是一个代表性体元，由之可以表征高尺度上的行为。

当然，Saint-Venant 原理本身对衰减距离并不提供任何确切的描述。事实上，衰减距离一般随问题的改变而改变，因此必须根据具体问题相应地确定。显然，刨去不准确的边界条件的影响区，要比冲淡影响区所造成的误差更准确、更有效，所得的体元更具有代表性，特别地，此方法清澈透明，没有猫腻，用户可以有充分的信心去使用。

9.2　分析体元所需的位移边界条件与面力边界条件

在第 4 章中提到的所谓的均匀的位移边界条件和均匀的面力边界条件，当时仅仅是陈述性的，未提及如此的边界条件到底如何施加，当然就更谈不上它们的效果问题了，这是本章首先要详述的问题，以便读者对问题的真正理解。

为了便于描述，考虑一个二维空间，记作 y-z 平面，在其中一个长方形区域作为所研究的体元，$0 \leqslant y \leqslant a$、$0 \leqslant z \leqslant b$，当然，这也很容易被推广到三维的长方块体元。

假设所需表征的是该材料沿 y 方向的特征，譬如是该方向的材料的等效弹性模量和泊松比，那么就需要在 y 方向施加单向应力 $\bar{\sigma}_y^0$(其中顶上的横杠表示给定值，下同)，这时，面力边界条件可给出如下:

$$
\begin{aligned}
p_y\big|_{y=0} &= -\bar{\sigma}_y^0, \quad p_z\big|_{y=0} = 0 \\
p_y\big|_{y=a} &= \bar{\sigma}_y^0, \quad p_z\big|_{y=a} = 0 \\
p_y\big|_{z=0} &= 0, \quad p_z\big|_{z=0} = 0 \\
p_y\big|_{z=b} &= 0, \quad p_z\big|_{z=b} = 0
\end{aligned}
\tag{9.1}
$$

其中 p_y 和 p_z 是面力矢量在 y 和 z 方向的分量。

如果所需确定的是 y-z 平面的等效剪切模量，则必须施加纯剪应力状态 $\bar{\tau}_{yz}^0$，相应的面力边界条件则为

$$
\begin{aligned}
p_y\big|_{y=0} &= 0, \quad p_z\big|_{y=0} = -\bar{\tau}_{yz}^0 \\
p_y\big|_{y=a} &= 0, \quad p_z\big|_{y=a} = \bar{\tau}_{yz}^0 \\
p_y\big|_{z=0} &= -\bar{\tau}_{yz}^0, \quad p_z\big|_{z=0} = 0 \\
p_y\big|_{z=b} &= \bar{\tau}_{yz}^0, \quad p_z\big|_{z=b} = 0
\end{aligned}
\tag{9.2}
$$

就应力分析而言，上述边界条件足以唯一确定体元中的应力分布，但是应用有限元求解时，上述边界条件还必须补充对刚体运动的约束，包括平动和转动，特别是刚体转动，当体元不是那么横平竖直时，有时候直觉不总是那么靠谱，正如在本书第 5 章 5.5.4 节所展示的。就有限元模型而言，上述的问题中，仅仅是那些补充进来约束刚体运动的条件才是有限元法中的所谓边界条件，而如式(9.1)和式(9.2)给出的，在变分学中称为自然边界条件，而在有限元法中，它们是载荷条件，因为是载荷，那些值为 0 的项应该置之不理，这当然也是自然边界条件与强

制边界条件的典型差别之一。换言之，面力分量为 0 的条件的严格正确施加，就是什么也不做，所谓无为而治，因为它们的满足，如同平衡方程的满足，是由总体的能量极小条件来实现的，当然一般也都是近似地满足。正如在第 7 章 7.1 节中所展示的，任何的人为试图让自然边界条件得以完全满足的举措，注定是画蛇添足。能让自然边界条件更精确地满足的正确方法只能是细分有限元网格。

因此，在式(9.1)和式(9.2)中，真正需要施加的条件仅仅是

$$p_y\big|_{y=0}=-\bar{\sigma}_y^0, \quad p_y\big|_{y=a}=\bar{\sigma}_y^0 \quad （单向应力） \tag{9.3}$$

$$\begin{cases} p_z\big|_{y=0}=-\bar{\tau}_{yz}^0, \quad p_z\big|_{y=a}=\bar{\tau}_{yz}^0 \\ p_y\big|_{z=0}=-\bar{\tau}_{yz}^0, \quad p_y\big|_{z=b}=\bar{\tau}_{yz}^0 \end{cases} （纯剪） \tag{9.4}$$

如果希望施加 z 方向的单向应力 $\bar{\sigma}_z^0$，载荷条件将与式(9.3)类似，只是需要将 y 和 z 的方向交换一下。

所谓的均匀位移边界条件并不是单纯的位移边界条件，与式(9.1)和式(9.2)相应的单向应力和纯剪应力状态的正确的边界条件应该是混合型的，即

$$\begin{cases} v\big|_{y=0}=0, \quad p_z\big|_{y=0}=0 \\ v\big|_{x=a}=a\bar{\varepsilon}_y^0, \quad p_z\big|_{y=a}=0 \\ w\big|_{z=0}=0, \quad p_z\big|_{z=0}=0 \\ w\big|_{z=b}=b\varepsilon_z^0, \quad p_z\big|_{z=b}=0 \end{cases} （单向应力） \tag{9.5}$$

$$\begin{cases} p_y\big|_{y=0}=0, \quad\quad w\big|_{y=0}=0 \\ p_y\big|_{y=a}=0, \quad\quad w\big|_{y=a}=b\bar{\gamma}_{yz}^0 \\ v\big|_{z=0}=0, \quad\quad p_z\big|_{z=0}=0 \\ v\big|_{z=b}=0, \quad\quad p_z\big|_{z=b}=0 \end{cases} （纯剪） \tag{9.6}$$

注意，式(9.5)中的 ε_z^0 不带横杠，因此不是给定的，而是待求的，这意味着边 $z=b$ 可以有 z 方向的位移，但是此位移沿整条边是一待求的常数。除去值为 0 的自然边界条件，真正需要施加的条件是

$$\begin{cases} v\big|_{y=0}=0, \quad v\big|_{y=a}=a\bar{\varepsilon}_y^0 \\ w\big|_{z=0}=0, \quad w\big|_{z=b}=b\varepsilon_z^0 \end{cases} （等效单向应力） \tag{9.7}$$

$$\begin{cases} w\big|_{y=0}=0, \quad\quad w\big|_{y=a}=b\bar{\gamma}_{yz}^0 \\ v\big|_{z=0}=v\big|_{z=b}=0 \end{cases} （纯剪） \tag{9.8}$$

刚体运动已被约束。

施加 z 方向的单向应力的位移边界条件与式(9.7)类似，只是需要将 y 和 z 的方向交换一下。

注意，就有限元分析而言，式(9.7)与式(9.5)、式(9.8)与式(9.6)的宏观效果分别是等价的，即导致等效的单向应力或纯剪应力状态，但是如果在式(9.5)和式(9.6)中，面力分量为 0 的条件被代之以相应的位移分量为 0 的条件，那么所得到的相应的应力状态可能完全不同，一般不能再指望得到单向应力或纯剪应力状态了。这倒并不是说非要加单向应力或纯剪应力状态，用户需要清楚的是，表征材料所需要加的应力状态，要么是单向应力状态，要么是纯剪应力状态，因为弹性常数就是这么定义的，这在第 3 章 3.3 节中已经论述。应该说，将面力分量为 0 与相应的位移分量为 0 混为一谈是一个在文献中不时会遇到的典型错误。另外，还需要指出的是，如像式(9.1)和式(9.2)那样，以施加面力来实现欲加的等效应力状态，则加载的形式是唯一的；而如果用位移，如式(9.5)和式(9.6)那样来加载，则其形式就不再唯一了，而与刚体运动是如何被约束的有关，因为如在第 6 章 6.2 节所解释的，在任何位移场上叠加一个刚体运动，不会影响其中的应力分布，而在体元边界上的位移的值则完全不同了。譬如，如下的边界条件，虽与式(9.7)和式(9.8)貌似不同，但仍可得到与式(9.7)和式(9.8)完全相同的应力分布。

$$v\big|_{y=0} = -\frac{1}{2} a\bar{\varepsilon}_y^0, \qquad v\big|_{y=a} = \frac{1}{2} a\bar{\varepsilon}_y^0 \qquad \text{（等效单向应力）} \tag{9.9}$$
$$w\big|_{z=0} = -\frac{1}{2} a\varepsilon_z^0, \qquad w\big|_{z=b} = \frac{1}{2} a\varepsilon_z^0$$

$$w\big|_{y=0} = 0, \quad w\big|_{y=a} = \frac{1}{2} a\gamma_{yz}^0 \qquad \text{（纯剪）} \tag{9.10}$$
$$v\big|_{z=0} = 0, \quad v\big|_{z=b} = \frac{1}{2} b\gamma_{yz}^0$$

任何一个唯一性的缺乏，都可以是潜在混淆的缘由之一。用户必须清楚的是，施加正确的边界条件是用户的责任，有限元软件不能代劳。

与单胞的情形一样，式(9.7)和式(9.8)中的 ε_y 和 γ_{yz} 是平均应变，也可以被用作主自由度，这样，无论是通过指定"位移"，还是通过加"集中力"，可以直接对它们加载。主自由度的概念，参见第 6 章 6.6 节。

虽然上述给出的边界条件在高尺度上是完全正确的，但是除非材料在低尺度上也是均匀的，否则上述给出的边界条件的准确性不能那么理所当然。如果在低尺度上材料的构形具有规则性，而体元的边界又是按相应的对称性安置的，那么由像式(9.8)那样给出的位移边界条件可以是精确的，其他的至多只能作为一个近似。当然，在低尺度上，如果材料缺乏规则性，精确的位移边界条件已没有可能。

作为体元的边界条件，它们的近似程度对所考虑的体元的代表性当然会有影响。因此，这些边界条件的近似程度是本章首先要明确的问题之一。

Hill(1963)曾提出，如果用均匀的面力边界条件和用均匀的位移边界条件分析所得的结果足够接近，那么体元就具有了足够的代表性。但是如在第 4 章中已经指出的，Hill 提出的条件远非必要，也未必充分，当然也缺乏清晰的论证。而本章要实现的，是建筑在对体元的所谓的代表性的清晰的描述基础之上的，既充分又必要的建立代表性体元的方法论，并逐节论述如下。

9.3　边界效应与衰减长度

如果没有理想的对称性，无论是均匀面力还是均匀位移都不可能给出体元的精确的边界条件，但是，只要体元足够大，而在高尺度上材料又确是均匀的话，那么，无论是均匀面力还是均匀位移边界条件，它们都与在高尺度上的均匀应力状态相吻合，因为在高尺度上，边界上的面力和位移都是均匀的，因此，它们都静力等效于完全正确的边界条件。根据 Saint-Venant 原理，将这样的边界条件施加于体元，在低尺度上所得到的应力、应变分布，在体元内的任何区域，只要距离边界足够远，都将足够地近似于精确解。然而这个足够远的距离的大小因问题而异，即便在同一问题中，也因位置而异。取所有位置上的值中的最大值，作为该问题的一个特征量：衰减距离，这是在第 4 章中已经引入的概念。体元内沿着距离体元边界有一个衰减距离的界线可以划出一个内部子区域，只要原体元足够大，这个子区域本身就可以在组分材料的体积含量及其内部各特征分布的统计均匀性等方面具有足够的代表性，该子区域就是一个代表性体元，而且是一个完美的代表性体元，因为其中的一切统计特征都与在无限区域得到的相一致。作为材料表征的工具，材料的等效特性就可以从这个代表性体元准确地得出，即上述的子区域，而不是原来的体元。这是本方法与其他所有现有的方法，包括 Hill(1963)的方法的关键差别，孰是孰非，应该是显而易见的。

前面已经讲过，无论用方程(9.1)~方程(9.8)中的哪一个，都无法准确地给出精确的边界条件，所能保证的只是静力等效，但是假想知道体元边界上的精确的边界条件，施加于体元后对其进行分析，除了不可避免的数值误差之外，所得到的结果应该就是精确解，处处精确，包括边界及其邻域。这时，在前述的作为代表性体元的子区域内，譬如应力场，应该与其一致，只要该子区域的边界在任何方向到原体元的边界的距离都的确大于衰减距离。由此也可见，定义一个代表性体元的关键在于确定适当的衰减距离。Saint-Venant 原理除了预言衰减距离的存在，并未给该距离的大小的确定提供明确的指南，事实上衰减距离因材料而异，因所需表征的材料特性而异，因此只能靠用户自己，根据自己所关心的问题，就事论事地确定。

为了帮助理解衰减距离的概念，特别是其在单向纤维增强的复合材料的弹性性质的表征问题中的确定，不妨以一个纤维规则排列的例子来说明。一方面，规则排列可以视作随机排列的特例；另一方面，在规则排列的构形中，如果不刻意地去利用其规则性，也就等同没有规则性了。这样选取的好处是，利用其规则性可以得到除了不可避免的数值误差之外(下同)的精确的边界条件，不利用其规则性，则可得到一般情况下所谓的静力等效的边界条件，比较之，就可以得出对衰减距离的一个有效的判断。

如图 9.1 所示，选择两种典型的规则排列，即正方形和六角形，利用第 6 章所识别的单胞，将数个如此得到的单胞按列堆砌，为了减小计算量，再利用如第 8 章所建立的两个反射对称性，这样可以代表在低尺度上宽度方向无限的材料，而在纵深方向，如果将其顶部视作体元的边界，垂直而下就是体元的内部了。这样这一列堆砌起来的单胞可以作为一体元来研究。由于在左右两侧和底部都是沿对称面剖分的，精确的边界条件可以被正确地施加，从而把顶面的边界分离出来，作为唯一可以变化的因素。探究本问题的基本思路是，如果该体元顶部的单胞是

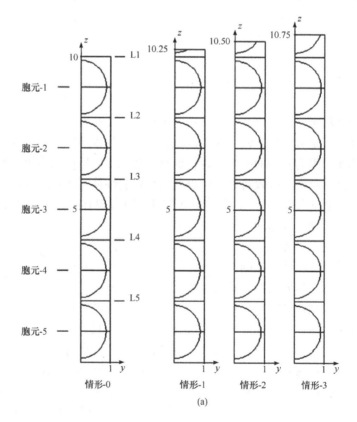

(a)

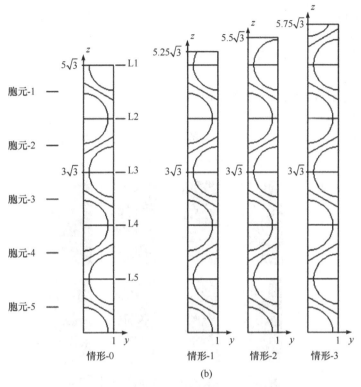

图 9.1　两种典型的胞元的规则排列：(a)正方形；(b)六角形

一完整的单胞，施加位移边界条件后可以得到一个精确解，其中每个单胞内的应力分布都相同，总体上沿纵深方向，呈周期变化。如果在顶部不是一个完整的单胞，而是一个非对称的截断，这时无论是施加均匀的面力边界条件还是均匀的位移边界条件，都只能是与精确的边界条件静力等效而已，这时靠近边界处的应力分布，除了表明偏离精确解之外，没有多少参考价值，但是这个受边界条件影响的区域的深度极有价值，因为这就是需要确定的衰减距离，超过这一距离，不精确的边界条件的影响便衰减无遗了。

　　为了能够充分地展示如上思路的一般性，考虑两种构形，如图 9.1(a)、(b)所示，至少对于目前考虑的问题，顶部的单胞在不同的部位截断，以排除偶然性，如图 9.1 所示。体元中完整的单胞分别标作胞元-1～胞元-5，胞元-1 离边界最近；而不同的截断分别记作情形-0～情形-3，其中情形-0 仅包含完整的胞元，因而这是唯一有望得到精确解的情形，但是精确解显然只能在精确的边界条件下才能得到。

　　另一个考虑是，如果给该体元分别施加均匀的面力边界条件和均匀的位移边界条件，可以比较在哪种情况下衰减距离更小。在衰减距离之内的那部分体元的体积，是该数学模型中的牺牲品，除了必须借助它才能获得确有代表性的代表性体元外，别无他用，因此这部分的体积或面积越小越好，换言之，如果有选择，衰减距离越小越好。均匀的面力边界条件和均匀的位移边界条件就是可能的选择，但优劣待定。

确定两者优劣的直接方法就是用同一个体元分别在这两种边界条件下分析，而后比较结果，至少这对本问题是适用的。图 9.2 和图 9.3 的结果是在如图 9.1 所示的体元在垂直方向的加拉伸载荷的条件下得出的，图中仅收入了胞元 1~5，即

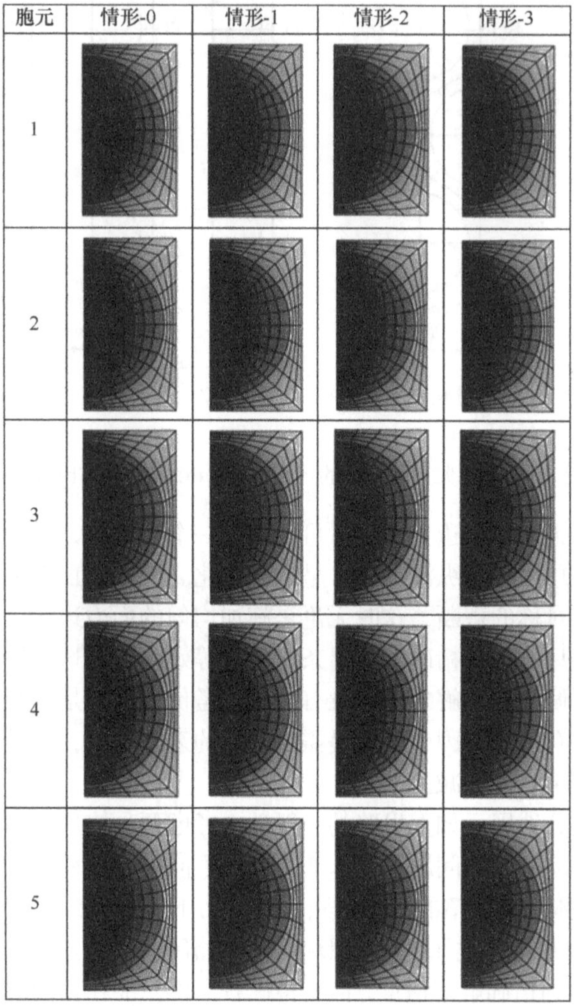

(a)

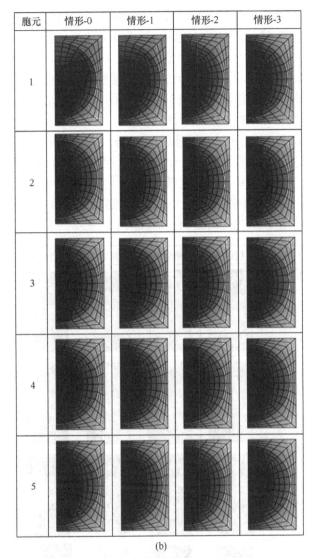

(b)

图 9.2　正方形排列完整的胞元 1～5 中 von Mises 等效应力云图：(a) 在均匀位移边界条件下
得到的结果；(b) 在均匀面力边界条件下得到的结果

那些完整的，并按序排列。为了最简捷地陈列结果，绘制的云图选择较有综合性
的 von Mises 等效应力，尽管其对复合材料在一般意义下的适用性常被误解，但
在当前的问题中，两相组分材料分别都是各向同性，von Mises 等效应力应该算是
正用到好处。更多的细节请参见(Wongsto and Li, 2005)。

　　比较如图 9.2(a)所示的在均匀位移边界条件下得到的结果，对情形-0 来说，
这里所加的边界条件恰好是精确的边界条件，所得的解也当然是精确解，因为是

精确解，各胞元中的应力分布完全相同。也正因为是精确解，对其他的情形的判断，可以通过与之比较而得知不精确的边界条件对体元的影响之深和远。简单地比较就可以知道，情形-1 与精确解的差别最大，因为边界离所观察的区域最近，而情形-3 与精确解的差别最小，因为边界离所观察的区域最远。然而无论是哪一情形，受边界条件影响的区域基本上不越过胞元-1，从胞元-2 往下，近似解与精确解之间的差别就已经是肉眼无以辨认的了。

图 9.2(a)与(b)在一定程度上有着相同的趋势，但较严重的差别有两点。首先，情形-0 不再是精确解了，因为精确的边界条件不是均匀的面力，而是均匀的位移，事实上，情形-0 应该是其中近似程度最差的解，当然这并不排除它仍能再现精确解这一事实，只是误差的衰减略慢一些。其次虽然其他的情形的精度在逐渐改善，但是肉眼可见的与精确解之间的差别，都波及了胞元-2。

(a)

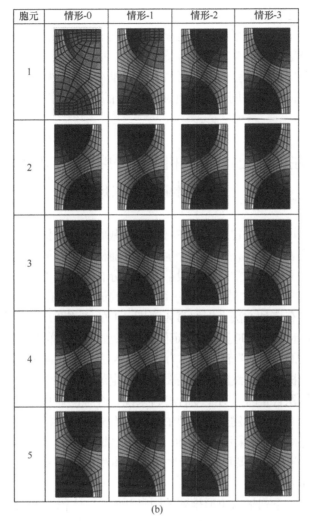

(b)

图 9.3　六角形排列完整的胞元 1～5 中 von Mises 等效应力云图：(a) 在均匀位移边界条件下
得到的结果；(b) 在均匀面力边界条件下得到的结果

　　因此，可以得到如下两条结论：

　　(1) 均匀位移边界条件所导致的衰减距离要明显小于均匀面力边界条件的衰减距离；

　　(2) 如果把平均的相邻两纤维之间的中心距作为一特征距离，则无论是均匀位移边界条件还是均匀面力边界条件，衰减距离至多也就是一两个特征长度，因此从边界表面向内，越过若干条纤维，边界条件的不准确性的效果就荡然无存了。同样的分析可以在不同的载荷条件下进行，如果将上述分析称为横向拉压，则还可以分析纵向的拉压、纵向和横向的剪切，所得的结论也都类似，因此可以认为上述结论具有一定的普适性。

图 9.3 在纤维呈六角形排列的情况下，再现了与正方排列相一致的结论，可见上述结论对纤维的排列没有那么敏感。这也为后面随机分布的情形作了一个铺垫，在真实的单向纤维增强的复合材料中，纤维在材料的横截面内一般都是随机分布的，所谓的横观各向同性就是此随机分布的统计特征在横截面内各个方向相同。

9.4   在低尺度上含随机分布的物理或几何特征的微观构形的生成

为了能够用理论方式建立纤维在材料的横截面内是随机分布的单向纤维增强的复合材料的代表性体元，需要一个生成众多随机分布圆形区域的方法，纤维在作为材料的横截面的二维空间内一般都是随机分布的，模拟代表材料横截面的几何特征相当于在一平面区域内生成一个随机分布而又没有重叠的多个圆盘的图案，实现该图案有多种方法，把如第 4 章图 4.1 的实测图片数值化当然是方法之一，不过可能成本高且耗时。采用一定的数值算法生成这样的图案效率应该更高，一种方法是所谓的"投币"法，或称为随机插入法，如 Bulsara 等(1999)所实施过的，此过程的随机性是显然的，但是要实现一定的组分体积含量可能不易，特别是要求较高的体积含量时。对于复合材料来说，纤维的体积含量常常是左右材料性能的决定因素之一，在建立的模型中，对其有充分的掌控大有必要。另一种方法是如 Gusev 等(2000)所采用的 Monte Carlo 法。此处欲推荐的是由 Wongsto 和 Li (2005)所提出的方法，其既可保证产生所需的体积含量，又能达到充分随机的分布，此过程简述如下。

整个过程从一系列呈六角形排列的圆盘开始，按体积含量 V_f 的要求确定相邻圆盘的圆心之间的间距，它们之间的关系为 $b^2 = \pi R^2 / (2\sqrt{3} V_f)$，其中的长度 b 可作为本图案中的一个特征长度。采用六角形排列的基本考虑是它能够实现任意现实可能的体积含量。而后划定内外两个框架：框架-1 和框架-2，或外框和内框，其间的间距大于等于前述的衰减距离，也即特征长度 b 的若干倍，在图 9.4 中，此间距约取为 $4b$。为了方便，内框取作正方形，基本要求是要保证内框内含有足够多的圆盘，这样在最后生成的图案中，内框所定义的区域有足够的代表性。外框除了要求在内框之外，至少间隔一个衰减距离之外，还要穿过相关行、列的圆盘的中心，如图 9.4 所示，这样的外框一般不会是一正方形。外框之所以要如此安排，是因为圆盘的规则排列，否则便不能保证外框内体积含量的精确满足。这两个框架在平面内固定。

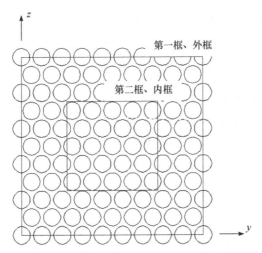

图 9.4　体积含量给定的六角形排列图以及内、外框的定义

　　下面的步骤是要打乱六角形排列的规则性, 其基本思路是逐个地让每一圆盘沿一随机的方向移动一随机的距离, 经过多次的循环便可得到一个足够随机的分布。具体的实施是, 由一个计算机产生的随机数通常在 0 和 1 之间, 不妨记作 k_1, 随机的方向可由 $\theta = k_1 \times 360°$ 得出。沿此方向移动圆盘, 到达它为另一个圆盘所阻时的距离, 或者是圆盘的中心碰触到了外框时的距离, 是该圆盘在该方向上所能移动的最大距离, 记作 ρ, 再产生第二个随机数 k_2, 确定移动的随机距离为 $k_2\rho$, 如图 9.5 所示。这样, 当对中心在外框之内(包括之上)的圆盘循环一遍时, 相当于对整个布局作了一次随机的晃动。一般地, 一两次晃动虽然可以在一定程度上打乱原有的规则性, 但尚达不到充分随机的效果。好在程序化了的过程计算机实施时非常快, 晃上数百次也只是转眼之间。根据经验, 100 次之后, 再也看不到原来规则的任何痕迹了, 除非圆盘的体积含量很高, 因为这时每次移动的距离十分有限。

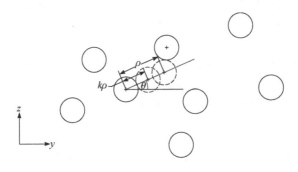

图 9.5　扰乱规则性的方法的示意图

实施时，首先作 250 次循环(晃动)，之后，每次循环后计算内框内的圆盘体积含量，当其与设定的体积含量，也就是初始的体积含量差别足够小时，譬如不超过 2%时，便可终止循环。作为例子，图 9.6(a)～(c)展示了如此生成的三个分布，圆盘的体积含量均为 65%，这是一个接近于如图 4.1 所示的图片的体积含量。另外一个体积含量为 60%的例子由图 9.6(d)给出，因为此体积含量非常典型，真实的材料参数相对来说比较容易获取，如文献(Soden et al., 1998)，之后具体的数值分析将主要针对图 9.6(a)和(d)这两模型展开。

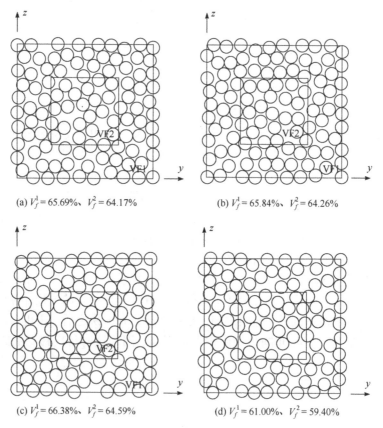

(a) $V_f^1 = 65.69\%$、$V_f^2 = 64.17\%$

(b) $V_f^1 = 65.84\%$、$V_f^2 = 64.26\%$

(c) $V_f^1 = 66.38\%$、$V_f^2 = 64.59\%$

(d) $V_f^1 = 61.00\%$、$V_f^2 = 59.40\%$

图 9.6 从一个纤维体积含量为 65%的规则分布所得的随机分布，经过 (a) 265 次循环；(b) 286 次循环；(c) 382 次循环；从一个体积含量为 60%的规则分布所得的随机分布，经过 (d) 262 次循环。外框和内框的体积含量 V_f^1、V_f^2 分别标注

上述过程极易编成计算机程序，基本的输入量为圆盘体积含量 V_f，圆盘的半径 R，圆盘的行数、列数，从而可以确定各圆盘中心的坐标及内、外框的尺寸。该程序在通常的个人电脑上运行，也就是数秒钟的机时。输出是中心位于外框之内(包括恰在框上)的圆盘中心的坐标。由此就可以建立该分布的有限元模型了，

即一个单向纤维增强复合材料微观力学分析的体元。模型中的圆盘代表纤维的横截面,圆盘之间的空间充满基体。如果复合材料成形时浸润充分,材料的界面设计合理,因而具有充分的界面强度的话,两相材料在界面上可以共享节点。为了让体元的边界的几何形状尽可能简单,沿外框切除任何圆盘的外凸部分,形成一由外框定义的区域,作为欲分析的体元。

9.5 代表性体元及其子域内的应力、应变场

9.4 节建立的体元可以用来分析纤维在横截面内随机分布的单向纤维增强复合材料,分析虽然在由外框所定义的体元上进行,但是由于给该体元施加的边界条件不可能准确,该体元一般不具有代表性,至少代表性有折扣。然而,如果分析的结果不是简单地从外框得出,而是在对整个外框分析后,再从内框部分提取分析结果,那么代表性就没有疑问了,因为内框内的解接近无限大体元的结果,是真正的代表性体元,而外框只是一个载体,是为了让内框具有代表性的过渡途径。在对上述体元划分有限元网格时,需要将内框作为一明确定义的区域,以便在分析之后将内框分离出来,从中提取分析结果。作为例子,图 9.6(a)和(d)两体元的网格分别示意于图 9.7 和图 9.8,其中,图 9.7 所示的网格在其内框之内又加了一个更小的框,其与内框的间距要小一些,也许不够一个充分的衰减距离,但已足够说明后述欲说明的问题了,这是后话,稍后再讨论。

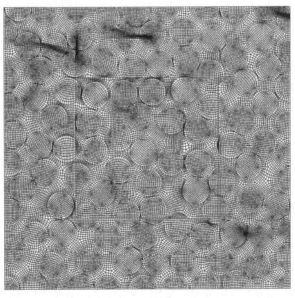

图 9.7 纤维体积含量为 65%的体元的有限元的网格

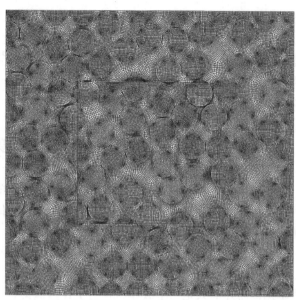

图 9.8　纤维体积含量为 60%的体元的有限元的网格

　　为了利用上述代表性体元表征单向纤维增强复合材料，本问题用 Abaqus 来分析，采用广义平面应变单元来考虑纵向和横向的拉伸、横向的剪切，所采用的单元类型为 CPEG8 和 CPEG6；如第 6 章的 6.4.1.1 节所介绍的，采用热传导比拟，可以用 DC2D8 和 DC2D6 类型的单元来分析纵向剪切问题。这些单元均为二次单元，分别地，前者为四边形，后者为三角形。网格中的绝大部分区域的网格都是用四边形单元来划分的。在纤维与纤维之间，一般至少安排两层单元以保证网格足够细，有个别纤维之间几乎相切的情况，网格的质量很难保证，因此局部使用了一些三角形单元。

　　在 9.3 节已经得知，通过施加均匀位移边界条件来给所欲分析的体元加载有其优势，为了得到一个宏观的沿 y 方向的单向应力状态，按方程(9.7)施加边界条件，这时，利用主自由度 ε_y^0 仍然有一定的方便，如第 7 章中所讨论的，均匀的位移边界条件可以通过在主自由度上施加"集中力" $A\sigma_y^0$，其中 A 是所分析体元的在平面内的面积，这相当于给体元以平均应力的方式加载，而分析后，主自由度上的"位移" ε_x^0、ε_y^0、ε_z^0、γ_{yz}^0，作为分析结果的一部分，则直接给出体元内的平均应变的近似值，而更精确的量值，则需按后述的对内框内的结果进行适当的后处理得出。这样加载保证了体元的边界条件的确是均匀位移，而位移具体的大小则由分析结果中的主自由度上的"集中力"来决定，这是主自由度的优势所在。

　　为了实施具体的分析，假设两相组分材料都是各向同性的，对于纤维含量为65%的体元，即由图 9.7 所示模型，采用 E_f=10 GPa、ν_f=0.2 作为纤维的弹性常数，E_m=1 GPa、ν_m=0.3 作为基体的弹性常数，而对于纤维含量为 60%的体元，即由

图 9.8 所示模型，采用如表 9.1 中的纤维和基体的弹性常数(Soden et al., 1998)。

表 9.1　Silenka 无碱玻璃纤维(各向同性)-环氧树脂单向纤维增强复合材料的组分特性

基体的弹性模量	3.35 GPa
基体的泊松比	0.35
纤维的弹性模量	74 GPa
纤维的泊松比	0.2
纤维的体积含量	60%

　　分析按如上所述，对外框进行，在主自度上加的"集中力"的大小的选取是要在体元中产生 1MPa 的平均应力，作为所分析的问题的例子之一，所加的平均应力载荷是沿 y 方向的。根据 Saint-Venant 原理，所得的分析结果，包括应力、应变分布，在内框之内，不受施加在外框边界上的边界条件的不准确性的影响。下面根据分析结果更进一步阐述如此建立的代表性体元的代表性。

　　对于如图 9.6(a)所示的模型，整个模型的体积含量为 65%，建议用此。图中标的 65.69%是内框内的体积含量。采用如图 9.7 所示的网格，进行有限元分析，作为分析的后处理，分离出的内框部分的变形状态，将变形放大了 300 倍之后，绘制于图 9.9，图中还顺便显示了 von Mises 等效应力的云图。根据 Saint-Venant

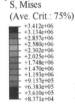

S, Mises
(Ave. Crit.: 75%)
```
+3.412e+06
+3.134e+06
+2.857e+06
+2.580e+06
+2.302e+06
+2.025e+06
+1.748e+06
+1.470e+06
+1.193e+06
+9.157e+05
+6.383e+05
+3.610e+05
+8.371e+04
```

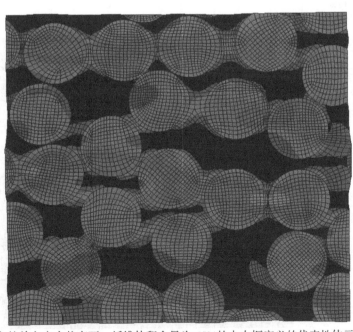

图 9.9　在沿 y 方向的单向应力状态下，纤维体积含量为 65%的由内框定义的代表性体元的变形状态及 von Mises 等效应力的云图

原理，其中的应力、应变分布已不受在外框(未在图 9.9 中显示)边界上边界条件的不准确性的影响，而该区域内的构形，如组分材料的体积含量，已具有足够的代表性，因此该区域作为代表性体元的代表性，没有悬念。

作为一个准确的解，下述的特征具有一般性：首先，内框的边界变形前为直线，但变形后一般不再保持直线；其次，沿内框边界没有任何离谱的应力集中；第三，域内的应力集中主要发生在相邻的纤维之间，特别是当相邻的纤维顺加载方向排列时，其间的空隙越小，应力集中越严重(Zou and Li, 2002)；第四，纤维的变形很小，因为其横向刚度比基体高得多，此情形在一些碳纤维复合材料中可能略有不同，因为碳纤维的横向刚度不再比基体高很多了。

为了能够对如此处理而得的代表性体元中的应力场的准确性有信心，本问题的网格划分在内框之内又加了一道框，为后述方便，不妨称为第三框，从内框到第三框的距离也不足衰减距离，而第三框之内，完整的纤维仅有一根，因此，如果将内框作为体元分析，第三框一般不具有足够的代表性，引入第三框的目的也的确不是希望将其用作一代表性体元，而是希望借此一例比较形象地展示一下不准确的边界条件的影响的衰减。

图 9.10 中所示的是以内框部分作为体元直接施加边界条件(9.7)进行分析而得的变形状态和 von Mises 等效应力云图。变形同样是被放大了 300 倍，与图 9.9 相

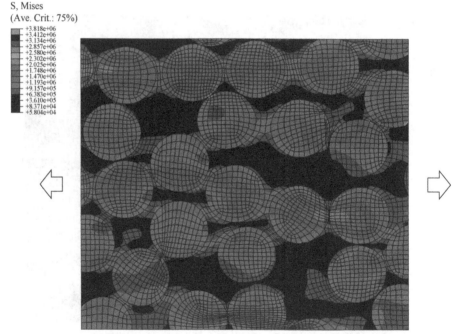

图 9.10　在沿 y 方向的单向应力状态下，纤维体积含量为 65%的直接由内框定义的体元(因此，边界条件不准确)的变形状态及 von Mises 等效应力的云图

比，最明显的差别是此时边界保持直线，这显然不是一个真实的情形。当前的分析采用的是与图 9.9 完全相同的网格，如果希望反映边界上因有限截断而造成的不同相的组分材料界面上在自由面处的高度的应力集中，乃至于应力奇异性，此网格还不够细。仅就此网格，von Mises 等效应力的最大值在纤维中为 9.879MPa，在基体中为 4.501MPa。同样的应力，在图 9.9 中则分别为 14.371MPa 和 10.997MPa。如果以 von Mises 等效应力作为基体的屈服准则，则采用不准确的边界条件在当前情况下可能低估屈服起始的载荷约 2.5 倍。

图 9.10 的结果的不正确性是不争的事实，然而如果从图 9.9 和图 9.10 中分别取出由第三框所定义的区域，比较于图 9.11 之中，其中 9.11(a)取自边界条件加在外框所得的结果，因为该区域在内框之内，较内框更不受不准确的边界条件的影响；而图 9.11(b)则由边界条件加在内框上而得，但是，在距离边界仅有一半的衰减距离，不过那里的结果与准确的结果相比，已经差别不大了。肉眼观察得到的变形基本没有差别，特别是沿第三框边界的分布。两应力云图之间的微妙差别多半是因为色标(legend)显示一定的量值差别，但差别已不大，分布模式非常接近，的确可见 Saint-Venant 之间的差别，如果能够把握好衰减距离的话。

作为本节的结论，代表性体元，即内框，如果取自一个更大的体元，而欲施加的但又不准确的边界条件则施加在这个更大的体元，即外框，同时确保内框与

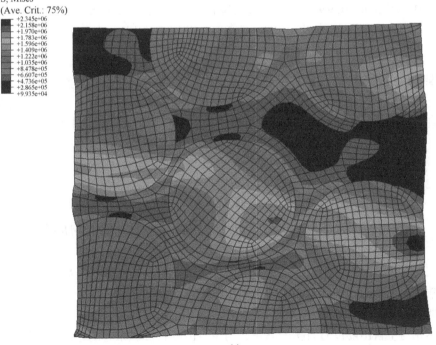

(a)

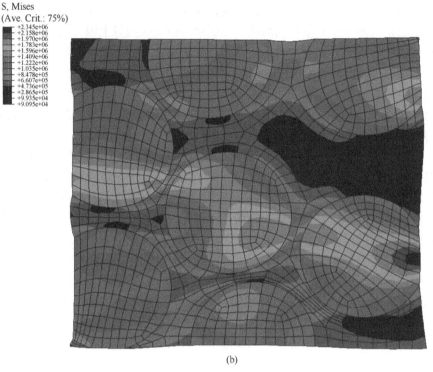

S, Mises
(Ave. Crit.: 75%)
+2.345e+06
+2.158e+06
+1.970e+06
+1.783e+06
+1.596e+06
+1.409e+06
+1.222e+06
+1.035e+06
+8.478e+05
+6.607e+05
+4.736e+05
+2.865e+05
+9.935e+04
+9.095e+04

(b)

图 9.11　分别从(a) 图 9.9 和 (b) 图 9.10 提取的第三框作为体元，放大了 300 倍的变形状态
及 von Mises 等效应力云图之间的比较

外框之间的距离不小于本问题的衰减距离，那么该代表性体元之内的物理场就足
够准确，而代表性体元也就有足够的代表性。关于衰减距离，虽然没有一般的确
定它的方法，但是若干倍的相关问题的特征长度通常足够，对于单向纤维增强的
复合材料的横截面来说，特征距离可选作纤维中心到相邻的纤维中心的平均距离。

　　上述结论对一维的区域或三维的区域也都照样适用。

　　同样的方法也被应用在短切纤维增强的复合材料之中(Qian et al.,
2012a,2012b,2012c)，因为数学上的严谨，效果当然不言而喻。

9.6　平均应力、平均应变和材料等效特性的后处理

　　在第 5 章里已经指出，关于代表性体元或单胞分析结果的后处理，在文献中
通常是一个被回避的问题，在 9.5 节引进的代表性体元中，尽管主自由度对方便
地加载还是不无益处的，对于后处理来说，主自由度的存在无甚帮助，因为代表
性体元与主自由度没有直接的联系，与主自由度直接联系着的是内外框代表的体

元，而代表性体元仅是其一部分，即内框。平均应力、平均应变只能通过采用适当的方法对代表性体元中的应力或应变求平均而得。因为平均应力、平均应变涉及对应力、应变在代表性体元的域内的积分，常常是二维或三维的积分，而这些大部分商用软件又不直接提供。用户除了一方面要积极鼓励、支持这些软件开发商们在他们的软件系统的输出量中增加一些与指定区域或单元集内的平均应力、平均应变等选项，另一方面，在这些选项尚未实现之前，需要培养一定的后处理的能力，这除了一定的编程能力之外，还需要一定的数学鉴赏能力，这样才不易困惑。

如果用户希望直接对应力、应变求平均，那么所需的数值积分公式已在第 6 章的 6.7 节中给出，直接应用即可。但是直觉可能诱惑用户采用降维后的算法，即应力等于合力除以面积，下面特地对此问题展开一下，以示直觉与数学的差别。

分别针对二维和三维问题，读者会发现下述的数学公式或定理有用武之地。在二维情况下的格林公式：

$$\iint\limits_{A}\left(\frac{\partial f_y}{\partial y}+\frac{\partial f_z}{\partial z}\right)\mathrm{d}A=\oint_{\partial A}-f_z\mathrm{d}y+f_y\mathrm{d}z=\oint_{\partial A}\begin{bmatrix} f_y & f_z \end{bmatrix}\begin{Bmatrix} n_y \\ n_z \end{Bmatrix}\mathrm{d}s \tag{9.11}$$

和三维情况下的高斯定理(也作散度定理)：

$$\iiint\limits_{\Omega}\left(\frac{\partial f_x}{\partial x}+\frac{\partial f_y}{\partial y}+\frac{\partial f_z}{\partial z}\right)\mathrm{d}\Omega=\oiint_{\partial\Omega}\begin{bmatrix} f_x & f_y & f_z \end{bmatrix}\begin{Bmatrix} n_x \\ n_y \\ n_z \end{Bmatrix}\mathrm{d}S \tag{9.12}$$

其中，$\begin{bmatrix} f_x & f_y \end{bmatrix}$ 和 $\begin{bmatrix} f_x & f_y & f_z \end{bmatrix}$ 分别为二维和三维空间内的连续、可微的矢量场，A 和 Ω 分别为二维和三维空间内的积分区域，即当前的代表性体元，∂A 和 $\partial\Omega$ 分别为 A 和 Ω 的边界，$\begin{bmatrix} n_y & n_z \end{bmatrix}$ 和 $\begin{bmatrix} n_x & n_y & n_z \end{bmatrix}$ 分别为边界 ∂A 和 $\partial\Omega$ 上的外法线方向的单位矢量，s 为沿 ∂A 的弧长坐标，S 为 $\partial\Omega$ 的表面积。

利用格林公式(9.11)，以及定义应变的几何方程，参考图 9.12，平均应变可以由代表性体元的边界上的位移表示为

$$\varepsilon_y^0=\frac{1}{A}\iint\limits_{A}\varepsilon_y\mathrm{d}A=\frac{1}{A}\iint\limits_{A}\frac{\partial v}{\partial y}\mathrm{d}A=\frac{1}{A}\iint\limits_{A}\left(\frac{\partial v}{\partial y}-\frac{\partial 0}{\partial z}\right)\mathrm{d}A=\frac{1}{A}\oint_{\partial A}0\mathrm{d}y+v\mathrm{d}z=\frac{1}{A}\oint_{\partial A}v\mathrm{d}z$$

$$=\frac{1}{A}\int_{C_2}^{C_3}v\mathrm{d}z+\frac{1}{A}\int_{C_4}^{C_1}v\mathrm{d}z=\frac{1}{A}\int_{C_2}^{C_3}v\mathrm{d}z-\frac{1}{A}\int_{C_1}^{C_4}v\mathrm{d}z=\frac{1}{A}\int_{z_1}^{z_2}v\big|_{y=y_2}\ \mathrm{d}z-\frac{1}{A}\int_{z_1}^{z_2}v\big|_{y=y_1}\ \mathrm{d}z \tag{9.13}$$

$$\varepsilon_z^0=\frac{1}{A}\int_{y_1}^{y_2}w\big|_{z=z_2}\ \mathrm{d}y-\frac{1}{A}\int_{y_1}^{y_2}w\big|_{z=z_1}\ \mathrm{d}y \tag{9.14}$$

$$
\begin{aligned}
\gamma_{yz}^0 &= \frac{1}{A}\iint_A \gamma_{yz}\mathrm{d}A = \frac{1}{A}\iint_A\left(\frac{\partial w}{\partial y}+\frac{\partial v}{\partial z}\right)\mathrm{d}A = \frac{1}{A}\oint_{\partial A} -v\mathrm{d}y + w\mathrm{d}z \\
&= \frac{1}{A}\left(-\int_{C_1}^{C_2} v\mathrm{d}y + \int_{C_2}^{C_3} w\mathrm{d}z - \int_{C_3}^{C_4} v\mathrm{d}y + \int_{C_4}^{C_1} w\mathrm{d}z\right) \\
&= \frac{1}{A}\left(\int_{y_1}^{y_2} v|_{z=z_2}\,\mathrm{d}y - \int_{y_1}^{y_2} v|_{z=z_1}\,\mathrm{d}y + \int_{z_1}^{z_2} w|_{y=y_2}\,\mathrm{d}z - \int_{z_1}^{z_2} w|_{y=y_1}\,\mathrm{d}z\right)
\end{aligned} \tag{9.15}
$$

其中，记号 A 在不致混淆的前提下，被分别用来表示代表性体元所在的区域和该区域的面积。为了应用式(9.13)～式(9.15)，代表性体元所在的子区域的边必须平行于 x 轴或 y 轴，为了准确地计算上述积分，应该遵循数值积分的规则，如果划分网络所采用的单元是线性的，无论是三节点还是四节点的，都应该采用梯形积分公式；如果单元是二次的，不管是六节点的三角形还是八节点的四边形单元，则应采用辛普森积分公式，每一个单元的边含三个节点，对应着辛普森公式中的一个抛物线段。不同的节点上的位移对积分的贡献是不同的，譬如抛物线上的中间点的贡献要远高于两端的节点。显然为了计算如上积分，用户必须调用每节点的坐标，这并不难实现，但用户必须有一定的后处理的经验，此经验，还不仅限于操作层面，对有限元法的基本理论，如插值、形函数、数值积分等都需要有一定的了解，而对于软件商们，这绝对仅是举手之劳，就看此要求能否被给予足够的优先。

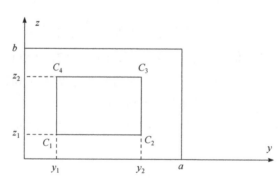

图 9.12　一代表性体元及其子区域

类似的推导，可以通过运用式(9.14)给出的高斯定理，得到如下：

$$
\varepsilon_x^0 = \frac{1}{\Omega}\iiint_\Omega \left(\frac{\partial u}{\partial x}+\frac{\partial 0}{\partial y}+\frac{\partial 0}{\partial z}\right)\mathrm{d}\Omega = \frac{1}{\Omega}\oiint_{\partial\Omega}\begin{bmatrix}u & 0 & 0\end{bmatrix}\begin{Bmatrix}n_x \\ n_y \\ n_z\end{Bmatrix}\mathrm{d}S = \frac{1}{\Omega}\left(\iint_{S_{x_2}} u\mathrm{d}S - \iint_{S_{x_1}} u\mathrm{d}S\right) \tag{9.16}
$$

$$\varepsilon_y^0 = \frac{1}{\Omega}\iiint\limits_\Omega \left(\frac{\partial 0}{\partial x}+\frac{\partial v}{\partial y}+\frac{\partial 0}{\partial z}\right)\mathrm{d}\Omega = \frac{1}{\Omega}\oiint\limits_{\partial\Omega}[0 \quad v \quad 0]\begin{Bmatrix} n_x \\ n_y \\ n_z \end{Bmatrix}\mathrm{d}S = \frac{1}{\Omega}\left(\iint\limits_{S_{y_2}} v\mathrm{d}S - \iint\limits_{S_{y_1}} v\mathrm{d}S\right) \quad (9.17)$$

$$\varepsilon_z^0 = \frac{1}{\Omega}\iiint\limits_\Omega \left(\frac{\partial 0}{\partial x}+\frac{\partial 0}{\partial y}+\frac{\partial w}{\partial z}\right)\mathrm{d}\Omega = \frac{1}{\Omega}\oiint\limits_{\partial\Omega}[0 \quad 0 \quad w]\begin{Bmatrix} n_x \\ n_y \\ n_z \end{Bmatrix}\mathrm{d}S = \frac{1}{\Omega}\left(\iint\limits_{S_{z_2}} w\mathrm{d}S - \iint\limits_{S_{z_1}} w\mathrm{d}S\right) \quad (9.18)$$

$$\gamma_{yz}^0 = \frac{1}{\Omega}\iiint\limits_\Omega \left(\frac{\partial 0}{\partial x}+\frac{\partial w}{\partial y}+\frac{\partial v}{\partial z}\right)\mathrm{d}\Omega = \frac{1}{\Omega}\oiint\limits_{\partial\Omega}[0 \quad w \quad v]\begin{Bmatrix} n_x \\ n_y \\ n_z \end{Bmatrix}\mathrm{d}S$$

$$= \frac{1}{\Omega}\left(\iint\limits_{S_{y_2}} w\mathrm{d}S - \iint\limits_{S_{y_1}} w\mathrm{d}S + \iint\limits_{S_{z_2}} v\mathrm{d}S - \iint\limits_{S_{z_1}} v\mathrm{d}S\right) \quad (9.19)$$

$$\gamma_{xz}^0 = \frac{1}{\Omega}\iiint\limits_\Omega \left(\frac{\partial w}{\partial x}+\frac{\partial 0}{\partial y}+\frac{\partial u}{\partial z}\right)\mathrm{d}\Omega = \frac{1}{\Omega}\oiint\limits_{\partial\Omega}[w \quad 0 \quad u]\begin{Bmatrix} n_x \\ n_y \\ n_z \end{Bmatrix}\mathrm{d}S$$

$$= \frac{1}{\Omega}\left(\iint\limits_{S_{x_2}} w\mathrm{d}S - \iint\limits_{S_{x_1}} w\mathrm{d}S + \iint\limits_{S_{z_2}} u\mathrm{d}S - \iint\limits_{S_{z_1}} u\mathrm{d}S\right) \quad (9.20)$$

$$\gamma_{xy}^0 = \frac{1}{\Omega}\iiint\limits_\Omega \left(\frac{\partial v}{\partial x}+\frac{\partial u}{\partial y}+\frac{\partial 0}{\partial z}\right)\mathrm{d}\Omega = \frac{1}{\Omega}\oiint\limits_{\partial\Omega}[v \quad u \quad 0]\begin{Bmatrix} n_x \\ n_y \\ n_z \end{Bmatrix}\mathrm{d}S$$

$$= \frac{1}{\Omega}\left(\iint\limits_{S_{x_2}} v\mathrm{d}S - \iint\limits_{S_{x_1}} v\mathrm{d}S + \iint\limits_{S_{y_2}} u\mathrm{d}S - \iint\limits_{S_{y_1}} u\mathrm{d}S\right) \quad (9.21)$$

其中，符号 Ω 在不致混淆的前提下，被分别用来表示代表性体元所在的区域和该区域的体积，而积分区域 S_{x1} 和 S_{x2} 分别为长方体垂直于 x 轴的两表面，$x_2>x_1$；S_{y1} 和 S_{y2}、S_{z1} 和 S_{z2} 也可类似地定义。为了应用式(9.16)～式(9.21)，代表性体元所在的子区域的表面必须垂直于坐标轴，为了准确地计算上述积分，同样应该遵循数值积分的规则，只是现在的积分都是面积分，需要沿表面逐个单元处理。

如果按直觉来计算这些平均应变，应该也可以得到类似甚至完全一样的公式，但是如果认为直觉放之四海而皆准，那就有问题了。下面推导平均应力时会给予说明。

把体积分变换成面积分的步骤对平均应力的求取一样适用，只是过程和结果都要稍稍复杂那么一点。首先要对格林公式和高斯定理作一点变换。如果分别令二维情形的 $\begin{bmatrix} f_x & f_y \end{bmatrix} = \begin{bmatrix} g_x h_x & g_y h_y \end{bmatrix}$ 和三维情形的 $\begin{bmatrix} f_x & f_y & f_z \end{bmatrix} = \begin{bmatrix} g_x h_x & g_y h_y & g_z h_z \end{bmatrix}$，其中 g 和 h 均为如 f 那样连续、可微的矢量场，则格林公式和高斯定理可以分别给出

$$\iint_A \left(\frac{\partial g_y}{\partial y} h_y + \frac{\partial g_z}{\partial z} h_z \right) \mathrm{d}A = \oint_{\partial A} \begin{bmatrix} f_y & f_z \end{bmatrix} \begin{Bmatrix} n_y \\ n_z \end{Bmatrix} \mathrm{d}s - \iint_A \left(g_y \frac{\partial h_y}{\partial y} + g_z \frac{\partial h_z}{\partial z} \right) \mathrm{d}A \tag{9.22}$$

$$\iiint_\Omega \left(\frac{\partial g_x}{\partial x} h_x + \frac{\partial g_y}{\partial y} h_y + \frac{\partial g_z}{\partial z} h_z \right) \mathrm{d}\Omega$$

$$= \oiint_{\partial\Omega} \begin{bmatrix} g_x h_x & g_y h_y & g_z h_z \end{bmatrix} \begin{Bmatrix} n_x \\ n_y \\ n_z \end{Bmatrix} \mathrm{d}S - \iiint_\Omega \left(g_x \frac{\partial h_x}{\partial x} + g_y \frac{\partial h_y}{\partial y} + g_z \frac{\partial h_z}{\partial z} \right) \mathrm{d}\Omega \tag{9.23}$$

如上公式，犹如通常积分学中的分部积分，其实也的确就是在高维积分中的分部积分，利用它们求平均应力的积分就可分别被降维如下。

同样是运用高斯定理，但在运用之前，需对被积函数做一点等价的变换，利用的恒等条件是 $\frac{\partial x}{\partial x} = 1$、$\frac{\partial x}{\partial y} = \frac{\partial x}{\partial z} = 0$，这样

$$\sigma_x^0 = \frac{1}{\Omega} \iiint_\Omega \sigma_x \mathrm{d}\Omega = \frac{1}{\Omega} \iiint_\Omega \left(\frac{\partial x}{\partial x} \sigma_x + \frac{\partial x}{\partial y} \tau_{xy} + \frac{\partial x}{\partial z} \tau_{xz} \right) \mathrm{d}\Omega$$

$$= \frac{1}{\Omega} \oiint_{\partial\Omega} x \begin{bmatrix} \sigma_x & \tau_{xy} & \tau_{xz} \end{bmatrix} \begin{Bmatrix} n_x \\ n_y \\ n_z \end{Bmatrix} \mathrm{d}S - \frac{1}{\Omega} \iiint_\Omega \left(\frac{\partial \sigma_x}{\partial x} + \frac{\partial \tau_{xy}}{\partial y} + \frac{\partial \tau_{xz}}{\partial z} \right) x \mathrm{d}\Omega \tag{9.24}$$

利用弹性力学的平衡方程 $\frac{\partial \sigma_x}{\partial x} + \frac{\partial \tau_{xy}}{\partial y} + \frac{\partial \tau_{xz}}{\partial z} = 0$，可得

$$\sigma_x^0 = \frac{1}{\Omega} \iiint_\Omega \sigma_x \mathrm{d}\Omega = \frac{1}{\Omega} \oiint_{\partial\Omega} x \begin{bmatrix} \sigma_x & \tau_{xy} & \tau_{xz} \end{bmatrix} \begin{Bmatrix} n_x \\ n_y \\ n_z \end{Bmatrix} \mathrm{d}S \tag{9.25a}$$

上述积分中的被积函数是 $\partial\Omega$ 上的一个坐标变量和 $\partial\Omega$ 上的面力的乘积，如果 Ω 由若干个子区域组成，由于连续性，被积函数在子区域的界面的两侧，坐标变量与面力分别相等，而外法线的方向相反，因此在子区域的界面的两侧的积分将相互抵消。所以上述的面积分，仅需在区域 Ω 的边界 $\partial\Omega$ 求取即可，不管区域 Ω 是否

存在子区域，只要各子区域之间满足连续条件即可。

类似地，利用另外两个弹性力学平衡方程，可得

$$\sigma_y^0 = \frac{1}{\Omega}\iiint_\Omega \sigma_y \mathrm{d}\Omega = \frac{1}{\Omega}\oiint_{\partial\Omega} y\begin{bmatrix} \tau_{xy} & \sigma_y & \tau_{xz} \end{bmatrix}\begin{Bmatrix} n_x \\ n_y \\ n_z \end{Bmatrix}\mathrm{d}S \tag{9.25b}$$

$$\sigma_z^0 = \frac{1}{\Omega}\iiint_\Omega \sigma_z \mathrm{d}\Omega = \frac{1}{\Omega}\oiint_{\partial\Omega} z\begin{bmatrix} \tau_{xz} & \tau_{yz} & \sigma_z \end{bmatrix}\begin{Bmatrix} n_x \\ n_y \\ n_z \end{Bmatrix}\mathrm{d}S \tag{9.25c}$$

同样的推导也适用于平均剪应力

$$\tau_{yz}^0 = \frac{1}{\Omega}\iiint_\Omega \tau_{yz} \mathrm{d}\Omega = \frac{1}{\Omega}\iiint_\Omega \left(\frac{\partial y}{\partial x}\tau_{xz} + \frac{\partial y}{\partial y}\tau_{yz} + \frac{\partial y}{\partial z}\sigma_z\right)\mathrm{d}\Omega = \frac{1}{\Omega}\oiint_{\partial\Omega} y\begin{bmatrix} \tau_{xz} & \tau_{yz} & \sigma_z \end{bmatrix}\begin{Bmatrix} n_x \\ n_y \\ n_z \end{Bmatrix}\mathrm{d}S$$

$$\tag{9.25d-1}$$

$$\tau_{xz}^0 = \frac{1}{\Omega}\iiint_\Omega \tau_{xz} \mathrm{d}\Omega = \frac{1}{\Omega}\oiint_{\partial\Omega} z\begin{bmatrix} \sigma_x & \tau_{xy} & \tau_{xz} \end{bmatrix}\begin{Bmatrix} n_x \\ n_y \\ n_z \end{Bmatrix}\mathrm{d}S \tag{9.25e-1}$$

$$\tau_{xy}^0 = \frac{1}{\Omega}\iiint_\Omega \tau_{xy} \mathrm{d}\Omega = \frac{1}{\Omega}\oiint_{\partial\Omega} x\begin{bmatrix} \tau_{xy} & \sigma_y & \tau_{yz} \end{bmatrix}\begin{Bmatrix} n_x \\ n_y \\ n_z \end{Bmatrix}\mathrm{d}S \tag{9.25f-1}$$

由于剪应力的互等性，它们的平均值也可以有如下不同的表达式，但只要处理准确，它们应该都得到相同的结果

$$\tau_{yz}^0 = \frac{1}{\Omega}\iiint_\Omega \tau_{yz} \mathrm{d}\Omega = \frac{1}{\Omega}\iiint_\Omega \left(\frac{\partial z}{\partial x}\tau_{xy} + \frac{\partial z}{\partial y}\sigma_y + \frac{\partial z}{\partial z}\tau_{yz}\right)\mathrm{d}\Omega$$

$$\tag{9.25d-2}$$

$$= \frac{1}{\Omega}\oiint_{\partial\Omega} z\begin{bmatrix} \tau_{xy} & \sigma_y & \tau_{yz} \end{bmatrix}\begin{Bmatrix} n_x \\ n_y \\ n_z \end{Bmatrix}\mathrm{d}S$$

$$\tau_{xz}^0 = \frac{1}{\Omega}\iiint_\Omega \tau_{xz} \mathrm{d}\Omega = \frac{1}{\Omega}\iiint_\Omega \left(\frac{\partial x}{\partial x}\tau_{xz} + \frac{\partial x}{\partial y}\tau_{yz} + \frac{\partial x}{\partial z}\sigma_z\right)\mathrm{d}\Omega$$

$$\tag{9.25e-2}$$

$$= \frac{1}{\Omega}\oiint_{\partial\Omega} x\begin{bmatrix} \tau_{xz} & \tau_{yz} & \sigma_z \end{bmatrix}\begin{Bmatrix} n_x \\ n_y \\ n_z \end{Bmatrix}\mathrm{d}S$$

$$\tau_{xy}^0 = \frac{1}{\Omega}\iiint\limits_{\Omega}\tau_{xy}\mathrm{d}\Omega = \frac{1}{\Omega}\iiint\limits_{\Omega}\left(\frac{\partial y}{\partial x}\sigma_x + \frac{\partial y}{\partial y}\tau_{xy} + \frac{\partial y}{\partial z}\tau_{xz}\right)\mathrm{d}\Omega$$

$$= \frac{1}{\Omega}\oiint\limits_{\partial\Omega} y\begin{bmatrix}\sigma_x & \tau_{xy} & \tau_{xz}\end{bmatrix}\begin{Bmatrix}n_x\\n_y\\n_z\end{Bmatrix}\mathrm{d}S \tag{9.25f-2}$$

如果 Ω 为一长方体区域，则上式可由如下确定的形式

$$\sigma_x^0 = \frac{1}{\Omega}\left(x_2\iint\limits_{S_{x_2}}\sigma_x\mathrm{d}S - x_1\iint\limits_{S_{x_1}}\sigma_x\mathrm{d}S\right)$$

$$+ \frac{1}{\Omega}\left(\iint\limits_{S_{y_2}}x\tau_{xy}\mathrm{d}S - \iint\limits_{S_{y_1}}x\tau_{xy}\mathrm{d}S\right) + \frac{1}{\Omega}\left(\iint\limits_{S_{z_2}}x\tau_{xz}\mathrm{d}S - \iint\limits_{S_{z_1}}x\tau_{xz}\mathrm{d}S\right) \tag{9.26a}$$

$$\sigma_y^0 = \frac{1}{\Omega}\left(\iint\limits_{S_{x_2}}y\tau_{xy}\mathrm{d}S - \iint\limits_{S_{x_1}}y\tau_{xy}\mathrm{d}S\right)$$

$$+ \frac{1}{\Omega}\left(y_2\iint\limits_{S_{y_2}}\sigma_y\mathrm{d}S - y_1\iint\limits_{S_{y_1}}\sigma_y\mathrm{d}S\right) + \frac{1}{\Omega}\left(\iint\limits_{S_{z_2}}y\tau_{xz}\mathrm{d}S - \iint\limits_{S_{z_1}}y\tau_{xz}\mathrm{d}S\right) \tag{9.26b}$$

$$\sigma_z^0 = \frac{1}{\Omega}\left(\iint\limits_{S_{x_2}}z\tau_{xz}\mathrm{d}S - \iint\limits_{S_{x_1}}z\tau_{xz}\mathrm{d}S\right)$$

$$+ \frac{1}{\Omega}\left(\iint\limits_{S_{y_2}}z\tau_{yz}\mathrm{d}S - \iint\limits_{S_{y_1}}z\tau_{yz}\mathrm{d}S\right) + \frac{1}{\Omega}\left(z_2\iint\limits_{S_{z_2}}\sigma_z\mathrm{d}S - z_1\iint\limits_{S_{z_1}}\sigma_z\mathrm{d}S\right) \tag{9.26c}$$

$$\tau_{yz}^0 = \frac{1}{\Omega}\left(\iint\limits_{S_{x_2}}y\tau_{xz}\mathrm{d}S - \iint\limits_{S_{x_1}}y\tau_{xz}\mathrm{d}S\right)$$

$$+ \frac{1}{\Omega}\left(y_2\iint\limits_{S_{y_2}}\tau_{yz}\mathrm{d}S - y_1\iint\limits_{S_{y_1}}\tau_{yz}\mathrm{d}S\right) + \frac{1}{\Omega}\left(\iint\limits_{S_{z_2}}y\sigma_z\mathrm{d}S - \iint\limits_{S_{z_1}}y\sigma_z\mathrm{d}S\right) \tag{9.26d-1}$$

$$\tau_{xz}^0 = \frac{1}{\Omega}\left(\iint\limits_{S_{x_2}}z\sigma_x\mathrm{d}S - \iint\limits_{S_{x_1}}z\sigma_x\mathrm{d}S\right)$$

$$+ \frac{1}{\Omega}\left(\iint\limits_{S_{y_2}}z\tau_{xy}\mathrm{d}S - \iint\limits_{S_{y_1}}z\tau_{xy}\mathrm{d}S\right) + \frac{1}{\Omega}\left(z_2\iint\limits_{S_{z_2}}\tau_{xz}\mathrm{d}S - z_1\iint\limits_{S_{z_1}}\tau_{xz}\mathrm{d}S\right) \tag{9.26e-1}$$

$$\tau_{xy}^0 = \frac{1}{\Omega}\left(x_2 \iint_{S_{x_2}} \tau_{xy}\mathrm{d}S - x_1 \iint_{S_{x_1}} \tau_{xy}\mathrm{d}S \right)$$

$$+ \frac{1}{\Omega}\left(\iint_{S_{y_2}} x\sigma_y\mathrm{d}S - \iint_{S_{y_1}} x\sigma_y\mathrm{d}S \right) + \frac{1}{\Omega}\left(\iint_{S_{z_2}} x\tau_{yz}\mathrm{d}S - \iint_{S_{z_1}} x\tau_{yz}\mathrm{d}S \right) \qquad (9.26\text{f-}1)$$

从式(9.25d-2)、式(9.25e-2)、式(9.25f-2)也可以得出平均剪应力如下不同的表达式

$$\tau_{yz}^0 = \frac{1}{\Omega}\left(\iint_{S_{y_2}} z\tau_{xy}\mathrm{d}S - \iint_{S_{y_1}} z\tau_{xy}\mathrm{d}S \right)$$

$$+ \frac{1}{\Omega}\left(\iint_{S_{x_2}} z\sigma_y\mathrm{d}S - \iint_{S_{x_1}} z\sigma_y\mathrm{d}S \right) + \frac{1}{\Omega}\left(z_2 \iint_{S_{z_2}} \tau_{yz}\mathrm{d}S - z_1 \iint_{S_{z_1}} \tau_{yz}\mathrm{d}S \right) \qquad (9.26\text{d-}2)$$

$$\tau_{xz}^0 = \frac{1}{\Omega}\left(x_2 \iint_{S_{x_2}} \tau_{xz}\mathrm{d}S - x_1 \iint_{S_{x_1}} \tau_{xz}\mathrm{d}S \right)$$

$$+ \frac{1}{\Omega}\left(\iint_{S_{z_2}} x\tau_{yz}\mathrm{d}S - \iint_{S_{z_1}} x\tau_{yz}\mathrm{d}S \right) + \frac{1}{\Omega}\left(\iint_{S_{y_2}} x\sigma_z\mathrm{d}S - \iint_{S_{y_1}} x\sigma_z\mathrm{d}S \right) \qquad (9.26\text{e-}2)$$

$$\tau_{xy}^0 = \frac{1}{\Omega}\left(\iint_{S_{z_2}} y\sigma_x\mathrm{d}S - \iint_{S_{z_1}} y\sigma_x\mathrm{d}S \right)$$

$$+ \frac{1}{\Omega}\left(y_2 \iint_{S_{y_2}} \tau_{xy}\mathrm{d}S - y_1 \iint_{S_{y_1}} \tau_{xy}\mathrm{d}S \right) + \frac{1}{\Omega}\left(\iint_{S_{x_2}} y\tau_{xz}\mathrm{d}S - \iint_{S_{x_1}} y\tau_{xz}\mathrm{d}S \right) \qquad (9.26\text{f-}2)$$

读者很容易把上述三维的情形简化到如下的二维形式

$$\sigma_x^0 = \frac{1}{A}\iint_A \sigma_x\mathrm{d}A = \frac{1}{A}\iint_A \left(\frac{\partial x}{\partial x}\sigma_x + \frac{\partial x}{\partial y}\tau_{xy} \right)\mathrm{d}A = \frac{1}{A}\oint_{\partial A} x\begin{bmatrix} \sigma_x & \tau_{xy} \end{bmatrix}\begin{Bmatrix} n_x \\ n_y \end{Bmatrix}\mathrm{d}s \qquad (9.27\text{a})$$

$$\sigma_y^0 = \frac{1}{A}\iint_A \sigma_y\mathrm{d}A = \frac{1}{A}\iint_A \left(\frac{\partial y}{\partial x}\tau_{xy} + \frac{\partial y}{\partial y}\sigma_y \right)\mathrm{d}A = \frac{1}{A}\oint_{\partial A} y\begin{bmatrix} \tau_{xy} & \sigma_y \end{bmatrix}\begin{Bmatrix} n_x \\ n_y \end{Bmatrix}\mathrm{d}s \qquad (9.27\text{b})$$

$$\tau_{xy}^0 = \frac{1}{A}\iint_A \tau_{xy}\mathrm{d}A = \frac{1}{A}\iint_A \left(\frac{\partial x}{\partial x}\tau_{xy} + \frac{\partial x}{\partial y}\sigma_y \right)\mathrm{d}A = \frac{1}{A}\oint_{\partial A} x\begin{bmatrix} \tau_{xy} & \sigma_y \end{bmatrix}\begin{Bmatrix} n_x \\ n_y \end{Bmatrix}\mathrm{d}s \qquad (9.27\text{c-}1)$$

同样地，平均剪应力可以有如下形式不同但结果相同的表达式

$$\tau_{xy}^0 = \frac{1}{A}\iint_A \tau_{xy}\mathrm{d}A = \frac{1}{A}\iint_A \left(\frac{\partial y}{\partial x}\sigma_x + \frac{\partial y}{\partial y}\tau_{xy}\right)\mathrm{d}A = \frac{1}{A}\oint_{\partial A} y\begin{bmatrix}\sigma_x & \tau_{xy}\end{bmatrix}\begin{Bmatrix}n_x\\n_y\end{Bmatrix}\mathrm{d}s \tag{9.27c-2}$$

如果 A 为一长方形区域，则上式可由如下确定的形式

$$\sigma_x^0 = \frac{1}{A}\iint_A \sigma_x \mathrm{d}A = \frac{1}{A}\left(x_2\int_{y_1}^{y_2}\sigma_x\big|_{x=x_2}\mathrm{d}y - x_1\int_{y_1}^{y_2}\sigma_x\big|_{x=x_1}\mathrm{d}y\right)$$
$$+ \frac{1}{A}\left(\int_{x_1}^{x_2}x\tau_{xy}\big|_{y=y_2}\mathrm{d}x - \int_{x_1}^{x_2}x\tau_{xy}\big|_{y=y_1}\mathrm{d}x\right) \tag{9.28a}$$

$$\sigma_y^0 = \frac{1}{A}\iint_A \sigma_y \mathrm{d}A = \frac{1}{A}\left(\int_{y_1}^{y_2}y\tau_{xy}\big|_{x=x_2}\mathrm{d}y - \int_{y_1}^{y_2}y\tau_{xy}\big|_{x=x_1}\mathrm{d}y\right)$$
$$+ \frac{1}{A}\left(y_2\int_{x_1}^{x_2}\sigma_y\big|_{y=y_2}\mathrm{d}x - y_1\int_{x_1}^{x_2}\sigma_y\big|_{y=y_1}\mathrm{d}x\right) \tag{9.28b}$$

$$\tau_{xy}^0 = \frac{1}{A}\iint_A \tau_{xy} \mathrm{d}A = \frac{1}{A}\left(\int_{y_1}^{y_2}y\sigma_x\big|_{x=x_2}\mathrm{d}y - \int_{y_1}^{y_2}y\sigma_x\big|_{x=x_1}\mathrm{d}y\right)$$
$$+ \frac{1}{A}\left(y_2\int_{x_1}^{x_2}\tau_{xy}\big|_{y=y_2}\mathrm{d}x - y_1\int_{x_1}^{x_2}\tau_{xy}\big|_{y=y_1}\mathrm{d}x\right) \tag{9.28c-1}$$

同样地，平均剪应力可以有如下形式不同但结果相同的表达式

$$\tau_{xy}^0 = \frac{1}{A}\left(x_2\int_{y_1}^{y_2}\tau_{xy}\big|_{x=x_2}\mathrm{d}y - x_1\int_{y_1}^{y_2}\tau_{xy}\big|_{x=x_1}\mathrm{d}y\right)$$
$$+ \frac{1}{A}\left(\int_{x_1}^{x_2}x\sigma_y\big|_{y=y_2}\mathrm{d}x - \int_{x_1}^{x_2}x\sigma_y\big|_{y=y_1}\mathrm{d}x\right) \tag{9.28c-2}$$

前述的三维情形中，关于子区域的存在不改变上述表达式的适应性的结论，在二维的情形中同样成立，只是积分区域由三维降至二维，而边界则由二维降至一维。注意，这一结论在应用于广义平面应变问题时会稍有差别，这在第15章会再细述。

应该指出，上述平均应力的表达式在数学上是严格的，但却很难按直觉得出，由直觉也许可以得到类似的公式，但细节上，特别是概念上，一定有着差别，因此不管按直觉走捷径的诱惑力有多大，没有理由认为直觉更准确。其实作为认识过程的一个环节，特别是开始着手一个问题的研究时，靠直觉迈出第一步，这无

可厚非，本书的作者与其合作者在(Wongst and Li, 2005)中的后处理便是这样的一个直觉举措，也正是因为那样处理了，才会觉得似乎有甚不妥，之后数年，此事一直耿耿于怀，不时反思，多年之后终于达到了目前这样严格的处理。可见不完善并不可怕，可怕的是一个人一旦提出了什么，就死抱着不放，不管后来知道那有多么的错。

上述公式的推导让读者有机会看到数学中著名的积分定理的应用，喜欢数学的读者也许不无兴趣，然而这些公式如果在代表性体元分析的后处理中付诸实施，那还是挺烦琐的一件事，也许其中很难再找到其他还有让人兴奋的事情了。当然，没有兴奋点不意味着这项工作不重要，或者可以随心所欲，特别是当知道了得到逻辑上一致的结果并没那么困难的时候，所需要的仅仅是一份耐心而已。众所周知，有限元法虽然并不旨在精准解，然而，其精度则会因任何逻辑上不一致的处理而很快地沦丧，譬如网格的协调、边界条件的正确施加等。一致性的基础是理性，即对物理量的严格的定义、数学规则及逻辑关系的遵从。为了科学和工程的尊严，值得去寻求问题的理性的解答，而不是给明显有误的做法，冠以"工程处理"的美名，瞒天过海，这样所构成的更是对"工程处理"的污辱，特别是当这种做法的实现还要更麻烦一些的时候。所谓"工程处理"，绝不是要把能做对的事情故意做错一点，尤其是在正确的做法比不正确的做法还更为简单的情况下，譬如，单胞中主自由度的概念的利用。真正的工程处理是在无法得到精确解的情况下，或者是在得到精确解非常麻烦的情况下，采用必要的近似，以得到对精度有把握的近似解答，这是智慧、经验的结晶，而绝不是任何墨守成规的借口或自作聪明的捷径。

有了上述求平均应变和平均应力的公式之后，就可以通过它们来得到材料的等效弹性特性了。因为所分析的体元本身并不是代表性体元，无论给它施加的是什么应力状态，代表性体元中的应力状态未必相同，因此对代表性体元来说，一般无法通过加载来保证其中的单向应力或应变状态。此处大可不必苛求单向应力或应变状态，材料表征可按如下步骤进行。

给欲分析的体元逐一施加单向或纯剪应力状态，这可以通过给每个主自由度逐一施加集中力，每次只给一个主自由度施加一个集中力，这可以被当作是一个载荷条件，这样通过一次分析的 6 个独立的载荷条件，分别得到 6 个独立的解。一般来说，这 6 个独立的解，在代表性体元中所产生的平均应力状态应该与单向或纯剪应力状态没有十分大的悬殊，只是未必有那么的理想或单一，但这无妨。从每一载荷条件，利用上述求平均应变和平均应力的公式，都可以得到代表性体元中的一组 6 个平均应变和相应的一组 6 个平均应力，把这样的一组平均应变和一组平均应力相应地分别排列成两个 6×6 的矩阵，记为

$$[E_{\text{rep}}] = \left[\begin{Bmatrix} \varepsilon_x^0 \\ \varepsilon_y^0 \\ \varepsilon_z^0 \\ \gamma_{yz}^0 \\ \gamma_{xz}^0 \\ \gamma_{xy}^0 \end{Bmatrix}^{(1)} \begin{Bmatrix} \varepsilon_x^0 \\ \varepsilon_y^0 \\ \varepsilon_z^0 \\ \gamma_{yz}^0 \\ \gamma_{xz}^0 \\ \gamma_{xy}^0 \end{Bmatrix}^{(2)} \begin{Bmatrix} \varepsilon_x^0 \\ \varepsilon_y^0 \\ \varepsilon_z^0 \\ \gamma_{yz}^0 \\ \gamma_{xz}^0 \\ \gamma_{xy}^0 \end{Bmatrix}^{(3)} \begin{Bmatrix} \varepsilon_x^0 \\ \varepsilon_y^0 \\ \varepsilon_z^0 \\ \gamma_{yz}^0 \\ \gamma_{xz}^0 \\ \gamma_{xy}^0 \end{Bmatrix}^{(4)} \begin{Bmatrix} \varepsilon_x^0 \\ \varepsilon_y^0 \\ \varepsilon_z^0 \\ \gamma_{yz}^0 \\ \gamma_{xz}^0 \\ \gamma_{xy}^0 \end{Bmatrix}^{(5)} \begin{Bmatrix} \varepsilon_x^0 \\ \varepsilon_y^0 \\ \varepsilon_z^0 \\ \gamma_{yz}^0 \\ \gamma_{xz}^0 \\ \gamma_{xy}^0 \end{Bmatrix}^{(6)}\right] \tag{9.29a}$$

$$[S_{\text{rep}}] = \left[\begin{Bmatrix} \sigma_x^0 \\ \sigma_y^0 \\ \sigma_z^0 \\ \tau_{yz}^0 \\ \tau_{xz}^0 \\ \tau_{xy}^0 \end{Bmatrix}^{(1)} \begin{Bmatrix} \sigma_x^0 \\ \sigma_y^0 \\ \sigma_z^0 \\ \tau_{yz}^0 \\ \tau_{xz}^0 \\ \tau_{xy}^0 \end{Bmatrix}^{(2)} \begin{Bmatrix} \sigma_x^0 \\ \sigma_y^0 \\ \sigma_z^0 \\ \tau_{yz}^0 \\ \tau_{xz}^0 \\ \tau_{xy}^0 \end{Bmatrix}^{(3)} \begin{Bmatrix} \sigma_x^0 \\ \sigma_y^0 \\ \sigma_z^0 \\ \tau_{yz}^0 \\ \tau_{xz}^0 \\ \tau_{xy}^0 \end{Bmatrix}^{(4)} \begin{Bmatrix} \sigma_x^0 \\ \sigma_y^0 \\ \sigma_z^0 \\ \tau_{yz}^0 \\ \tau_{xz}^0 \\ \tau_{xy}^0 \end{Bmatrix}^{(5)} \begin{Bmatrix} \sigma_x^0 \\ \sigma_y^0 \\ \sigma_z^0 \\ \tau_{yz}^0 \\ \tau_{xz}^0 \\ \tau_{xy}^0 \end{Bmatrix}^{(6)}\right] \tag{9.29b}$$

作为对上述两矩阵的一个粗略检验，$[E_{\text{rep}}]$ 应该近乎材料的柔度矩阵，而 $[S_{\text{rep}}]$ 应该近乎一个单位矩阵，任何显著的差别可能意味着模型或分析有误。这两个矩阵显然均可逆。

假设材料的等效刚度矩阵和柔度矩阵分别为 $[C^0]$ 和 $[S^0]$，因为

$$[S_{\text{rep}}] = [C^0][E_{\text{rep}}] \tag{9.30a}$$

$$[E_{\text{rep}}] = [S^0][S_{\text{rep}}] \tag{9.30b}$$

故从它们便可得到材料的等效刚度矩阵和等效柔度矩阵分别为

$$[C^0] = [S_{\text{rep}}][E_{\text{rep}}]^{-1} \tag{9.31a}$$

$$[S^0] = [E_{\text{rep}}][S_{\text{rep}}]^{-1} \tag{9.31b}$$

作为代表性的检验之一，所得的 $[C^0]$ 和 $[S^0]$ 应该都是对称的，任何严重的不对称性应该意味着模型或分析有误。轻微的不对称应该仅仅是数值误差，随着网格的细分，该不对称性的程度会减轻直至消失。当所得等效矩阵的不对称性已不那么严重时，即可以认为网格已经收敛，而残余的由不对称性所体现的误差可进一步由对它们人为的对称化而冲淡，即

$$\left[C^0\right]_{\text{sym}} = \frac{1}{2}\left(\left[C^0\right] + \left[C^0\right]^{\text{T}}\right) \tag{9.32a}$$

$$\left[S^0\right]_{\text{sym}} = \frac{1}{2}\left(\left[S^0\right] + \left[S^0\right]^{\text{T}}\right) \tag{9.32b}$$

当然，这同时还确保了等效刚度、柔度矩阵的对称性。

　　另外，如果材料在高尺度上的任何显著的特征，譬如，正交各向异性或由纤维在横截面内随机分布所提供的横观各向同性,如果代表性体元有足够的代表性，都应该在上述的后处理的结果中准确地体现。因此，后处理的结果能否准确地反映如此的在高尺度上的特征，是对代表性体元的代表性的很好的验证。另外，如第 6 章 6.9 节所提出的"神志测验"此处也可借鉴，如此的验证越多，对理论模型的信心就越强，这种验证就是所谓的 verification。只有被充分地验证过了的(verified)理论，才有价值再去用试验验证(validate)。如果仅仅是为了试验验证(validation)而试验验证(validate)，那么，一般来说，通不过验证(verification)理论相对来说更容易通过试验验证(validation)，因为如果一个理论不需要被验证(verification)，那么就可以对其做想要做的任何手脚，为所欲为，这时要凑上几个试验数据，那是易如反掌，要多高的精度就可以有多高的精度，不过这除了弄虚作假，与科学技术没有多少关系。可见这两个验证(verification & validation)之间的差别了，如果要用皮之不存，毛将焉附的成语来描述这两个验证之间的关系，那么 verification 是皮，validation 是毛。尽管两者都不宜偏废，但是如果不能不偏废，宁可偏废试验验证(validation)，偏废验证(verification)则不妥。

　　如何从等效柔度矩阵得出材料的等效弹性常数，这在第 7 章 7.5 节已作推导，恕不赘述。

9.7　结　　论

　　本章的主题是如何构造代表性体元，以及如何通过适当的后处理从中提取分析的结果，在这些问题上，文献中通常不提处理方法，难得提及时也缺乏数学的严格性，然而通过本章的论述、推导，问题的严格性已被充分地建立了起来。与第 4 章的结论一道，可以断言，代表性体元可以如实地从材料的原来的构形直接得出，完全没有必要人为安排其构形而削足适履般地强加周期性，所需要的仅仅是分析要在一个比代表性体元略大的体元上进行,代表性体元取自该体元的内部，距离边界至少有一个衰减距离，即相关问题中的特征长度的若干倍。本章还论述了用均匀位移加载优于用均匀面力加载,因为前者相应的衰减距离通常要小一些，因而效率更高。在代表性体元内的平均应力、平均应变可以通过后处理获取，进而可按第 3 章 3.3 节中等效弹性常数的定义对材料进行表征。同时也还可以看到，建立代表性体元的所有步骤都可以严格地提出并实施，完全没有必要再引入那些似是而非的直觉，名为助阵，实为搅局。

参 考 文 献

Abaqus Analysis User's Guide. 2016. Abaqus 2016 HTML Documentation.

Bulsara V N, Talreja R, Qu J. 1999. Damage initiation under transverse loading of unidirectional composites with arbitrarily distributed fibers. Composites Science and Technology, 59: 673-682.

Gusev A A, Hine P J, Ward I M. 2000. Fiber packing and elastic properties of a transversely random unidirectional glass/epoxy composite. Composites Science and Technology, 60: 535-541.

Hill R. 1963. Elastic properties of reinforced solids: Some theoretical principles. Journal of the Mechanics and Physics of Solids, 11: 357-372.

Qian C, Harper L T, Turner T A, et al. 2012a. Determination of the size of representative volume elements for discontinuous fibre composites. Comput Mat. Sci., 64: 106-111.

Qian C, Harper L T, Turner T A, et al. 2012b. Representative volume elements for discontinuous carbon fibre composites. Part 1: Boundary conditions. Composites Science and Technology, 72: 225-234.

Qian C, Harper L T, Turner T A, et al. 2012c. Representative Volume Elements for Discontinuous Carbon Fibre Composites. Part 2: Determining the critical size. Composites Science and Technology, 72: 204-210.

Soden P D, Hinton M J, Kaddour A S. 1998. Lamina properties, lay-up configurations and loading conditions for a range of fibre-reinforced composite laminates. Composites Science and Technology, 58: 1011-1022.

Wongsto A, Li S. 2005. Micromechanical FE analysis of UD fibre-reinforced composites with fibres distributed at random over the transverse cross-section. Composites Part A: Applied Science and Manufacturing, 36: 1246-1266.

Zou Z, Li S. 2002. Stresses in an infinite medium with two similar circular cylindrical inclusions. Acta Mechanica, 156: 93-108.

第 10 章 扩 散 问 题

10.1 引　　言

有一大类物理和工程问题，如浓液扩散、热传导、渗流等，它们的控制方程是所谓的扩散问题的偏微分方程，在数学上，又称为抛物型偏微分方程的边值问题，一般来说，这是一个与时间有关的瞬态问题。然而，就材料(在扩散问题中则常被称为介质)的扩散特性的表征而言，仅考虑其稳态形式就足够了，其数学问题也因此退化成一椭圆型偏微分方程的边值问题，此类问题适用于有限元法求解。

在数学上，扩散问题是一类与应力分析问题相当不同的问题，而在物理上的差别则可能更大，好在只要安排妥当，两者之间在很多方面可以建立直接的比拟，因此为了省略对扩散问题作出详尽的介绍，以下将主要依赖于其与应力分析问题的相关的比拟来陈述本章的内容。著者相信这对从事应力分析的人员来说，可以事半功倍地掌握热传导问题的一些基本的内容，至少可以应对如复合材料那样重要而又渐趋常见的工程材料的热传导特性多尺度表征的问题。而对从事扩散问题，特别是热传导专业的人员来说，一来可以看到一个不同的陈述方式，兴许还不无见解；二来也可以帮助打消隔行如隔山的借口，洞见一下应力分析这边的天地，不期达到举一反三的效果也未必可知。

10.2　扩散问题的控制方程与介质扩散特性的分类

扩散问题的偏微分控制方程为

$$\frac{\partial q_x}{\partial x} + \frac{\partial q_y}{\partial y} + \frac{\partial q_z}{\partial z} = \alpha^2 \frac{\partial T}{\partial t} \tag{10.1}$$

其中，$\begin{bmatrix} q_x & q_y & q_z \end{bmatrix}^{\mathrm{T}}$ 为扩散通量矢量，在热传导问题中，就是热流矢量；α 为相应扩散问题的材料常数，在热传导问题中，即为材料的热容(等于比热容乘以密度)；T 为浓度场，在热传导问题中，就是温度场；t 是时间。

表征介质的扩散特性就是要确定介质的扩散系数，在热传导问题中，就是介质的热传导系数。扩散特性属于介质的本构特征，这类问题的本构关系耦合扩散通量矢量与浓度场梯度矢量这两个物理量，在热传导问题中，其本构关系就是所谓的 Fourier 定律。同为扩散问题，但在不同的物理问题中，数学上等同的本构关系被赋予了不同的名称，如在多孔介质的渗流问题中，称为 Darcy 定律；在浓液扩散问题中，称为 Fick 定律；电学中相应的本构关系则称为欧姆(Ohm)定律；与应力分析问题可以直接比拟的是胡克定律。这些定律，提出之初，都是在一维情形下表达的，当推广到二维、三维的应用时，所涉及的量被推广到了矢量、张量，而相应的耦合系数成了系数矩阵或者系数张量，这时，在提及此类定律时，常规地，加一前缀：广义，如广义胡克定律。一般地，扩散问题本构方程为

$$\begin{Bmatrix} q_x \\ q_y \\ q_z \end{Bmatrix} = -[K]\{\nabla T\} = -\begin{bmatrix} k_{11} & k_{12} & k_{13} \\ k_{21} & k_{22} & k_{23} \\ k_{31} & k_{32} & k_{33} \end{bmatrix} \begin{Bmatrix} T_x \\ T_y \\ T_z \end{Bmatrix} \tag{10.2}$$

$$\begin{Bmatrix} T_x \\ T_y \\ T_z \end{Bmatrix} = \begin{Bmatrix} \partial T/\partial x \\ \partial T/\partial y \\ \partial T/\partial z \end{Bmatrix} \tag{10.3}$$

其中，$[K]$ 为介质的扩散系数矩阵，$k_{ij}(i,j=1,2,3)$ 为扩散系数矩阵的 i 行 j 列的元素，在热传导问题中，即介质的热传导系数。

这里需要澄清一术语，在通常的热传导问题中，一般认为介质的热传导系数沿各个方向都相同，在力学(应力分析)中，称这样各个方向相同的材料为各向同性的，对于各向同性的介质的扩散问题，式(10.2)中的系数矩阵可代之以一常数 k(确切地说，是该常数与一单位矩阵之乘积)；反之，则介质为各向异性的。各方向上的扩散系数的不同可以导致浓度场在一个方向的梯度会引起扩散通量在其垂直的方向上的分量，因而产生所谓的耦合现象。然而，可能是物理上真正各向异性的材料进入热传导领域稍晚了一点，各向异性的术语，在热传导问题中已经被另外一个不同的物理现象所占用。而每个行业中，先入为主是潜规则，就正本清源的初衷，著者认为还是名副其实为妥，但著者自知非热传导业内行家，不宜妄做论断，当然也不便创造一个新名词，但是仅就本书而言，为了能够最直接地进行扩散问题与应力分析问题之间的比拟，即根据数学问题的同源性，把应力分析中材料表征的结论推广到扩散问题，请热传导专业的读者委屈一下，暂且接受力学中的各向异性的概念，用以叙述下述的材料的扩散特性的表征。

在通常的扩散问题中，介质都是均匀的，所谓的特性表征，传统上是一个实验测试的问题，而多尺度的表征则是一个理论方法，是针对高尺度上均匀而低尺度上不均匀的介质而言的，低尺度上的不均匀性，表现为多相不同特性的介质的混杂，而其中每一相的介质在低尺度上也是均匀的，而且其特性已知。所谓多尺度表征，就是要从各个单相的组分介质的特性、各组分的含量、各组分在混合体

内的分布来得出混合体在高尺度上的特性。这时,式(10.2)又可视作为混合体中任意一相介质的本构关系,其扩散系数矩阵是已知的,是多尺度分析的输入量。而在高尺度上均匀的介质的扩散本构方程可由如下给出

$$
\begin{Bmatrix} q_x^0 \\ q_y^0 \\ q_z^0 \end{Bmatrix} = -\begin{bmatrix} K^0 \end{bmatrix}\begin{Bmatrix} \nabla T^0 \end{Bmatrix} = -\begin{bmatrix} k_{11}^0 & k_{12}^0 & k_{13}^0 \\ k_{21}^0 & k_{22}^0 & k_{23}^0 \\ k_{31}^0 & k_{32}^0 & k_{33}^0 \end{bmatrix}\begin{Bmatrix} T_x^0 \\ T_y^0 \\ T_z^0 \end{Bmatrix} \tag{10.4}
$$

$$
\begin{Bmatrix} T_x^0 \\ T_y^0 \\ T_z^0 \end{Bmatrix} = \begin{Bmatrix} \partial T^0/\partial x \\ \partial T^0/\partial y \\ \partial T^0/\partial z \end{Bmatrix} \tag{10.5}
$$

其中,$[K^0]$为介质的等效扩散系数矩阵,式(10.4)中的所有量都是像它们不带 0 上标的量类似地定义的,上标 0 示意平均量,即在低尺度上各相中不带 0 上标的同一量相对于代表性体元的体积平均。而$[K^0]$则是表征的目标,是待求量、输出量,其被称为高尺度上均匀的介质的等效扩散系数矩阵。

按照第 3 章的论述,材料或介质在被适当地表征之前,首先应先分类,在高尺度上均匀的前提下,帮助分类的重要线索仍然是介质或材料中的对称性。假设介质中存在关于一平面的反射对称性,则该介质就是单斜各向异性的,对称面是介质的主平面,而垂直于主平面的轴当然就是介质的主轴。不妨选取坐标系使得该对称面恰为坐标平面 x 面,即垂直于 x 轴,这时,式(10.4)中的等效扩散系数矩阵可简化为

$$
\begin{bmatrix} K^0 \end{bmatrix} = \begin{bmatrix} k_{11}^0 & 0 & 0 \\ 0 & k_{22}^0 & k_{23}^0 \\ 0 & k_{32}^0 & k_{33}^0 \end{bmatrix} \tag{10.6}
$$

同样地,180°旋转对称性与反射对称性异曲同工,对称轴即主轴,而垂直主轴的平面是主平面,如果选择主轴为 x 轴,则可得如上形式相同的单斜各向异性介质的等效扩散系数矩阵。

当介质具有两正交的主轴,不管是出于反射对称还是旋转对称,或是两者兼有,介质便是正交各向异性的,这时,与这两条主轴都分别正交的第三个轴也一定是一主轴。以此三主轴为坐标系,式(10.6)中的等效扩散系数矩阵又可进一步简化为

$$
\begin{bmatrix} K^0 \end{bmatrix} = \begin{bmatrix} k_{11}^0 & 0 & 0 \\ 0 & k_{22}^0 & 0 \\ 0 & 0 & k_{33}^0 \end{bmatrix} \tag{10.7}
$$

这时，k_{11}^0、k_{22}^0、k_{33}^0 分别为介质沿主方向的等效扩散系数，而在此坐标系下，前述的耦合现象已经消失，当然即便是正交各向异性的介质，如果选择不同的坐标系，等效扩散系数矩阵一般并不是对角的，对角形式是正交各向异性介质在其主轴坐标系下的特殊形式。

再进一步，与弹性特性相应，可以有横观各向同性介质，单向纤维增强的复合材料即属此类，其在现代工程中日益增进的重要性已众所周知，这时就本构关系而言，差别仅仅是在三个主等效扩散系数中有两个相等，不妨假设 $k_{22}^0 = k_{33}^0$。

在弹性特性的分类中，在简化到最简单的形式，即各向同性之前，还可以有一类，叫正方各向异性，距各向同性尚有一步之遥，而在扩散问题中，正方对称就是各向同性了，即

$$\left[K^0 \right] = \begin{bmatrix} k^0 & 0 & 0 \\ 0 & k^0 & 0 \\ 0 & 0 & k^0 \end{bmatrix} = k^0 \begin{bmatrix} 1 & 0 & 0 \\ 0 & 1 & 0 \\ 0 & 0 & 1 \end{bmatrix} \tag{10.8}$$

此差别的原因是等效扩散系数矩阵是一个二阶张量，但弹性问题中的刚度或柔度系数矩阵是一个四阶张量，其虽表达成一个矩阵，但是它是一个 6×6 的矩阵，通常称为四阶张量的缩减形式(contracted form)。

对于各向同性材料来说，因为等效扩散系数矩阵可以表示成一个常数与一个单位矩阵的乘积，在本构方程中可将整个系数矩阵换之以一常数，即介质的等效扩散系数，以耦合浓度梯度和扩散通量。

经过如上分类，如果所需研究的介质已经被清楚地确定为某一类别，介质的表征便可循序而进，通过适当的手段确定相关的扩散系数，无论是理论的还是试验的手段。作为表征的前奏步骤，分类的另一关键的作用是识别介质的主轴和主平面，如果存在，则在表征时就必须引以参照，而这也是那些忽视了分类的重要性的尝试中最不堪深究的方面，当然也是最容易出错的部位。不作分类意味着介质是完全各向异性的。

上述所有的扩散系数矩阵的一个尚未谈及的特征是，此矩阵是否需要是对称的？有些理论模型，甚至有些已被录入商用工程软件，如 ANSYS/Fluent，允许其为非对称的。然而，关于非对称扩散矩阵的论述，特别是其理论根据，却似乎不见经传，甚至是上述的分类也很少被提及。利用旁观者清的优势，也许应该在此处质疑一下非对称扩散系数矩阵的合理性。

扩散问题，如同大多数的物理过程，如果不是所有的物理过程，受热力学第二定律的支配，因此其行为通常可以由一称为内能的状态函数来描述，而扩散通量矢量和浓度梯度矢量则为两类基本的状态变量，在这两类状态变量之间存在着

一定的关系，即所谓扩散问题的本构关系，如式(10.2)所给。一般地，本构关系可以从热力学第二定律的一个约束条件而得，作为满足此约束条件的必要条件之一，否则，任凭理论模型如何天花乱坠，都无从满足热力学第二定律。正因为此内能的存在，扩散系数矩阵的对称性可按如同弹性力学问题中刚度矩阵的对称性一样论证。在弹性力学问题中，实测的刚度矩阵，由于测量误差，总会呈现一定程度的不对称性，然而概念清楚的读者都知道，这个不对称性仅仅是试验或测试过程中不可避免的误差，如果将此误差作为一个物理定律的一部分，那就一叶障目了，甚至在不知不觉中连热力学第二定律都被违反了。正如刚度矩阵的不对称意味着应变能密度的不存在，而如果应变能密度都不存在了，那么整个力学、有限元法等都将成为无源之水、无稽之谈。扩散系数矩阵的不对称，也会意味着描述扩散问题的内能的不存在，这应该也是一个热力学第二定律无法接受的情形。当然，这不能与弹性力学问题的增量理论中的切线刚度矩阵相混淆，这个切线刚度矩阵可以不对称，这不犯任何忌讳，切线刚度矩阵是耦合应力与应变的无穷小增量之间的关系，与刚度矩阵本身还是有质的不同的。

另外一个可以顺藤摸瓜的特征是，也如弹性问题中的刚度矩阵，扩散系数矩阵应该是正定的，否则，恐怕连热力学第一定律都难守得住。

如果接受如上的论点，那么前述介质分类的结论尚可大大地迈进一步。扩散系数矩阵作为一个 3×3 的实对称正定矩阵，根据线性代数，必然存在三个正特征值，以及分别与它们相应的、相互正交的特征矢量，这三个特征矢量的方向分别为该介质的主轴方向，而三个特征值则分别为介质在主轴方向的扩散系数。因此，不管一介质有多么复杂，存不存在能够一眼就能识别出来的反射或旋转的对称性，其最严重的各向异性的程度也只能是正交各向异性，只要坐标轴选自其主轴，至多只有三个独立的扩散系数需要确定或表征。当然在有明显对称性的情况下，主轴很容易确定；如果主轴不明显，在已知扩散系数矩阵的条件下，寻求主轴方向及其主轴方向上的扩散系数，在数学上，也仅仅是一个 3×3 对称正定矩阵的特征值问题而已，几乎徒手可解。

假设介质，无论是单一介质，还是在低尺度上是混杂的但在高尺度上是等效均匀的介质，其扩散系数矩阵，无论是在常规意义下还是在等效意义下，在给定坐标系的条件下，总可以记作[K]。如果[K]不是对角矩阵，那么该坐标系一定不是主坐标系，当然 [K]一定是对称正定的。求解特征值问题

$$[K]\{n\} = \lambda\{n\} \tag{10.9}$$

根据线性代数，式(10.9)必然存在三个实特征值，它们即为介质在主轴方向上的扩散系数。这三个扩散系数也一定为正数，因为扩散系数矩阵是正定的，否则便会与物理常理相悖，模型一定有误。线性代数还有定论，一定存在三个正交的特征

矢量，它们所定义的方向即为介质的三个主轴方向。

在介质的主轴坐标系下，扩散系数矩阵为对角矩阵，而对角元则分别为介质沿三个主轴的方向扩散系数，任何较之更复杂的形式的扩散系数矩阵，仅仅是因为有两条或三条坐标轴未与介质的主轴相一致，这时的扩散系数矩阵与其在介质的主轴坐标系中的对角形式之间的关系，可以通过一个二阶张量的坐标变换来给出。一般地，扩散系数矩阵按二阶张量的坐标变换公式从坐标系(x-y-z)变换到坐标系(x'-y'-z')，即

$$[K'] = [\Lambda][K][\Lambda]^{\mathrm{T}} \tag{10.10}$$

其中

$$[\Lambda] = \begin{bmatrix} \cos(x, x') & \cos(y, x') & \cos(z, x') \\ \cos(x, y') & \cos(y, y') & \cos(z, y') \\ \cos(x, z') & \cos(y, z') & \cos(z, z') \end{bmatrix} \tag{10.11}$$

$\cos(\bullet, \bullet)$表示相应的两坐标轴之间的夹角的余弦，譬如$\cos(x, z')$为从坐标系(x-y-z)中的x轴到坐标系(x'-y'-z')中的z'轴之间的夹角的余弦，因为是余弦，夹角是从x轴到z'轴还是从z'轴到x轴，正负没有差别。

假设介质在其主轴坐标系(x-y-z)中扩散系数矩阵[K]已知，通过坐标变换(10.8)即可得到其在其他任一坐标系(x'-y'-z')中的表达式。

再回顾一下前述曾经引进的一类型的分类，即单斜各向异性，此类材料，在考虑弹性特性时的确存在，无论坐标轴怎样选取，都不能得到更简单的形式的刚度或柔度矩阵了，在扩散特性的分类时，此类扩散系数矩阵只是因为三条坐标轴中有两条未被置于介质的主方向而造成的，只要坐标轴选择得当，不存在这样一个独立的介质类型。此处与弹性特性的差别也是由张量的阶次差别所致，如同前述关于正方各向异性的考虑。

小结一下，在扩散问题中，介质的扩散特性按各向异性的分类总共只有三类：①各向异性程度最低者为各向同性，介质仅有一个扩散系数，这是读者们最熟悉的情况，无须多言；②横观各向同性的介质存在一平面，在此平面内介质呈各向同性，在此平面内仅需一个独立的扩散系数，该平面内任意两正交的轴都可以作为两主轴，垂直于该平面的是另一条主轴，沿此方向还有另一个独立的扩散系数；③各向异性程度最高者为正交各向异性，其有三个相互垂直的主轴方向，介质仅有三个独立的扩散系数，分别沿三个主轴的方向，在介质的主轴坐标系下，扩散系数矩阵为对角矩阵。

经过如上对介质扩散特性的分类，就可以有的放矢地表征介质的扩散特性了，无论是采用试验手段还是理论手段。本书关心的是建立在多尺度分析基础之上，

对在低尺度上呈多相结构的介质，通过在低尺度上对该介质的一个单胞或代表性体元作出分析，从而获取介质在高尺度上的等效扩散特性的理论表征方法。因为介质的扩散系数矩阵所耦合的是扩散通量与浓度梯度，不直接涉及时间，故既适用于瞬态，也适用于稳态。于是表征介质扩散特性的最方便的途径是在稳态中进行的，这样问题的控制方程便由式(10.1)退化成为

$$\frac{\partial q_x}{\partial x} + \frac{\partial q_y}{\partial y} + \frac{\partial q_z}{\partial z} = 0 \tag{10.12}$$

假设问题在介质的主轴坐标系中建立，用本构方程(10.2)在正交各向异性的条件下消去扩散通量后，得到一个关于浓度 T 的椭圆型偏微分方程

$$k_{11}\frac{\partial^2 T}{\partial x^2} + k_{22}\frac{\partial^2 T}{\partial y^2} + k_{33}\frac{\partial^2 T}{\partial z^2} = 0 \tag{10.13}$$

同样如上的方程，但不同的出处，读者可能遇到过对其不同的称呼，如调和方程、拉普拉斯(Laplace)方程、互反(anticlastic)问题等，相应的物理问题也非常众多，如浓液扩散、热传导、渗流、薄膜变形、弹性力学的扭转问题(Li, 1997; 2003)、单向纤维增强的复合材料沿纤维方向的剪切问题(Li et al., 2021)等，此类问题特别适合于有限元求解，现有的商用有限元软件系统都有提供，尽管可能不是以单纯的数学形式给出，而是针对一特定的物理问题，特别是热传导，而用户针对自己特有的物理问题有时不得不作一定的比拟，方可借这类软件求解，正如对第 6 章 6.4.1.1 节的剪切问题的处理方法。当然作为一边值问题，求解式(10.13)还需要恰当的边界条件，这是以下数节的主题。

10.3 浓度场、浓度场梯度和相对浓度场

当介质在低尺度上呈规则构形时，那么就可以引入单胞的概念，用一个单胞来代表无限大的介质，依据是在低尺度上所存在的介质构形的对称性，特别是平移对称性。为了能够利用平移对称性，并由之导出单胞的边界条件，本节先引进相对浓度场的概念。

浓度 T 是扩散问题的主要研究对象，是数学问题求解的直接目标，利用有限元法，强制边界条件必须由浓度给出，其比拟对应是应力分析中的位移。

浓度场的梯度

$$\{\nabla T\} = \begin{Bmatrix} \partial T/\partial x \\ \partial T/\partial y \\ \partial T/\partial z \end{Bmatrix} \tag{10.14}$$

是浓度场的主要特征，其比拟对应是应力分析中的应变，因为梯度的存在才有扩散通量 q，所谓水往低处流，扩散通量的比拟对应的是应力分析中的应力。浓度场的梯度，在高、低尺度上定义相同，仅仅是尺度不同。介质的扩散特性表征是要获取介质在高尺度上的等效扩散系数，无论是试验的方法还是理论的方法，这都需要在一个浓度梯度在高尺度上为常数的条件下进行，即均匀的浓度梯度：

$$\{\nabla T^0\} = \begin{cases} \partial T^0/\partial x \\ \partial T^0/\partial y \\ \partial T^0/\partial z \end{cases} \tag{10.15}$$

其比拟对应是应力分析中的平均应变或等效应变。当然浓度 T^0 一般不均匀，但是浓度梯度 ∇T^0 必须是均匀的，即浓度 T^0 函数在空间呈线性分布。这时在低尺度上，浓厚梯度 ∇T 一般不均匀，甚至都不连续，因为介质本身不均匀，但是作为扩散问题的基本假设之一，浓度场 T 必须是连续的，即便是在低尺度上不同介质之间的界面处。这样不均匀的浓度梯度在整个区域(无限域或代表性体元或单胞)内的平均值即为高尺度上的均匀的浓度梯度，或等效浓度梯度。

在浓度梯度在高尺度上均匀的条件下，如果介质在低尺度上具有平移对称性或周期性，那就为单胞的引进奠定了基础。这时，一般地，在低尺度上，虽然浓度场不具备周期性，但是浓度的梯度场是周期的。因浓度场不是周期的，不能直接由其得到单胞的边界条件；浓度的梯度场虽然是周期的，但边界条件与浓度梯度没有直接关系。为此，需要相对浓度场来提供一个有效的中转，其比拟对应是应力分析中的相对位移场。相对浓度场是周期的，在介质的不同周期，即不同胞元中相应的点 P 和 P' 之间的浓度之差，即相对浓度为

$$T' - T = \frac{\partial T^0}{\partial x}\Delta x + \frac{\partial T^0}{\partial y}\Delta y + \frac{\partial T^0}{\partial z}\Delta z = T_x^0 \Delta x + T_y^0 \Delta y + T_z^0 \Delta z \tag{10.16}$$

其中，T 和 T' 分别为 P 和 P' 处的浓度，而 P 和 P' 是在平移对称变换下的原和象。如果将 P 置于一胞元的边界，则 P' 就一定在另一胞元的边界上。如果选择平移量 $[\Delta x \quad \Delta y \quad \Delta z]^T$ 刚好为一周期，那么这两个胞元便相邻。因为介质的连续性，胞元与相邻胞元之间，浓度场是连续的，因此，P' 点既可以被认为是 P 点在相邻胞元中的象，它也是与 P 点在同一胞元中，又与 P 点所在的边界相对的另一部分边界上的一点。同时包含 P 和 P' 的胞元，就取作欲分析的单胞。这样，式(10.16)便给出了单胞的这两部分对应的边界上的以浓度来定义的边界条件，其物理意义是相对浓度。它是浓度梯度在高尺度上均匀和介质在低尺度上连续且具有平移对称性假设下的必然结果，在此条件下，式(10.16)既不带任何近似，也不产生任何误差。

正如第 2 章 2.2.3 节中所描述的，一般地，单胞不同部分的边界分别相对应着不同的平移对称性，因此，式(10.16)中的 $[\Delta x \quad \Delta y \quad \Delta z]^{\mathrm{T}}$，应根据相应的对称性而赋予相应的值，即平移量，从而给出相应部分的边界条件。为了确保问题的解的唯一性，边界的所有部分，都必须定义有边界条件；而为了确保解的存在性，边界的任何部分都不能重叠，除非重叠部分的边界条件是线性相关的，即由一部分的线性组合，可以得出另一部分。当然，这乃是纯粹的数学要求，当在有限元分析中实施时，由于通常的商用软件的局限性，即便是这样线性相关的边界条件也都不允许，用户只能逻辑地将所有不独立的边界条件过滤掉，这一过程通常比较烦琐，但也无可奈何。如果说能够通过游说软件商们，在他们的软件中允许此类不独立的边界条件的存在，对他们来说并非难事，只是要列入他们的优先级就是另一码事了，这往往需要相当的经济驱动，当然这也是软件生产作为行业的生存之道，无可厚非。在这个意义上，开源软件应该是值得用户们倡导和支持的。

好在就单胞的应用而言，如此的边界的重叠，在三维单胞中，仅限于表面与表面相交的棱上，以及棱与棱相交的顶点上；而在二维单胞中，仅限于边与边相交的角点上。人工过滤，虽然繁一点，但是，如果按部就班，尚在可望也可及的范围之内。而在商用软件的这方面得到改善之前，此项任务是用户的责任。

作为对扩散问题进行有限元分析的基本要求之一，网格中至少有一个节点必须被赋予定值，作为参考浓度，其量值除了会给网格中的所有节点如水涨船高似的同时加上该值，并不影响其他，尤其是欲求的浓度梯度、扩散通量，当然也就不会影响等效扩散系数，因此，方便起见，取该参考浓度为 0 无妨。这在 10.4 节中可以通过具体的单胞再加说明。

与应力分析的情形类似，在由式(10.16)形式的边界条件中，平均浓度梯度 T_x^0、T_y^0、T_z^0 可以作为单胞的主自由度，在主自由度上，可以强加平均浓度梯度作为强制边界条件，这样作为分析的结果，可以得到主自由度上为了强加给定的平均浓度梯度所必须提供的集中扩散通量，其值等于单胞中的平均扩散通量乘以单胞的体积。对于三维单胞来说，体积就是体积；而对于二维单胞来说，体积就是面积。

用户当然也可以通过单胞的主自由度，施加集中扩散通量，其值为单胞中的平均扩散通量乘以单胞的体积，当然这是自然边界条件。作为分析的结果，可以得到主自由度上的节点浓度，这正是单胞中的平均浓度梯度。

上述关于主自由度的利用是第 7 章的主要内容之一，尽管第 7 章的论证是就应力分析问题展开的，但是也可以针对扩散问题如法炮制，因此结论同样适用于扩散问题。

介质的等效扩散系数，应严格按其定义，从如上的结果中提取。以一般的三维单胞为例，当平均浓度梯度矢量分别取值为 $\begin{Bmatrix} T_x \\ T_y \\ T_z \end{Bmatrix}^{(1)} = \begin{Bmatrix} 1 \\ 0 \\ 0 \end{Bmatrix}$、$\begin{Bmatrix} T_x \\ T_y \\ T_z \end{Bmatrix}^{(2)} = \begin{Bmatrix} 0 \\ 1 \\ 0 \end{Bmatrix}$、

$\begin{Bmatrix} T_x \\ T_y \\ T_z \end{Bmatrix}^{(3)} = \begin{Bmatrix} 0 \\ 0 \\ 1 \end{Bmatrix}$ 时，分别可得相应的三个平均扩散通量矢量 $\begin{Bmatrix} q_x \\ q_y \\ q_z \end{Bmatrix}^{(1)}$、$\begin{Bmatrix} q_x \\ q_y \\ q_z \end{Bmatrix}^{(2)}$、

$\begin{Bmatrix} q_x \\ q_y \\ q_z \end{Bmatrix}^{(3)}$，方程(10.4)中的等效扩散矩阵的三列就是由这三个平均扩散通量矢量所合成

的 3×3 矩阵的负值。之所以取负值，是因为式(10.2)中的负号，物理原因是扩散通量的
方向是由浓度高处指向浓度低处，而梯度的方向，不管是什么量，都是从低指向高。

10.4　长方体单胞的例子

考虑一介质，其具有沿 x、y、z 三个坐标轴方向的平移对称性，平移量分别
为 $2a$、$2b$、$2c$，这就可以引进一个如第 6 章中图 6.10 所示的长方体单胞，相对浓
度可以表达为

$$T_{P'} - T_P = 2iaT_x^0 + 2jbT_y^0 + 2kcT_z^0 \tag{10.17}$$

其中，i、j、k 为从 P 点平移至 P' 点沿 x、y、z 方向分别所经过的完整的周期数，
而 T_x^0、T_y^0、T_z^0 则分别为介质内沿 x、y、z 方向的平均浓度梯度。

首先考虑单胞垂直于 x 轴的两表面，与它们相应的平移对称可由 $i=1$、$j=k=0$
确定，代入式(10.17)，联系此两面上的相对浓度边界条件为

$$T\big|_{(a,y,z)} - T\big|_{(-a,y,z)} = 2aT_x^0 \tag{10.18}$$

为了过滤掉如前所述的不独立的，上述的边界条件不施加于所涉及的棱上，而棱
上的边界条件则在过滤掉了多余的条件后再另行施加。

单胞垂直于 y 轴的两表面，与它们相应的平移对称可由 $i=0$、$j=1$、$k=0$ 确定，
代入式(10.17)，联系此两面上(不含棱)的相对浓度边界条件为

$$T\big|_{(x,b,z)} - T_{(x,-b,z)} = 2bT_y^0 \tag{10.19}$$

单胞垂直于 z 轴的两表面，与它们相应的平移对称可由 $i=j=0$、$k=1$ 确定，代
入式(10.17)，联系此两面上(不含棱)的相对浓度边界条件为

$$T\big|_{(x,y,c)} - T_{(x,y,-c)} = 2cT_z^0 \tag{10.20}$$

根据棱与棱之间的平移对称性单独建立棱上的边界条件，从而避免不独立的边界条件的摄入。因为单胞的 8 个顶点作为棱与棱的交点，如果包含于棱之内，同样会造成多余的边界条件，因此以下棱上的边界条件，不包含棱两头的端点，而单胞的顶点处的边界条件，再另行按顶点之间的平移对称性单独建立。关于棱之间和顶之间的平移对称性，在第 6 章 6.4.2.2 节已有详尽的描述，这些对称性纯粹是几何特征，适用于任何物理问题，故不在此复述，为完整起见，仅将所得的边界条件，罗列如下。

平行于 x 轴的棱(不含顶)之间的相对浓度边界条件：

$$\left.T\right|_{(x,b,-c)} - \left.T\right|_{(x,-b,-c)} = 2bT_y^0$$
$$\left.T\right|_{(x,b,c)} - \left.T\right|_{(x,-b,-c)} = 2bT_y^0 + 2cT_z^0 \tag{10.21}$$
$$\left.T\right|_{(x,-b,c)} - \left.T\right|_{(x,-b,-c)} = 2cT_z^0$$

平行于 y 轴的棱(不含顶)之间的相对浓度边界条件：

$$\left.T\right|_{(a,y,-c)} - \left.T\right|_{(-a,y,-c)} = 2aT_x^0$$
$$\left.T\right|_{(a,y,c)} - \left.T\right|_{(-a,y,-c)} = 2aT_x^0 + 2cT_z^0 \tag{10.22}$$
$$\left.T\right|_{(-a,y,c)} - \left.T\right|_{(-a,y,-c)} = 2cT_z^0$$

平行于 z 轴的棱(不含顶)之间的相对浓度边界条件：

$$\left.T\right|_{(a,-b,z)} - \left.T\right|_{(-a,-b,z)} = 2aT_x^0$$
$$\left.T\right|_{(a,b,z)} - \left.T\right|_{(-a,-b,z)} = 2aT_x^0 + 2bT_y^0 \tag{10.23}$$
$$\left.T\right|_{(-a,b,z)} - \left.T\right|_{(-a,-b,z)} = 2bT_y^0$$

顶点之间的相对浓度边界条件：

$$\left.T\right|_{(-a,-b,c)} - \left.T\right|_{(-a,-b,-c)} = 2cT_z^0$$
$$\left.T\right|_{(a,-b,-c)} - \left.T\right|_{(-a,-b,-c)} = 2aT_x^0$$
$$\left.T\right|_{(a,b,-c)} - \left.T\right|_{(-a,-b,-c)} = 2aT_x^0 + 2bT_y^0$$
$$\left.T\right|_{(-a,b,-c)} - \left.T\right|_{(-a,-b,-c)} = 2bT_y^0 \tag{10.24}$$
$$\left.T\right|_{(a,-b,c)} - \left.T\right|_{(-a,-b,-c)} = 2aT_x^0 + 2cT_z^0$$
$$\left.T\right|_{(-a,b,c)} - \left.T\right|_{(-a,-b,-c)} = 2bT_y^0 + 2cT_z^0$$
$$\left.T\right|_{(a,b,c)} - \left.T\right|_{(-a,-b,-c)} = 2aT_x^0 + 2bT_y^0 + 2cT_z^0$$

有限元法的特征之一是，经过数值离散后所得的线性方程组的系数矩阵一般都是奇异的，在应力分析问题中，这是因为结构中残留的刚体运动的自由度，它们必须被适当地约束以消除系数矩阵的奇异性。在扩散问题中，与应力分析问题中的刚体运动自由度相对应的是一参考浓度，其必须由适当的边界条件予以指定，否则，如果所有节点上的浓度同时向上或下浮动一相同的值，那么并不会影响控制方程的成立，因此解就不确定。因为上述所有边界条件均以相对浓度的形式给出，对所有节点上的浓度的同时的上下浮动没有约束，故在有限元分析之前，还必须补充一个参考浓度的约束。原则上，如果所分析的问题中有任何一节点上的浓度已知，就可以给该节点强加此浓度作为一强制性边界条件。如果分析仅仅是用于介质表征，这时浓度的绝对量值并无特别的重要性，不失一般性，可以给一尚未被约束的顶点，如$(-a, -b, -c)$赋以 0 值，以确保有限元分析的进行。

$$T\big|_{(-a,-b,-c)} = 0 \tag{10.25}$$

如果所研究的是多孔介质，譬如在一渗流问题中，单胞的顶点刚好都不是有限元模型的一部分，那么上述顶点之间的边界条件即可从免，而参考浓度则应另择节点指定，原则是一实在的节点，又不受其他约束。注意，在单胞的表面上或者棱上，因为上述的相对浓度边界条件，都有着一定的约束，本书的规则是，一方程约束，如式(10.18)，实施的效果是约束与方程中出现的第一项相应的自由度，因此其他项相应的自由度不受约束，除非它们又出现在其他的边界条件之首。用户如果不是十分确定何者已受约束，最好选择一不位于边界上的点来指定参考浓度。当然，这一选择不应该是如第 6 章 6.9 节所描述的用以藏匿因其他错误所造成的扩散通量在所约束节点处本不该出现的集中现象。

如果在所研究的问题中，有些棱，甚至有些面都不是有限元模型的一部分，那么其上的边界条件就无从加起，从免即可，无为而治。

注意，对称性不仅已导致上述的相对浓度边界条件，与之相随的，还有相应的扩散通量的边界条件，如第 2 章和第 7 章所论述的，它们都是自然边界条件，由变分原理来满足，用户尽可置之不理，尽管那里的论述都是在应力分析的背景下给出的，但是原理相通，读者尽可放心地举一反三。但是，如果所采用的分析方法，如差分法，它们不是基于变分原理的，那么也就没有自然边界条件一说了，相对扩散通量的边界条件必须与相对浓度边界条件等同处理，不可偏废。

同样的理由，关于其他形状的单胞、关于主自由度的论证、关于单胞内尚存的对称性的利用都可以分别从第 6、7、8 章中从应力分析的陈述中通过相应的比拟，而如法得出它们在扩散问题中的相应结论。

关于单胞在热传导问题的不同方面的应用，作为相关的例子，读者还可参见著者与其合作者们联合发表的文章(Li et al., 2011, Gou et al., 2015, 2017a, 2017b,

2018a, 2018b, 2018c），均已罗列于本章的参考文献中。

10.5 代表性体元

如果介质的构形在低尺度上没有规则，那么单胞便不再适用。然而只要构形在任一个方向上的统计特性处处相同，在高尺度上沿这个方向就是均匀的，那么就可以沿该方向取一有限的区间，经过适当的处理，使之可以代表介质在该方向的无限区域内的特性，即在高尺度上的特性。同样的描述，如果沿坐标轴的三个方向都适用，那么就可以定义一体元，不妨假设其定义于 $0 \leqslant x \leqslant a$、$0 \leqslant y \leqslant b$、$0 \leqslant z \leqslant c$，其中，$a$、$b$、$c$ 分别为体元沿 x、y、z 方向的长度。第 4 章和第 9 章对于代表性体元的论述同样适用于当前的扩散问题，譬如，衰减距离的概念。同样地可以展示，施加均匀的浓度边界条件所产生的衰减距离，一般要小于施加均匀的扩散通量边界条件所产生的衰减距离。

相对来说，扩散问题要比应力分析问题更简单一些，因为扩散问题的基本变量是一标量，即浓度场，而在应力分析问题中相应的是一矢量，即位移场。因此，边界条件也相应地简单些，一条边上仅有一个量需要被指定，浓度或者是扩散通量，没有像应力分析问题中的切向、法向之分别。

为了表征介质在高尺度上的特性，需要给体元施加平均浓度梯度 T_x^0、T_y^0、T_z^0，这可以通过给体元强加如下的浓度边界条件

$$
\begin{aligned}
&T\big|_{(0,y,z)} = 0, && T\big|_{(a,y,z)} = aT_x^0 \\
&T\big|_{(x,0,z)} = 0, && T\big|_{(x,b,z)} = bT_y^0 \\
&T\big|_{(x,y,0)} = 0, && T\big|_{(x,y,c)} = cT_z^0
\end{aligned}
\tag{10.26}
$$

其中，平均浓度梯度 T_x^0、T_y^0、T_z^0 即可作为体元的主自由度，通过它们可以对体元有效地加激励，其基本考虑与 10.3 节中它们在单胞中的作用相同，恕不赘述。

通过有限元分析，作为体元对所加激励的响应的一部分，可以得到体元中沿三个坐标轴方向的平均扩散通量，q_x^0、q_y^0、q_z^0，分别与平均浓度梯度的三个分量相对应。根据扩散特性的定义，如同在第 9 章 9.6 节中的应力分析中对代表性体元一样的操作，即可实现通过代表性体元对介质的扩散特性的表征。

与第 9 章中一样，需要注意的一个细节是，上述分析的体元本身并不是代表性体元，代表性体元是从该体元中取出来的一部分，其边界与原体元的边界之间至少有一个衰减距离之遥。所有用来表征该介质的平均量都应从该代表性体元中获取。其间的所有理论论证、叙述都与在第 9 章中的相仿，所有的差别仅仅在于

应力分析问题与扩散问题之间的比拟，因此大部分细节就没有必要赘述了，而仅是把有关求平均值的积分的降阶形式罗列于 10.6 节之中，以确保若干扩散问题中的微妙细节不被忽视。

10.6 平均浓度梯度与扩散通量的后处理

为了得到代表性体元中的平均浓度梯度和平均扩散通量，可以按照第 9 章 9.6 节的步骤，对有限元分析所得的、在低尺度上的浓度梯度和扩散通量分别积分，并除以代表性体元的体积，以得到其平均值，所需强调的是，用来进行有限元分析的体元本身并不是代表性体元，代表性体元是其中的一子区域，如第 9 章，假设该子区域为 $x_1 \leqslant x \leqslant x_2$、$y_1 \leqslant y \leqslant y_2$、$z_1 \leqslant z \leqslant z_2$，于是平均浓度梯度分量可分别得出了

$$
\begin{aligned}
T_x^0 &= \frac{1}{\Omega} \iiint_{\Omega} \frac{\partial T}{\partial x} \mathrm{d}\Omega = \frac{1}{\Omega} \iiint_{\Omega} \left(\frac{\partial T}{\partial x} + \frac{\partial 0}{\partial y} + \frac{\partial 0}{\partial z} \right) \mathrm{d}\Omega \\
&= \frac{1}{\Omega} \oiint_{\partial\Omega} \begin{bmatrix} T & 0 & 0 \end{bmatrix} \begin{Bmatrix} n_x \\ n_y \\ n_z \end{Bmatrix} \mathrm{d}S = \frac{1}{\Omega} \left(\iint_{S_{x_2}} T\mathrm{d}S - \iint_{S_{x_1}} T\mathrm{d}S \right)
\end{aligned} \tag{10.27a}
$$

$$
\begin{aligned}
T_y^0 &= \frac{1}{\Omega} \iiint_{\Omega} \frac{\partial T}{\partial y} \mathrm{d}\Omega = \frac{1}{\Omega} \iiint_{\Omega} \left(\frac{\partial 0}{\partial x} + \frac{\partial T}{\partial y} + \frac{\partial 0}{\partial z} \right) \mathrm{d}\Omega \\
&= \frac{1}{\Omega} \oiint_{\partial\Omega} \begin{bmatrix} 0 & T & 0 \end{bmatrix} \begin{Bmatrix} n_x \\ n_y \\ n_z \end{Bmatrix} \mathrm{d}S = \frac{1}{\Omega} \left(\iint_{S_{y_2}} T\mathrm{d}S - \iint_{S_{y_1}} T\mathrm{d}S \right)
\end{aligned} \tag{10.27b}
$$

$$
\begin{aligned}
T_z^0 &= \frac{1}{\Omega} \iiint_{\Omega} \frac{\partial T}{\partial z} \mathrm{d}\Omega = \frac{1}{\Omega} \iiint_{\Omega} \left(\frac{\partial 0}{\partial x} + \frac{\partial 0}{\partial y} + \frac{\partial T}{\partial z} \right) \mathrm{d}\Omega \\
&= \frac{1}{\Omega} \oiint_{\partial\Omega} \begin{bmatrix} 0 & 0 & T \end{bmatrix} \begin{Bmatrix} n_x \\ n_y \\ n_z \end{Bmatrix} \mathrm{d}S = \frac{1}{\Omega} \left(\iint_{S_{z_2}} T\mathrm{d}S - \iint_{S_{z_1}} T\mathrm{d}S \right)
\end{aligned} \tag{10.27c}
$$

其中，符号 Ω 在不致混淆的前提下，被分别用来表示代表性体元所在的区域和该区域的体积，而积分区域 S_{x_1} 和 S_{x_2} 分别为长方体垂直于 x 轴的两表面，$x_2 > x_1$；S_{y_1} 和 S_{y_2}、S_{z_1} 和 S_{z_2} 也可类似地定义。

它们在二维问题中的形式为

$$
T_x^0 = \frac{1}{A} \int_{y_1}^{y_2} T \big|_{x=x_2} \, \mathrm{d}y - \frac{1}{A} \int_{y_1}^{y_2} T \big|_{x=x_1} \, \mathrm{d}y \tag{10.28a}
$$

$$T_y^0 = \frac{1}{A}\int_{x_1}^{x_2} T\big|_{y=y_2}\,\mathrm{d}x - \frac{1}{A}\int_{x_1}^{x_2} T\big|_{y=y_1}\,\mathrm{d}x \tag{10.28b}$$

其中，符号 A 在不致混淆的前提下，被分别用来表示代表性体元所在的平面区域和该区域的面积。

上述所得的表达式似乎从直觉也应该能够得到，但是之所以还是要给出它们，是因为马上就可以看到，在下述的平均扩散通量中，直觉就不够了。

$$
\begin{aligned}
q_x^0 &= \frac{1}{\Omega}\iiint_\Omega q_x\,\mathrm{d}\Omega = \frac{1}{\Omega}\iiint_\Omega \left(\frac{\partial x}{\partial x}q_x + \frac{\partial x}{\partial y}q_y + \frac{\partial x}{\partial z}q_z\right)\mathrm{d}\Omega \\
&= \frac{1}{\Omega}\oiint_{\partial\Omega} x\begin{bmatrix} q_x & q_y & q_z \end{bmatrix}\begin{Bmatrix} n_x \\ n_y \\ n_z \end{Bmatrix}\mathrm{d}S - \frac{1}{\Omega}\iiint_\Omega x\left(\frac{\partial q_x}{\partial x} + \frac{\partial q_y}{\partial y} + \frac{\partial q_z}{\partial z}\right)\mathrm{d}\Omega \\
&= \frac{1}{\Omega}\left(x_2\iint_{S_{x_2}} q_x\,\mathrm{d}S - x_1\iint_{S_{x_1}} q_x\,\mathrm{d}S\right) + \frac{1}{\Omega}\left(\iint_{S_{y_2}} xq_y\,\mathrm{d}S - \iint_{S_{y_1}} xq_y\,\mathrm{d}S\right) \\
&\quad + \frac{1}{\Omega}\left(\iint_{S_{z_2}} xq_z\,\mathrm{d}S - \iint_{S_{z_1}} xq_z\,\mathrm{d}S\right)
\end{aligned} \tag{10.29a}
$$

其中利用了扩散问题的控制方程(10.12)。类似地

$$
\begin{aligned}
q_y^0 &= \frac{1}{\Omega}\iiint_\Omega q_y\,\mathrm{d}\Omega = \frac{1}{\Omega}\left(\iint_{S_{x_2}} yq_x\,\mathrm{d}S - \iint_{S_{x_1}} yq_x\,\mathrm{d}S\right) + \frac{1}{\Omega}\left(y_2\iint_{S_{y_2}} q_y\,\mathrm{d}S - y_1\iint_{S_{y_1}} q_y\,\mathrm{d}S\right) \\
&\quad + \frac{1}{\Omega}\left(\iint_{S_{z_2}} yq_z\,\mathrm{d}S - \iint_{S_{y_z}} yq_z\,\mathrm{d}S\right)
\end{aligned} \tag{10.29b}
$$

$$
\begin{aligned}
q_z^0 &= \frac{1}{\Omega}\iiint_\Omega q_z\,\mathrm{d}\Omega = \frac{1}{\Omega}\left(\iint_{S_{x_2}} zq_x\,\mathrm{d}S - \iint_{S_{x_1}} zq_x\,\mathrm{d}S\right) + \frac{1}{\Omega}\left(\iint_{S_{y_2}} zq_y\,\mathrm{d}S - \iint_{S_{y_1}} zq_y\,\mathrm{d}S\right) \\
&\quad + \frac{1}{\Omega}\left(z_2\iint_{S_{z_2}} q_z\,\mathrm{d}S - z_1\iint_{S_{z_1}} q_z\,\mathrm{d}S\right)
\end{aligned} \tag{10.29c}
$$

它们相应的二维形式为

$$q_x^0 = \frac{1}{A} \iint\limits_A q_x \mathrm{d}A$$

$$= \frac{1}{A} \left(x_2 \int\limits_{y_1}^{y_2} q_x \big|_{x=x_2} \, \mathrm{d}y - x_1 \int\limits_{y_1}^{y_2} q_x \big|_{x=x_1} \, \mathrm{d}y \right) + \frac{1}{A} \left(\int\limits_{x_1}^{x_2} x q_y \big|_{y=y_2} \, \mathrm{d}x - \int\limits_{x_1}^{x_2} x q_y \big|_{y=y_1} \, \mathrm{d}x \right) \tag{10.30a}$$

$$q_y^0 = \frac{1}{A} \iint\limits_A q_y \mathrm{d}A$$

$$= \frac{1}{A} \left(\int\limits_{y_1}^{y_2} y q_x \big|_{x=x_2} \, \mathrm{d}y - \int\limits_{y_1}^{y_2} y q_x \big|_{x=x_1} \, \mathrm{d}y \right) + \frac{1}{A} \left(y_2 \int\limits_{x_1}^{x_2} q_y \big|_{y=y_2} \, \mathrm{d}x - y_1 \int\limits_{x_1}^{x_2} q_y \big|_{y=y_1} \, \mathrm{d}x \right) \tag{10.30b}$$

希望从直觉得出上述平均扩散通量应该还是有难度的，尽管得到了上述表达式之后，也可以看出它们并不与直觉相冲突。

有了上述求平均浓度梯度和平均扩散通量的公式之后，就可以通过它们来表征材料的等效扩散特性了。因为所分析的体元本身并不是代表性体元，无论给它施加的是什么平均浓度梯度，其中的代表性体元中的平均浓度梯度未必完全相同，因此对代表性体元来说，一般无法通过加载来直接保证其中的平均浓度梯度和平均扩散通量，因此需要采取如下步骤。

给欲分析的体元逐一施加单向平均扩散通量，这可以通过给每个主自由度逐一施加集中平均扩散通量，每次只给一个主自由度施加一个集中平均扩散通量，这可以被当作是一个载荷条件，这样通过一次分析的 3 个独立的载荷条件分别得到 3 个解。但是因为此体元本身一般并不具有代表性，在其中的代表性体元中的平均扩散通量与所分析的体元中的平均扩散通量未必相同，这无妨，所需的处理是：从每一载荷条件，利用上述求平均浓度梯度和平均扩散通量的公式都可以得到代表性体元中的 3 个一组的平均浓度梯度和相应的 3 个一组的平均扩散通量，把这样的一组平均浓度梯度和一组平均扩散通量相应地分别排列成两个 3×3 的矩阵，一般情况下，它们可能都是 3×3 的满阵，记为

$$\left[T_{\mathrm{rep}} \right] = \left[\begin{Bmatrix} T_x^0 \\ T_y^0 \\ T_z^0 \end{Bmatrix}^{(1)} \quad \begin{Bmatrix} T_x^0 \\ T_y^0 \\ T_z^0 \end{Bmatrix}^{(2)} \quad \begin{Bmatrix} T_x^0 \\ T_y^0 \\ T_z^0 \end{Bmatrix}^{(3)} \right] \tag{10.31a}$$

$$\left[q_{\mathrm{rep}} \right] = \left[\begin{Bmatrix} q_x^0 \\ q_y^0 \\ q_z^0 \end{Bmatrix}^{(1)} \quad \begin{Bmatrix} q_x^0 \\ q_y^0 \\ q_z^0 \end{Bmatrix}^{(2)} \quad \begin{Bmatrix} q_x^0 \\ q_y^0 \\ q_z^0 \end{Bmatrix}^{(3)} \right] \tag{10.31b}$$

作为对上述两矩阵的一个粗略检验，$\left[T_{\text{rep}}\right]$ 应该近乎介质的平均浓度梯度，因此可逆；而 $\left[q_{\text{rep}}\right]$ 应该近乎一个单位矩阵。任何显著的差别可能意味着模型或分析有误。

假设材料的等效扩散系数矩阵为 $\left[K^0\right]$，因为

$$\left[q_{\text{rep}}\right]=\left[K^0\right]\left[T_{\text{rep}}\right] \tag{10.32}$$

从而便可得到材料的等效扩散系数矩阵为

$$\left[K^0\right]=\left[q_{\text{rep}}\right]\left[T_{\text{rep}}\right]^{-1} \tag{10.33}$$

作为体元的代表性的检验之一，所得的 $\left[K^0\right]$ 应该是对称的，任何严重的不对称性应该意味着模型或分析有误；轻微的不对称应该仅仅是数值误差，随着网格的细分，该不对称性的程度会减轻直至消失，否则，又是一个可能有误的信号。当所得等效扩散系数矩阵的不对称性已不那么严重时，即可以认为网格已经收敛，而残余的由不对称性所体现的误差，可由对等效扩散系数矩阵人为的对称化而进一步改善，即

$$\left[K^0\right]_{\text{sym}}=\frac{1}{2}\left(\left[K^0\right]+\left[K^0\right]^{\text{T}}\right) \tag{10.34}$$

另外，如果材料在高尺度上的任何显著的特征，譬如，正交各向异性或由纤维在横截面内随机分布所提供的横观各向同性，那么，只要代表性体元有足够的代表性，这样的特征都应该在上述的后处理的结果中准确地体现出来。因此后处理的结果能否准确地反映如此的在高尺度上的特征，是对体元的代表性的很好的验证。第 6 章 6.9 节提出的"神志测验"此处也可借鉴，第 9 章 9.6 节末尾关于验证的论述的有关段落，此处同样适用，恕不赘述。

作为对介质表征的收官步骤，应该导出该介质的主轴方向，以及在主轴方向上的等效扩散系数。如果所得的介质的等效扩散系数矩阵恰好是对角矩阵，这说明所选择的坐标轴正好与介质的主轴重合，等效扩散系数矩阵对角线上的元素也就是介质在主轴方向上的等效扩散系数。如果所得的介质的等效扩散系数矩阵不是对角的，如前已论述的，求解特征值问题(10.9)，介质表征也就到此尘埃落定了。

10.7 结 论

本章论述了对扩散问题而建立的单胞和代表性体元。所谓扩散，不仅仅限于如浓液扩散这样直白的问题，它还涵盖相当广泛的一类物理、工程问题，如热传导、渗流，前者已是内容相当丰富的工程学科之一，而后者除了其传统的应用之

外，近年来随着复合材料成型问题的研究的深入，尤其是日益增多的各种液体成形的工艺，如 RTM 等，越来越受到研究人员的重视。在很大程度上，本章的论述，可以认为是从前述数章中对应力分析所建立的理论框架到扩散问题的一个比拟，而现有的商用有限元软件中的热传导问题又可以作为一现成的求解工具，不劳用户另起炉灶。尽管如此，施加正确的边界条件进行正确的后处理，那都严格是用户的责任，无可推诿。商用软件的潜力，犹如摆弄载舟之水，不被其覆，方显其能。这其实对所有学科，教益甚同。

运用如第 3 章所倡导的材料分类作为先于材料表征的必要步骤，在扩散问题中尤显其长，论证可得，在不能违反热力学第二定律的条件下，任何介质的扩散系数矩阵必须是对称的，而且正定，因此就介质的各向异性特征而言，最严重的各向异性仅限于正交各向异性，不管其在低尺度上的构形如何复杂。这一明确的结论恐怕还是第一次被直接地提出来。

参 考 文 献

Gou J J, Fang W Z, Dai Y J, et al. 2017b. Multi-size unit cells to predict effective thermal conductivities of 3D four-directional braided composites. Composite Structures, 163: 152-167.

Gou J J, Gong C L, Gu L X, et al. 2017a. Unit cells of composites with symmetric structures for the study of effective thermal properties. Applied Thermal Engineering, 126: 602-619.

Gou J J, Gong C L, Gu L X, et al. 2018a. The unit cell method in predictions of thermal expansion properties of textile reinforced composites. Composite Structures, 19: 99-117.

Gou J J, Ren X J, Dai Y J, et al. 2018b. Study of thermal contact resistance of rough surfaces based on the practical topography. Computers & Fluids, 164: 2-11.

Gou J J, Ren X J, Fang W Z, et al. 2018c. Two small unit cell models for prediction of thermal properties of 8-harness satin woven pierced composites. Composites Part B, 135: 218-231.

Gou J J, Zhang H, Dai Y J, et al. 2015. Numerical prediction of effective thermal conductivities of 3D four-directional, braided composites. Composite Structures, 125: 499-508.

Li S. 1997. Two propositions in the problem of the torsion of bars. Int. J. Mech. Eng. Edu., 26: 159-162.

Li S. 2003. The centre of twist for a prismatic bar under free torsion. Int. J. Mech. Eng. Edu., 31: 226-232.

Li H, Li S, Wang Y. 2011. Prediction of effective thermal conductivities of woven fabric composites using unit cells at multiple length scales. Journal of Materials Research, 26: 384-394.

Li S, Xu M, Yan S, et al. 2021. On the objectivity of the nonlinear along-fibre-shear stress-strain relationship for unidirectionally fibre-reinforced composites. J. Eng. Math., 127: 17.

第 11 章 代表性体元和单胞的适用范围

11.1 引 言

代表性体元和单胞是两个在材料科学与工程中有着广泛应用的基本概念,并正被科研人员和工程师们转变成有效的工具,以支持他们的研究和设计,正因为这些概念太基本了,它们常在缺乏足够理解的情况下就被理所当然地采用,并不时被相当随意地处置。在第 5 章中,已经列举了大量而又典型的例子,以明示在这些概念的应用中的种种误解和牵强附会的操作及其后果。概念虽然基本,并且已经被建立在一个稳固的基础之上,而且具备了一整套既成的规则,严肃的用户从此可以遵循,但是涉及的内容范围较广。作为本章的目标,也为日后读者能够正确地运用,有必要为这些概念及其应用的适用范围划定边界,超越此边界的应用注定误导,如果没有适当而又必要的预警,对代表性体元和单胞不期的滥用在所难免。

11.2 弹性特性与材料强度的预测

前面提到的大部分等效特性,譬如等效弹性特性,所刻画的是材料的某种行为在该材料的一定的体积上的平均,因此对于很多细节,如在低尺度上构形中的规则性轻微的偏差,对单胞应用的合理性,相对来说不是十分的敏感,在一单胞中,如果稍微改变一点单胞内部的构形、布局或几何特征,只要这些改变不是那么伤筋动骨,不改变组分材料的体积含量,不改变纤维或纤维束的宏观走向等,所导致的弹性之类的等效特性的改变应该不会十分显著。因此,对于代表性体元和单胞所能提供的这类等效特性的预测一般较准确,所得结果的置信度也较高。

而另一方面,对于由代表性体元和单胞而得的材料的另外一些等效特性,如强度特性,就不会有这么高的置信度了,因为强度通常为应力所控制,而应力的分布对几何和材料的细节一般都很敏感,在低尺度上构形的一点小小的不规则性可能导致所得的局部的应力分布、应力水平的很大的不同,类似的考虑给作为一学科的应力分析引进了一个众所周知的话题,即应力集中。因此,由貌似不乏代表性的体元或由从理想的规则性导出的单胞而得的强度预测与譬如是从试验实测的真实的值之间,可能会因为假设的情形与所测试的试件中的实际情况之间的细节上的微妙悬殊而导致较大的差别,因此,所得出的强度预测的置信度相对于弹性特性来说，也就难免会打上折扣。正因为此，对强度的预测，对于结果的准确性，应该留有现实一点的余度。换言之，任何用代表性体元或单胞而得的强度的过分完美的预测，其真实性都应该值得怀疑。要么，就是这种情况，对于所分析的特殊问题而言，结果可能完全准确，但是该特殊问题相对于分析原本希望解决的实际问题根本就不具备足够的代表性，因而所得的结果对欲解决的问题也就没有适用性。简言之，即所谓"正确的解答，但错误的问题"。当然，这也正是为什么理论需要试验验证(validation)，参见第 6 章 6.9 节和第 5 章 5.7 节关于两个不同的"验证"的论述。

现代纤维增强复合材料之所以强的原理也说明了分析结果对强度的敏感性，复合材料之强，是因为纤维之强，常用的纤维如玻璃、碳，就化学成分而言，玻璃纤维和碳纤维与日常生活中常见的作窗户的玻璃和烧烤用的木炭并无甚差别，但人们通常不会把它们与"强"字联系在一起，它们的纤维之所以强，是因为它们的尺寸发生了质的变化，从宏观的尺度进入了微观，通常的纤维直径一般仅数微米。在宏观尺度上，它们之所以不强，是因为其中充满了缺陷，而很多缺陷，其尺寸可达毫米级，甚至更大，而在纤维中，微米级的缺陷已无匿身之处了，故呈强。

因为应力分布，特别是应力集中对局部的几何细节敏感，如上所述，在评估一体元的代表性时，需要将此纳入考虑，一个体元只有在充分地包含了所有相关的特征，并且恰当地反映了各特征的含量时才具备代表性。因此，一个具备充分的代表性并能捕捉临界的应力状态的代表性体元，可能要比用于获取等效弹性特性的代表性体元大很多。

而对于由单胞所代表的问题，应力分布会受在低尺度上的构形的任何不规则性的影响，完美的规则性是建立单胞的基本假设，因此单胞本身没有任何空间容纳任何构形上的不规则性，构形的不规则性对由单胞得出的结果的影响，在取得必要的信心之前，必须得到充分的评估，譬如通过分析由多个胞元构成的组合体，而其中个别胞元带有设定的偏差。单胞内部的几何特征是单胞应用的另一重要考虑，因为应力分布对其的敏感性。必要的理想化或简单化是理论分析的立足之本，但是又必须保证所采纳的理想化和简单化不至于过分曲解应力分布，因而所分析的单胞仍然有着足够的代表性，这两方面考虑的恰到好处的折中是建立理论模型的至高境界，而要达到这一境界可能需要不懈的尝试，其中有效的途径之一是系统的参数分析，以排除由理想化和简单化而带来的盲点。

获取准确的应力，对于预测强度至关重要，但是仅有准确的应力尚不足以预测强度，一个适当的破坏准则一样必不可少，以其判断一个应力状态是否处于破坏的边缘。文献中已有许多的破坏准则，尤其是对复合材料，然而它们基本上是众说纷纭，更令人失望的是，它们中的大部分或多或少地有那么一些方面连常理或简单的逻辑的关都过不了(Li and Sitnikova, 2018; 2024a)。针对其中一些常见的破坏准则缺乏常理及简单的逻辑这一事实，著者在这方面做出了一些努力，试图还这些准则以基本的理性，近年来他与他的合作者们深究了复合材料的最大应力准则、最大应变准则(Li, 2020; 2024a; 李曙光, 2020; Li and Sitnikova, 2018)，Tsai-Wu 准则(Li et al., 2022a, 2022b; Li et al., 2017; Li et al., 2022a, 2022b; Li et al., 2024a; Li et al., 2024b)，Hashin 准则(Li and Sitnikova, 2024);各向同性材料的莫尔(Mohr)准则(Li, 2020; 2024b)，Raghava-Caddell-Yeh 准则(Li, 2024c)，不是为了推崇其中任一准则，而是为了说明，如此普及的准则，有的甚至都已被录入商用的工业软件，其中缺乏了什么，又怎么可以被补全，一经补全，又会有何不同的反响。然而，这样的缺乏，在所有的关于破坏准则或理论的文献中，鲜有关注，更不用说是达到了如何的境界，这在历时十多年而推出的连续两届的全球复合材料破坏准则评比(Hinton et al., 1998, 2002, 2004; Hinton and Kaddour, 2012, 2013)中，已经有所体现，遗憾的是，该领域的现状几乎仅停留于这两次评比的水平。因此，在那个充分完善的复合材料破坏准则成为现实之前，用户必须对任何强度的预测持有充分的保留，在未得充分的验证(verification 和 validation)之前，不可轻易相信任何按那些似是而非的理论而预测的结果。

　　当然，也不要因为代表性体元或单胞预测强度的局限性就小看它们的作用，代表性体元或单胞预测强度的局限性在其他获取强度的方法中一样存在，包括试验方法，宽限对其精度的期望是目前唯一可以操作的实践。另外一个很重要的考虑是，在实际的工程应用中，强度并没有外行们想象的那么重要，因为真正的工程结构中，大部分的零件、构件都是刚度控制的，即在满足了关于刚度的设计要求之后，材料的强度尚有富余，这时给材料的强度宽裕一些的安全系数，无伤大雅。

　　刚度控制与强度控制的反差的一典型的例子是梁在弯矩下的弯曲与其在轴压下的屈曲，两者最终都会以折断告终，外行看热闹，可能当作一回事。但是差别是：假设可以选择强度更高而刚度如旧的材料，那么抗弯的能力将会提高，但抗屈曲的能力不变；反之，如果选择强度如旧而刚度更高的材料，那么抗弯的能力将如旧，但抗屈曲的能力会提高。这是因为弯曲是强度控制的，而屈曲是刚度控制的。

　　结构中当然也不乏强度控制的零件、构件，它们的设计往往是挑战所在，一般都会有大量的试验来保驾护航。要提高这方面的设计能力，那是一个系统工程，涉及材料科学，以确保材料的性能及稳定性；制造技术，以尽量减小、减少工艺误差与缺陷；理论分析，以得到尽可能准确的应力分布；强度理论，以提高对材料破坏的预测的准确性和置信度；试验技术，以保证试验状态与理论模型的一致，更重要的是它们各自与结构的实际承载条件之间的一致；数据处理，以便能够对理论分析和试验研究所得出的结果去伪存真，而确信应该保留的数据，达到优劣有序、主次分明。

　　与所谓的刚度控制还是强度控制类似的情形在工程中时时常遇及，另一个例子是静强度与疲劳强度之间的关系，对于大多数金属结构，如果它们的工况涉及疲劳载荷，一般疲劳强度要低于静强度，因而设计多半由疲劳控制。但是复合材料结构，特别是碳纤维复合材料，除非特殊情况，其疲劳强度常常并不明显低于静强度，因此按静强度就能满足疲劳强度的要求，这当然也经常被列为复合材料的典型优点之一。相对来说，人们对疲劳强度的了解要远少于对静强度的了解。举这个例子是想说明，说不清的东西倒也不总是一定最需要关心的东西，如果遇到非关心不可的个案，那么就必须承认对此问题的欠了解，因此需要更多的投入以增进了解，而在有足够的了解之前，应该相应地放宽裕度，并配置必要的其他手段，如试验来予以保障，这即真正的工程方法。

11.3　代表性体元

　　所谓代表性体元，其宗旨是代表性。在第 4 章和第 9 章中，建立代表性体元，前提是在高尺度上的均匀性，各组分材料的体积含量的代表性，以及其他相关特征的代表性，这里，高尺度上的均匀性意味着所研究的材料在低尺度上的尺寸可以无穷，这当然是在多尺度意义上无穷，即在高尺度上的任何有限尺寸的区域，如一个有限单元，其在低尺度上都是无穷大的。因此，在低尺度上，所研究的区域在其幅度上不受限制，尽管从中定义的代表性体元常常是有限的，但是确保代表性的条件之一是体元可以按代表性的需求而任意地扩大，在低尺度上任何对代表性体元的幅度的硬性的限制，像在高尺度上的物理边界那样限制问题的定义域，都是不允许的，因为这会给体元的代表性打折扣，因而违反代表性体元的基本假设。

　　在低尺度上材料表征问题的定义域是无穷的，在此前提下，从该无穷区域提取有限的区域作为代表性体元的可行性在于该有限区域的代表性。只要所选择的区域足够大，代表性就会足够地有保障，当一个体元逐渐增大时，会经过那么一个尺寸，之后继续增大尺寸对代表性不会再有任何明显的改善了，而任何的缩小又会给代表性打上折扣，这个尺寸对所要表征的材料特性来说将是理想的代表性体元的尺寸。注意第 9 章的结论，代表性体元应该是用来进行分析的体元的一个子区域，从该子区域的边界到所分析的体元的边界，至少要有一倍的衰减距离，因此真正用来进行分析的体元还应该在代表性体元的基础上酌情扩大。前面也曾提到过，所谓代表性的衡量，有一定的主观性。一方面，这与所欲表征的材料特性有关，对一特性有足够的代表性不一定保证对另一特性的代表性；另一方面，这又与用户对所得材料特性的量值的精度要求有关，对精度越苛刻，对代表性的要求也就会越高。

　　确定了代表性体元之后，其适用性的另一个限制条件是高尺度上相关场的均匀性，对于力学问题，就是应变场，对于扩散问题，就是浓度的梯度场，这些场的任何过度的不均匀性都会影响体元的代表性。所谓过度，一个定量的衡量是，在高尺度上此不均匀性在代表性体元的特征尺寸的范围内的变化量，应该远小于与低尺度上代表性体元内相应的场的变化量，否则，高尺度上的场的不均匀性就过度了, 因为假设其均匀显然已经不再合理。

　　对于力学问题的应用延伸至有限变形不是不可以, 正如在第 13 章要论述的, 但是有限变形导致了很多的复杂性, 操作需要十分谨慎。一个明显的问题是, 在有限变形下, 应力与应变的定义已不再唯一, 这时用户需要明确所欲得到的是哪一个, 而所采用的分析软件所能提供的又是哪一个, 没有理由可以想当然地认为它们自动地会一致。应力、应变的定义随着分析软件的理论框架变化而变化, 即便是采用固体力学常用的拉格朗日(Lagrange)描述法, 仍还有总体拉格朗日法(total Lagrangian description)和更新拉格朗日法(updated Lagrangian description)之别, 这些差别在后处理中需充分地、正确地体现出来, 混为一谈是典型的错误之一, 无视其间的差别那就是盲目延伸了, 结果可能很危险, 这在第 13 章会详述, 届时可见, 对单胞或代表性体元的有限变形的有限元分析, 远不仅仅是把有限变形的开关打开, 把变形量设置得大一点而已。

　　如果代表性体元的适用性以变形来描述其边界, 那就是变形的局部化, 这时材料开始呈现总体的软化, 即随着变形的增加载荷反而下降, 在材料中变形会渐渐集中于一部分区域, 如韧性材料在单向拉伸时常见的颈缩现象, 这时一定的破坏模式会很快形成。任何局部化了的变形都会破坏代表性体元的代表性, 因为如此局部化了的变形模式不可能在此体元周围的其他部位再现, 更不可能导致任何的高尺度上的均匀性, 因此这已不再是一个代表性体元所能描述的问题了。

　　前面提到的有限变形是非线性的缘由之一, 另一类的非线性问题源于材料, 表现为非线性的应力-应变关系, 有时甚至与加载历程有关, 如塑性。代表性体元的适用性的限制条件之一仍然是没有局部化的变形。另外, 为了具备充分的代表性, 代表性体元的大小也可能因为有些组分材料进入非线性而有所改变, 而非线性问题中与生俱来的更多的不确定性也可能会要求代表性体元不得不取得更大些。

　　扩散问题中的材料非线性, 即介质的扩散系数随着浓度的变化而变, 这在热传导问题中可能更常见一些, 可能给代表性体元的适用性打上一个大大的问号, 因为在高尺度上与均匀的浓度梯度场相应的浓度场一定不均匀, 因而介质的扩散特性在高尺度上也就不再均匀, 这从根本上动摇了代表性体元的基础, 可以想象, 这时在高尺度上的扩散通量也不可能是均匀的, 即便浓度梯度是均匀的。

11.4　单　　胞

　　正如在第 4 章中所论述的, 代表性体元未必是单胞, 但单胞一定是代表性体元, 因此, 11.3 节所述的关于代表性体元的种种限制都适用于对单胞的描述, 这里恕不重复。

　　单胞的概念是通过在低尺度上材料构形的规则性而引进的。规则性, 包括物理意义上的和几何意义上的，其结果给予了材料一个重要的特征，即平移对称性或周期性。引入多尺度的概念的前提是，这些在低尺度上的特征，如周期，从高尺度上观察，则可以被认为是无穷小的长度，因此在低尺度上的一个单胞，在高尺寸上可以认为是一个材料点，如有限元法中的积分点，从单胞表征出来的材料的等效特性就是相应的材料点处在高尺度上的特性。反过来说，在高尺度上的任何有限体积的材料在低尺度上一定包含了足够多的胞元，以致其中的构形可以用平移对称性或周期性来描述。这就给单胞的适用性设置了一个定性的边界，这当然也是由单胞所表征出来的材料的等效特性在高尺度上应用的可行性。

与上述考虑紧密联系着的是，单胞的适用性还受制于在高尺度上变形均匀的假设，这里的变形是指应变场，而不是位移场，均匀的位移场仅产生于刚体平移，没有真正的变形可言。相应地，高尺度上的应力场也必须是均匀的。对于扩散问题来说，相应的就是高尺度上的浓度梯度场和扩散通量场，它们必须均匀，而不是均匀的浓度场，在均匀的浓度场中，如果浓度场均匀，浓度梯度就为0，也就没有扩散了。

另外，如同在 11.3 节中对代表性体元的讨论，有限变形本身并不限制单胞的使用，但是，与应力、应变的不同的定义相应，单胞中诸多的量要复杂很多，其意义也不再是那么的简单、直接，如主自由度等，这在第 13 章还会详述。单胞适用性的一道明确的边界是局部化变形的出现。关于材料非线性，结论仍然是，只要不出现局部化变形，材料在低尺度上的规则性就有保障，单胞就适用。当然，如 11.3 节所述，这一结论不能简单地延伸到扩散问题。

11.5 结　论

在通过前述数章建立了代表性体元和单胞的理论之后，本章的目的是给这些十分重要、也十分有效的工具贴上一张"慎用；遵医嘱"的标签，因为它们的确不是可以随心所欲地运用的。当它们在各自的适用范围内被正确地利用时，的确可以有不同凡响的价值；但是如果超出它们的适用范围而盲目地延伸，它们就会成为混淆视听的道具、滋生错误的温床，甚至还蒙着科学的面纱。确认它们的适用范围的边界的量规，就是这些代表性体元和单胞赖以建立的基本假设，这些假设的限制条件应该得到代表性体元和单胞的用户们的尊重而不是滥用。

参 考 文 献

李曙光. 2020. 复合材料破坏准则——回归理性, 第 2 节, 第 5 章 为节省每一克重量而奋斗——
　　轻质新型结构//绿色航空技术研究与进展. 孙侠生. 北京: 航空工业出版社: 456-476.
Hinton M J, Kaddour A S. 2013. Evaluation of theories for predicting failure in polymer composite

laminates under 3-d states of stress. Journal of Composites Materials, WWFE-II Part B，47, No.6-7 (complete issues).

Hinton M J, Kaddour A S. 2012. Evaluation of theories for predicting failure in polymer composite laminates under 3-d states of stress. Journal of Composites Materials, WWFE-II Part A, 46, No. 19-20 (complete issues).

Hinton M J, Soden P D, Kaddour A S. 2004. Failure criteria in fibre-reinforced-polymer composites. Composites Science and Technology, WWFE Part C, 64, No.3-4 (complete issues).

Hinton M J, Soden P D, Kaddour A S. 2002. Failure criteria in fibre-reinforced-polymer composites. Composites Science and Technology, WWFE Part B, 62, No.12-13 (complete issues).

Hinton M J, Soden P D, Kaddour A S. 1998. Failure criteria in fibre-reinforced-polymer composites. Composites Science and Technology, WWFE Part A, 58, No.7 (complete issue).

Li S. 2020a. The maximum stress failure criterion and the maximum strain failure criterion: Their unification and rationalization. J. Composites Science, 4: 157.

Li S. 2020b. A reflection on the Mohr failure criterion. Mechanics of Materials, 148: 103442.

Li S, Sitnikova E. 2018. A critical review on the rationality of popular failure criteria for composites. Composites Communications, 8: 7-13.

Li S, Sitnikova E, Liang Y, et al. 2017. The Tsai-Wu failure criterion rationalised in the context of UD composites. Composites Part A, 102: 207-217.

Li S, Xu M, Sitnikova E. 2022a. Fully Rationalised Tsai-Wu Failure Criterion for Transversely Isotropic Materials//Chapter 9 in Double-Double —— A New Perspective in Manufacture and Design of Composites. Tsai S W. Paris: Stanford & JEC.

Li S, Xu M, Sitnikova E. 2022b. The formulation of the quadratic failure criterion for transversely isotropic materials: Mathematical and logical considerations. J Composites Sci, 6: 82.

Xu M., Sitnikova E. and Li S. 2024a. A failure criterion for genuinely orthotropic materials and integration of a series of criteria for materials of different degrees of anisotropy, Royal Society Open Science, 11:240205.　https://royalsocietypublishing.org/doi/10.1098/rsos.240205

Li J, Yan S, Kong W and Li S. 2024b. Validation of the fully rationalized Tsai-Wu failure criterion for unidirectional laminates under multiaxial stress states through a ring-on-ring test, Composites Sci Tech, 2024:110813.　https://authors.elsevier.com/c/1jdcA_63c8WQL-

Li S. and Sitnikova E. 2024, A critical appraisal of the Hashin failure criterion, Journal of Composite Materials.　https://doi.org/10.1177/00219983241289488

Li S. 2024a. Stress or strain? Proc. Roy. Soc. Lond. A, 480:20240269. https://doi.org/10.1098/rspa.2024.0269

Li S. 2024b. Rational implementation of the Mohr criterion in its general form, Int. J. Mech. Sci, 278:109449. https://doi.org/10.1016/j.ijmecsci.2024.109449

Li S. 2024c. Stress invariants and invariants of the failure envelope as a quadric surface: their significances in the formulation of a rational failure criterion, Mechanics of Materials, 196:105076. https://doi.org/10.1016/j.mechmat.2024.105076

第三部分

理论的延伸
—— 单胞的若干应用范例

第 12 章　单胞在纺织复合材料中的应用

12.1　引　　言

12.1.1　背景

为了了解纺织复合材料的优势，应该首先回顾一下纤维增强复合材料通常的应用。由单向纤维增强的层板层合而成的复合材料层合结构在复合材料的工程结构中的应用占据着绝对高的比重，因为单向复合材料可以充分发挥纤维沿其长度方向的刚度、强度优势，而通过对单向层板沿不同的方向铺设，又可以弥补单向层板在横向的低性能，然而这样的弥补只能补足在最后形成的层合板的平面内任一给定方向的性能，而沿层合板的厚度方向，其性能的低下，则与生俱来而又极难改善，严重地影响着对结构完整性要求高的应用，譬如，那些常受横向冲击或者对疲劳要求高的零件、构件，研究人员探索了多种方法，以增进横向性能，如缝合、z-pin、增韧等，但似乎均不得要领，至少，至今尚未见到有哪一个技术优势胜出，独得青睐，哪一个也都没有那么不负众望，事实上，这的确是先天不足，巧妇难为无米之炊。

其实，诸如此类的失望，在很大程度上是出于对力学性能理解的缺乏，所有这些努力都是以提高横向性能为目标，这本身并没有错，但是很多时候，对"横向"两字的理解可能过于字面解读，因此所采取的措施基本上是直奔"横向"，如缝合、z-pin 等。这样的加强仅仅从几何意义上加强了横向，其效果仅仅是针对由横向正应力所主导的性能，如拉、压刚度，强度，Ⅰ型分层等，但是，问题是应力是一个二阶张量，每一个应力分量都涉及两个方向，当这两个方向重合时，即为正应力，否则为剪应力。对于各向异性材料来说，对正应力的抵御能力的增强与对剪应力的抵御能力的增强之间一般没有必然的联系。类似的情形在层合板面内特性的设计考虑中是一个熟悉的例子。众所周知，单向层板在 90°方向很弱，引入 90°方向的铺层可立马改善该方向的性能，但仅限于抵御正应力的能力方面的性能，而对面内的抗剪切性能，基本上隔靴搔痒，而解决的办法是采用±45°的铺层。当 0°、90°、±45°这四个方向的铺层数量相等时，所得的层合板常被称为准各向同性的，它们提供的抗剪能力和机理与各向同性材料相仿。

在层合板的面外方向，也即厚度方向，由剪切造成的破坏往往甚于由正应力造成的破坏，譬如，在横向冲击载荷下所产生的分层破坏主要是由剪切主导的，即所谓 II 型分层裂纹。在典型的层合板中，抵抗 I 型分层的能力一般较抵抗 II 型分层的能力要低，反映在临界能量释放率上，G_{Ic} 的确会明显低于 G_{IIc}。然而，在绝大部分与复合材料层合板的工程应用相关的冲击问题中，I 型分层的驱动力 G_I 要远小于 II 型的驱动力 G_{II}。因此，II 型分层通常是冲击造成的分层的主要原因，而不是 I 型的。若要引入纤维增强以提高抗横向剪切的性能，那么这些纤维的走向不应该是 0° 或 90°，而应该是其他角度，当然理想的角度应该是±45°。作为其副产品，这些倾斜的纤维也提供一部分抵抗横向的正应力的能力，因此载荷状态中的 I 型的成分这时也不足为虑了。

当代纺织工业的进展之一是其织就各种复杂织构的三维织物预制件的能力，当它们被适当地由胶脂树脂浸润、固化成形后，其所得的复合材料将会提供通常的层合复合材料所缺乏的整体性，特别是沿厚度方向，其中纤维束会因为织构的不同形式的交联耦合自然地上下波动而与织物平面具有有规律地变化的倾斜角，提供了厚度方向的刚度和强度。当然，与其他增强厚度方向性能的方法一样，这或多或少地要以牺牲一部分面内的性能为代价，设计人员必须作出恰当的判断、取舍。相比之下，其他加强的方法，如缝合、z-pin 等需要特意引入纤维，通过特定的工序，加强厚度方向，效果上，加强又不得要领，而在三维纺织复合材料中，只需让原有功用的纤维捎带着作些别的贡献而已，而且是行之有效的贡献。就效果来说，在三维纺织复合材料中，分层以及类似的界面裂纹扩展失控的风险已被完全消除，尽管不是说这样的材料就不会破坏了，只是必须以其他模式破坏，而大部分的模式，或多或少会涉及纤维破坏，这至少说明纤维的确起到了加强的作用，而典型的层合板的分层破坏基本上不涉及纤维破坏。

有些结构零件、构件，其面内特性可能高于所要求的，而横向特性则有所不足，另外，现代高性能纤维的开发还将给面内特性创造更多的空间，在此情况下，三维纺织复合材料可能有一个恰恰用到好处的机会，即舍去一点原本已过剩了的面内特性，换来所缺的横向特性。

纺织预制件，特别是三维的，制作起来还是有相当的难度的，然而，要把它们纳入实际工程材料之列可能更难。能够比较准确地评估它们在与适当的基体复合之后形成的复合材料的等效特性，是其有可能为工程师们所接受的一个先决条件，如果不能事先理论预测此复合材料等效特性，那就只能靠试验方法，但是此路不通。原因很简单，因为预制件制作不易，如果用试错的办法找到合适的预制件的织构，那么一定免不了尝试多种方案，而织物中有些参数的改变可能涉及产生设备的变更，而这类设备并不总有现成的，试制一套除了巨额的耗资，还有相当高的场地要求，最最致命的是，尚不知该设备所产预制件是否能够满足要求，需要等试验了以后才知道，其不现实性显而易见。因此，纺织复合材料的分析设计工具无疑是此类材料能否为结构应用所广泛而又系统地接受的瓶颈。

设计师们所希望的分析方法总是越简单越好，但是过分简单的理论，如混合法则(rule of mixtures)，其适用范围又太窄，有时甚至误导。在层合复合材料的应用中，经典层合板理论提供了一个恰到好处的执中，因为这正是按层定义的模型所适用的范畴，而按层定义，其几何描述也足够简单。对于三维纺织复合材料来说，不幸地，如此的简捷不复存在，因此作为让步，必须准备接受一个稍微复杂一点的模型，所幸的是，现代的计算机技术以及相应的商用有限元软件已经发展到了如此的地步，只要模型建立得合理并能代表现实，绝大部分模拟的工作量可以通过自动化而大大减轻，当然这里又一次提及模型的关键指标是其代表性。率性建立的模型未必错，特别是用有限元分析的模型，只要模型可以运行，就能得到解，而且还一定是一个正确的解，但是其正确性，是在数学意义上对所分析的模型而言的。除非该模型对所欲解决的问题确有代表性，否则所得的解的正确与否毫无差别。譬如，欲求 $a+b$，如果得到的是 $a\times b$ 的正确结果，又有何用?可见，"模型所代表的问题"与"欲用模型代表的问题"，数字之差，却天壤之别，也是数值分析中最常见的错误，而这类错误，用"+"和"×"形容可能过于简单，但换之以边界条件，那兴许是比比皆是。

本书的所有论述之中心就是模型，如代表性体元和单胞，应该建立的是能够代表所欲代表的物理问题的模型，而不仅仅是认为代表所欲代表的物理问题的模型,甚至是随便建立一个模型来分析分析，管它代表什么。本书的主要论点是，至少对代表性体元和单胞来说，建立成能够代表它们所欲代表的物理问题的模型，不仅可能，而且可以很系统。作为本书所建立的理论的应用的例子，针对复合材料应用的常见形式的单胞和代表性体元，都已通过一个称之为 UnitCells© 的软件，在 Abaqus 的平台上，以二次开发的形式而成功地实施，这也是著者与其合作者们在过去的十多年中于诺丁汉大学所称心地完成的工作之一。该软件包揽了所有烦琐、易错的步骤，如生成几何模型、施加边界条件、后处理等，留给用户的责任已减至最低的限度，如选择单胞、提供几何参数和组分材料的材料特性，复合材料的等效特性便可自动得出，而计算时间，一般都在设计师们可以忍受的范围内，有时甚至感觉上不会觉得这比经典层合板理论的分析要慢多少。关于此软件的更多的详情将在本书第 14 章中介绍，此处想要说明的是，一旦有这样的自动化了的软件，通过计算机设计纺织复合材料的可行性就不乏现实性了。

上面提到的几何参数对于单向纤维增强的复合材料或者粒子增强的复合材料，在适当的理想化之后，还是比较简单的，对于通常的层合板，所需的几何参数也仅限于所谓的铺层参数，这也是为什么层合复合材料那么受欢迎，它们除了制造方便，也方便分析、设计。而对于纺织复合材料，尤其是三维纺织复合材料，尽管它们织构仍具有相当的规则性，就其适当的理想化已不再那么直截了当了，慢说全面描述不同织构的几何参数的定义了。然而，几何表述的理想化势在必行，因为没有其他选择。因此，必须设定目标，即通过理想化所得的关于织构的数学模型，除了要方便描述外，还必须尽可能逼近真实构形。这个过程将被称为**细观织构的参数化**，目标是引入一组为数不多的拓扑和几何参数，由之可以完整而又唯一地、比较准确地重现纺织复合材料的细观织构，自然，在确保所形成的模型的代表性的前提下，这些参数的数目越少，所产生的方法也就越容易为工程界所接受。

本章的焦点将集中于单胞对纺织复合材料的应用，鉴于织物预制件内细观织构的规则性，定义一个单胞并不十分难，后面也会演示，当然也绝不是一件可以敷衍的事。经过了第6章和第8章之后，读者也许会以一字定论推导边界条件的过程：繁。因此，在本章中，具体的推导将从免，而必要的方法和步骤已应有尽有地在第6章和第8章之中详尽地介绍过了，这样注意力可以集中在识别织构中的各种对称性。

一般地，织构中的周期性一旦被识别，如第6章6.4.2.2节中引进的长方体单胞几乎可以直接照搬，如果所需的分析只是一次性的，这样的选择也不谓不是一个可取的执中，不过，这通常并非最佳选择，因为通常其中还存在其他众多的对称性，根据第8章的论述，它们都可以用来减小单胞的尺寸，单胞的真正的潜力是提供系统的材料表征工具，因此一个单胞一经建立，可能会被反复使用。就著者自身的经验，曾有必要将同一单胞在不同的参数的排列组合下，作为批作业，运行成千上万次，以获取相应的数值试验的结果，并形成一定的数据库，以利于后续的有目的的、系统的材料表征方法。在这种情况下，所建立的单胞的计算效率就大有差别了，有时，差别可以在可能还是不可能之间。

纺织复合材料的单胞的复杂性在于：①识别织构规则性及其中所具有的对称性；②选用合适的对称性以便能把单胞的尺寸降至最小；③织构的参数化。尽管在前述相关的章节中曾提出了一些指导性质的法则，而在运用这些法则的时候，用户仍有必要作出自己的判断，以达到最佳的效果。一般地，在找出了织构中的所有的对称性之后，再来考虑如何取舍是一个值得推荐的方法，就本章而言，这也是一个帮助消化本书的基本理念的一个有价值的练习，即便是有些所识别出来的对称性未必对单胞的构建都有用，而有些对称性可能都不是独立的。

有的对称性可以帮助识别织构中的积木块，以其来构筑单胞可望事半功倍，这同时还会给后续的参数化带来便利，这在本章中将会针对相关的问题，逐一演示。尽管现实中，所有的对称性可能举不胜举，至少，操练操练可以增进用户应用对称性的一般技能。

典型的织物有三类：机织、编织与针织。针织的织物通常柔软，过低的刚度基本上剥夺了它们作为结构应用的候选资格，尽管可能也有特殊的功能应用，如高柔度要求，那正中下怀。权衡轻重，还是决定不在此类织物上花笔墨，尽管本章所作的种种考虑没有任何理由不能被用来建立由针织预制件所得的复合材料，相应的延伸，即便必要，也会是相当直接。因此，本章的重点将置于另外两类织物所生成的复合材料。

织物通常被置于模具之中，通过如树脂传递(RTM，需要阴模、阳模)或树脂注塑(resin infusion，单面模加真空袋)等技术使之充分浸润，通常还要在适当的温度和压力下固化形成复合材料。为了得到适合在高温下工作的金属基或者陶瓷基的复合材料，会需要更复杂的成形工艺，尽管各种工艺方法差别甚巨，但分析最终形成的复合材料的热力学特性的方法，除了涉及不同的组分材料特性之外，并没有多大的差异。

12.1.2　机织复合材料

机织织物通常有经纱与纬纱，通过适当的交织互联而形成的一整体织物，经纱与纬纱在织物的平面内的方向正交。大众人群中，能清楚地解释"经"字者不多，结果都会用。所谓"经"是"不变"之意。所谓经纱，是方向不变的纱，沿织物长度源远流长，而在传统的织机上，纬纱穿梭于经纱之间，来来往往，方向不定。织物通常宽度一定，沿长度织就。织物可以是二维的，也可以是三维的(国内随俄国人，常称之为 2.5 维的)。前者仅含一排经纱线，按一定布置，上下两分，纬纱穿梭横越，经纱随之按序调整其上下位置，以待下一束纬纱，如此交织成布。进一步，其中的经、纬纱都可以多层排列，即得到三维机织织物，经纱上下波动的深度也可调节，造成与纬纱之间不同的交联形式。在三维机织物中，纬纱相对来说上下波动的幅度较小，基本保持平直。

典型的二维织物有平纹、斜纹和缎纹，如图 12.1 所示。在通常的纺织工业中，不同类型的机织物主要是提供织物不同的外观，而在复合材料中，作为增强材料，则有另外的考虑，这时的纱线通常是不打捻的纤维束，以便让纤维尽可能平直。为了织就这些织物，纤维束必须有一定的上下波动，波动越厉害，对由织物形成的复合材料的面内的刚度和强度的消极影响就越大。缎纹中的纤维束相对来说维持平直的距离较长，上下波动没那么频繁，枚数(harness)越高，越是如此，因此，缎纹刚度、强度特性居高。相对来说，平纹最差，而斜纹居中。

织物作复合材料用途时的另一考虑是其贴模性，这在很大程度上取决于织物起皱前所允许的剪切变形量。因为缎纹中经、纬纱之间的相互约束最弱，所以缎纹的这一特性最好，而平纹最差，斜纹居中。

在很多现代复合材料结构中，尤其是飞机的蒙皮壁板，机织织物常常是用作保护层抵御划伤，就此功用，优劣顺序正好相反，即平纹最佳，斜纹居中，缎纹效果最差。

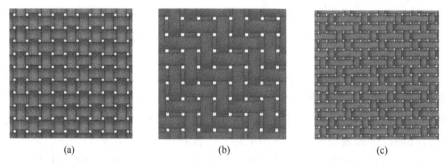

图 12.1　典型的二维机织物：(a)平纹；(b)斜纹；(c)缎纹(4 枚)。织物图形由 Texgen (Long and Brown, 2014)生成

在实际应用中，应该根据功用来选择织物的类型。通常它们是多用途的，这时需要综合考虑，尽量避免偏废。这也许是斜纹最受青睐的原因。

三维机织复合材料的用途通常是作为承力的结构件或其零部件，大部分类型的织物是地地道道三维的，它们从传统的机织演化过来。而另一部分的织物则更像是纤维束在两正交方向的堆砌，另外再用一些纤维束上下穿梭，捆绑两正交方向的纤维束而形成整体。在这一类织物中，若按经纬纱描述，织物中含有两种经纱，一种是平直的，用来提供经向的刚度和强度，另一种用来捆绑，同时提供一定的沿厚度方向的性能，所谓的 NCF(non-crimp fabric)即属此类，其主要考虑是确保面内的特性，尤其是面内受压的强度。其缺陷是捆绑纱所能提供的沿厚度方向的性能有限，如前所述，这些捆绑纱过分地"沿厚度方向"了。模拟这类复合材料的方法与模拟地地道道的三维机织复合材料无甚分别，相对来说，可能还更简单些，因为纤维束的走向更趋于横平竖直。因此，在下面的论述中，就不再关注这一类织物了，而将注意力集中于地地道道的三维机织织物。

三维机织物由经纱和纬纱在织物平面内正交展开，这个意义上，与二维机织物一样，之间的差别是经纬两向的纤维束都有多层的累加，并且按设定的织构交织互联，一个简单的例子见图 12.2。通过改变间距、枚数、交联深度等参数，几乎可以得到无穷多的排列组合。鉴于此情况，一织构最好能够被参数化，以便由有限的参数在最大程度上描述实际可能的织物织构，对于一般的三维机织物的一个详细的参数化的过程将在 12.4.1 节中给出。

三维机织复合材料的一个关键的弱点是其面内剪切刚度和强度的缺乏，因为纤维束仅沿经纬正交的两向。在很多航空结构中，剪切是一主要载荷条件，如机翼、机身、发动机短舱的蒙皮，而往往是刚度优先，大部分的运动构件，如副翼、襟翼、方向舵、升降舵，特别是航空发动机的风扇叶片，颤振通常是设计空间的一个边界，且限制一般非常苛刻，而颤振的主要控制因素之一是构件的扭转刚度，

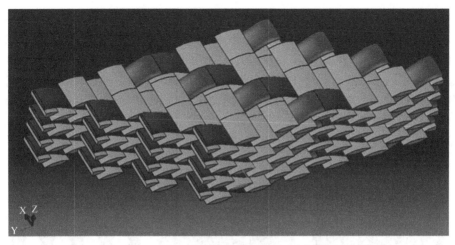

图 12.2　三维机织织构的模型一个例子

这就要靠面内的剪切刚度来提供。如果采用由二维机织物叠加起来的层合复合材料，该弱点可以通过引入适当数量的±45°的层板来克服。类似的考虑也可以用于NCF 预制体，只是这时的制作过程要复杂得多，主要是由引入偏轴层而引起的，加之容纳足够的捆绑纤维束的空间的考虑。

在有些构件中，例如航空发动机中的风扇包容机匣，其主要的载荷条件是抵御横向冲击，这时，构件对面内剪切的要求不是很高，相对来说面内剪切对横向冲击载荷下总体变形的贡献也不大，三维机织复合材料可能是一个很理想的候选方案。

12.1.3　编织复合材料

编织与机织是两种完全不同类型的纺织过程和工艺，在传统的编织过程中，通常两组均偏轴而关于织物长度方向呈反射对称的纤维束相互交织。织物长度方向常称为主轴方向，相应于在图 12.3(a)和(b)中的垂直方向。随着编织的进程，织物沿主轴方向积累长度，形成编织物，其中每一组顺同一方向的纤维束称为一轴，因此最基本的编织物是所谓二维二轴的编织物，如图 12.3(a)所示意。作为织物本身的一个特征，二维二轴的编织物纵横两个主方向都很松弛，如四连杆机构极易变形，当然如果复合成复合材料，这两个方向会有一定的刚度，但刚度也会是很低的，主要由基体提供。为了在这两个方向上得到所需的刚度，可以引入更多轴的纤维束，得到所谓二维三轴织构，这时因为第三向纤维束的不同的布置，可以得到不同外观的织构，图 12.3(b)和(c)分别展示了两种不同的二维三轴织构。二维三轴织构是稳定的，更确切的说法是静定的，原则上，其有抵御任一方向的拉应力的能力，复合成复合材料后，也可以承压，很容易达到准各向同性的特征，其中，如图 12.3(c)所示的织构显然具有等效的各向同性特征，只是空隙很大，除非是特定的需求，一般结构应用的可能性不大。而如图 12.3(b)所示的织构，是结构应用合适的候选对象(Roberts et al., 2009b; Roberts et al., 2009a; Roberts et al., 2002)。当然，在此基础上仍可进一步加强，引入第四向，即二维四轴编织物，其力学特征是静不定的，因此，载荷在纤维束之间分配得更匀一些。轴数对编织的工艺和织物来说都是一个重要的特征。偏轴的两向与纵向主轴的夹角通常称为编织角，这也是一个重要的参数。

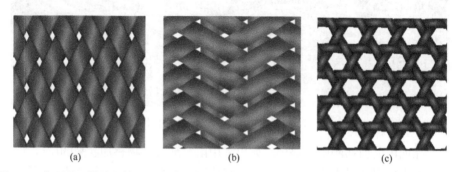

图 12.3　典型的二维编织物：(a)二维二轴；(b)和(c)都是二维三轴，但是有不同的形式。织物
图形由 Texgen (Long and Brown, 2014)生成

　　二维二轴的编织物的拓扑结构其实与二维的平纹机织物一样，只是前者一般未必正交，而后者一定正交，除非人为使之变形。但是，两者的制作过程、设备都完全不同，不能混为一谈。其间最显著的差别是平纹机织物的长度方向是经向，沿经纱方向，而二维二轴的编织物的长度方向是两向纤维的夹角的平分线方向，即主轴方向，沿主轴方向没有纤维束。

　　三维编织物中的轴数更多，每轴都朝着不同的方向，但都与织物的主轴(织物的长度方向)有一夹角，即三维编织物中的编织角，除了是引入了后面要介绍的所谓第五、六、七轴这些例外的情形。三维编织物中最基本的一类是三维四轴，其内部织构如图 12.4(a)所示，而图 12.4(b)则为其中一个拉近放大的图像，其可构成一单胞。此织物的制作过程通常称为四步编织，如果编织机设计妥当，自动化程度可以很高。与二维二轴的平面编织物类似，三维四轴的三维织物沿主轴方向，特别是横向，结构相当松弛。实用时，通常会引入更多的轴，典型的是沿主轴方向，或者任一横向，形成三维五轴编物，这时的织构就具备了一定的稳定性，如图 12.4(c)和(d)所示。通常，主轴方向被称为第五轴，另外两个横向分别为第六、七轴。适当地配置第五、六、七轴的增强程度可以实现或接近各向同性的特征，当然各向同性未必总是最佳选择，但是如果以三维四轴为基础，根据需求适量增加其他的轴向，给获取最佳性能提供了空间。轴数的增加自然也同时增加了制作、设备的复杂性。

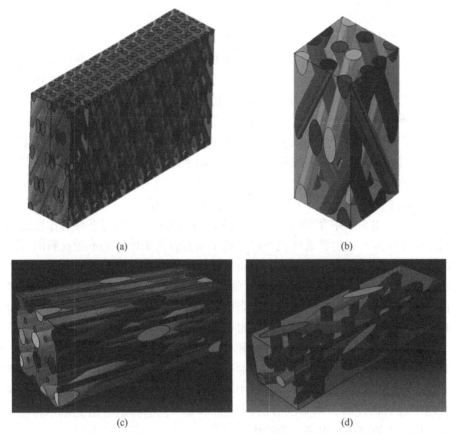

(a)   (b)

(c)   (d)

图 12.4　三维编织复合材料：(a)三维四轴；(b)三维四轴的单胞；(c)三维五轴(第五向纤维束沿
第五轴)；(d)三维五轴(第五向纤维束沿第六轴)

12.2　正确利用对称性来引进高效的单胞

在本节之后，将对各种典型的纺织复合材料中众多的对称性作尽可能全面的描述，这些对称性可以按第 2 章中的分类来研究。单胞分析的目标一般总是表征其所代表的材料，因此，需要给单胞施加适当的载荷，包括 6 个平均应力或平均应变，以及温度变化。对称性的使用，对所研究的问题中的物理场会有所限制，对单胞来说，这通常表现为单胞的边界条件。这些对称性罗列如下，也作为对第 2 章所介绍的通常的对称性和第 8 章的 8.5 节所介绍的中心对称性的概念的一个适时的复习，希望能达到温故而知新的效果。

(1) 平移对称性；

(2) 反射对称性；

(3) 旋转对称性；

(4) 中心对称性。

在第 8 章 8.6 节中提供了一些对称性利用的规则，这些在后续的数节中将被付诸实施，作为一简单的回顾，首先应该穷尽如第 6 章 6.4 节中详尽描述的平移对称性，以得到一个由这一类的对称性所能得出的最小尺寸的单胞。由这些对称性的使用所得到的单胞可以在同一组边界条件下分析所有的载荷条件，而对材料的各向异性特征没有任何的限制，因此也不受材料的各向异性特征的任何限制。需要提醒用户的是，不要疏忽沿非正交方向的平移对称性，利用之，常常可以可观地减小单胞的尺寸，代价是单胞的边界条件要复杂一些，但是收获则是相当可观的计算成本的降低，因此通常付出的代价都是值得的。

在第 8 章 8.5 节中介绍的中心对称性(Li and Zou, 2011)与平移对称性有两个共同点：①仅需一组边界条件就可以分析于所有载荷条件；②不受材料的各向异性特征的任何限制。按其所得的边界条件的复杂程度，与如第 8 章 8.3 节介绍的旋转对称性(Li and Reid, 1992)类似，而比 8.2 节介绍的反射对称性要复杂一些。在仅由平移对称性而导出的单胞中，当中心对称与反射对称或者旋转对称同时存在时，何去何从，应该考虑如下的因素。

如果同一组边界条件适用于所有载荷条件这一特征对用户来说十分重要，那无疑要选择中心对称。不过选择中心对称，一般来说意味着对称性的利用到此打住，除非所得的单胞中还有进一步的中心对称性存在，这当然是很难得的事情。在利用中心对称性时，用来剖分的剖分面不唯一，选择剖分面的基本考虑是：①如果构形中的确还有更进一步的中心对称性，剖分面的选择需要考虑剖分以后是否能够保留所存在的新的中心对称性，或者其他对称性，这些对称性即便不被用来进一步减小单胞的尺寸，对后续的几何模型的建立、有限元网格的划分也会有帮助；②所得单胞内部几何构形的规则性。这直接影响到事后划分有限元网格的质量，譬如，避免子区域呈现带有尖锐、狭长等特征的形状，自然形成的子区域被截断的次数越少越好、被截后的形状越规则越好。

如果目标是使得所得单胞的尺寸越小越好，而又能够容忍对不同的载荷条件采用不同的边界条件来分析，那么在所具有的对称性中作出选择的顺序是，反射对称性首先考虑，旋转对称性其次，中心对称性最后。

一般地，由旋转对称性所得的边界条件要较由反射对称性所得的边界条件复杂，因此在两种对称性同时存在时，反射对称性的利用应该优先。

利用旋转对称性时的剖分面也不唯一，其选取的考虑，与上述利用中心对称时剖分面的选取的考虑相同。

反射对称与旋转对称之间有两个共同点：

(1) 都定义材料的一个主平面或主轴，从而降低由单胞所代表的材料的各向异性程度，换言之，在一般的各向异性材料中，不会存在这样的对称性。作为对此话题的一个回顾，读者们应该记得，垂直于主平面的轴是主轴，同样垂直于主轴的平面是主平面；具有两条相互垂直的主轴的材料或者是具有两个相互垂直的主平面的材料是正交各向异性的。

(2) 在对称性下，有些载荷条件是对称的，而另一些是反对称的，因此，不同的载荷条件可能需要在不同的边界条件下分别分析。一般地，在一个对称性下，作为载荷条件，平均正应力、三个平均剪应力之一、温度载荷是对称的，而另外两个平均剪应力是反对称的。这时，为了完全表征此材料，分析需要进行两次，一次对称的载荷条件，一次反对称的载荷条件。在利用了一次这样的对称性之后，如果在一垂直的方向还有另一对称性，当其被利用之后，作为载荷条件的平均正应力、温度载荷关于所用及的两个对称性来说都是对称的，因此可以一次分析搞定；而三个平均剪应力关于这两个对称性，则有着不同的对称与反对称的排列组合，因此边界条件各异，需要三次不同的分析，分别处理之。因此，计算成本的降低有时没有用户预期的乐观，用户需要知情，不过降低是肯定的，而且也一定是可观的。这之后，如果仍有独立的对称性可以利用，那么计算成本的降低便不会再被打任何的折扣，所付出的代价仅仅是边界条件的推导，花费在计算实施之前，当然这是纯手工的功夫活儿，勇者、能者胜。

在利用平移对称性时，元胞元的选择不唯一，最终选择应该取决于所选择的元胞元内部尚有的对称性，以及所欲利用的对称性，即由里到外。这有点像礼仪训练中的着装规则，只是反其道而行之，着装规则说要从外往里穿，即先选外套，再配内衣。各类型的对称性的利弊，本书至此已作了充分讨论，读者明鉴。另一个应该纳入统筹考虑的是所具有的对称性利用的顺序。

有些对称性的力学价值可能不高，即不能被有效地用来减小单胞尺寸，譬如当对称面或对称轴是倾斜的，因为载荷条件通常不具备如此的对称性，但是从应用的角度，识别它们仍不无价值，虽然它们已不再直接导致单胞尺寸的减小，但是它们可以被视作为构形的积木块，对构建几何模型还是会有帮助的，特别是三维的模型，有经验的有限元用户知道建立三维模型的挑战，任何可能减轻负担的途径，都会是大有帮助的。

12.3　由二维织物生成的复合材料的单胞

12.3.1　沿厚度方向的理想化

不管一纺织复合材料被称作二维的还是三维的，其物理实体都是三维的，它除了面内的特征之外，也有厚度方向的尺寸和特征，模拟时也需要相应的考虑。

就花样来说，最多的变化还是在面内，因此在下面的若干子节中会详尽讨论。沿厚度方向，也称面外，在复合材料的应用中，主要的考虑一般就一个，即在什么条件下获取层板的上下表面的边界条件。如果一织物在成形后的复合材料中是作为一层，而复合材料则是由多层组成的层合结构，那么该层合结构可以采用经典层合板壳理论来分析，这时所需的仅仅就是每一层的面内特性，每一层都假设处在平面应力状态，如同经典层合板壳理论中的层板，效果就如图 12.5(a)所示意。也许纺织复合材料层板的厚度略大于通常的层板的厚度，但作为近似，将其考虑为一常规的层板，应该是一个尚可接受的妥协。这样分析应该是最简单的，但是缺憾是这样无法得到层合结构在厚度方向的任何特性。当然在很多应用中，沿厚度方向的特性都未必需要。

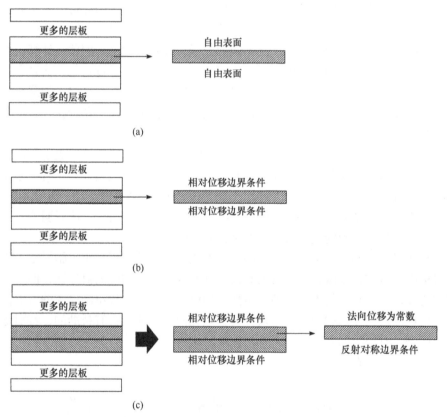

图 12.5 厚度方向的理想化：(a)表面自由；(b)基于平移对称性的相对位移边界条件；(c) 平移对称性加之于中面对称

如果一纺织复合材料的应用会需要用到其沿厚度方向的特性，那么就必须考虑层合结构在该方向上的织构，除非有更好的模型，或者是物理上有客观的条件，以提供相应的边界条件，否则，只能权且假设沿厚度方向，层与层之间存在着周期性，如图 12.5(b)所示意，数学上，这意味着层合结构在厚度方向尺寸无穷，这样就可以通过厚度方向的平移对称性以一层为一单胞来表征该层的面内、面外的特性。

如果仅仅假设厚度方向的平移对称性，那么在划分有限元网格时必须保证上下表面网格的一致性，这虽然不是不可能，但毕竟也是已有的众多挑战中的又一个，如果希望能减少一个这样的挑战，那么另一个选择是可以假设沿厚度方向是每两层一周期，而在这一周期的两层之间又有着反射对称性，如图 12.5(c)所示意的。这样的话，如果利用反射对称性，取其中一层作为单胞，那么该单胞的上下表面网格的划分就不再有任何限制了，足够细分即可。

引入反射对称性意味着对称面是材料的主平面，如第 3 章 3.2.2.1 节中所论述的，有一个主平面的材料已经不是一般各向异性的了，而是单斜各向异性。如果一般各向异性是所研究的材料的一个需要表征的特征，那么，在模型中假设反射对称性的存在就会有损该模型的代表性。

显然，上述三种理想化各有各的优缺点，有其所蕴涵的假设，以及对材料的分类限制，当然也会体现在所表征出来的材料的等效特性上。用户应该按理想化对其所研究的问题的代表性作出合适的选择。

讨论了厚度方向的理想化，下面的若干子节中注意力将集中于单层之内，特别是面内的特征。

12.3.2　平纹复合材料

考虑一由平纹织物制成的复合材料，如第 6 章 6.4.1.2 节所论述的，利用纵横两正交方向的平移对称性，可以得到一个正方形的单胞，如图 12.6(a)所示。图中的任一红色的方块，从 A 到 D，都可以作为单胞，无论选择哪一个，边界条件都相同。然而，如果还希望利用更多的对称性来减小单胞的尺寸，其间的差别就大了。

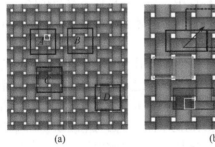
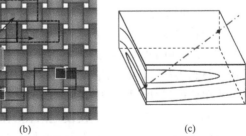

(a)　　　　　　　　　(b)　　　　　　　　　(c)

图 12.6　平纹复合材料的单胞：(a)由正交平移对称性所得的正方形单胞；(b) 由非正交平移对称性所得的矩形单胞；(c)尺寸最小的单胞。织物图形由 Texgen (Long and Brown, 2014)生成(彩图请扫封底二维码)

单胞 A 和单胞 B 基本上是一致的,差别仅仅是两个方向各有半个周期的相位差。如果按照第 8 章 8.4.2 节所建立的过程,单胞的尺寸可以逐步减小至元胞元的 1/16,其推导过程此处不再赘述。

第 8 章 8.5 节推荐的步骤,本章的 12.2 节又作了适当的回顾,按此步骤,在穷尽了平移对称性之后(暂且仅考虑那些正交方向的平移),如果用户希望能够用同一组边界条件分析所有的载荷条件,下一个目标应该是选择一个含有中心对称性的胞元。显然,胞元 A 和 B 都不具备这一对称,但是,胞元 C 就是中心对称的,这是把胞元 B 在水平方向平移 1/4 周期的位置,从元胞元 C,利用中心对称,可得一尺寸为半的单胞,当把边界条件如第 8 章 8.5 节中那样推导出来后,同一组边界条件,适用于所有载荷条件,包括它们之间的任意的排列组合,具体的细节还可见文献(Li and Zou, 2011),此处不再赘述。

为了清楚起见,在图 12.6(a)中着绿色的元胞元 C,放大后标记于图 12.6(b),仍着绿色边框,其实,在由中心对称性所得的尺寸为半的单胞中,仍还有丰富的对称性。关于该单胞的垂直的中心轴以及垂直纸面而又穿过中心的轴,分别存在着 180° 的旋转对称性,如果利用它们,单胞的尺寸又可减小至已为一半了的胞元的 1/4,不妨取其左下方的那 1/4,其中尚有关于其垂直方向的中心轴的反射对称性,利用之,最终的单胞如白色方框所示,其尺寸是元胞元的 1/16,与 8.4.2 节所得的结果一样。如果用户的目标是这一尺寸的单胞,而不惜利用反射或旋转对称性,那么上面所描述的关于对称性利用的顺序就正好反了。如果读者愿意作为练习,不妨一试,最终的边界条件所得的分析结果虽然当等同于由如 8.4.2 节所得的边界条件的结果,但是其推导过程以及所得边界条件的表达形式,都要复杂得多。既然不在乎涉及反对称条件了,那么就需要按所得出的边界条件的简单性来排序。反射对称最简单,这也是为什么在很多用户眼中这是他们所看得到的唯一的对称性,如第 5 章所点评的。

读者也许已经注意到了,在所有的对称性中,平移对称性不参与排序,其不是最简单的,但却是没有选择地要首先利用的,之后才有上述排序。而在该序列中,中心对称最复杂,旋转对称次之。

在图 12.6(a)中的单胞 D 之中不再有任何对称性,作为单胞,其合法性不容置疑,用于材料表征,所得的结果也与其他任一正确地建立的单胞无别,如果用户无意减小单胞的尺寸,那么此单胞与 A、B、C 有一样的好坏。即便如此,著者仍不推荐将如 D 那样的方块随随便便地落在织物的平面上,因为平纹织物在垂直和水平两方向上的拓扑、几何构造完全相同,这是一个在单胞中值得保留的特征,显然 A 和 B 都满足此考虑,而 C 不满足,但这是因为有更重要的考虑占优势了。上述的考虑是鉴于下述的实际原因。

(1) 便于建立几何模型,因为有可能识别出其中的积木块,由此构建几何模型可以以逸待劳，后面会看到这样一最小的积木块。

（2）在划分有限元网格时，同一划分思路可以同时应用于纵横两向，事半而功倍。

（3）更容易得到纵横两方向相同的等效特性，尽管在不保留此特征时，只要网格划分得足够细，纵横两方向相同的等效特性也能得到。如果保留此特征，可能对网格的收敛性会有所帮助。

如果用户愿意接受稍稍复杂了一点的边界条件，就可以通过沿非正交方向的平移对称性来定义单胞，如图 12.6(b)中黑色胞元所示，由此平移对称性导出的边界条件已在第 6 章 6.4.1.3 节中详述。所涉及的两个平移对称性分别沿水平方向和 45°角的方向，如图 12.6(b)中的箭头所示，由此单胞分别沿这两个方向的平移对称变换的象，由黑色的虚线所示的胞元给出。注意，这时单胞的尺寸仅为由正交平移对称所得的单胞的 1/4。采用非正交平移对称性的利与弊一目了然。如果仅仅是利用这两个平移对称性建立单胞，那么单胞的位置可以任意，如图 12.6(b)中黑色单胞，其中，再没有对称性了。如果还希望进一步利用尚存的对称性减小单胞的尺寸，那么元胞元的位置就有讲究了，显然这与后续希望利用的对称性的类型有关。

如果希望利用中心对称，那么图 12.6(b)中黄色的胞元堪当此任，利用中心对称后，其半，如黄色阴影部分所示，即为相应的单胞，这是可以由同一组边界条件分析所有载荷条件的尺寸最小的单胞，与同图中绿色的单胞有同样性质，但那绿色的单胞是由正交平移对称性所得的，与之相比，黄色的单胞尺寸小了一半。

在上述黄色阴影的单胞中，其实仍不乏对称性，如关于纵横中心轴(实为对称平面,如果考虑第三维的话)的反射对称性，利用后，单胞尺寸又可继续减小到 1/4，这也是最小尺寸，但是因为反射对称性的使用，它已失去了可以由同一组边界条件分析所有载荷条件的优势。失去了此优势，而尺寸又与由正交平移对称性所得的相同，那么还是顺着之前由正交平移对称的思路，推导的过程最方便，事实上，所谓的最方便，仍然已经很复杂了。如果是顺着这里的思路，推导的复杂程度要增加不少，自然不可取。作为一般原则，中心对称，不用则已，用则到此打住。

选择元胞元及其之后的对称性，方法不唯一，但都殊途同归，譬如图 12.6(b)中的玫瑰色元胞元，其中有关于纵横两中心轴的反射对称性，利用之，单胞尺寸降至 1/4，而在此 1/4 尺寸的胞元中仍有关于其中心纵轴的旋转对称性，利用之，单胞的尺寸又一次被降至最小，但是如上所述，这非最佳途径。

在本书中，已经再三指出，唯一性的缺乏是单胞问题中的一个基本特征，用户必须决定最终所欲得到的单胞特性，从而作出选择，基本考虑通常围绕推导的方便、计算成本、是否可以用一同组边界条件分析所有的载荷条件，为了作出正确选择，应该识别问题中所存在的所有对称性，以及对每一对称性所伴随而来的那些条件有充分的认识。

其实，在所得到的尺寸最小的单胞中，尚有一关于在单胞的厚度方向的中面的对角线的 180° 的旋转对称性，如图 12.6(c) 所示。在纺织复合材料的模拟实践中，尤其是在纤维束的体积含量较高时，具有相当的挑战性的一个目标，是寻求在两纤维束之间不留太大的空隙，和避免两纤维束有不该有的重叠这两者之间的执中，通常是一不易两全的目标，而且即便达成了某种执中，两纤维束之间的由基体充实的区域，形状也通常很怪异，划分有限元网格很难有过得去的质量。利用当前的旋转对称性可以在两纤维束之间引入剖分面，一般地，该剖分面为曲面，除了隔离两纤维束，另外的条件就是关于所述对称轴的 180° 旋转对称，这意味着该剖分面包含着对称轴，沿着对称轴，剖分面呈一直线，抓住此特征构造剖分面就应该不是很困难的事了。事实上，都没有必要构造这样一个完整的面，可仅构造对称轴一侧的半个面，由旋转复制出另一半。剖分之后，剖分面的每一侧仅含一纤维束，无论其怎么安排，都再也不会有与另一纤维束相重叠的情况出现了。

作为本子节的收尾，也作为对材料分类的回顾，在平纹复合材料中反射对称性和旋转对称性的存在确保了该材料的正交各向异性，又因上面刚描述的关于对角线的旋转对称性，按第 3 章 3.2.2 子节的定义，材料还是正方各向异性的，仅有 6 个独立的弹性常数。而这一特征，大多数读者从直觉就可以得出，此时的直觉天衣无缝，但是直觉的正确性有时是有限的，12.3.3 节将会反映这一点。

12.3.3　斜纹复合材料

在织物的平面内，利用正交的平移对称性，斜纹复合材料的一个单胞以一红色正方形示意于图 12.7(a)，如 12.3.2 节的平纹的情形，该正方形可被置于任何位置，都不失其为一单胞的合理性，然而，若希望利用单胞中尚存的对称性减小单胞尺寸，其位置就必须认真地选取。在斜纹织构中，除了平移对称性之外，没有任何的反射对称性，但是有两个旋转对称性，这在第 3 章中已作识别，其在材料分类上的贡献，在那里也作了充分的论述，恕不复述。然而，即便把其中的两个旋转对称性都用上，至多也就是把单胞的尺寸降至元胞元的 1/4，而且还不能用一组边界条件分析所有的载荷条件。如果利用沿非正交的平移对称性，立刻可以看出，上述的思路，不具备优越性，故不再探讨。

利用非正交的平移对称性可以仅有平移对称性，得到尺寸仅有如图 12.7(a) 中的正方形单胞的 1/4 尺寸的单胞，如图 12.7(b) 中的黑色矩形所示，相关的两个平移对称性的方向，一个是水平方向，这显而易见，另一个是倾斜的，沿 45° 方向，沿该方向平移变换的象由图 12.7(b) 中黑色虚线的矩形所示。如第 6 章 6.4.1.4 节所详述的，推导此类单胞还会用到沿第三个方向的平移，但这可由前述的两个组合而得，并不独立。因为所利用的仅仅是平移对称性，所得的单胞可以由同一组边界条件

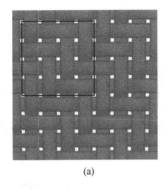 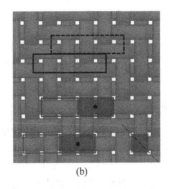

(a)　　　　　　　　　　　　　　　　(b)

图 12.7　斜纹复合材料的单胞：(a)由正交平移对称性所得的正方形单胞；(b) 由非正交平移对称性所得的矩形单胞及其更多的对称性的利用。织物图形由 Texgen (Long and Brown, 2014)生成(彩图请扫封底二维码)

来分析所有载荷条件，尽管这时的边界条件比由正交的平移对称性所得的边界条件要稍稍复杂一些，但仍没有采用了旋转对称性时的那么复杂。其相对于如图 12.7(a)中的单胞的优越性已经不容置疑了。然而如果把图 12.7(b)中的黑色矩形这一尺寸的胞元作为元胞元，进一步去挖掘其中更多的对称性，那还是大有空间的。

　　如果把元胞元置于如图 12.7(b)中的绿色胞元的位置，则其中显然具备一个中心对称性，由此，可以得到一如绿色阴影所示的单胞，因为这是由中心对称所得，单胞可以由同一组边界条件来分析所有载荷条件，这也是能够由同一组边界条件来分析所有载荷条件的、尺寸最小的单胞了。

　　如果用户不介意所得的单胞是否可以由同一组边界条件来分析所有载荷条件，那么，可以把元胞元置于如图 12.7(b)中的玫瑰色胞元的位置，则其中显然存在一个关于垂直于纸面又过其中心点的轴（未标出）的 180° 的旋转，由此，可以得到一如玫瑰色阴影所示的单胞，因为这是由旋转对称所得，单胞已不可以由同一组边界条件来分析所有载荷条件。

　　在玫瑰色阴影的胞元中，还存在一个关于其中心点（以黑点标出）的中心对称性，利用之可得一单胞，如图 12.7(b)中的玫瑰红色正方形所示，这是能够得到的、有实用价值的、尺寸最小的单胞，其中的两纤维束，一上一下，形貌比较规则。此处利用中心对称性，发生在利用了旋转对称性之后，虽然不增添反对称的考虑，但必须面对反对称的存在，复杂性可想而知。当然，因为仅利用了一次旋转对称性，此单胞仅需两组边界条件，一组对称，一组反对称，因此，可以通过两次分析，搞定所有载荷条件。

　　其实,因为织构中关于图 12.7(b)中的点划线的旋转对称性的存在,从如图 12.7(b)中玫瑰红色正方形的胞元还可以得到一个仅含一根纤维束的积木块,与 12.3.2 节的情形类似,这可以方便几何模型的建立,乃至于后续有限元网格的划分。

12.3.4 缎纹复合材料

较之于平纹和斜纹，缎纹织构有更大的变化空间。首先，它需要枚数作为其拓扑结构的一个参数。其次，即便是在枚数相同的情况下，其拓扑结构仍未完全确定，图 12.8 中展示了两个同为 4 枚的缎纹的例子，其中，图 12.8(a) 的图案中的位错的规则很简单，而图 12.8(b) 的图案中的位错的规则就要复杂许多，随着枚数的增大，此复杂性的变化范围也会更大。读者还可以排列出更多的其他的位错规则，但下面的论述将尽可能围绕这两个例子展开。

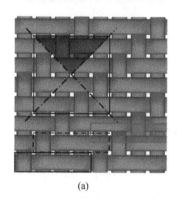 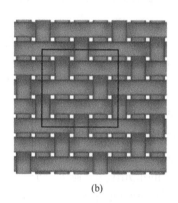

(a)	(b)

图 12.8 缎纹(4 枚)复合材料的单胞：(a)规则错位；(b)不规则错位。织物图形由 Texgen (Long and Brown, 2014)生成(彩图请扫封底二维码)

无论是图 12.8 中的哪一种情形，因为纵横两个方向的平移对称性，图中所示的正方形无疑都能构成一单胞。如果位错的规则不是最简单的形式，那么，该正方形也就是用户能够得到的单胞了，别无选择，关于这样的缎纹的单胞的讨论也就可以就此打住了。

对于如图 12.8(a) 中图案中的位错是规则的缎纹，读者可以识别出三个旋转对称性。首先是分别关于如图 12.8(a) 中两条倾斜 $\pm45°$ 的点划线所示的轴的 $180°$ 的旋转对称性，其次是关于垂直于纸面的轴，其通过前述两对称轴之交点，也有 $180°$ 的旋转对称性。当然，在第 8 章已经指出过，关于两正交的轴的 $180°$ 的旋转对称性意味着关于第三条正交的轴的 $180°$ 的旋转对称性，因此第三个旋转对称不提供任何新的信息，至少现在是如此，稍后再另说。如果利用前面两个对称性来减小单胞尺寸，其可被减至元胞元 $1/4$ 的大小，如图 12.8 中红色阴影部分所示。但是，这与前面两子节中由正交平移对称性所得的单胞一样，非最佳选择。

当然，上述的旋转对称性对材料分类有着重要的价值，而当存在如图 12.8(a) 那样的两个独立的旋转对称性时，材料的正交各向异性特征就是显然的了，但是，有悖直觉的是，材料的主轴不是顺纤维束方向的，而是 $\pm45°$ 方向。如图 12.8(b) 所示，除了平移，就没有任何其他的对称性，这时只能承认材料是一般各向异性的，尽管纤维束是正交布置的，这是一个直觉极易误导的例子。不管怎样说，这里可以看到，同为二维四枚缎纹，从纺织的分类来看，大同小异，但按材料分类，则大相径庭。

对于如图 12.8(a) 中那样位错规则的缎纹，建立单胞，更优的选择是利用织构中存在的沿非正交方向的平移对称性，这样单胞可以由黑色的矩形给出，其尺寸为红色正方形的 1/4，可以由同一组边界条件分析所有的载荷条件。就单胞的定义而言，矩形的位置没有限制，但是不同的选择对几何模型乃至于之后的有限元网格划分，可以有相当大的影响，故不可率性为之。

如果适当选择矩形胞元的位置，如图 12.8(a) 中的绿色矩形所示，上面提到过的第三个旋转对称性还可以帮助将单胞的尺寸减半，如图中的绿色阴影所示。因为仅使用了一个旋转对称性，所以由两组不同的边界条件，即可涵盖所有的载荷条件，只要对称的和反对称的不相混合即可。

12.3.5　二维二轴编织复合材料

编织织物的最显著特征是纤维束的偏轴走向，当然这也是该织物的优势，原则上反射对称性一般不存在。平移对称性总是有的，这也是宏观均匀的条件，当然也不乏中心对称和旋转对称。

利用正交的平移对称性，可以定义一个由图 12.9 中的红色的矩形单胞，如果用户不想利用更多的对称性来减小单胞的尺寸，该矩形可以被平移至任何位置而不影响单胞的正确性及其边界条件的形式，由同一组边界条件可以分析所有的载荷条件。但是如果用户还希望利用更多的对称性来减小单胞的尺寸，那么此矩形胞元的位置就有讲究了。

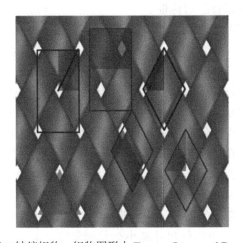

图 12.9　最基本的二维二轴编织物。织物图形由 Texgen (Long and Brown, 2014) 生成(彩图请扫封底二维码)

特别地，如果希望利用一个中心对称性，把单胞的尺寸减半，而又不失由同一组边界条件可以分析所有的载荷条件的优势，元胞元应该如图 12.9 中的绿色矩形选取，这样单胞可以如绿色阴影部分所定义。注意，选择中心对称的前提通常是不再寻求更多的对称性了，当然，在绿色阴影部分，也的确没有其他对称性了，但是这不意味着在此织构中仅有这些对称性。

如果用户不介意对不同的载荷条件使用不同的边界条件来分析，那么可以回到红色矩形的元胞元，显然，存在分别关于垂直和水平的中心轴的180°的旋转对称性，利用它们可以把单胞的尺寸降至元胞元的1/4，如红色阴影的小矩形所示。已经多次指出过，这两个旋转对称性还意味着关于这两对称轴的第三条轴(垂直于纸面)的180°的旋转对称性，但因为其不独立，没有减小单胞尺寸的功能。这还没有穷尽其中的对称性，事实上，在此红色阴影的胞元中还有一个关于中心点的中心对称性，可以得到一个尺寸又减小了一半的单胞。因为中心对称的剖分面不唯一，单胞的形状也不唯一，其中的可能性之一即如图 12.9 所示，分成两个呈中心对称的三角形，其中任意一个均可以作为最终尺寸最小的单胞。注意，这里利用中心对称，只是一对称性而已，没有其他优势，因为在这之前已经使用过旋转对称性了，对不同的载荷条件，已经必须使用不同的边界条件来分析了。

如果用户不排斥利用非正交的平移对称性，那么图 12.9 中任一个菱形的区域都可以作为一个单胞，尺寸仅为前述的矩形单胞的一半，作为利用非正交平移对称性优于仅利用正交平移对称性的体现。

这样的菱形的单胞可以被平移到任一位置，不失其为单胞的合法性，相应的相对位移边界条件不受影响。但是如果还希望利用胞元中尚存的对称性以减小单胞的尺寸，那么与前面机织复合材料一样的考虑，可以选择不同的位置，以确保元胞元中存在着所需要有的对称性。

特别地，如果希望利用中心对称性，可以选择如图 12.9 中的绿色的菱形胞元，这样，单胞的尺寸可以降为其半，如绿色阴影部分所示。如前所述，利用中心对称性时，剖分面有相当的任意性，图中的选择不是唯一的，但是这应该是一个综合指标不错的选择,对后续的几何模型以及有限元网格生成应该都是最方便的了，当然由于问题本身的复杂性，最方便的选择仍然有着相当的挑战。如在 12.2 节中所指出的，中心对称性的使用通常意味着对称性的利用到此为止，除非单胞中仍然有中心对称性的存在，绿色阴影的单胞中显然已没有中心对称了。这一单胞的尺寸虽然是前面所得到的最小尺寸的单胞的两倍，但是它可以由同一组边界条件分析所有载荷条件，因此计算效率可能两者不相上下。

如果选择黑色或紫色的菱形作为元胞元，则可以利用关于垂直和水平的两轴的180°旋转对称性，把单胞的尺寸减小至元胞元的1/4，同前述所得的红色的最小尺寸的单胞，其效果也相仿，在黑色与紫色的最小的单胞之间，一个微妙的差别是：黑色的单胞(阴影部分)中仅有两个纤维束的碎块，而在紫色的单胞中则会有三块。一般地，碎块的个数越少，建立几何模型越方便。此处的差别虽然微不足道，但是重要性在于：当一个用户能够在此微妙的程度上斟酌单胞的优劣，那么对建立单胞及其应用应该不再会有多大的障碍了，诸如对称性的概念、单胞的边界条件、载荷条件、计算效率、建模以及有限元网格划分等。

　　单胞问题中一个具有一般性的现象是，通过不同的途径，有可能得到相同的单胞，所谓殊途同归，而通过相同的途径，又可以得到看上去外貌迥异的单胞，然而，不管它们看上去多么的不同，只要过程实施正确，所代表的仍都是同一个材料。这些都是因为建立单胞的诸多考虑中有太多的机会允许不唯一的处理，在充分认识到这一点之后，对由唯一性的缺乏而导致的困惑应该有所减小，关注点应该在每一步骤实施的正确性。严肃的用户还应纳入考虑的是边界条件推导的简易程度(越简单越不易出错)、可否由同一组边界条件分析所有载荷条件、是否方便于几何模型的生成以及后续的有限元网格的划分、计算成本等因素，选择综合之后的最佳方案。

　　二维二轴编织复合材料的单胞的选择，可以归纳如下：

　　(1) 矩形单胞(如红色矩形框架所示)，其仅需一组边界条件，边界条件的形式最简单；

　　(2) 菱形单胞(如绿色菱形框架所示)，其仅需一组边界条件，边界条件的形式也比较简单；

　　(3) 三角形单胞(如红色阴影矩形之半)，其尺寸最小，但是分析不同的载荷条件需要不同的边界条件，注意从不同的元胞元，利用不同的平移对称性，所得的三角形单胞的形貌、最终的边界条件的形式会有所不同；

　　(4) 从菱形的元胞元，通过中心对称所得的绿色阴影所示的单胞，其可由同一组边界条件分析所有载荷条件，这应该是综合性能最佳的单胞。

　　一些中间状态，如图 12.9 中的红色阴影所示的矩形、浅蓝色的等腰三角形，如果用作单胞，则其中尚有未被利用的对称性，利用之，虽然需要更多一点推导，但是单胞的尺寸可以减半，而其实施复杂性并无明显的增加。如果把对称性视作资源，有而不用则是浪费。关于浪费，严济慈老先生曾经典地定义过(严济慈，1966)：“所费多于所当费，或所得少于所可得，都是浪费。”当利用了对称性，花费了推导的精力，如果不能得到计算成本最佳、实施最便利的单胞，那就是浪费，对如此浪费的容忍，是科学精神的欠缺。

12.3.6　二维三轴编织复合材料

　　如前所述，二维三轴的编织物的拓扑结构已不唯一，图 12.10 所示的是其中的一种(Roberts et al., 2002; Roberts et al., 2009a; Roberts et al., 2009b; Xu et al.,

2019)。利用正交的平移对称性，可得的单胞如图中的红色矩形所示，其位置可以任意，但是，如果希望继续利用该单胞中尚存的对称性减小单胞的尺寸，其位置就要认真选择，如在图中所示的位置，则此胞元中就有关于水平的中心轴的 180° 的旋转对称性，由之可将单胞的尺寸减半。

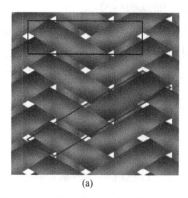 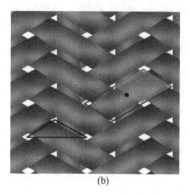

(a)　　　　　　　　　　　　　(b)

图 12.10　一种二维三轴编织物：(a)由不同的平移对称性导出的单胞；(b)尺寸减小了的单胞。织物图形由 Texgen (Long and Brown, 2014)生成(彩图请扫封底二维码)

前面已经反复演示，由正交方向的平移对称性建立单胞，常常不是最佳的选择，而从非正交的平移对称性出发，无论是最终的单胞的尺寸，还是其几何模型的简单性，常常不同凡响。在如图 12.10 所示的织构中，单胞可以由这样两个平移对称性来定义，一个是沿垂直方向，另一个是沿倾斜的纤维束的长度方向，所得的单胞如图中绿色的平行四边形所示。正如之前关于所有单胞的论述一样，仅由平移对称性导出的单胞可以被平移到任何位置而不影响其有效性。然而，如果希望以此作为元胞元，进而利用其中尚存的对称性来减小单胞的尺寸，其位置就要认真选择。图中所示的绿色平行四边形是一个非常不错的选择，其显然具有中心对称性，由此可得如绿色阴影所示的半尺寸的单胞，其可由同一组边界条件分析所有载荷条件。这是由同一组边界条件就可以分析所有载荷条件的最小尺寸的单胞。

如果用户愿意接受由不同边界条件来分析不同的载荷条件，利用其中尚存的对称性，单胞的单尺可以继续减小。事实上，在绿色阴影的平行四边形胞元中，有一关于过其中心而垂直于纸平面的轴的 180° 的旋转对称性，利用之，可得如图 12.10(b)所示的黄色平行四边形的胞元。而在此胞元中，又有一个关于水平的中心轴的 180° 的旋转对称性，进一步利用之，可以得到最小尺寸的单胞，如图 12.10(b) 中黑色三角形所示，其尺寸仅为元胞元的 1/8。

上面提及的两个 180°旋转对称性，其对称轴都是材料的主轴，因为它们相互垂直，所以，该材料是正交各向异性的。

另一形式的二维三轴编织物如图 12.11 所示，由正交平移对称性所得的单胞如红色的矩形所示。以其为元胞元，可以进一步利用关于垂直和水平的两条中心轴的 180° 的旋转对称性得到红色阴影所示的胞元，在其中，仍然还有一个关于垂直于纸面的中心轴的 180° 的旋转对称性，利用之，最终可得一如绿色三角形所示的单胞，这也是对此织构所能得到的尺寸最小的单胞。如上的过程有点像第 8 章 8.4.1 节中描述的纤维呈六角形排列的复合材料的单胞情况，所不同的是，在那里，随平移对称性之后，首先利用的是两个反射对称性，而这里是两个旋转对称性。同样地，在利用最后一关于垂直于纸面的旋转对称性时，剖分红色阴影矩形胞元的面，具有相当的任意性，图 12.11 中所示的剖分导致了形如绿色三角形的单胞。相对来说，这是最佳的选择，单胞中仅有三个纤维束的碎块，没有太锐的尖角，几何模型应该较方便于后续的有限元网格划分。

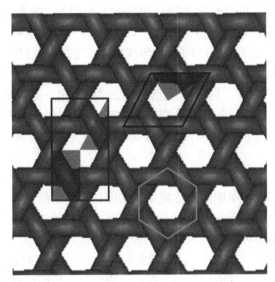

图 12.11　另一种二维三轴编织物。织物图形由 Texgen (Long and Brown, 2014) 生成 (彩图请扫封底二维码)

上述旋转对称性的存在也证明了该织构的复合材料是正交各向异性的，而所涉及的三个旋转轴的方向都分别是材料的主轴方向。当然，后面会看到，还是另外的对称性，可以置此材料于一更特殊的类型之中。

利用沿非正交方向的平移对称性可以得到两个形状不同的单胞。仅利用水平方向和 60° 方向的平移对称性得到的是黑色的菱形单胞。利用水平方向和 ±60° 方向三个方向的平移对称性得到的是如图 12.11 中所示的橙色六角形单胞。因为仅利用了平移对称性，两者均可仅由一组边界条件分析所有的载荷条件。

比较尺寸的话，六角形的与菱形的相同，是上述矩形的一半。

上述单胞尺寸的变化趋势与边界条件的复杂程度的趋势正好相反。尺寸越小，边界条件越复杂。矩形和菱形单胞只有两对边界，前者的两对边界分别由沿两正交方向的平移对称性联系着，而联系后者的两对边界的平移对称性是沿着两不正交的方向，当然边界条件要稍微复杂些；六角形有三对边界，分别由沿三个非正交方向的平移对称性联系着，边界条件则又要更复杂些。因此从用户的角度看，尺寸小和边界条件简单往往是鱼和熊掌，不可兼得。一个基本的指导原则，前面也已多次提出过，就是如果所建立的单胞仅仅是一次使用，求简单；如果要多次使用，则求计算效率，即尺寸小。

在菱形的单胞中很容易看到此织构关于菱形的两条对角线的 180° 的旋转对称性，但是这两个对称性对减小单胞的尺寸没有价值，因为载荷条件一般不具备这样的对称性。可以利用的至多是定义一个最小的积木块，如图 12.11 中的灰色三角形所示，可以有助于建立单胞的几何模型。此积木块其实尺寸与通过矩形胞元而得到的最小尺寸的单胞，即绿色的三角形相同。可见，菱形单胞的计算效率不高。关于菱形的两条对角线的 180° 的旋转对称性，说明这两条对角线的方向都是材料的主轴，之前在讨论矩形单胞时，已经知道了水平和垂直的两轴都是材料的主轴，这两套主轴之间夹 30° 的角，如此的在同一平面内的两套独立的主轴的存在(夹角不是刚好为 45°)，足以说明材料在该平面内是各向同性的，即材料是横观各向同性。下面还会讲到识别横观各向同性的另一种更直接的方法。

在如图 12.11 中所示的六角形中，存在着关于垂直的中心轴的 180° 的旋转对称性，利用之，可以把单胞的尺寸减半，然而，减半了的单胞，其尺寸仍大于前述的最小尺寸的单胞，因此，这也不是计算效率最高的选择。

从六角形单胞还可看到该织构关于垂直于纸面的中心轴的 120° 和 60° 的旋转对称性，即 C^3 和 C^6。它们对于减小单胞尺寸没有太大的帮助，但是，如第 3 章 3.2.2.2 节中所说明的，其中任何一个都足以决定此织构的横观各向同性的特征。

12.3.7 小结

贯穿本节的精髓是，不同的反射对称性和旋转对称性可以在元胞元中反复使用。虽然每个例子都有其不同的特征，但是共同之处是，它们都是在由平移对称性而建立的元胞元的基础之上的，不管所利用的平移对称性是正交的还是非正交的，主导元胞元的是通过相对位移场而建立的相对位移边界条件。本节列举的例子，尽管边界条件的推导此处从免了，感兴趣的读者可以应用第 8 章的结果补充之，对有心利用对称性来建立最有效的单胞的读者来说，这是可以从中获取信心和技能的操练。需要牢记的是：这些推导并不难，即没有过不去的坎，只是很繁，需要耐心，那种不断对自己说"再忍一下"的耐心。

12.4　由三维织物生成的复合材料的单胞

12.4.1　三维机织复合材料

如果俯视机织物的平面，二维和三维的织物应该没有多大差别，本章 12.3.2～12.3.4 节中的描述同样适用，但是需要注意的是，对于三维机织物来说，俯视图中所能观察到的是机织物的表面织构，其与内部的织构不十分一致，因此织物的上、下两表面层需要单独处理。如果层数足够多，这两表面层所造成的差别应该可以忽略，至少就弹性特性的表征而言，单胞可以按内部织构的对称性来建立。在织物内部，通过一定的理想化，沿厚度方向的平移对称性通常显而易见，从而抽象成如 12.3.1 节中图 12.5(b)所示的具有代表性的一层。结合面内的划分可以定义三维机织物的单胞，通过平移对称可由单胞复制出织物的任何部分(不包括上、下表面层)。因此，针对三维机织复合材料，利用对称性来选择、定义单胞的细节就无需赘述了。

在原理上，二维和三维机织也类似，纤维束由经、纬两向组成，只是它们都有多层，经向纤维束上下波动，纬向纤维束填入其中，形成交联的整体。

为了定义单胞，并且实现较高的计算效率，在面内宜采用非正交平移对称性，这样，如本章 12.3.2～12.3.4 节中所描述的，首先考虑一个由多层经向纤维束和与其交联部分的纬向纤维束所组成的一切片，而织物则可以由这样的切片来构成，如果把多片这样的切片顺纬向整齐排列，则可以呈现如图 12.12(a)中所示意的情形，尽管图中仅包含了两片切片，经向纤维束由不同的颜色给出，配以一定的视角，以帮助分辨。这时，经、纬纤维束之间没有交联，但是，如果在片与片之间错过一个相位，如图 12.12(b)所示，交联就产生了，所错过的相位其实就与非正交的平移对称性直接关联。一个三维机织的构形如图 12.12(c)所示意，其由四片这样的切片所构成，以便增加一定的立体感。

如上构筑织物拓扑结构的方法与实际制作此织物的过程无关，如图 12.12 的描述仅仅是为了便于观察其拓扑结构以及之后从中提炼单胞的方便，因为由图 12.12 已经可见，织构中的切片都相同，只是相位不同，任何一片都已经具备了足够的代表性。而在同一片中，沿水平和垂直两方向的周期性显而易见，分别以此两方向上各自的最小的周期作为平移量，利用相应的平移对称性，即可得出所需的单胞。在同一片内的不同胞元，由两个正交的平移对称性相联系，而在不同的片中的胞元之间，则由一个与前两个平移的方向不同面的第三个方向的平移相联系，而此方向一般与前两个方向不正交，与纬向有一夹角。

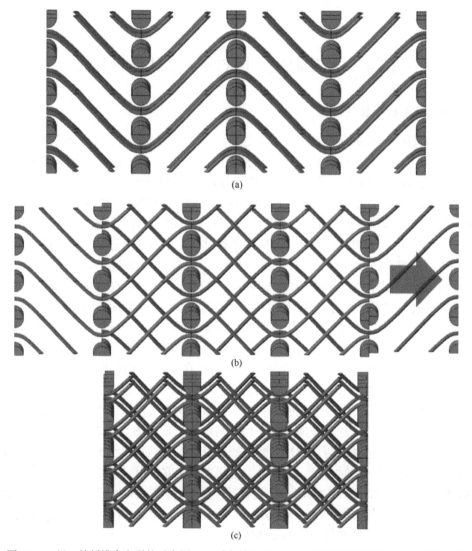

图 12.12　经、纬纤维束交联的示意图：(a)对齐的两切片；(b)错位后的两切片；(c)如此生成的由四层切片构成的三维机织物示意(彩图请扫封底二维码)

因为上述所涉及的对称性都是平移对称性，对材料的各向异性特性没有任何约束，由这样建立的单胞来表征其所代表的材料时，必须按照一般的各向异性材料来处理。然而，在不同织构的三维机织复合材料的单胞中，常常存在着更多的对称性，虽然平移对称性已随着元胞元的建立而被穷尽。用户应该寻找中心对称性、反射对称性和旋转对称性，这一步骤很重要。如果能够找到一个反射对称性或者旋转对称性，这不仅意味着单胞的尺寸可以减半，而且还识别了材料的一个主平面或主轴，从而降低了材料的各向异性的程度。顺便提醒读者，对于各向异性程度高于正交各向异性的材料，目前尚无适用的工业标准来支持这类材料的试验方法，因此即便得到了理论分析的结果，也没有办法用标准试验来验证。另外，这样的对称性的存在，纵使不直接用来减小单胞的尺寸，也可以用来定义一个积木块，以帮助建立单胞的几何模型和后续的有限元网格划分。有经验的有限元用户都知道建立三维有限元网格的挑战，往往需要大量的工作量，因此任何便利都是求之不得的。

与二维机织的情形类似，用户首先需要关注的还是平移对称性，在每一平移对称性的方向，取一最小而又完整的周期，形成元胞元。而这样的元胞元可以被平移至不同的位置，用户可以从中寻找能够提供进一步的对称性的元胞元，利用其中所存在的对称性，将单胞的尺寸降至最小，这在 12.3 节中，已经是通过二维织物所充分演示过了的程序。

当织物在厚度方向有足够多层的经向和纬向的纤维束时，在厚度方向假设周期性的存在应该足够合理，这样可以取出一个周期来建立单胞，用户或许可以引进某种专门的分析，以纳入上、下的表面层的影响，不得已时，特别是存层数较小时，可以采用包含了上、下表面层的整个厚度的单胞。

本子节的重点将置于三维机织复合材料单胞的参数化(Xu et al., 2020)，即通过一系列参数来唯一地确定单胞及其中的所有细节。而通过改变这些参数的量值，则可以得到不同织构的三维机织的单胞。

三维机织复合材料单胞的几何外观通常比较简单，由于平移对称性的利用，虽然其中之一是沿织物平面内的一个非正交方向的，但仍能得到一个长方体的几何形状。为了定义织物的拓扑特征，可以引进若干整数型的参数来参数化织构的拓扑结构，进而可以把单胞完全参数化。

相应于如图 12.12(b)中所示意的相邻切片之间的相位错动，可以引进一参数，记为 n_{step}，专门描述此位错的大小，相应于所错过的纬向纤维束的列数，作为例子，图 12.12(b)中的 $n_{step}=1$。显然，这是一个十分重要的拓扑参数。为了明示该参数的意义，可列举如下的例子。如图 12.12(a)的情形，相应于 $n_{step}=0$，显然，这不是一个织物，因此，0 是一个不允许的值，允许的值应该大于 0。如图 12.12(b)和(c)的情形，$n_{step}=1$。因为该织物沿经向的最小周期仅涉及两列纬向纤维束，$n_{step}=2$ 与 $n_{step}=0$ 效果相同。所以，n_{step} 应该小于织物沿经向的最小周期所涉及纬向纤维束的列数，后面会看到，沿经向的最小周期所涉及纬向纤维束的列数可以大于 2。

在如图 12.12 所示的例子中，纬向纤维束按行(层)、列整齐排列，但这未必是唯一的可能性。为了得到一个统一的织物模型的生成方式，以容纳尽可能多样的变化，可以允许纬向纤维束每隔一列，有一垂直方向的错位，如图 12.13(a)所示。类似地可以允许纬向纤维束每隔一行有一水平方向的错位，如图 12.13(b)所示。这是机织物拓扑结构的另一个机制，用一参数 n_{offset} 来描述。当其取值-1 时，则相应于列错位的情形，如图 12.13(a)所示；当其取值 1 时，则相应于行错位的情形，如图 12.13(b)所示；而当其取值 0 时，则相应于没有错位的情形，如图 12.12 所示。除了这三个可能的值之外，任何其他的值都没有定义。本子节也就仅限于这三种可能性展开讨论，而对绝大多数的应用来说，其覆盖面其实已经相当宽泛了。

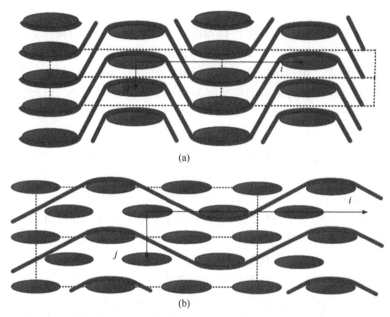

图 12.13　纬向纤维束的错位排列：(a)列在纵向错位；(b)行在横向错位

关于经向纤维束的上下波动形式，沿着经向纤维束的走向忽上忽下，变化会更多一些，但是，任何一次改变方向，一定是在经过一纬向纤维束之后。当然，经过之后，经向纤维束可以立刻改变方向，也可以暂时不改变方向，而是等越过若干列的纬向纤维束之后再改变方向。因此，引进一个拓扑参数 n_{skip} 来描述这一变化，即越过纬向纤维束的列数。$n_{skip}=1$ 意味着绕过纬向纤维束之后，立刻改变方向。n_{skip} 等于 1 和 2 的例子示意于图 12.14(a)中，读者不难想象 n_{skip} 等于其他值的情形。这里假设经向纤维束无论是处在波峰还是波谷，越过的纬向纤维束的列数总是相同的，但是，如果用户有准备增加问题的复杂性，也可允许它们不同，像缎纹的情形，但此处就不追究了。

另一个用来描述经向纤维束上下波动幅度的参数为 n_{deep}，即经向纤维束上下波动时，由波峰到波谷，或由波谷到波峰(下同，不赘述)，所越过纬向纤维束的行数。n_{deep} 等于 3 和 4 的例子在图 12.14(b)中示意。$n_{deep}=0$ 意味着经向纤维束保持平直，没有波动。$n_{deep}=1$ 则相应于二维织物的情形。显然，对于真正的三维织物，

$n_{deep}>1$。n_{deep} 越大，波动的幅度就越大。

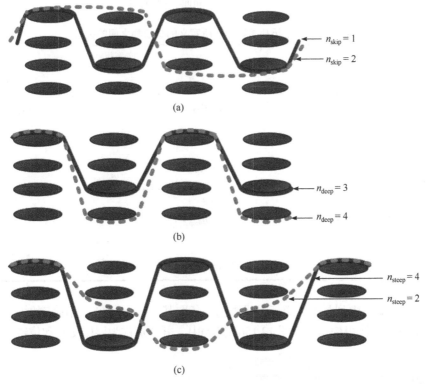

图 12.14　确定经向纤维束波动方式的拓扑参数及其示意：(a) n_{skip}；(b) n_{deep}；(c) n_{steep}

　　虽然 n_{deep} 描述了波动的幅度，但是这并不限制由波峰到波谷所越过纬向纤维束的列数，即上下波动有多陡峭，因此需要再引进一个参数 n_{steep}，其定义为经向纤维束在由波峰到波谷的过程中，每穿过一列纬向纤维束之前，所越过的纬向纤维束行数，n_{steep} 等于 2 和 4 的例子示意于图 12.14(c)。显然，n_{steep} 的值越大，波动越陡峭；n_{steep} 必须大于 0，而小于等于 n_{deep}。当 $n_{steep}=n_{deep}$ 时，经向纤维束的波峰从一列纬向纤维束行至相邻的一列时，就直接抵达其波谷，不妨比较图 12.14(b) 中 $n_{deep}=4$ 和图 12.14(c) 中 $n_{steep}=4$ 的情形。

　　由上述的 5 个拓扑参数可以唯一地确定相当宽泛的而又具有实际应用价值的类型的三维机织物的拓扑结构，如果需要，用户尚有充分的余地，循序渐进地扩展其覆盖面，然而，本书将仅就此范围内展开后续的讨论。

　　为了展示上述参数在定义机织预制件的拓扑结构中的应用，表 12.1 中给出了一些机织织构及其相应的拓扑参数的值，其中还包含了前面已经讨论过了的二维机织物，目的是在将如上引进的参数应用于更复杂的问题之前，首先显示其对较简单的问题的适用性。随后，表 12.1 中还列举了两个典型类型的三维机织的例子。

对于每一个例子，其中的机织物的拓扑结构都可以由如上引入的五个拓扑参数分别在其允许的取值范围内的值的某一组合而唯一地确定。

表 12.1　五个拓扑参数与其所定义的机织物之间的关系

织构		机织物的拓扑参数		
		n_{deep} 和 n_{steep}	n_{skip}	n_{step}
二维机织物	平纹	$n_{deep} = n_{steep} = 1$	$n_{skip} = 1$	$n_{step} = 1$
	斜纹	$n_{deep} = n_{steep} = 1$	$n_{skip} = 2$	$n_{step} = 1$
	缎纹	$n_{deep} = n_{steep} = 1$	$n_{skip\_top} > 2$ $n_{skip\_bot} = 1$	$n_{step} = 1$
三维机织物	弯联 ($n_{offset} = 0$)	$n_{deep} \geqslant 2$ $n_{deep} \geqslant n_{steep} \geqslant 1$	$n_{skip} \geqslant 1$	$n_{step} \geqslant 1$
	错位弯联 ($n_{offset} = \pm 1$)	$n_{deep} \geqslant 2$ $n_{deep} \geqslant n_{steep} \geqslant 1$	$n_{skip} \geqslant 1$	$n_{step} \geqslant 1$

在表 12.1 中列举的两类三维机织物，各取其一，分别在一组确定的拓扑参数下，生成的具体织构示意于图 12.15(a)和(b)中，可分别称为层层交联和位错交联。

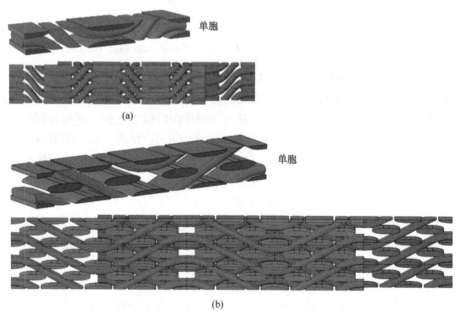

图 12.15　由拓扑参数所定义的典型的三维机织织构：(a)层层交联($n_{offset}=0$, $n_{step}=1$, $n_{skip}=1$, $n_{deep}=2$, $n_{steep}=2$)；(b)错位交联 ($n_{offset}=1$, $n_{step}=2$, $n_{skip}=1$, $n_{deep}=3$, $n_{steep}=3$)

　　如果把拓扑结构描述成织构的定性特征，在确定了拓扑结构之后，下一步就需要建立描述织构的定量特征的方法了，为此，又将逐步引入一组几何参数，这样它们与拓扑参数一道，就可以完全地、也唯一地确定一个三维机织复合材料的织构的理论模型。

　　在纺织复合材料的模拟过程中的一个典型难点是，如何比较符合实际地定义纤维束的几何形状，以得到所需的纤维体积含量。且不说提供纤维体积含量足够大的取值范围，得到一个比较现实的值已经很不容易了，文献中的有些模型，甚至给纤维束赋以 100% 的纤维体积含量，当然实际上这是不现实的，即便如此，仍然达不到所需的整体的纤维体积含量。在预制体中的真实的纤维束可以根据织构布局充分发挥其在固化前的松散性的优势，在一定程度上在不同的位置调节、改变其横截面的形状，在与相邻的纤维束无相侵而共存的条件下，填充可用的空间，尽可能少留最后只能由基体填补的大块空隙。在几何模型中模拟这种截面的变化是一个具有相当难度的工作，因此也很少在文献中见到如此的尝试。由于纤维束的波动、纤维束之间的相互交联的存在，还要避免相邻的纤维束之间的相互嵌入，在大多数问题中，生成受限于这些条件的纤维束的三维形状已经是难以招架的挑战了。基于这样的背景，以尽可能在纤维束之间少留空间为目标来选择纤维束的形貌，应该是一个不错的举措，如果如此而行又足够细致，基本上可以回避因纤维体积含量的需求而引入变截面纤维束的必要性，同时也不致严重影响模型的适用范围。

　　通过对三维机织物中纤维束的截面的微观/细观的观察(Yu, 2016)发现，基本上其变化于矩形和椭圆形之间。由于交联的关系，相邻的经向纤维束在相邻的两列纬向纤维束之间会发生交错，因为纤维走向的不同，它们不可能相互嵌入，因而在侧向相互约束，这样的约束，周期性地强加于经向纤维束，而纬向纤维束的存在，在确保经向纤维束各自的形位的同时，又给经向纤维束以法向的约束，如此在其横截面内的双向的约束倾向于把经向纤维束的截面压成一个带圆角的矩形，当然，现实中，由于沿着经向纤维束，因为其周围其他纤维束布置的不同、机织张力的松紧，此截面在不同的位置在一定程度上会有所不同，这一细节在这里就忽略从简了。

　　纬向纤维束顺其长度方向间歇地受着来自上、下两面的经向纤维束的约束，成形时的厚度方向的压力，倾向于把截面的上下端压得扁平，而侧向的两端则基本上贴形于上下两面经向纤维束波动的波纹。

　　基于上述观察，综合两向纤维束的主要特征，纤维束的截面形状，统一地由等高的一椭圆与一矩形组合而成，椭圆沿中线左右一分为二，分别置于矩形的两端，组合后边界连接处光滑，如图 12.16 所示。此格式虽然统一，但是经纬两向的纤维束仍可以因几何参数的不同而有相当不同的外观。

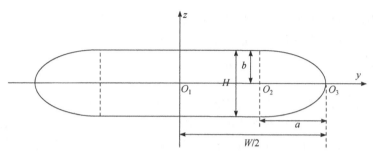

图 12.16 假设的纤维束横截面：一矩形与两半椭圆的组合

椭圆曲线自然地提供了一个经向纤维束的圆角要求和纬向纤维束的贴形要求之间的执中，一个椭圆可以由其长、短两半轴 a 和 b 确定。为了使之适用于尽可能广的范围，允许 a 小于 b。如果所涉及的矩形的高度记为 H，这显然是几何参数中必不可少的一个，那么由椭圆与矩形的光滑连接，可以得到 $b=H/2$，当 b 被如此确定之后，a 就成了确定椭圆形状的唯一的参数，如圆角的大小。为了反映此效果，而不直接使用参数 a，引进一个无量纲参数 γ，定义如下

$$\gamma = \frac{2a}{W} \tag{12.1}$$

其中，W 是纤维束横截面的总宽度，如图 12.16 所示。根据实际观察到的纤维束的长宽比的情况，一般地，H 和 W 可以在 $W \geqslant H$ 的范围内选取，即横截面趋于扁长形。因此，γ 的取值范围为 $0 \leqslant \gamma \leqslant 1$，在此范围内，当 γ 从 0 逐步过渡到 1 时，截面的形状由完整的矩形逐渐过渡到一完整的椭圆，如图 12.17 所示。

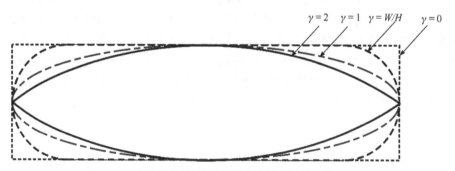

图 12.17 由形状参数 γ 所定义的典型的纤维束的截面形状

作为一特殊情况，允许 γ 在上述的取值范围之外，取一孤立的值 $\gamma=2$，用来特指一双凸透镜状的截面，如图 12.17 所示，其由上下对称的两圆弧构成，与方程 (12.1)无关。引进此特例是因为文献中用该形状在定义纤维束横截面形状的例子常常可以遇到，特别是作为纬向纤维束，其上、下两面均有波动的经向纤维束间歇裹绕，容易形成这样的截面形状，因此有必要将其纳入当前的考虑，尽管这不在

之前所描述的截面形状的范畴之内。

参考图 12.17，γ 所取的特定的值所对应的特定的截面形状列举如下：

(1) $\gamma=0$：矩形，当 $W=H$ 时，即为正方形；

(2) $H/W>\gamma>0$：两端各带半个椭圆的矩形(椭圆的沿垂直方向的轴更长，因此整个截面更像带圆角的矩形)；

(3) $\gamma=H/W$：两端各带一个半圆的矩形，这意味着 $a=b$；

(4) $1>\gamma>H/W$：两端各带半个椭圆的矩形(椭圆的长轴沿水平方向，因此整个截面更像上、下端被压平了的椭圆)；

(5) $\gamma=1$：椭圆，当 $W=H$ 时，即为圆；

(6) $\gamma=2$：凸透镜形。

小结一下，纤维束的截面形状由三个几何参数完全确定，即高 H、宽 W、形状参数 γ。这同时适用于经向和纬向的纤维束，当然经向和纬向的纤维束可以分别对应着不同量值的几何参数，这样纤维束的截图形状就被参数化了。

下一步要定义经向纤维束的路径。前面已经指出过，在经向纤维束的路径上，任何方向改变都发生在与纬向纤维束接触处，经向纤维束绕纬向纤维束转过一定的角度，因此可以假设经向纤维束在改变方向之前，沿一水平直线延伸；当经向纤维束朝下改变方向时，其下表面贴着纬向纤维束的截面的轮廓，绕着纬向纤维束，直到拐过所需拐的角度，开始与所绕行的纬向纤维束分离，沿其切向顺直线延伸，尽管这时的直线一般是倾斜的，直至遇到下一列纬向纤维束。一个完整的周期可以描述如下。

一般地，一个完整的周期可以分成若干段，相互对称，作为一个例子，对于 $n_{\text{deep}}=n_{\text{steep}}$ 的织物，经向纤维束的一个完整的周期示意于图 12.18，其可分成四段。不妨以 $OSTR$ 段作为对称变换的原，关于 R 点的一个 $180°$ 的旋转对称变换，作为象，可得 $O'S'T'R'$ 段，再关于 x-z 平面作一个反射对称变换，对称面左侧的两段即可得出，四段合成，即为一完整的周期。如果所选择的单胞与图 12.18 所示的周期有一相位差，相应的仅是这四段的另一不同顺序的安排。当 $n_{\text{deep}}\geqslant2$ 时，

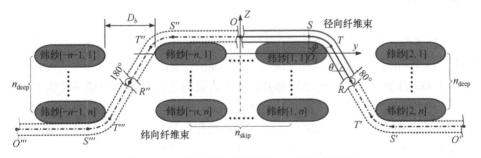

图 12.18　经向纤维束路径的一个完整的周期

一个周期会涉及更多行的纬向纤维束，然而，相同的是，一完整周期的经向纤维束总是可以由若干特征段通过不同的对称变换而组合得出。

在确定了经向纤维束的截面形状和路径后，生成经向纤维束的三维的几何模型就相对来说是一项比较容易的工作了，大部分的建立几何模型的软件，包括有限元的前处理软件中，都有一叫作 sweep 的功能，让截面顺着既定的路径，sweep 一下，就得到了经向纤维束的几何模型了。读者请注意，也许在有的软件系统中，sweep 的功能由不同的术语来描述，也有可能是都叫作 sweep，但功能有所差异。不管如何命名，所需的实际效果是顺一给定的曲线(不妨称此为轴线)移动一横截面，并保持横截面垂直于轴线，由该横截面这样扫过的空间区域，即为经向纤维束的几何模型。

上述方法同样适用于生成纬向纤维束的几何模型，只是在三维机织物中的纬向纤维束，在本书中都假设为是平直的，故较易生成。实际的纬向纤维束，可能因为与经向纤维束之间的相互挤压而有轻微的波动，其效果已由著者与其合作者们在近期通过一论文发表，感兴趣的读者请关注跟踪(Xu et al., 2024)。

如上可见，主要挑战来自经向纤维束，而其中的关键是 $OSTR$ 段的确定。前面已经对此作了定性的描述，但从定性到定量常常还是一个不可小觑的挑战。为了能够在前述定义的纤维束横截面的形式的框架之内，允许经向的和纬向的纤维束有不同的截面形状，可以由两组不同的、如图 12.16 和 12.17 所示的 H、W、γ 的量值，即 H_a、W_a、γ_a 和 H_b、W_b、γ_b，分别定义这两方向的纤维束的横截面。为建立几何模型简单起见，不妨假设经向纤维束在绕过纬向纤维束这一小段中，两者无缝贴合，直至经向纤维束的路径趋于直线因而离开纬向纤维束的表面的位置。经向纤维束的上、下表面一直保持平行，即便是在弯曲的部分。当然曲线的平行的定义不唯一，常用的可以有平移关系和同曲率圆心的关系，此处采用后者。

图 12.18 所示的经向纤维束的 $OSTR$ 段可以分成三部分来生成，OS、ST、TR，其中的 OS 部分平直，起自中心点 O，延伸至 S，即纬向纤维开始进入其端部的半椭圆部分，而经向纤维束相应地开始弯曲的位置，这部分的长度可由拓扑参数 n_{skip} 和相应的几何参数给出如下：

$$L_{OS} = \frac{1}{2}\left(n_{\text{skip}} - 1\right)\left(W_b + D_b\right) + \frac{1}{2}\left(1 - \gamma_b\right)W_b \tag{12.2}$$

其中，D_b 是纬向纤维束列与列之间的间距，如图 12.18 所示。

继 OS 部分，是弯曲的 ST 部分，其下表面与纬向纤维束的椭圆轮廓部分贴合，直至一个尚待确定的位置，且记作 φ_0。

为了定义经向纤维束的路径，以实现参数化的目标，$OSTR$ 段的一个放大且适当标注了的示意图如图 12.19 给出，其各部分的解析表达式及相关的推导给出如下。

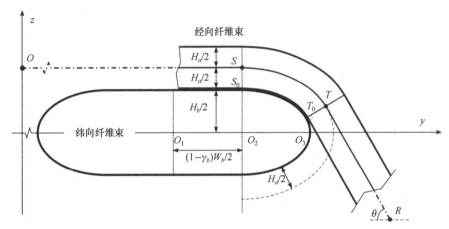

图 12.19 经向纤维束路径上一关键段及其与纬向纤维束的相对位置关系

OS 部分是直线，其解析表达式为

$$z = \frac{1}{2}(H_a + H_b), \qquad y \in [0, L_{OS}] \tag{12.3}$$

ST 部分是一段平行曲线(Weisstein, 2019)，平行于纬向纤维束的椭圆部分的轮廓，该纬向纤维束轮廓的半椭圆的参数方程为

$$\begin{aligned} y &= a\cos\varphi + L_{OS}, \\ z &= b\sin\varphi, \end{aligned} \qquad \varphi \in \left[-\frac{\pi}{2}, \ \frac{\pi}{2}\right] \tag{12.4}$$

其中，$a = \gamma W_b/2$ 是沿水平方向的半轴，$b = H_b/2$ 是沿垂直方向的半轴。需要强调的是：φ是椭圆的参数方程中的参数，虽然确为极坐标下的极角，但不是椭圆上相应的点处的极角。在该椭圆之外距离为 $H_a/2$ 的平行曲线，即经向纤维束的中心线可得为(Weisstein, 2019)

$$\begin{aligned} y &= \left(a + \frac{bH_a}{2r}\right)\cos\varphi + L_{OS}, \\ z &= \left(b + \frac{aH_a}{2r}\right)\sin\varphi, \end{aligned} \qquad \varphi \in \left[\varphi_0, \ \frac{\pi}{2}\right] \tag{12.5}$$

其中

$$r = \sqrt{a^2\cos^2\varphi + b^2\sin^2\varphi} \tag{12.6}$$

因为这部分经向纤维束的中心线平行于纬向纤维束的椭圆部分的轮廓，切点 T 和 T_0 相应于参数φ的同一个值，φ_0，当$\varphi = \varphi_0$时，经向纤维束中在内表面上的纤维开始脱离纬向纤维束的椭圆表面，因此在 T 点和 T_0 点处的切线的斜率相等，并等于下一直线部分 TR 的斜率。于是

$$\tan\theta = -\left(\frac{\mathrm{d}z}{\mathrm{d}y}\right)\Bigg|_{\varphi_0} = -\left(\frac{\mathrm{d}z/\mathrm{d}\varphi}{\mathrm{d}y/\mathrm{d}\varphi}\right)\Bigg|_{\varphi_0} = \frac{b}{a}\cot\varphi_0 \tag{12.7}$$

其中，θ 角如图 12.19 所示，而 φ_0 尚待定，稍后处置。

TR 段是一直线，其方程可由点斜式得出为

$$z - z_R = -\tan(\theta)(y - y_R), \qquad y\in[y_T,\ y_R] \tag{12.8}$$

其中，(y_R, z_R) 为 R 点的坐标，而 T 点的坐标为 (y_T, z_T)。

T 点的坐标可由式(12.5)得出，但是需要知道 φ_0，而 φ_0 又与 θ 由式(12.7)相联系。下面就根据具体织物的织构，利用此连锁关系来完全确定各自的表达式。

R 点的坐标显然随前面引进了的拓扑参数 n_{offset}、n_{deep}、n_{steep} 的不同的组合而不同，为了演示其间的关系，先考虑一特殊情况，$n_{\text{deep}}=n_{\text{steep}}=2$。从图 12.20 可见在三种不同位错构造中 θ 的变化。这些变化在前述的拓扑参数的定义之下是一纯粹的几何问题。首先可以确定 R 点的坐标如下。

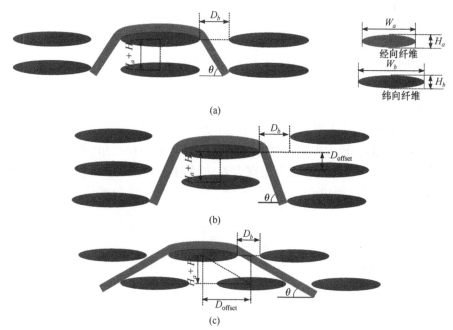

图 12.20　不同的拓扑参数 n_{offset} 之下的机织物的 θ 角的变化：(a) $n_{\text{offset}}=0$；(b) $n_{\text{offset}}=-1$，其中纵向错位距离为 $D_{\text{offset}}=\dfrac{1}{2}(H_a+H_b)$；(c) $n_{\text{offset}}=1$ 其中横向错位距离为 $D_{\text{offset}}=\dfrac{1}{2}(W_b+D_b)$

在无位错的情况下，即 $n_{\text{offset}}=0$

$$y_R = \frac{1}{2}n_{\text{skip}}\left(W_b + D_b\right)$$

$$z_R = -\frac{1}{2}\left(n_{\text{deep}} - 1\right)\left(H_a + H_b\right)$$

(12.9)

在有纵向位错的情况下，即 $n_{\text{offset}}=-1$

$$y_R = n_{\text{skip}}\frac{W_b + D_b}{2}$$

$$z_R = -\left(2n_{\text{deep}} - 1\right)\frac{H_a + H_b}{4}$$

(12.10)

在有横向位错的情况下，即 $n_{\text{offset}}=1$

$$y_R = \left(n_{\text{skip}} + n_{\text{deep}} - 1\right)\frac{W_b + D_b}{2}$$

$$z_R = -\frac{1}{2}\left(n_{\text{deep}} - 1\right)\left(H_a + H_b\right)$$

(12.11)

确定了 R 点的坐标后，根据式(12.7)和式(12.8)，从下述关系，可确定 φ_0 和 θ

$$z\big|_{\varphi=\varphi_0} - z_R = -\tan(\theta)\left(y\big|_{\varphi=\varphi_0} - y_R\right) = -\frac{b}{a}\cot(\varphi_0)\left(y\big|_{\varphi=\varphi_0} - y_R\right)$$

(12.12)

用式(12.5)来消去式(12.12)中的 $y\big|_{\varphi=\varphi_0}$ 和 $z\big|_{\varphi=\varphi_0}$

$$\left(b + \frac{aH_a}{2r_0}\right)\sin\varphi_0 - z_R = -\frac{b}{a}\cot(\varphi_0)\left(\left(a + \frac{bH_a}{2r_0}\right)\cos\varphi_0 + L_{OS} - y_R\right)$$

(12.13)

其中

$$r_0 = \sqrt{a^2\cos^2\varphi_0 + b^2\sin^2\varphi_0}$$

(12.14)

方程(12.13)是一个关于 φ_0 的超越方程，一般地，无法求得其封闭解，而采用数值方法，如牛顿迭代，不难得其近似解。为了方便用户引用，牛顿迭代法简单表述于下，供参考。令

$$f\left(\varphi_0\right) = \left(b + \frac{aH_a}{2r_0}\right)\sin\varphi_0 - z_R + \frac{b}{a}\cot\varphi_0\left(\left(a + \frac{bH_a}{2r_0}\right)\cos\varphi_0 + L_{OS} - y_R\right) = 0$$

(12.15)

牛顿迭代格式为

$$\varphi_0^k = \varphi_0^{k-1} - \frac{f\left(\varphi_0^{k-1}\right)}{f'\left(\varphi_0^{k-1}\right)}$$

(12.16)

其中，$f'(\varphi_0^{k-1})$ 是 $f(\varphi_0)$ 在 φ_0^{k-1} 处关于 φ_0 的导数。不妨取

$$\varphi_0^0 = \pi/4 \tag{12.17}$$

作为迭代的初值。一般地，牛顿迭代收敛很快，若遇到不收敛的情况，多半是式 (12.16) 中的表达式写错了。收敛后的 φ_0^k 即为欲求的 φ_0。

一旦求得 φ_0，由式 (12.7) 直接可得 θ，而点 T 的坐标，又可取 $\varphi = \varphi_0$ 而由式 (12.5) 唯一地确定。至此，$OSTR$ 段已完全确定。

如前所述，经向纤维束的路径的其他部分就可以由相应的对称变换，依次分别得出。

小结一下，除了前述的 5 个拓扑参数之外，三维机织物的几何形状，可以由如下 8 个几何参数完全确定：

(1) 经向纤维束的厚度 H_a；

(2) 经向纤维束的宽度 W_a；

(3) 经向纤维束的形状参数 γ_a；

(4) 沿纬向相邻的经向纤维束之间的间距 D_a (图 12.12 中的切片在垂直纸面方向的深度则为 $W_b + D_a$)；

(5) 纬向纤维束的厚度 H_b；

(6) 纬向纤维束的宽度 W_b；

(7) 纬向纤维束的形状参数 γ_b；

(8) 沿经向相邻的纬向纤维束之间的间距 D_b。

上述几何参数在几何意义上的直观性显而易见，但是从预制件的设计和制造的角度来看，它们并没那么可控可调，直接给制造商提供这么一组数据作为制造要求，制造商会无所适从，著者与其合作者们近期发表了一篇论文，旨在提出一组可控参数，制造商可以直接用于生产，而这组可控参数又能与上述几何参数之间有着简单、直接的关系，以确保所制造出来的预制件满足几何参数的要求，从而可以如图 12.21 所示，按通常的层合板的设计步骤来设计三维机织复合材料，感兴趣的读者请查阅 (Sitnikova et al., 2022; 2024)。

本节详尽的论述表明，对于三维机织复合材料，只要其织构中的规则性不因成形等因素而受到破坏，总可以通过利用恰当的对称性有效地定义一个适当的单胞，单胞内的构形可以按上述参数化的考虑，理想化成为一个几何模型，而不失其任何主要特征。为达此目标，若干特定的拓扑参数必不可少，而这些拓扑参数，应该既充分又必要，其充分性是要保证囊括所有拓扑特征，而其必要性是要用尽可能少的参数来实现此目标。之外，还需要一些参数以定量地描述几何形状和尺寸。定义三维机织复合材料单胞的一个重要的考虑是，在参数化相应的几何模型时，能够在所引进的几何参数的允许的取值范围之内，有足够的空间，使得纤维

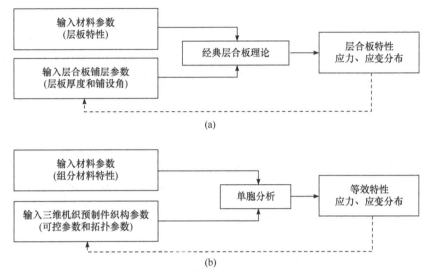

图 12.21　设计循环：(a)通常的层合板；(b)三维机织复合材料

束之外的空隙所占的空间的体积能尽可能小，以便能让所得的单胞不会因为无法实现实际复合材料的纤维体积含量而失去应用价值。采用由上述参数化所体现的理想化模型，在单胞中的纤维束体积含量比较容易地就可以达到 70%，而假设纤维束内 70% 的纤维体积含量，一般不会很过分，这样就可以实现总体约 50% 的纤维体积含量，对三维机织复合材料来说，这个程度的纤维体积含量应该是相当典型的。可见，这里建立的参数化了的几何模型，特别是如图 12.21 所示的设计方法，可以为正在认真地考虑三维机织复合材料的严肃而又可能的应用的那些材料学工作者、工程和设计人员提供了一个明确的信息：一个靠谱的分析工具已经近在咫尺，唾手可得。

12.4.2　三维编织复合材料

在图 12.4 中已经示意了一些典型的三维编织复合材料理想模型，现实中，它们的尺寸都只能是有限的，实际的胞元一般也不是如图 12.4(a)那样排列的，而更像俯视图如图 12.22(a)所示那样的排列。多数情况下，如图 12.22(a)那样的格局可能都过于理想化，而更现实的情形可能如图 12.22(b)所示，特别是当编织预制件在必要的压力下成形为复合材料之后。图 12.22 中带阴影的边缘部分通常呈现不同的编织织构，通过这一部分，纤维束改变其在织物之中行进的方向，其改变的规律有点像光线在透明棱柱体中遇到界面反射的情形，纤维束因此返回到织物内部，汇入正常的编织织构，直到再一次遇到边界。

针对这样的情况，尽管有别于原来的理想境界，但是拓扑结构不曾改变，建立单胞仍可利用在图 12.22 中显然存在的非正交的平移对称性，读者们至此应该对其已经相当熟悉了，不然的话，建议重温第 6 章的 6.3.1.3 节。由于单胞的非正交的外形，如第 8 章 8.3.3 节中的推导可能不再适用，因为这时已不再有那么多的对称性了。不过，由三维四轴编织的编织机理，关于织物的纵轴的旋转对称性总是存在的，由此可以把单胞的尺寸减半，而这可能也就穷其所有了。

图 12.22　三维四轴编织物中胞元较实际的排列：(a)相对来说比较理想化的排列；(b)相对来说更实际一点的排列

由于有一个旋转对称性的存在，此材料的分类应属于单斜各向异性，而其主轴应该是沿织物的长度方向。在对其几何条件没有其他更进一步的约束的情况下，一般不能假设此材料为正交各向异性的。

对此类材料所建立的单胞，实际应用时的挑战同样会是得到一个有应用价值的纤维体积含量。在避免详细推导的前提之下，一个可行的办法还是尽可能识别出一个或若干个体积最小的积木块，每一积木块含尽可能少的纤维束或其碎块，这样，就可以在每积木块中，让纤维束的体积含量有足够大的取值范围，以实现有实际价值的总的纤维体积含量。

12.5　结　　语

通过系统地考虑典型的纺织复合材料中的对称性可以建立适用于相当广泛类型的此类复合材料的单胞，为相应的计算机模拟提供最有效的途径，这使得通过计算机化来表征、设计、优化纺织复合材料成为可能，从而冲破了让纺织复合材料在实际应用中受到广泛接受的障碍。在实现此目标的同时，本章所作的操练，也是对本书旨在建立的概念和技能的一个及时的温习，希望能够达到温故而知新的效果，而这些概念和技能又是常常因介于不同学科的边缘地带而长期被忽视的内容，譬如，对称性、材料的分类等。

本章的一个清晰而又积极的成果，简言之，是一宣言，即纺织复合材料的设计工具已经横空出世，如果助之以适当的计算机资源和有限元软件，其对纺织复合材料的功效，可以比作经典层合板理论在通常的层合复合材料的设计中的功效。

作为对其现实性的一示意性的描述，在一典型的个人计算机上，定义一纺织复合材料的构形，可以在数分钟之内完成，这与定义通常的层合结构的铺层可比。而对很多相对来说比较简单的构形的纺织复合材料，分析一单胞所需的运行时间也可以是以多少分钟来计算，这虽然比经典层合板理论分析要高很多倍，但是就用户的感受而言，差别甚微，计算几乎都在顷刻之间完成。而较复杂一点的情形，也就是数十分钟而已，如果不是更快的话，这也应该不是不可容忍的情形。

参 考 文 献

严济慈. 热力学第一和第二定律. 1966. 北京: 人民教育出版社.

Li S, Reid S R. 1992. On the symmetry conditions for laminated fibre-reinforced composite structures. International Journal of Solids and Structures, 29: 2867-2880.

Li S, Zou Z. 2011. The use of central reflection in the formulation of unit cells for micromechanical FEA. Mechanics of Materials, 43: 824-834.

Long A C, Brown L B. 2014, TexGen, Version 3.6.1. Nottingham: The University of Nottingham.

Roberts G D, Goldberg R K, Binienda W K, et al. 2009a. Characterization of triaxial braided composite material properties for impact simulation. NASA/TM—2009-215660.

Roberts G D, Pereira J M, Braley M S, et al. 2009b. Design and testing of braided composite fan case materials and components. NASA/TM—2009-215811.

Roberts G D, Revilock D M, Binienda W K, et al. 2002. Impact testing and analysis of composites for aircraft engine fan cases. Journal of Aerospace Engineering, 15: 104-110.

Sitnikova E, Xu M, Kong W, et al. 2022. Controllable parameters as the essential components in the analysis, manufacturing and design of 3D woven composites. Composites Sci. Tech., 230: 109730.

Sitnikova E, Xu M, Kong W, Zhang J, Hu S and Li S, Design strategy for 3D layer-to-layer angle interlock woven composites, Materials and Design, 247:113414, 2024. http://dx.doi.org/10.1016/j.matdes.2024.113414

Weisstein E W. 2019. Parallel Curves. [Online]. MathWorld — A Wolfram Web Resource. Available: http://mathworld.wolfram.com/ParallelCurves. html.

Xu M, Sitnikova E, Kong W, et al. 2023. The effects of variations in weft tow geometry on the elastic properties of 3D woven textile composites. *J. Composite Materials*, 58:113297, 2024. https://doi.org/10.1177/ 00219983241270939

Xu M, Sitnikova E, Li S. 2019. Formulation of the size reduced unit cell for triaxial braided composites. 22nd International Conference on Composite Materials.

Xu M, Sitnikova E, Li S. 2020. Unification and parameterisation of 2D and 3D weaves and the formulation of a unit cell for composites made of such preforms. Composites Part A, 133: 105868.

Yu T. 2016. Continuum damage mechanics models and their applications to composite components of aero-engines. Nottingham: The University of Nottingham.

第13章 单胞在有限变形问题中的应用

13.1 引　言

当小变形假设不再成立，即位移及其导数不能被视作小量时，问题就不得不在有限变形的理论框架中来研究了。

在现代工程材料和结构的应用中，特别是涉及各向异性的复合材料，有限变形的挑战，往往超乎很多用户的想象，因此，与小变形问题相比，处理有限变形问题，无论是在数值分析中还是在试验分析中，都不是那么轻易就可以摆平的。譬如，在小变形条件下，测量—拉伸试棒中的拉伸应力，那就是简单地把所加的拉力除以试棒在变形前的横截面积，这样所得的应力通常也称为工程应力，其定义唯一，因为参照系是变形前的状态。为了给此材料加一给定量值的应力，很容易就可以计算出，试验机需要给试棒加多大的力。但是，如果是在有限变形的条件下进行同样的试验，难度就高多了。首先，应力和应变的定义已经不再唯一，不同的定义相应着不同的参照系，有的是变形前的，有的是变形后的，任何试验测量所得的应力或应变，都可以因为参照系的不同而不同。当采用变形后的状态作为参照系时，加载之前，变形状态尚未知，无法计算应力，更谈不上根据给定的应力量值来确定所需加的载荷水平了。

在有限变形的数值模拟中，相同的考虑依然存在，仔细观察一下现状就可以看到，如果用户在对有限变形问题的理论及其相应的有限元表述没有适当的了解，面对一堆分析输出结果时，都不会知道它们是什么样的应力和应变，按直觉解读，则犹如盲人摸象，恰好言中，那几乎是小概率事件。正因为如此，在对一个单胞进行有限变形分析之前，必须明确所处理的应力和应变是什么意义下的应力和应变，因为在有限变形问题中，有不同的应力、不同的应变，错用的话，会是鸡同鸭讲。

有限变形的分析功能，在大多数现代的商用有限软件中均有提供，很多采用的都是所谓的更新的拉格朗日表述法(Washizu, 1975)，即参照系是变形至前一增量步(因而已知)的状态，但是，通常软件的手册中很少描述其子丑寅卯。除了描述本来就不易的原因之外，潜规则是不懂别碰，当然有时候也会有些小号字体的警示："仅供有经验的用户使用"。以 Abaqus (2016)为例，其相关手册和文件中仅提供何种应力或应变的选择，作为输出结果，在单元的积分点上或节点上，而且选择很有限，存在而又不在选择范围之内的其他类型的应力和应变有的是，但就 Abaqus 而言，那就无可奉告了。虽然在常规的应用中，Abaqus 所提供的的确已经足够了，但是特殊的应用就会有问题。本书写到这里，单胞的问题不是那么通常的问题，这一点，读者应该有所准备了，单胞的有限变形问题还真的很不通常，绝对不仅仅是把考虑有限变形的开关打开，再让变形变大一点，如从 3%变到 30%，那样而已。

其实，仅就有限变形已经够有挑战的了，然而涉及有限变形的实际问题中，常常又伴随着材料的非线性，如塑性，而在复合材料中，更多的是所谓的损伤或破坏，交织在一起。因为有限变形的功能似乎 Abaqus 自带，花了精力也无处邀功；单胞的应用，也如在第 5 章中所点评的，率性而为，如此的例子可见于(Guo et al., 2007; de Botton et al., 2006)，如果翻阅文献还可见到更多。而复杂的材料模型，举不胜举，任何软件都不可能穷尽，任何举措，都不乏新颖性，发表价值高，因此绝大多数人都会把精力投入后者之中，功利考量，自然无可非议，但科学价值常常是负的，不管这样的论文被引用多少次。

与线性问题一样，典型的涉及非线性的单胞分析通常也旨在得到平均应力和平均应变，以及其间的关系。也许读者期望分析也可以如法炮制。本章希望展示的是，尽管在有些方面的确存在一定的相似性，但是没有多少东西是理所当然的，每一步骤都必须重新考虑，充分论证，做到有理有据，即所谓理性的考虑(Sitnikova and Li, 2019)，这是本章的目标所在，当然尚存的不足也当如实道出，因为认识问题是解决问题的第一步。

13.2　模拟单胞的有限变形

13.2.1　边界条件

在第 6 章中建立的单胞的理论考虑中，有些在有限变形问题中依然适用，如平移对称性及其相应的相对位移边界条件，特别是如下的变形运动学条件，有限变形与小变形共享之

$$
\left\{\begin{array}{c} u \\ v \\ w \end{array}\right\}\bigg|_{(x',y',z')} - \left\{\begin{array}{c} u \\ v \\ w \end{array}\right\}\bigg|_{(x,y,z)} = \nabla U \Delta x = \begin{bmatrix} U'_x & U'_y & U'_z \\ V'_x & V'_y & V'_z \\ W'_x & W'_y & W'_z \end{bmatrix} \left\{\begin{array}{c} \Delta x \\ \Delta y \\ \Delta z \end{array}\right\} \tag{13.1}
$$

其中

$$\nabla \boldsymbol{U} = \begin{bmatrix} U'_x & U'_y & U'_z \\ V'_x & V'_y & V'_z \\ W'_x & W'_y & W'_z \end{bmatrix} = \begin{bmatrix} \dfrac{\partial U}{\partial x} & \dfrac{\partial U}{\partial y} & \dfrac{\partial U}{\partial z} \\ \dfrac{\partial V}{\partial x} & \dfrac{\partial V}{\partial y} & \dfrac{\partial V}{\partial z} \\ \dfrac{\partial W}{\partial x} & \dfrac{\partial W}{\partial y} & \dfrac{\partial W}{\partial z} \end{bmatrix} \tag{13.2}$$

因为式(13.1)所述的关系是由微分学决定的，与变形大小无关，因此，它与第6章中的式(6.1)完全相同。相对位移场的概念由此而生，从而导出了单胞的相对位移边界条件。在这个意义上，有限变形与小变形没有差别，但是式(6.1)中的在高尺度上的位移场梯度与平均应变的关系，以及如果把该梯度的每个分量都作为主自由度，作用在这些主自由度上的力又与平均应力有如何的关系，那就需要不同的解读了。

为了书写简洁，本章中在必要的时候采用粗体字符来代表矢量或张量，如式(13.1)中所示意的，当然这也是文献中相当常规的符号。

到目前为止，与线性问题的明显差别是式(13.1)中的梯度矩阵是满阵，即它不能因为约束刚度转动的考虑而简化成上三角或下三角的矩阵，因为在有限变形问题中，转动是另一个概念，与小变形问题中的刚体转动，甚有悬殊。事实上，在小变形问题中，刚体转动不产生应变，因而也不导致应力。小变形意义下的刚体转动，是由位移的偏导数给出的，在有限变形问题中，它们都会产生应变、应力，因此，对有限变形问题来说，没有必要约束如小变形意义下的刚体转动，也不能随便给位移梯度矩阵加上一点什么或者减去一点什么的。这在后面会通过算例再行阐述。

在相对位移边界条件(13.1)中，如果以高尺度上的位移场梯度矩阵的9个分量为主自由度，则类似于线性问题，这些主自由度可以有两种不同的形式被利用，一是指定这些主自由度上的"节点位移"，作为强制边界条件，从分析结果可以得到在这些自由度上的"节点支反力"；另一是在这些自由度上加"集中载荷"，作为自然边界条件，从分析结果可以得到在这些自由度上的"节点位移"。下述的两个子节的目标是要把这样的"节点位移"与单胞中的平均应变联系起来，而这样的"节点力"又与单胞中的平均应力有着相应的关系。虽然这样的关系的存在性与线性问题相同，但是这些关系的复杂性、欠唯一性，则是由有限变形的本质所致。

如果是给主自由度指定"节点位移"，这意味着在高尺度上的位移梯度分量均已确定，但在对单胞进行有限元分析之前，仍需约束其刚体平移，因为位移梯度显然不约束刚体平移。如果在主自由度上加"集中载荷"，因为相对位移边界条件(13.1)没有对刚体平移作出任何约束，在对单胞进行有限元分析之前，也必须对其加以约束。

13.2.2 单胞中的平均应变

有限变形理论中一个基本的描述变形的量叫作变形梯度张量，记作 $\boldsymbol{F}$，它不

同于位移梯度，但又与之紧密地联系着，其间的关系为

$$F = I + \nabla U \tag{13.3}$$

其中，I 为单位张量。由变形张量 F 就可以定义有限变形理论中各种不同的应变了。下面将介绍两个主要形式的应变，对数应变 $E^{\log}$ 和格林应变 E^{G}。

对数应变张量可以由变形梯度张量表示为

$$E^{\log} = \ln \sqrt{FF^{T}} \tag{13.4}$$

如果把 F 视作一个 3×3 的矩阵，则上式中矩阵的开根号、求对数都是一些特别的高等矩阵运算，虽然没有初等运算那么直观，但读者也大可不必望而生畏，因为它们都是标准运算，在大部分数学软件中都有现成的功能，如 Matlab，可以直接使用，就像是数学手册中的积分公式，即便是不知其所以然，但用无妨。

格林应变可以表示为

$$E^{G} = \frac{1}{2}(F^{T}F - I) \tag{13.5}$$

相对来说，读者们对此可能要更熟悉一些，而在其中略去二阶项之后，就直接再现了小变形条件下的应变张量。对数应变在小变形的条件下也能再现小变形条件下的应变张量，只是需要取一下极限。

上述的两种应变显然都是对称的。两种应变都是通过变形梯度张量 F 定义的，而 F 又由位移梯度张量定义，位移梯度张量中含有转动的成分，但是下面会简单证明，这些应变都与转动无关。不过有限变形理论中的转动与小变形理论中的转动不是同一个概念，下面首先引进在有限变形理论中的转动的概念。

在有限变形理论中，转动有着自己特殊而又唯一的定义。一般地，变形梯度矩阵(张量，此处称矩阵，因为可以用线性代数中熟悉的概念和结论)可以被极分解为另一矩阵与一正交矩阵之积，正交矩阵也叫作坐标变换矩阵，把一坐标系变换到另一坐标系，若在同一坐标系之内，施之于一矢量，其等价于让该矢量绕某轴旋转一个角度，当然这也是这样的分解被叫作极分解的原因，与极坐标类似，两个坐标，一个管长度，一个管角度。在有限变形理论中，该正交矩阵被称为转动张量或转动矩阵，直觉可知，这与应变无关。分解后的另一个矩阵主要描写形状的改变，因此称为拉伸矩阵，当然这只是名称而已，而不是简单的力学意义上的拉伸。事实上，这样的分解可以有两种形式，即

$$F = \Psi\Omega = \Omega\Phi \tag{13.6}$$

其中，Ψ 和 Φ 也就分别称为左拉伸张量和右拉伸张量或矩阵，而 Ω 就是转动张量或矩阵。

提醒读者，此处，包括后面的一些量的符号，可能与其他教材中的不太一样，

这是为了尽可能避免与本书其他部分所用过的其他量的符号相冲突。

因为转动矩阵为正交矩阵，所以，$\boldsymbol{\Omega}^{-1} = \boldsymbol{\Omega}^{\mathrm{T}}$。由此，可以来变换两个应变的定义中与 $\boldsymbol{F}$ 有关的项了。

$$\boldsymbol{F}^{\mathrm{T}}\boldsymbol{F} = \left(\boldsymbol{\Omega}\boldsymbol{\Phi}\right)^{\mathrm{T}}\boldsymbol{\Omega}\boldsymbol{\Phi} = \boldsymbol{\Phi}^{\mathrm{T}}\boldsymbol{\Omega}^{\mathrm{T}}\boldsymbol{\Omega}\boldsymbol{\Phi} = \boldsymbol{\Phi}^{\mathrm{T}}\boldsymbol{\Omega}^{-1}\boldsymbol{\Omega}\boldsymbol{\Phi} = \boldsymbol{\Phi}^{\mathrm{T}}\boldsymbol{\Phi} \tag{13.7a}$$

类似地

$$\boldsymbol{F}\boldsymbol{F}^{\mathrm{T}} = \boldsymbol{\Psi}\boldsymbol{\Omega}\left(\boldsymbol{\Psi}\boldsymbol{\Omega}\right)^{\mathrm{T}} = \boldsymbol{\Psi}\boldsymbol{\Omega}\boldsymbol{\Omega}^{\mathrm{T}}\boldsymbol{\Psi}^{\mathrm{T}} = \boldsymbol{\Psi}\boldsymbol{\Omega}\boldsymbol{\Omega}^{-1}\boldsymbol{\Psi}^{\mathrm{T}} = \boldsymbol{\Psi}\boldsymbol{\Psi}^{\mathrm{T}} \tag{13.7b}$$

显然，两者均与转动张量无关，也就是说对数应变与格林应变都与描述转动的转动张量无关。

从极分解(13.6)可以看出，这里的转动虽然与变形梯度张量有关，因此也就与位移梯度张量有关，但是这种关系远不是简单的与位移梯度的某个分量之间的直接关系。因此单胞的刚体转动在有限变形的条件下，一般不能通过直接约束位移梯度的分量来实现。

在小变形问题中，通过约束位移梯度的分量来约束单胞刚体转动的结果是，位移梯度的 6 个非零的分量可以直接用相应的应变分量来代替，因此单胞的主自由度上的"节点位移"直接就是单胞内的平均应变了，无需任何变换。在有限变形问题中，这显然行不通了。但是这并不排除位移梯度的分量作为主自由度的可能性，只是这时有 9 个独立的分量，即 9 个主自由度。在这 9 个主自由度上的"节点位移"，虽然不直接就是平均应变，但是它们是位移梯度张量的 9 个分量，通过变形梯度张量，由它们还是可以得到单胞中的平均应变的，无论是对数应变还是格林应变，如式(13.4)和式(13.5)给出。

这样，在有限变形条件下，获取单胞内的平均应变的问题就圆满解决了。

13.2.3 单胞中的平均应力

从 13.2.2 节已经可以看到，重要关系的存在性，在有限变形和小变形理论之间没有差别，但是这些关系的复杂性，那就不能同日而语了。搞定了单胞内的平均应变之后，注意力就该转向单胞内的平均应力了。同样地，小变形理论中有的关系，有限变形理论中也会有，只是不能期望再是那么简单直接了。

因为有限变形中的应力的概念不是那么路人皆知，尽管理论本身已经相当完善，如文献(Fung and Tong, 2001)中所陈述的，因此仍有必要先做一点铺垫，为此，暂且搁置多尺度的考虑，从单一的尺度，也就是通常的尺度上来引进有限变形条件下应力的概念和定义。

小变形理论中所定义的应力，通俗地说就是力除以面积，可以作为应力的一种形式，直接搬进有限变形理论，称作柯西应力，记作 $\boldsymbol{\sigma}$，与小变形不同的是，这时的面积是变形之后的面积，因此也常被称为真实应力。柯西应力虽真实，但应用起来的不便之处是，变形之后的面积需等到问题求解完毕之后才能知晓，在这之前，柯西应力还真用不上，因此其更多的使用是在流体力学中，缘由此处从免。

柯西应力虽不便直接使用，但由于其物理上的真实性，它是一个不可多得的参照量，后面可以看到，应力的花样繁多，但万变不离其宗，它们都可以由柯西应力导出。

要恰当地定义有限变形条件下的应力，就不得不引进参照系的概念，如上提及的柯西应力，那是以变形之后的状态作为参照而定义的应力，而在这种参照系下建立起来的理论框架，称为欧拉描述法。鉴于其在固体力学问题中使用的不方便，以变形前的状态作为参照的理论框架应运而生，即所谓的拉格朗日描述法。可以证明，如果由变形梯度张量来联系变形前后的状态，以变形前的状态为参照得出的应力，记作 P，类似于通常所称的工程应力，其与柯西应力之间有如下简单的关系

$$P = J\sigma F^{-\mathrm{T}} \tag{13.8}$$

其中，J 是变形梯度矩阵的行列式的值。

上述的按拉格朗日描述法定义的应力听起来似乎正中下怀，但实际上美中不足的是该张量一般不对称。应力最终是要与应变发生关系，即所谓的本构关系，这是力学作为一门学问的枢纽所在，所谓重中之重，一点也不为过。但是，要在不对称的应力要与对称的应变之间建立关系，那似乎有点驴唇不对马嘴，难得要领，因此必须另辟蹊径，寻找一个对称的应力。

在相当大的程度上，人为地给 P 前乘上一个变形梯度矩阵的逆矩阵，则可得另一个应力

$$S = JF^{-1}\sigma F^{-\mathrm{T}} \tag{13.9}$$

因为 J 为标量，故满足交换律，便有上述表达式，其对称性一目了然。虽然上述的对称化操作不无人为之嫌，但是实际上它还是有其必然性的，因为它是格林应变的能量对偶，材料的本构关系应该建立在它们之间。正因为此，这样定义的应力是最常见的一种。P 和 S 分别被称为第一和第二 Piola-Kirchhoff 应力，分别简记为 P-K-I 应力和 P-K-II 应力。

顺便指出，与柯西应力的能量对偶的不是对数应变，而是一个称为 Almansi 的应变，这里无甚关联，故从略。

P-K-I 应力因为不对称，很少应用，但是正是这个应力，在有限变形条件下单胞的应用中却起着独到的作用。这是因为它刚好是位移梯度的能量对偶 (Клюшников, 1994)。

现在可以回到单胞问题了。如果把上述应力视作为是在高尺度上的，也即在低尺度上单胞内的平均应力，那么格林应变对应着 P-K-II 应力，而位移梯度对应

着 P-K-I 应力。

回顾线性问题中,以单胞内的平均应变为主自由度上的"节点位移",其上的"节点力"就直接与单胞内的平均应力相联系,关系为

$$\varSigma_{ij} = \frac{1}{V} R_{ij} \tag{13.10}$$

其中,$\varSigma_{ij}$ 为单胞内的平均应力,R_{ij} 为上述的"节点力",V 应该是单胞变形前的体积。上述关系在第 7 章中已严格证明,但是第 7 章的证明仅适用于小变形问题。对于有限变形问题,能否再现相应的证明,这已超出了著者的能力,至少到目前为止,相信也对不上绝大多数读者的胃口,故此处不作尝试,但不妨谨借此处,下帖邀请有能力、也有兴趣的读者来填补此空白。

此处暂时先提出如下命题:在有限变形问题中,如果以单胞内的平均位移梯度作为单胞的主自由度,即其上的"节点位移",那么其上的"节点力"与单胞内的 P-K-I 应力的平均值之间的关系,亦如式(13.10),只是 $\varSigma_{ij}$ 应该被理解为 P-K-I 应力,即

$$P_{ij} = \varSigma_{ij} \tag{13.11}$$

本书拟将此命题作为一合理的推测,并由后续的数值结果来验证、支持之。

如果上述推测正确,那么通过对单胞的分析就可以得到单胞内的平均位移梯度和单胞内的 P-K-I 应力的平均值,两者一为输入,则另一便为输出。有了单胞内的平均位移梯度,按照式(13.4)和式(13.5),即可将其变换成相应的应变;而有了单胞内的 P-K-I 应力的平均值,加之已知的变形梯度张量 $\boldsymbol{F}$,利用式(13.8)和式(13.9),就可以分别得到单胞内的 P-K-II 应力和柯西应力的平均值:

$$\boldsymbol{S} = \boldsymbol{F}^{-1}\boldsymbol{P} \tag{13.12}$$

$$\boldsymbol{\sigma} = J^{-1}\boldsymbol{P}\boldsymbol{F}^{\mathrm{T}} \tag{13.13}$$

上述得出的那些类型的应变、应力是工程中常用的,大部分可以从工程分析软件中直接得出,如商用的有限元软件 Abaqus。如有特殊需求,其他未在此提及的应变、应力的类型,也可以如法炮制,因为任何应变都可以从变形梯度张量导出,任何应力都可以从柯西应力和变形梯度张量导出,只是表达式不同而已。

13.2.4　利用 Abaqus 通过有限元分析验证推测

有限变形问题对 Abaqus 来说,本身并不存在问题,但是欲利用它来验证 13.2.3 节提出的推测,还需费一点心思。实现此目标的基本思路受本书前面曾多次提起过的"神志测验"的启发,即用 Abaqus 来分析一个最简单的、其结果可以不算自明的情况,观察计算结果与预期结果是否一致。任何的超出纯粹的数值误差之外

的不一致都可以直接否定欲验证的命题；而一致的结果，至少说明欲验证的命题通过了一次验证。这样的验证通过的越多，对欲验证的命题就越有信心。事实上，只要分析的方法足够地独立于欲验证的命题，也不采用该命题作为分析所必需的条件，那么，要让不成立的命题通过一次这样的验证，应该是一个小概率事件了。当前所采用的分析方法是有限元法，不是建立在欲验证的命题的基础之上的。

　　根据上述考虑，定义仅有一个边长为 a=2m 的正方体单元构成的单胞，单元类型为 C3D8，即 8 节点线性三维实体单元，如图 13.1 所示。假设材料均匀、各向同性、线弹性，弹性模量和泊松比分别为 E=70GPa、ν=0.33。通过相对位移边界条件(13.1)给此单胞强加指定的位移梯度场作为载荷条件，只要边界条件施加正确，就可以预期，在单胞中会产生均匀的应力场、应变场，但是，它们是否能与通过主自由度上得到的"节点力"、"节点位移"，按照 13.2.2 和 13.2.3 节所描述的方法而得到的单胞内的平均应力、平均应变一致呢？这是要验证的指标。

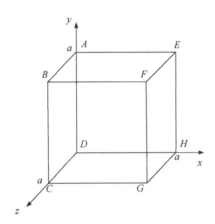

图 13.1　单个 8 节点线性三维实体单元的单胞及其顶点的标号

　　因为本单胞仅含一个线性单元，所有的节点都在单胞的顶点上，而按之前建立单胞时需要定义的不含棱的面和不含顶点的棱均为空集，不需施加任何边界条件，按第 6 章 6.4.1.2 节中得出顶点处的相对位移边界条件的步骤，由式(13.1)导出的当前单胞的相对位移边界条件列于表 13.1 之中。

表 13.1　单个单元的单胞在单胞的顶点上的相对位移边界条件

相对的顶点	平移矢量	相对位移边界条件
$H-D$	$\begin{Bmatrix} \Delta x \\ \Delta y \\ \Delta z \end{Bmatrix} = \begin{Bmatrix} a \\ 0 \\ 0 \end{Bmatrix}$	$\begin{aligned} u\big|_H - u\big|_D &= aU'_x \\ v\big|_H - v\big|_D &= aV'_x \\ w\big|_H - w\big|_D &= aW'_x \end{aligned}$

续表

相对的顶点	平移矢量	相对位移边界条件
A—D	$\begin{Bmatrix} \Delta x \\ \Delta y \\ \Delta z \end{Bmatrix} = \begin{Bmatrix} 0 \\ a \\ 0 \end{Bmatrix}$	$u\big|_A - u\big|_D = aU'_y$ $v\big|_A - v\big|_D = aV'_y$ $w_A - w\big|_D = aW'_y$
C—D	$\begin{Bmatrix} \Delta x \\ \Delta y \\ \Delta z \end{Bmatrix} = \begin{Bmatrix} 0 \\ 0 \\ a \end{Bmatrix}$	$u\big|_C - u\big|_D = aU'_z$ $v\big|_C - v\big|_D = aV'_z$ $w\big|_C - w\big|_D = aW'_z$
E—D	$\begin{Bmatrix} \Delta x \\ \Delta y \\ \Delta z \end{Bmatrix} = \begin{Bmatrix} a \\ 0 \\ 0 \end{Bmatrix} + \begin{Bmatrix} 0 \\ a \\ 0 \end{Bmatrix}$	$u\big|_E - u\big|_D = aU'_x + aU'_y$ $v\big|_E - v\big|_D = aV'_x + aV'_y$ $w\big|_E - w\big|_D = aW'_x + aW'_y$
B—D	$\begin{Bmatrix} \Delta x \\ \Delta y \\ \Delta z \end{Bmatrix} = \begin{Bmatrix} 0 \\ a \\ 0 \end{Bmatrix} + \begin{Bmatrix} 0 \\ 0 \\ a \end{Bmatrix}$	$u\big|_B - u\big|_D = aU'_y + aU'_z$ $v\big|_B - v\big|_D = aV'_y + aV'_z$ $w\big|_B - w\big|_D = aW'_y + aW'_z$
G—D	$\begin{Bmatrix} \Delta x \\ \Delta y \\ \Delta z \end{Bmatrix} = \begin{Bmatrix} a \\ 0 \\ 0 \end{Bmatrix} + \begin{Bmatrix} 0 \\ 0 \\ a \end{Bmatrix}$	$u\big|_G - u\big|_D = aU'_x + aU'_z$ $v\big|_G - v\big|_D = aV'_x + aV'_z$ $w\big|_G - w\big|_D = aW'_x + aW'_z$
F—D	$\begin{Bmatrix} \Delta x \\ \Delta y \\ \Delta z \end{Bmatrix} = \begin{Bmatrix} a \\ 0 \\ 0 \end{Bmatrix} + \begin{Bmatrix} 0 \\ a \\ 0 \end{Bmatrix} + \begin{Bmatrix} 0 \\ 0 \\ a \end{Bmatrix}$	$u\big|_F - u\big|_D = aU'_x + aU'_y + aU'_z$ $v\big|_F - v\big|_D = aV'_x + aV'_y + aV'_z$ $w\big|_F - w\big|_D = aW'_x + aW'_y + aW'_z$

　　分析在 Abaqus/Standard 上进行，在定义 STEP 时，打开几何非线性的开关，即 NLGEOM。原则上，主自由度可以被指定"节点位移"，作为强制边界条件，从它们可以得出单胞中的平均应变，而从分析结果可以得到在这些自由度上的"节点支反力"，从它们可以得到单胞中的平均应力；也可以在这些自由度上加"集中载荷"，作为自然边界条件，其与单胞中的平均应力相联系，从分析结果可以得到在这些自由度上的"节点位移"，由之可得单胞中的平均应变。

　　Abaqus 中应变的标准输出之一为在积分点上的对数应变，因为场是均匀的，正确的结果是所有积分点上的值都相同，当然也同于平均应变。为了与之比较，主自由度上的"节点位移"，即位移梯度，首先要变换成变形梯度，而后再按式 (13.4)得到单胞中的平均对数应变。上述分别来自积分点和主自由度这两个来源的平均应变必须完全一致，才能通过本验证的一个方面，即关于平均应变的验证。

　　Abaqus 中应力的标准输出为在积分点上的柯西应力 $\boldsymbol{\sigma}$，同样地，所有积分点上的值都应该相同，并同于平均应力。为了比较，主自由度上的"节点力"，首先要按式(13.10)变换成 P-K-I 应力，然后按式(13.12)得到单胞中的平均柯西应力。上述分别来自积分点和主自由度这两个来源的应力也必须完全一致，才能通过本验证的另一个方面，即关于平均应力的验证。

上述的考虑，具体实施起来，还会有点特殊的问题，这些分别在下面的两小节中详述。

13.2.4.1　在主自由度指定上的"节点位移"

按表 13.1 中对单胞施加边界条件，因为在高尺度上的位移梯度虽然都已被指定，但单胞仍可有刚体平移的自由度，所以在进行分析之前，必须约束之，这可以通过约束顶点 D，而不造成任何冲突。

表 13.2 给出了四组结果，分四行给出，每组都是由给定的位移梯度，如表中的第一列所示，以主自由度上指定的"节点位移"的形式，作为强制边界条件，通过对单胞的分析而得出的。第二列是变形梯度，从式(13.3)得出。第三列的值虽然与第二列完全相同，但这是计算结果的一部分，在单元的积分点上求得，八个积分点上的值相同，说明了场的均匀性。第四列是按式(13.5)求得的单胞中的平均格林应变，由输入条件直接得出，此处虽然由于 Abaqus 的局限性，没有计算结果作比较，但是展示能够得到这一应变本身很重要，因为固体力学中，传统的本构关系由格林应变给出，只是在最近的一二十年中，因为计算机的分析有限变形问题的普及，增量法被广为接受，所以本构关系的增量形式才备受关注，从而又引进了几乎数不清的形式的应变及其增量，这里仅以格林应变代表一下而已。第五列是按式(13.4)求得的单胞中的平均对数应变，由输入条件直接得出，独立于有限元分析。第六列是有限元分析的结果，在积分点上得出，其与第五列的一致性展示了应变方面的完全的一致性。本问题仅涉及一个单个的单元，材料也是均匀的、各向同性的、弹性的，在当前的边界条件下，位移梯度在整个单元内都是常量，因此，所得的无论是何种意义上的应变、应力，也都是常量，与它们的平均值是同一回事。

同样的输入条件，关于应力方面的结果在表 13.3 中列出。表中的第二列是相对于强加的主自由度上的"节点位移"，有限元分析所得的在这些自由度上的"节点支反力"，由之按式(13.10)可得单胞中的平均 P-K-I 应力在表的第三列中给出，可以看到，该应力一般不具有对称性。进而再按照式(13.11)和式(13.12)分别可得 P-K-II 应力和柯西应力，由第四、五列中给出，都是单胞中的平均应力。这里除了主自由度上的"节点支反力"是从有限元分析所得，平均应力的计算独立于有限元分析。第六列是直接从有限元的分析结果得出的在积分点上的柯西应力的值。与第五列相比，差别仅限于用粗体标出的两个值，其他都相同，而这两个值在八个积分点上的值还略有差异，但是从其数量级来看，这些值显然仅仅是数值误差。其他的所有应力分量，在八个积分点上的值均相同，说明场是均匀的。第五列与第六列之间的一致性验证了前述推测的另一部分，从而完成了整个命题的验证。因此，尽管充分的理论证明还暂时欠缺，但是用户应该可以有足够的理由相信该命题的正确性了。

表 13.3 中得出 P-K-II 应力的原因与表 13.2 中的格林应变一样，如果对材料的表征是为了得出本构关系，那么由 P-K-II 应力与格林应变之间的关系来给出，应该是最能让人接受的。

在表 13.4 中展示了更多的结果，从输入数据按解析关系得出的对数应变与有限元分析所得的结果之间的一致性与表 13.2 和表 13.3 的情形一样，此处主要是示意变形量大小的影响。分别比较于第一、二行之间和第三、四行之间，一般来说，当变形量较小时，不同形式的应变之间、不同形式的应力之间的差别不大，事实上，只要变形量足够小，它们会渐趋一致，同于它们在小变形理论中的值，但是随着变形量的增大，它们之间的差距也就越拉越开了。通过这些比较，读者们应该可以看到在本章开头时所给出的警示，有限变形问题远不是让变形变大一点而已，如果不是十分清楚问题是什么、需要得到什么，盲目地坠入如此的分析之中，不管是哪一个意义上的应变、应力，随便拿出来就认为是所要的结果，其效果想必是南辕北辙。

13.2.4.2　在主自由度指定上的"节点力"

当在主自由度施加集中的"节点力"进行有限元分析时，刚体平移仍然可以通过约束顶点 D 来实现。除了把指定主自由度上的"节点位移"改成在主自由度上施加集中的"节点力"之外，其他均无改变。

如果把表 13.3 中的第二列，即主自由度上的"节点力"理解为施加集中载荷作为输入条件，那么第一列中的位移梯度，即主自由度上的"节点位移"作为分析的输出结果。表 13.3 中的其他结果，除了明显地是由有限截断误差造成的数值误差之外，其他一切都与之前的结果有着一样的趋势。这又一次验证了前述的推测命题：在有限变形问题中，如果以单胞内的平均位移梯度作为单胞的主自由度上的"节点位移"，那么这些主自由度上的"节点力"就是单胞内的 P-K-I 应力的平均值乘以单胞的体积，无论何者为输入、何者为输出。

13.2.5　后处理

分析有限变形问题比分析小变形问题要复杂，这一点谁都知道，通过前面的描述和分析，读者们恐怕才认识到，要复杂那么多。从单胞模型的分析结果中，提取平均应力，即使是在小变形问题中，已不无混淆，幸好，在本书中，已经阐明，对于小变形问题来说，平均应力可以准确地、严格地通过恰当地使用主自由度而得。平均应力和平均应变简单直接地与主自由度上的"节点力"和"节点位移"相联系着，完全可以在不需要任何后处理的条件下确定单胞中的平均应力和平均应变。

表 13.2　由主自由度上的"节点位移"所得的单胞中的平均应变与有限元分析所得的在积分点处的应变

位移梯度（输入的主自由度上的"节点位移"）式(13.3)	变形梯度（Abaqus 输出）	格林应变 式(13.5)	对数应变 式(13.4)	对数应变*（Abaqus 输出）
$\begin{pmatrix} 0.3 & 0 & 0 \\ 0 & 0 & 0 \\ 0 & 0 & 0 \end{pmatrix}$	$\begin{pmatrix} 1.3 & 0 & 0 \\ 0 & 1 & 0 \\ 0 & 0 & 1 \end{pmatrix}$	$\begin{pmatrix} 0.345 & 0 & 0 \\ 0 & 0 & 0 \\ 0 & 0 & 0 \end{pmatrix}$	$\begin{pmatrix} 0.262 & 0 & 0 \\ 0 & 0 & 0 \\ 0 & 0 & 0 \end{pmatrix}$	$\begin{pmatrix} 0.2624 & 0 & 0 \\ 0 & 0 & 0 \\ 0 & 0 & 0 \end{pmatrix}$
$\begin{pmatrix} 0 & 0.3 & 0 \\ 0 & 0 & 0 \\ 0 & 0 & 0 \end{pmatrix}$	$\begin{pmatrix} 1 & 0.3 & 0 \\ 0 & 1 & 0 \\ 0 & 0 & 1 \end{pmatrix}$	$\begin{pmatrix} 0.045 & 0.15 & 0 \\ 0.15 & 0 & 0 \\ 0 & 0 & 0 \end{pmatrix}$	$\begin{pmatrix} 0.022 & 0.148 & 0 \\ 0.148 & -0.022 & 0 \\ 0 & 0 & 0 \end{pmatrix}$	$\begin{pmatrix} 0.022 & 0.148 & 0 \\ 0.148 & -0.022 & 0 \\ 0 & 0 & 0 \end{pmatrix}$
$\begin{pmatrix} 0 & 0 & 0 \\ 0 & 0 & 0 \\ 0.3 & 0 & 0 \end{pmatrix}$	$\begin{pmatrix} 1 & 0 & 0 \\ 0 & 1 & 0 \\ 0.3 & 0 & 1 \end{pmatrix}$	$\begin{pmatrix} 0 & 0 & 0.15 \\ 0 & 0 & 0 \\ 0.15 & 0 & 0.045 \end{pmatrix}$	$\begin{pmatrix} -0.022 & 0 & 0.148 \\ 0 & 0 & 0 \\ 0.148 & 0 & 0.022 \end{pmatrix}$	$\begin{pmatrix} -0.022 & 0 & 0.148 \\ 0 & 0 & 0 \\ 0.148 & 0 & 0.022 \end{pmatrix}$
$\begin{pmatrix} -0.03 & 0.02 & 0.05 \\ 0 & 0 & -0.07 \\ 0 & 0.01 & 0 \end{pmatrix}$	$\begin{pmatrix} 0.97 & 0.02 & 0.05 \\ 0 & 1 & -0.07 \\ 0 & 0.01 & 1 \end{pmatrix}$	$\begin{pmatrix} -0.0281 & 0.0083 & 0.0251 \\ 0.0083 & 0.0025 & -0.03 \\ 0.0251 & -0.03 & 0.0001 \end{pmatrix}$	$\begin{pmatrix} -0.0297 & 0.0185 & 0.0523 \\ 0.0185 & 0.0015 & -0.0604 \\ 0.0523 & -0.0604 & -0.0015 \end{pmatrix}$	$\begin{pmatrix} -0.0297 & 0.0185 & 0.0523 \\ 0.0185 & 0.0015 & -0.0604 \\ 0.0523 & -0.0604 & -0.0015 \end{pmatrix}$

* Abaqus 输出为工程应变，此处统一转化为张量应变，剪应变的值因此减半。

表13.3 由主自由度上作为支反力的"节点力"所得的单胞中的平均应力与有限元分析所得的在积分点处的应力

位移梯度	输出的主自由度上的支反"节点力"/(×10^10 N·m)	P-K-I应力 (式(13.10))/ GPa	P-K-II应力 (式(13.11))/ GPa	柯西应力 (式(13.12))/ GPa	柯西应力 (Abaqus 输出)/ GPa
$\begin{pmatrix} 0.3 & 0 & 0 \\ 0 & 0 & 0 \\ 0 & 0 & 0 \end{pmatrix}$	$\begin{pmatrix} 21.6 & 0 & 0 \\ 0 & 13.9 & 0 \\ 0 & 0 & 13.9 \end{pmatrix}$	$\begin{pmatrix} 27.1 & 0 & 0 \\ 0 & 17.3 & 0 \\ 0 & 0 & 17.3 \end{pmatrix}$	$\begin{pmatrix} 20.8 & 0 & 0 \\ 0 & 17.3 & 0 \\ 0 & 0 & 17.3 \end{pmatrix}$	$\begin{pmatrix} 27.1 & 0 & 0 \\ 0 & 13.3 & 0 \\ 0 & 0 & 13.3 \end{pmatrix}$	$\begin{pmatrix} 27.1 & 0 & 0 \\ 0 & 13.3 & 0 \\ 0 & 0 & 13.3 \end{pmatrix}$
$\begin{pmatrix} 0 & 0.3 & 0 \\ 0 & 0 & 0 \\ 0 & 0 & 0 \end{pmatrix}$	$\begin{pmatrix} -1.89 & 6.32 & 0 \\ 6.32 & 0 & 0 \\ 0 & 0 & 0 \end{pmatrix}$	$\begin{pmatrix} -2.37 & 7.89 & 0 \\ 7.89 & 0 & 0 \\ 0 & 0 & 0 \end{pmatrix}$	$\begin{pmatrix} -4.74 & 7.89 & 0 \\ 7.89 & 0 & 0 \\ 0 & 0 & 0 \end{pmatrix}$	$\begin{pmatrix} 0 & 7.89 & 0 \\ 7.89 & 0 & 0 \\ 0 & 0 & 0 \end{pmatrix}$	$\begin{pmatrix} \sim 10^{-7} & 7.89 & 0 \\ 7.89 & 0 & 0 \\ 0 & 0 & 0 \end{pmatrix}$
$\begin{pmatrix} 0 & 0 & 0 \\ 0 & 0 & 0 \\ 0.3 & 0 & 0 \end{pmatrix}$	$\begin{pmatrix} 0 & 0 & 6.32 \\ 0 & 0 & 0 \\ 6.32 & 0 & -1.89 \end{pmatrix}$	$\begin{pmatrix} 0 & 0 & 7.89 \\ 0 & 0 & 0 \\ 7.89 & 0 & -2.37 \end{pmatrix}$	$\begin{pmatrix} 0 & 0 & 7.89 \\ 0 & 0 & 0 \\ 7.89 & 0 & -4.74 \end{pmatrix}$	$\begin{pmatrix} 0 & 0 & 7.89 \\ 0 & 0 & 0 \\ 7.89 & 0 & 0 \end{pmatrix}$	$\begin{pmatrix} 0 & 0 & 7.89 \\ 0 & 0 & 0 \\ 7.89 & 0 & \sim 10^{-7} \end{pmatrix}$
$\begin{pmatrix} -0.03 & 0.02 & 0.05 \\ 0 & 0 & -0.07 \\ 0 & 0 & 0.01 \end{pmatrix}$	$\begin{pmatrix} -2.56 & 0.48 & 1.05 \\ 0.51 & -1.25 & -1.21 \\ 1.17 & 1.31 & -1.15 \end{pmatrix}$	$\begin{pmatrix} -3.21 & 0.60 & 1.31 \\ 0.64 & -1.56 & -1.52 \\ 1.46 & -1.63 & -1.44 \end{pmatrix}$	$\begin{pmatrix} -3.39 & 0.74 & 1.46 \\ 0.74 & -1.68 & -1.62 \\ 1.46 & -1.62 & -1.43 \end{pmatrix}$	$\begin{pmatrix} -3.12 & 0.53 & 1.35 \\ 0.53 & -1.50 & -1.58 \\ 1.35 & -1.58 & -1.50 \end{pmatrix}$	$\begin{pmatrix} -3.12 & 0.53 & 1.35 \\ 0.53 & -1.50 & -1.58 \\ 1.35 & -1.58 & -1.50 \end{pmatrix}$

表 13.4　变形量大小对应变和应力的影响

位移梯度	格林应变(式(13.5))	对数应变(式(13.4))	P-K-I应力(式(13.10))/GPa	P-K-II应力(式(13.11))/GPa	柯西应力(式(13.12))/GPa
$\begin{pmatrix} 0.01 & 0 & 0 \\ 0 & 0 & 0 \\ 0 & 0 & 0 \end{pmatrix}$	$\begin{pmatrix} 1.005\times10^{-2} & 0 & 0 \\ 0 & 0 & 0 \\ 0 & 0 & 0 \end{pmatrix}$	$\begin{pmatrix} 9.95\times10^{-3} & 0 & 0 \\ 0 & 0 & 0 \\ 0 & 0 & 0 \end{pmatrix}$	$\begin{pmatrix} 1.032 & 0 & 0 \\ 0 & 0.513 & 0 \\ 0 & 0 & 0.513 \end{pmatrix}$	$\begin{pmatrix} 1.022 & 0 & 0 \\ 0 & 0.513 & 0 \\ 0 & 0 & 0.513 \end{pmatrix}$	$\begin{pmatrix} 1.032 & 0 & 0 \\ 0 & 0.508 & 0 \\ 0 & 0 & 0.508 \end{pmatrix}$
$\begin{pmatrix} 1 & 0 & 0 \\ 0 & 0 & 0 \\ 0 & 0 & 0 \end{pmatrix}$	$\begin{pmatrix} 1.5 & 0 & 0 \\ 0 & 0 & 0 \\ 0 & 0 & 0 \end{pmatrix}$	$\begin{pmatrix} 0.693 & 0 & 0 \\ 0 & 0 & 0 \\ 0 & 0 & 0 \end{pmatrix}$	$\begin{pmatrix} 69.14 & 0 & 0 \\ 0 & 68.11 & 0 \\ 0 & 0 & 68.11 \end{pmatrix}$	$\begin{pmatrix} 34.57 & 0 & 0 \\ 0 & 68.11 & 0 \\ 0 & 0 & 68.11 \end{pmatrix}$	$\begin{pmatrix} 69.14 & 0 & 0 \\ 0 & 34.06 & 0 \\ 0 & 0 & 34.06 \end{pmatrix}$
$\begin{pmatrix} 0 & 0.01 & 0 \\ 0 & 0 & 0 \\ 0 & 0 & 0 \end{pmatrix}$	$\begin{pmatrix} 5\times10^{-5} & 5\times10^{-3} & 0 \\ 5\times10^{-3} & 0 & 0 \\ 0 & 0 & 0 \end{pmatrix}$	$\begin{pmatrix} 2.5\times10^{-5} & 5\times10^{-3} & 0 \\ 5\times10^{-3} & -2.5\times10^{-5} & 0 \\ 0 & 0 & 0 \end{pmatrix}$	$\begin{pmatrix} -2.6\times10^{-3} & 0.263 & 0 \\ 0.263 & 0 & 0 \\ 0 & 0 & 0 \end{pmatrix}$	$\begin{pmatrix} -5.3\times10^{-3} & 0.263 & 0 \\ 0.263 & 0 & 0 \\ 0 & 0 & 0 \end{pmatrix}$	$\begin{pmatrix} \sim10^{-10} & 0.263 & 0 \\ 0.263 & 0 & 0 \\ 0 & 0 & 0 \end{pmatrix}$
$\begin{pmatrix} 0 & 1 & 0 \\ 0 & 0 & 0 \\ 0 & 0 & 0 \end{pmatrix}$	$\begin{pmatrix} 0.5 & 0.5 & 0 \\ 0.5 & 0 & 0 \\ 0 & 0 & 0 \end{pmatrix}$	$\begin{pmatrix} 0.215 & 0.430 & 0 \\ 0.430 & -0.215 & 0 \\ 0 & 0 & 0 \end{pmatrix}$	$\begin{pmatrix} -26.32 & 26.32 & 0 \\ 26.32 & 0 & 0 \\ 0 & 0 & 0 \end{pmatrix}$	$\begin{pmatrix} 52.63 & 26.32 & 0 \\ 26.32 & 0 & 0 \\ 0 & 0 & 0 \end{pmatrix}$	$\begin{pmatrix} 0 & 26.32 & 0 \\ 26.32 & 0 & 0 \\ 0 & 0 & 0 \end{pmatrix}$

通过本章上述的讨论，即便在有限变形的问题中，单胞中的平均应力和平均应变与主自由度上的"节点力"和"节点位移"仍存在着类似的联系，只是不再是那么简单直接了，因此，对分析结果必须进行必要的后处理，这包括把主自由度上的"节点位移"，按式(13.4)或式(13.5)变换成欲得到的类型的应变，把主自由度上的"节点力"，按式(13.11)、式(13.12)或式(13.13)变换成相应的类型的应力。这里也可以看到，毫无疑问，应力、应变的类型的多样性是问题复杂性的原因之一。

就工作量而言，与按字面通过对单胞中的所有单元中的应力、应变积分的办法来求平均值相比，上述的后处理则要简捷得多，而且用户还可以选择应力、应变的类型。而用求积分的办法，应力、应变的类型受限于 Abaqus 所提供的输出类型，应力只能是柯西应力，而应变只能是对数应变或另一种所谓的名义应变，这些应变和柯西应力之间，都不存在任何能量对偶关系，这对表征材料的本构关系来说，是有点不得要领。

13.2.6 转动变形

在小变形问题中，由位移梯度矩阵的反对称分量给出的转动，位移梯度矩阵的反对称分量所描述的变形，不产生任何应变，因而也不产生任何应力，因此是刚体运动，即刚体转动。而同样的位移梯度置于有限变形的理论框架情况就不同了。作为从另一视角对 13.2.4 节中所提出的推测命题的验证，表 13.5 中给出两个例子，分别对应于由位移梯度矩阵的反对称分量所描述的变形量相对来说小一点和大一点的情形。所得的结果与推测命题的一致性，从表中直接看到，已经无需多言了，但是借这两个例子加深一点对有限变形问题的理解会很有帮助。先再强调一遍，相应于表 13.5 中的两个例子里的位移梯度矩阵，小变形理论得出的应变和应力均为零，而按有限变形理论，不仅能得到非零的应变和应力，而且在变形量相对来说大一点的情形下，得出的应变和应力的量值还很可观。表 13.5 的第二行的结果中的粗体数字纯粹是数值误差，它们的量级，由所采用的主自由度上的"节点力"和由之导出的 P-K-I 应力的有效数字的位数决定。

表 13.5 中变形量小的例子可以与表 13.4 中的第三行结果作一比较，输入条件的差别是表 13.4 中的位移梯度的下三角部分缺乏反对称的分量，所得的应变和应力，不管是哪一类型，都有量级的差别(注意表 13.4 和表 13.5 中应力的单位的差别)，如表 13.5 所示的反对称的位移梯度所代表的变形，的确大部分是刚体运动的成分，可以造成应变的部分比重较小，如果因其之小而忽略不计，就再现了小变形理论的结果，而在小变形理论中，这样的位移梯度根本就不产生应力。类似的结论也适用于对应力的描述。

表 13.5　在小变形条件下的刚体转动在有限变形条件下所导致的应变和应力

位移梯度	格林应变 (式(13.5))	对数应变 (式(13.4))	对数应变 (Abaqus)	P-K-I 应力 (式(13.10))/ MPa	P-K-II 应力 (式(13.11))/ MPa	柯西应力 (式(13.12))/ MPa	柯西应力 (Abaqus)/ MPa
$\begin{pmatrix} 0 & 1 & 0 \\ -1 & 0 & 0 \\ 0 & 0 & 0 \end{pmatrix}\times 10^{-2}$	$\begin{pmatrix} 5 & 0 & 0 \\ 0 & 5 & 0 \\ 0 & 0 & 0 \end{pmatrix}\times 10^{-5}$	$\begin{pmatrix} 5 & 0 & 0 \\ 0 & 5 & 0 \\ 0 & 0 & 0 \end{pmatrix}\times 10^{-5}$	$\begin{pmatrix} 5 & 0 & 0 \\ 0 & 5 & 0 \\ 0 & 0 & 0 \end{pmatrix}\times 10^{-5}$	$\begin{pmatrix} 7.74 & 0.077 & 0 \\ -0.077 & 7.74 & 0 \\ 0 & 0 & 5.12 \end{pmatrix}$	$\begin{pmatrix} 7.74 & 0 & 0 \\ 0 & 7.74 & 0 \\ 0 & 0 & 5.12 \end{pmatrix}$	$\begin{pmatrix} 7.74 & 0 & 0 \\ 0 & 7.74 & 0 \\ 0 & 0 & 5.12 \end{pmatrix}$	$\begin{pmatrix} 7.74 & 0 & 0 \\ 0 & 7.74 & 0 \\ 0 & 0 & 5.12 \end{pmatrix}$
$\begin{pmatrix} 0 & 0.3 & 0 \\ -0.3 & 0 & 0 \\ 0 & 0 & 0 \end{pmatrix}$	$\begin{pmatrix} 45 & 0 & 0 \\ 0 & 45 & 0 \\ 0 & 0 & 0 \end{pmatrix}\times 10^{-3}$	$\begin{pmatrix} 43 & 0 & 0 \\ 0 & 43 & 0 \\ 0 & 0 & 0 \end{pmatrix}\times 10^{-3}$	$\begin{pmatrix} 43 & 0 & 0 \\ 0 & 43 & 0 \\ 0 & 0 & 0 \end{pmatrix}$	$\begin{pmatrix} 6813 & 2044 & 0 \\ -2044 & 6813 & 0 \\ 0 & 0 & 4901 \end{pmatrix}$	$\begin{pmatrix} 6813 & \sim 10^{-9} & 0 \\ \sim 10^{-9} & 6813 & 0 \\ 0 & 0 & 4901 \end{pmatrix}$	$\begin{pmatrix} 6813 & \sim 10^{-9} & 0 \\ \sim 10^{-9} & 6813 & 0 \\ 0 & 0 & 4901 \end{pmatrix}$	$\begin{pmatrix} 6813 & \sim 10^{-9} & 0 \\ \sim 10^{-9} & 6813 & 0 \\ 0 & 0 & 4901 \end{pmatrix}$

然而，当变形量增大时，从表 13.5 的第二行的结果可以看到，相对于第一行的结果，应变、应力都是极不按比例地增长，它们的量值与表 13.2 和表 13.3 各自的第二行相比较，再也不是可以忽略不计的了。可以看到，小变形意义下的刚体转动，在有限变形理论框架中，再也不是纯粹的刚体转动了。

反对称的位移梯度，虽然导致应变、应力，但是，Novozhilov (1953)曾经证明过，它与刚体转动还是有点关系的，它相应着变形体中的刚体转动的某种平均值。

13.3　材料的方向性的定义的不确定性

本章的前述部分描述的是在有限变形问题中如何正确使用单胞的问题，包括相应的后处理。表面看来，差别的存在虽然不容置疑，但是因地制宜，似乎一切都可掌控，尽管需要多费一点周折。下面将揭示一个人们不太关注、更不情愿接受的事实，即对于各向异性体来说，有限变形理论中还存在着一个相当大的漏洞，因为对其的认识尚且不足，能够自圆其说地补足当然还无从说起。令人担忧的是，在缺乏理论上的认识和指导的条件下，软件商们已自作聪明地给漏洞安上了一个盖子。如果这是作为一补漏的举措，即便不够完善，也无可非议，因为认识总有其发展的过程。而实际情况却是，其所作所为是瞒天过海，因为一来，他们不在手册中提供具体的方法，二来，也是更致命的，他们都不指出他们所作所为是为了解决什么问题。因此，对他们的用户来说，那就是没问题，闭着眼睛用就是了，这绝不是解决问题的办法，更谈不上科学态度了。

所谓的有限变形理论，是要考虑变形所造成的几何形状的改变对变形本身和受力的影响，对于各向异性材料来说，变形不仅是形状问题，也是材料的方向问题，因为各向异性材料是有方向性的，几何变形除了改变形状，还会改变材料特性的取向。一个形象的例子是，如果把渔网视作材料，其在纲举目张的情形下的特性，与其被领出水面后如索悬挂时的特性，至少就其方向性，是不可同日而语的。一个原来是正交各向异性的材料，变形后还是不是正交各向异性的，一般没有保障。然而，尽著者所知，在现有的有限变形理论中还没有任何理论依据可以用来处理这一问题。缺乏理论基础，这本身并不可怕，敞开来，作为对感兴趣的研究人员的挑战，迟早会有勇者接招，也迟早会有解答，但是软件商们的做法刚好相反。

应该指出，这个问题是各向异性材料所特有的，而对各向同性材料来说，材料没有方向性，无论其怎么变形，只要材料不会发生破坏、不进入塑性或其他形式的非线性，常规的线弹性本构关系就不受影响。但是同样的结论，对各向异性材料来说，显然不适用了。各向异性就是与方向有关，方向改变了，材料特性不可能保持不变。以单向纤维增强的复合材料为例，材料的特性在很大程度上由纤维的方向主导。假设一变形使得纤维的方向改变了 20°，还能对其视若无睹吗?

而 20°角的改变在现代复合材料结构中决不罕见。譬如,大型客机机翼的翼梢,可以有一两米的挠度,20°的转角不是太离谱,在大型客机的整机的静力试验中,可以观察到甚至大于 20°的转角。

下面仅以 Abaqus 为例,揭示其替用户们为此漏洞按上的盖子。此例子也仅需一个单元,作为一单向复合材料的结构,假设其为平面应力问题,因此选用 CPS4 单元,选用一实际的材料,如 T300 碳纤维复合材料(Soden et al., 1998),其材料特性为 E_1=138GPa、E_2=11GPa、G_{12}=5.5GPa、ν_{12}=0.28。材料按 0°方向置放,即纤维沿 x 轴方向,变形前材料的局部坐标系与结构的总体坐标系重合。结构按图 13.2 约束、加载,所有安排都尽可能简单,以便突显主题。与变形有关的信息集中于图 13.3。其中图 13.3(a)是变形前的状态,其中的四条横线是人为加上去的,示意纤维的走向。图 13.3(b)是按小变形理论所得的变形状态,值得注意的是,材料的局部坐标系保持不变,这当然是按小变形理论分析的结果,其符合小变形理论的基本假设,所展现的变形理当如此。

当按有限变形来分析时,变形状态如图 13.3(c)所示。其变形量较图 13.3(b)稍小,因为变形理论的不同,这在情理之中,不是要关注的重点,关注点是变形后局部坐标轴的走向。首先,坐标轴保持相互垂直,应该暗示材料仍保持正交各向异性,尽管在此处这没有什么明显的不妥,但是用户应该被告知,这是在没有理论依据的条件下引进的一项权宜之计。其次,变形后的纤维走向应该沿着图 13.3 中的黑色线条,与上下表面保持平行,因为结构中的所有应力、应变都是常数,如图 13.3(d)中用各个量的云图的色标所示意的(云图本身从略,因无额外的信息),因此没有任何理由想象变形后的纤维会沿其他的任何方向,然而,Abaqus 替用户作的决定则显然有别,为了明示局部坐标系的 1 轴与黑色线条的关系,图 13.3(c)中人为地给 1 轴加了延长线,其会与黑色线条相交,而不是平行。按 Abaqus,变形后的纤维要沿 1 轴的方向,而不是黑色线条的方向。至于该方向从何而来,Abaqus 没有提供过任何的书面说明,甚至没有任何的蛛丝马迹。仅有的线索来自于与 Abaqus 技术支持团队的私人通信,其声称,材料的局部坐标系按照"平均的刚体转动",相应地调整角度,任何理论依据,其量化过程,至多仅有程序员的编程可行性考虑,至于理论基础,则无异于空穴来风。然而,几乎所有使用过复合材料有限变形分析的用户都是在全不知情的情况下舒舒服服地中招了。

鉴于上述缘由,对于复合材料有限变形分析的问题,有限元分析的结果中又多了一层不确定性,完全不在用户的控制之内,甚至都不在用户的知晓范围之内,而且通常也不是一个用户特别有兴趣来深入查验的方面。而这方面,除了一些基本上是建立在直觉基础上的处理方法,如文献(Li et al., 2001),从来还没有系统的理论。本书希望借此机会,呼吁相关的研究人员,特别是从事理性力学的研究人员,接受挑战,为工程应用蹚出一条合理的路出来,著者相信路是人走出来的。

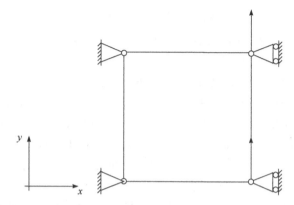

图 13.2　单个单元的单向复合材料结构的约束和载荷条件

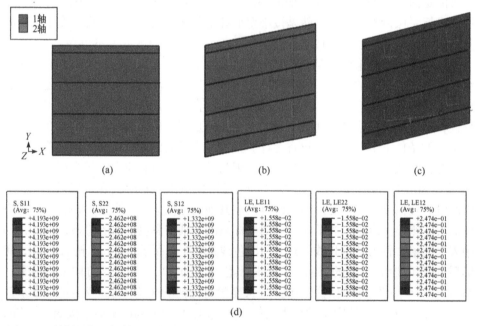

图 13.3　材料局部坐标轴的方向随变形的改变：(a)变形前的状态；(b)按小变形理论所得的变形状态；(c)按有限变形理论所得的变形状态；(d)所有非零的应力和应变分量云图的色标(彩图请扫封底二维码)

13.4　结　　语

　　本章首先对在有限变形条件下利用有限元法分析单胞所面临的问题作了扼要的介绍，进而提出了进行有目的、有价值的分析方法，从边界条件到分析结果的后处理，其系统性堪比小变形问题的处理方法，思路也相仿，但程序显然要复杂一些，特别地，读者必须对有限变形理论中典型类型的应力、应变有所了解，包括它们之间能量耦合的配搭关系，因为没有这些概念，所谓的有限变形分析，只能是无目的、无价值地滥竽充数，所得到的结果也仿佛痴人说梦。

所谓的与小变形问题相仿的思路，主要是指主自由度的概念及其利用，此处的差别是，作为主自由度，位移梯度的九个分量得同时参与，其上的"节点位移"和"节点力"，无论是作为输入还是输出，由前者可以导出单胞内的平均应变，由后者可以导出单胞内的平均应力，用户还可以根据材料表征的需求选择这些平均应变和平均应力在有限变形意义下的类型，当然这需要适当的变换。

除了上述方面满意的解答之外，本章还揭示了一个一般性的、在各向异性材料的有限变形理论中的盲点，即如何将本构关系，特别是本构关系的方向性，纳入有限变形的理论体系的问题，就著者所知，尚无解答，这想必是一个棘手的问题。令人担忧的是，现有的商用有限元软件倾向于"私了"这样一个严肃的科学问题，造成一个完全没有问题的假象，这应该引起重视。

参 考 文 献

Abaqus. 2016. Abaqus Analysis User's Guide. Abaqus 2016 HTML Documentation.

de Botton G, Hariton I, Socolsky E A. 2006. Neo-Hookean fiber-reinforced composites in finite elasticity. Journal of the Mechanics and Physics of Solids, 54: 533-559.

Fung Y C, Tong P. 2001. Classical and Computational Solid Mechanics. London: World Scientific.

Guo Z, Peng X, Moran B. 2007. Large deformation response of a hyperelastic fibre reinforced composite: Theoretical model and numerical validation. Composites Part A: Applied Science and Manufacturing, 38: 1842-1851.

Клюшников В Д. 1994. Физико-математические основы теории прочности и пластичности. Москва: Издательство Московского Университета (In Russian).

Li S, Reid S R, Soden P D, et al. 2001. The non-linear structural response of laminated composites. Proceedings of the sixth international conference on deformation and fracture of composites.

Novozhilov V V. 1953. Foundations of the Nonlinear Theory of Elasticity. Rochester: Graylock Press.

Sitnikova E, Li S. 2019. Finite element modelling of unit cells applied to problems of finite deformation. 22nd International Conference on Composite Materials.

Soden P D, Hinton M J, Kaddour A S. 1998. Lamina properties, lay-up configurations and loading conditions for a range of fibre-reinforced composite laminates. Composites Science and Technology, 58: 1011-1022.

Washizu K. 1975. Variational Methods in Elasticity and Plasticity. Oxford: Pergamon Press.

第14章 单胞的高度自动化的实施：复合材料表征软件 UnitCells©

14.1 引　　言

通过本书前述所建立的代表性体元和单胞，实现建立在多尺度分析基础之上的材料表征方法，已经不再是可望而不可即的了。一旦如愿以偿，这将为研究人员、工程技术人员提供一个梦寐以求的、可以从组分材料特性获取复合材料等效特性的虚拟试验平台。现代复合材料已经在材料层面具有一定的可设计性了，即可以通过选择组分材料及复合材料内部的微观、细观的结构，实现对材料宏观性能进行剪裁和优化。然而，现实像是一把双刃剑：一方面，现代复合材料的复杂性给设计增添了大量的设计变量，恰当地利用它们，有望可观地提高复合材料的性能；另一方面，大量的设计变量又增加了复合材料的设计和制造的复杂性，以至于在一定程度上，这样的复杂性可能吓着潜在的用户，致使他们在材料设计过程中都不敢去触碰任何带有如此复杂性的方案，一个例子就是如第 12 章所介绍的由三维机织或编织预制件而来的复合材料。正如第 12 章所指出的，这样的复合材料，如果靠试错的办法来设计，那是不现实的，一个靠谱的、用理论方法表征材料的工具，即可以清除此障碍，采用此工具，复合材料的性能可以在制造任何试件之前就根据其内部的微观、细观的结构而评估，从而避免那种既耗时费力又昂贵不堪的、实不可行的试错过程，换句话说，理论的材料表征工具可以让这一试错过程在计算机上进行，即所谓虚拟试验，只要理论的材料表征工具能够得到充分的验证(validation)。

正如前述章节所讨论的，也是本书的核心，是将单胞建立成一个数学上适定的边值问题，并确保单胞对材料在高尺度上性能的代表性，而建立单胞的一大部分工作是根据材料在低尺度上的结构中的几何对称性推导恰当的边界条件，相应的分析则可借助有限元法。现有商用有限元软件都不是为单胞分析而设计的，虽然可以用来分析单胞，但是工作量相当之大，建立几何模型，生成一个适合于单胞分析的网格，施加恰当的边界条件等，即便是对于一位经验丰富的有限元用户来说，也不是一件简单的工作。著者和他的合作者们受感于需求和现状的碰撞，在过去的十多年中，致力于开发一个充分自动化了的工具来承担单胞分析中的那些烦琐的、重复性的步骤，在本书中已经多次指出过，单胞分析的实施过程虽然烦琐，但是系统性很强，相对来说，容易程序化。现在，一个这样的工具终于脱颖而出了，称作 UnitCells© (Li, 2014; Li et al., 2015)，其由 Python script 语言编写，作为对 Abaqus(Abaqus, 2016)的二次开发，除了前面已经提到的步骤，它还涵盖了载荷的施加、运行、提取分析结果的必要的后处理，等等，总之，所有可以被自动化的步骤都已被恰当地自动化了。

UnitCells©在 Abaqus/CAE 的平台上运行，界面同于 Abaqus/CAE，但又具有自己的工作平面，为数不多的人工操作步骤都可以以交互方式进行，也不排除有经验的用户采用更快捷的数据文件输入格式，用户可以得助于一个相对来说内容已经相当丰富的单胞库和材料库。只要可能，网格尽量在 Abaqus/CAE 上生成，遇特殊需求，也可以调用前处理软件 Hypermesh (2015)，只要其已安装于同一系统。对于一些复杂的纺织织构，也可以得助于 Textgen(Long and Brown, 2014)，其为一开源软件，专门用于生成纺织复合材料模型，用户可以随时安装。从这个意义上来说，虽然 UnitCells©是通过对 Abaqus 的二次开发而建立的，但其功能已超出了常规的二次开发。

有了 UnitCells©，单胞的有限元实施中比较具有挑战性的步骤，譬如，生成几何模型及相应的网格、施加恰当的边界条件及载荷、提交运行和后处理都已被高度地自动化，用户的责任，已被降至最低，基本上包括选择合适的单胞、选择欲表征的等效材料特性的类型(目前所涵盖的有弹性、弯曲、热膨胀、热导和电导)、输入组分材料特性、从为数不多的相关的可能性中选择单元类型(有默认选择，但未必最佳，任一选择均可行，但是，在不同的相中，单元的阶次应该一致)、确定网格密度。复合材料的等效特性将作为分析结果输出。此软件还包含了多尺度分析功能，譬如，粒子增强的复合材料，其在微观尺度上得到表征，之后，可以作为基体，参加纤维增强复合材料的表征，其结果又可以作为纤维束参与纺织复合材料的表征，或者作为层板参与层合板的表征。本章的后续部分将逐一介绍 UnitCells©的功能。

14.2　UnitCells©在 Abaqus/CAE 上实施中的若干细节

如果按照正确的程序，本书中所建立的单胞及其各种考虑都可以通过 Abaqus 来实施，但是由于商用有限元软件(如 Abaqus/CAE)的功能限制，实际上实施起来还是很麻烦的，即便是对一个有经验的有限元用户来说，有些方面还是稍稍有点难，譬如，棱上和顶点处的边界条件，在第 6 章和第 8 章的推导中，所占篇幅也相当冗长，这大概也是最乏味的步骤，但却又是必不可少而且最容易出错的步骤。简言之，这步骤如果有误，对于有的求解器(如 Abaqus)来说，会产生冲突，典型的错误信息是："试图约束不存在的自由度"。这是因为在棱和顶点处，存在着多余的、不独立的边界条件，如果不被剔除，同一个自由度就会多次被约束，但是在这些有限元软件中，一旦一个自由度被约束，该自由度就会在数学模型中被消除，之后，因为多余边界条件的存在，再要对其加约束时，当然自由度已不存在了。这些软件的功能问题是，遇到约束不存在的自由度的问题，分析便不能运行下去了。其实，如果从所有边界条件中梳理出不独立的条件，摒弃之，不就没问题了；这在源程序中并不难实现，但是，这不由用户。当然，同样的情形，在有些系统中就没问题，如 Abaqus/Explicit，因为在那里边界条件不消除自由度。遗憾的是，如此显式的软件系统，不能用于分析静态问题，而材料表征绝大多数都是静态问题。

本章的目标是要展示在 UnitCells© 中单胞的实施所采取的步骤，主要在如下几个方面：

(1) 生成单胞的几何模型；

(2) 生成适用于施加单胞的相对位移边界条件的有限元网格；

(3) 施加相对位移边界条件，以及对刚体运动的约束；

(4) 施加载荷；

(5) 运行；

(6) 提取分析结果，包括单胞中的平均应力、平均应变，以及单胞所代表的材料的等效特性。

这些关键步骤都已通过用 Python script 编程，作为二次开发，在 Abaqus/CAE 的平台上自动地实施了，包括相关的一些可以被自动化的考虑和细节，从而把建立在微观力学的有限元分析基础之上的复合材料表征简化成了如下简单、直接、常规的操作：

(1) 选择问题的物理类型；

(2) 选择单胞的类型和形状；

(3) 定义单胞的尺寸和增强相组分材料的体积含量；

(4) 通过指定沿单胞的特定边上的单元个数来定义网格密度；

(5) 在若干预先已经限定的单元类型中选择单元类型；

(6) 输入组分材料特性；

(7) 决定是否进入高一尺度的模拟、表征。

上述所有步骤都可以在相应的人性化了的、交互的用户界面上完成。所有输入数据都会被录入到一数据文件，作为输入文件而被储存，如果重新运行或者是仅需微小变动后再运行，则可直接调用该数据文件，更新欲修改的项即可，也可以直接在输入文件中修改，这样给用户有充分的选择。

14.2.1　问题的物理类型

UnitCells©涵盖了力学和扩散两大类问题。力学方面主要是弹性问题，包括热膨胀系数，可以用来表征等效弹性特性，还有作为弹性特性的一个特殊的侧面，即等效弯曲模量；而在扩散方面，典型的问题是热传导、电传导等特性，而其他扩散问题，如渗流等，都可以通过简单的比拟来覆盖。

14.2.2 单胞的几何模型

单胞的类型，如形状，取决于微观、细观构形，也可因对此的解读不同而异，而此构形可能是材料的真实特征，也可能是建筑在一定的合理的理想化基础之上的执中，如果是理想化的结果，采用何种理想化体系，只能由用户来决定，因此是用户的责任，可以提供的指导原则是，在低尺度上理想化了的构形应尽可能在高尺度上不失对原来材料的代表性。譬如，对于一个纤维在横截面内呈随机分布的单向复合材料来说，纤维呈六角形排列或正方形排列都是理想化的结果，仅就理想化本身，孰优孰劣，并无定论，然而，单向复合材料的一个重要的宏观的物理特征是横观各向同性，因为在横截面内，由于纤维的随机分布，材料的统计特征在任何方向均相同，如果这是对这样的材料的表征中一个应该体现的特征，那么六边形单胞就比正方形单胞更具有代表性，因为在横截面内，前者是各向同性的，而后者仅为正方各向异性。当然，这也与所关心的物理问题有关，通过第 3 章和第 10 章的论述可知，横观各向同性与横观正方各向异性，对于弹性特性来说，是两类不同的材料，而对于扩散问题来说，则是完全相同的材料。在这方面，清楚的概念是得到清楚的结果的必要前提。

关于单向复合材料沿纤维方向的剪切特性可以用不同的方法来分析。最一般形式的广义平面应变问题(Li and Lim，2005)其实可以涵盖这一方面的行为，但是由于有限元软件(如 Abaqus)中所提供的所谓广义平面应变问题，其实已经有所狭义，这一方面被摒于其所谓广义平面应变问题之外，故如第 6 章 6.4.1 节中所陈述的，不得不采用稳态的热传导比拟来弥补关于单向复合材料沿纤维方向的剪切问题的分析，数学上称为互反(anticlastic)问题，作为对所谓的广义平面应变问题分析的补充，但显然必须分别定义、分别运行。此方法虽然计算效率较高，因为问题是二维的，面内面外两部分需要分别求解，所以用户的呼声不会高。因此，UnitCells©中采用的是另一种方法如第 6 章 6.4.1.2 节和 6.4.1.4 节所描述的。

在第 6 章 6.4.1.2 节和 6.4.1.4 节中分别对正方形和六边形单胞的三维模型作了相应的介绍和推导，因为是三维问题，必须采用三维实体单元。由于沿纤维方向应力场、应变场都不会有任何变化，故沿此方向，有限元网格仅一层单元足矣。如第 5 章 5.3.6 节所揭示的，在文献中常见的沿此方向有多层单元的堆砌，是完全没有必要的，如果处理正确，应该得到完全一样的结果，之所以被使用，常常是因为有难言之隐。因为采用了三维模型，沿纤维方向的剪切不再需要利用热传导比拟单独求解，而可以与其他宏观的应力分量一道，作为不同的载荷条件，通过一次分析完成。

单向复合材料沿纤维方向的剪切具有明显的非线性特征，感兴趣的读者可以参考著者与其合作者们发表的文献(Li et al., 2021)以了解其最新进展，但是UnitCells©仅限于线性特性的描述与表征。

14.2.3 单位制、单胞的尺寸和组分材料的体积含量

与大多数软件系统一样，UnitCells©不设定单位制，用户根据自己的需求选择适合自己应用的单位制，通过输入数据引入，它们必须保持一致，譬如，如果用户采用公制，长度单位为米，弹性模量和应力则应为 Pa，而应变、泊松比都是无量纲的。另一个可能性是以 mm 为长度单位，MPa 为弹性模量和应力的单位。其他的组合，如 cm 为长度单位，只要一致，数学上不会有问题，但是所得的应力的单位会难以辨认，至少对大多数工程人员来说，因此应该避免。

理想地，单胞的尺寸应该按照实际的输入尺寸处理，然而通常单胞常定义在微观尺度上，其尺寸的数值常常很小，在使用 Abaqus/CAE 时的一个实际问题是，用来定义尺寸的数值应该介于 10^{-3} 到 10^5 的量级，任何低于 10^{-3} 的值都会被视作为零，而无以分辨任何差别，因为这个原因，在 UnitCells©内部，对单位制必须作一定的调整，当一个输入值落在该范围之外时，则会选择一个适当的单位制，足以分辨输入的数值，当然这将被施之于除了无量纲的量之外的所有的量，而该调整会在输出前被调整回来，作为用户，应该感受不到任何差别，当然也不需要做什么。因为 UnitCells©软件以开源形式提供，希望对其剪裁或截取中间结果的用户必须知晓此造作。应该指出，这里的调整不是相似性变换，改变的仅仅是度量的单位。

组分材料的体积含量由用户输入的几何尺寸来决定，但是对于单向复合材料的单胞，由于其几何形状的简单性，UnitCells©提供了输入纤维体积含量取代另一几何尺寸的选择。

14.2.4 适用相对位移边界条件的有限元网格

由于收敛性的要求，有限元分析必须有一个合适的密度网格，而对于单胞的有限元分析来说，对网格还需有进一步的要求，为了施加相对位移边界条件，由相对位移边界条件所联系着的对应的面，必须有着完全一致的划分，这当然可以比较方便地通过将一个已划分好了的面，复制到对面，不过这一功能不是任何软件系统都具备，Abaqus/CAE 直到 6.13 版都不具备有这一功能，从 2018 版之后，这已经是标准功能之一了。在 Abaqus/CAE 具备此功能之前，早期的 UnitCells©版本设有调用 Hypermesh 的功能，主要也就是为了实现这一目标，现在此功能应该没有必要了。

根据单胞边界条件的定义，需要分别有这样三类的节点，即面、棱、顶，为了避免棱和顶处多余的边界条件，棱和顶必须被排除于面之外，而顶必须被排除于棱之外，这样才能将面、棱、顶处的边界条件分别施加之。一般地，一个关于顶的节点集，至多只能包含一个节点，而面和棱都可以有多个节点，通常很多个，特别是面，当然根据具体的单胞，面、棱、顶又都可以是空集，只是不能同时全为空集。

相对位移边界条件可以通过方程形式的多点约束，定义在集和集之间，这一功能在 Abaqus/Standard 的文字文件输入格式中一直都有，而在 Abaqus/CAE 中，则是近年的版本才具有的。采用集来定义边界条件，比逐节点定义工作量要小得多，但是一个潜在的问题是，节点号在集里面的排序。Abaqus 有默认规则，即不管其输入顺序如何，读入系统之后，都会被自动按升序重新排列，这是一个十分容易打乱相应节点之间的对应关系的操作，因为是默认的，容易被忽视。因此，此默认选择必须被抑制，换之以按原序(unsorted)排列。

另外一个 Abaqus 关于多点约束的规则是，方程必须移项成右端项为零的形式，而施加此约束之后，出现在方程的左端的表达式中的第一个自由度将被消除，因此任一自由度可以在多个约束条件中出现，但是作为第一项，只能出现一次。第二次出现，尽管数学意义上可能是完全正确的，但对 Abaqus 来说，则是一个不能容忍的、致命的错误。

14.2.5　单元类型和网格密度

只要可能，用户会有从 UnitCells©所提供单元类型中选择心仪的单元的自由，当然这些单元类型已经经过了适当的初选，所以所有提供的选择对当前的单胞都适用，只是效果可能视问题或者用户的偏好而有所不同。差别主要在于这些考虑：线性还是二次，三角形(三维时，即四面体)还是四边形(三维时，即六面体)，全积分还是降阶积分，常规单元还是杂交单元，供有经验的有限元用户按问题的性质，择优选用，著者倾向于推荐降阶积分的二次单元，尽管默认选择一般是一次单元。

UnitCells©会建议一个默认的网格密度，但这通常都是很粗的，保证网格的收敛仍然是用户的责任，简单的举措就是逐渐细分，直至收敛。用户应该知道，等效特性的收敛，一般要比其他量，如应力，要快很多，因此一个量已收敛不意味着另一个量也已收敛。

14.2.6　相对位移边界条件的施加与主自由度

除了定义适用于相对位移边界条件的对应节点集之外，还必须引进单胞的主自由度，它们也需要被赋予节点号，或置于特定的节点集之内，除了没有明确的几何意义之外，即置放于空间的任何位置均无妨，它们与其他节点一样，都是单胞不可分割的一部分，在很多意义下，应该是更重要的一部分，因为它们的行为可以在很大意义上代表着整个单胞的行为。

相对位移边界条件已根据不同的问题、不同的单胞在第 6 章、第 8 章、第 10 章中给出，应该注意的是，由于这些边界条件的不唯一性，不同的表达式随时可见，不可简单地以形式论对错。

因为不同的单胞的边界条件也不同，无法统一施加，在 UnitCells© 中有一模块，专门用来逐一地对每个单胞施加边界条件，这是整个 UnitCells© 中，除了运行之外，工作量最大的一部分，无论是从编程的角度，还是从运行的角度来说。

14.2.7 组分材料特性

UnitCells© 提供一用户界面用来定义复合材料中每一相的组分材料特性，包括增强相(也称作包含物)和基体。对于每一相，用户都有三个选择：各向同性(典型地，如基体、作为增强相的玻璃纤维)、横观各向同性(典型地，如碳纤维、纤维束、单向复合材料层板)、正交各向异性(对可能的更复杂的应用一般适用的类型)。因为材料的方向性，材料都在其局部坐标系下定义。输入的材料特性都是以工程常数的形式，如弹性问题中的弹性模量、剪切模量、泊松比。

14.2.8 载荷条件的生成

利用主自由度，6 个平均应力 σ_x^0、σ_y^0、σ_z^0、τ_{yz}^0、τ_{zx}^0、τ_{xy}^0 可以作为"集中力"加在主自由度上，为了表征材料，它们要分别单独地施加，导致 6 个独立的载荷条件。如果没有利用如反射或旋转这样的对称性，这 6 个载荷条件可以在一次分析中完成，每一载荷条件都相应于一个单向应力状态或者纯剪应力状态，正如材料表征所需要的。

为了得到等效的热膨胀系数，需要一个单独的载荷条件，即一个在整个单胞内均匀的温度变化。因此，完整的材料的等效热弹性特性的表征需要由两次分析才能完成。

14.2.9 UnitCells© 软件的流程图

用 Python script 语言编写的 UnitCells© 软件包含了上述的所有考虑，其流程图由图 14.1 给出，支持该版 UnitCells© 的 Abaqus/CAE 的版本为 6-13。

因为 UnitCells© 是以 Abaqus/CAE 为平台的二次开发，它继承了 Abaqus/CAE 的主界面作为背景，而增添了一个 UnitCells© 的主界面，其包含了 UnitCells© 的所有与其应用有关的主要特征，而所有处理均在背景中，分别由 UnitCells© 软件中的主模块来完成。主模块还担负着联系其他外部软件的作用，如 Hypermesh 和

Textgen，在需要时调用之，以生成纺织复合材料的织构或适当的网格，进而生成整个单胞模型，以便分析、运行。

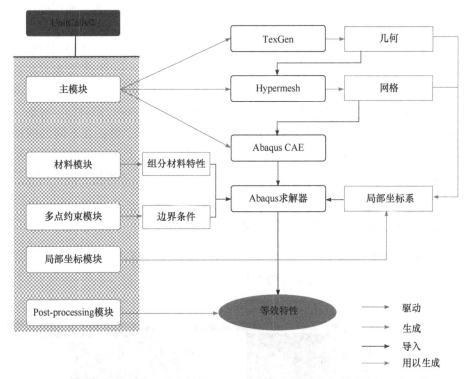

图 14.1　自动多尺度复合材料表征的 UnitCells©软件的流程图(彩图请扫封底二维码)

UnitCells©的主界面的一特征是其左侧的控制面板，其上罗列了 UnitCells©所包含的所有单胞类型，供用户选择，单击任一类型的单胞，屏幕上就会出现又一个界面，供用户定义单胞的几何尺寸，并从一个可下拉的菜单中选择欲使用的单元类型，指定网格密度，还有两相组分材料的类型。对于单向复合材料的单胞，其厚度(即沿纤维方向的长度)不需要指定，因为它与所研究的问题没有多大关系，UnitCells©会根据网格划分的情况，酌情取一值，使得单胞中的所有的单元的长宽比都能比较适中。

为了构建纺织物的构形，UnitCells©的主模块会驱动 Texgen，以产生纤维束的中心线、截面形状及其中的局部坐标系，这些都已被自动化，不需要用户的干预。提醒读者，在控制面板上所显示的所有三维纺织复合材料，在现有的 UnitCells©版本中都有，而且还不无新的发展。

在完成了单胞的选择之后，UnitCells©会进入下一个定义材料的界面，这在 UnitCells©软件中是由材料模块来完成的，这也是需要用户输入信息的最后两个界面，相应于两相组分材料。软件还包含其他多个模块，如多点约束、局部坐标系、后处理等，它们都会在背景中被自动调用、执行。通过 Abaqus 作为求解器，予以求解，求解所得结果会以两种方式输出。一种是通过窗口显示所得的由单胞所代表的材料的等效材料特性，同时以不同的窗口显示每一载荷条件下的相关的场的分布云图，这与 Abaqus/CAE 的后处理完全相同，用户可以选择自己感兴趣的场变来显示其云图。另一种输出方式是文字文件，包含所得的等效材料特性，以及所有的输入数据，以便事后备查。

输入过程中难免误输错误的数据，用户在任一界面都可以回到前一界面，修改输入数据。在分析结束后，用户仍可重新运行此问题，譬如在不同的网格密度下，这时 UnitCells© 会按照作业名，自动寻找并读入上次运行时记录下来的输入数据文件，这样用户不需要重新输入每一个数据，而仅更新欲修改的那些就可以了。

14.2.10 所纳入的单胞类型与允许的多尺度分析

UnitCells© 中所容入的所有类型的单胞都显示在如图 14.2 所示的控制面板上，它们将按照各自的尺度分门别类地罗列如下。

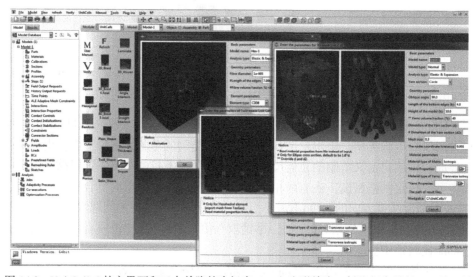

图 14.2 UnitCells© 的主界面和三个单胞的次级窗口：六边形单胞、斜纹复合材料、三维四轴编织复合材料

微观尺度：

(1) 单向复合材料：正方形单胞、六边形单胞、纤维在横截面内随机分布的代表性体元(一个例外，因为这不是单胞，但应用的效果相同)；

(2) 粒子增强或改善的复合材料：简单立方排列的单胞、面心立方排列的单胞；

(3) 多孔材料：简单立方排列的单胞、面心立方排列的单胞；

在上述单胞的分析完成之后，每一个都可以按照用户的意愿自动地被纳入高一尺度(细观或宏观)的材料表征。

细观尺度：主要用于由如下形式的预制件形成的纺织复合材料。

机织：

(1) 平纹

(2) 斜纹

(3) 缎纹

(4) 三维机织

编织：

(1) 二维编织(二轴、三轴)

(2) 三维编织(四轴、五轴)

宏观尺度：在上述单胞的分析完成之后，每一个都可以进一步按照用户的意愿自动地被纳入宏观尺度，作为层合板的一层板来表征层合板的特性。

在 UnitCells©中，宏观尺度的模拟仅限于分析层合板，并根据经典层合板理论，获取其等效刚度特性，通常称作 ABD 矩阵。这显然不同于通常的工程常数，如弹性模量、剪切模量、泊松比、弯曲模量。UnitCells©提供一选择，让用户在得到了 ABD 之后还可以获取这些相应的工程常数。为了进行这一分析，用户需要定义层合板的铺层，而层板的特性可以直接通过一用户界面输入，也可以使用前面在低尺度上表征的结果，与前期的分析无缝衔接。

鉴于上述功能，一个最一般的多尺度分析可以被描述如下：用简单立方体或面心立方体单胞来表征一粒子改善/增强的复合材料；将其作为单向纤维增强的复合材料的基体，用正方形或六边形单胞表征这样的单向复合材料；这样的单向复合材料可以作为层板构成层合板，形成宏观的工程材料，通过 UnitCells©中的层合板单胞予以表征；前一步所得单向复合材料也可以作为纤维束构成纺织复合材料，由相应的纺织复合材料单胞来表征；通常三维的纺织复合材料已是宏观材料，表征后可以直接给工程结构的零件、部件乃至于完整结构的结构分析提供等效材料特性，而二维的纺织复合材料往往需要多层叠加，形成层合结构后使用，前述的层合板单胞照样可以表征这样的材料，为后续的结构分析提供等效材料特性。如此的过程，在 UnitCells©中可以自动地、无缝地连续进行，纵跨微观、细观、宏观这三个尺度。

作为最新的发展，如第 12 章 12.4.1 节所建立的方法，通过参数化，在 UnitCells©中已经把极其宽泛的一类机织复合材料，包括二维的和三维的，统一于一体，供直接选择使用，而且还充分利用了 Abaqus/CAE 的较新版本中的一些新的功能，这样几何模型和有限元网格都可以在 Abaqus/CAE 中完成，而不再需要调用 Hypermesh 和 Textgen 了。

14.3 自洽验证与实例验证

由 UnitCells© 所代表的计算机模拟方法，以及其作为复合材料的表征工具的展示，除了表明了在前述章节中所建立的单胞的正确实施，更重要地，是要促成在此领域的一个飞跃：数值方法作为一种适合于极其宽泛的类型的、系统的复合材料的表征工具，这样一个虚拟试验平台，已经再也不是那可望而不可即的理想境界了。然而，作为一工程软件，其必须通过如下系统而又严格的验证(verification)，即自洽验证：

(1) 除了多孔材料的单胞这一例外，其他所有单胞必须通过如第 6 章 6.9 节所描述的"神志测验"，因为绝大多数关于单胞分析的错误可以在这一过程中被发现、剔除(Li, 1999; Li, 2001; Li and Wongsto, 2004; Wongsto and Li, 2005; Li, 2008; Li et al., 2009; Li et al., 2011b; Li et al., 2011a; Li and Zou, 2011)，其中，单胞所涉及的所有相的组分材料均按同一种材料被赋予材料特性，以检验分析结果中的如下方面：

(a) 所得的应力、应变场都完全均匀；

(b) 所得的均匀的应力或应变场的场值与所施加的载荷条件相吻合；

(c) 所得的均匀的应力和应变场的场值按照所输入的材料特性相联系着；

(d) 所得等效材料特性严格相等于所输入的材料特性。

(2) 因为在多孔材料中的空隙不能被赋予任何材料特性，这样的单胞应该严格地由通过了验证的相应的粒子增强的复合材料的单胞，在除去了其中的粒子相之后得出。

(3) 尽可能以之前已经积累起来的案例(如 Li, 1999; Li, 2001; Li and Wongsto, 2004; Li et al., 2011b)作基准，采用相同的输入数据，校核所建的每一个单胞的正确性，应力场需展示相同的特征，不存在任何不合理的计算结果、明显错误的应力集中，特别是在边界处。只有这样，才能有理由相信单胞的理论已被正确地实施了。

作为复合材料的表征工具，UnitCells© 无懈可击地提供了如上所有的自洽验证，这是 UnitCells© 的立足之本。

在另一个意义上的验证(validation)，即实例验证，UnitCells© 仅经过为数有限的验证，没有做到充分、全面、系统的验证的主要原因是可用的数据的缺乏，所谓可用，首先要完整，特别是分析所需的输入数据。在能够找得到的试验数据中，几乎没有例外，会缺这少那，有的数据，即便是有，也很难有任何佐证以提供任何意义上的置信度，因此能够做的验证也基本上是这样的缺米之炊，当然好过无米之炊。

下面所引用的数据都来自于公开文献，有些是试验数据，有些是别人用不同的方法所得的理论结果，主要是等效弹性常数。譬如，在文献(Shokrieh and Mazloomi, 2012; Kalidindi and Abusafieh, 1996; Sun et al., 2003)中发表的关于三维四向编织复合材料的表征，其中还用了四种不同的方法来确定某些特性：Shokrieh 和 Mazloomi 得出的纤维束特性由混合法则确定的多单胞法(MUCM1)、纤维束特性由桥联模型确定的多单胞法(MUCM2)、Kalidindi 和 Abusafieh 得出的加权平均模型(WAM)、Sun 等得出的杂交应力模型(HYB)。在文献(Shokrieh and Mazloomi, 2012)中还包括了一些试验数据，并与文献(Kalidindi and Abusafieh, 1996; Sun et al., 2003)中的预报结果作了比较。

在(Shokrieh and Mazloomi, 2012)中所采用的组分材料的细节，整合在表 14.1 之中，表中还包含了由 UnitCells©从这些组分材料特性所得的单向复合材料的等效特性，其中纤维体积含量假设为 80%，所采用的是六边形单胞，如图 14.3 所示。三维四轴编织复合材料的单胞，是 UnitCells©中现有的在细观尺度上的单胞，利用上述纤维束的等效特性，以及作为组分材料之一的基体的特性，表征的结果显示于表 14.2，但仅限于沿轴向的弹性模量，有一系列不同的编织角及其相应的纤维体积含量，并与(Kalidindi and Abusafieh, 1996; Sun et al., 2003)所得的结果作了比较。

表 14.1 碳纤维、环氧树脂、单向复合材料的特性(Shokrieh and Mazloomi, 2012)

纤维	轴向弹性模量(E_1)	234.6 GPa
	横向弹性模量(E_2)	13.8 GPa
	轴向剪切模量(G_{12})	13.8 GPa
	横向剪切模量(G_{23})	5.5
	轴向泊松比(ν_{12})	0.2
基体	弹性模量(E)	2.94 GPa
	泊松比(ν)	0.35
复合材料 (80%的纤维体积含量)	轴向弹性模量(E_1^0)	188 GPa
	横向弹性模量(E_2^0)	9.61 GPa
	轴向剪切模量(G_{12}^0)	6.00 GPa
	横向剪切模量(G_{23}^0)	3.59 GPa
	轴向泊松比(ν_{12}^0)	0.226

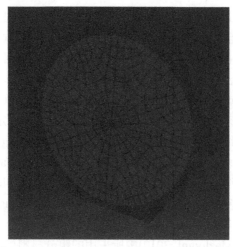

图 14.3　在微观尺度上的六边形单胞，代表作为纤维束的单向复合材料

表 14.2　轴向刚度结果比较

试件号	编织角, α	纤维体积含量, V_f	试验/GPa	MUCM1 /GPa	MUCM2 /GPa	WAM* /GPa	HYB** /GPa	UnitCells© /GPa
1	0	0.28	66.9	66.2	66.2	68.8	69.2	67.7
2	17	0.38	43.6±1.9	45.2	43.9	48.3	46.0	42.5
3	17	0.40	45.9±1.2	47.4	46	50.7	46.9	43.3
4	20	0.46	48±3.0	46.5	45.3	47.0	44.8	46.8
5	22	0.44	38.5±2.4	40.3	39.1	38.6	38.1	37.2
6	25	0.29	21.2±1.8	24.1	23	21.6	23.8	23.9

*出自(Kalidindi and Abusafieh, 1996)；

**出自(Sun et al., 2003)。

　　横向的弹性模量的试验数据较少，与理论结果比较列于表 14.3 之中。为了给后人提供参考，相应于表 14.2 中的试验情况，一组完整的预报的等效特性罗列于表 14.4，尽管没有相应的试验数据作比较。

表 14.3　横向刚度结果比较

试件号	试验/GPa	MUCM1 /GPa	MUCM2 /GPa	WAM /GPa	HYB /GPa	UnitCells© /GPa
1	—	—	—	—	—	4.54
2	6.21±0.41	5.81	5.62	5.74	6.22	5.48
3	—	—	—	—	—	6.09
4	—	—	—	—	—	6.95
5	6.02±0.3	6.39	6.14	6.21	6.54	6.78
6	—	—	—	—	—	5.72

表 14.4　由 UnitCells©得出的所有的等效特性

试件号	E_{11}/GPa	$(E_{22}=E_{33})$/GPa	$(G_{12}=G_{13})$/GPa	G_{23}/GPa	ν_{23}	$\nu_{12}=\nu_{13}$
1	67.7	4.54	1.78	1.54	0.48	0.30
2	42.5	5.48	5.22	1.90	0.37	0.57
3	43.3	6.09	5.90	2.08	0.36	0.58
4	46.8	6.95	8.07	2.29	0.31	0.69
5	37.2	6.78	8.43	2.17	0.29	0.74
6	23.9	5.72	6.64	1.68	0.29	0.73

　　另一个例子是所谓的无纺布(non-crimp fabric，也称作厚度方向捆绑织物)复合材料，其预制件的织构以及试验数据发表于文献(Bogdanovich et al.，2013)，总体纤维体积含量为 51.1%，采用与图 14.3 类似的六边形单胞预报单向的纤维束的特性，其中的纤维体积含量为 70%。所采用的无纺布复合材料的构形由 Textgen 生成，示意于图 14.4(a)，由采用的几何参数所产生的纤维束在单胞中的体积含量为 73%，总体纤维体积含量如愿以偿。单胞中，经向纤维束、纬向纤维束、捆绑纤维束的相对比例为 46.12%：51.24%：2.64% (Bogdanovich et al.，2013)，而捆绑纤维束的比重中，有 1.37%是沿厚度方向的，其余的 1.27%是所谓的"顶冠"，沿经向，而在文献(Bogdanovich et al.，2013)的模型中，这一比例为 1.34%：1.30%。当然，这不应该造成等效弹性特性的严重差别。纤维束的截面均取为 power elliptic，即椭圆的幂函数(Li，2014)。在文献(Bogdanovich et al.，2013)中，未曾提供纤维与基体的特性，然而按照他们文中所提供的纤维和基体的型号，有关特性从制造商的网站上获取，罗列于表 14.5 中，而由之所得的复合材料的主要特性由表 14.6 给出。

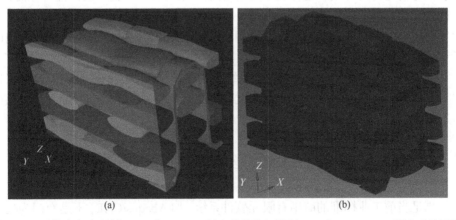

图 14.4　无纺布复合材料：(a) 由 TexGen 所生成的几何模型；(b) 由 Hypermesh 所生成的网格 (仅显示了纤维束部分)

14.5 树脂特性(105 环氧 209 超慢固化剂)和碳纤维特性(Toho Tenax)

基体*	弹性模量		3.98GPa	
	泊松比		0.33	
纤维**	纤维类型	12K HTS40 F13	6K HTS40 E13	1K HTA40 H15
	轴向弹性模量 (E_1)	239GPa	237GPa	238GPa
	横向弹性模量 (E_2)	23.9GPa	23.7GPa	23.8GPa
	轴向泊松比 (ν_{12})	0.29	0.29	0.29
	横向泊松比 (ν_{23})	0.45	0.45	0.45
	轴向剪切模量 (G_{12})	15.0GPa	15.0GPa	15.0GPa

*特性取自 http://www.westsystem.com/;

**特性取自 http://www.tohotenax-eu.com/。

表 14.6 无纺布复合材料等效弹性模量

		E_1/GPa	E_2/GPa	E_3/GPa
试验 (Bogdanovich et al., 2013)		60.0	67.0	—
从 UnitCells©中选的两纤维束截面	矩形	60.9	67.3	25.5
	椭圆幂函数	60.2	67.3	26.9

纤维束如果采用矩形截面，经、纬向纤维束都简化成平直布置，而捆绑纤维束则横平竖直，这时沿厚度方向和"顶冠"的比重为 1.62%：1.02%，较之于文献 (Bogdanovich et al., 2013)，偏差更大一些，当然仍然不至于引起多大的误差，同样的表征分析过程所得结果也在表 14.6 中给出。结果表明，就等效弹性特性而言，不同的理想化所造成的差别微乎其微，可见等效弹性特性对这些因素不敏感，而主要的影响因素是经、纬向纤维束，捆绑纤维束分别在经向、纬向、厚度方向的纤维体积含量。

在一定程度上，UnitCells©的分析结果与试验值的如上的种种比较验证了这些分析所涉及的那些单胞。著者谨在此鼓励更多的相关的试验结果的发表，从而可对 UnitCells©软件及其理论基础作出全面的验证。

14.4 结　语

满足当前工业标准的商用有限元软件系统，如 Abaqus/CAE，不是专门为处理复合材料多尺度分析的单胞及其所涉及的复杂的边界条件而设计的，因此直接用来分析单胞多有不便。为了方便采用单胞来表征复合材料，一个特定的二次开发可能是恰到好处。作为对 Abaqus/CAE 二次开发的一个成功的尝试，本章主要介绍一个专门的软件，UnitCells©，其中，那些繁复的相对位移边界条件，均已在最大的程度上被自动化，并充分展示了对于具有复杂的微观、细观构形的材料，如纺织复合材料，采用单胞进行材料表征的能力。本章还提供了相当广泛的自洽验证和有限的实例验证，鉴于 UnitCells©软件的结构形式及其开源特征，任何更上一层楼的意愿，如增加一新的单胞，都可以按照在本书中系统陈述的过程，相对容易地实现之，尽管必不可少地需要一定的 Python script 编程的能力和对单胞的概念和理论的足够理解。

参 考 文 献

Abaqus Analysis User's Guide. 2016. Abaqus 2016 HTML Documentation.

Bogdanovich A E, Karahan M, Lomov S V, et al. 2013. Quasi-static tensile behavior and damage of carbon/epoxy composite reinforced with 3D non-crimp orthogonal woven fabric. Mechanics of Materials, 62: 14-31.

Hypermesh, Version 11. 2015. Troy MI, United States Altair Engineering, Inc. .

Kalidindi S R, Abusafieh A. 1996. Longitudinal and transverse moduli and strengths of low angle 3-D braided composites. Journal of Composite Materials, 30: 885-905.

Li S. 1999. On the unit cell for micromechanical analysis of fibre-reinforced composites. Proceedings of the Royal Society of London. Series A: Mathematical. Physical and Engineering Sciences, 455: 815.

Li S. 2001. General unit cells for micromechanical analyses of unidirectional composites. Composites Part A: Applied Science and Manufacturing, 32: 815-826.

Li S. 2008. Boundary conditions for unit cells from periodic microstructures and their implications. Composites Science and Technology, 68: 1962-1974.

Li S. 2014. UnitCells© User Manual,　Version 1.4.

Li S, Jeanmeure L F C, Pan Q. 2015. A composite material characterisation tool: UnitCells. Journal of Engineering Mathematics, 95: 279-293.

Li S, Singh C V, Talreja R. 2009. A representative volume element based on translational symmetries for FE analysis of cracked laminates with two arrays of cracks. International Journal of Solids and Structures, 46: 1793-1804.

Li S, Warrior N, Zou Z,et al. 2011a. A unit cell for FE analysis of materials with the microstructure of a staggered pattern. Composites Part A: Applied Science and Manufacturing, 42: 801-811.

Li S, Wongsto A. 2004. Unit cells for micromechanical analyses of particle-reinforced composites. Mechanics of Materials, 36: 543-572.

Li S, Zhou C, Yu H, et al. 2011b. Formulation of a unit cell of a reduced size for plain weave textile composites. Computational Materials Science, 50: 1770-1780.

Li S, Zou Z. 2011. The use of central reflection in the formulation of unit cells for micromechanical FEA. Mechanics of Materials, 43: 824-834.

Li S, Xu M, Yan S, et al. 2021. On the objectivity of the nonlinear along-fibre-shear stress-strain relationship for unidirectionally fibre-reinforced composites. J. Eng. Math., 127: 17.

Long A C, Brown L B. 2014. TexGen, Version 3.6.1. Nottingham: University of Nottingham. https://texgen.sourceforge.net/index.php/Main_Page，accessed 21 June 2023.

Shokrieh M M, Mazloomi M S. 2012. A new analytical model for calculation of stiffness of three-dimensional four-directional braided composites. Composite Structures, 94: 1005-1015.

Sun H, Di S, Zhang N, et al. 2003. Micromechanics of braided composites via multivariable FEM. Computers & Structures, 81: 2021-2027.

Wongsto A, Li S. 2005. Micromechanical FE analysis of UD fibre-reinforced composites with fibres distributed at random over the transverse cross-section. Composites Part A: Applied Science and Manufacturing, 36: 1246-1266.

第15章 单胞的逆向应用

15.1 引　　言

在国内的有些工业界，逆向工程几乎就是工程的全部。作为诟病，应当根治。当然根治未必需要根除，逆向工程，在整个工程中，有它的一席之地，本无可厚非，只是不能是全部。在数学和物理学中，常常存在一些逆问题，如积分与微分、电磁感应等，建立、摆平正问题，毫无疑问是丰功伟绩，而提出并解决相应的逆问题，那也当流芳百世。

对于复合材料来说，单胞是用来表征材料的，即由组分材料的特性导出复合材料的等效特性。如果将其视作正问题，那么其逻辑的逆问题是，从复合材料的等效特性以及组分材料的部分特性导出组分材料的另一部分的特性。也许有的读者会存疑，逆问题是不是应该为：从复合材料的等效特性导出所有组分材料的特性？读者大概知道，"完全对"的逻辑否定并不是"完全错"，而是"有点错"。此处，逻辑游戏不是主题，但相应的物理问题则具有重要的现实意义。

复合材料表征，作为正问题，顺理成章。不过不是所有人都会质疑，组分材料的特性从何而来？工程师们可以指望材料科学家们来提供。细想一下，基体的特性容易获取，因为可以用纯基体材料做成宏观的试件，测试之可得。但是纤维呢？材料科学家们还真是有工程师们想不到的办法，用微型的试验机，给单根纤维加拉伸载荷，测其轴向应变，甚至横向的应变，于是可得轴向弹性模量和泊松比。对于各向同性材料来说，如玻璃纤维，就弹性特性而言，这已足够，然而，如碳纤维，作为一种横观各向同性的材料，还有三个弹性常数待测，即横向的弹性模量、横向的剪切模量或泊松比、顺纤维方向剪切模量。一般地，横向的弹性模量与轴向弹性模量常常有量级的差别，绝对不能粗暴地将其当作各向同性材料来处理。且不说如何测量这三个弹性常数，如何加载以产生所需的变形模式已经够挑战了。纤维制造商们通常不提供后面三个常数，至于为什么，不同的人有不同的解读，肯定有人认为它们不那么重要。而对上述的正问题来说，没有它们，问题就无从下手。

有些文献提供了这些常数，如文献(Hinton et al., 1998, 2002, 2004; Kaddour and Hinton, 2012, 2013; Kaddour et al., 2013)，但是，仔细观察所提供的上述的三个弹性常数的量值就可以发现，常常有不同的材料居然都对应着完全相同的量值，当然它们是如何获取的，则细节不详。很有可能，这些值是估计值，或者是按某种规则反推出来的，尽著者所知，公开发表的如此反推的尝试仅见于文献(Zou and Li, 2000, 2023)，这也是著者所参与的工作。任何一种形式的反推，即为一个逆问题。应该指出，如果采用混合物法则作为一种近似的方法，得到正问题的粗略的解答没有疑问，而要施之于逆问题，常常会得到荒唐的结果，如纤维的弹性模量有的为负值，这是因为正问题的解答实在太粗略。本书花费了那么多的精力构建的单胞，如果把它们在材料表征上的应用作为正问题，特别是第 6 章 6.4.1.2 节和 6.4.1.4 节针对单向纤维增强的复合材料而建立的正方形和六角形单胞，那么，这样的正问题还是有相当的准确性的。可以期望，与之相应的逆问题，如果被恰当地建立起来，也会有相当的适用性。

15.2　正问题：正方形和六角形单胞的广义平面应变分析

本书前述章节中对单胞问题的求解都以采用有限元法为前提，在本章要讨论的单胞的逆向应用问题中，因为还不存在用来直接求解该逆问题的方法，故只能用迭代的办法，每次迭代，其实是求解一次正问题，有点像非线性问题的求解，每次迭代，其实是求解一个线性问题。因为涉及迭代，采用有限元法，特别是在使用不能干预源程序的商用软件的条件下，实有不便。好在正方形和六角形单胞在广义平面应变的条件下，作为二维问题，采用半解析方法来寻求一个近似解尚在可望可即的范围，毕竟单胞的几何形状相当简单，即一圆，位于一正方形或正六角形的中央，问题的定义域即为一正方形或正六角形，当然，半解析解通常是近似解。以此近似解作为求解正问题的方法，纳入求解逆问题的迭代中，可望得到逆问题的近似解。

15.2.1　广义平面应变弹性力学问题的复变函数解

对于当前的广义平面应变这样一个二维问题(Li and Lim, 2005)，弹性力学中有一个非常漂亮的复变函数解(Muskhelishili, 1963；王龙甫，1978；徐芝纶，1990；Honein, et al., 1992)，其仅涉及三个复变势函数，$\phi(\varsigma)$、$\psi(\varsigma)$、$\omega(\varsigma)$，其中 $\varsigma = x + \mathrm{i}y$ 是它们的复变量，也代表复平面上的任意一点。这里，复平面与 x-y 平面重合。之所以称这三个复函数为势函数，是因为它们都是解析的，故具备积分与路径无关的特征。对于一般的横观各向同性材料，取其性能各向同性的平面为 x-y 平面，应力 σ_x、σ_y、σ_z、τ_{yz}、τ_{xz}、τ_{xy} 和位移 u、v、w 与这三个复变势函数之间有下述关系。对于面内问题，由文献(Muskhelishili, 1963；王龙甫，1978；徐芝纶,1990)中所描述的平面应力或平面应变问题，稍作拓宽，可以应用于广义平面应变问题如下：

$$\sigma_x + \sigma_y = 4\operatorname{Re}\varphi'(\zeta)$$
$$\sigma_y - \sigma_x + 2\mathrm{i}\tau_{xy} = 2\left(\bar{\zeta}\varphi''(\zeta) + \psi'(\zeta)\right) \qquad (15.1)$$
$$2G_T\left(u + \mathrm{i}v\right) = \kappa\varphi(\zeta) - \zeta\overline{\varphi'(\zeta)} - \overline{\psi(\zeta)} - 2G_T\nu_L\varepsilon_z^0\zeta$$

对于面外问题，由文献(Honein et al., 1992)中所描述的平面问题，可拓宽至广义平面应变问题：

$$\tau_{xz} - \mathrm{i}\tau_{yz} = \omega'(\zeta)$$
$$G_L w = \operatorname{Re}\omega(\zeta) + G_L\varepsilon_z^0 \qquad (15.2)$$

其中

$$\kappa = -1 + 4(1 - \nu_L^2 E_T / E_L)\big/(1 + \nu_T) \qquad (15.3)$$

E_L、E_T、G_L、G_T、ν_L、ν_T 分别为材料的轴向和横向的弹性模量、剪切模量及泊松比，其中 E_T、G_T、ν_T 三个量之中，仅有两个是独立的；假设单胞沿 z 方向的厚度为单位长度，故方程(15.2)中的第二式无量纲错误；式中的 $\mathrm{i} = \sqrt{-1}$；函数或变量之上的一横杠是复数意义下的共轭；而复变势函数上的一撇代表关于复变量的导数；Re 为所涉复函数的实部，后面还要用到复函数的虚部，将由 Im 表示之。

由式(15.1)和式(15.2)，不难得出各个应力和位移分量的表达式。在 x-y 平面内的应力分量为

$$\sigma_x = \operatorname{Re}\left(2\varphi'(\zeta) - \bar{\zeta}\varphi''(\zeta) - \psi'(\zeta)\right)$$
$$\sigma_y = \operatorname{Re}\left(2\varphi'(\zeta) + \bar{\zeta}\varphi''(\zeta) + \psi'(\zeta)\right) \qquad (15.4\mathrm{a})$$
$$\tau_{xy} = \operatorname{Im}\left(\bar{\zeta}\varphi''(\zeta) + \psi'(\zeta)\right)$$

对于横观各向同性材料的广义平面应变问题(Li and Lim, 2005)，其面外，即纤维方向的正应力可以一般地表达为

$$\sigma_z = \nu_L\left(\sigma_x + \sigma_y\right) + E_L\varepsilon_z^0 \qquad (15.4\mathrm{b})$$

而顺纤维方向的剪应力则可由(15.2)的第一式得

$$\tau_{xz} = \operatorname{Re}\omega'(\zeta)$$
$$\tau_{yz} = -\operatorname{Im}\omega'(\zeta) \qquad (15.4\mathrm{c})$$

位移分量为

$$u = \frac{1}{2G_T} \mathrm{Re} \left(\kappa\varphi(\zeta) - \zeta\overline{\varphi'(\zeta)} - \overline{\psi(\zeta)} \right) - \nu_L \varepsilon_z^0 x$$

$$v = \frac{1}{2G_T} \mathrm{Im} \left(\kappa\varphi(\zeta) - \zeta\overline{\varphi'(\zeta)} - \overline{\psi(\zeta)} \right) - \nu_L \varepsilon_z^0 y$$
(15.5a)

$$w = \frac{1}{G_L} \mathrm{Re}\,\omega(\zeta) + \varepsilon_z^0$$
(15.5b)

15.2.2 复变势函数级数形式

单胞包含两个区域，每区域各为一种材料，分别对应于纤维和基体，上述的势函数也需要分别定义，并分别给以 f 或 m 的下标以明示之。采用级数求解的方法，这些势函数可以如下引入。鉴于纤维的圆形截面，通过适当的度量变换，总可以假设纤维的圆形边界为一单位圆，在代表纤维的单位圆之内，φ_f、ψ_f、ω_f 分别由泰勒(Taylor)级数给出，即

$$\varphi_f = \sum_{k=1}^{\infty} a_k \zeta^k$$

$$\psi_f = \sum_{k=1}^{\infty} b_k \zeta^k$$
(15.6)

$$\omega_f = \sum_{k=1}^{\infty} c_k \zeta^k$$

其中不含零阶项，是因为在原点处约束了单胞的刚体平移，即

$$u|_{\zeta=0} = v|_{\zeta=0} = w|_{\zeta=0} = 0$$
(15.7a)

其等价于

$$\varphi_f(0) = \psi_f(0) = \omega_f(0) = 0$$
(15.7b)

在基体之内，即在上述的单位圆之外，而又在单胞的边界之内的一个空心区域，φ_m、ψ_m、ω_m 分别由 Laurent 级数给出，即

$$\varphi_m = \sum_{k=0}^{\infty} A_k \zeta^k + \sum_{k=1}^{\infty} D_k \zeta^{-k}$$

$$\psi_m = \sum_{k=0}^{\infty} B_k \zeta^k + \sum_{k=1}^{\infty} F_k \zeta^{-k}$$
(15.8)

$$\omega_m = \sum_{k=0}^{\infty} C_k \zeta^k + \sum_{k=1}^{\infty} H_k \zeta^{-k}$$

在多相材料中，对刚体运动的约束，只能施加于其中的一相，其他相的刚体运动

则由各相之间的连续条件来间接地约束,因此,上述级数中与刚体平移相应的 $k=0$ 的项都应保留。

Taylor 级数在代表纤维的实心域内和 Laurent 级数在代表基体的空心域内的解析性在复变函数理论中都早有定论,此处不赘述。

这样,前述的单胞问题的求解,就转化成了确定上述级数中的系数的问题了。级数(15.6)中的 a_k、b_k、c_k 与纤维有关,而式(15.8)中的 A_k、B_k、C_k、D_k、F_k、H_k 与基体有关,它们是上述级数中的待定复系数,由纤维和基体的界面处的连续条件以及单胞的边界条件确定。级数(15.8)中所包含的常数项和线性项表明,其允许基体部分的刚体运动,这是式(15.8)与式(15.6)的另一差别。基体部分的刚体运动由基体与纤维的界面处的连续条件间接约束。

注意,因为本章的解不再是建立在变分原理基础之上的了,所以问题中的面力连续条件和面力边界条件不再因为是自然边界条件而自然地满足,而必须明确地作为本问题不可缺少的一部分而强加。

15.2.3　纤维与基体界面处的连续条件

复合材料理想的复合状态是两相材料紧密结合,因此,在界面处需要满足面力和位移的连续条件。纤维和基体的界面,作为一单位圆,即 $\zeta = \rho = \mathrm{e}^{\mathrm{i}\theta}$,$\theta$ 为极角,其中 $|\rho|=1$。记纤维和基体的界面处($\zeta = \rho$)纤维表面的面内面力沿 x、y 坐标方向的分量分别为 X、Y

$$X = \sigma_x \cos\beta + \tau_{xy} \sin\beta$$
$$Y = \tau_{xy} \cos\beta + \sigma_y \sin\beta \tag{15.9}$$

其中 β 是界面上的外法线方向与 x 轴的夹角。它们可以通过复变势函数来定义如下:

$$\mathrm{i}\int (X+\mathrm{i}Y)\mathrm{d}s = \varphi(\rho) + \rho\overline{\varphi'(\rho)} + \overline{\psi(\rho)} \tag{15.10}$$

其中,s 是沿界面或边界的弧长。

纤维和基体的界面处($\zeta = \rho$)纤维表面的面内面力沿 z 坐标方向的分量为

$$Z = \tau_{xz}\cos\beta + \tau_{yz}\sin\beta = \rho\omega'(\rho) + \overline{\rho\omega'(\rho)} \tag{15.11}$$

这样纤维和基体的界面处($\zeta = \rho$)的面力的连续条件得出为

$$\varphi_m(\rho) + \rho\overline{\varphi'_m(\rho)} + \overline{\psi_m(\rho)} = \varphi_f(\rho) + \rho\overline{\varphi'_f(\rho)} + \overline{\psi_f(\rho)}$$
$$\rho\omega'_m(\rho) + \overline{\rho\omega'_m(\rho)} = \rho\omega'_f(\rho) + \overline{\rho\omega'_f(\rho)} \tag{15.12a}$$

再将位移(15.5)分别在纤维和基体中表示出来,可得纤维和基体的界面处($\zeta = \rho$)的位移的连续条件为

$$\kappa_m \varphi_m(\rho) - \rho \overline{\varphi'_m(\rho)} - \overline{\psi_m(\rho)} = \eta \left(\kappa_f \varphi_f(\rho) - \rho \overline{\varphi'_f(\rho)} - \overline{\psi_f(\rho)} \right) + 2 G_{Tm} \left(v_{Lm} - v_{Lf} \right) \varepsilon_z^0 \rho$$

$$\omega_m(\rho) + \overline{\omega_m(\rho)} = \lambda \left(\omega_f(\rho) + \overline{\omega_f(\rho)} \right)$$

$$(15.12b)$$

其中 κ_f 和 κ_m 分别为由式(15.3)给出的 κ 表达式在纤维和基体中所取的值

$$\eta = G_{Tm} \big/ G_{Tf}$$
$$\lambda = G_{Lm} \big/ G_{Lf}$$

$$(15.13)$$

尽管出现在由式(15.5b)所给出的位移 w 之中有与 ε_z^0 相应的项，但是，在上述 (15.12b)的第二个方程中，因为在方程的左右两边，对应着纤维和基体分别在它们的界面上的同一点，z 坐标相同，故被抵消而不再出现。

注意到由 $\rho = e^{i\theta}$ 而得出的如下的恒等关系

$$\overline{\rho^k} = e^{-ik\theta} = \left(e^{ik\theta} \right)^{-1} = \left(\rho^k \right)^{-1} = \rho^{-k}$$

$$\overline{\rho^{-k}} = \overline{e^{-ik\theta}} = e^{ik\theta} = \rho^k$$

$$(15.14)$$

将式(15.6)和式(15.8)分别再代入式(15.12)，把每一个级数方程按 ρ 的阶次顺序排列，比较方程两边相同阶次的项的系数，可以得到如下关系，即级数式(15.8)中的待定的复系数 A_k、B_k、C_k、D_k、F_k、H_k 均可由式(15.6)中的 a_k、b_k、c_k 线性表出：

$$A_0 = \frac{2(1-\eta)}{1+\kappa_m} \overline{a}_2$$

$$A_1 = \frac{1}{1+\kappa_m} \left(\overline{a}_1 + a_1 - \eta \left(\overline{a}_1 - \kappa_f a_1 \right) \right) + \frac{2 G_{Tm} \left(v_{Lm} - v_{Lf} \right)}{1+\kappa_m} \varepsilon_z^0$$

$$A_k = \frac{1+\eta\kappa_f}{1+\kappa_m} a_k \qquad (k=2,3,\cdots)$$

$$B_0 = \frac{2 \left(\kappa_m + \eta - 1 - \eta\kappa_f \right)}{1+\kappa_m} a_2$$

$$B_k = \frac{1}{1+\kappa_m} \left((k+2) \left(\kappa_m + \eta - 1 - \eta\kappa_f \right) a_{k+2} + \left(\kappa_m + \eta \right) b_k \right)$$
$$(k=1,2,3,\cdots)$$

$$(15.15)$$

$$D_k = \frac{1-\eta}{1+\kappa_m} \left((k+2) \overline{a}_{k+2} + \overline{b}_k \right) \qquad (k=1,2,3,\cdots)$$

$$F_1 = \frac{1}{1+\kappa_m}\left(\left(\kappa_m-1+\eta-\eta\kappa_f\right)\left(\overline{a}_1+a_1\right)\right)-\frac{4G_{Tm}\left(\nu_{Lm}-\nu_{Lf}\right)}{1+\kappa_m}\varepsilon_z^0$$

$$F_k = \frac{\left(\kappa_m-\eta\kappa_f+k(k-2)(1-\eta)\right)\overline{a}_k+(k-2)(1-\eta)\overline{b}_{k-2}}{1+\kappa_m}\quad(k=2,3,\cdots)$$

$$C_0+\overline{C}_0=0\quad\text{故}\quad C_0=0$$

$$C_k=(1+\lambda)c_k/2\quad\text{及}\quad H_k=-(1-\lambda)\overline{c}_k/2\quad(k=1,2,\cdots)$$

其中，$C_0+\overline{C}_0=0$ 本来仅意味着 $\mathrm{Re}\,C_0=0$，而对 C_0 的虚部没有限制，由式(15.5b)中的位移 w 的表达式可见，w 仅与 ω 的实部有关，ω 的虚部没有物理意义，随意取值无妨，不妨也取零值，因此可得 $C_0=0$。

把级数(15.8)中的待定的复系数 A_k、B_k、C_k、D_k、F_k、H_k，如式(15.15)所给出的，代入式(15.8)，基体中的复变势函数可以由式(15.6)中的 a_k、b_k、c_k 如下给出

$$\varphi_m = \frac{2G_{Tm}\left(\nu_{Lm}-\nu_{Lf}\right)}{1+\kappa_m}\varepsilon_z^0\zeta + \frac{1}{1+\kappa_m}\left(\overline{a}_1+a_1-\eta\left(\overline{a}_1-\kappa_f a_1\right)\right)\zeta + \frac{1+\eta\kappa_f}{1+\kappa_m}a_2\zeta^2 + \frac{2(1-\eta)}{1+\kappa_m}\overline{a}_2$$

$$+\frac{1+\eta\kappa_f}{1+\kappa_m}\sum_{k=3}^{\infty}a_k\zeta^k + \frac{1-\eta}{1+\kappa_m}\sum_{k=3}^{\infty}k\overline{a}_k\zeta^{-(k-2)} + \frac{1-\eta}{1+\kappa_m}\sum_{k=1}^{\infty}\overline{b}_k\zeta^{-k}$$

$$\psi_m = -\frac{4G_{Tm}\left(\nu_{Lm}-\nu_{Lf}\right)}{1+\kappa_m}\zeta^{-1}\varepsilon_z^0 + \frac{1}{1+\kappa_m}\left(\kappa_m-1+\eta-\eta\kappa_f\right)\zeta^{-1}\left(\overline{a}_1+a_1\right)$$

$$+\frac{2}{1+\kappa_m}\left(\kappa_m+\eta-1-\eta\kappa_f\right)a_2$$

$$+\frac{1}{1+\kappa_m}\sum_{k=1}^{\infty}\zeta^k\left((k+2)\left(\kappa_m+\eta-1-\eta\kappa_f\right)\overline{a}_{k+2}+\left(\kappa_m+\eta\right)\overline{b}_k\right)$$

$$+\frac{1}{1+\kappa_m}\sum_{k=2}^{\infty}\zeta^{-k}\left(\kappa_m-\eta\kappa_f+k(k-2)(1-\eta)\right)\overline{a}_k+(k-2)(1-\eta)\overline{b}_{k-2}$$

$$\omega_m = \frac{1}{2}\sum_{k=1}^{\infty}\left((\lambda+1)c_k\zeta^k+(\lambda-1)\overline{c}_k\zeta^{-k}\right) \tag{15.16}$$

一般地，如果纤维和基体为不同的材料的话，只要当式(15.6)和式(15.8)一致地有限截断，即(15.6)中的第二个级数的最高幂次比其他级数的最高幂次高两阶，纤维和基体的界面处的面力和位移的连续条件就能得到严格的满足，这可以简单地通过将式(15.15)所得的系数代入级数(15.8)，容易验证式(15.12)中的每一个方程都严格地满足。当然，如果(15.6)中的级数都已收敛了的话，哪一个级数的最高幂次比其他的高或低那么两阶，对此处的连续性将无甚影响，因此，后面作为近似时，方便起见，会在同一阶次截断。

作为一适时的如前所述的"神志测验"，当纤维和基体被赋予相同的各向同性的材料特性时，$\eta = \lambda = 1$ 及 $\kappa = 3 - 4\nu$，如上系数将导致

$$A_0 = B_0 = C_0 = 0$$

$$A_k = a_k, \qquad B_k = b_k, \qquad C_k = c_k, \qquad D_k = F_k = H_k = 0 \quad (k=1,2,3,\cdots) \tag{15.17}$$

因此

$$\varphi_m = \varphi_f, \qquad \psi_m = \psi_f, \qquad \omega_m = \omega_f \tag{15.18}$$

这时，纤维和基体的界面处的面力和位移的连续条件严格满足，而欲得到均匀的应力状态，式(15.6)中的级数均仅需取第一项足矣，即

$$\varphi_f = a_1 \zeta$$

$$\psi_f = b_1 \zeta \tag{15.19}$$

$$\omega_f = c_1 \zeta$$

于是

$$a_1 = \frac{1}{4}(\sigma_x + \sigma_y) + \mathrm{i}\chi$$

$$b_1 = \frac{1}{2}(\sigma_y - \sigma_x) + \mathrm{i}\tau_{xy} \tag{15.20}$$

$$c_1 = \tau_{xz} - \mathrm{i}\tau_{yz}$$

其中，χ 是一任意的实常数，代表单胞在 x-y 平面内的刚体转动，当该刚体转动被约束后，$\chi = 0$，这时位移场可为

$$u = \varepsilon_x^0 x - \gamma_{xy}^0 y$$

$$v = \varepsilon_y^0 y + \gamma_{xy}^0 x \tag{15.21}$$

$$w = \gamma_{xz}^0 x + \gamma_{yz}^0 y + \varepsilon_z^0$$

其中，ε_x^0、ε_y^0、ε_z^0、γ_{yz}^0、γ_{xz}^0、γ_{xy}^0 是单胞内的平均应变，因为此时应变场均匀，它们也就是单胞内的应变。上述 w 的表达式中最后一项的量纲与其他项之间的不一致，是因为单胞在 z 方向为单位长度的关系。如此，"神志测验"顺利通过。

15.2.4 单胞的边界上面内的周期性面力边界条件和相对位移边界条件

满足了纤维和基体的界面处的面力和位移的连续条件之后，可以来考虑在单胞的边界上的周期性面力边界条件和相对位移边界条件了。因为周期性面力边界条件涉及单胞的边界上的不同部分，如式(15.10)那样的以面力的积分形式给出边界条件不太方便。面力边界条件的要求不能对应力的六个分量同时提出，因为面力是一个矢量，只有三个分量，具体地说，单胞的周期性面力边界条件如第 7 章方程(7.5)所给

$$\begin{bmatrix} \sigma_{x\Delta} & \tau_{xy\Delta} & \tau_{xz\Delta} \\ \tau_{xy\Delta} & \sigma_{y\Delta} & \tau_{yz\Delta} \\ \tau_{xz\Delta} & \tau_{yz\Delta} & \sigma_{z\Delta} \end{bmatrix} \begin{Bmatrix} \cos\beta \\ \sin\beta \\ 0 \end{Bmatrix} = \begin{bmatrix} \sigma_x & \tau_{xy} & \tau_{xz} \\ \tau_{xy} & \sigma_y & \tau_{yz} \\ \tau_{xz} & \tau_{yz} & \sigma_z \end{bmatrix} \begin{Bmatrix} \cos\beta \\ \sin\beta \\ 0 \end{Bmatrix} \qquad (15.22a)$$

这里，β是单胞边界上点(x_Δ, y_Δ)处的外法线方向与 x 轴的夹角，因为是平面问题，单位外法向矢量在 z 方向的分量为零，边界上成对的两点处的单位外法向矢量值相同但方向相反，这已经反映在式(15.22a)中了；σ_x、σ_y、σ_z、τ_{yz}、τ_{xz}、τ_{xy}和$\sigma_{x\Delta}$、$\sigma_{y\Delta}$、$\sigma_{z\Delta}$、$\tau_{yz\Delta}$、$\tau_{xz\Delta}$、$\tau_{xy\Delta}$为这两点，即(x, y)和(x_Δ, y_Δ)处在微观尺度上的应力。这里以下标Δ代替如前述章节中所采用的一撇是为了避免混淆，因为本章前述已经用了一撇表示导数。

相对位移边界条件如第 6 章方程(6.9)所给出

$$\begin{Bmatrix} u_\Delta \\ v_\Delta \\ w_\Delta \end{Bmatrix} - \begin{Bmatrix} u \\ v \\ w \end{Bmatrix} = \begin{bmatrix} \varepsilon_x^0 & 0 & 0 \\ \gamma_{xy}^0 & \varepsilon_y^0 & 0 \\ \gamma_{xz}^0 & \gamma_{yz}^0 & \varepsilon_z^0 \end{bmatrix} \begin{Bmatrix} \Delta_x \\ \Delta_y \\ \Delta_z \end{Bmatrix} = \begin{bmatrix} \varepsilon_x^0 & 0 & 0 \\ \gamma_{xy}^0 & \varepsilon_y^0 & 0 \\ \gamma_{xz}^0 & \gamma_{yz}^0 & \varepsilon_z^0 \end{bmatrix} \begin{Bmatrix} \cos\beta \\ \sin\beta \\ 0 \end{Bmatrix} \Delta \qquad (15.22b)$$

其中u、v、w 和u_Δ、v_Δ、w_Δ分别为边界上成对的两点(x, y)和(x_Δ, y_Δ)处在微观尺度上的位移；Δ是这两点之间的距离，即相应的平移对称性的平移量，Δ_x、Δ_y、Δ_z分别为其沿坐标轴方向的分量；ε_x^0、ε_y^0、ε_z^0、γ_{yz}^0、γ_{xz}^0、γ_{xy}^0是单胞内的平均应变。因为虽然成对的两点是不同的点，但是它们的 z 坐标相同，即$\Delta_z = 0$，与ε_z^0相应的项也因此被抵消而不再出现于式(15.15b)的第二个方程。

注意到，正如第 6 章所论述的，式(15.22b)中矩阵形式的选取，意味着对单胞的刚体转动已经作了一种特定形式的约束，因此与刚体转动相应的项，不再可以取任意值了。

以复变势函数表示各应力分量

$$\sigma_{x\Delta} = \mathrm{Re}\left(2\varphi_m'(\zeta_\Delta) - \overline{\zeta}_\Delta \varphi_m''(\zeta_\Delta) - \psi_m'(\zeta_\Delta)\right), \quad \sigma_x = \mathrm{Re}\left(2\varphi_m'(\zeta) - \overline{\zeta}\varphi_m''(\zeta) - \psi_m'(\zeta)\right)$$

$$\sigma_{y\Delta} = \mathrm{Re}\left(2\varphi_m'(\zeta_\Delta) + \overline{\zeta}_\Delta \varphi_m''(\zeta_\Delta) + \psi_m'(\zeta_\Delta)\right), \quad \sigma_y = \mathrm{Re}\left(2\varphi_m'(\zeta) + \overline{\zeta}\varphi_m''(\zeta) + \psi_m'(\zeta)\right)$$

$$\tau_{xy\Delta} = \mathrm{Im}\left(\overline{\zeta}_\Delta \varphi_m''(\zeta_\Delta) + \psi_m'(\zeta_\Delta)\right), \qquad\qquad \tau_{xy} = \mathrm{Im}\left(\overline{\zeta}\varphi_m''(\zeta) + \psi_m'(\zeta)\right)$$

$$\tau_{xz\Delta} = \mathrm{Re}\,\omega_m'(\zeta_\Delta), \qquad\qquad\qquad\qquad \tau_{xz} = \mathrm{Re}\,\omega_m'(\zeta)$$

$$\tau_{yz\Delta} = -\mathrm{Im}\,\omega_m'(\zeta_\Delta), \qquad\qquad\qquad\quad \tau_{yz} = -\mathrm{Im}\,\omega_m'(\zeta)$$

$$(15.23)$$

其中的每一个复变势函数都应该是在基体之中的，因为单胞的边界尽处于基体之中。

在后续的推导中，将反复利用如下的复变量关系

$$\zeta = |\zeta|\rho = |\zeta|e^{i\theta}, \qquad \overline{\zeta} = |\zeta|\rho^{-1} = |\zeta|e^{-i\theta}$$

$$\zeta^k = |\zeta|^k\rho^k = |\zeta|^k e^{ik\theta}, \qquad \overline{\zeta^k} = |\zeta|^k\rho^{-k} = |\zeta|^k e^{-ik\theta} \qquad (15.24)$$

$$\zeta^{-k} = |\zeta|^{-k}\rho^{-k} = |\zeta|^{-k}e^{-ik\theta}, \qquad \overline{\zeta^{-k}} = |\zeta|^{-k}\rho^k = |\zeta|^{-k}e^{ik\theta}$$

因为在当前的广义平面应变问题中，面内部分和面外部分是完全解耦的，因此可以分别求解，表达比较清晰，也有助于提高计算效率。先考虑面内部分如下。面内各应力分量所涉及的复变势函数的项分别为

$$\varphi_m'(\zeta) = \frac{1}{1+\kappa_m} \left(\begin{array}{l} 2G_{Tm}(\nu_{Lm}-\nu_{Lf})\varepsilon_z^0 + (\overline{a}_1+a_1-\eta(\overline{a}_1-\kappa_f a_1)) + 2(1+\eta\kappa_f)a_2\zeta \\ + \sum_{k=3}^{\infty} k(1+\eta\kappa_f)a_k\zeta^{k-1} + \sum_{k=3}^{\infty} -k(k-2)(1-\eta)\overline{a}_k\zeta^{-(k-1)} + \sum_{k=1}^{\infty} -k(1-\eta)\overline{b}_k\zeta^{-(k+1)} \end{array} \right)$$

$$\overline{\zeta}\varphi_m''(\zeta) = \frac{1}{1+\kappa_m} \left(\begin{array}{l} 2(1+\eta\kappa_f)a_2|\zeta|\rho^{-1} + \sum_{k=3}^{\infty} k(k-1)(1+\eta\kappa_f)a_k|\zeta|^{k-1}\rho^{k-3} \\ + \sum_{k=3}^{\infty} k(k-1)(k-2)(1-\eta)\overline{a}_k|\zeta|^{-(k-1)}\rho^{-(k+1)} + \sum_{k=1}^{\infty} k(k+1)(1-\eta)\overline{b}_k|\zeta|^{-(k+1)}\rho^{-(k+3)} \end{array} \right)$$

$$\psi_m'(\zeta) = \frac{1}{1+\kappa_m} \left(\begin{array}{l} 4G_{Tm}(\nu_{Lm}-\nu_{Lf})\zeta^{-2}\varepsilon_z^0 - (\kappa_m-1+\eta-\eta\kappa_f)\zeta^{-2}(\overline{a}_1+a_1) - 2(\kappa_m-\eta\kappa_f)\zeta^{-3}\overline{a}_2 \\ + \sum_{k=3}^{\infty} k(k-2)(\kappa_m+\eta-1-\eta\kappa_f)\zeta^{k-3}a_k - \sum_{k=3}^{\infty} k(\kappa_m-\eta\kappa_f+k(k-2)(1-\eta))\zeta^{-(k+1)}\overline{a}_k \\ + \sum_{k=1}^{\infty} k(\kappa_m+\eta)\zeta^{k-1}b_k - \sum_{k=1}^{\infty} k(k+2)(1-\eta)\zeta^{-(k+3)}\overline{b}_k \end{array} \right)$$

$$(15.25)$$

将 ζ 换之以 ζ_Δ，便可相应地得到 $\varphi_m'(\zeta_\Delta)$、$\overline{\zeta}_\Delta\varphi_m''(\zeta_\Delta)$、$\psi_m'(\zeta_\Delta)$ 的表达式。这样，面内的周期性面力边界条件可表示为

$$\mathrm{Re}\left(2\varphi_m'(\zeta_\Delta) - \overline{\zeta}_\Delta\varphi_m''(\zeta_\Delta) - \psi_m'(\zeta_\Delta)\right)\cos\beta + \mathrm{Im}\left(\overline{\zeta}_\Delta\varphi_m''(\zeta_\Delta) + \psi_m'(\zeta_\Delta)\right)\sin\beta$$

$$= \mathrm{Re}\left(2\varphi_m'(\zeta) - \overline{\zeta}\varphi_m''(\zeta) - \psi_m'(\zeta)\right)\cos\beta + \mathrm{Im}\left(\overline{\zeta}\varphi_m''(\zeta) + \psi_m'(\zeta)\right)\sin\beta$$

$$\mathrm{Im}\left(\overline{\zeta}_\Delta\varphi_m''(\zeta_\Delta) + \psi_m'(\zeta_\Delta)\right)\cos\beta + \mathrm{Re}\left(2\varphi_m'(\zeta_\Delta) + \overline{\zeta}_\Delta\varphi_m''(\zeta_\Delta) + \psi_m'(\zeta_\Delta)\right)\sin\beta \qquad (15.26a)$$

$$= \mathrm{Im}\left(\overline{\zeta}\varphi_m''(\zeta) + \psi_m'(\zeta)\right)\cos\beta + \mathrm{Re}\left(2\varphi_m'(\zeta) + \overline{\zeta}\varphi_m''(\zeta) + \psi_m'(\zeta)\right)\sin\beta$$

其中，ζ 和 ζ_Δ 分别为边界上成对的两点 (x,y) 和 (x_Δ, y_Δ) 的复数坐标，因为对于一对成对的点，它们的极半径总是相等的，因此

$$|\zeta_\Delta| = |\zeta| \qquad (15.27)$$

此关系对于任一对成对的点成立，在后续的推导中会重复使用，届时恕不一一说明。

　　将式(15.25)及其在 ζ_Δ 的表达式代入式(15.26a)，面内面力的周期性边界条件成为

$$(2\operatorname{Re}Q_1 - \operatorname{Re}Q_2)\cos\beta + \operatorname{Im}Q_2\sin\beta = -\operatorname{Re}R\cos\beta + \operatorname{Im}R\sin\beta$$
$$(2\operatorname{Re}Q_1 + \operatorname{Re}Q_2)\sin\beta + \operatorname{Im}Q_2\cos\beta = \operatorname{Re}R\sin\beta + \operatorname{Im}R\cos\beta \tag{15.26b}$$

其中

$$Q_1 = \left\{ \begin{array}{l} 2(1+\eta\kappa_f)|\zeta|(\rho_\Delta - \rho)a_2 \\[2mm] +\sum\limits_{k=3}^{\infty} k(1+\eta\kappa_f)|\zeta|^{k-1}\left(\rho_\Delta^{\ k-1} - \rho^{k-1}\right)a_k \\[2mm] -\sum\limits_{k=3}^{\infty} k(k-2)(1-\eta)|\zeta|^{-(k-1)}\left(\rho_\Delta^{\ -(k-1)} - \rho^{-(k-1)}\right)\overline{a}_k \\[2mm] -\sum\limits_{k=1}^{\infty} k(1-\eta)|\zeta|^{-(k+1)}\left(\rho_\Delta^{\ -(k+1)} - \rho^{-(k+1)}\right)\overline{b}_k \end{array} \right. \tag{15.28a}$$

$$Q_2 = \left\{ \begin{array}{l} -(\kappa_m - 1 + \eta - \eta\kappa_f)|\zeta|^{-2}\left(\rho_\Delta^{\ -2} - \rho^{-2}\right)a_1 \\[2mm] -(\kappa_m - 1 + \eta - \eta\kappa_f)|\zeta|^{-2}\left(\rho_\Delta^{\ -2} - \rho^{-2}\right)\overline{a}_1 \\[2mm] +2(1+\eta\kappa_f)|\zeta|\left(\rho_\Delta^{\ -1} - \rho^{-1}\right)a_2 \\[2mm] -2(\kappa_m - \eta\kappa_f)|\zeta|^{-3}\left(\rho_\Delta^{\ -3} - \rho^{-3}\right)\overline{a}_2 \\[2mm] +\sum\limits_{k=3}^{\infty} k\left(\begin{array}{l}(k-1)(1+\eta\kappa_f)|\zeta|^{k-1} \\ +(k-2)(\kappa_m + \eta - 1 - \eta\kappa_f)|\zeta|^{k-3}\end{array}\right)\left(\rho_\Delta^{\ k-3} - \rho^{k-3}\right)a_k \\[2mm] +\sum\limits_{k=3}^{\infty} k\left(\begin{array}{l}(k-1)(k-2)(1-\eta)|\zeta|^{-(k-1)} \\ -(\kappa_m - \eta\kappa_f + k(k-2)(1-\eta))|\zeta|^{-(k+1)}\end{array}\right)\left(\rho_\Delta^{\ -(k+1)} - \rho^{-(k+1)}\right)\overline{a}_k \\[2mm] +\sum\limits_{k=1}^{\infty} k(\kappa_m + \eta)|\zeta|^{k-1}\left(\rho_\Delta^{\ k-1} - \rho^{k-1}\right)b_k \\[2mm] +\sum\limits_{k=1}^{\infty} k(1-\eta)\left((k+1)|\zeta|^{-(k+1)} - (k+2)|\zeta|^{-(k+3)}\right)\left(\rho_\Delta^{\ -(k+3)} - \rho^{-(k+3)}\right)\overline{b}_k \end{array} \right. \tag{15.28b}$$

$$R = -4G_{Tm}\left(v_{Lm} - v_{Lf}\right)|\zeta|^{-2}\left(\rho_\Delta^{\ -2} - \rho^{-2}\right)\varepsilon_z^0 \tag{15.28c}$$

方程组(15.26b)就是面内面力的周期性边界条件，它们是以级数中的待定系数为未知数的两个线性方程。

　　再来考虑面内的相对位移边界条件。注意到面内位移与复变势函数之间的关系(15.1)中的第三式，面内位移可由下述项给出

$$\varphi_m(\zeta) = \frac{1}{1+\kappa_m} \begin{pmatrix} 2G_{Tm}(\nu_{Lm} - \nu_{Lf})\varepsilon_z^0 |\zeta|\rho + (a_1 + \bar{a}_1 + \eta\kappa_f a_1 - \eta\bar{a}_1)|\zeta|\rho \\ + (1+\eta\kappa_f)a_2|\zeta|^2\rho^2 + 2(1-\eta)\bar{a}_2 \\ + \sum_{k=3}^{\infty}(1+\eta\kappa_f)a_k|\zeta|^k\rho^k + \sum_{k=3}^{\infty}k(1-\eta)\bar{a}_k|\zeta|^{-(k-2)}\rho^{-(k-2)} \\ + \sum_{k=1}^{\infty}(1-\eta)\bar{b}_k|\zeta|^{-k}\rho^{-k} \end{pmatrix} \tag{15.29a}$$

$$\zeta\overline{\varphi'_m}(\zeta) = \frac{1}{1+\kappa_m} \begin{pmatrix} 2G_{Tm}(\nu_{Lm} - \nu_{Lf})|\zeta|\rho\varepsilon_z^0 + (a_1 + \bar{a}_1 + \eta\kappa_f\bar{a}_1 - \eta a_1)|\zeta|\rho \\ + 2(1+\eta\kappa_f)|\zeta|^2\bar{a}_2 \\ + \sum_{k=3}^{\infty}k(1+\eta\kappa_f)|\zeta|^k\rho^{-(k-2)}\bar{a}_k - \sum_{k=3}^{\infty}k(k-2)(1-\eta)|\zeta|^{-(k-2)}\rho^k a_k \\ - \sum_{k=1}^{\infty}k(1-\eta)|\zeta|^{-k}\rho^{k+2}b_k \end{pmatrix} \tag{15.29b}$$

$$\bar{\psi}_m(\zeta) = \frac{1}{1+\kappa_m} \begin{pmatrix} -4G_{Tm}(\nu_{Lm} - \nu_{Lf})|\zeta|^{-1}\rho\varepsilon_z^0 + (\kappa_m - 1 + \eta - \eta\kappa_f)|\zeta|^{-1}\rho(\bar{a}_1 + a_1) \\ + 2(\kappa_m + \eta - 1 - \eta\kappa_f)\bar{a}_2 + (\kappa_m - \eta\kappa_f)|\zeta|^{-2}\rho^2 a_2 \\ + \sum_{k=3}^{\infty}k(\kappa_m + \eta - 1 - \eta\kappa_f)|\zeta|^{k-2}\rho^{-(k-2)}\bar{a}_k \\ + \sum_{k=3}^{\infty}(\kappa_m - \eta\kappa_f + k(k-2)(1-\eta))|\zeta|^{-k}\rho^k a_k \\ + \sum_{k=1}^{\infty}(\kappa_m + \eta)|\zeta|^k\rho^{-k}\bar{b}_k + \sum_{k=1}^{\infty}k(1-\eta)|\zeta|^{-(k+2)}\rho^{k+2}b_k \end{pmatrix} \tag{15.29c}$$

将 ζ 换之以 ζ_Δ，便可相应地得到 $\varphi_m(\zeta_\Delta)$、$\zeta_\Delta\overline{\varphi'_m}(\zeta_\Delta)$、$\bar{\psi}_m(\zeta_\Delta)$ 的表达式。这样，面内的相对位移边界条件(15.22b)可以用复变势函数表示如下

$$\kappa_m\varphi_m(\zeta_\Delta) - \zeta_\Delta\overline{\varphi'_m(\zeta_\Delta)} - \overline{\psi_m(\zeta_\Delta)} - \left(\kappa_m\varphi_m(\zeta) - \zeta\overline{\varphi'_m(\zeta)} - \overline{\psi_m(\zeta)}\right)$$
$$= 2G_{Tm}\nu_{Lm}\varepsilon_z^0(\zeta_\Delta - \zeta) + 2G_{Tm}\left(\varepsilon_x^0\cos\beta + i(\gamma_{xy}^0\cos\beta + \varepsilon_y^0\sin\beta)\right)\Delta \tag{15.30a}$$

将式(15.29)及其在 ζ_Δ 的表达式代入式(15.30a)，面内相对位移边界条件成为

$$
\begin{aligned}
&\left(\left(\kappa_m-1+\eta\kappa_m\kappa_f+\eta\right)|\zeta|-\left(\kappa_m-1+\eta-\eta\kappa_f\right)|\zeta|^{-1}\right)(\rho_\Delta-\rho)a_1 \\
&\cdot\left(\left(\kappa_m-1-\eta\kappa_m-\eta\kappa_f\right)|\zeta|-\left(\kappa_m-1+\eta-\eta\kappa_f\right)|\zeta|^{-1}\right)(\rho_\Delta-\rho)\bar{a}_1 \\
&+\left(\kappa_m\left(1+\eta\kappa_f\right)|\zeta|^2-\left(\kappa_m-\eta\kappa_f\right)|\zeta|^{-2}\right)(\rho_\Delta^2-\rho^2)a_2 \\
&+\sum_{k=3}^N\left(\kappa_m\left(1+\eta\kappa_f\right)|\zeta|^k-\left(\kappa_m-\eta\kappa_f\right)|\zeta|^{-k}+k(k-2)(1-\eta)\left(|\zeta|^{-(k-2)}-|\zeta|^{-k}\right)\right)(\rho_\Delta^k-\rho^k)a_k \\
&+\sum_{k=3}^N k\left(\kappa_m(1-\eta)|\zeta|^{-(k-2)}-\left(1+\eta\kappa_f\right)|\zeta|^k-\left(\kappa_m+\eta-1-\eta\kappa_f\right)|\zeta_\Delta|^{k-2}\right)\left(\rho_\Delta^{-(k-2)}-\rho^{-(k-2)}\right)\bar{a}_k \\
&+\sum_{k=1}^\infty k(1-\eta)\left(|\zeta|^{-k}-|\zeta|^{-(k+2)}\right)\left(\rho_\Delta^{k+2}-\rho^{k+2}\right)b_k \\
&+\sum_{k=1}^N\left(\kappa_m(1-\eta)|\zeta|^{-k}-\left(\kappa_m+\eta\right)|\zeta|^k\right)\left(\rho_\Delta^{-k}-\rho^{-k}\right)\bar{b}_k \\
&=2G_{Tm}\left(1+\kappa_m\right)\left(\varepsilon_x^0\cos\beta+i\left(\gamma_{xy}^0\cos\beta+\varepsilon_y^0\sin\beta\right)\right)\Delta \\
&\quad+2G_{Tm}\left(\nu_{Lm}\left(1+\kappa_m\right)|\zeta|-\left(\nu_{Lm}-\nu_{Lf}\right)\left(\left(\kappa_m-1\right)|\zeta|+2|\zeta|^{-1}\right)\right)(\rho_\Delta-\rho)\varepsilon_z^0
\end{aligned}
$$

$$
(15.30b)
$$

上述边界条件(15.26b)、(15.30b)都定义在单胞的对边上相应的点之间,正方形单胞有两对对边,六角形单胞有三对对边。

15.2.5 边界配置法

理论上,当上述方程在单胞边界上每一对相应的点之间都满足时,就得到了问题的面内部分的精确解,但是问题的求解需要确定待定的复系数 a_k、b_k,上述方程的求解涉及对系数矩阵的求逆,不管采用何种方法,都已超出了解析求解的可能性,而不得不采用计算机来求数值形式的近似解。所谓的近似,首先是对所涉及的方程中的所有级数作有限截断,这样,所有边界条件都只能被近似地满足。另一个近似是,单胞边界上成对点也只能取有限对,当然,对数仍必须足够大,以确保有足够多的条件来足够准确地确定复系数 a_k、b_k。

上述所有级数不妨假设都在 N 阶处有限截断,单胞边界上每一对成对的点都可以按式(15.26b)、式(15.30b)分别提供如上两个关于复系数的线性方程,含 $2N$ 对共轭的复系数作为待求的未知量

$$
\begin{bmatrix} a_1 & \bar{a}_1 & b_1 & \bar{b}_1 & a_2 & \bar{a}_2 & b_2 & \bar{b}_2 & \cdots & a_N & \bar{a}_N & b_N & \bar{b}_N \end{bmatrix}^{\mathrm{T}}
\tag{15.31}
$$

但是考虑到现成的求解联立的复数方程的算法不多见,待这些复数方程生成后,

还是转换成实数形式求解为妥，复数的实部 Re 和虚部 Im 在大部分计算机语言中都是标准函数，可直接引用。一复数及其共轭与其实部与虚部之间，以 a_k 和 $\bar{a}_k$ 为例，则有如下简单的关系

$$\begin{Bmatrix} a_k \\ \bar{a}_k \end{Bmatrix} = \begin{bmatrix} 1 & i \\ 1 & -i \end{bmatrix} \begin{Bmatrix} \mathrm{Re}\,a_k \\ \mathrm{Im}\,a_k \end{Bmatrix} \tag{15.32}$$

这样，由式(15.26b)、式(15.30b)可得 4 个实数方程，实数形式的 $4N$ 个未知量可按序排列为

$$[X] =$$

$$\begin{bmatrix} \mathrm{Re}\,a_1 & \mathrm{Im}\,a_1 & \mathrm{Re}\,b_1 & \mathrm{Im}\,b_1 & \mathrm{Re}\,a_2 & \mathrm{Im}\,a_2 & \mathrm{Re}\,b_2 & \mathrm{Im}\,b_2 & \cdots & \mathrm{Re}\,a_N & \mathrm{Im}\,a_N & \mathrm{Re}\,b_N & \mathrm{Im}\,b_N \end{bmatrix}^{\mathrm{T}}$$

$$\tag{15.33}$$

其中[X]应该有 4 列，分别相应于单胞面内问题所涉及的 4 个平均单向应变和纯剪应变状态。上述方程虽然理论上适用于这些平均应变之间的任意组合，但是最具有实际应用价值的情形则是分别的单独的平均单向应变状态或纯剪应变状态，当然它们需要逐一分析，作为不同的载荷状态，从而可得分别相应于每个单独的平均单向应变状态或纯剪应变状态的级数(15.6)和(15.8)中的 4 组系数，从而获得由级数(15.6)和(15.8)给出的复变势函数作为弹性力学问题在相应的载荷状态下的解。

作为前述"神志测验"的延续，当纤维和基体被赋予相同的各向同性材料特性时，级数(15.6)中仅保留一次项即可得到圆满的解，而上述边界条件也自然满足。

当纤维和基体的材料特性不相同时，通过对级数的有限截断作为近似，涉及的 $4N$ 个未知量，需要通过数值方法来获取，所得的解也因此是所谓的半解析解。

注意到，从单胞边界上每一对成对的点，按式(15.26b)、式(15.30b)，仅能得到 4 个实数方程，除了上述的"神志测验"的简单情况，一般不足以求解 $4N$ 个未知量，因此必须将式(15.26b)、式(15.30b)施于足够多成对的点，以得到足够多的方程数。

比较成熟的数值方法是权余法中所谓的边界配置法(Leissa et al., 1971)。沿单胞的边界选择一系列成对的配置点，设为 M 对，每一对配置点之间，按照式(15.26b)、式(15.30b)，共可得到 4 个关于那 $4N$ 个面内的待定未知量的 $4M$ 个方程。

沿单胞的边界必须足够多的成对的配置点，一般地，如果仅选 N 个配置点，似乎共可以得到关于 $4N$ 个未知量的 $4N$ 方程，但是这样通常不足，有时系数矩阵可能因为方程之间不是充分地独立而奇异或近乎奇异，即便方程组侥幸可解，边界条件的满足程度也会相当之低，恰当的分析方法是，选择足够多的配置点，即 $M > N$，一般地，M 需要可观地大于 N，这样可以得到的方程数量为 $4M$，其足够

地大于 $4N$，从而给出一组个数为 $4M$ 并足够地大于未知量数 $4N$ 的线性方程组

$$[A][X] = [B] \tag{15.34}$$

其中的系数矩阵 $[A]$ 的行数可观地大于其列数，这样的方程组一般称为矛盾方程组，因为其中有的方程之间可能是矛盾的，严格满足它们的解一般不存在。求解所谓的矛盾方程组的目标是，求一解，使得矛盾方程组的矛盾程度尽可能低，即离严格满足单胞的边界条件的解的偏差尽可能小，因而纤维与基体的界面上的连续条件也能被足够近似地满足。

　　求解矛盾方程组的一个常用的方法是用最小二乘法来保证偏差最小，其导致

$$[A]^{\mathrm{T}}[A][X] = [A]^{\mathrm{T}}[B] \tag{15.35}$$

即最小二乘法将式 (15.34) 转化成一组方程个数与未知量的个数相等的线性方程组，其系数矩阵显然对称。一般地，只要 M 足够地大于 N，该系数矩阵总是非奇异的，故方程组 (15.35) 一般可解。

　　上述方程都是在离散的配置点上给出的，原则上，这样的配置点可以要多少有多少，因此，级数中保留的项数也可以要多少保留多少。通过提高截断阶次 N 和增加单胞的边界上的配置点的点数 M，单胞的边界条件的偏差都可以被减至尽可能小。因为方程个数总是比未知量多，也就不在乎在单胞的角点处再多几个不独立的方程了，因此不再有必要像在第 6 章、第 8 章那样刨除在角点处赘余的边界条件了。

　　当面内相对位移边界条件 (15.26b)、(15.30b) 中的 4 个平均应变，即相应于 4 个载荷条件，如第 7 章 7.5 节所述，分别被赋予单位值时，相应地会得出 4 组解，由之可以进一步得到相应的在单胞内的应力分布，进而可得相应的平均应力，此乃后话。

15.2.6　单胞的边界上面外的周期性面力边界条件和相对位移边界条件及其近似解

　　下面再来考虑面外边界条件。面外边界条件所得出的都是实数方程，尽管它们都由复变势函数给出，因为其中的复变函数都是以成对的共轭形式出现的，故虚部自然地为零，仅剩实部。面外面力的周期性边界条件可以表达为

$$\mathrm{Re}\,\omega_m'(\zeta_\Delta)\cos\beta - \mathrm{Im}\,\omega_m'(\zeta_\Delta)\sin\beta = \mathrm{Re}\,\omega_m'(\zeta)\cos\beta - \mathrm{Im}\,\omega_m'(\zeta)\sin\beta \tag{15.36a}$$

其中

$$\omega_m'(\zeta) = \frac{1}{2}\sum_{k=1}^{\infty} k\left((\lambda+1)c_k\zeta^{k-1} - (\lambda-1)\bar{c}_k\zeta^{-(k+1)}\right) \tag{15.37}$$

以 ζ_Δ 代之以 ζ，可相应地得 $\omega_m'(\zeta_\Delta)$。将其显式表示成级数 (15.6) 中的待定系数的实部与虚部的线性方程则为

$$\left(\mathrm{Re}\sum_{k=1}^{\infty}k\left((\lambda+1)c_k\left(\zeta_\Delta^{\ k-1}-\zeta^{k-1}\right)-(\lambda-1)\overline{c}_k\left(\zeta_\Delta^{\ -(k+1)}-\zeta^{-(k+1)}\right)\right)\right)\cos\beta$$

$$-\left(\mathrm{Im}\sum_{k=1}^{\infty}k\left((\lambda+1)c_k\left(\zeta_\Delta^{\ k-1}-\zeta^{k-1}\right)-(\lambda-1)\overline{c}_k\left(\zeta_\Delta^{\ -(k+1)}-\zeta^{-(k+1)}\right)\right)\right)\sin\beta=0 \tag{15.36b}$$

面外相对位移边界条件为

$$\mathrm{Re}\,\omega_m\left(\zeta_\Delta\right)-\mathrm{Re}\,\omega_m\left(\zeta\right)=G_{Lm}\left(\gamma_{xz}^0\cos\beta+\gamma_{yz}^0\sin\beta\right)\Delta \tag{15.38a}$$

其中

$$\omega_m\left(\zeta\right)=\frac{1}{2}\sum_{k=1}^{\infty}\left((\lambda+1)|\zeta|^k\,\rho^k c_k+(\lambda-1)|\zeta|^{-k}\,\rho^{-k}\overline{c}_k\right) \tag{15.39}$$

以ζ_Δ代之以ζ, 可相应地得$\omega_m\left(\zeta_\Delta\right)$。将式(15.38a)显式表示成级数(15.6)中的待定系数的线性方程, 可得

$$\mathrm{Re}\sum_{k=1}^{N}\left((\lambda+1)\left(\zeta_\Delta^{\ k}-\zeta^k\right)c_k+(\lambda-1)\left(\zeta_\Delta^{\ -k}-\zeta^{-k}\right)\overline{c}_k\right)=2G_{Lm}\left(\gamma_{xz}^0\cos\beta+\gamma_{yz}^0\sin\beta\right)\Delta$$

$$\tag{15.38b}$$

　　面外边界条件对于边界上每一对成对的点可以提供如上两个实数方程(15.36b)和(15.38b), 形式与方程(15.26b)、方程(15.30b)类似, 有关的处理也与面内部分相同, 因此也可以表示为式(15.34)的形式, 并转换为式(15.35)的形式来求解。不过, 面外的问题相对来说更简单些, 系数矩阵[A]为2M行×2N列; 面外相对位移边界条件(15.38b)的右端含2个平均应变, 分别被赋予单位值时, 得出2个面外剪切载荷条件, 这时, 相应于式(15.34)中的[B]矩阵有2列, 相应地可得出2组解。关于配置点, 尽管面内问题和面外问题并无必要作相同的选取, 但是作相同的选取, 对编程、计算效率都无疑是有利的。

　　待求的2N个未知量可按序排列为

$$[X]=[\mathrm{Re}\,c_1\quad\mathrm{Im}\,c_1\quad\mathrm{Re}\,c_2\quad\mathrm{Im}\,c_2\quad\cdots\quad\mathrm{Re}\,c_N\quad\mathrm{Im}\,c_N]^{\mathrm{T}} \tag{15.40}$$

其中[X]有2列, 分别相应于单胞的2个面外的纯剪应变状态。

　　对于面内和面外问题, 分别求解式(15.35)之后, 与纤维相关的势函数ϕ_f、ψ_f、ω_f的近似表达式即可由式(15.6)得出了, 而由式(15.8)得出与基体相关的势函数ϕ_m、ψ_m、ω_m, 当然, 这些级数也都已在N阶处有限截断。这样, 各应力、位移分量就均可由式(15.4a)、式(15.4b)、式(15.4c)和式(15.5a)、式(15.5b)分别得出了。当然, 共有6组, 分别相应于6个宏观的单向应变或纯剪应变状态下的解。

15.2.7　平均应力

按照单胞内的平均应力的定义，它们可由应力在整个单胞上的积分除以单胞的面积得出，借助第 9 章所推导的公式，可得

$$\sigma_x^0 = \frac{1}{A}\iint_A \sigma_x \mathrm{d}A = \frac{1}{A}\oint_{\partial A} x\left(\sigma_x \cos\beta + \tau_{xy}\sin\beta\right)\mathrm{d}s$$

$$\sigma_y^0 = \frac{1}{A}\iint_A \sigma_y \mathrm{d}A = \frac{1}{A}\oint_{\partial A} y\left(\tau_{xy} \cos\beta + \sigma_y\sin\beta\right)\mathrm{d}s$$

$$\tau_{xy}^0 = \frac{1}{A}\iint_A \tau_{xy} \mathrm{d}A = \frac{1}{A}\oint_{\partial A} x\left(\tau_{xy} \cos\beta + \sigma_y\sin\beta\right)\mathrm{d}s = \frac{1}{A}\oint_{\partial A} y\left(\sigma_x \cos\beta + \tau_{xy}\sin\beta\right)\mathrm{d}s$$

$$(15.41\text{a})$$

$$\tau_{yz}^0 = \frac{1}{A}\iint_A \tau_{yz} \mathrm{d}A = \frac{1}{A}\oint_{\partial A} y\left(\tau_{xz} \cos\beta + \tau_{yz}\sin\beta\right)\mathrm{d}s$$

$$\tau_{xz}^0 = \frac{1}{A}\iint_A \tau_{xz} \mathrm{d}A = \frac{1}{A}\oint_{\partial A} x\left(\tau_{xz} \cos\beta + \tau_{yz}\sin\beta\right)\mathrm{d}s$$

其中

$$A = \begin{cases} \Delta^2, & \text{正方形} \\ \sqrt{3}\Delta^2/2, & \text{六边形} \end{cases} \tag{15.42}$$

记号 A 既代表面积又代表该面积所在的区域，由其在公式中出现的位置即可清楚地辨认，应该不致混淆。式(15.41a)中的线积分都仅涉及单胞的边界∂A，理由如下。式(15.41a)中的面积分，因为应力会由于纤维与基体的不同材料性能而在界面处不一定连续，故积分应分别在纤维与基体所在的区域内进行，而后相加而得。变换成线积分后，则必须分别沿纤维与基体的边界求积。基体部分是双连通的，但是，借助一任意的切割线，如图 15.1 中的虚线所示，可转变成单连通的，而沿切割线两侧的积分路径方向相反，这部分积分相互抵消。沿纤维与基体的界面，在其两侧积分，虽然分别在两相不同的材料中进行，但是被积函数的括号中的表达式，如$\sigma_x \cos\beta + \tau_{xy}\sin\beta$，正好是界面上的面力分量，连续性要求其在界面的两侧相等，而括号外的坐标 x 或 y，因为在界面上，两侧也是共享的，因此两侧被积函数恰好相等，而积分路径相反(或说外法线方向相反)，因此沿两侧的积分相互抵消，仅剩沿单胞外部边界∂A的积分。

单胞的边界仅涉及基体，因此仅与基体有关。这些线积分可以数值求解，不妨采用梯形法则，于是，上述积分的主要计算量就降至求级数(15.6)和(15.8)及其相应阶次的导数在单胞边界上所选择的配置点上的值了。特别地，当这些配置点等距离选取时，不妨记间距为 h，那么这些积分又可以进一步简化为 h 乘以这些

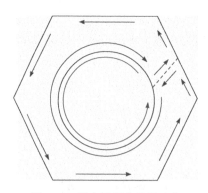

图 15.1 沿边界积分路径示意

被积函数在单胞边界上所选择的所有配置点上的值之和，仅有每边的两个端点例外，它们对其所在的每一条边的贡献为半，这是梯形法则所致；不过，任一边的端点，都是两条边的交点，其对另一边也有这样量值为半的贡献。被积函数在单胞边界的交点处一般不连续，但这并不影响积分。如此便利，充分体现了第 9 章对计算平均应力、应变的积分的降阶的价值。

上述的结论对式(15.41a)中的每一个积分都适用，但是其一般的适用性不可随意推广，下述在广义平面应变问题中的沿纤维方向的平均正应力即为一不适用的例子。为了求得沿纤维方向的平均正应力，利用广义平面应变问题中面外正应力与面内正应力之间的关系(15.4b)可得

$$
\begin{aligned}
\sigma_z^0 &= \frac{1}{A}\iint_A \sigma_z \mathrm{d}A = \frac{1}{A}\left(\iint_{A_m}\sigma_z \mathrm{d}A + \iint_{A_f}\sigma_z \mathrm{d}A\right) \\
&= \frac{1}{A}\iint_{A_m}\left(E_{Lm}\varepsilon_z^0 + \nu_{Lm}\left(\sigma_x + \sigma_y\right)\right)\mathrm{d}A + \iint_{A_f}\left(E_{Lf}\varepsilon_z^0 + \nu_{Lf}\left(\sigma_x + \sigma_y\right)\right)\mathrm{d}A \\
&= \frac{1}{A}\left(\iint_{A_m}E_{Lm}\varepsilon_z^0\mathrm{d}A + \iint_{A_f}E_{Lf}\varepsilon_z^0\mathrm{d}A + \nu_{Lm}\iint_{A_m}\left(\sigma_x + \sigma_y\right)\mathrm{d}A + \nu_{Lf}\iint_{A_f}\left(\sigma_x + \sigma_y\right)\mathrm{d}A\right) \\
&= \bar{E}_L\varepsilon_z^0 + \frac{\nu_{Lm}}{A}\oint_{\partial A}\left(x\left(\sigma_x\cos\beta + \tau_{xy}\sin\beta\right) + y\left(\tau_{xy}\cos\beta + \sigma_y\sin\beta\right)\right)\mathrm{d}s
\end{aligned}
$$

$$
\begin{aligned}
&+ \frac{\nu_{Lm}}{A}\oint_{\rho}\left(x\left(\sigma_x\cos\beta + \tau_{xy}\sin\beta\right) + y\left(\tau_{xy}\cos\beta + \sigma_y\sin\beta\right)\right)\mathrm{d}s \\
&+ \frac{\nu_{Lf}}{A}\oint_{\rho}\left(x\left(\sigma_x\cos\beta + \tau_{xy}\sin\beta\right) + y\left(\tau_{xy}\cos\beta + \sigma_y\sin\beta\right)\right)\mathrm{d}s
\end{aligned}
$$

(15.41b)

其中

$$
\bar{E}_L = \frac{1}{A}\iint_{A_m}E_{Lm}\mathrm{d}A + \iint_{A_f}E_{Lf}\mathrm{d}A = V_f E_{Lf} + \left(1 - V_f\right)E_{Lm}
$$

(15.43)

V_f 为由单胞所代表的复合材料中的纤维体积含量；ρ 为纤维与基体的界面，按前面的假设，ρ 为单位圆，故 $\mathrm{d}s = \mathrm{d}\theta$；式(15.41b)中沿纤维与基体界面的积分，在基体

中路径顺时针方向，虽然与在纤维中路径的方向相反，但是因为分别涉及纤维与基体沿纤维方向的泊松比，因材料不同，这两个泊松比一般不相等，因此相应的两项不能相互抵消。逆转式(15.41b)中在基体内沿纤维与基体界面的积分的路径方向，当然也改变了该项的符号，与在纤维内相应的积分项合并后得

$$\sigma_z^0 = \bar{E}_L \varepsilon_z^0 + \frac{1}{A} \nu_{Lm} \oint_{\partial A} \left(x \left(\sigma_x \cos\beta + \tau_{xy} \sin\beta \right) + y \left(\tau_{xy} \cos\beta + \sigma_y \sin\beta \right) \right) \mathrm{d}s$$

$$+ \frac{1}{A} \left(\nu_{Lf} - \nu_{Lm} \right) \oint_\rho \left(x \left(\sigma_x \cos\theta + \tau_{xy} \sin\theta \right) + y \left(\tau_{xy} \cos\theta + \sigma_y \sin\theta \right) \right) \mathrm{d}\theta \qquad (15.41c)$$

$$= \bar{E}_L \varepsilon_z^0 + \nu_{Lm} \left(\sigma_x^0 + \sigma_y^0 \right) + \left(\nu_{Lf} - \nu_{Lm} \right) I$$

其中

$$I = \frac{1}{A} \oint_\rho \left(x \left(\sigma_x \cos\theta + \tau_{xy} \sin\theta \right) + y \left(\tau_{xy} \cos\theta + \sigma_y \sin\theta \right) \right) \mathrm{d}\theta \qquad (15.44)$$

式(15.44)所定义的 I 可以在界面的任一侧计算，即沿单位圆，因为连续性要求，两侧的结果必然相等。显然，应力的表达式在纤维中要简单些，所以在纤维中求积更方便些。通过平均应力的积分关系，也可以知道，式(15.44)恰好是纤维中两个面内的平均正应力之和，但是这并不提供任何直接的途径计算它们。利用由 Taylor 级数给出的复变势函数，可得

$$I = \oint_\rho \cos\theta \left(\mathrm{Re}\left(2\varphi_f'(\rho) - \bar{\rho}\varphi_f''(\rho) - \psi_f'(\rho) \right) \cos\theta + \mathrm{Im}\left(\bar{\rho}\varphi_f''(\rho) + \psi_f'(\rho) \right) \sin\theta \right) \mathrm{d}\theta$$

$$+ \oint_\rho \sin\theta \left(\mathrm{Im}\left(\bar{\rho}\varphi_f''(\rho) + \psi_f'(\rho) \right) \cos\theta + \mathrm{Re}\left(2\varphi_f'(\rho) + \bar{\rho}\varphi_f''(\rho) + \psi_f'(\rho) \right) \sin\theta \right) \mathrm{d}\theta$$

$$= \oint_\rho \left(2\mathrm{Re}\,\varphi_f'(\rho) - \cos 2\theta \, \mathrm{Re}\left(\bar{\rho}\varphi_f''(\rho) + \psi_f'(\rho) \right) + \sin 2\theta \, \mathrm{Im}\left(\bar{\rho}\varphi_f''(\rho) + \psi_f'(\rho) \right) \right) \mathrm{d}\theta$$

$$(15.45)$$

其中

$$\varphi_f' = a_1 + \sum_{k=2}^{\infty} k a_k \left(\cos(k-1)\theta + \mathrm{i}\sin(k-1)\theta \right) \qquad (15.46a)$$

$$\bar{\rho}\varphi_f'' + \psi_f' = 2a_2 \left(\cos\theta - \mathrm{i}\sin\theta \right) + 6a_3 + \sum_{k=4}^{\infty} k(k-1) a_k \left(\cos(k-3)\theta + \mathrm{i}\sin(k-3)\theta \right)$$

$$+ \sum_{k=1}^{\infty} k b_k \left(\cos(k-1)\theta + \mathrm{i}\sin(k-1)\theta \right)$$

$$(15.46b)$$

除了式(15.46a)中的第一项之外，式(15.45)的被积函数中的其他所有项都是关于 θ 的正弦或余弦函数或它们的倍角函数，故绕界面圆周，即 θ 从 0 到 2π，积分都为

零，因此

$$\oint_{\rho}\left(x\left(\sigma_x\cos\theta+\tau_{xy}\sin\theta\right)+y\left(\tau_{xy}\cos\theta+\sigma_y\sin\theta\right)\right)\mathrm{d}\theta=4\pi\mathrm{Re}\,a_1 \tag{15.47}$$

这样，求解了方程(15.35)并按式(15.41a)求得了 σ_x^0 和 σ_y^0 之后，沿纤维方向的平均应力 σ_z^0 可以有如下显式并严格的表达式

$$\sigma_z^0=\bar{E}_L\varepsilon_z^0+\nu_{Lm}\left(\sigma_x^0+\sigma_y^0\right)+\frac{\nu_{Lf}-\nu_{Lm}}{A}4\pi\mathrm{Re}\,a_1 \tag{15.41d}$$

相对于 6 组载荷条件中的每一组，由式(15.41a)和式(15.41d)可以得到一组 6 个平均应力，它们构成复合材料刚度矩阵中的一列，由 6 组载荷条件可得完整的刚度矩阵。对刚度矩阵求逆，可得相应的柔度矩阵，按第 7 章 7.5 节的定义，可从中得相应的弹性常数。

15.2.8 近似解及其收敛性

如上是正问题的求解，可通过一简短的不超过 500 条语句的 Fortran 77 程序实现，并付诸实施，作为验证(verification)，施之以前述的"神志测验"，如期通过。作为一独立的验证(validation)，取 $N=20$；而在单胞的边界上的每条边上取 41 个配置点(取奇数是为了保证边的中点为一配置点，这并非必要，当配置点数很少时，保证中点被计入对精度可以略有帮助)，等距离分布，这样每对边提供 41 对点，对于正方形单胞 $M=82$，六角形单胞 $M=123$。上述 N 和 M 的选取，是通过下述的收敛性研究后得出的。首先，给定一个足够大的 M 的值，如 100；再由小到大，逐步改变 N 的值，结果表明，当 $N=20$ 左右时，再继续增大其值，对结果已无明显改善了。同样地，给定一个足够大的 N 的值，如 100；由小到大逐步改变 M 的值，结果表明，当 $M=41$ 左右时，再继续增大其值，对结果也无明显改善了。故建议值为 $M=41$、$N=20$。

上述分析的主要计算量在于求解方程(15.35)，从该方程的由来可以看出，其阶次取决于 N 的值，增大 M 的值，所涉及的计算量仅仅是为了得出式(15.35)中的系数矩阵，以及求解了式(15.35)之后求平均应力，对总的计算来说，其量微乎其微，因此，用户若希望继续增大 M 的值，大可不必过分拘泥；而增大 N 的值，则会直接影响计算量。在著者的手提电脑上，上述例子的运行时间，不过就是数秒钟而已，而且时间主要花费在执行程序往 CPU 的装载，因此分析的效率是相当高的。分析结果表明，此处的正方形单胞和六角形单胞都几乎分别重现了第 7 章表 7.3 中的复合材料等效特性的结果，所有差别，至多发生在第 5 位有效位数。应该说，此处所得的结果更准确，而表 7.3 中的结果随着有限元网格的进一步细分会更接近这里的结果，当然这里所谓的差别微乎其微，仅有理论意义，作为验证准

确性的手段，并无多少实际价值。按本章解析分析的方法所需的 CPU 时间要大大低于有限元的解法，对后续的迭代来说，这非常重要，当然最主要的是：源程序在握，处置迭代任我行。

15.3 逆问题：纤维特性的获取

所谓单胞分析的逆问题，是希望通过单胞由单向复合材料的等效特性以及基体的特性，反推出纤维的特性。如果纤维的特性中有一部分特性已知，那么可以用上述的反推，得出另一部分未知的特性，之所以有如此的需求，是因为复合材料中的增强纤维的弹性常数测量的困难，特别是横向的弹性模量，顺纤维方向的剪切模量，和垂直纤维方向平面内的剪切模量或者是泊松比，而相对来说，测量单向复合材料的等效特性以及基体的特性，则比较容易，而且有支持试验的工业标准可以依循。

正如非线性问题的求解是通过求解一系列线性问题来实现一样，求解一个逆问题也可以通过求解一系列正问题来实现，从一组纤维的特性的估算值，经过分析正问题来得出与之相应的单向复合材料的等效特性，与该单向复合材料的等效特性的实验值比较，通过其间的差别来判断估算值的误差，并得出一组改善后的估算值，如此循环迭代，直至分析所得的单向复合材料的等效特性与相应的实验值之间的差别足够小。

实现上述循环迭代的一个数学途径是把该问题视作为一个优化问题，以分析所得的各个等效特性与相应的试验值的相对误差的平方加权之后的和，作为优化的目标函数，以待求的纤维的弹性常数作为优化变量，除了这些优化变量的合理的取值范围，如非负这样的条件之外，没有其他硬性的约束条件，这是本问题的方便之处。之所以给这些误差的平方加权，是为了提供一个可以考虑单向复合材料的各个等效特性的测量精度的不同而导致的差别的途径。相对来说，在这些测量值中，顺纤维方向的弹性模量最有把握；与之相应的泊松比次之；横向的弹性模量更次之；顺纤维方向的剪切模量分散性相当大，在一定程度上是因为这个方向上的剪切的显著的非线性的缘故，关于此类非线性的一个比较理性的数学模型，可参见文献(Li et al., 2021)；而在垂直于纤维方向的平面内的剪切模量，相对来说，试验标准最不完善，因此结果的不确定性也最高。上述提供的加权途径，并不是非采纳不可，若采纳，那一定要在对上述特性的测量精度有定量估计条件下，如有试验数据的统计参数，像是标准差等，否则，所有权重均取为 1 无妨。

于是，本问题中的目标函数为

$$\Pi(\boldsymbol{p}) = \sum_{j=1}^{5} W_j \frac{\left(Q_j(\boldsymbol{p}) - Q_j^*\right)^2}{\left(Q_j^*\right)^2} \tag{15.48}$$

其中 Q_j 为单向复合材料的等效特性之一，对于横观各向同性材料，$j=1\sim5$，Q_j^* 为相应的测量值，W_j 为相应的权重，$\boldsymbol{p}$ 为待求的纤维的弹性常数，以粗体字表示矢量，分量的个数可以因问题而异，但至多 5 个，相应于作为纤维的横观各向同性材料的 5 个弹性常数均待求的情形，它们是本优化问题的优化变量。

在正问题中，在给定基体的特性的前提下，单向复合材料的等效特性是纤维特性的函数这一事实不容置疑，但是这些函数，一来是隐函数，二来非线性，任何需要使用这些函数的导数的优化方法，如牛顿法，都无法施展，好在，在现代的优化方法中，有一些可以回避导数的方法，如本书采用的单纯的下山方法 (downhill simplex method)(Nelder and Mead, 2002)，现成的 Fortran 子程序可以从 Press 等(2002)的著作中获取，直接使用。这样，编程工作量主要还是正问题部分以及与调用优化子程序有关的必要的衔接。

优化的 downhill simplex 方法需要若干组初值(待求纤维特性数再加 1)，迭代的收敛性关于初值的选取还是相当敏感的，因此，选取得越接近真解越好。比较方便的方法是利用 Voigt 的上界理论和 Reuss 的下界理论作一估算。假设复合材料等效特性为 P，相应的纤维和基体的特性分别为 P^f 和 P^m，而纤维的体积含量为 V^f，则上、下界理论分别为

$$P = V^f P^f + \left(1 - V^f\right) P^m$$
$$\frac{1}{P} = \frac{V^f}{P^f} + \frac{1 - V^f}{P^m} \tag{15.49}$$

一般地，按上界理论所得的 E_L、ν_L，即复合材料沿纤维方向的弹性模量、泊松比，还是比较准确的；下界理论所得的 E_T、G_L，即横向的弹性模量、沿纤维方向的剪切模量次之。然而，逆向使用它们来求纤维的等效特性，效果就要差远了，尤其是下界理论，不时会得出负值来，故不可信。不过，用它们稍作处理后来估算初值，作为迭代的起始，那还是要比胡乱假设要靠谱些。在著者所编的程序中，第一初值如下取得。如果沿轴向的纤维的弹性模量 E_L^f、泊松比 ν_L^f 待求，它们的初值从上界理论可得

$$E_L^f = \frac{1}{V^f}\left(E_L - \left(1 - V^f\right)E_L^m\right)$$
$$\nu_L^f = \frac{1}{V^f}\left(\nu_L - \left(1 - V^f\right)\nu_L^m\right) \tag{15.50}$$

其中各量的记号按常规选取，下标 L 表示沿轴向，后面还会用到 T 表示横向，上

标 f 表示纤维，m 表示基体，不带上标的是复合材料的特性。关于其他的纤维特性先按下界理论求取

$$
\begin{aligned}
E_T^f &= V^f \Big/ \left(\frac{1}{E_T} - \frac{1-V^f}{E_T^m} \right) \\
\nu_T^f &= V^f \Big/ \left(\frac{1}{\nu_T} - \frac{1-V^f}{\nu_T^m} \right) \\
G_L^f &= V^f \Big/ \left(\frac{1}{G_L} - \frac{1-F^f}{G_L^m} \right)
\end{aligned}
\tag{15.51}
$$

如果得出正值，则取为相应的初值。否则，便按上界理论之半作为初值，即

$$
\begin{aligned}
E_T^f &= \frac{1}{2V^f}\left(E_T - \left(1-V^f\right) E_T^m \right) \\
\nu_T^f &= \frac{1}{2V^f}\left(\nu_T - \left(1-V^f\right) \nu_T^m \right) \\
G_L^f &= \frac{1}{2V^f}\left(G_L - \left(1-V^f\right) G_L^m \right)
\end{aligned}
\tag{15.52}
$$

如果 5 个纤维特性都待求，上述所得的一组 5 个值，即为 1 个初值，应用 downhill simplex 方法进行优化分析时，需要有比优化变量个数多 1 个的初值，即 6 个。有了上述的这个初值，其他 5 个初值就可以由这个初值衍生而得，具体的做法是逐个给上述所得出的每个值加上一个微小的增量，譬如原来的值的 1%，当然，这也是应用 downhill simplex 方法的典型操作。

应该指出，初值除了对收敛具有导向作用，对收敛后的结果并无影响，因此选取可以有一定的任意性。不过，用户对收敛所得的值，还是需要作出必要的判断，对违反常理的结果需要考虑选取更贴近的初值。好在著者通过一定的参数分析发现，收敛了的结果作为优化问题的驻值点，在与合理的结果的相应的驻值点的较大的一个邻域内，通常没有其他驻值点的存在。因此，若结果符合常理，那就比较可信；而不可信的结果，通常与常理相距甚远，不难判断。

因为正问题中的面内部分和面外部分是解耦的，上述的优化对面内部分和面外部分可以分别进行，通常的优化问题都是优化变量越少越容易收敛。对于面内部分，如果在式(15.47)中的权重 W_j 均取为 1，则目标函数可写成

$$
\Pi_{\text{in-plane}}(\boldsymbol{p}) = \frac{\left(E_L(\boldsymbol{p})-E_L^{\exp}\right)^2}{\left(E_L^{\exp}\right)^2} + \frac{\left(\nu_L(\boldsymbol{p})-\nu_L^{\exp}\right)^2}{\left(\nu_L^{\exp}\right)^2} + \frac{\left(E_T(\boldsymbol{p})-E_T^{\exp}\right)^2}{\left(E_T^{\exp}\right)^2} + \frac{\left(\nu_T(\boldsymbol{p})-\nu_T^{\exp}\right)^2}{\left(\nu_T^{\exp}\right)^2}
$$

$$
\tag{15.53}
$$

其中 $p = \begin{bmatrix} E_L^f & v_L^f & E_T^f & v_T^f \end{bmatrix}^T$ 是本优化问题中的设计变量矢量，包含 4 个独立的优化变量，上标为 exp 的量分别为(15.48)中的 Q^*。如果这 4 个变量中有一个或若干个已知，譬如，E_L^f 和 v_L^f，这两个是制造商最有可能提供的性能。不过，无论 p 中包含的值的个数是几，目标函数中的 4 项都应保留，因为 p 的任何变动，都会影响 E_L、v_L、E_T 和 v_T，这些变动，应该如式(15.53)所表达的那样计入目标函数之中。

采用 15.2 节所引用的独立验证的例子，即以第 7 章表 7.2 中的数据作为复合材料组分材料特性，由正问题可得复合材料等效特性，见表 7.3，以所得的复合材料等效特性和基体特性作为输入，通过上述的迭代来寻求纤维的特性，假设纤维为横观各向同性材料，对于面内问题，其具有 4 个独立的弹性常数，采用小于 10^{-3} 的相对误差作为 downhill simplex 方法的收敛判据，所得的结果作为纤维的特性，相对于表 7.2 中所给的纤维特性的精度高于 99.99%。输出结果也准确地展示了玻璃纤维材料的各向同性特征，尽管纤维是被当作横观各向同性材料来处理的。逐个增加其中给定的纤维特性的个数，所得的结果几乎没有可以观察得到的差别。

相应的参数分析还表明，以单胞的逆向应用来获取纤维特性的结果，对于输入数据还是相当敏感的。因此，作为输入数据的复合材料的特性应该尽可能准确，至少不与常理冲突。譬如，如果纤维的确是用来增强(而不是削弱)的，复合材料的弹性模量应该高于基体的弹性模量。文献中，违反常理的数据并不罕见，用户需警觉。

对于面外部分，目标函数为

$$\Pi_{\text{out-of-plane}}\left(G_L^f\right) = \frac{\left(G_L\left(G_L^f\right) - G_L^{\exp}\right)^2}{\left(G_L^{\exp}\right)^2} \tag{15.54}$$

这已经是一个单变量的优化问题了，当然 downhill simplex 方法仍然适用，因此无需采用另外的优化方法了。

同样采用 15.2 节所引用的独立验证的例子，即以第 7 章表 7.2 中的数据作为复合材料组分材料特性，由正问题可得复合材料顺纤维方向的等效剪切模量，以此及基体的剪切模量作为输入，通过上述的迭代来寻求纤维的顺其长度方向的剪切模量，所得的结果几乎再现表 7.2 中所给的纤维顺其长度方向的剪切模量。

更多的算例，请参阅文献(Zou and Li, 2000; 2023)。

15.4 结　语

本章展示了单胞的一个逆向应用，即通过利用单胞，由单向复合材料的等效特性以及基体的特性反推出纤维的全部特性；如果纤维的部分特性已知，则反推出另一部分未知的特性。纤维被假设为横观各向同性的，但不排除分析结果表明其为各向同性的特殊情况。正问题和逆问题分析作为理想的数学问题，其结果的准确性已都得到了充分的验证。

　　正问题的分析，除了又一次展示前述章节所建立的单胞，还特别说明了面力边界条件在有限元之外的分析方法中不可取代的地位，它们在前述章节被排除在所讨论的问题之外，完全是因为有限元法赖以建立的变分原理的结果，如果问题的解法不依赖于变分原理，面力边界条件与位移边界条件就是完全平起平坐的地位了，不可偏废。

　　逆问题的价值在于复合材料中的增强纤维，作为一种材料，其弹性常数的测量的困难，特别是横向的弹性模量、横向的剪切模量或泊松比、顺纤维方向的剪切模量，通过对逆问题的求解，就可以由单向复合材料的等效特性以及基体的特性，反推出所需的纤维的特性，而这些特性，相对来说比较容易通过标准的试验测量获取。

　　在一定程度上本章可以被视为理论发展进程的一个逻辑的回归，以此来结束本书应该是一个恰到好处的节点。如果人类认识自然的过程的确是螺旋上升，那么下一个轮回需由后人来承担了，常言道长江后浪推前浪，希望此语早日成真。

参 考 文 献

王龙甫. 1978.　弹性理论. 北京: 科学出版社.

徐芝纶. 1990.　弹性力学 (上册). 3 版. 北京: 高等教育出版社.

Hinton M J, Soden P D, Kaddour A S. 1998, 2002 , 2004. Failure Criteria in Fibre-Reinforced-Polymer Composites, Composites Science and Technology. Part A, 58(7); Part B, 62(12-13) and Part C, 64(3-4).

Honein E, Honein T, Herrmann G. 1992. Further aspects of the elastic field for two circular inclusions in antiplane elasostatics. J Appl Mech., 59: 774-779.

Kaddour A S, Hinton M J. 2012, 2013. Evaluation of Theories for Predicting Failure in Polymer Composite Laminates under 3-D States of Stress. Journal of Composite Materials, Part A, 46(19-20) and Part B, 47(6-7).

Kaddour A S, Hinton M J, Smith P A, et al. 2013. Benchmarking of matrix cracking, damage and failure models for composites: Comparison between theories, Part A. Journal of Composite Materials, 47(20-21).

Leissa W, Clausen W E, Agrawal G K. 1971. Stress and deformation analysis of fibrous composite materials by point matching. Int J Num Meth Engng, 3: 89-101.

Li S, Lim S H. 2005. Variational principles for generalised plane strain problems and their applications. Composites A, 36: 353-365.

Li S, Xu M, Yan S, et al. 2021. On the objectivity of the nonlinear along-fibre-shear stress-strain relationship for unidirectionally fibre-reinforced composites. J. Eng. Math., S.I. Fibre-Reinforced Materials IV, 127:17.

Muskhelishili N I. 1963. Some basic problems of mathematical theory of elasticity. Gorningen: P. Norrdhoff Ltd.

Nelder J A, Mead R. 1965. A simplex method for function minimization. The Computer Journal, 7: 308-313.

Press W H, Teukolsky S A, Vetterling W T, et al. 2002. Numerical Recipes in Fortran 90, Vol. 1. 2nd edn., Cambridge : Cambridge University Press.

Zou Z, Li S. 2000. Backing out fibre properties from effective properties of composites using unit cells. FRC 2000, Composites for the Millennium, Proc. 8th Conf. Fibre Reinforced Composites, University of Newcastle, Newcastle upon Tyne, UK, 13-15 Sept. 2000 (ISBN 1 85573 550 4), 481-488.

Zou Z, Li S. 2023. An inverse application of unit cells for extracting fibre properties from effective properties of composites. Mathematics & Mechanics of Solids, DOI: 10.1177/10812865231212150, 2023.

索　引

B

半解析方法　432

薄膜变形　331

本构关系　4

边　5

边界配置法　443

边界条件　5

编织织物　371

边值问题　4

变分原理　21

变换　10

变形梯度　396

变形运动学　21

变形张量　397

标距　43

标量　16

泊松比　40

C

材料表征　4

材料的一个主平面　45

材料非线性　348

材料分类　7

材料构形　6

材料特性　4

材料主轴　41

材料主轴方向　8

参数化　356

层板　3

层合板　3

常微分方程　69

超材料(meta materials)　129

尺度　3

初值问题　69

纯剪应力状态　57

D

代表性　4

代表性单胞　67

代表性体元　4

单胞　4

单胞的主自由度(key degrees of freedom，Kdofs)　158

单连通　447

单位张量　181

单向纤维增强的复合材料　3

单向应力状态　57

单斜各向异性　46

弹性力学　104

弹性模量　9

导热系数　105

等效刚度矩阵　150

等效特性　4

等效应力　4

低尺度　3

第二 Piola-Kirchhoff 应力　399

第二类边界条件　82

第一类边界条件　82

点阵结构　129

顶　79

定义域　4

缎纹　357

对称变换　20

对称性　6

对称性条件　10

对称性原理　46

对称载荷　199

对数应变　397

多层胞元堆砌　82

多尺度分析　3

多孔材料(porous materials)　129

E

二次开发　9

二维二轴编织　371　373

二维四轴　360

F

反对称　10

反对称载荷　199

反射　63

反射变换　11

反射对称　11

纺织复合材料　3

纺织预制体　129

分部积分　316

分离体图　21

缝合　353

负泊松比材料　41

复变函数解　432

复变势函数　432

复合材料　3

G

刚度　20

刚体运动　27

高尺度　3

高斯定理　175

格林公式　313

格林应变　397

各向同性　40

各向异性　8

更新拉格朗日法(updated Lagrangian description)　347

工程方法　58

广义胡克定律　326

广义平面应变　73

广义平面应变问题　73

广义应变　84

规则性　5

H

横观各向同性　51

宏观尺度　3

宏观特性　4

宏观应力　4

后处理　8

胡克定律　326

互反(anticlastic)问题　268

混合法则(rule of mixtures)　355

J

机织复合材料　42

机织织物　357

积分常数　69

奇函数　17

极分解　397

加权余量法　175

剪切　19

剪切模量　73

剪应变　45

剪应力　21

简单立方(simple cubic，SC)　129

降阶积分(reduced integration)　113

角　12

解析解　69

经典层合板理论　40

经纱　357

经向　272

晶格状结构（lattice）　12

镜面反射对称　6

均匀化　13

K

开源软件　333

柯西应力　398

可控参数　390

控制方程　6

扩散通量矢量　325

扩散问题　8

扩散系数　167

L

拉格朗日(Lagrange)描述法　347

拉普拉斯(Laplace)方程　331

棱　79

理想化　5

立方对称　52

粒子增强　129

连续条件　21

菱形　78

六边形　75

六角形单胞　119

螺旋体　42　54　55

M

矛盾方程组　445

密排六方(close packed hexagonal，
CPH)　129

面　11

面力　21

面内剪切　162

面内应变　151

面外剪切　105

面心立方(face centred cubic，FCC)　129

目标函数　451

N

纳米尺度　3

能量对偶　399

逆问题　9

牛顿第三定律　21

扭转问题　331

浓度场　325

浓液扩散　325

O

欧拉多面体公式　134

欧姆(Ohm)定律　326

偶函数　17

P

偏微分方程　69

平均特性　4

平均应力　4

平面应变单元　85

平面应力状态　85

平纹　272

平纹纺织复合材料　196

平纹织物　283

平移　11

平移变换　12

平移对称　6

破坏准则　344

Q

强制边界条件　69

求解器　6

R

热传导　8

热传导比拟　105

热传导问题　105

热传导系数　106

热力学第二定律　328

热流矢量　105

热膨胀系数　150

柔度　20

软件　7

弱形式　175

S

三角形　11

三维纺织复合材料　41

三斜晶体　279

散度定理　175

设计许用值　41

神志测验　88

渗流　8

圣维南(Saint-Venant)原理　62

矢量　17

适航　90

收敛性　44

数学模型　4

数值材料表征　226

数值解　69

衰减距离　62

双连通　447

随机分布　61

T

特解　69

梯形　75

体力　70

体心立方(body centred cubic, BCC)　129

调和方程　268

通解　69

椭圆型偏微分方程　325

W

网格划分　76

微观尺度　3

微观力学　43

伪造的周期性　71

纬纱　357

纬向　272

位移法　21

位移梯度场　99

位移梯度张量　397

温度　4

温度场的梯度　105

无序　60

物理场　4

X

细观尺度　3

纤维的泊松比　9

纤维体积含量　43

纤维增强　40

线弹性　40

相对位移　34

相对位移边界条件　67

相对位移场　77

象　11

小变形　8

协调条件　157

斜对称　10

斜纹　42

斜纹织物　42

辛普森积分公式　314

虚拟试验　56

虚拟试验平台　414

虚位移原理　169

旋转　8

旋转变换　11

旋转对称　7

Y

沿非正交方向的平移对称　362

验证(validation)　89

一般各向异性　163

应变能密度　44

映射　11

优化变量　451

优化问题　451

有限变形　8

有限元法　4

右拉伸张量或矩阵　397

余应变能密度　44

元胞元　196

原　11

约束条件　12

Z

载荷　19

张量　19

张量的阶次　330

张量的缩减形式(contracted form)　328

长度尺度　3

正方形单胞　106

正交各向异性　40

正十二面体　192

正问题　431

直觉　8

中心对称　14

周期性　6

周期性边界条件　6

周期性面力边界条件　82

主自由度上的集中力　160

驻值条件　21

柱坐标系　154

转动矩阵　397

转动张量　397

自动化　80

自洽验证　88

自然边界条件　27

自然划分　65

自由度　31

总体拉格朗日法(total Lagrangian description)　347

组分材料　4

最小二乘法　445

最小总位能原理　175

左拉伸张量　397

作用力与反作用力　21

其他

180°旋转对称　10

Abaqus　9

Suquet (1987)　77

UnitCells©　7

V&V　89

z-pin　353　354